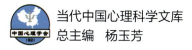

当代中国心理科学文库
总主编 杨玉芳

Psychology of Emotion

情绪心理学

傅小兰 主编

华东师范大学出版社
·上海·

图书在版编目(CIP)数据

情绪心理学/傅小兰主编.—上海:华东师范大学出版社,
2015.8
(当代中国心理科学文库)
ISBN 978-7-5675-4089-7

Ⅰ.①情… Ⅱ.①傅… Ⅲ.①情绪-心理学
Ⅳ.①B842.6

中国版本图书馆 CIP 数据核字(2015)第 215173 号

当代中国心理科学文库

情绪心理学

主　　编　傅小兰
策划编辑　彭呈军
特约编辑　孙雅文
装帧设计　倪志强　陈军荣

出版发行　华东师范大学出版社
社　　址　上海市中山北路3663号　邮编 200062
网　　址　www.ecnupress.com.cn
电　　话　021-60821666　行政传真 021-62572105
客服电话　021-62865537　门市(邮购)电话 021-62869887
地　　址　上海市中山北路3663号华东师范大学校内先锋路口
网　　店　http://hdsdcbs.tmall.com

印　刷　者　常熟高专印刷有限公司
开　　本　787毫米×1092毫米　1/16
插　　页　2
印　　张　29.25
字　　数　655千字
版　　次　2016年1月第1版
印　　次　2025年2月第8次
书　　号　ISBN 978-7-5675-4089-7/B·971
定　　价　68.00元

出 版 人　王　焰

(如发现本版图书有印订质量问题,请寄回本社客服中心调换或电话021-62865537联系)

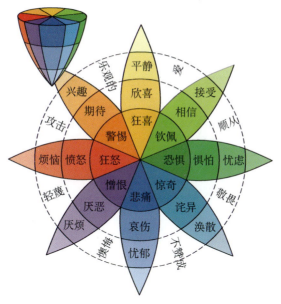

图 2.3　Plutchik 的三维环形模型

图 2.10　情绪四种理论取向的连续体

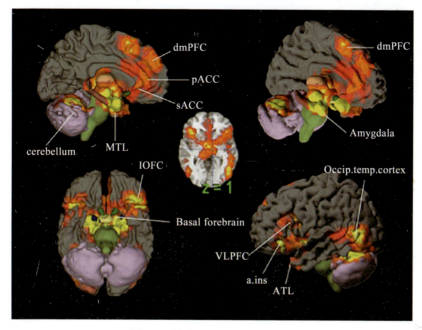

图 5.4　情绪脑机制的元分析结果

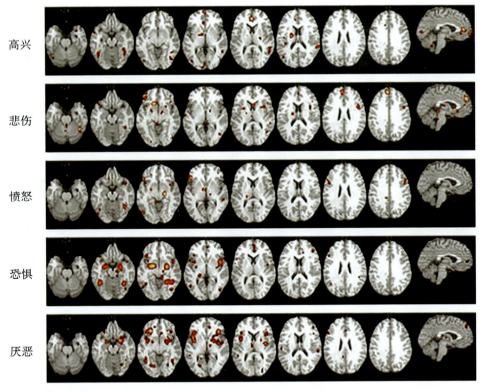

图 5.5 不同基本情绪的脑区激活似然图

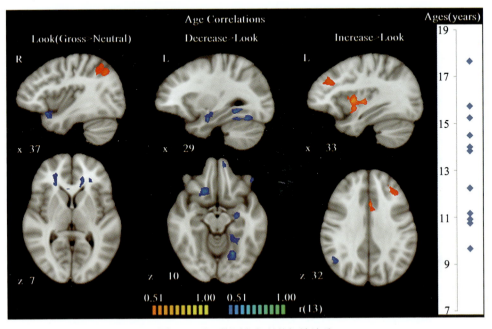

图 6.4 脑区激活与年龄的相关关系

《当代中国心理科学文库》编委会

主　任：杨玉芳
副主任：傅小兰
编　委（排名不分先后）：
　　　　莫　雷　舒　华　张建新　李　纾　张　侃　李其维
　　　　桑　标　隋　南　乐国安　张力为　苗丹民
秘　书：黄　端　彭呈军

总主编序言

《当代中国心理科学文库》(下文简称《文库》)的出版,是中国心理学界的一件有重要意义的事情。

《文库》编撰工作的启动,是由多方面因素促成的。应《中国科学院院刊》之邀,中国心理学会组织国内部分优秀专家,编撰了"心理学学科体系与方法论"专辑(2012)。专辑发表之后,受到学界同仁的高度认可,特别是青年学者和研究生的热烈欢迎。部分作者在欣喜之余,提出应以此为契机,编撰一套反映心理学学科前沿与应用成果的书系。华东师范大学出版社教育心理分社彭呈军社长闻讯,当即表示愿意负责这套书系的出版,建议将书系定名为"当代中国心理科学文库",邀请我作为《文库》的总主编。

中国心理学在近几十年获得快速发展。至今我国已经拥有三百多个心理学研究和教学机构,遍布全国各省市。研究内容几乎涵盖了心理学所有传统和新兴分支领域。在某些基础研究领域,已经达到或者接近国际领先水平;心理学应用研究也越来越彰显其在社会生活各个领域中的重要作用。学科建设和人才培养也都取得很大成就,出版发行了多套应用和基础心理学教材系列。尽管如此,中国心理学在整体上与国际水平还有相当的距离,它的发展依然任重道远。在这样的背景下,组织学界力量,编撰和出版一套心理科学系列丛书,反映中国心理学学科发展的概貌,是可能的,也是必要的。

要完成这项宏大的工作,中国心理学会的支持和学界各领域优秀学者的参与,是极为重要的前提和条件。为此,成立了《文库》编委会,其职责是在写作质量和关键节点上把关,对编撰过程进行督导。编委会首先确定了编撰工作的指导思想:《文库》应有别于普通教科书系列,着重反映当代心理科学的学科体系、方法论和发展趋势;反映近年来心理学基础研究领域的国际前沿和进展,以及应用研究领域的重要成果;反映和集成中国学者在不同领域所作的贡献。其目标是引领中国心理科学的发展,推动学科建设,促进人才培养;展示心理学在现代科学系统中的重要地位,及其在我国社会建设和经济发展中不可或缺的作用;为心理科学在中国的发展争取更好的社会文化环境和支撑条件。

根据这些考虑,确定书目的遴选原则是,尽可能涵盖当代心理科学的重要分支领域,特别是那些有重要科学价值的理论学派和前沿问题,以及富有成果的应用领域。作者应当是在科研和教学一线工作,在相关领域具有深厚学术造诣、学识广博、治学严谨的科研工作者和教师。以这样的标准选择书目和作者,我们的邀请获得多数学者的积极响应。当然也有个别重要领域,虽有学者已具备比较深厚的研究积累,但由于种种原因,他们未能参与《文库》的编撰工作。可以说这是一种缺憾。

编委会对编撰工作的学术水准提出了明确要求:首先是主题突出、特色鲜明,要求在写作计划确定之前,对已有的相关著作进行查询和阅读,比较其优缺点;在总体结构上体现系统规划和原创性思考。第二是系统性与前沿性,涵盖相关领域主要方面,包括重要理论和实验事实,强调资料的系统性和权威性;在把握核心问题和主要发展脉络的基础上,突出反映最新进展,指出前沿问题和发展趋势。第三是理论与方法学,在阐述理论的同时,介绍主要研究方法和实验范式,使理论与方法紧密结合、相得益彰。

编委会对于撰写风格没有作统一要求。这给了作者们自由选择和充分利用已有资源的空间。有的作者以专著形式,对自己多年的研究成果进行梳理和总结,系统阐述自己的理论创见,在自己的学术道路上立下了一个新的里程碑。有的作者则着重介绍和阐述某一新兴研究领域的重要概念、重要发现和理论体系,同时嵌入自己的一些独到贡献,犹如在读者面前展示了一条新的地平线。还有的作者组织了壮观的撰写队伍,围绕本领域的重要理论和实践问题,以手册(handbook)的形式组织编撰工作。这种全景式介绍,使其最终成为一部"鸿篇大作",成为本领域相关知识的完整信息来源,具有重要参考价值。尽管风格不一,但这些著作在总体上都体现了《文库》编撰的指导思想和要求。

在《文库》的编撰过程中,实行了"编撰工作会议"制度。会议有编委会成员、作者和出版社责任编辑出席,每半年召开一次。由作者报告著作的写作进度,提出在编撰中遇到的问题和困惑等,编委和其他作者会坦诚地给出评论和建议。会议中那些热烈讨论和激烈辩论的生动场面,那种既严谨又活泼的氛围,至今令人难以忘怀。编撰工作会议对保证著作的学术水准和工作进度起到了不可估量的作用。它同时又是一个学术论坛,使每一位与会者获益匪浅。可以说,《文库》的每一部著作,都在不同程度上凝结了集体的智慧和贡献。

《文库》的出版工作得到华东师范大学出版社的领导和编辑的极大支持。王焰社长曾亲临中国科学院心理研究所,表达对书系出版工作的关注。出版社决定将本《文库》作为今后几年的重点图书,争取得到国家和上海市级的支持;投入优秀编辑团队,将本文库做成中国心理学发展史上的一个里程碑。彭呈军社长是责任编辑。他活跃机敏、富有经验,与作者保持良好的沟通和互动,从编辑技术角度进行指导和把关,帮助作者少走弯路。

  在作者、编委和出版社责任编辑的共同努力下,《文库》已初见成果。从今年初开始,有一批作者陆续向出版社提交书稿。《文库》已逐步进入出版程序,相信不久将会在读者面前"集体亮相"。希望它能得到学界和社会的积极评价,并能经受时间的考验,在中国心理学学科发展进程中产生深刻而久远的影响。

杨玉芳

2015年10月8日

目 录

前言 ··· 1

1 总论 ·· 1
1.1 情绪的含义 ··· 2
1.1.1 情绪的内涵 ·· 2
1.1.2 情绪与情感 ·· 6
1.1.3 情绪的结构 ·· 6
1.2 情绪的性质和功能 ·· 10
1.2.1 适应功能 ·· 11
1.2.2 动机功能 ·· 12
1.2.3 组织功能 ·· 13
1.2.4 信号功能 ·· 13
1.3 情绪研究历史概述 ·· 14
1.3.1 早期情绪研究(18 世纪之前的哲学阶段) ································ 14
1.3.2 近代情绪研究(19 世纪 80 年代到 20 世纪 60 年代) ················· 15
1.3.3 现代情绪研究(20 世纪 60 年代以来) ···································· 16
1.4 情绪研究方法发展 ·· 18
1.4.1 情绪诱发方法 ·· 18
1.4.2 情绪测量方法 ·· 19
1.5 本书的结构 ··· 23

2 情绪理论 ··· 28
2.1 情绪早期理论 ·· 29
2.1.1 Darwin 情绪进化理论 ·· 29

2.1.2 James-Lange 情绪理论 ………………………………………… 29
　　　2.1.3 Cannon-Bard 情绪理论 ………………………………………… 30
　　　2.1.4 Papez 情绪理论 ………………………………………………… 31
　　　2.1.5 Duffy 生理激活理论 …………………………………………… 32
　2.2 情绪生理理论 …………………………………………………………… 33
　　　2.2.1 早期理论 ………………………………………………………… 33
　　　2.2.2 神经科学取向 …………………………………………………… 36
　　　2.2.3 进化主义取向 …………………………………………………… 38
　2.3 情绪认知理论 …………………………………………………………… 42
　　　2.3.1 Maranon 情绪理论 ……………………………………………… 42
　　　2.3.2 Arnold 情绪理论 ………………………………………………… 42
　　　2.3.3 Schachter 情绪理论 …………………………………………… 43
　　　2.3.4 Lazarus 情绪理论 ……………………………………………… 45
　　　2.3.5 评价理论的发展 ………………………………………………… 47
　2.4 情绪功能理论 …………………………………………………………… 49
　　　2.4.1 Tomkins 情绪理论 ……………………………………………… 49
　　　2.4.2 Izard 情绪理论 ………………………………………………… 50
　　　2.4.3 Ekman 情绪理论 ………………………………………………… 54
　2.5 情绪精神分析理论 ……………………………………………………… 56
　　　2.5.1 Freud 情绪理论 ………………………………………………… 56
　　　2.5.2 新精神分析学派 ………………………………………………… 57
　2.6 情绪心理建构理论 ……………………………………………………… 58
　2.7 情绪社会建构论 ………………………………………………………… 60
　　　2.7.1 Mesquita 社会动力模型 ………………………………………… 61
　　　2.7.2 Parkinson 情绪理论 …………………………………………… 62
　2.8 不同情绪理论的比较 …………………………………………………… 63

3 情绪的主观体验与评价 …………………………………………………… 70
　3.1 基本情绪的主观体验与评价 …………………………………………… 71
　　　3.1.1 基本情绪的主观体验 …………………………………………… 71
　　　3.1.2 基本情绪的评价 ………………………………………………… 74
　3.2 复合情绪的主观体验与评价 …………………………………………… 75
　　　3.2.1 爱与依恋 ………………………………………………………… 76

3.2.2	自豪	78
3.2.3	羞耻与内疚	80
3.2.4	敌意	83
3.2.5	焦虑与抑郁	85
3.2.6	道德情绪	87

3.3 情绪状态的主观体验与评价 …… 88
 3.3.1 心境 …… 89
 3.3.2 激情 …… 91
 3.3.3 应激 …… 91

3.4 情绪的基本维度及其测量 …… 92
 3.4.1 情绪的基本维度 …… 92
 3.4.2 情绪维度的测量 …… 93

4 情绪的外部表现及识别　100

4.1 表情 …… 102
 4.1.1 面部表情 …… 102
 4.1.2 姿态表情 …… 103
 4.1.3 语调表情 …… 104

4.2 表情的识别 …… 105
 4.2.1 面部表情识别 …… 106
 4.2.2 姿态表情识别 …… 109
 4.2.3 语调表情识别 …… 111
 4.2.4 表情的计算机自动识别 …… 113

4.3 表情识别的影响因素 …… 117
 4.3.1 个体因素 …… 117
 4.3.2 环境因素 …… 121
 4.3.3 刺激因素 …… 125
 4.3.4 疾病 …… 126

4.4 表情识别的应用 …… 128
 4.4.1 在临床治疗中的应用 …… 128
 4.4.2 在国家安全中的应用 …… 129
 4.4.3 在司法实践中的应用 …… 129
 4.4.4 在经济生活中的应用 …… 130

4.4.5 在工业设计中的应用 ··· 131
4.5 结语：表情识别相关理论与展望 ··· 132

5 情绪的生理激活及其测量 ··· 142
5.1 情绪自主神经反应 ··· 143
5.1.1 情绪自主神经反应的测量方法 ··· 144
5.1.2 情绪的自主神经反应模式 ··· 148
5.1.3 情绪自主神经反应模式的特异化 ··· 153
5.2 情绪中枢神经反应 ··· 154
5.2.1 情绪中枢神经反应的测量方法 ··· 155
5.2.2 情绪的中枢神经系统反应模式 ··· 156
5.2.3 情绪中枢神经反应模式的特异化 ··· 163
5.3 情绪的生化反应 ··· 167
5.3.1 情绪生化反应的测量方法 ··· 168
5.3.2 情绪的生化反应模式 ··· 169
5.3.3 情绪生化反应模式的特异化 ··· 172
5.4 情绪自主反应与中枢机制的整合 ··· 172
5.4.1 情绪环路模型 ··· 173
5.4.2 神经内脏整合模型 ··· 174

6 情绪的毕生发展 ··· 183
6.1 情绪的早期发展 ··· 184
6.1.1 情绪理解的发展 ··· 184
6.1.2 情绪体验和表达的发展 ··· 190
6.1.3 情绪调节的发展 ··· 193
6.2 情绪的晚期发展 ··· 195
6.2.1 情绪识别年老化 ··· 195
6.2.2 情绪体验年老化 ··· 196
6.2.3 情绪调节年老化 ··· 198
6.2.4 老年人的正性情绪偏向 ··· 199
6.2.5 正性情绪偏向的理论解释 ··· 203
6.3 情绪发展的影响因素 ··· 204
6.3.1 情绪发展的神经生理基础 ··· 204

6.3.2 情绪发展的社会文化基础 ······ 211

7 情绪记忆 ······ **225**
7.1 情绪记忆成绩 ······ 226
7.1.1 唤醒度与情绪记忆成绩 ······ 226
7.1.2 效价与情绪记忆成绩 ······ 227
7.1.3 心境一致性与情绪记忆成绩 ······ 228
7.2 情绪记忆的脑机制 ······ 230
7.2.1 情绪记忆的神经环路 ······ 230
7.2.2 唤醒度与情绪记忆成绩的脑机制 ······ 233
7.2.3 效度与情绪记忆成绩的脑机制 ······ 234
7.2.4 心境一致性与情绪记忆成绩的脑机制 ······ 235
7.3 情绪记忆的应用 ······ 235
7.3.1 情绪记忆的年龄差异 ······ 235
7.3.2 情绪记忆的性别差异 ······ 236
7.3.3 特殊个体的情绪记忆 ······ 237

8 情绪智力 ······ **242**
8.1 情绪智力的定义和理论模型 ······ 243
8.1.1 情绪智力的定义 ······ 243
8.1.2 情绪智力概念的发展 ······ 245
8.1.3 情绪智力的理论模型 ······ 247
8.2 情绪智力的测量 ······ 252
8.2.1 情绪智力和认知智力的关系 ······ 252
8.2.2 基于能力模型的情绪智力测验 ······ 254
8.2.3 其他情绪智力测验 ······ 258
8.3 情绪智力与生活 ······ 259
8.3.1 情绪智力与工作绩效 ······ 260
8.3.2 情绪智力与心理健康 ······ 262
8.3.3 情绪智力的促进 ······ 263
8.4 情绪智力研究展望：趋势和前沿 ······ 264

9 情绪与注意 ... 269
9.1 情绪与注意的研究概况 ... 269
9.1.1 研究历史 ... 270
9.1.2 研究现状 ... 271
9.2 情绪与注意的研究范式 ... 272
9.2.1 抑制范式 ... 273
9.2.2 搜索范式 ... 275
9.2.3 提示范式 ... 278
9.3 情绪对注意的影响 ... 282
9.3.1 情绪性刺激对注意的影响 ... 282
9.3.2 个体情绪状态对注意的影响 ... 285
9.4 注意训练对情绪的调节 ... 289
9.4.1 研究概况 ... 289
9.4.2 相关研究 ... 290
9.4.3 展望未来 ... 292

10 情绪与学习 ... 299
10.1 情绪对学习的影响 ... 300
10.1.1 情绪对外显学习的影响 ... 300
10.1.2 情绪对内隐学习的影响 ... 303
10.1.3 情绪影响学习的脑机制 ... 305
10.2 情感化学习 ... 306
10.2.1 什么是情感化学习 ... 306
10.2.2 情感化学习的分类 ... 308
10.2.3 情感化学习的认知神经科学研究 ... 314
10.2.4 情感化学习效应对认知的影响 ... 315
10.3 学业情绪 ... 317
10.3.1 什么是学业情绪 ... 317
10.3.2 学业情绪的测量 ... 318
10.3.3 学业情绪的影响因素 ... 319
10.3.4 学业情绪对学生学习的影响 ... 322

11 情绪与决策 ... **328**
11.1 情绪与决策关系的演变 ... 329
11.1.1 情绪在早期规范性决策理论中的处境 ... 329
11.1.2 情绪在早期描述性决策理论中的处境 ... 330
11.1.3 情绪在当前决策研究中的重要地位 ... 331
11.2 预期情绪与决策 ... 332
11.2.1 后悔与失望情绪理论 ... 332
11.2.2 主观预期愉悦理论 ... 334
11.3 预支情绪与决策 ... 335
11.3.1 风险即情绪模型 ... 335
11.3.2 情绪性权衡困难下的决策行为 ... 337
11.4 偶然情绪与决策 ... 338
11.4.1 探讨偶然情绪与决策关系的研究方法 ... 338
11.4.2 探讨偶然情绪与决策关系的理论模型 ... 343
11.4.3 偶然情绪对决策的影响条件 ... 347

12 情绪与道德 ... **351**
12.1 情绪对道德判断的影响 ... 351
12.1.1 情绪在道德判断中的作用 ... 352
12.1.2 情绪参与道德判断的认知神经机制 ... 357
12.1.3 道德判断的认知-情绪加工 ... 357
12.2 情绪对道德行为的影响 ... 359
12.2.1 情绪作为道德动机 ... 359
12.2.2 自我意识情绪对道德行为的影响 ... 363
12.2.3 他人指向情绪对道德行为的影响 ... 371
12.2.4 集体道德情绪 ... 375

13 情绪与行为 ... **383**
13.1 情绪与行为的关系 ... 384
13.1.1 情绪与行为,孰先孰后? ... 384
13.1.2 身体活动对情绪的影响 ... 386
13.1.3 生活事件、情感和行为 ... 387
13.2 情绪调节与适应 ... 389

####### 13.2.1 有意情绪调节和自动情绪调节 389
####### 13.2.2 情绪调节的自适应与适应不良 389
####### 13.2.3 情绪调节技能 391
13.3 攻击行为的情绪基础 392
####### 13.3.1 攻击分类与攻击模型 393
####### 13.3.2 从愤怒到攻击 396
####### 13.3.3 过度愤怒与控制 397
13.4 其他趋避行为的情绪基础 402
####### 13.4.1 焦虑、恐惧情绪与行为选择 403
####### 13.4.2 羞怯与网络成瘾 403
13.5 情绪感染与群体行为 404
####### 13.5.1 情绪感染 404
####### 13.5.2 积极情绪感染与社会风尚 405
####### 13.5.3 消极情绪感染与群体性事件 405
####### 13.5.4 网络舆情与情绪感染 407

14 情绪与疾病 413
14.1 情绪的致病机制 414
14.1.1 情绪与应激 414
14.1.2 情绪应激与免疫 417
14.2 情绪与身心疾病 421
14.2.1 情绪与冠心病 421
14.2.2 情绪与癌症 424
14.2.3 情绪与原发性高血压 427
14.2.4 情绪与消化性溃疡 429
14.3 情绪障碍 431
14.3.1 焦虑障碍 431
14.3.2 抑郁障碍 433

索引 437
作者简介 444

前　言

情绪是"知情意"三种基本心理过程之一，它以个体的愿望和需要为中介，表现为人对客观事物的态度体验及相应的行为反应。情绪不仅是心理学研究的重要对象，也是多学科交叉研究的国际前沿和热点问题，研究成果具有十分重要的应用价值。《情绪心理学》作为《当代中国心理科学文库》中的一本，旨在基于认知心理学和认知神经科学的视角，系统梳理国内外情绪心理学基础研究和应用领域的成果，重点介绍新研究、新范式、新成果，并注重反映中国学者在该研究领域的贡献。本书分为14章，作者分别是：

1. 总论(曲方炳、王云强)
2. 情绪理论(曲方炳、李贺)
3. 情绪的主观体验与评价(郝芳)
4. 情绪的外部表现及识别(申寻兵、吴奇)
5. 情绪的生理激活及其测量(李开云)
6. 情绪的毕生发展(陈文锋、仝可、唐薇)
7. 情绪记忆(赵科、范伟)
8. 情绪智力(张兴利、李丹枫)
9. 情绪与注意(任衍具、梁静、郝芳)
10. 情绪与学习(付秋芳、王云强、尚俊辰)
11. 情绪与决策(李晓明)
12. 情绪与道德(王云强)
13. 情绪与行为(宋胜尊)
14. 情绪与疾病(汪亚珉、王影、邓晓西)

上述23位作者都是当前活跃在心理学科研和教学一线且治学严谨的年轻人，以科研人员和大学教师为主，以研究生为辅。除我特邀的王云强副教授和张兴利副研究员，以及张兴利邀请的硕士研究生李丹枫外，写作团队的其他成员都是在我指导下已经毕业或者在读的博士生、我研究组的成员,以及他们的学生。虽然作者们的教学科研任务繁重且压力巨大,但都高度重视本书的写作,并给予了我最积极主动的配合和最强有力的支持,从而保证了本书按写作计划有条不紊地顺利完稿。

在写作过程中值得一提的有两件事情。一是在作者提交各章草稿后,于2014年6月29日在北京召开了《情绪心理学》写作研讨会,全体作者出席,互审各章草稿并进行研讨;二是在作者提交各章修改稿后,我请每位作者分别审阅其前一章和后一章的书稿。因此,本书每章书稿都有2到3位其他章作者提供修改意见。在作者提交各章准定稿后,我再次审阅各章并提出进一步的完善建议。当我于2015年4月1日将收齐的全书定稿电子版以及相关附件打包发给华东师范大学出版社后,顿觉如释重负且备感欣慰。

概括而言,本书的特点表现在基础性、系统性、经典性、前沿性、理论性和实证性并重,在引经据典的同时力求全面反映本领域最新动态,且充分吸纳本领域的最新观点。

第1章"总论"是本书的开篇章节,该章首先界定了情绪这一概念,然后简洁明快地展示了从古代哲学到近现代心理学中情绪研究的完整画卷,介绍了情绪研究中情绪诱发和情绪测量的常用方法。

第2章"情绪理论"全面介绍情绪心理学发展至今的各种理论,并根据研究者对不同情绪理论的观点和争论,说明了当今情绪研究的四种取向,即基本情绪理论取向、评价取向、心理建构取向、社会建构取向。

第3章"情绪的主观体验与评价"从情绪的分类取向和维度取向两个角度,较全面和系统地阐释了情绪的主观体验与评价,总结了新近的研究成果,并在各种情绪的评价部分列举了丰富的量表评价和实验评价范式。

第4章"情绪的外部表现及识别"以通俗易懂的语言,结合大量最新的研究,对表情的识别及相关机制进行了深入浅出的阐述,还结合计算机对表情自动识别的相关研究成果,理论联系实践,对表情识别的应用有较多的着墨。

第5章"情绪的生理激活及其测量"系统地介绍了测量情绪的自主神经反应、中枢神经反应、生化反应常用方法和指标,并基于不同的测量指标详细介绍了基本情绪的自主神经反应模式、中枢神经反应模式及生化反应模式,以及基本情绪的特异化研究。

第6章"情绪的毕生发展"以生理发展为主线,阐述了情绪的早期发展和老龄化,并针对情绪早晚期发展的共性问题阐述了情绪发展的生物性和社会文化属性。

第7章"情绪记忆"注重梳理总结情绪记忆的最新研究成果,写作中研究和实际生活并重。主要阐述了情绪记忆的影响因素,情绪记忆的脑机制及其个体差异等。

第 8 章"情绪智力"按照情绪智力概念的发展过程和研究内容,逐步探讨情绪智力的本质、测量以及其与其他心理行为的关系,并明晰学术研究中情绪智力概念与大众心中情商概念的区别。

第 9 章"情绪与注意"注重对情绪与注意研究的基本概念和基本理论的介绍,以该领域的研究概况、研究方法、研究成果和研究趋势来组织材料,力求选择经典的实验范式和研究成果,突出该领域主流的研究方法和科学问题,在兼顾引用经典方法和研究成果的同时,力求选择能够反映本领域最新的研究成果,吸收本领域的新观点和新方法。

第 10 章"情绪与学习"着眼情绪与学习的相互作用,首先介绍情绪对内隐和外显学习的影响以及神经机制,然后介绍情感化学习及其对认知的影响及应用,最后介绍情绪在学生学习与学业成就中的作用。

第 11 章"情绪与决策"首先对影响决策的诸多情绪因素进行了系统的分类,进而分别从理论和实证研究方面对预期情绪、预支情绪和偶然情绪在决策中的作用进行了阐述,力图通过对经典理论和实证研究的介绍向读者呈现出相对完整的情绪与决策间的关系图,并对一些关键的研究方法进行了简要归纳。

第 12 章"情绪与道德"紧密结合国际研究前沿,力求反映国内外最新研究成果,并试图从"道德判断"和"道德行为"两个方面来梳理情绪对道德心理的影响,注重对具有重要意义的理论模型的评论和推介,而非简单的只列举某些研究结论。

第 13 章"情绪与行为"既关注情绪对行为的影响也重视行为对情绪的作用,既关注个体的情绪与行为也强调群体的情绪互动对群体行为的影响。首先探讨情绪与行为的关系,阐述情绪与行为的发生顺序、身体活动和生活事件对情绪和行为的影响等,然后探讨了情绪调节与行为改变问题,并归纳了情绪调节的技能,第三、四部分分别阐述了攻击行为和其他趋避行为的情绪基础,如伴随焦虑、恐惧的选择行为、羞怯与网络成瘾行为等,最后探讨了群体情绪与群体行为之间的关系,重点关注了情绪感染、群体性事件及其与社会风尚之间的关系。

第 14 章"情绪与疾病"从理论演变的角度阐述了迄今为止人们有关消极情绪导致疾病的重要认识,并综述了相关的样本研究。

在此,我要对写作团队的每一名成员表达我最真挚、深切的感谢!我由衷地感谢全体作者所付出的巨大心血和努力,感谢整个团队成员的全程支持和配合,以及谨慎细致的审阅和修改。本书是我们共同努力的成果,是整个写作集体的心血与智慧的结晶。这是一本可读性较高的情绪心理学著作,但鉴于编者和作者的能力和水平有限,书中观点难免有某些偏颇之处,还请读者指正和谅解。

最后,我要感谢邀请我写作本书的《当代中国心理科学文库》主编杨玉芳研究员,感谢华东师范大学出版社教育心理图书分社社长彭呈军以及所有为本书出版付出努力的人,感谢所有在这个过程中给予我们帮助的人,并预先感谢所有翻阅本书的读者! 我相信,通过阅读本书,读者将会比较全面地认识情绪的产生过程和作用机制,了解情绪的相关理论和实证研究成果,理解情绪调控的科学依据,进而能更深入地开展情绪心理学研究,或者更好地在实际生活中应用情绪心理学的研究成果。

傅小兰

中国科学院心理研究所

2015 年 9 月 18 日

1 总 论

1.1 情绪的含义 / 2
    1.1.1 情绪的内涵 / 2
    1.1.2 情绪与情感 / 6
    1.1.3 情绪的结构 / 6
1.2 情绪的性质和功能 / 10
    1.2.1 适应功能 / 11
    1.2.2 动机功能 / 12
    1.2.3 组织功能 / 13
    1.2.4 信号功能 / 13
1.3 情绪研究历史概述 / 14
    1.3.1 早期情绪研究(18 世纪之前的哲学阶段) / 14
    1.3.2 近代情绪研究(19 世纪 80 年代到 20 世纪 60 年代) / 15
    1.3.3 现代情绪研究(20 世纪 60 年代以来) / 16
1.4 情绪研究方法发展 / 18
    1.4.1 情绪诱发方法 / 18
    1.4.2 情绪测量方法 / 19
1.5 本书的结构 / 23

    情绪是一种常见的心理现象,它无时无刻不在影响着人们的生活。有人说,情绪是生活的七彩阳光,正是丰富的情绪感受才让人们享受到生活的多彩五味;有人说,情绪是人生的梦魇,许多人常常为情所惑、为情所困、为情所累、为情所伤。那么,情绪究竟是什么? 情绪对我们的心理世界和社会生活有着怎样的影响? 心理学家已经对情绪的内涵、结构、性质和功能等问题进行了深入研究。由于各自的关注点乃至所用的方法不同,他们的观点并不完全一致,甚至有些众说纷纭、莫衷一是,但是这些情绪的心理学理论为人们深入认识情绪打开了一扇心灵之窗。

    情绪心理学是一门既古老又年轻的学科。古希腊的 Plato 和 Aristotle 等人对情绪现象进行了一定的论述,中国古代也有"七情"和"情志相胜"等丰富的心理学思想。但是直到达尔文之后,情绪才进入科学心理学的研究视域。20世纪60年代起,情绪心理学逐步进入繁荣发展时期。这一方面表现为情绪理论的涌现与整合,研究者相继提出了诸多不同取向的情绪理论;另一方面表现为研究方法的改进与完善,研究者不仅建立了多个标准化的材料数据库来进行情绪的内部或外部诱发,而且采用多种方法对情绪的主观体验、外部行为表现、生理变化和神经机制进行测量。

1.1 情绪的含义

1.1.1 情绪的内涵

当我们回想自己的生活时,最先映入脑海的往往是那些带有情绪感受的场景。想象一下那些开心或伤心的场景(如被理想的大学录取,或者与心爱的人分手),再与那些可能什么情绪感受都没有的场景(某月某日骑车去学校)相比,有情绪感受的场景更容易回忆。在等待考试成绩公布的时刻,我们往往会因为自己通过考试而兴高采烈,而成绩不理想时,我们通常会感到悲伤抑郁。这样的情绪体验在日常生活中随时可能发生,并伴随着诸如身体动作(兴奋时手舞足蹈、面如桃花,悲伤时垂头丧气、脸色阴沉)、内部感受(通过考试太好了或考试成绩太糟糕了)、身体变化(愤怒时心跳加快,害怕时手心出汗)等多种成分。情绪如同"时间"和"意识"等概念那样,日常生活中经常见到并使用,却很难准确定义,哲学家及心理学家们已经争论了100多年,仍然没有形成统一的定义。由于关注的情绪成分不同,使用的技术手段和研究方法也不尽相同,因此对情绪的定义也存在很大差异。根据Plutchik进行的一项统计,心理学界至少有90种不同的情绪定义(Plutchik, 2001)。在情绪研究中,不同的研究者往往关注情绪的不同成分,并从各自研究的角度尝试对情绪进行定义,由此产生了上述情绪定义不一致的现象。就大众对情绪的理解来说,情绪最核心最显著的特点在于主观体验,对某一情绪性事件的主观体验影响我们对该事件的看法和记忆。有研究者从这种观点出发,认为情绪的核心成分是主观体验和感受。其他研究者虽然承认体验成分的重要性,但认为体验成分并不是情绪的核心,强调生理和神经活动以及行为反应更为重要,这些成分发生在主观体验产生之前,因而对于情绪内涵的理解更为重要。下面将简要阐述基于情绪研究的身体知觉理论、进化论、认知理论三种取向对情绪的不同定义。

身体知觉观

一种情绪研究取向认为,情绪来自对身体变化的知觉。通常人们认为我们首先体验到的是情绪感受(如感到害怕),之后我们才体验到一系列的身体变化(如心跳加快、手心出汗等)。但是早期美国科学心理学之父 James(1884)提出了相反的观点,认为"情绪是伴随对刺激物的知觉直接产生的身体变化,以及我们对这些身体变化的感受。通常认为我们因失败产生悲伤然后痛哭;遇到熊时因害怕而颤栗逃跑;然而实际上的顺序应该是因痛哭而悲伤,因为颤栗而害怕"。这是心理学界对情绪下定义的最早尝试,尽管现在看来并不正确,但这一定义却启发了后来的情绪研究。

继 James 之后,丹麦心理学家 Lange(1885)也提出与 James 类似的观点,认为情绪是内脏活动的结果,强调情绪与血管变化的关系。Lange 与 James 都认为情绪产生的顺序应该是情绪刺激引起身体的生理变化,这种生理变化进一步导致情绪体验的产生。这种情绪的身体知觉观点示意图如下:

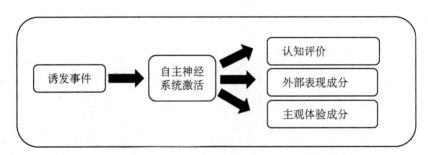

图 1.1 情绪的身体知觉观

来源:Fox, E. (2008).

进化主义观

另外有研究者认为情绪是由进化而来,情绪是对环境的适应,尤其是人类祖先在适应自然环境挑战过程中形成的,是同时动员多个不同成分来应对和解决遇到的问题。这种进化主义的情绪观强调情绪的适应和动机功能,代表性观点如下:

Tomkins(1962)认为,"情绪是有机体的基本动机,是一组有组织的反应,当这组反应激活时,能够同时使大量身体器官(例如面部、心脏、内分泌系统等)做出相应的反应模式"。

Izard(1991)继承 Tomkins 的观点,强调情绪的适应性。指出情绪是动机,并同知觉、认知、运动反应相联系并模式化。从功能论的观点出发,强调情绪外显行为即表情的重要性,通过表情将情绪的先天性和社会习得性、适应性和通讯交流功能联系起来。同时他认为,"情绪的定义应该包括生理唤醒、主观体验和外部表现三个方面"。

以上两种情绪定义都强调情绪是生物体在对自然环境的适应过程中进化而来

的,是由基因编码的反应程序,能够被环境中的刺激事件或情境诱发。同时,这种反应程序包括多种成分。情绪的进化主义观点如下图所示：

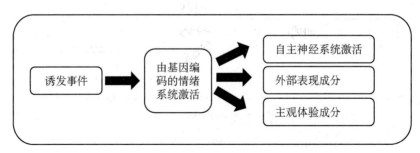

图 1.2 情绪的进化主义观

来源:Fox, E. (2008).

认知评价观

情绪的认知评价取向认为,情绪反应产生的前提是对事件的评价。早在古希腊时期的哲学家 Aristotle 就提出过类似观点,他认为感受来自于我们对世界的看法以及我们与周围人的关系。比如愤怒来自于对他人是否蔑视我们的评价。以 Arnold 为代表的情绪认知主义取向研究者认为情绪来自于对某一事件意义和重要性的评价(Arnold, 1950)。我们对于遇到的事件的重要性评价决定了体验到的情绪类型。该研究取向的代表性情绪定义如下:

Arnold(1950)认为,"情绪是对趋向知觉为有益的、离开知觉为有害的东西的一种体验倾向"。与 Arnold 的观点类似,Lazarus(1984)认为"情绪是来自正在进行着的环境中好的和不好的信息的生理心理反应的组织,它依赖于短时的或持续的评价"。

以 Arnold 和 Lazarus 为代表的情绪认知评价理论强调对外部环境影响的评价是情绪产生的直接原因,概括出情绪产生的三个来源,即外部环境刺激、身体生理刺激和认知评价刺激,兼顾了个体内外环境、皮层和皮层下部以及不同心理过程之间的联系。这一取向将认知评价作为情绪反应的核心,能更好地解释不同情绪之间的区别。如同一种环境刺激可能产生不同的情绪感受,如果我们将某人的行为评价为对我们的侮辱或轻蔑,我们将会产生愤怒的情绪,而如果将某人的行为评价为即将发起攻击,恐惧的情绪将会被引发。因此,认知评价取向能够更好地解释为何同一事件在不同的时间地点会引发不同个体的不同情绪反应。情绪来自对事件的认知评价观点可以由以下框架图概括:

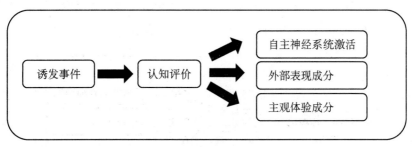

图 1.3 情绪的认知评价观

来源:Fox, E. (2008).

通过以上三种研究取向对情绪的不同理解,我们可以看出,不同研究取向关注了情绪的不同角度,如身体知觉的观点强调对身体变化的知觉,进化主义取向注重从情绪的适应功能角度来解释,而认知评价取向则关注影响情绪产生的评价成分。三种取向的研究者根据各自从事的工作,从情绪的不同角度出发给出了各自的定义。但每种观点或实验结论只来自情绪的某一个方面,不能对情绪的内涵做出全面的解释。

由于各种取向的情绪定义互不统一,各自关注点不同,因此无法对情绪做出明确的定义。较明智的办法是尝试给情绪下一个全面的定义,能够涵盖已有情绪研究的各种取向和成果,包含情绪的生理取向、进化取向、认知取向,在一定程度上回答情绪的性质和功能,较全面地描述情绪这一独特的心理现象。我国学者孟昭兰(1989,1994,2005)结合国外研究者的不同观点,尝试从情绪的成分、维量、整合水平、适应作用、通讯功能以及同认识和人格的关系等多方面总结出情绪的定义,认为"情绪是多成分组成、多维量结构、多水平整合,并为有机体生存适应和人际交往而同认知交互作用的心理活动过程和心理动机力量"。

虽然上述定义涵盖广泛,似乎能够融合目前情绪研究中情绪内涵的各种不同观点,但是却在一定程度上失去了情绪的核心特色,让读者理解起来感觉到无所适从。因此,我们尝试从狭义的角度对情绪进行定义,以突出情绪内涵的特色。以上概述的三种情绪研究取向中比较一致的地方在于,情绪都伴随着一定的主观体验、外部表现和生理唤醒,区别在于这几种成分的产生顺序不同,并且不同条件下某些成分并不必然出现(例如个体可以有意识地抑制自己的外部表情)或是以其他方式出现(如个体可以有意识地表现与自己内心体验不一致的外部表情)。因此我们尝试将情绪定义为"情绪是往往伴随着生理唤醒和外部表现的主观体验"。这个界定比较简洁易懂,但要深入窥测情绪之谜,仍然需要锲而不舍地进行深入研究。

1.1.2 情绪与情感

不同研究者使用术语来描述情绪时,有的使用情绪,有的则使用情感。在日常生活中混用情绪、情感的情况也屡见不鲜。不同的术语往往反映不同的内涵。为进一步统一术语的使用,本书尝试对这两个概念进行阐述:

在日常生活中,人们经常听到或看到"情绪情感"、"情绪与情感"等说法,不少人将情绪、情感、感情和感受等术语混用或者连在一起使用而不加以区分。在心理学界,研究者对情绪与情感的认识也不一致。有研究者认为,情感是情绪过程的主观体验,常用来描述人的社会性高级情感;感情是情绪、情感等的统称(孟昭兰,2005;黄希庭,2007);另有研究者主张,情感更具有广泛意义,表示情绪、心境和偏好等各种不同的内心体验(Eysenck & Keane, 2000;Eysenck & Keane, 2005/2009)。

进一步分析发现,上述两种观点之所以不同主要是因为研究者对"affect"和"feeling"这两个词语的中文译法和使用正好相反:前者把"feeling"译作情感,把"affect"译作感情;后者则在广泛意义上使用"affect",并把它译为情感。由此可见,研究者对情绪和情感的认识其实是有共通之处的。

为了明确情绪与情感的区别,这里先把几个相关术语的译法统一起来。在本书中,"affect"译为情感,"emotion"译为情绪,"feeling"译为感受或感情。情感(affect)是情绪、感受或感情等一类现象的笼统称谓,既适用于人类,也适用于动物。情绪(emotion)一词来自拉丁文 e(向外)和 movere(动),有着移动、运动的意义,是情感性反应的过程,侧重指向非常短暂但强烈的体验(Eysenck & Keane, 2000;Eysenck & Keane, 2005/2009)。感受或感情(feeling)指的是情绪的主观体验,是情感性反应的内容,通常只用于人类的社会性高级感情。

1.1.3 情绪的结构

情绪是异常复杂的心理概念,具有其独特的内部结构。虽然目前心理学界对情绪的结构尚未能形成一致的看法和理论观点,但对情绪的结构进行理论分析和实验探索的取向主要可以分为两类:分类取向(categorical approach)和维度取向(dimensional approach)。

情绪分类取向

情绪分类取向源于 Darwin 的进化论思想,其代表人物包括 Tomkins、Izard 和 Ekman。他们认为情绪是个体在进化过程中发展出来的对外部刺激的适应性反应,主要关注情绪的各个组成部分,试图将情绪分为几种彼此独立的、有限的基本情绪(basic emotion),但在具体情绪的数量和概念上却并未达成一致。同时,他们认为情绪主要由几种相对独立的基本情绪以及由基本情绪结合形成的多种复合情绪构成。

基本情绪是人和动物所共有的、先天的、不学而能的，有共同的原型或模式，在个体发展的早期就已出现的，每一种基本情绪有独特的生理机制和外部表现；非基本情绪或复合情绪，是由多种不同基本情绪混合而成，或者由基本情绪和认知评价相互作用而成。

Izard对情绪成分的划分最具有代表性，他将情绪划分为主观体验、外部表现、生理唤醒三个成分(Izard, 1991)。

主观体验是个体对不同情绪状态的自我感受，具有愉快、享乐、忧愁或悲伤等多种享乐色调。每种具体情绪的主观体验色调都不相同，给人以不同的感受(孟昭兰，2005)。情绪的主观体验与外部反应存在着某种相应的关系，主观体验会引起相应的面部表情，面部表情也会引起相应的主观体验。但在某些条件下，表情反馈无法达到个体的意识水平，无法引起主观体验。

外部表现，通常称为表情，包括面部表情、姿态表情和语调表情。面部表情是面部肌肉变化组成的模式，主要是指眼部肌肉、颜面肌肉和口部肌肉的变化。例如，愤怒时皱眉、眼睛变狭窄、咬紧牙关、面部发红；高兴时额眉平展、面颊上提、嘴角上翘。姿态表情可以分为身体表情和手势表情两种。不同的情绪状态下，身体姿态会发生不同的变化，如恐惧时"紧缩双肩"。手势可以单独使用，也可以和言语一起使用，"双手一摊"、"手舞足蹈"就分别表达了无奈、高兴的情绪。语调表情是通过言语的声调、节奏和速度等方面的变化来表达的，例如，高兴时语调高昂、语速快。如果能够将三种表情结合起来，会更有利于准确地判断个体的情绪状态。

生理唤醒指情绪产生的生理反应和变化，它与广泛的神经系统有关，如中枢神经系统的额叶皮层、脑干、杏仁核等，以及自主神经系统、分泌系统和躯体神经系统。不同情绪的生理反应模式是不同的，如满意、愉快时心跳节律正常，恐惧时心跳加速。然而，也有研究者认为，有些情绪会激起同样的生理唤醒，如爱、愤怒和恐惧，都使心率加快。

在基本情绪分类方面，研究者以进化论思想为基础，提出了不同的情绪分类学说。Tomkins(1970)较早提出存在八种原始的(天生的)主要情绪：兴趣—兴奋、享受—快乐、惊奇—吃惊、苦恼—痛苦、厌恶—轻蔑、愤怒—狂怒、羞愧—耻辱、惧怕—恐惧。Izard(1991)在他的情绪分化理论中提出存在10种基本情绪，分别是快乐、悲伤、愤怒、恐惧、厌恶、惊讶、兴趣、害羞、自罪感和蔑视。Ekman(1971)基于自己的研究提出存在快乐、悲伤、愤怒、恐惧、厌恶和惊讶6种基本情绪。Ekman提出的这种基本情绪分类学说在目前具有很大影响。

情绪分类理论认为，每一种情绪都是中枢神经系统中特定神经通路激活的结果，并且在面部表情、主观体验、生理唤醒等方面与其他情绪不同。譬如恐惧与愤怒就可能是不同神经通路激活的产物。但是情绪神经科学的研究对此观点提出了极大挑战。在一项关于自主神经活动与情绪关系的元分析研究中,研究者发现基本情绪并不与特定的自主神经活动模式相关,不同的基本情绪产生了相似的神经生理反应,而不同的神经生理活动也能出现在相同的基本情绪中(Cacioppo,2000)。

另外,试图将情绪进行分类研究所面临的最严重的问题还在于某些情绪之间存在高相关,如有研究发现焦虑和抑郁存在显著正相关。不同情绪之间的彼此关联,启发研究者们假设可以采用几个基本维度来解析情绪的基本结构(乐国安,董颖红,2013)。

情绪维度取向

情绪的维度取向认为情绪是高度相关的连续体,是一种较为模糊的状态,无法区分为独立的基本情绪,同类情绪在其基本维度上都高度相关。但在基本维度的数量和类型,单极还是双极等问题上还存在争论。

Wundt(1896)最早提出情绪的三维学说,认为情绪过程由三对情绪元素组成,即愉快—不愉快、兴奋—沉静、紧张—松弛,每对元素都有两极之间的程度变化。继Wundt三维观点之后,Schlosberg(1954)根据面部表情的研究提出愉快—不愉快,注意—拒绝,激活水平三维理论。Plutchik(1980)提出,情绪具有强度、相似性和两极性三个维度,并用一个倒锥体来说明三个维度之间的关系。后来,Izard(1977)提出情绪的四维理论,认为情绪有愉快度、紧张度、激动度和确信度四个维度,愉快度表示主观体验的享乐色调;紧张度表示情绪的生理激活水平;激动度或冲动度表示个体对情绪、情境出现的突然性的预料、准备程度;确信度表示个体胜任、承受感情的程度。

Mehrabian和Russell(1974)提出情绪状态的三维度模型,即愉悦度—唤醒度—支配度(pleasure-arousal-dominance,PAD)。愉悦度指积极或消极的情绪状态,如兴奋、爱、平静等积极情绪与羞愧、无趣、厌烦等消极情绪。唤醒度指生理活动和心理警觉的水平差异,低唤醒如睡眠、厌倦、放松等,而高唤醒如清醒、紧张等。支配度,意指影响周围环境及他人或反过来受其影响的一种感受,如愤怒、勇敢或焦虑、害怕。高的支配度是一种有力、主宰感,而低的支配度是一种退缩、软弱感。后来,Russell发现支配度更多地与认知活动有关,愉悦和唤醒就可以解释绝大部分情绪变异,各种情绪不是单独、紧密地聚集在愉悦或唤醒维度上成为相互分离的两类,而是在两个维度上均有一定取值。因此,Russell(1980)提出情绪的环形模型,认为情绪可以分为愉快度和唤醒度,愉悦表示情绪效价,故又称效价—唤醒模型(见图1.4)。愉悦和唤醒分别是圆环的两个主轴,各种情绪较为均匀地分布在圆环中,即为情绪的环形结构模型。该模型认为所有情绪都有共同的、相互重叠的神经生理机制(Posner & Russell,2005)。

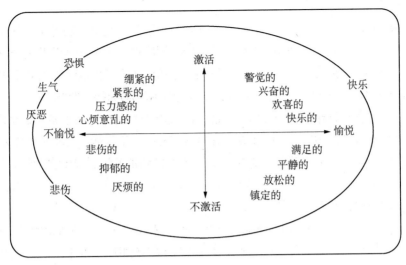

图1.4 情绪的唤醒模型

来源:Russell, J. A (1980).

Watson和Tellegen(1985)采取自陈式情绪研究方法,提出积极—消极情感模型(positive and negative affect, PANA)。他们认为积极情感(positive affect, PA)和消极情感(negative affect, NA)是两个相对独立、基本的维度(见图1.5)。积极、消极情感分别对应愉悦、不愉悦,表示情绪的效价,但积极、消极情感彼此相互独立、相关度几乎为零,不是一个维度的两极。另外,积极、消极情感都包含着激活成分,积极情感是愉悦和高激活的结合,消极情感是不愉悦与高激活的结合,因此PANA可以看作是Russell效价唤醒模型的45°旋转。后来,Watson将积极、消极情感更名为积极激活和消极激活。

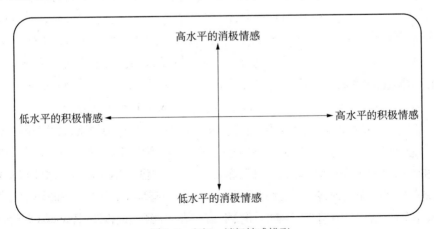

图1.5 积极—消极情感模型

来源:Watson & Tellegen (1985).

Thayer(1978)认为存在两个相互独立的双极激活或唤醒维度,否定唤醒或激活只是一个双极连续激活的观点,这两种激活状态在主观体验、注意焦点和生理反应上均不相同。一种激活维度与生理节律有关,从主观感觉有活力、有力量到困倦和疲乏,称为"能量激活"(energy activation);另一种激活维度是多种情绪(如焦虑)和压力反应(如对噪声的反应)的基础,从主观感觉紧张(tension)到平静沉着(calmness),称为"紧张唤醒"(tension arousal)(见图 1.6)。后来,Thayer 发现这两种唤醒维度其实暗含着效价成分,力量感和平静与 PA 有关,紧张和困倦与 NA 有关(Thayer,1989)。在对 PANA 进行分析之后,他指出 PA 和 NA 这两个名称并不能反映这些维度中所含的激活成分。因此,他将 PA 改为能量唤醒(energetic arousal,EA),NA 称为紧张唤醒(tense arousal,TA)。Thayer 的 EATA 模型与 Watson 的 PANA 模型不仅在概念上相容,相关的实证研究也证实了两者结构的相似性。但 EATA 模型比 PANA 模型涵盖的情绪范围更广。

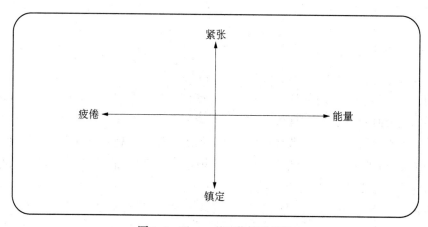

图 1.6 Thayer 的两维情绪模型

来源:Thayer (1989).

1.2 情绪的性质和功能

情绪是人类生活中极其重要的心理活动。但是,人们对情绪性质的认识却经历了一个曲折的过程。在早期,许多研究者把情绪归结为心理活动的伴随现象、后现象或副产品,认为情绪本身似乎没有任何目的或功能,这就是所谓的情绪的副现象论。例如,James-Lange 学说只不过是把情绪看作为身体过程的产物,而认知学说也只是把情绪看作是认知不协调的产物。不论这些学者的主观意愿如何,他们都属副现象论者之列(孟昭兰,2005)。

另外一些心理学家对情绪的副现象论并不满意。他们主张情绪并非一种从属的副现象,而是一个独立的心理学范畴,有其独立的心理过程和生理基础,在人的生存发展中具有独特的功能和作用。Darwin 把情绪研究的起点推到遥远的人类起源,提出应该从种族发生和个体发展的角度认识情绪的功能、作用和性质,这大大拓展了情绪研究的范围和深度。Tomkins 和 Izard 则坚持情绪构成动机的观点,认为情绪具有重要的动机性和适应性功能。他们以 Darwin 关于情绪表情具有适应性价值的理论为基础,借助神经生理学对情绪在脑和神经系统中的定位的科学发现,将对情绪的产生和性质的理解与对人类生存适应性的认识结合起来,认为情绪在人的生活中具有重要的、特殊的、其他心理活动不可替代的作用,情绪是人的认识和行为的唤起者和组织者。在此基础上,Izard(1991)提出了著名的情绪功能/分化理论(详见第二章)。

与对情绪性质的认识相一致,人们对于情绪的功能主要存在三类观点:第一类观点吸收了早期哲学思想中对情绪的看法,认为情绪完全没有适应功能,情绪会干扰人的理智,应该加以控制、压抑甚至排除。这正是中世纪的禁欲主义学派和 18 世纪的欧洲文艺复兴运动所倡导的理论。第二类观点与 Darwin(1872/1965)的思想紧密相关,认为情绪对人的生存起着重要功能,这些功能在远古时期面对来自自然界的生存挑战时与人的生命休戚相关,但在现代这种来自自然的挑战已经不复存在。Darwin 认为,面部表情是过去适应自然的遗留,但已经失去曾经的功能。Freud(1930/1961)也提出过类似的观点,认为现代社会对人类情绪功能的需求与远古时代对人类情绪的需求并不一致,这种不一致性及其导致的焦虑是人类神经症产生的主要原因。第三类观点,当代的功能主义认为,情绪具有与远古时代同样的功能,情绪的结构在与来自环境的挑战不断相遇的过程中逐渐被塑造。情绪研究的功能主义取向旨在探究出情绪曾经面临的适应性问题在现代社会以何种方式呈现出来,并确定人类面对并解决这些问题时的行为反应类型。这些反应类型可以看作是情绪的不同类型,即情绪可以被描述为不同的行为反应,例如趋近或者回避等等。此外,情绪的认知评价学说和社会建构主义学说同样认为情绪具有功能性。

一般而言,情绪具有以下四大功能:适应功能、动机功能、组织功能和信号功能。

1.2.1 适应功能

情绪能够帮助有机体做出与环境相适宜的行为反应,从而有利于个体的生存和发展。根据 Oatley 和 Johnson-Laird 的观点,情绪是在进化过程中个体对来自环境的各种挑战和机遇的适应(Oatley & Johnson-Laird, 1987)。情绪来自个体对自身目标实现过程的有意识或无意识地评价,当目标受到威胁或阻碍或者需要做出调整时,情绪就产生了。特定情绪在特定类型的、高度重复出现的目标实现受到干扰时出现。

此时,情绪会重新组织并指引个体的行为朝着新目标努力,以应对受到的干扰。情绪的功能性在于,为个体提供了对与目标导向相关的行为的评估,并根据评估结果引导个体的适应性应对行为。下表是 Oatley 和 Johnson-Laird(1987)提出的五种基本情绪、诱发原因以及指导个体行为做出的适应性调整。

表1.1 五种基本情绪及其诱发原因和行为转变

情绪	诱发原因	行为转变
高兴	子目标得以实现	继续计划,在需要调整时做出适当修改
悲伤	主要计划或目标失败	什么也不做/寻找新计划
焦虑	自我保护目标受到威胁	停止活动、警惕周围环境/逃跑
愤怒	目标受到阻碍	更努力地尝试/攻击性行为
厌恶	味觉目标受到违反	排斥该物体或回避

来源:Oatley, K. & Johnson-Laird, P. N. (1987).

另外,面部表情在动物和人类进化过程中有重要的适应性功能。例如,婴儿在具备言语交际能力之前,主要通过情绪表情来传递信息,成人也正是通过婴儿的情绪反应来获知和满足他们的需要。随着人类社会生活的丰富和发展,许多具有适应意义的表情动作获得了新的社会性功能,成为一种交际手段,用来表达思想和感情。例如,用微笑表示友好,通过察言观色了解对方的情绪状况,以便采取适当的对策等。

1.2.2 动机功能

情绪是动机系统的一个基本成分,能够激发和维持个体的行为,并影响行为的效率。一方面,情绪具有重要的学习动机功能。兴趣和好奇心等强烈的学业情绪能够激励学习者的积极学习行为,获得最佳的学业成就。正所谓:"知之者不如好之者,好之者不如乐之者。"另一方面,情绪更是一种重要的道德动机。人们在对自己或他人进行道德评价时产生的、影响道德行为产生或改变的复合情绪,被称为道德情绪。例如,羞耻、内疚、尴尬和自豪等自我意识情绪,以及愤怒、蔑视、厌恶、钦佩、感激和移情等他人指向情绪。这些道德情绪能够提供道德行为的动机力量,既能够激发良好的道德行为,又可以阻止不良的道德行为。众多研究表明,真正的自豪、移情和感激能够激发个体的亲社会行为;内疚和羞耻与青少年犯罪以及吸毒和酗酒等不良行为等存在显著负相关,更易激发个体的补偿行为。当然,愤怒也易于激发个体的攻击行为。因此,人们应学会适当调控愤怒等消极情绪,以免遭受"冲动的惩罚"。

1.2.3 组织功能

情绪具有组织作用,会对注意、记忆和决策等其他心理过程产生重要影响。一般来说,正性情绪起协调组织的作用,而负性情绪起破坏、瓦解或阻断的作用。研究发现,不管是情绪性刺激还是个体的情绪性状态都会对注意产生一定影响;情绪不仅会影响记忆的准确性,如负性情绪可以提高人们记忆的准确性,减少错误记忆的可能性(Storbeck & Clore, 2005),而且会影响记忆的内容,如负性情绪可以提高空间工作记忆任务的成绩、但会降低言语工作记忆任务的成绩,正性情绪可以提高言语工作记忆任务的成绩、但会降低空间工作记忆任务的成绩(Gray, 2001);决策者的预期后悔或预期失望等预期情绪,以及决策时体验到的预支情绪和偶然情绪都会直接或间接影响个体的认知评估和决策行为。

1.2.4 信号功能

情绪在人际间具有传递信息、沟通思想的功能。通过情绪外部表现信息的传递,我们可以知道他人正在进行的行为及其原因,也可以知道我们在相同情境下如何进行反应。同样,尽管他人可能并没有经历我们某种情绪产生的诱发事件,但他们可以根据我们的情绪外部表现成分体验我们感受到的情绪。这种情绪的沟通功能是通过情绪体验与外部表现之间的硬联系(Hardwired emotional response)实现的。Dimberg 的实验中探讨了这种硬联系,实验中,快速(8 ms)呈现的愤怒和高兴人脸图片,被试自身产生了对应图片表情的面部肌肉反应。与观看愤怒人脸图片相比,观看高兴人脸图片时被试的颧大肌(在个体微笑时活动)活动明显;当观看愤怒人脸图片时,被试的皱眉肌活动显著提升,而观看高兴人脸图片时,被试的皱眉肌活动显著降低(Dimberg, 1988)。

从个体发展来说,新生婴儿同看护者之间建立的最初的社会性联结,就是通过感情传递,而不是言语交流实现的。婴儿生来具有应对某些特定环境挑战的硬情绪反应,例如听到巨响之后产生恐惧的表情。但是看护者必须教导婴儿如何应对某些不明确物体或事件所引发的情绪反应,以便产生合适的适应性行为。研究者将这种婴儿与看护者之间的情绪传递称为情感传染(affective contagion, Hoffman, 1977)、情感协调(affective attunement, Stern, 1985)、情绪共振(emotional resonance, Campos & Stenberg, 1981)。

情绪也可以传递人际关系的信息。面对一些积极的配偶线索时(如漂亮、年轻、身体健康等),个体的身体姿势、面部表情以及语音线索可以有效地传递爱和亲密,例如微笑能够传递积极信息,可以被视为一种愿意建立关系的信号。一个人微笑的频率也会影响他人对其亲善度和吸引力的评价(Mueser, Grau, Sussman & Rosen, 1984)。当你面无表情地告诉一个人她很漂亮,你很愿意跟她发展一段亲密关系时,这种机器人似的情绪冷传递是他人无法接受的,最终你的表白也会无疾而终。

情绪的传递可以表现两个人之间的权力地位关系。通常,人们将眉毛较低、经常皱眉的个体识别为有权力的,而将眉毛较高或抬眉的个体识别为较顺从的(Senior, Phillips, Barnes & David, 1999)。这些面部线索能够对应不同的面部表情,有权力地位的个体通常在人际交往中表现出较多的愤怒,而顺从的个体则通常表现出较多的恐惧和惊讶。这种不同情绪的传递能够暗示并保持人际关系中的不同权力关系。Miller(1998)提出轻蔑的情绪通常也用来标定并保持不同的权力关系,拥有较高地位的个体通常对下级表现出轻蔑的表情,以此来表现对下级的冷漠或者没有必要对其发怒。Frijda 等人(1994)考察了害羞情绪在承认他人优越地位中的作用。在一些西方国家中,人们认可女性在面对男性时表现出害羞的情绪,并相信这是女性承认男性相对自己有较高社会地位的表现。在一些重视社会地位差别的国家中,害羞被认为是一种积极的情绪,而在另外一些不重视社会地位差异的地区,害羞则被认为是消极的(Shweder, 1994)。

1.3 情绪研究历史概述

从古代哲学到近现代心理学,多个学科的研究者们从不同的切入点对情绪这一概念进行了大量的理论阐述和实验研究。但在科学心理学不太长久的历史中,因为其主观性特征和实验室研究中的测量、实验操作以及实验结果分析量化上的难度,情绪在很长时间内被研究者回避或忽视。直到 20 世纪 70 年代前后,情绪研究重新得到关注。认知心理学、社会心理学、临床心理学、发展心理学、认知神经科学等领域的学者们从多个角度、运用多种方法对情绪及其相关问题进行探讨。从各自的角度对情绪的性质、情绪的实验室操纵方法、情绪与其他心理过程的关系等问题提出了各自的观点,极大地推进了情绪领域的发展。下面将按照情绪研究发展的时间顺序简单概述情绪研究的历史:

1.3.1 早期情绪研究(18 世纪之前的哲学阶段)

在近代科学建立之前,早期哲学家就提出了情绪理性主义的学说,该学说将情绪与理智对立起来,认为人基本上是明智的、有理性的。人必须克服自己品性中卑劣、低下的情绪因素。Plato 是情绪理性主义理论的创始人,他对情绪持有相当贬低的态度,认为人的灵魂结构包括理性、意气(或激情)、情欲三部分,理性是只有人才具有的最高级的、永生不死的东西;意气是指像勇敢、抱负等高尚的冲动;情欲则是指感觉和情欲这些非理性的部分。Plato 认为情绪会混淆、干扰甚至将人推离理性的成分。同时在他的《理想国》一书中,情欲是商人、工匠、农民等低级劳动者的灵魂,位于人的腹部。另外,他还把情感分为愉快和不愉快两种,凡是合乎自然方向和运动目的的事物都能够使人感到愉快,而违反自然则使人感到不愉快。

Aristotle 认识到情绪是有意义的存在,他将情绪解释为高级认知活动和低级感知活动的混合体,这一观点在现代认知心理学中仍被认可。同时将情绪与愉快和痛苦相联系,并且列出了一系列的具体情绪,如愤怒、恐惧和遗憾。另外,Aristotle 对愤怒进行了相对完整的分析,并且强调了复仇的重要性。Soloman(1993)认为需要在一定的伦理范围内分析 Aristotle 的情绪观点,在某些情境下愤怒情绪是公正的,而在另一些情境下愤怒情绪则是不公正的,正如日常生活中,人们根据是否合适来评判他人行为,而不是根据他们的情绪反应。

Plato 和 Aristotle 创立的情绪理性主义学说在 17 世纪由 Descartes 加以发挥后者对其做出了最为完满的表述。在 Descartes 著名的身心二元论中,他将情绪置于心灵之中,并且认为只有人类才有情绪,动物只有肉体没有情绪。他的情绪观点实质上是认知主义的,并对情绪的本质、种类和机制等问题做了专门的论述。他认为,情绪是人的内在经验。情绪经验产生在心灵之中,外部环境信息通过松果体传递到心灵,心灵做出判断之后将信息通过松果体传递到身体,身体做出反应。这一过程中最重要的意识经验发生在心灵之中,动物尽管可以像体验到情绪一样做出身体反应,但真正的情绪经验只有人类才有。他指出,情绪不是心灵的主动状态和功能,它必须由外部刺激物来激发。Descartes 认为人有六种原始情绪:惊奇、爱悦、憎恶、欲望、欢乐和悲伤(wonder, love, hatred, desire, joy and sadness)。在原始情绪问题上,Descartes 坚持唯物主义决定论的原则,认为这些原始情绪都和一定对象相联系。

直到 19 世纪末情绪的心理学理论出现之前,Descartes 的情绪观点一直在理论界占主导地位。尽管在当时脑科学还极不发达,Descartes 的思想却反映了当时哲学家们对情绪问题的睿智推测,然而这些观点尚不能认识到情绪与理性思维在脑内的联系,也没有看到情绪在脑的进化中,已经从动物的原始情绪状态达到形成理性思维机制的高度,并且从心理学的角度看,人类的高度精神文明是理性思维和高级情感相结合的产物。

1.3.2 近代情绪研究(19 世纪 80 年代到 20 世纪 60 年代)

情绪研究的历史自 Darwin 之后进入科学的阶段,Darwin 在 1872 年《人类与动物的表情》一书中,从情绪的发生角度出发,强调情绪的适应功能以及情绪外显行为和外界刺激的重要性,从进化论的角度指出了人与动物之间在情绪和其他方面的延续性。

在 Darwin 之后不久,James 于 1884 年综合 Descartes 和 Darwin 的意见,提出了情绪研究历史上第一个系统的心理学理论。他认为,对刺激的知觉导致内脏和外显的肌肉反应,对这些反应产生的感觉就是体验到的情绪。比如我们看到狗熊,先是逃跑然后才会感到害怕。他的理论阐明了刺激、行为和情绪体验之间的关系。与 James 几乎同时,丹麦心理学家 Lange 提出了相似的理论,两者都强调情绪是对外周身体变化的知觉,合称 James-Lange 情绪外周理论。

Cannon(1927)和 Bard(1934)批评了 James 的理论,认为情绪产生应该遵循这样的顺序:外界刺激受纳器将神经冲动传递到丘脑,冲动一方面上行传递到大脑皮层,产生主观体验,另一方面下行传递到自主神经系统,引起生理应激准备状态。他们认为丘脑是情绪产生的中心环节,因此其理论称为情绪的丘脑学说。

James-Lange 理论和丘脑学说提出之后,情绪的生理学研究成为以后相当时期内情绪研究的主导方向。从 20 世纪 30 年代开始,研究者关注生理激活的测量,重视生理激活在情绪产生中的作用,把激活和唤醒概念纳入他们的理论框架中,成为后来许多情绪心理学家构建心理学概念模型的核心概念。如 Duffy(1962)的激活情绪理论、Bindra(1969)的"中枢运动状态"概念、Wenger(1950)、Young 和 Pribram(1970)的情绪"扰动说"、Lindsley(1951)的激活论等都是这一情绪生理学研究取向的重要代表,我们将在第二章中进行详细描述。

1.3.3 现代情绪研究(20 世纪 60 年代以来)

20 世纪 60 年代开始,随着认知主义与传统行为主义的交锋,情绪研究开启了新的复兴和繁荣阶段。人们对情绪与认知的关系有了新的认识,情绪不再是认知的附属品,二者相互影响,不可替换。人们开始认识到情绪的产生需要有认知的参与,认知评价学说应运而生,并产生了越来越大的影响。同时,对于情绪本质或结构的讨论也进入一个新的阶段,有三种观点:

第一种观点,Tomkins、Izard、Ekman 继承了 Darwin 的观点,认为情绪是功能性和动机性的,存在几种基本情绪,每种情绪都有各自独特的生理神经机制、外部表现,其他复合情绪是在基本情绪基础上发展而来。情绪具有自然的分类,目前情绪领域的研究多是基于这种假设,即特定情绪(如愤怒、悲伤、恐惧、厌恶和高兴)是天生的,也就是说这些分类是独立于我们的感知而存在的。每一种特定情绪都能引起相对稳定的感觉、记忆、运动和生理反应,并且能够反映在某些可测量的外部表现中。这种情绪自然分类的观点一直主导着情绪的科学研究,并且是情绪领域主要问题、实验设计、结果解释的基础。

第二种观点,以 Arnold、Schachter 和 Lazarus 为代表的认知评价观点,强调认知在情绪产生中的重要作用。将情绪视为生理和认知之间相互作用的结果的观点,如 Schachter 的两因素理论(1959,1962,1964,1970),认为情绪体验具有两个不可或缺的因素:交感神经的生理唤醒和个体对这种生理唤醒的认知解释,对早期的情绪认知理论发展产生了重要的影响。更近一些的理论开始强调评价过程在情绪产生中的作用,如 Lazarus 的评价说(Lazarus,1966,1970)认为情绪是对事件意义的反应,是通过认知评价决定和完成的。情绪的认知评价理论正面地解释了情绪与认知的关系,情绪与认知相互影响,在解释情绪时赋予了认知极其重要的角色,将情绪本身就看作是一种认知。

第三种观点,20 世纪 80 年代中期兴起的以 Harre(1986)为代表的社会建构理论(情绪是社会关系的产物),以及近十多年才逐渐形成体系的以 Russell 和 Barrett 为代表的心理建构理论(情绪是机体反应和机体反应的概念体系共同生成的)与传统的情绪理论差别较大。Russell 等人(Russell,1999,2003,2009)认为核心情感(core affect)是所有情绪所共有的,并在此基础上建构形成某种特定的情绪。核心情感虽然可以用愉悦度与唤醒度表示,但在主观体验上是不可分割的,即个体知觉到的是一种融合的情绪体验。个体对恐惧、愤怒、喜悦和悲伤等等情绪体验都是在核心情绪的基础上,融合了情感表征、身体知觉、对象知觉、评价观念和行为冲动等形成的整体体验。从这个角度来看,情绪并非一个静态的结构,而是一个建构的过程。在建构之后,个体形成了一个看似独立的情绪体验。

情绪的社会建构论观点认为尽管情绪的种系发生基于一定的进化-遗传特质之上,但是情绪的体验内容和表达方式并不是遗传性习惯的遗迹,而是在社会文化系统中获得的,是与人当时的社会角色相适应的有用的习惯;在日常生活中,人们情绪活动中的多种成分及其选择性表现,表征的是一种"暂存性的社会角色(a transitory social role)",即在特定情境中个人所遵循的社会所规定的行为反应方式,包括如何根据一定的社会规则以恰当的方式对某一情境进行评价、采取行为以及解释自己的主观体验和生理反应等(Averill,1980)。

情绪的社会建构论探究情绪在社会文化和社会实践中的形成和表达方式,特别是情绪参与和形成某一社会文化及其特定道德秩序的方式,这正是以往情绪研究比较薄弱的领域。但是由于偏重文化因素而不是生物因素在情绪产生中的作用,强调习得因素而不是遗传因素在情绪发展中的影响,导致其在一定程度上具有局限性(乔建中,2003)。

1.4 情绪研究方法发展

1.4.1 情绪诱发方法

在人工诱发情绪方面,研究者通过不断尝试建立了许多有用的范式以及标准化的诱发材料数据库。情绪的人工诱发主要可以分为两种:内部诱发和外部诱发。内部诱发方式主要有:情绪语句阅读并浸入自我(self-referential statements),让被试阅读具有强烈情绪色彩的语句并体验语句所表达的情绪涵义从而实现情绪诱发(Velten, 1968);自传体回忆(autobiographical recall),即让被试回忆以往经历中的各种情绪性事件,重新体验事件发生时的情绪(Averill, 1982);想象情绪诱发(imagery),让被试想象一些悲伤、愉快或中性的情景(Wright & Mischel, 1982);面部表情模拟法(posing facial expression),指导被试做出恐惧、愤怒、高兴等各种表情(Ekman, 2007)。外部诱发方法主要包括情绪性图片诱发、情绪性电影片段诱发、情绪性音乐诱发、嗅觉刺激诱发、正负性反应成绩反馈诱发(Farmer, 2006)、社会交际活动诱发(Berna, 2010)。Salas(2012)比较了情绪性电影诱发(外部诱发)和自传体回忆(内部诱发)诱发四种情绪(恐惧、愤怒、高兴、悲伤)的效果,结果发现两种方法在诱发的情绪强度上除高兴情绪外,其他三种情绪强度没有显著差异;内部诱发方法在诱发的整体情绪强度上要高一些;自传体回忆会诱发更多的负性以及混合情绪。Martin(1990)的分析表明,音乐、电影、想象都能够达到75%的诱发成功率,是较为理想的情绪诱发方法;Clark(1983)则发现,音乐诱发法能够100%引起情绪状态的改变;Westermann等人(1996)进行的元分析表明,组合诱发法在诱发消极情绪方面效果明显,而使用电影或故事材料在诱发积极和消极情绪方面都有不错的效果。然而这种分析受到了很多质疑:一方面,在元分析的研究中,不同研究者对情绪诱发成功标准的定义存在着巨大的差异;另一方面,情绪诱发的效果要受到诸多因素的制约,脱离了被试和实验的具体情况谈情绪诱发,似乎并不严谨。

在诱发材料的标准化方面,研究者建立了多个经过标准化的诱发材料数据库,如国际情绪图片库(International Affective Picture System, IAPS),国际情感语音数据库(International Affective Digitized System, IADS),情绪英语词汇库(Affective Norms for English Words, ANEW),情绪英文文本库(Affective Norms for English Text, ANET)。国内罗跃嘉及其研究团队在国际情绪图片和声音库的基础上,遵照国际情绪刺激库标准化的方法建立了本土化的情绪图片与声音库(白露,马慧,黄宇霞 & 罗跃嘉,2005;刘涛生,罗跃嘉,马慧 & 黄宇霞,2006)。王一牛(2005)也使用同样方法对具有感情色彩的现代汉语双字词进行了标准化并建立了词库,丰富了情绪标准化刺激材料(周萍,陈启鹏,2008)。

1.4.2 情绪测量方法

情绪的一个重要特征是伴随其产生的主观体验,即我们通常所说的感受,如高兴、愤怒、悲伤等。一些学者认为情绪的体验成分只能从体验者的第一视角进行主观报告,情绪的其他外部成分如表情、姿态、生理唤醒等都不能代替对体验的直接报告(Barrett, Mesquita, Ochsner, & Gross, 2007)。然而,许多情绪研究者认为情绪研究不能只依赖主观报告。情绪的其他成分如生理变化、行为变化也是情绪必不可少的组成部分,尽管我们并不总能觉察到这些变化,但是缺少对这些指标的测量将无法实现对情绪复杂性的准确理解。

许多研究者认为,情绪是由一些很简单原始的反射行为(如趋近和回避)进化而来,这些行为倾向及伴随产生的生理变化仍是现代人类反应行为的组成部分(Frijda, 1986)。例如,一些原始反应如趋近有益的东西、回避有害的东西是所有行为的基础,当遇见食物或厌恶的东西时,哺乳动物都会表现出简单的趋近或回避行为。然而,相比较低级的动物,人类拥有更复杂的神经系统以致其反应的变异性和复杂性更大,可以完成比趋近或回避行为更复杂灵活的行为以适应不同环境。对这些主观体验、行为变化、生理和神经变化的测量能够帮助我们更好地理解情绪过程及其机制。

对情绪主观体验的测量

内省法 由于我们对情绪最深刻的印象便是情绪产生时的内心感受,因此很多人认为主观体验是情绪最主要的成分。但长久以来,能否实现对内部体验的准确测量一直是心理学家争论的主题。现代实验心理学之父 Wundt 和美国现代心理学的创始人 James 都重视使用内省方法研究内部状态。James 曾经说过"内省观察是我们需要优先并要一直使用的研究方法"(James, 1890)。但是,我们似乎并不善于探究自己的内心想法,对于自身行为的原因有时很难找到真实答案,因此内省方法较少用于认知心理学和认知神经科学领域。Nisbett 和 Wilson(1977)进行的一项实验中,要求被试选择一些他们喜欢的物体并要求其报告选择某一物体的原因。结果被试通常报告一些外显的原因(比如看上去漂亮,看上去质量好),而不是由实验者操纵的真实原因。被试通常会寻求一个看上去合理的理由去解释自己的行为,而不能真正地去内省自己的认知过程。Nisbett 曾说过"主观报告的准确性很低,对内部认知过程的任何内省有可能都不准确或不可信"(Nisbett, Wilson, 1977)。该研究表明,我们无法觉察的刺激能够诱发我们的情绪反应,因此许多研究者提出通过测量其他情绪指标来代替自我报告法。但是为实现对情绪的全面了解,自我报告的方法不能被其他测量方法完全代替。

描述经验取样法（descriptive experience sampling，DES） 鉴于传统内省方法在测量主观体验时遇到的问题，研究者正积极探索测量主观体验的新方法。其中一种方法是描述经验取样法，通过一部传呼机在随机的时间点提示被试，要求其报告此时此刻的内部体验（Hurlburt & Heavey, 2002）。例如"传呼机声音发出时你的内心想法是什么？"经过一定练习，被试能够轻松地掌握这个方法并回答问题。描述经验取样法能够像内省法那样直接地测量我们的意识和主观状态，另外也有研究者使用记日记的方法研究情绪（Bolger, Davis, & Rafaeli, 2003），这些方法在情绪研究中具有很高的价值。

对情绪外部行为表现的测量

人类和动物共有一些有利于生存的行为反应，如与攻击和防御相关的行为是不同生命群体所共有且差异不大的生存工具。对人类来说，与情绪相关的最显著的行为表现就是面部表情。当被告知自己通过考试时，人们通常会咧嘴笑以表达高兴的心情；当人们没有成功得到一份想要的工作时，我们通常会黯然神伤。

观察法是研究人类和动物情绪的主要方法。通过观察自然环境下的儿童或动物，可以测量不同刺激呈现条件下不同的行为反应。Darwin 是最早研究人类和动物外显行为的科学家之一。通过观察研究，Darwin 提出不同国家和地区相同的面部表情能够表达相同的情绪，即情绪具有跨文化的一致性（Darwin, 1872/1965）。Ekman 是当代情绪研究中最多产的学者之一，他进行了一系列实验验证了情绪面部表情的跨文化一致性（Ekman, 1992/1999）。为了系统地研究这一问题，他对巴布亚新几内亚的一个与世隔绝的原始部落进行调查，通过向部落成员呈现由白人演员表达的各种情绪图片，要求他们辨认图片的情绪。结果发现，尽管部落成员从未见过白种人，但是其识别的正确率却远高于随机水平（Ekman, 1969）。另外，他拍摄下部落成员表达高兴、悲伤、恐惧等的面部表情，将拍摄的视频以及对应的表现（由部落成员报告的行为表达的情绪翻译而来）呈现给美国学生，结果发现情绪与面部表情之间存在高度相关。这些结果有力支持了面部表情的跨文化一致性。

虽然我们可以通过观察外部行为变化来研究人们的情绪，但是外部的观察存在两个显著的问题：第一，人们通常可以压抑并控制自己的面部表情，例如虽然某人感到悲伤抑郁，但是为了表现出乐观积极，却努力做出微笑的表情；第二，情绪的表达存在文化差异，例如在日本文化中，表达愤怒或攻击行为通常是不适宜的，通常会减少此类行为的出现。因此，在研究情绪的外部表现时，我们既要考虑情绪表现的真实性，也要考虑文化背景的差异。

对情绪生理变化的测量

除了行为反应之外，情绪也具有一系列的生理反应指标，如当兴奋或极度恐惧时,心跳会显著加快;当焦虑或紧张时,手掌会出汗。另外一些内部的生理变化则无法觉察到,处在不同情绪时个体身体会释放不同的激素到血液中。在极度恐惧时,流入肌肉和大脑的血液增加,以便个体能够更快地做出反应,同时,肾上腺会分泌更多的肾上腺素,从而导致心跳增加、血管收缩、呼吸加快、内脏活动减少。许多研究者认为这些反应是人类长期进化过程中为个体"战斗"或"逃避"(fight or flight)需要而形成的,由人体的自主神经系统(ANS, autonomic nervous system)所控制。自主神经系统负责向躯体器官、肌肉和腺体发送信号,协调身体内部环境的功能,包括交感神经系统和副交感神经系统两部分,前者与机体的唤醒相关,后者则负责机体静息状态的活动。下表是目前用来测量情绪生理变化的技术手段,我们将在后面章节进行详细阐述。

表1.2　情绪研究中用来测量生理变化的常用技术

技术名称	描述
皮肤电(skin conductance response)	用非极化电极将人体皮肤上两点联接到灵敏度足够高的电表上,以此来测量皮肤电阻的变化
心跳(heart rate)	通过将脉搏跳动产生的运动转换为电能,反映唤醒水平的变化
血压(blood pressure)	收缩压表示动脉将血液压出心脏的压力,舒张压表示血液回流到心脏的压力
皮质醇(cortisol level)	可以通过测量血液、尿液、唾液得到,是自主神经系统活动的良好指标
肌电(electromyography)	将小电极点放置在皮肤上(通常是眼下部的肌肉),可以测量肌肉的活动。惊吓反射就是当惊讶时眨眼导致眼部收缩产生的肌肉活动
呼吸频率(respiration rate)	每分钟呼吸的次数,可以作为生理唤醒的良好测量指标

对情绪神经机制的测量

近年来,对于情绪在大脑内部表征机制的研究取得了很大的进步。早期情绪心理学家认为边缘系统(limbic system)与情绪的体验和表达相关(Papez, 1937)。最近的研究进一步表明,不同的大脑结构控制情绪的不同成分,与情绪相关的脑区同样也具有许多其他功能(Lane & Nadel, 2000)。情绪脑机制的研究很多来自于动物研究,通过手术或切除动物的某一脑区,之后让动物完成某一任务,通过其任务成绩推断该脑区的功能。单细胞记录(single cell recording)是另外一种动物研究中的常用技术,通过手术在动物脑内植入电极,可以测量单一神经元或神经元组的活动。在神经科学领域,通常在癫痫病人脑内植入电极以观测其症状发作时的神经元放电情况,同时也可以通过让病人完成情绪相关任务,测量其神经元组的放电活动。

揭示人类情绪脑机制的主要进步来源于脑功能成像技术的迅猛发展,如正电子断层扫描(positron emission tomography, PET)、功能磁共振成像(functional magnetic resonance imaging, fMRI)、脑电图(electroencephalography, EEG)、脑磁图(magnetoencephalography, MEG)、近红外光学成像(near infrared spectroscopy, NIRS)等。PET 和 fMRI 技术用来测量脑内局部血流变化和新陈代谢活动。PET 技术通过向人体注射示踪同位素,同位素释放出的正电子与脑组织的电子相遇,发生湮灭作用,产生一对方向几乎相反的 γ 射线,可以被 PET 扫描仪探测到,进而可以揭示由实验因素所激活的脑区。

fMRI 技术通过测量被试在强磁场中大脑活动时血液中含氧量的变化,当某一脑区进行认知任务时,所需的血氧量增加,这种变化会被环绕被试大脑周围的强磁场检测到,以此来确定脑区激活情况。由于该技术的无创性、高空间分辨率以及相对较高的时间分辨率(50 ms, PET 则需要 1 000 ms),在研究中被大量使用。

EEG 技术可以测量大脑的电位变化,通过在被试头部放置不同数量的电极点,可以无创性地测量被试进行认知任务时的电位变化。高分辨率脑电图的主要优势在于直接反映了神经的电位活动,有极高的时间分辨率,几乎达到了实时,而且造价较低,使用和维护都很方便。

MEG 技术通过超导量子干涉仪,可以灵敏地捕捉大脑认知加工时在头颅外表形成的微弱感应磁场,并能识别出颅内发出这些信号部位的信息。由于神经电兴奋源所引起的感应磁场基本上能够穿透颅骨和组织达到头的表面而不受干扰,因此它对神经兴奋源的定位比较直接准确,而且还具有很高的时间分辨率。但造价较高,对某些流向的兴奋源敏感,而其他流向的兴奋源则可能无法探测到。

NIRS 是一种无创的、利用不同脑内物质对近红外光的吸收具有不同特点的原理进行脑激活成像的研究手段。相对于其他脑成像设备(如 EEG, fMRI, PET 等),近红外光学脑成像具有非侵入、安全、可便携和低成本等优点。另外,近红外光学脑成像更不易受被试实验过程中的身体运动的影响,对被试实验过程中的运动(如头动)有较好的耐受性,因此可以实施更具生态效度的实验,如真实运动状态下的脑激活,也可以对好动的婴幼儿进行实验。下表列出了测量大脑活动的常用技术及其优缺点:

表 1.3 测量大脑活动的常用技术

技术名称	优点	缺点
单细胞记录	能够测量单个神经元,高空间和时间分辨率,直接测量	需要手术植入
正电子断层扫描	较好的空间分辨率	时间分辨率较差,侵入性,不是直接测量

续表

技术名称	优点	缺点
功能磁共振成像	高空间分辨率,非侵入性	时间分辨率较差
脑电图	高时间分辨率,非侵入性	空间分辨率较差
脑磁图	高时间分辨率,能够相对直接地测量神经活动	空间分辨率较差,与其他脑磁测量技术会互相干扰
近红外成像	非侵入性、安全、便携、低成本	时间分辨率较差

来源:Fox, E. (2008).

1.5 本书的结构

本书的内容基本包括了目前有关情绪研究的各个领域,力图表现出情绪心理学全貌。

第1章从对情绪概念的界定开始,阐述情绪的性质和功能,以及概述情绪研究的历史和主要研究方法,使我们对情绪研究的发展有概括性的了解。

第2章对纷繁林立的情绪理论学说进行梳理,重点介绍目前为止较有影响力的情绪理论。并且根据研究者的不同观点和争论,为读者呈现当今情绪研究的四种取向,即基本情绪理论取向、评价取向、心理建构取向、社会建构取向,使读者能够了解情绪心理学理论研究的最新进展。

第3至5章,分别从研究者普遍认可的情绪三成分着手,结合大量新近的研究成果,分别为读者呈现情绪的主观体验及其评价、情绪的外部表现及其识别、情绪的生理激活及其测量等领域的研究范式及最新研究进展。

第6章从情绪的发展心理学角度出发,采用发展年龄和情绪主题混排的组织方式,前两节以生理发展为主线,按情绪的早期发展和老龄化程度进行分组来阐述情绪毕生发展的主题,并在分节内以情绪发展中相对独立的主题来编排内容。第三节基于情绪早晚期发展的共性问题阐述了情绪发展的生物性和社会文化属性。

第7章介绍有关情绪记忆的最新研究成果,科学研究和实际生活并重。

第8章重点介绍情绪智力,按照情绪智力概念的发展过程、研究过程,一步步地探讨情绪智力的本质,测量其与其他心理行为的关系。将学术研究中的情绪智力概念与大众心中的情商概念进行了区分,有利于读者了解学术意义上的"情绪智力"概念,以减少混淆和误解。

第9至11章尝试对长期以来情绪与认知之间关系的争论进行梳理,系统地阐释情绪与注意、情绪与学习、情绪与决策的交互作用,介绍情绪与认知关系研究中涉及的主要研究方法和最新研究成果。

第12章介绍情绪与道德的关系,注重对具有重要意义的理论模型的评价,而非简单地只列举某些研究结论。突出对已有研究的理论思考,尝试建构一定的理论体系来统领已有研究,并从"道德判断"和"道德行为"两个方面来梳理情绪对道德心理的影响。

第13章从情绪与人类行为之间的关系着手,探讨情绪调节与行为改变的关系,关注情绪与攻击行为、趋避行为和群体行为之间的关系。

第14章探讨情绪与人类健康之间的关系,从理论演变的角度阐述了迄今为止人们有关消极情绪导致疾病的重要认识,并综述了相关的样本研究。

虽然本书中主要标题所涉及的范围是相当全面的,基本展现了目前情绪领域开展的主要研究工作,但是并非情绪研究的所有方面都能在本书中一一展现。本书旨在向读者介绍目前情绪心理学重点关注的研究领域,说明情绪心理学的主要研究进展。读者可通过进一步阅读相关参考文献更全面地学习情绪心理学的相关知识。

参考文献

白露,马慧,黄宇霞和罗跃嘉.(2005).中国情绪图片系统的编制——在46名中国大学生中的试用.中国心理卫生杂志,19(11),719—722.
黄希庭.(2007).心理学导论.北京:人民教育出版社.
李晓明,傅小兰.(2004).情绪性权衡困难下的决策行为.心理科学进展,12:801—808.
李晓明,李晓琳.(2012).不作为惯性产生的原因、条件及应用.心理科学进展,20:584—591.
刘涛生,罗跃嘉,马慧和黄宇霞.(2006).本土化情绪声音库的编制和评定.心理科学,29(2),406—408.
乐国安,董颖红.(2013).情绪的基本结构:争论、应用及其前瞻.南开学报(哲学社会科学版),2013(1)
M.W.艾森克,M.T.基恩.(2009).认知心理学.高定国等译.上海:华东师范大学出版社.
孟昭兰.(1989).人类情绪.上海:上海人民出版社.
孟昭兰.(1994).普通心理学.北京:北京大学出版社.
孟昭兰.(2005).情绪心理学.北京:北京大学出版社.
乔建中.(2003).情绪的社会建构理论.心理科学进展,11(5),541—544.
王一牛.(2005).汉语词的感情认知与记忆加工:ERP研究.
周萍,陈启鹏.(2008).情绪刺激材料的研究进展.心理科学,31(2),424—426.
Arnold, M. B. (1950). *An excitatory theory of emotion*.
Arnold, M. B. (1960). *Emotion and personality*.
Averill, J. R. (1980). A constructivist view of emotion. *Emotion: Theory, research, and experience*, 1, 305-339.
Averill, J. R. (1982). *Anger and aggression: An essay on emotion*. New York.
Bard, P. (1934). Emotion: I. *The neuro-humoral basis of emotional reactions*.
Barrett, L. F., Mesquita, B., Ochsner, K. N. & Gross, J. J. (2007). The experience of emotion. *Annual review of psychology*, 58, 373.
Barrett, L. F. (2006). Are emotions natural kinds?. *Perspectives on psychological science*, 1(1), 28-58.
Berna, C., Leknes, S., Holmes, E. A., Edwards, R. R., Goodwin, G. M. & Tracey, I. (2010). Induction of depressed mood disrupts emotion regulation neurocircuitry and enhances pain unpleasantness. *Biological psychiatry*, 67(11), 1083-1090.
Bindra, D. (1969). A unified interpretation of emotion and motivation. *Annals of the New York Academy of Science*, 159, 1071-1083.
Bolger, N., Davis, A. & Rafaeli, E. (2003). Diary methods: Capturing life as it is lived. *Annual review of psychology*, 54(1), 579-616.
Bradley, M. M. & Lang, P. J. (2007). The International Affective Picture System (IAPS) in the study of emotion and attention. In J. A. Coan and J. J. B. Allen (Eds.), *Handbook of emotion elicitation and assessment* (pp. 29-46). Oxford University Press
Cacioppo, J. T., Berntson, G. G., Larsen, J. T., Poehlmann, K. M. & Ito, T. A. (2000). The psychophysiology of emotion. *Handbook of emotions*, 2, 173-191.

Campos, J. J. & Stenberg, C. (1981). Perception, appraisal, and emotion: The onset of social referencing. *Infant social cognition: Empirical and theoretical considerations*, 273, 314.
Cannon, W. B. (1927). The James-Lange theory of emotions: A critical examinatioin and an alternative theory. *American journal of psychology*, 39, 106–124.
Clark, D. M. (1983). On the induction of depressed mood in the laboratory: Evaluation and comparison of the Velten and musical procedures. *Advances in behaviour research and therapy*, 5, 27–49.
Damasio, A. R. (1994). *Descartes's error: Emotion, reason and the human brain*, Grosset and Putnam, New York.
Dimberg, U. (1988). Facial electromyography and the experience of emotion. *Journal of psychophysiology*.
Dolcos, F., LaBar, K. S. & Cabeza, R. (2004a). Dissociable effects of arousal and valence on prefrontal activity indexing emotional evaluation and subsequent memory: an event-related fMRI study. *Neuroimage*, 23(1), 64–74.
Dolcos, F., LaBar, K. S. & Cabeza, R. (2004b). Interaction between the amygdala and the medial temporal lobe memory system predicts better memory for emotional events. *Neuron*, 42(5), 855–863.
Darwin, C. (1872/1965). *The expression of the emotions in man and animals*. London, UK: John Marry.
Duffy, E. (1962). *Activation and Behavior*. New York: John Wiley & Sons.
Ekman, P., Sorenson, E. R. & Friesen, W. V. (1969). Pan-cultural elements in facial displays of emotion. *Science*, 164 (3875), 86–88.
Ekman, P. & Friesen, W. V. (1971). Constants across cultures in the face and emotion. *Journal of personality and social psychology*, 17(2), 124.
Ekman, P. (1992). An argument for basic emotions. *Cognition & emotion*, 6(3–4), 169–200.
Ekman, P. (1999). 'Basic emotions', in T. Dalgleish and M. J. Power (eds), *Handbook of cognition and emotion*, Chichester: Weily.
Eysenck, M. W. & Keane, M. T. (2000). *Cognitive Psychology: A Student's Handbook* (4th ed.). New York: Psychology Press.
Eysenck, M. W. & Keane, M. T. (2005). *Cognitive psychology: A student's handbook* (5th ed.). New York: Psychology Press.
Ekman, P. (2007). The Direct facial action task. Emotional responses without appraisal. In J. Coan & J. Allen (Eds.), *Handbook of emotion elicitation and assessment* (pp. 47–53). New York, NY: Oxford University Press.
Farmer, A., Lam, D., Sahakian, B., Roiser, J., Burke, A., O'NEILL, N. A. T. H. A. N & McGUFFIN, P. E. T. E. R. (2006). A pilot study of positive mood induction in euthymic bipolar subjects compared with healthy controls. *Psychological Medicine* 36(09), 1213–1218.
Fox, E. (2008). *Emotion science cognitive and neuroscientific approaches to understanding human emotions*. Palgrave Macmillan.
Frijda, N. H. (1986). *The emotions*. Cambridge University Press.
Frijda, N. H. (1994). Emotions require cognitions, even if simple ones. *The nature of emotions: Fundamental questions*, 197–202.
Freud, S. (1930/1961). *Civilization and its discontents*. Trans. James Strachey. New York: Norton.
Gray, J. R. (2001). Emotional modulation of cognitive control: approach-withdrawal states double-dissociate spatial from verbal two-back task performance. *J Exp Psychol Gen*, 130(3), 436–452.
Gross, J. J. (1998). Antecedent-and response-focused emotion regulation: divergent consequences for experience, expression, and physiology. *Journal of personality and social psychology*, 74(1), 224.
Harré, R. (Ed.). (1986). *The social construction of emotions*. Blackwell.
Hoffman, M. L. (1977). Personality and social development. *Annual review of psychology*, 28(1), 295–321.
Hurlburt, R. T. & Heavey, C. L. (2002). Interobserver reliability of descriptive experience sampling. *Cognitive therapy and research*, 26(1), 135–142.
Isaacowitz, D. M., Toner, K. & Neupert, S. D. (2009). Use of gaze for real-time mood regulation: effects of age and attentional functioning. *Psychology and aging*, 24(4), 989.
Isen, A. M. & Patrick, R. (1983). The effect of positive feelings on risk taking: When the chips are down. *Organizational Behavior and Human Decision Processes*, 31, 194–202.
Isen, A. M., Daubman, K. A. & Nowicki, G. P. (1987). Positive affect facilitates creative problem solving. *Journal of personality and social psychology*, 52(6), 1122.
Izard, C. E. (Ed.). (1977). *Human emotions*. New York: Plenum press.
Izard, C. E. (1991). *The psychology of emotions*. New York: Plenum.
James, W. (1884). II. What is an emotion?. *Mind*, (34), 188–205.
James, W. (1890). *Psychology*. Cambridge, MA: Harvard University Press.
Keltner, D. & Haidt, J. (1999). Social functions of emotions at four levels of analysis. *Cognition & emotion*, 13(5), 505–521.
Keltner, D. & Haidt, J. (2001). Social functions of emotions.
Kensinger, E. A., Garoff-Eaton, R. J. & Schacter, D. L. (2006). Memory for specific visual details can be enhanced by negative arousing content. *Journal of memory and language*, 54(1), 99–112.
Lane, R. D. & Nadel, L. (Eds.). (2002). *Cognitive neuroscience of emotion*. Oxford University Press.

Lange, C. G. (1885). The mechanism of the emotions. *The Emotions*. Williams & Wilkins, Baltimore, Maryland, 33-92.
Lazarus, R. S. (1966). *Psychological stress and the coping process*. New York: McGraw-Hill.
Lazarus, R. S., Averill, J. R. & Opton, E. M. Jr (1970). Towards a cognitive theory of emotion. In M. B. Arnold (ed.), *Feelings and emotions: The Loyola symposium* (pp. 207-232). New York: Academic Press
Lazarus, R. & Folkman, S. (1984). *Stress, appraisal, and coping*. New York: Springer.
Lindsley, D. (1951). Emotion. In S. S. Stevens (Ed.), *Handbook of experimental psychology*. New York: Weily.
Loewenstein, G., Weber, E., Hsee, C. & Welch, N. (2001). Risk as feelings. *Psychological bulletin*, 127, 267-286.
Lutz, A., Slagter, H. A., Dunne, J. D. & Davidson, R. J. (2008). Attention regulation and monitoring in meditation. *Trends in cognitive sciences*, 12(4), 163-169.
MacLeod, C. & Mathews, A. (2012). Cognitive bias modification approaches to anxiety. *Annual review of clinical psychology*, 8, 189-217.
Martin, M. (1990). On the induction of mood. *Clinical psychology review*, 10, 669-697.
Mehrabian, A. & Russell, J. A. (1974). *An approach to environmental psychology*. the MIT Press.
Miller, W. I. (1998). *The anatomy of disgust*. Harvard University Press.
Mueser, K. T., Grau, B. W., Sussman, S. & Rosen, A. J. (1984). You're only as pretty as you feel: facial expression as a determinant of physical attractiveness. *Journal of Personality and Social Psychology*, 46(2), 469.
Nisbett, R. E. & Wilson, T. D. (1977). Telling more than we can know: Verbal reports on mental processes. *Psychological review*, 84(3), 231.
Ochsner, K. N. (2000). Are affective events richly recollected or simply familiar? The experience and process of recognizing feelings past. *Journal of experimental psychology-general*, 129(2), 242-261.
Oatley, K. & Johnson-Laird, P. N. (1987). Towards a cognitive theory of emotions. *Cognition and emotion*, 1(1), 29-50.
Papez, J. W. (1937). A proposed mechanism of emotion. *Archives of Neurological Psychiatry*, 38, 725-743.
Posner, J., Russell, J. A. & Peterson, B. S. (2005). The circumplex model of affect: An integrative approach to affective neuroscience, cognitive development, and psychopathology. *Development and psychopathology*, 17(03), 715-734.
Plutchik, R. (1980). *Emotion: A psychoevolutionary synthesis* (p. 440). New York: Harper & Row.
Plutchik, R. (2001). The nature of emotions. *American Scientist*, 89(4), 344-350.
Pribram, R. (1970). Feeling as monitors. In M. Arnold (Ed.), *Feelings and Emotions*. New York: Academic Press.
Ritchey, M., LaBar, K. S. & Cabeza, R. (2011). Level of Processing Modulates the Neural Correlates of Emotional Memory Formation. *Journal of cognitive neuroscience*, 23(4), 757-771.
Russell, J. A. (1980). A circumplex model of affect. *Journal of personality and social psychology*, 39(6), 1161.
Russell, J. A. & Barrett, L. F. (1999). Core affect, prototypical emotional episodes, and other things called emotion: Dissecting the elephant. *Journal of personality and social psychology*, 76(5), 805.
Russell, J. A. (2003). Core affect and the psychological construction of emotion. *Psychological review*, 110(1), 145.
Russell, J. A. (2009). Emotion, core affect, and psychological construction. *Cognition and emotion*, 23(7), 1259-1283.
Salas, C. E., Radovic, D. & Turnbull, O. H. (2012). Inside-out: Comparing internally generated and externally generated basic emotions. *Emotion*, 12(3), 568.
Senior, C., Phillips, M. L., Barnes, J. & David, A. S. (1999). An investigation into the perception of dominance from schematic faces: A study using the World-Wide Web. *Behavior research methods, instruments & computers*, 31(2), 341-346.
Schlosberg, H. (1954). Three dimensions of emotion. *Psychological review*, 61(2), 81.
Schachter, S. (1959). *The psychology of affiliation*. Stanford: Stanford University Press.
Schachter, S. & Singer, J. (1962). Cognitive, social, and physiological determinants of emotional state. *Psychological review*, 69(5), 379.
Schachter, S. (1964). The interaction of cognitive and physiological determinants of emotional state. *Advances in experimental social psychology*, 1, 49-80.
Schachter, S. (1970). The assumption of identity and peripheralist-centralist controversies in motivation and emotion. *Feelings and emotions*, 111-121.
Shweder, R. A. (1994). You're not sick, you're just in love: Emotion as an interpretive system. *The nature of emotion: Fundamental questions*, 32-44.
Solomon, R. C. (1993). The philosophy of emotions. *Handbook of emotions*, 3-15.
Stern, D. N (1985). *Interpersonal world of the infant*. New York: Basic Books.
Storbeck, J. & Clore, G. L. (2005). With sadness comes accuracy; With happiness, false memory-Mood and the false memory effect. *Psychological Science*, 16(10), 785-791.
Thayer, R. E. (1978). Toward a psychological theory of multidimensional activation (arousal). *Motivation and emotion*, 2(1), 1-34.
Thayer, R. E. (1989). *The biopsychology of mood and arousal*. Oxford University Press.
Tomkins, S. S. (1962). *Affect, imagery, consciousness: Vol. I. The positive affects*. New York: Springer, pp. 243-244

Tomkins, S. S. (1970). Affect as the primary motivational system. *Feelings and emotions*, 101-110.
Velten J, E. (1968). A laboratory task for induction of mood states. *Behaviour research and therapy*, 6(4), 473-482.
Watson, D. & Tellegen, A. (1985). Toward a consensual structure of mood. *Psychological bulletin*, 98(2), 219.
Wenger, M. A. (1950). Emotion as visceral action: An extension of Lange's theory. In M. L. Reymert (ed.), *Feelings and Emotions: The Mooseheart symposium*. New York: McGraw-Hill.
Westermann, R., Spies, K., Stahl, G. & Hesse, F. W. (1996). Relative effectiveness and validity of mood induction procedures: A meta-analysis. *European journal of social psychology*, 26, 557-580.
William, J. (1890). *The principles of psychology*. Harvard UP, Cambridge, MA.
Wright, J. & Mischel, W. (1982). Influence of affect on cognitive social learning person variables. *Journal of personality and social psychology*, 43(5), 901.
Wundt, W. M. (1896). *Lectures on human and animal psychology*. S. Sonnenschein.
Young, P. T. (1961). *Motivation and emotion*. New York: John Wiley & Sons.
Young, P. T. (1973). Feeling and Emotion. In B. Wolman (Ed.), *Hanbook of general psychology*.

2 情绪理论

2.1 情绪早期理论 / 29
    2.1.1 Darwin 情绪进化理论 / 29
    2.1.2 James-Lange 情绪理论 / 29
    2.1.3 Cannon-Bard 情绪理论 / 30
    2.1.4 Papez 情绪理论 / 31
    2.1.5 Duffy 生理激活理论 / 32
2.2 情绪生理理论 / 33
    2.2.1 早期理论 / 33
    2.2.2 神经科学取向 / 36
    2.2.3 进化主义取向 / 38
2.3 情绪认知理论 / 42
    2.3.1 Maranon 情绪理论 / 42
    2.3.2 Arnold 情绪理论 / 42
    2.3.3 Schachter 情绪理论 / 43
    2.3.4 Lazarus 情绪理论 / 45
    2.3.5 评价理论的发展 / 47
2.4 情绪功能理论 / 49
    2.4.1 Tomkins 情绪理论 / 49
    2.4.2 Izard 情绪理论 / 50
    2.4.3 Ekman 情绪理论 / 54
2.5 情绪精神分析理论 / 56
    2.5.1 Freud 情绪理论 / 56
    2.5.2 新精神分析学派 / 57
2.6 情绪心理建构理论 / 58
2.7 情绪社会建构论 / 60
    2.7.1 Mesquita 社会动力模型 / 61
    2.7.2 Parkinson 情绪理论 / 62
2.8 不同情绪理论的比较 / 63

    当代著名的情绪心理学家 Lazarus(1991)认为,一个"好"的情绪理论应该包括以下 12 项内容:情绪的定义;情绪与非情绪的区别;情绪是否是离散的;动作倾向和生理学的作用;情绪功能相互依赖的方式;认知、动机与情绪之间的联系;情绪生物学基础和文化社会学基础之间的联系;评价和意识的作用;情绪的产生;情绪发展的方式;情绪对一般功能和幸福感的影响;治疗对情绪的影响。近年来多数的情绪心理学家都同意 Lazarus 的观点,并在各自提出的情绪理论中不同程度地包含了上述主题。但由于情绪问题的复杂性和研究者观点、方法上的不同,现代心理学家对情绪的解释多种多样。情绪心理学目前尚处于学派林立,多种理论并存的局面。本节将选择有代表性的情绪理论进行阐述。

2.1 情绪早期理论

早期的情绪理论植根于哲学思想中。在早期的哲学思想中,情绪一直作为理性的对立面被人们所压抑和防御,因而对情绪的研究一直处于低潮。19 世纪末 20 世纪初,随着心理学的独立与发展,心理学家们开始重视并拓展情绪研究领域,各种情绪早期理论也相继产生。这些早期理论对现今的情绪研究仍有重要意义。

2.1.1 Darwin 情绪进化理论

Darwin(1872/1965)认为,情绪作为人类种族进化的证据,可能是人类行为得以延续的机制。他在阐述物种起源和人类进化是适应和遗传相互作用的结果时指出,感情、智慧等心理官能是通过进化阶梯获得的。他在《人类的由来及性选择》一书中指出:"尽管人类和高等动物之间的心理差异是巨大的,然而这种差异只是程序上的,并非种类上的。人类所夸耀的感觉和直觉,情感和心理能力,如爱、记忆、注意、好奇、模仿、推理等,在低于人类的动物中都有其萌芽状态,有时还处于一种相当发达的状态。"他还在《人类与动物的表情》一书中描述了表情在生物生存和进化中的适应价值和有用性,指出情绪是进化的高级阶段的适应工具。他认为,情绪性表情本身并没有进化,它们不依赖于自然选择。Darwin 将人类与其他动物置于同一连续体之中,认为情绪的面部表情只是伴随情绪的附属物,并没有交流功能。

2.1.2 James-Lange 情绪理论

基于 Darwin 的进化论和生物科学的发展,美国心理学家 James 于 1884 年最早提出了情绪生理学理论,丹麦生理学家 Lange 于 1885 年也提出相似的理论。因此,学界常将他们的情绪理论合称为 James-Lange 情绪理论(James-Lange Theory of Emotion)。人们一般认为,对外部事件的知觉使人产生情感,随着情感的产生引起一系列的身体变化。但是 James 和 Lange 却认为,情绪是一种内脏反应或对身体状态的感觉。具体地讲,他们认为植物性神经系统活动增强和血管扩张会产生愉快感,而植物性神经系统活动减弱和血管收缩就会产生恐怖感。由于当时生理学发展水平所限,James-Lange 情绪理论受到人们的质疑(Cannon,1927),但是仍流传至今,而且被看作第一个真正的情绪学说。情绪发生与身体变化相联系的观点是情绪理论重要且必备的组成部分,任何情绪理论都不能抹杀身体变化与情绪发生之间的联系。

James-Lange 情绪理论具有深刻的内涵,主要体现在:

首先,给体验赋予色调的观点,为情绪研究开拓广阔天地。James 曾指出,他的理论是指那些所谓"粗糙的情绪",而不是那些像理智感、审美感那样"精细的情绪"。那些粗糙的情绪对身体的"扰乱"提供了体验的色调,如果情绪没有这种体验效应,一切都将是苍白的。这种色调有着无数的种类和不同的强度,它们可以是正性的,也可以是负性的(James,1884)。

其次,注意到躯体骨骼肌肉系统活动对情绪发生的作用。James 曾将自主性内脏系统和躯体骨骼肌肉系统的反馈作用并列于他的情绪理论中,只是在 Lange 提出自主性内脏系统反馈的观点后,人们将注意集中到两者的共同点上,忽视了 Darwin 的骨骼肌肉系统在情绪发生中的作用,造成了后人重视自主神经系统的情绪研究倾向(孟昭兰,2005)。

2.1.3 Cannon-Bard 情绪理论

James-Lange 情绪理论强调情绪是对内脏反应或对身体状态的感觉。但是人的内脏和植物性神经系统的功能变化只是情绪表现的一个侧面,更重要的是中枢神经系统的调节和控制作用,此外还包括面部表情和言语行为的情绪表现。某些情绪体验仅是个体的主观体验,并不一定表现出来。美国心理学家 Cannon(1927)对 James-Lange 情绪理论提出了如下质疑:(1)机体的生理变化在发生上相对缓慢,不足以说明情绪迅速发生、瞬息变化的事实。(2)同样的内脏器官活动可以在极不相同的情绪状态中发生,因此,根据生理变化难以分辨各种不同的情绪。(3)切断动物内脏器官与中枢神经系统的联系,情绪反应并不完全消失。(4)用药物人为引起与某种情绪有联系的身体变化,并不产生真正的情绪体验。根据这些事实,Cannon 认为,情绪并非外周变化的必然结果,情绪的中心在中枢神经系统的丘脑。

由外界刺激引起感觉器官的神经冲动,通过内导神经,传至丘脑;再由丘脑同时向上向下发出神经冲动,向上传至大脑,产生情绪的主观体验,向下传至交感神经,引起机体的生理变化,如血压增高、心跳加速、瞳孔放大、内分泌增多和肌肉紧张等,使个体生理上进入应激准备状态。例如,某人遇到一只熊,由视觉感官引起的冲动,经由内导神经传至丘脑处,在此更换神经元后,同时发出两种冲动,一是经体感神经系统和植物性神经系统达到骨骼肌及内脏,引起生理应激准备状态。二是传至大脑,使某人意识到熊的出现。这时某人的大脑中可能有两种意识活动:其一,认为熊是驯养的动物,并不可怕。因此,人脑将神经冲动传至丘脑,并转而控制植物性神经系统的活动,使应激生理状态受到压抑,恢复平衡;其二,认为熊是可怕的,会伤害人,大脑对丘脑抑制解除,使植物性神经系统活跃起来,加强身体的应激生理反应,并采取行动尽快逃避,于是产生了恐惧,随着逃跑时生理变化的加剧,恐惧情绪体验也加强了。因此,情绪体验和生理变化是同时发生的,它们都受丘脑的控制。

Cannon 的情绪学说得到 Bard(1934,1950)的支持和发展,后来人们将 Cannon 的情绪理论称为 Cannon-Bard 情绪学说(Cannon-Bard Theory of Emotion)。但是,Cannon 的理论并不完善,Grossman(1967)对该理论提出了批评,指出切除动物的全部丘脑,动物仍然有愤怒反应。只有切除腹部和后部下丘脑,情绪反应才完全消失。孟昭兰(2005)认为,脑各级水平整合来自身体内、外神经信息的过程是复杂的,生理反应是在情绪发生之前,还是伴随情绪而产生,在时间上的确定性是不重要的。因为情绪的发生可能不是一瞬间,而是一段时间的体验。在一种情况下,对外界的突然刺激从感觉系统的输入并立即激活自主神经系统,由此而来的反馈立即附加到情绪体验上,这种情况似乎符合 James 的思想。然而在另一种情况下,由于皮层认知活动的参与,情绪体验则发生在自主系统反应之前,这种观点与 Cannon 的观点相符。然而,情绪发生的机制远比他们两人所涉及的方面更复杂。即使把他们忽略的方面互相弥补起来,也不能得出对情绪发生机制的全面解释。在他们的年代,大脑两半球及皮层下部位的复杂结构和功能还远没有被揭示出来。

2.1.4 Papez 情绪理论

继 Cannon 之后,Papez 是第二个把神经生理学作为其理论基础的理论家。Papez 认同 Cannon 的观点,下丘脑与情绪的表达有关,而大脑皮层与情绪体验有关。Papez 的贡献在于从解剖学的联系解释了这些功能实现的可能性。他认为在低等脊椎动物中,一方面是大脑半球和下丘脑之间,另一方面是大脑半球与背部丘脑之间存在着解剖上和生理上的联系,这些联系在哺乳动物的脑中进一步复杂化。由此,他认为皮层和脑之间的联系调节着情绪(Papez, 1937)。

Papez(1937)认为在边缘系统结构中,从海马经穹窿、乳头体、丘脑前核和扣带回,再回到海马的环路(帕佩兹环路,见图 2.1),对情绪产生具有重要作用。具体表现为,负责情绪体验的扣带回激活后,情绪体验可以作为激活新皮层或下丘脑的感觉

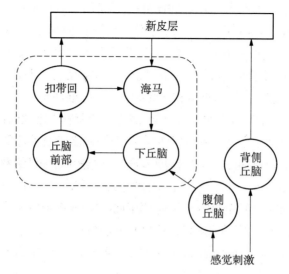

图 2.1 Papez 环路。Papez 提出下丘脑、丘脑前核、扣带回和海马构成基本的情绪环路。感觉刺激通过背侧丘脑到新皮层的投射和腹侧丘脑到下丘脑的投射进入环路。

来源:Papez, J. W. (1937).

信号。新皮层的心理活动传递到海马,继而投射到下丘脑。下丘脑的乳头体激活丘脑前核将信息传递到扣带回。同时,腹侧丘脑可以直接将视觉的、听觉的、躯体感觉的信号传递到下丘脑,而不经过新皮层,经过乳头体的输出,丘脑-扣带回的环路便完成了。

帕佩兹环路(Papez Circuit)中并不包含杏仁核,而研究证明杏仁核在情绪加工中有至关重要的作用。可见,帕佩兹环路对情绪活动脑机制的解释并不完整,但是这一理论为后来边缘系统概念的发展奠定了基础。

2.1.5 Duffy 生理激活理论

Duffy(1941,1962)强调以生理激活来解释情绪,主张取消"情绪"概念而代之以激活,代表着情绪取消派的明显倾向。Duffy 理论的关键在于,情绪的发生完全是生理唤醒和神经激活的结果。无论积极的情绪状态或消极的情绪状态,其驱动力都必然来自机体的能量供给,因此情绪变化也是来自机体能量水平的变化。例如兴奋表示更高的能量水平,而抑郁则表示更低的能量水平,这种能量水平受到外部刺激的影响。当我们遇到阻碍时或者阻碍解除时,能量水平都会增长。只有当我们的目标完全被阻碍而放弃目标时,能量水平才会下降。Duffy 认为,情绪代表着所激起的情绪动机,动机实质上就是生理激活所携带的能量。情绪的异常或紊乱,并非表明情绪有什么特殊功能,其不过是能量水平过高或不足所造成的。她认为情绪动机会朝着自己预期的情境行动,行动的目的是为接近或作用于那些带有积极或消极作用的情境。当实现愿望的行动受到阻碍时,就会产生愤怒或恐惧等情绪。Duffy将情绪在内的所有行为都分解为能量水平、协调度和意识状态的变化连续体。

  Duffy认为,研究情绪本身并没有意义,因为情绪没有决定性的特点,任何一种行为反应都应该从它的能量水平、对目标方向的保持度以及外部环境来考量。在一篇论文的标题中她甚至信心十足地许诺"不用'情绪术语'解释'情绪'现象"(Duffy,1941)。这一观点在当时不是反常的例外情况,而是一种很有影响力的观点。有代表性的是,当15名美国心理学教授面临评价403个概念的心理学意义的任务时,他们的回答将"情绪"术语置于第130位,将"感情"术语置于285位。但是,后来这种情绪取消派的观点已经被更为精细的情绪理论构建所取代(Strongman,2003)。

2.2 情绪生理理论

  从心理学家们开始探索情绪的本质开始,情绪生理学就已开始进入了公众的视野。从一开始,有一点就是非常明确的,即躯体和神经生理的反应是情绪必不可少的组成部分。James提出情绪外周学说之后,大量的实证研究探讨了情绪的生理学基础,在中枢神经系统、外周神经系统和内分泌系统中发现了情绪的生理基础。但是,对于每一种离散情绪神经机制的探究仍在继续。该部分将首先介绍一些早期理论,以便更好地理解当代情绪生理理论的渊源。另外,还将介绍情绪生理理论的认知神经取向和进化主义取向。

2.2.1 早期理论

Wenger情绪理论

  Wenger(1950)发展了James的外周理论,他将情绪定义为"由自主神经系统激活的组织和器官的活动和反应。包括骨骼肌反应或心理活动"。这种观点导致他的研究集中于测量内脏变化,最终关注外在的肌肉反应和口头报告。Wenger提出情绪复合物(emotional complex)的概念。他认为,恐惧、生气、嫉妒不仅指情绪,也包括外部的刺激,对内脏活动的知觉以及外显的表情等。因此,恐惧不仅是一种情绪,也是一种有机体反应。

  另外,Wenger的理论通过自主神经系统的不同反应模式区分情绪。例如,将恐惧表征为交感神经系统的强激活和副交感神经系统减弱的反应模式；愤怒涉及交感和副交感两系统，并有唾液、汗腺分泌和外周血液增加；悲伤时交感系统与副交感系统二者的激活均下降；性兴奋首先是交感神经兴奋，然后是副交感系统活动占优势（孟昭兰，2005）。

Wenger 的理论强调情绪行为而忽略情绪体验，并且将情绪行为视为骨骼肌反应和内脏活动的外显指标。认为情绪是可以测量的，从而解决了 James 的理论由于强调内省性的情绪体验而难以测量和验证的缺点。

Young 情绪理论

Young 的理论源于 18 世纪哲学领域对情感（affect）、认知（cognition）和意志（volition）的区分。不同于其他情绪理论，Young(1961)的情绪理论不谈情绪，而是将情绪看作一种感情过程（affective processing），关注愉快和不愉快的"快乐连续体"（hedonic continuum），并且根据刺激来源、强度、持续时间、干扰、认知关系等标准区分感情（feelings）、情感（affect）和情绪（emotion），他认为感情过程具有符号、强度和持续时间的变化。初生幼体如果朝向某一物体活动，必然有一种积极愉快的核心感情过程在起作用；相反，如果幼体做出逃避反应，说明存在负性的感情过程。这种感情过程存在最强正性和最强负性两极，表现在持续时间和选择的差别上。Young 提出了四种可能的感情变化：积极的增加、积极的减少，消极的增加，消极的减少（Strongman，2003）。

另外，Young 的理论注重情绪的功能性。他认为每一种感情变化对行为都具有动机和调节作用，包括激活、维持和结束。感情唤醒可以对兴趣、动机、态度、人格特质等起到组织作用，快乐能够加强趋近反应，并且也会增强维持产生这些积极反应的刺激的决心。

Young 所描述的感情过程有很多变量，但他强调神经中枢具有感情上的"紊乱"（predisturbation）反应，认为紊乱是情绪的关键因素，从而形成情绪是"扰乱反应"的独特概念。因此，他把情绪定义为"感情性的激烈扰乱"，情绪是对平静状态的破坏。无论是愉快或不愉快的情绪，都是一种波澜，一种扰动。后来，Young 作了进一步的补充，认为情绪在初期是无组织的，但也承认至少在某些时候情绪是有组织的、功能性的。然而情绪扰乱或组织心理过程的程度是难以做出判断的。

Pribram 情绪理论

Pribram(1970)的理论涉及多种其他的理论，比如情绪的"扰乱"学说、情绪的评价和动机理论，并形成了自己的理论。

首先，Pribram 解释了情绪的"扰乱"学说，认为心理活动在神经中枢是以一种有组织的稳定性为基线的。这个稳定的基线是通过自主神经系统所调节的内部过程进行正常工作。在环境信息使机体处于适宜的协调状态时,机体处于稳定的基线之下。当有不适宜刺激输入,机体活动立即超越这一基线,使有机体处于一种不协调的紊乱状态,这时就产生情绪体验。

其次,在早期对情绪的理解上,Pribram 将情绪看作"计划"(Plan),认为情绪是"有机体失去平衡时形成的神经程序"(Miller, Galanter & Pribram, 1986)。在正常情况下,以动机为基础的计划随其执行而不断调整,当执行过程中遇到阻碍时,情绪就随之产生,内在的适应机制会控制信息输入的通道,选择接受或者拒绝信息的输入,计划便停止执行。当一项计划长期处于停止状态,就容易产生"倒退"(regression),即恢复到更原始、更基本的计划状态,以使机体重新运动起来。在情绪的外在表现上,Pribram 认为,情绪的行为表现相对于机体的理智行为更加原始、反应也更加基本,虽然并不是所有的情绪都会表现出来。

在 Pribram(1970)的文章中,他反思了将情绪看作"计划"存在的许多问题:如何详细地解释平衡与失衡的内容?计划的执行如何协调进行以达到行为的和谐状态?当计划受到阻碍时失衡的具体内容等,这些问题都难以回答,因而他开始转向对情感的研究。他区分了由感官材料组成的"客观世界"和由情感组成的"主观世界",认为如果没有迹象表明我们能看到、听到、嗅到、尝到或触到某种事物,我们必定是在内心感觉到它,即存在于主观的内部世界。他将这些内心感觉到的感情称为"作为监视器的感情"(feelings as monitors),认为人们并不是计划去愉快、愤怒或悲伤,而只是感觉到愉快、愤怒或悲伤。人们做出计划并加以执行,执行过程可能很顺利,也可能遭遇挫折。这个执行过程经过个体评价,并且评价过程也受到监视,即被个体感觉到。因此,作为监视器的情感被认作是映象而不是计划(images rather than plans),计划只是在映象所提供的框架中构成的。他认为"进行"(go)的计划构成了个体的动机,而"不进行"(no-go)的计划构成个体的情绪。

最后,Pribram 认为情绪和情感应该加以区分,并以情感作为主要研究内容。情感是监视器,而映象是对计划实施的成功程度的评价。计划本身允许有机体前进,在这一情形中,它们便是动机,当它们受到阻碍时,有机体受到挫折导致情绪的产生。

综上所述,Pribram 采用了比较特殊的语言阐述其对情绪的看法,虽然引用了神经生理学的实验证据作为理论依据,但本质上仍采用了认知-现象学的观点(Strongman, 1987)。

Lindsley 情绪理论

Lindsley(1950)的情绪理论与 Duffy 的理论类似,强调情绪有唤醒和动机机制,但却用神经生理学的术语呈现。他的主要观点基于其进行的五个实验的结果,分别是:(1)在情绪状态中,脑电图表现出失同步作用[①]。(2)脑干网状结构或感觉通道的兴奋能够引起脑电图的激活。(3)毁坏间脑底部失同步恢复,脑电图激活消失。(4)如果损伤脑内的上述部位,至少在猫身上产生的行为与通常在情绪唤醒中所看到的行为正好相反。这些猫变得冷漠、嗜睡等。(5)在间脑底部重叠唤醒的脑电图机制是情绪表现的客观生理基础。

在以上实验结果的基础上,Lindsley 提出,唤醒的机制是脑干网状结构通过上行网状激活系统与间脑、边缘系统的相互作用,林斯里还主张边缘系统控制情绪表达以及情绪和动机性行为。Lindsley 还提出了情绪表现的三种通路:

(1) 皮层通路,经过皮层的唤醒表现思考、担忧、焦虑等情绪。

(2) 内脏通路,经过皮层、间脑和脑干的唤醒,例如出汗、哭喊等自主神经系统的作用。

(3) 躯体运动通路,经过躯体运动的激活如面部表情、肌肉紧张等来表现。

这种理论以脑干网状结构的生理特点为依据,认为脑干上行网状激活系统汇集了各种感觉冲动,也包括内脏感觉,经过整合作用之后再弥散地投射至皮层和丘脑,通过假设的激活机制将冲动转化为兴奋的情绪行为和相关的 EEG 激活模式。这种理论认为网状非特异投射系统生理功能的多样性正符合情绪过程的基本特征,生理心理学家们可以通过记录和分析情绪的多样性生理变化,寻找其生理心理学调节机制的变化规律。同时他也研究了除情绪之外的其他现象,如睡眠、觉醒、警觉、注意、选择性注意、警惕即动机等,认为这些现象由普遍存在的下行或上行网状系统的功能及其与中枢神经系统的相互作用而产生。虽然 Lindsley 的理论指向了与情绪有关的中枢神经系统,但还只是比较简单的描述。

2.2.2 神经科学取向

神经科学取向的情绪理论通过生理基础来解释情绪,但并不认为情绪仅是生理过程。该取向的情绪理论之间彼此或有重叠。

Bindra 情绪理论

Bindra(1968/1969)提出情绪与动机的神经生理学理论,认为情绪和动机都可以

[①] α 波阻抑和失同步作用(α block and desynchronization)是大脑皮层电活动的一种现象。大脑皮层电动呈现的电波为脑电波。通过从颅顶外部放置电极所记录的脑电波为脑电图。大脑皮层的电活动可呈现许多不同的波形,各种波形代表皮层觉醒的不同状态或水平。例如 α 波(每秒 8—12 次)表示人或动物在安静的情形状态的脑电活动状态。这时脑神经元的电活动呈同步状态,称为同步作用。而当人或动物处于十分清醒的状态,如人在进行智力活动或动物处在警觉之中时,α 波受到阻抑,出现快波和失同步现象,称为 α 波阻抑。这时大脑皮层处于兴奋状态。Lindsley 将这种现象称为激活或失同步作用。

通过"中枢动机状态"(central motive state, CMS)这一概念来解释。Bindra没有将情绪与动机区别开来,而是将它们归类为"特定种类的"、生物学有益的活动,这些活动是环境刺激与生理变化(中枢神经系统神经元的变化)之间交互作用的结果。这些中枢神经元的变化会产生中枢动机状态,例如,只有存在内部的生理学变化且有外部的食物信号时,才会产生饥饿的中枢动机状态。

Bindra认为,中枢动机状态可以增加感觉输入的效率,以增加对特定环境刺激的反应概率,他称之为"选择性注意";同时,中枢动机状态也可以通过改变对自主躯体运动区的神经放电来改变特定动作的反应概率,即"运动促进"或"反应偏向"。同时,他认为这一概念框架可以用来解释情绪和动机,因此可以用"中枢动机状态"这一概念来代替情绪(情绪状态)或动机(动机状态)。另外,他主张情绪和动机不可分,情绪行为和动机行为都按照无组织向有组织的顺序发展,其反应模式都受到内部因素和外部因素的作用,共同服务于有机体的生存,因此情绪和动机也是联系在一起的。Bindra用动机与情绪联系起来的观点暗示了动机与情绪的结合、生理驱力与情绪的结合以及情绪的自然性与社会性的结合。他提出:不能认为情绪行为是紊乱的、破坏性的;动机是有组织的、有规律性的。情绪的紊乱或组织取决于具体发生的中枢运动过程(孟昭兰,2005)。

MacLean情绪理论

MacLean(1970)发展了Papez的学说,提出边缘叶(limbic lobe)和与其相连的一些皮层下脑区,组成与情绪有关的功能系统——边缘系统。边缘系统有广泛的皮层下结构,是皮层中具有内脏投射功能的结构之一,负责整合加工情绪体验,对有机体生存起着至关重要的作用。例如,边缘系统具有强大的嗅觉功能,在低等动物生存过程中,嗅觉功能在其寻找食物和配偶的过程中具有极重要的作用。而对于较高级生物来说,尽管嗅觉不是非常重要,但是个体情绪性行为也同样受到边缘系统的调制。

另外,MacLean认为海马结构是情感产生的生理基础,海马结构主要包括海马回(hippocampal gyrus)、齿状回(dentate gyrus)和杏仁核(amygdala)。当时的解剖学证据已经表明该结构接受听觉、视觉、躯体感觉输入以及嗅觉和味觉的输入。他认为海马结构的作用是关联外感受性和内感受性的输入,产生有意识的情绪体验。海马结构与新皮层、端脑的联系有利于其调节情绪体验的功能。他强调,为了更好地理解情绪,需要进一步研究情绪的主观现象,并且将六种动物或人类行为与六种情感联系起来:搜寻与渴望;攻击与愤怒;保护与恐惧;沮丧萎靡与沮丧;满足与高兴;亲抚与喜爱。

如今看来,虽然海马的功能更主要与记忆和空间行为有关,杏仁核也不是海马的一部分。但是,MacLean的情绪学说不仅关注情绪的生理学基础,还关注情绪的主观体验方面,而且将结构与功能对应,他的工作是极具创造性和启发性的。

Panksepp 情绪理论

Panksepp 的理论的形成与三个重要的发现有关:情绪状态常常难以用言语表达,可能具有非认知性的(不是基于语言的)来源;情绪体验受到脑的电刺激或面部肌肉活动等非认知性的程序影响;情绪同样发生在婴儿和动物身上。

Panksepp(1981,1989,1991,1992,1993)提出比较心理神经现象学的方法,主张将动物的行为和生理学研究与人类的内省研究方法结合,进行情感神经科学(Affective Neuroscience)的研究探索。在假设条件下,哺乳动物在边缘系统中具有相同的情绪环路,这一环路产生了"固有的内部原动力"(obligatory internal dynamics),不确定的情绪刺激可以逐渐地改变情绪的环路。他认为在中脑、边缘系统和基底神经节之间存在四条情绪的传导环路,分别调节着期待、恐惧、愤怒和惊恐。

Panksepp 为这四条情绪环路的神经生理学基础提供了可信的例证。从解剖学角度看,这一系统从中脑开始经过下丘脑的网状区和丘脑到达基底神经节和高级边缘系统区域。从神经化学角度看,这些环路具有一种或多种神经递质,如多巴胺和乙酰胆碱被认为在期待和愤怒中发挥着重要的调节功能,而苯二氮卓受体和内啡肽系统则在惊恐和恐惧中发挥着重要的调节作用,另外脑内主要的单胺类物质 5-羟色胺和去甲肾上腺素也可能在这些环路中发挥着一定的功能。

另外,Panksepp 强调学习和强化在情绪中的作用,认为情绪上的中性刺激也可以逐渐地改变情绪的环路。高级的脑环路可以很好地同化低级环路的一些功能,这就有助于解释为什么认知评价对成人情绪的发展具有重要影响。同时,他也强调内省的重要性,认为具有意识的大脑可以看作是皮层下的脑结构在遗传基础上呈现动态发展的产物。每种行为都具有相同的基本控制环路,这些行为都有其遗传基础,但同时又受经验、知觉和体内平衡的影响,所有这些因素的共同结果就产生了不计其数的特异性行为表现。

Panksepp 的情绪理论探索了情绪在大脑内的组织机制,是神经生理学或神经科学领域最为深入的理论之一。

2.2.3 进化主义取向

Rolls 情绪理论

Rolls(1990,2005)用行为主义的传统来定义情绪,认为情绪是由工具性的强化刺激产生的状态。但是不是所有由强化刺激产生的状态都是情绪性的,通常,情绪状态是由外部的强化刺激产生的。当传递的是正性强化刺激时(如食物),动物或者人就会接近这一奖励。当没有奖励传递时,个体行动的概率就会降低。Rolls 使用强化效应的术语对情绪进行了归类(如图 2.2)。纵轴表示情绪与奖励(上)和惩罚(下)的传递相联系,横轴表示情绪与个体期待的奖励(左)的消失和期待的惩罚的消失(右)相联系。同时,他的情绪理论也涉及认知,认为记忆中与强化物相关的外部刺激也可以导致情绪状态,而且认知加工决定着环境中的事件是否具有强化性。所以,情绪由对事件的强化性质的认知和由此产生的心境状态组成。

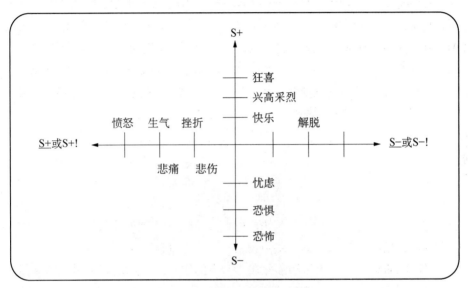

图 2.2 Rolls 使用强化术语对情绪的归类

S+:给与奖赏;<u>S+</u>:减少奖赏;S+!:结束奖赏;S-:给与惩罚;<u>S-</u>:减少惩罚;S-!:结束惩罚。

来源:Rolls, E. T. (2005). *Emotion explained* (Vol. 22). Oxford: Oxford University Press.

Rolls 认为,这种基于强化又涉及认知且与学习有关的大脑机制对于情绪至关重要。他特别强调杏仁核、眶额皮层、海马的功能。他认为杏仁核与情绪学习有关,眶额皮层与断开刺激—强化的联系有关,海马则负责联系杏仁核、眶额皮层(Rolls, 1990,2005)。Rolls 的情绪理论中,神经机制具有基础性的地位。

另外,Rolls 认为情绪的一些特殊功能具有重要的生存价值。例如,情绪诱发自主和内分泌反应;情绪使得对于强化刺激的行为反应更加灵活;情绪是动机性的;情绪能够沟通交流;心境能够影响对事件或记忆的认知评估。

虽然 Rolls 的理论具有行为主义的基础,但核心却是与神经生理相关的脑机制,并且考虑到认知的作用。从根本上说,他的理论是进化主义取向的。

Plutchik 情绪理论

从 20 世纪 60 年代开始,Plutchik 提出并不断发展了其情绪的心理进化理论

(Plutchik,1962,1980,1989,1991,1993,2000,2001),该理论包含三个模型,分别是结构模型、序列模型和衍生模型。

Plutchik 的情绪结构模型(Structure Model)认为情绪是三维的,分别是强度、相似性和两极性(Plutchik,1970,1980,2000)。情绪可以按照强度变化(忧郁和悲痛之间),也可以按照与其他情绪的相似性变化(快乐和期待比厌恶和惊奇之间相似性更高),或者按照两极性变化(厌恶与接纳相反)。下图 2.3 中的倒锥体及其展开图为 Plutchik 的情绪三维环形结构模型,锥体界面划分为 8 种原始情绪,相邻的情绪是相似的,对角位置的情绪是对立的锥体自下而上表明情绪由弱到强的变化。

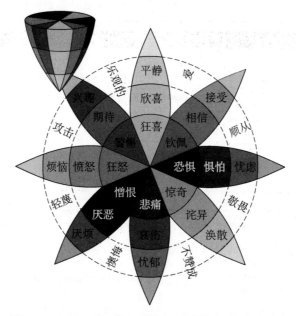

图 2.3 Plutchik 的三维环形模型,圆锥体的垂直维度代表强度,圆锥体的每一部分刻画了一种主要的情绪。横断面的中央区代表了混合情绪的冲突。

来源:Plutchik, R. (2001). The Nature of Emotions: Human emotions have deep evolutionary roots, a fact that may explain their complexity and provide tools for clinical practice. *American scientist*, 89(4):344-350.

Plutchik(1962,2000,2001)序列和衍生模型(Sequential and Derivatives Model)将情绪定义为一种具有衍生作用的、复杂的反应序列,包括认知评估、主观调整、自主活动与神经唤醒冲动,最终所产生的行为将对引发情绪的原始刺激产生反馈性影响。情绪是个体朝着内部均衡进行调节的自我平衡过程(由事件引发的机体不平衡状态恢复到事件发生前的平衡状态),Plutchik 称之为行为自我平衡的负反馈系统。情绪由一系列的反馈回路组成,情感和行为与认知互相影响,而不是单一的 A 引起 B 的线性关系,当某一事件发生时,个体要对该事件对自身安宁的重要性进行认知评价。情感和生理变化随之产生,生理变化可以是一些原始的反应,也可以是一些与一系列的功能性冲动相联系的预期性的反应。最后将会产生一个外显的活动。所有这些的结果都将反馈给肌体系统,以此来维持一个内平衡,如图2.4(Plutchik, 2001)。

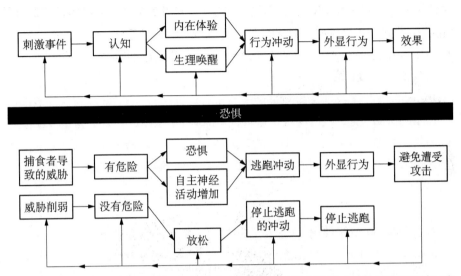

图 2.4 上图为 Plutchik 刺激事件引发情绪的反馈回路。下图以恐惧为例具体说明该反馈回路:个体识别为威胁的刺激引发其恐惧的内心体验,导致个体产生逃跑的冲动,并最终导致威胁感的削弱。

来源:Plutchik, R. (2001). The Nature of Emotions: Human emotions have deep evolutionary roots, a fact that may explain their complexity and provide tools for clinical practice. *American Scientist*, 89(4):344-350.

Plutchik 从心理进化的角度说明了情绪具有两个功能:一是交流有关意图或可能行为的信息;二是在面临突发事件时,提高生存的机会。情绪可以通过学习而调整,最终将被视为一种表现为动态平衡的形式(Strongman, 2003)。

Nesse 情绪理论

Nesse 将进化主义心理学发展为独立的分支学科,并且利用进化主义的观点分析情绪(Nesse, 1990)。他认为情绪是由自然选择形成的有关反应的协调系统,因为情绪提高了对情境的适应性。

从进化的角度看,每一种基本的情绪都应该具有导致其适应功能的一组条件。Nesse 在互惠原则理论基础上对社会性情绪作了分析,主要包括两个方面:一是通过自私基因解释同族的利他行为。二是将非同族的关系解释为合作比竞争能够更有效率地完成任务。这些观点有助于解释很多情绪。例如,如果重复合作,那么基于积极感觉(如信任)的情绪就可能发生。如果被不公平地对待,就可能导致生气的情绪。Nesse 对生气的进化主义解释非常有趣,他认为生气不仅能够保护个人防止被他人掠夺,同时指向继续合作的、平衡的关系。

Nesse 的观点在临床领域也具有重要影响。例如,他建议临床医生应该意识到"任何不好的感觉都有好的理由",恐惧、生气、悲伤和孤独不是不正常的,它们是一种防御,能够帮助我们处理不同的状况,提高适应性(Nesse,1994)。

2.3 情绪认知理论

情绪的认知理论的主要特点是强调认知评价的作用,如意义评价、因果归因、应对能力的评估等。对于同一个事件或者刺激,不同的个体常常体验到不同的情绪。不同的情绪可能涉及到不同的生理过程和面部表情,而认知评价决定着体验到哪一种具体的情绪。

2.3.1 Maranon 情绪理论

Maranon(1924)在情绪理论研究的历史中受到了相对不公正的待遇,多数研究者只会简单地提及他的肾上腺素实验(adrenaline study)。然而,正是他的这一开创性实验为 Schachter 著名的两因素理论做了铺垫。Cornelius(1991)高度评价了 Maranon 的情绪学说在情绪认知理论发展中的重要地位,并将他视为情绪认知理论的奠基人。他指出,Maranon 不仅进行了肾上腺素实验,而且最早提出了情绪的两成分理论(two-part theory of emotion),一是身体成分,即躯体交感神经的显著唤醒;二是心理或认知成分,即与情境相适应的主观体验,这种体验将身体变化与某种特定情绪联系在一起。Cornelius(1991)认为这种体验就是认知过程。Maranon 将这两种成分看作是个体体验到情绪的不可或缺的组成部分。

Maranon 与 Schachter 的情绪理论之间的相似性不证自明:都包含两种成分,身体的生理唤醒以及理解这种生理唤醒的认知成分。另外,Maranon 还抨击了 James 对情绪体验过程顺序的解释,他认为外部刺激出现被个体感知,这种知觉导致交感神经激活,由此个体将这种生理唤醒与主观觉察相结合,导致情绪的产生。

2.3.2 Arnold 情绪理论

美国心理学家 Arnold 在 20 世纪 50 年代提出了情绪的评定—兴奋学说。这种理论认为,刺激情景并不直接决定情绪的性质,从刺激出现到情绪的产生,要经过对刺激的估量和评价,情绪产生的基本过程是刺激情景——评估——情绪(见图 2.5)。同一刺激情景,由于对它的评估不同,就会产生不同的情绪反应。评价依赖于记忆和期待,新的事件或情境会诱发关于过去经验的情感的记忆。这些记忆和当前情境导致对未来的期待,想象将要发生的事件与我们的利害关系。评估的结果可能是对个体"有利"、"有害"或"无关"。如果是"有利",就会引起肯定的情绪体验,并企图接近刺激物;如果是"有害",就会引起否定的情绪体验,并企图躲避刺激物;如果是"无害",个体就予以忽视(Arnold,1950)。

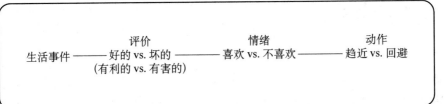

图 2.5 情绪产生的基本过程

来源:Reeve, J. & Reeve, J. (2001). *Understanding motivation and emotion*. New York: Wiley.

Arnold 认为,情绪的产生是大脑皮层和皮层下组织兴奋的作用和结果(Arnold, 1950)。因此她的理论被标定为"情绪评价—兴奋理论",它实际上包含着环境、认知、行为和生理等多种因素。她把环境影响引向认知,把生理激活从自主系统推向大脑皮层。通过认知评价—兴奋的模式,把认知评价和外周生理反馈结合起来,并据此强调,来自环境的影响要经过主体评估情境刺激的意义,才能产生情绪。

Arnold 旨在建构情绪的完整理论,包括情绪的诱发、情绪体验和情绪行为、调节情绪的神经生理机制等,实际上是现象学、认知和生理学的混合产物。随着认知心理学的发展,评价理论有很大的演变,并分为两大支派。一支是以 Schachter 为代表的认知—激活理论,更多地研究生理激活变量和认知的关系。另一支是以 Lazarus 为代表的"纯"认知论,更多地从环境、行为和认识的交互影响方面阐述认知对情绪的影响(孟昭兰,2005)。

2.3.3 Schachter 情绪理论

Schachter(1959,1964,1970)的理论认为,情绪体验具有两个不可或缺的因素:来自交感神经系统的生理唤醒和个体对这种生理唤醒的认知解释。当个体体验到生理唤醒的时候,会向周围的环境寻求解释,个体对生理唤醒的认知理解决定了最后的情绪体验。这就是 Schachter 著名的情绪两因素理论(见图 2.6)。

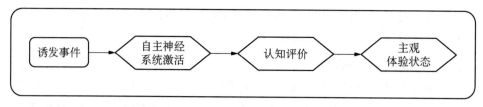

图 2.6 Schachter 和 Singer 的两因素模型

来源:Fox, E. (2008). *Emotion science cognitive and neuroscientific approaches to understanding human emotions*. Palgrave Macmillan.

Schachter 和 Singer(1962)的肾上腺素实验证实了情绪两因素理论。在实验中,分别给被试注射能够增强唤醒水平的肾上腺素和起安慰剂作用的盐溶液,然后给予被试不同的解释。注射肾上腺素的被试中,一部分被告知唤醒水平会增强,而另一部分被试不被告知。接着将被试置于预先设计好的环境中:惹人发笑的愉快情境或者惹人发怒的情境。随后的情绪评估显示,只有注射肾上腺素并且不作任何告知的被试产生与环境一致的情绪体验。由此表明,情绪体验并不是由生理唤醒决定的,而是受到生理唤醒和对情境的认知解释的共同影响。沙赫特的理论产生了很大的影响,确认了情绪理论中认知因素的地位。该理论虽然没有说明唤醒对情绪状态的作用方式,也没有说明唤醒和认知是如何整合的,但是对后来认知理论的发展具有重大的启示意义。

情绪状态是认知过程(期望)、生理状态和环境因素在大脑皮层中整合的结果。环境中的刺激因素,通过感受器向大脑皮层输入外界信息;生理因素通过内部器官、骨骼肌的活动,向大脑输入生理状态变化的信息;认知过程是对过去经验的回忆和对当前情景的评估,来自这三方面的信息经过大脑皮层的整合作用,才产生了某种情绪体验。

将上述理论转化为一个工作系统,称为情绪唤醒模型(Lindsay & Norman, 1977)。这个工作系统包括三个亚系统。

第一个亚系统:对来自环境的输入信息的知觉分析;

第二个亚系统:在长期生活经验中建立起来的对外部影响的内部模式,包括过去、现在和对将来的期望;

第三个亚系统:现实情景的知觉分析与基于过去经验的认知加工间的比较系统,称为认知比较器,它带有庞大的生化系统和神经系统的激活结构,并与效应器相联系。

这个情绪唤醒模型的核心部分是认知,通过认知比较器把当前的现实刺激与储存在记忆中的过去经验进行比较,当知觉分析和认知加工间出现不匹配时,认知比较器就产生信息,动员一系列的生化和神经机制,释放化学物质,改变脑的神经激活状态,使身体适应当前情境的要求,这时情绪就被唤醒了(彭聃龄,2001)。

2.3.4 Lazarus 情绪理论

Lazarus(1966,1970)是情绪认知理论的另一位杰出代表和集大成者,他建立了迄今为止最著名的认知理论框架,形成了一个十分有影响的学派。他将情绪定义为一种"反应综合症"(response syndrome),他认为不能把情绪归结为单纯的生理激活、内驱力或动机等某一种单一变量。他说道:"导致放弃情绪概念的某些建议,既非产生于情绪生理记录仪器不够灵敏,也并非由于人们的内省缺乏准确性,而是由于'范畴的错误';情绪一词不能归属为一个事物,而应归属为一个综合征,像一种病是一个症候群一样。"同时,他强调,人与所处的具体环境对本人的利害性质,并决定他的具体情绪;同一种环境对不同的人产生不同的结果,是因为它对不同人具有不同的意义,而这种意义是通过不同人的认知评价来解释的。拉扎勒斯在此提出了他全部理论的主题:情绪是对意义的反应,这个反应是通过认知评价决定和完成的。

Lazarus 继承并发展了 Arnold 的评价观点,并将 Arnold 的利害评价扩展为一个更加复杂的概念化评价过程(Lazarus,1991)。如图 2.7 所示,"好的或有利"的评价可以从概念上分为多种类型的益处,而"坏的或有害"则可以分为多种不同形式的不利和威胁。评价的结果是产生了不同类型的情绪。

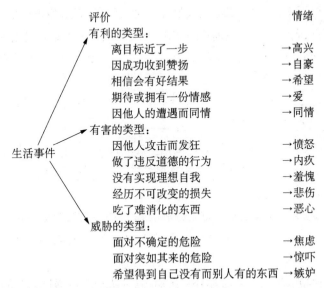

图 2.7 Lazarus 的情绪评价模型:有利、有害和威胁的类型

来源:Reeve, J. & Reeve, J. (2001). *Understanding motivation and emotion*. New York: Wiley.

Lazarus认为,有机体经常搜索环境中他们所需要的线索和需要逃避的危险,对每一个刺激物与自身的利害关系进行评估,如发生的事件与自己的幸福是否有关系?事件与自己的目标是否一致?该事件与自己的自尊有多大程度的相关?这种评估是不断进行的、多回合的,分为初评价和再评价(如图2.8)。初评价有三种类型,当刺激被评价为与自己无关时,评价过程立即结束;当刺激被评价为对自己有益时,这种评价表征为愉快、舒畅、兴奋、安宁等情绪;当情境被评价为有害或使人受伤、紧张时,产生失落、威胁或挑战的感觉。严重的紧张性评价表征为应激。再评价是初评价的继续,它经常发生在对威胁或挑战的评价中。包括对所选择的应付策略的评价,以及对应付后果的评价。情绪唤醒是通过对情境的再评价并在所产生的活动冲动中得到的,其中包括应付策略、变式活动和身体反应的反馈后果。这样,每种情绪均包括它自身所特有的评价、活动倾向和生理变化。三者构成一种有组织的情绪反应症候群。三者的具体组合构成的铁钉模式,就是具体情绪(孟昭兰,2005)。

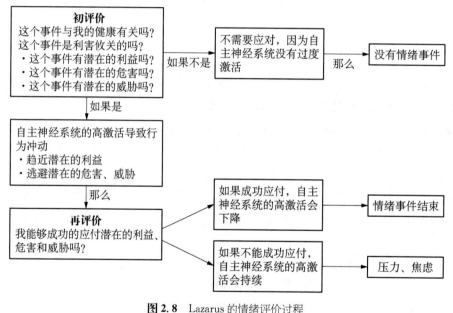

图 2.8 Lazarus 的情绪评价过程

来源:Reeve, J. & Reeve, J. (2001). *Understanding motivation and emotion*. New York: Wiley.

应付(coping)是Lazarus理论的另一个重要概念。个体存在寻找特定刺激并对其做出反应的倾向,这种反应倾向塑造了我们与环境的交互作用。刺激不断发生变化,个体也不断地应对它们,个体的认知和情绪反应也随之发生改变。Lazarus将应对过程分为两类,第一种类型是对威胁或伤害采取直接行动,情绪是促成这种行动的重要部分。我们徘徊在成功和失败之间,这表明我们的认知和情绪也处于波动之中。第二种类型涉及再评价,是没有任何直接行动卷入的认知过程。在现实或者不现实的层面上,我们可以进行从积极到消极的再评价。所有信息都会被评价和再评价,因此我们的情绪生活中就出现了复杂的扭曲和转向。

Lazarus 的理论与 Arnold 一脉相承,并且将评价过程发展为一个更加复杂的体系。评价不只是"好的"或"坏的",而是一种"关系意义"(relational meaning)。评价负责将个人与环境或事件整合为一种关系意义。当关系意义影响到个人的欲望或动机,情绪会内附一种先天的行为倾向,应付过程可能与行为倾向一致,或者冲突,甚至会支配控制。后来,为了强调动机在情绪中的作用,Lazarus 将自己的理论称为情绪的"认知—动机"理论。

2.3.5 评价理论的发展

继 Arnold 和 Lazarus 之后,认知主义理论家继续发展了认知评价理论。每一位理论家都支持生活事件—评价—情绪反应这一情绪发生过程,但是不同的学者对于情绪的评价维度数量存在不同见解。Arnold 使用评价的概念来解释两种情绪(喜欢和不喜欢,liking 和 disliking),Lazarus 的初评价和再评价解释了接近 15 种情绪(见 Lazarus 的评价模型)。而其他的认知情绪理论家试图用评价的概念解释所有的情绪。他们认为每一种情绪都可以通过某种符合评价的特殊模式(unique pattern of compound appraisal)来描述,每种复合评价都包含对每个情境事件的多种解释,例如,某个事件既可以是令人愉悦的,同时也是一种由自我意识引发的情绪(如自豪)。当了解一个人的所有评价模式之后,对某人的情绪做出预期也就相对比较简单。

为了解释情绪的复杂性,认知评价主义情绪理论家认为必须同时考虑复合评价(compound appraisal)以及其他的评价维度。如上文提到,评价维度最早由 Arnold 提出的愉悦-不愉悦两个维度开始,之后 Lazarus 提出事件与个人的相关性和个人的应对能力两个维度。另外有研究者提出了评价的其他维度,Scherer(1997)提出对事件不可预期性的评价及其与个人内在标准的相容性(compatibility)。也有研究者提出对事件不确定性、个人对事件所需努力程度及其合理性(legitimacy)的预期等维度(Smith & Ellsworth, 1985)。评价维度的多寡以及各个维度在解释情绪时的重要性难以衡量,但多数认知主义的情绪研究者认同以下的评价维度,见表 2.1(Roseman, 1984, 1991; Smith & Ellsworth, 1985; Scherer, 1984, 1997)。因此,不同的评价维度组合可以产生某种特定的情绪。例如,愤怒是由四种评价维度产生:(1)自己计划的重要目标受到威胁(与自我相关的);(2)目标没有实现(不愉悦的);(3)有人阻碍了目标的实现(责任归属,他人引起的);(4)损失本可以避免的(合理性)。因此,愤怒的产生可以表示为如下公式:愤怒 = 目标相关 + 不愉悦 + 他人的责任 + 不合理(本可实现)。其中的任何一个维度发生变化,愤怒的情绪也就不会产生。

表2.1 认知取向不同理论及评价维度比较

评价理论	评价维度	评价示例
阿诺德的评价理论	愉悦度	事件对自己是有利还是有害?
沙赫特的评价理论	知觉分析与过去经验之间的匹配	发生的事件是否与过去经验匹配或不匹配?
拉扎勒斯的评价理论	个人相关性	事件是否与自己的幸福相关?事件是自己期待的还是不期待的?
	个人应对能力	我能成功应对这一事件吗?应对这一事件需要付出多少努力?
其他的评价理论	期待	我是否期待事件的发生?
	责任归属	是谁导致了事件的发生?自己?他人?还是周围环境?
	合理性	事件的发生合理吗?是应该这样的吗?
	与自我和社会标准的相容性	该事件符合道德标准吗?

来源:Reeve, J. & Reeve, J. (2001). *Understanding motivation and emotion.* New York: Wiley.

认知评价情绪理论家们的最终目标在于构建评价引发情绪的所有可能模式(Scherer, 1993, 1997),即如果个体对某件事的评价涉及维度 X,Y,Z,那么就必然会出现情绪 A。因此,如果能够解释不同情绪的产生分化过程(例如个体对同一事件的情绪体验不同),那么情绪的认知评价理论的适用性将不证自明。Roseman(1996)试图描绘6种不同评价维度引发17种不同情绪的决策树(如图2.9)。图的外圈表示评价的维度(左边包括责任归属:环境引起的,他人引起的,自我引起的;期待(非期待的);确定性(确定,不确定);图上方维度包括目标或需要的利害关系和愉悦度(喜欢/想要的,不喜欢/反感的);图右边的维度为应对能力(高/低应对或控制潜能);图下方的维度是负性或反感时间的来源(性格上的或非性格上的)。通过该图可以看出,个体在解释所面对事件时会做出大量的认知评价,任何的评价维度发生变化,个体的情绪也会随之改变。但是,类似上述的情绪决策树模型并不能百分之百地预测并解释情绪的产生(Oatley & Duncan, 1994),情绪的产生可能还受其他因素的影响,如本章第二部分提到的情绪的生理理论观点。另外,尽管每种情绪都有其特殊的评价模式,但是不同情绪的评价模式之间可能存在重叠并产生解释上的难题(如内疚和羞愧的评价模式相仿,对其区分也相对困难)。同时,情绪的产生在毕生发展上也存在差异,儿

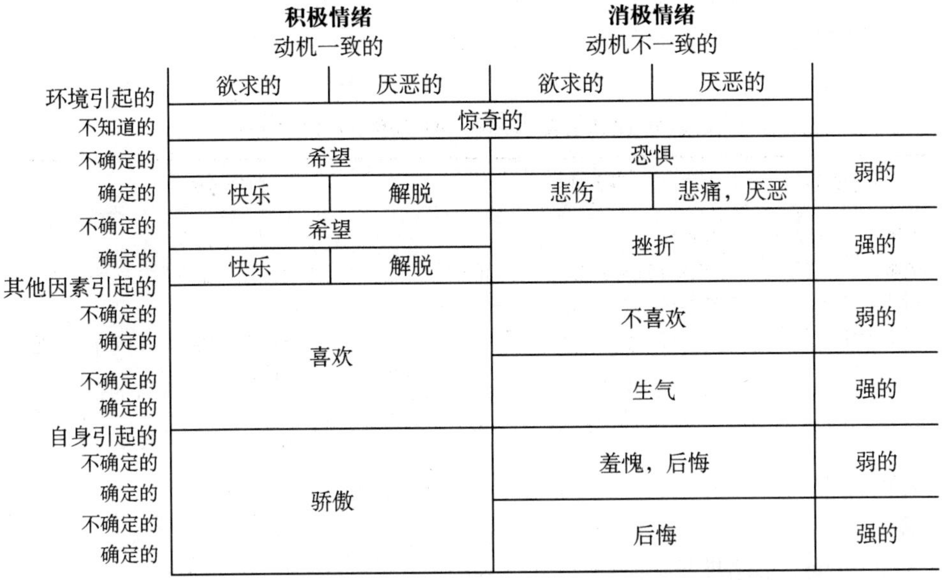

	积极情绪 动机一致的		消极情绪 动机不一致的		
	欲求的	厌恶的	欲求的	厌恶的	
环境引起的 不知道的	惊奇的				
不确定的	希望		恐惧		弱的
确定的	快乐	解脱	悲伤	悲痛，厌恶	
不确定的	希望		挫折		强的
确定的	快乐	解脱			
其他因素引起的 不确定的	喜欢		不喜欢		弱的
确定的					
不确定的			生气		强的
确定的					
自身引起的 不确定的	骄傲		羞愧，后悔		弱的
确定的					
不确定的			后悔		强的
确定的					

图 2.9 根据六种评价维度对十七种情绪进行区分的决策树

来源：Roseman, I. J. (1996). Appraisal determinants of emotions: Constructing a more accurate and comprehensive theory. *Cognition & Emotion*, 10(3):241-278.

童较多地体验到基本情绪，而社会化的成人则可能体验到更多的评价模式特异的情绪，如自豪、解脱、感恩等（Fischer, Shaver & Carnnochan, 1990; Reisenzein & Hofmann, 1993; Scherer, 1997）。

2.4 情绪功能理论

2.4.1 Tomkins 情绪理论

Tomkins(1962)的理论主要论述感情，他提出了有广泛基础并具有独创性的理论，促进了 Izard 的动机-分化理论的产生。Tomkins 认为感情反应是人类的原始动机，它具有先天的决定因素，并且与驱力系统相互作用，给它提供能量。感情不必受到时间和强度的限制，这就给它带来无尽和多变的特点。此处，他指出情绪和动机之间存在着强烈的联系。

Tomkins 认为感情主要表现在面部反应上，面部反应是一种先天的有组织的反应模式，自我意识到的面部反应就是感情，它产生的反馈可能是奖赏性的，也可以是惩罚性的。在没有面部反应反馈的条件下，人们能够从记忆中获得感情的面部反应。另外，他并不否认感情也反应在身体变化上，但也只是认为它比面部表情的意义要小得多。

与其他情绪理论学者类似,Tomkins(1970)假定存在八种原始的(天生的)主要感情:兴趣-兴奋、享受-快乐、惊奇-吃惊、苦恼-痛苦、厌恶-轻蔑、愤怒-狂怒、羞愧-耻辱、惧怕-恐惧,并假定每种情绪都是在某种先天性的皮层下神经(丘脑)的控制下出现的一种面部肌肉反应,因而有相应的面部表情的模式。他假设这些感情的激发是由中枢神经系统中神经放电率决定,并恰当地指出这一比率可能提高、降低或保持稳定。这些比率的不足或者变化,实际上会助长情绪的产生。外部的情境和所遇到的各种偶然因素,决定着这些比率变化带来的是奖赏还是惩罚。

虽然 Tomkins 的情绪理论内容广泛,涵盖了对动机概念的分析到生理上的各种可能性,并强调先天因素的重要性。但它在很大程度上是推测性的,与其他理论又很少联系,并且除了对各种原始情绪的面部表情的一些工作之外,它并没有很强的实验证据(Strongman, 2003)。

2.4.2 Izard 情绪理论

人类多种多样的情绪究竟是如何发生的? 早在 20 世纪 30 年代,Bridges(1932)就曾提出过一个婴儿情绪发展的时段模型,但是缺乏具体的分化反应标准。Spitz(1965)提出婴儿情绪分化的两个阶段:2～3 个月以婴儿发生"社会性微笑"为标准,7～8个月以婴儿发生"陌生人接近"恐惧反应和"母亲离去"焦虑反应为标准。这两个标准已成为广泛应用的可靠模型。后来,Sroufe(1979)提出婴儿具有一种单一的基本情绪发展系统,即每种情绪都是独立发展的。然而人类情绪从警觉到恐惧、从恐惧到愤怒等情绪的转化都有着复杂的认知整合过程,因此 Sroufe 的观点难以解释情绪的逐渐分化以及混合情绪的发生。

Izard 指出,个体情绪发展的合理组织形式是在适应中发生的,不能以单一的根源去看待实际的情绪。如新生婴儿出生时并不具有愤怒的表情,只会表现出单一的痛苦表情。随着环境事件的不断刺激,婴儿不断地学习处理或应付环境事件,到 4 个月时才会表现出愤怒表情。因此情绪的复杂程度会发生分化,并表现出不同的模式,因此难以用单一完备的指标加以描述。Izard 认为情绪概念包含三个因素:情绪体验感受状态;脑和神经系统活动过程;情绪的外显形式,即表情(Izard, 1991)。

从进化的角度,Izard 认为表情是人类进化过程中留存下来的适应痕迹。表情不但是人脑低级结构固定下来的预置模式,而且是大脑的产物。随着年龄的增长和脑的发育,儿童的情绪也随之增长和分化,并且每种具体情绪表现出不同的面部模式。儿童情绪在数目上的增长与大脑在体积上的增长相联系。脑的增长和心理过程的复杂化,与表情产生的生理机制的变化是同步的(Izard, 1977, 1978)。Izard 的情绪分化理论主要包括情绪分化与人格系统的关系,情绪与个体意识的关系,情绪系统及其过程,面部反馈假说四部分。

情绪分化与人格系统

Izard 的动机-分化理论与认知评价理论相对立,明确提出情绪的作用问题,向情绪的副现象论提出了挑战。它发挥了关于情绪适应性功能的论点,提出情绪是基本动机的醒目命题(孟昭兰,2005)。Izard 认为情绪是新皮质的产物,随着新皮质在体积上的增长,情绪的种类也不断增加,面部肌肉系统的分化也更加精细。他强调,生命的进化和情绪的分化是一致的,因为情绪在生存和适应上起着核心的作用(Izard,1978)。情绪是在认知—适应中分化发展的,其与特定的外部刺激情境相联系,不同的情绪可以由同一种环境刺激引发,相似的情绪也可以产生于不同的环境刺激。这种复杂性依赖于认知、理解、情绪、动作等各个系统发展的阶段和相互作用。

情绪分化理论的存在需要这样一个前提:存在着具有不同体验的独立的情绪,这些独立的情绪同时也具有动机的特征。这一理论的理论假设如下:(1)存在 10 种基本情绪,它们组成了人类的动机系统;(2)每种基础情绪在组织上、动机上和体验上都有其独特性;(3)这些基础情绪可以引起不同的内部体验,这些内部体验对认知和行为都有特定影响;(4)情绪过程与集体的体内平衡、驱力、知觉和认知之间会发生相互作用;(5)体内平衡、驱力、知觉和认知对情绪也有影响。

Izard 将情绪视为主要的动机系统,它是 6 个内部关联的人格子系统的一个,另外 5 个子系统分别是体内平衡系统、内驱力系统、知觉系统、认知系统和运动行为系统。他认为,兴趣、愉快、惊奇、悲伤、愤怒、厌恶、憎恨、恐惧、羞耻和羞怯这 10 种基础情绪为我们提供了主要的动机系统。尽管伊扎德相信它们在神经化学上、行为上和主观体验上是独立的,特别在来自于面部和身体表达的反馈方面是独立的,但它们之间却存在着相互作用。人格系统的发展是这些子系统自身发展与系统差异之间联结不断形成和发展的过程。

情绪与个体意识关系

情绪是构成意识和意识发生的最重要因素,情绪提供一种"体验-动机"状态。情绪还暗示对事物的认知-理解以及随后产生的行动反应。儿童最初的意识所接受的感觉材料来自内感受器和本体感受器。这些内源性刺激导致情绪体验发挥作用,这种作用的特殊意义在于它成为了意识萌发的契机。也就是说,意识的第一个结构其性质基本上是感情性的。这是因为婴儿最初和外界联系和交往是同成年人之间的感情性连结。早期婴儿(半岁以前)的知觉还不能提供足够的从外界而来的直接信息以产生意识。可见,情绪作为动机成为了意识萌发的触发器。每种具体情绪的主观体验都给意识提供一种独特的性质。随着情绪的分化发展,意识也在萌发。儿童对不同情绪的体验也就是最初的意识。

情绪系统及其过程

Izard将情绪定义为"伴随神经系统的活动、神经肌肉活动表达和主观体验等成分的一个复杂的过程"(Izard, 1991)。因此情绪包含三个相互关联的组成成分：神经活动、面部—姿势活动、主观体验。它们相互作用、联结，并与情绪系统以外的认知、行为等人格子系统建立联系，实现情绪与其他系统的相互作用。它还包含两个重要的辅助系统：网状激活系统，它放大或减弱情绪；内脏系统，它为情绪准备了场所并维持着情绪的活动。

Izard描述了能够引起情绪激活的三种个人—环境的相互作用和五种体内过程。个人—环境相互作用有：(1)获得的知觉，它是通过接收器和感觉器官的选择性活动而产生的。(2)要求的知觉，环境或社会事件要求予以注意(如基本的定向反射)。(3)自发的知觉，它由知觉系统固有的活动而产生。五种体内过程分别是：(1)记忆。(2)想象。(3)面部—姿势活动或其他运动活动，它表现为一种习惯性行动、自发性行动或对适应性行为的行动反应。(4)内分泌和其他自主性活动，它影响着神经和肌肉的机制。(5)任何或所有的神经与肌肉系统的自发活动。

情绪一旦被激活，其下阶段的活动便依赖于原始活动的位置和性质。这些阶段没有固定的数目或顺序，它包括许多机制及其相互作用过程、输出神经传递、脑干网状激活系统、下丘脑、面部—姿势模式、反馈、边缘皮层、内分泌和内脏、心血管和呼吸系统、主观体验和情绪—认知—运动的相互作用。

最后，Izard进一步指出任何情绪都包括如下3个水平活动：(1)电子化学活动或神经系统的活动，对基础的情绪来说，这些活动是先天的；(2)情绪活动的输出可以通过支配横纹肌产生相应的面部—姿势模式，这些模式通常可以为个体自身和其他观察者提供有关情绪的线索和信息；(3)因为线索是有用的，所以必然存在着对相应脑区的信息反馈，尽管个体并不一定会意识到这一过程，但这一过程同样也会受到其他许多方面的干涉。这些活动的反馈信号进入意识状态，形成情感体验。情感体验可以进入认知系统，并接受认知系统的调节。情感体验是情绪系统与人格的其他系统相互作用的主要成分，对形成系统间的稳定和特定的联结有重要作用。

情绪在人类进化和适应过程中起着的重要作用预示着必然存在多种产生情绪的机制。然而，目前多数的情绪理论都关注认知过程(评价，归因和建构)，并将认知作为情绪产生的唯一或者首要方式。从进化发展的角度，伊扎德对此提出了不同观点，认为存在四种类型的信息加工方式，以不同的方式引发情绪(Izard, 1993)，其中只有一种是认知加工：

(1) 细胞的信息加工，发生在酶与基因的水平上，与感觉输入或建立在感觉输入基础上的认知加工过程没有什么联系,这一加工水平的信息是由自然选择所决定的,并有助于确定情绪的预先以及对特定情绪体验的相似性。伊扎德认为这种类型的加工是心境和个体差异的重要决定因素。

(2) 肌体的信息加工,是由遗传编码的,基于生物学基础之上。它能通过内部感受器获得感觉数据,这种类型的加工依赖于生理驱力,如疼痛可以引起愤怒。

(3) 生物心理的信息加工,依赖于生理的信息加工和习得(认知)的信息加工之间的联系。这种类型的加工可能会涉及无意识与有意识的信息之间的相互作用,但肯定包括了遗传编码的材料与那些来自认知加工的材料之间的相互作用。伊扎德认为这种类型的加工主要依赖于生物信息。

(4) 认知加工,主要依赖于已获得的或习得的东西。伊扎德认为,当个体能够根据学习和经验产生心理表征对事件进行比较与区别时,认知加工就发生了。只有在这个时候,认知才具有激发情绪的作用。

在阐述这四类情绪产生过程的同时,Izard 也指出这些过程的持续运行不仅仅是为了激发情绪,它们也有助于维持一个与人格有关的情绪背景。总结 Izard 的核心观点可以得出,尽管认知和情绪是相互作用的,但它们是两种不同的过程,如果片面地从认知的角度来研究情绪或认为情绪研究从属于认知研究,那么有关情绪的研究将无法得到最适当的发展。

面部反馈假说

自 Darwin(1872,1965)和 James(1984)以来,心理学家开始讨论面部表情与情绪体验之间的关系,但是直到 1974 年才有心理学家采用实验方法进行验证(Laird,1974)。Laird 采用肌肉-肌肉指令(muscle-to-muscle instruction)范式的研究发现做出与呈现情绪一致的面部表情会增强相应的情绪体验,做出与呈现情绪不一致的面部表情则会降低相应的情绪体验。例如,悲伤的时候,进一步的皱眉和撅嘴会导致更强烈的悲伤;如果尝试做出快乐的表情,则会减少悲伤,这就是面部反馈理论的调节作用假设:面部表情通过提供有关本体感受的、皮肤的以及血管的反馈信息调节情绪体验。然而,面部反馈的启动假设(the initiating hypothesis)认为,情绪特异性面部表情能够直接产生相应的情绪体验,甚至不需要外部刺激。这表明,在没有任何情绪的时刻,做出一个特定情绪的面部表情,将会产生相应的情绪体验。虽然存在争论,研究者都承认面部表情在情绪或情感体验的产生中起着直接或者间接的作用(Matsumoto, 1987; Zajonc et al., 1989)。

Izard(1991)详细说明了面部的感觉反馈如何通过大脑皮层产生情绪体验。来自外部(巨大的噪声)或内部的(被伤害的记忆)刺激能够非常快速地提高神经放电率,从而激活皮层下的情绪程序(如恐惧)。这些程序通过向基底神经节和面部神经发送冲动产生特定的面部表情。大脑负责解释来自面部本体感受的刺激的反馈(哪些肌肉收紧,哪些肌肉放松,腺体分泌等),这些反馈在皮层整合并产生恐惧的主观体验。这时候,情绪状态才在大脑额叶皮层获得意识水平的加工,随后产生恐惧情绪的身体反应,如心血管、呼吸系统等被唤醒,保持被激活的恐惧体验。

在早期的情绪分化理论(differential emotion theory,DET)中,Izard(1971,1977)认为情绪可以在没有面部表情的情况下产生。因此,在将表情解释为情绪的一种外部线索或者情绪的产生原因时也需要格外慎重。原因有三:首先,情绪的神经肌肉成分(即外部表现性的成分)并不必然导致可观察的肌肉活动或者面部表情;其次,面部活动在情绪发生中的作用完全可以由局部或者整个面部肌肉的细微活动所取代;第三,情绪发生的外部表现性的成分并非一定是表情,它可能只包含一个神经自传入环路的传出部分,并不会以任何方式影响肌肉或者表情。DET进一步认为,感觉运动系统(sensorimotor system)只是四种情绪产生系统之一(Izard,1993)。

2.4.3 Ekman 情绪理论

我们的面孔是否能够准确反映情绪这一问题,一直是我们开始对面孔进行研究以来最核心的问题(Ekman & Oster, 1982)。Ekman 对面部表情进行了大量的相关研究,进一步增进了我们对情绪表达及其共通性的理解。尽管 Tomkins、Izard 等研究者对面部表情的研究做出了巨大的贡献,但 Ekman 对这一领域的贡献却是无人可比的。

Ekman 坚持面部表情反映了表达者的内部情绪状态,这种观点被称为情绪的外导假设(efference hypothesis)。该观点认为,情绪和表情的密切关系是基本情绪的内在感情程序对产生情绪特异性面部表情的面部肌肉的神经输出导致的。Ekman 制定了面部运动编码系统(Facial Action Coding System, FACS),通过活动单位(Action Unit, AU)对面部表情进行客观的测量和计算。

Ekman 相信存在三种既相互区别又相互联系的情绪系统:认知、面部表情和自主神经系统的活动(Ekman, 1982, 1992)。他承认情绪受认知的调节,也强调面部表情表达的重要性。他认为面部表达方式的改变能够改变一个人的情绪体验,侧重于情绪在表达模式和生理模式上的变化,指出只用语言来解释情绪往往是不够的。某种特定的情绪在一种语言中可能很好分辨,但在另一种语言中则可能完全无法区分。

Ekman 认为情绪具有以下几种特征:每种情绪都具有独特的跨文化的信号;可以在物种起源的发展史中追溯面部表情的进化,具有跨文化的一致性;情绪表达包含多种信号;情绪的持续时间有限,每种情绪的面部表达模式都是独特的;情绪表达在时间上的变化反映了某种特定情绪体验的细节;情绪表达可以按照其强度进行分级,反映主观体验在强度上的变化;个体可以抑制自己的情绪表达,可以通过伪装欺骗他人;每种情绪都有对应的具有跨文化一致的情绪引出物;每种情绪都有与之对应的自主神经系统和中枢神经系统的变化,这些变化也具有跨文化的一致性。

表情的普遍性和跨文化一致性

Darwin(1872)在《人类与动物的表情》一书中认为,不同的面部表情是天生的、固有的,并且能为全人类所理解。Ekman等人的研究为这一观点提供了有力的支持。自60年代开始,Ekman等设计了一系列实验证明面部表情的普遍性与跨文化一致性。Ekman等(1971)的经典研究以新几内亚的前语言文化群体为被试,首先由实验者讲一个简单的故事,然后呈现三张不同的图片,要求被试选择与故事中的情绪最为符合的一张面孔,结果发现成人和儿童被试在几乎所有的情绪表情中都表现出了高度的一致性。在接下来的研究中,Ekman等将相同的图片呈现给美国大学生被试,结果几乎所有被试都做出了正确的判断。Ekman等根据这些实验结果得出结论,特定的面部表情与特定的情绪的关系具有普遍性。在表情的跨文化一致性的研究中,Ekman等人对来自10个不同国家和地区(纽约、新几内亚、阿根廷、婆罗洲、巴西和日本等)的被试呈现了30张不同情绪面孔的照片(高兴,恐惧,愤怒,悲伤,厌恶和惊讶等),要求他们辨认每张图片的情绪,结果表明被试在识别这些情绪的照片时出现了高度的一致性(Ekman, et al., 1987)。这一观点也得到了Izard研究结果的支持,他在研究中发现,当母亲和10周大的婴儿进行愉快和不愉快的交流时,婴儿会出现愉快、感兴趣、悲伤和发怒的表情(Izard et al., 1995),这表明表情是与生俱来的。

抑制假说

Darwin在他的著作《人类与动物的表情》中表现出了对情绪表情的兴趣,他曾说"一个中度愤怒,甚至激怒的人可能会借助身体动作来表达,但是,面部的肌肉是最不服从个人意志的,它们可能会出卖那些轻微的一闪而过的情绪(Darwin,1872)"。他认为,与强烈情绪相关的一些面部肌肉动作不受主观意志的控制,不能被完全地抑制或控制住。另外,他还指出一些特定的面部肌肉不能有意识地涉及或出现在情绪模拟中。

Ekman(2003,2009)将这两种观点归结为抑制假说(inhibition hypothesis),这一假说具有重要的理论和应用价值,但是尚未进行实证考察。Ekman在此基础上提出了相似观点:当一种情绪被隐藏或者用其他表情掩盖时,真实的情绪会以微表情

(Micro-expression)的方式表现出来。微表情是一种快速呈现的、压抑的,呈现时间在1/25S—1/5S之间,通过人眼难以观察到的表情(Ekman,1985,2001)。当我们进行欺骗时,非言语线索如微表情等会摆脱我们的意志控制,泄露我们的真实情感。虽然这一观点(认为面部非自主地传递内在的情绪状态)已经被科学团体和大众媒体非批判地默认,但是这种假定仍然因缺乏直接实践检验而受到限制。

2.5 情绪精神分析理论

2.5.1 Freud情绪理论

Freud(1922,1984)把情绪放在内驱力和无意识的框架内,认为内驱力是一种内部刺激,每种内驱力都有一定的来源、目的和对象;在意识中的动机发生冲突时,便出现压抑;而压抑的能量需要释放,便形成了内驱力。Freud提出情绪"是一个欲表露的源于本能的心理能量的释放过程"(孟昭兰,2005)。因此,Freud对情绪所持的理论即是内驱力理论。Freud以内驱力能量释放的精神分析观点,深入地研究过两种主要的复杂情感:焦虑和抑郁。

焦虑是精神分析理论的核心概念,神经症性焦虑是其探讨的重点。Freud认为,神经性焦虑与本能冲动的不充分表达和满足有关,即焦虑与冲动的被压抑有关。Freud把焦虑看作转化的力比多,这种转化是通过长期的压抑而形成的。因此,如果一个人通过压抑的方式来防止或阻挠本能活动(如性驱力),那么焦虑情绪就会产生。后期Freud修改了焦虑与本能有关的理论,在本我、自我、超我三分人格的基础上,提出后期焦虑理论,即焦虑的信号说。他认为,焦虑的根源不在本我,而在自我,只有自我才能产生并感受焦虑。在他后来的表述中,Freud将焦虑与压抑的关系颠倒过来,认为当体验到焦虑时就会产生压抑。在这一理论中,焦虑是一个向自我预示真实的(例如存在的)或潜在的危险的信号。由威胁所产生的不愉快感导致了焦虑,焦虑又会引起压抑,此时,压抑就成为个体摆脱危险的途径(蔡飞,1995)。

Freud为抑郁的精神分析理论提供了最好的例证。他认为如果儿童的口欲得不到满足或者被过度地满足,那么他或她就有可能发展为对自尊的过度依赖。因此,如果失去了一个所爱的人,那么对这个人的全部认同将会向内投射。如果对这个所爱的人的一些情感是负性的,那么自我憎恨、自我愤怒将会发展起来。同时,如果儿童曾经冒犯过这个失去的人,他或她就会产生内疚,会对亲人的离去充满了愤恨。于是这个儿童就会以悲痛的方式将自己和失去的人分离开来。那些过度依赖于这一机制的人,将会出现自我惩罚、自我责备,进而发展为抑郁。Freud强调爱以及情感的丧失在抑郁症发作中的作用,认为抑郁就是指向自身的愤怒,这种愤怒是由早期的"性爱对象"的丧失导致的,这一丧失往往会诱发严厉的、不合理的自我批评、自我惩罚和自毁行为。

Freud 有时把情绪和无意识看作等同的,认为情绪可以被压抑到无意识中去。但是 Freud 也意识到,把体验和感情视为无意识的看法是不恰当的。后来他解释焦虑时认为,对事件的评价可以是无意识的,但是反应则不可能是无意识的。他将情绪看作能够释放的过程,也承认情绪活动必须伴随有意识的体验(孟昭兰,2005)。

2.5.2 新精神分析学派

新精神分析学派的 Horney 和 Sullivan 不认同弗洛伊德对情绪的纯生物性、本能性的解释,他们从新的角度理解焦虑的本质及其产生的机制,为精神分析的焦虑研究开辟了新的道路。

Horney(1937)强调社会文化环境对焦虑的影响,认为个体是否产生基本焦虑取决于亲子关系的好坏,父母亲对子女的态度是基本焦虑产生与否的关键。她提出了逃避焦虑的四种方法:理性化,否认,麻痹,避免可能会产生的焦虑思想、感受、冲动的情景。例如,一个过分担心自己孩子生病的母亲会把自己的这种焦虑解释为对孩子的正常关心,其实这是一种心理防御机制的体现。这个母亲把自己的焦虑转嫁到了外部世界从而在潜意识中逃避了内心焦虑的动机。这就是我们经常避免焦虑的一种方法,把焦虑理性化和合理化。

Sullivan(1953)认为,应从人际关系去探究焦虑和精神病的根源。沙利文认为,焦虑是人际关系分裂的表现,人际关系分裂是焦虑的根源。当个体获取需要满足的方式受到或者可能受到重要的他人的谴责时,个体就会产生焦虑。他提出"焦虑传递说",解释焦虑的发生机制。例如,"当抚养者表现出焦虑的张力时,就会引起婴儿的焦虑",这种传递是因为个体存在着移情联结。同时他还提出焦虑的自我系统的防御机制,指出个体主要采用升华、选择性忽视、分裂和替代这些总自我防御功能来防止焦虑。后期,Sullivan 根据社会性的自我来定义焦虑,焦虑是自尊遇到危险的信号,是一个人在重要人物心目中地位遇到危险的信号,即使这些重要人物只是来自童年期的理想形象(蔡飞,1995)。

另外,新精神分析学者 Rapaport 接受 Freud 的情绪是能量释放、无意识和内驱力等概念。他认为,外周的自主变化和感情是同一能量源的两个释放过程,一般说两者是匹配的,但也有不匹配的时候。当输入外界刺激时,人立即对它进行意识的、前意识的和无意识的三种评价,假如这三种评价的结果不相匹配,便会产生愿望或冲突,从而导致不同的感情性行为;他强调所有的情绪都与冲突掺杂在一起,便会形成混合的体验,如焦虑或抑郁(Rapaport,1953)。

2.6 情绪心理建构理论

近十多年才逐渐形成体系的心理建构理论与传统的情绪理论有明显的区别,代表人物为 Russell 和 Barrett。与传统情绪理论中的情绪概念(如高兴、愤怒、恐惧等)不同,心理建构理论用核心情感(core affect)和心理建构(psychological construction)的概念来解释情绪。主要观点是:人们的恐惧、愤怒、喜悦和悲伤等情绪体验,是对在较短时间内同时发生并相互融合的情感表征、身体知觉、对象知觉、评价观念和行为冲动的不同组合形式的整体体验,并因情感对象化现象而促进了这些组合形式在体验上的整体性。

Russell 等人(1999,2003,2009)提出核心情感的概念,认为情绪心理表征的核心是一种愉快或不愉快的心理状态,即核心情感。核心情感是所有情绪共有的,并在此基础上建构从而形成某种特定的情绪。核心情感可以用愉悦度与唤醒度表示,但在主观体验上是不可分割的,即个体知觉到的是一种融合的情绪体验。核心情感可以没有指向对象,以"自由漂浮"的状态存在,类似于心境,即作为某一情绪产生的背景或者准备状态。Barrett(2007)认为将愉快或不愉快的心理状态称为核心情感有以下几个原因:(a)体验愉快或不愉快的能力是全人类共通的。(b)愉快或不愉快的体验是与生俱来的。(c)所有对情绪的测量结果都能反映出愉快或不愉快的心理状态及其不同强度(例如,外周神经系统的激活,语音信息,外显性行为,神经激活)。(d)由愉快和不愉快所构成的神经心理标尺适用于任何时间任何地点中人与环境的测量,构成了主观意识的核心。通过许多的自我评定量表,人们能够描述自己经历的愉快或不愉快的感受。一项对七百名美国大学生被试进行的维持数周的大型经验取样项目证实所有被试都经历了愉快或不愉快的感受,被试的这些感受并不受语言或是社会赞许性的影响,它们是构成情绪心理表征的基本内容(Barrett,2006),因此证明核心情感普遍存在于个体生活中。

尽管核心情感在个体日常生活中无所不在,但是人们在用愉快或不愉快描述他们的经验时却存在着不同程度的个体或群体差异,并且核心情感只是情绪心理表征的核心而非全部。愉快或不愉快并不能用于描述所有的情绪体验,因此核心情感本身并不足以表征情绪的所有内容。情绪作为一种对事物的情感状态,也是一种意图状态。到目前为止,研究者认为情绪的心理表征除了核心情感以外还包括以下三个内容:唤醒性内容表征,关系性内容表征,以及情境性内容表征(Fitness & Fletcher,1993;Mesquita & Frijda,1992;Shaver et al.,1987;Shweder,1993)。以下分别对这三个概念进行简单阐述:

唤醒性内容表征：情绪心理表征通常包括一些唤醒性成分，如感觉心理或身体处于活跃的、被唤醒的、专注的、涉入的状态。人们能够感受到不同的情绪体验并能觉察到由此引发的特定的心理生理学变化，因此人们通常认为唤醒是情绪体验不可缺少的成分。很少有研究表明不同类别的情绪具有独特而一致的感官体验。对自主神经系统、体感系统以及皮层系统唤醒程度的测量结果显示彼此相关程度不高，因此可能并不存在一个单一的现象能够定义"唤醒"。人们并不能即时地外显地观察到情绪发生时内部自主系统或体感系统的变化。因此身体感受在情绪体验的重要性仍然需要进一步研究。

关系性内容表征是用来表征情绪体验发生时情绪表达者与他人之间的关系。在使用情绪性词语进行自我报告的研究中，被试用与"主导性"或"服从性"等相关词语来报告自己的感受，因此关系性内容可能是构成情绪心理表征的一部分（Russell & Mehrabian, 1977）。一项对美国人和日本人进行的跨文化研究发现被试同样用与"主导性"或"服从性"等相关词语来报告自己的感受。但在被试的自我报告中存在文化差异，在北美文化中更加尊崇主导性而在日本文化中更加尊崇社会和谐（Kitayama et al., 2000）。

情境性内容表征：情绪是个体经历过的一些心理情境，这些情境可能引发或曾经引发过个体的核心情感体验。主要的情境体验包括：新异的或超出预期的情境，促进或阻碍目标达成、与社会规则和价值相符或不相符的情境，以及个体主动发出的事件。这些情境与核心情感共同解释情绪不同分类之间的部分差异（Frijda, 1989），同时这些经验维度存在跨文化的一致性（Frijda, 1995）。

Barrett 概念行动理论

Barrett（2006, 2009, 2012, 2013, 2014）发展了情绪的心理建构理论，提出了情绪的概念行动理论（conceptual act theory, CAT）。CAT 理论认为，自然世界中的物理变化（如个体身体内部产生的变化，外部世界的变化如其他人面部肌肉动作、身体动作和物理环境等）在接收者使用情绪概念知识将其归类为情绪时（如愤怒、恐惧等），才会变为真实的。这些情绪概念知识来自于语言、社会化的学习以及人的日常生活经验中。Barrett 将这种归类行动称为情境概念化（situated conceptualization），它意味着用来描述归类行动的概念知识是与情境紧密相连的、生成性的（enactive）、使接收者随时准备情境性行动的（Barrett, 2006, 2012, 2013; Barrett, Wilson-Mendenhall & Barsalou, 2014; Wilson-Mendenhall, Barrett, Simmons & Barsalou, 2011）。这种将接收的感官输入（来自身体内部和外部）与已经习得的知识结合，将归类性知识与接收者的大脑进行结合的过程正是意识的一部分。情境概念化过程具有即时性、持续性、强制性和自动化的特点（即个体在构建情绪的过程中很少会有主体性（agency）和控制感)。

Barrett 等(2014)认为任何的概念行动都是具身的,以归类知识形式存在的先前经验,它实际上来自于感受和运动神经元的激活,并向下影响身体激活以及它们的表征和感知过程。概念行动同时也是自我永存的,今天形成的经验可以继续影响并塑造未来经验的运动方向和轨迹。因此,她假设大脑工作的原理应该是:看见某物、感受某物并进行思考的行动实际上对应着一次知觉、一种情绪和一次认知过程。所有的心理状态都是对内部身体感受与外部进入的感觉输入的具身概念化(embodied conceptualization)。这些概念化过程之所以是情境性的,是因为它们的产生高度依赖于与即时情境对应的情境依赖性表征。

概念行动理论认为,当个体接收到的自我身体感受和来自他人的行动与情境在认知过程中(分别产生情绪性经验和情绪性知觉)有意义地结合起来时,情绪便会产生。

2.7 情绪社会建构论

社会建构理论的观点在社会科学领域早已出现,但是在心理学研究中作为一种独特的理论观点却形成较晚。20 世纪 80 年代中期,社会建构理论随着两本学术著作(Harré(1986)的《情绪的社会建构》与 Gergen 和 Davis(1985)的《人的社会建构》)的出版基本形成。它所独具的魅力很快在情绪研究领域产生了较大影响,并对一些经久论战的情绪问题提出了新的见解,引发了一系列的理论思考和实证研究。

在情绪的本质问题上,情绪的社会建构理论反对情绪的先天论,认为尽管情绪的种系发生基于一定的进化-遗传特质之上,但是情绪的体验内容和表达方式并不是遗传性习惯的遗迹,而是在社会文化系统中获得的,是与人当时的社会角色相适应的有用的习惯;在日常生活中,人们情绪活动中的多种成分及其选择性表现,表征的是一种"暂存性的社会角色(a transitory social role)",即在特定情境中个人所遵循的社会所规定的行为反应方式,包括如何根据一定的社会规则以恰当的方式对某一情境进行评价、采取行为以及解释自己的主观体验和生理反应等(Averill, 1980)。

情绪社会建构论很大程度上发源于情绪的认知理论,因此它强调认知评价在情绪产生中的重要性,认为人们对环境的情绪反应依赖于特定的认知评价,这种评价不仅可以将个人与环境联系起来,而且可以促成个人对环境的情绪反应的分化。同时,它又对此加以发展,认为人们对环境的评价是特定社会文化的产物,是在社会学习体系的基础上形成的,是由某一特定社会的文化而形成的信念、价值观和道德观系统所决定的。因此,个体社会化的过程也是情绪社会化的过程,即个体在社会化于某一特定社会文化体系的同时,也形成了现实世界的态度体系;这种态度体系决定着个体对自身与各种环境刺激之间关系的评价,进而决定个体的情绪生活。而且,他们进一步强调,由于评价本身带有特定的社会文化色彩并涉及人与环境及他人之间的关系,因此,由评价所决定的情绪反应具有社会伦理意义,是个体价值观念和道德立场的表达(乔建中,2001)。

2.7.1 Mesquita 社会动力模型

多数情绪理论模型都存在两方面的局限,(1)我们大多数的情绪都发生在与他人互动和人际关系中。(2)情绪反应都具有在某种特定社会文化情境中的功能性。情绪的社会动力模型则强调情绪以上两个方面。

首先,该模型认为情绪产生于特定的社会互动和人际关系中,并且反过来构成、塑造甚至改变这种社会互动和人际关系。这一观点并不是说情绪产生于对社会事件的反应中。相反,社会互动和情绪沟通了一个两者都不可或缺的系统(Barrett,2013;Butler,2011)。没有社会互动的发生,我们也无法对某种情绪做出恰当的描述。例如,当我们描述一对夫妇吵架时产生的情绪,如果只描述愤怒、厌恶、害怕等情绪,而不对两人的吵架互动做出介绍,也就让人无法构想出这一场景中的情绪。

其次,情绪在其产生的特定社会和文化情境中具有功能性。与以往理论对情绪功能的观念不同,以往观点强调情绪对我们祖先在进化中的重要作用,情绪社会动力模型中的功能性与现时的社会情境紧密相连,当情绪在某种环境中产生越好的结果时,其出现的频率便会越高。例如,当个体的性别角色与哭泣这一情绪反应相一致时,该反应则会经常出现;羞耻这一与他人对自己的观点相关的反应在强调相互依赖的文化环境中比强调独立的文化中更多出现。Mesquita 和 Karasawa(2004)认为功能性并不是情绪或情绪反应本身不变的属性。因此,羞耻并不总是功能失调的表现,只有在那些强调个人成功和自我效能感的文化中,羞耻才被看作是功能失调(Mesquita & Karasawa, 2004)。同样,作为一种情绪管理策略,情绪压抑也并不总是功能失调的表现,只有在重视真实可靠的文化中情绪压抑才被看作功能性失调(Butler, Lee & Gross, 2007)。

尽管情绪的社会动力观点强调个体间的情绪,它也并不排斥个体内的情绪。然而,这一模型并没有很好地说明个体内情绪是如何构成的。另外,尽管越来越多的证据表明情绪是一种心理建构过程(Barrett, 2006, 2012; Russell, 2003),情绪的社会动力观点也同样支持情绪由不同成分表征的观点,如认知评价、动作倾向、心理反应、行为反应等。这种观点认为无论情绪由心理建构表征还是由不同心理成分表征,都是产生自与社会环境的互动中并在其中发挥其特定作用。这也就意味着情绪经验和行为随情境的不同而不同。例如,对自己的老板生气肯定不同于对自己的孩子生气;因一段即将瓦解的友谊而产生的愤怒也不同于因一段刚开始的友谊产生的愤怒;在不同文化中如在日本文化中构建的愤怒模式必然不同于在欧洲国家(如法国)所构建的愤怒模式。这种观点为情绪的研究范式提供了新的思路,但似乎无法解释所有的情绪现象。

2.7.2　Parkinson 情绪理论

情绪的社会建构理论与情绪的发展紧密相连。通常说到情绪发展,我们想到的是婴儿和儿童期情绪的获得。但是这是一种非常局限的观念。情绪发展具有不同的时间跨度,从长远看,生物进化(种系发生,phylogenesis)和历史变化(社会发生,sociogenesis)构成了个体毕生发展中情绪获得的基础。同时发生的情绪事件的持续时间也是不同的,一个情绪事件可以是几分钟或几小时(例如生气),也可以是几个月(例如悲痛)或者几年(例如爱)。随着事件的进展,情绪有机会在事件点的基础上进一步发展(微观发生,microgenesis)。

这种变化不是单向的,种系发生和社会发展彼此相互影响。来自微观发生过程中的新事物的反馈能够改变个体发生的进程。最终,如果个体的特殊发展被证明是有利的并且在社会中传播开来,那么情绪历史的进程就可能被改变,逐渐导致具有文化特异性的情绪综合症(Averill, 2012)。

Parkinson(2012)对情绪社会建构和时间关系的复杂交互提出了自己的看法,认为研究的目的不在于情绪或哪一种情绪是否是由社会建构的,而在于阐释情绪社会化在不同的事件点和时间尺度上的发生机制。在所有的点和时间尺度中,最关键的是即时的情况(Borger & Mesquita, 2012)。微观发生过程中可能产生的新事物会影响其他发展序列的进程。然而,至少从发展的角度看,情绪事件的微观发生却没有引起研究者们足够的重视。

Parkinson 认为情绪的发展遵循等效性的原则,即不同的路径可以得到相同或相近的结果。换句话说,情绪是开放的系统,不是固定的行为模式、认知情感程序或文化原型。就像儿童语言的学习,并不是来自直接地教导,而是来自模仿和试误。所以儿童学习的感情表现方式通常与其所在的文化相适应。这种学习通过与已经社会化的监护人和对象的交互得以实现。因此,社会规范的内化也是必然的(Parkinson, 2012)。

Mesquita 和 Parkinson 代表着目前情绪社会建构理论的两种不同取向,Mesquita 是即时性取向(synchronic)的代表人物,关注社会文化系统的层级在形成反应中的作用;Parkinson 则是历时性取向(diachronic)的代表人物,关注时间进程中反应的发展。除此之外,社会建构理论还有一些其他取向的研究,例如,Mason 和 Capitanio 关注情绪社会建构的生物过程(Mason & Capitanio, 2012),Aylett 和 Paiva 关注计算机虚拟情绪的进展(Aylett & Paiva, 2012),Higgins 探讨了音乐在情绪建构中作用(Higgins, 2012)。

2.8 不同情绪理论的比较

目前的情绪理论对情绪的以下两个方面基本达成共识:(1)情绪是包含主观体验、外部表现和外周生理唤醒的心理状态集合体。(2)情绪是任何人类心理模型的关键特征之一(Gross & Barrett, 2011)。除去这两点,不同情绪理论之间的论战一直不休。研究者根据不同情绪理论的共性和个性将情绪理论概括为四种理论取向,分别是基本情绪取向,评价取向,心理建构取向和社会建构取向,本章所介绍的情绪理论中,除精神分析理论之外,其他理论基本都包含在这四种取向之中。不同的情绪理论取向可以看作是一个连续体,由左至右分别为不同的取向及其代表人物(如图 2.10)(Gross & Barrett, 2011)。不同情绪理论取向之间的差异可以通过其对于一些情绪基本问题的回答展现出来(如表 2.2 所示)。在本章所介绍各种情绪理论的基础上,此处对四种取向的基本观点进行简要介绍和比较。

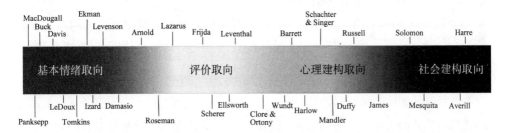

图 2.10 情绪四种理论取向的连续体。该连续体由情绪研究的一些代表性理论家和研究者组成。对应四种理论取向分为四个不同的颜色区域。(1)基本情绪理论(红色),MacDougall (1908/1921), Pansepp (1998), Buck (1999), Davis (1992), LeDoux (2000), Tomkins (1962, 1963), Ekman (1972), Izard (1993),Levenson (1994), and Damasio (1999);(2)评价理论(黄色),Arnold (1960a, 1960b), Roseman (1991), Lazarus (1991), Frijda (1986), Scherer (1984), Smith and Ellsworth (1985), Leventhal (1984), and Clore and Ortony (2008);(3)心理建构理论(绿色),Wundt (1897,1998), Barrett (2009), Harlow and Stagner (1933), Mandler (1975), Schachter and Singer (1962), Duffy (1941); Russell (2003), and James (1884);(4)社会建构理论(蓝色),Solomon (2003), Mesquita (2010), Averill (1980), and Harré (1986)。受篇幅限制,此处仅包含本章中介绍的各种情绪理论。

来源:Gross & Barrett (2011).

表2.2 四种情绪理论取向的核心假设

		基本情绪理论	评价取向	心理建构取向	社会建构取向
1	情绪是特殊的心理状态吗	是	是	不是	不同模型之间不一样
2	情绪是由特定的机制产生的吗?	是	不同模型之间不一样	不是	不是
3	情绪是由特定的脑结构产生的吗?	是,每种情绪都有特定的皮层下回路	不是	不是	不是
4	情绪有特定的外部表现吗(表情、声音、身体状态)?	是	不同模型之间不一样	不是	不是
5	每种情绪都有特定的反应倾向吗?	是	是,多数模型有特定的反应倾向	不是	不是
6	主观体验是情绪必不可少的特征吗?	不同模型之间不一样	是	是	不是
7	什么是全人类共通的?	情绪	评价过程	心理成分(如核心情感及其他表征)	社会情境的影响
8	变异性在情绪中重要吗?	变异只是情绪的附带现象	不同模型之间不一样	是	是
9	非人类动物是否有情绪?	是	一些评价过程是人和动物共有的	情感是人和动物共有的	不是
10	进化如何塑造情绪?	特定的情绪得以进化	认知评价过程得以进化	基本的心理成分得以进化	文化和社会结构得以进化

来源:Gross & Barrett (2011).

基本情绪理论(Basic Emotion Theory)认为,像"愤怒"、"悲伤"、"恐惧"等情绪名词各自具有其独特的机制,并产生特定的心理状态和可测量的外部表现(见表2.2)。每种基本情绪都是不可分解的基本心理模块。在多数的基本情绪模型中,每种情绪都是由特定的机制引发(如每种情绪都有确定的脑回路,Panksepp(1981);或者情感系统(affect program),Ekman(1972)[①],并产生一系列的主观体验、初始反应倾向、外部表现和自主神经内分泌反应。

在情绪的评价取向中,仍使用情绪词(如愤怒、恐惧、悲伤等)来描述那些具有特殊形式、功能和起因的心理状态,但是这些情绪词并不指代特殊的、固定的心理机制

---

① Ekman(1972)提出了表情情感系统,认为面部表情主要受先天因素的影响,情绪刺激引发相关表情程序,进而引发面部肌肉的动作,特定的情绪刺激和特定的表情时相关联的,控制面部表情的系统称为面部情感系统,在这个系统中,个体体验的情绪与个体表现的面部表情相一致,并且具有跨文化的一致性。

(如表 2.2)。一些评价模型(20 世纪 50~70 年代提出的模型,如 Arnold(1950);Lazarus(1966,1970)将评价看作是产生意义的情绪特定认知先行者(cognitive antecedents)(如图 2.10 中所示黄色区域的左侧部分)。这些评价模型将评价看作是一系列的转换开关,一旦进入某种评价模式,就会引发情绪(包含典型的情绪反应输出或者以特定方式与周围环境进行互动的行为倾向)。另外一些评价模型(连续体中黄色区域的右侧部分)没有将评价看作是独立于情绪的情绪诱发原因,而是将评价看作是情绪的组成部分。情绪被看作是一系列与环境密切相关的松散联合的行为倾向,但是这种行为倾向并不一定被执行并产生行为结果。在黄色区域的最右侧,情绪被看作是体验世界的不同方式,着重强调情绪产生意义的行动(Barrett, Mesquita Ochsner & Gross, 2007)。例如愤怒是对攻击的体验,悲伤是对失去某人或某物的体验。这些评价模型并不涉足对情绪产生机制原因的探讨,同时也并不对情绪发生时伴随的情绪输出作出预测,因此其在解释情绪反应的多样性方面具有较大的自由度(见表 2.2)(Gross & Barrett, 2011)。

情绪的心理建构取向不认同情绪是特殊的具有特定形式、功能并导致其他心理过程(如认知、知觉)的心理状态,认为情绪并不是由固定的机制产生,所有的心理状态都来自于即时的、持续调整的建构过程。一些心理建构理论认为,情绪和其他心理状态一样,不仅仅是心理成分的简单相加,而是它们的有机合成体,这种观点与评价观点(连续体中黄色的右侧部分)存在联系。而其他的心理建构理论(连续体中绿色的右侧部分)认为情绪只是一些独立的心理成分,如 Russell 的愉悦度和效价(Russell, 1980),Duffy 的能量水平、对目标方向的保持度以及外在环境等(Duffy, 1941)。

情绪的社会建构取向将情绪看作是社会化遗物或者文化所预定的表现,由社会文化因素构建并受到个体的社会角色和所处社会情境的约束(Gross & Barrett, 2011)(见表 2.2)。一些社会建构模型将社会因素看作是基本情绪反应的触发器,类似评价取向中引发基本情绪的认知评价因素。然而,其他一些模型将情绪看作是社会环境和人本身所构建的社会文化产物,而不是先天的。情绪是文化而不是个体内部心理状态的表现形式。某社会事件是否可以被看作是情绪取决于它所产生的社会影响。情绪的心理和行为成分与其社会意义和功能一同演化。情绪的意义及其独特性来源于情绪在某一社会情境下的功能意义。

到目前为止,本书已经介绍了 20 多种情绪理论,基本表现出了迄今情绪心理学各种理论的内容,以及它们各自不同的影响。这些理论彼此之间可能存在着共同的思路,但是为何会有这么多的理论?作者认为可能是由于"情绪的本质是什么"这一问题造成。情绪总是以不同的形式存在的,因此对情绪进行明确的定义非常困难。

那么在已经介绍的多种情绪理论中,何种理论最接近情绪的本质呢？这一问题也很难回答,不同的判断标准会产生不同的答案,也可能会受评价者不同的理论取向所影响。不同的理论都从各自可能的角度对情绪进行了考察。选择倾向某种理论并不意味着贬低本章所提到的其他理论,这些理论都有助于促进我们对情绪的理解。

回顾本章开始时 Lazarus 提出的"好"的情绪理论应该包括的 12 项主题,本章所介绍的各种情绪理论不同程度地包含了这些主题,并反映出以下特点或发展趋势：

首先,生物学主题贯穿于情绪发展的各种理论之中,尤其是近年来情绪研究与认知神经科学的结合是未来情绪研究的重要发展方向;

其次,近年来关于情绪本质的讨论反映出社会建构主义的主题开始贯穿于新近提出的情绪理论中(如基本情绪理论与情绪社会建构理论的争论),情绪究竟是否是真实的这一问题(Barrett, 2012)可能会引导未来的情绪研究。

第三, Izard 尤其是 Ekman 引领的对于面部表情的研究表明,情绪研究领域对于表情尤其是对面部表情日益重视,近年来相关的研究工作也在数量和质量上不断增长。

未来的情绪理论应该考虑情绪研究新近的发展,用整合的视角去认识情绪,继续开展对情绪本质的研究,并尝试将情绪的理论研究与在日常生活中的实际应用相结合。

参考文献

蔡飞.(1995).精神分析焦虑论批判.南京师大学报(社会科学版),3,69—73.
弗洛伊德.(1984).精神分析引论(高觉敷,译).北京:商务印书馆.
孟昭兰.(2005).情绪心理学.北京:北京大学出版社.
彭聃龄.(2001).普通心理学.北京:北京师范大学出版社.
乔建中.(2003).情绪的社会建构理论.心理科学进展,11(5),541—544.
Arnold, M. B. (1950). *An excitatory theory of emotion*.
Arnold, M. B. (1960a). Emotion and personality: Vol. 1. Psychological aspects. New York, NY: Columbia University Press.
Arnold, M. B. (1960b). Emotion and personality: Vol. 2. Physiological aspects. New York, NY: Columbia University Press.
Averill, J. R. (1980). A constructivist view of emotion. *Emotion: Theory, research, and experience*, 1, 305-339.
Averill, J. R. (2012). The future of social constructionism: Introduction to a special section of emotion review. *Emotion review*, 4(3), 215-220.
Aylett, R. & Paiva, A. (2012). Computational modelling of culture and affect. *Emotion review*, 4(3), 253-263.
Barrett, L. F. (2006). Solving the emotion paradox: Categorization and the experience of emotion. *Personality and social psychology review*, 10(1), 20-46.
Barrett, L. F. (2006). Valence is a basic building block of emotional life. *Journal of research in personality*, 40(1), 35-55.
Barrett, L. F. (2009). Variety is the spice of life: A psychological construction approach to understanding variability in emotion. *Cognition and emotion*, 23(7), 1284-1306.
Barrett, L. F. (2012). Emotions are real. *Emotion*, 12(3), 413.
Barrett, L. F. (2013). Psychological construction: The Darwinian approach to the science of emotion. *Emotion review*, 5(4), 379-389.
Barrett, L. F. (2014). The conceptual act theory: A précis. *Emotion Review*, 6(4), 292-297.
Barrett, L. F., Mesquita, B., Ochsner, K. N. & Gross, J. J. (2007). The experience of emotion. *Annual review of*

psychology, 58,373.
Barrett, L. F., Wilson-Mendenhall, C. D. & Barsalou, L. (2014). A psychological construction account of emotion regulation and dysregulation: the role of situated conceptualizations. *The handbook of emotion regulation*, 447-465.
Bindra, D. (1968). A neuropsychological interpretation of the effects of drive and incentive-motivation on general activity and instrumental behavior. *Psychological review*, 75,1-22.
Bindra, D. (1969). A unified interpretation of emotion and motivation. *Annals of the New York Academy of Science*, 159,1071-1083.
Boiger, M. & Mesquita, B. (2012). The construction of emotion in interactions, relationships, and cultures. *Emotion review*, 4,221-229.
Bridges, K. M. B. (1932). Emotional development in early infancy. *Child development*, 324-341.
Buck, R. (1999). The biological affects: A typology. *Psychological review*, 106,301-336.
Butler, E. A. (2011). Temporal Interpersonal Emotion Systems The "TIES" That Form Relationships. *Personality and social psychology review*, 15(4),367-393.
Butler, E. A., Lee, T. L. & Gross, J. J. (2007). Emotion regulation and culture: are the social consequences of emotion suppression culture-specific? *Emotion*, 7(1),30.
Clore, G. L. & Ortony, A. (2008). Appraisal theories: How cognition shapes affect into emotion. In M. Lewis, J. M. Haviland-Jones & L. F. Barrett (Eds.), Handbook of emotions (3rd ed., pp. 628-642). New York, NY: Guilford.
Cornelius, R. R. (1991). Gregorio Maranon's two-factor theory of emotion. *Personality and social psychology bulletin*, 17(1),65-69.
Damasio, A. R. (1999). *The feeling of what happens: Body and emotion in the making of consciousness*. New York, NY: Harcourt Brace.
Darwin, C. (1872/1965). *The expression of the emotions in man and animals*. London, UK: John Marry.
Davis, M. (1992). The role of the amygdala in fear and anxiety. *Annual review of neuroscience*, 15,353-375.
Duffy, E. (1941). An explanation of 'emotional' phenomena without the use of the concept 'emotion'. *Journal of general psychology*, 25,283-293.
Duffy, E. (1962). *Activation and Behavior*. New York: John Wiley & Sons.
Ekman, P. (1972). Universal and cultural differences in facial expressions of emotions. In J. K. Cole (Ed.), *Nebraska symposium on motivation*, 1971(pp. 207-283). Lincoln, NE: University of Nebraska Press.
Ekman, P. (1985/2001). *Telling lies: Clues to deceit in the marketplace, politics, and marriage*. New York: Norton.
Ekman, P. (1992). An argument for basic emotions. *Cognition & emotion*, 6(3-4),169-200.
Ekman, P. (2003). Darwin, deception and facial expression. In P. Ekman, R. J. Davidson & F. De Waals (Eds.), Annals of the New York Academy of Sciences. *Emotions inside out: 130 years after Darwin's The Expression of the emotions in man and animals* (Vol. 1000, pp. 205-221). New York: New York Academy of Sciences.
Ekman, P. (2009). *Telling lies: Clues to deceit in the marketplace, politics, and marriage*. New York, NY, US: Norton.
Ekman, P. & Oster, H. (1982). Review of research, 1970-1980. *Emotion in the human face*, 147-173.
Ekman, P., Friesen, W. V. & O'Sullivan, M. (1988). Smiles when lying. *Journal of Personality and Social Psychology*, 54(3),414-420.
Ekman, P., Friesen, W. V., O'Sullivan, M., Chan, A., Diacoyanni-Tarlatzis, I., Heider, K., ... & Tzavaras, A. (1987). Universals and cultural differences in the judgments of facial expressions of emotion. *Journal of personality and social psychology*, 53(4),712.
Ekman, P., O'Sullivan, M., Friesen, W. V. & Scherer, K. R. (1991). Invited article: Face, voice, and body in detecting deceit. *Journal of nonverbal behavior*, 15(2),125-135.
Fischer, K. W., Shaver, P. R. & Carnochan, P. (1990). How emotions develop and how they organise development. *Cognition and emotion*, 4(2),81-127.
Fitness, J. & Fletcher, G. J. O. (1993). Love, hate, anger, and jealousy in close relationships: a prototype and cognitive appraisal analysis. *J. Personal. Soc. Psychol*, 65,942-58.
Freud, S. (1926). Inhibitions, symptoms and anxiety. *The complete psychological works of sigmund freud*. London: Hogarth Press (standard edition, 1975).
Freud. S. (1984). *Introductory lectures on psycho-analysis*. Translated by Joan Riviere, George Allen & Unwin Ltd. London. (Original work published 1922)
Frijda, N. H. (1986). *The emotions*. New York, NY: Cambridge University Press.
Frijda, N. H., Kuipers, P. & ter Schure, E. (1989). Relations among emotion, appraisal, and emotional action readiness. *J. Personal. Soc. Psychol*, 57,212-28.
Frijda, N. H., Markam, S., Sato, K. & Wiers, R. (1995). Emotions and emotion words. In *Everyday conceptions of emotion* (pp. 121-143). Springer Netherlands.
Gergen, K. J. (1985). The social constructionist movement in modern psychology. *American psychologist*, 40(3),266.
Gross, J. J. & Barrett, L. F. (2011). Emotion generation and emotion regulation: One or two depends on your point of view. *Emotion review*, 3(1),8-16.
Harlow, H. F. & Stagner, R. (1933). Psychology of feelings and emotions. II. Theory of emotions. *Psychological review*,

40, 184 - 195.
Harré, R. (Ed.). (1986). *The social construction of emotions*. Blackwell.
Higgins, K. M. (2012). Biology and culture in musical emotions. *Emotion review*, 4(3), 273 - 282.
Horney, K. (1937). *The neurotic personality of our time*. New York: W W Norton & Co.
Izard, C. E. (1978). Emotions as motivations: an evolutionary-developmental perspective. In *Nebraska symposium on motivation*. University of Nebraska Press.
Izard, C. E. (1991). *The Psychology of Emotions*. New York: Plenum.
Izard, C. E. (1993). Four systems for emotion activation: cognitive and noncognitive processes. *Psychological review*, 100(1), 68.
Izard, C. E. (Ed.). (1977). *Human emotions*. Boom Koninklijke Uitgevers.
Izard, C. E., Fantauzzo, C. A., Castle, J. M., Haynes, O. M., Rayias, M. F. & Putnam, P. H. (1995). The ontogeny and significance of infants' facial expressions in the first 9 months of life. *Developmental psychology*, 31(6), 997.
James, W. (1884). II.—What is an emotion?. *Mind*, (34), 188 - 205.
James, W. (2011). *The principles of psychology*. Digireads. com Publishing.
Kitayama, S., Markus, H. R. & Kurokawa, M. (2000). Culture, emotion and well-being: good feelings in Japan and the United States. *Cogn. Emot*, 14, 93 - 124.
Lange, C. G. (1885). The mechanism of the emotions. *The emotions*. Williams & Wilkins, Baltimore, Maryland, 33 - 92.
Lazarus, R. S. (1966). *Psychological stress and the coping process*. New York: McGraw-Hill.
Lazarus, R. S. (1991). *Emotion and adaptation*. Oxford University Press.
Lazarus, R. S., Averill, J. R. & Opton, E. M. Jr (1970). Towards a cognitive theory of emotion. In M. B. Arnold (ed.) *Feelings and emotions: The Loyola symposium*, pp. 207 - 232. New York: Academic Press.
LeDoux, J. E. (2000). Emotion circuits in the brain. *Annual review of neuroscience*, 23, 155 - 184.
Levenson, R. W. (1994). Human emotions: A functional view. In P. Ekman & R. J. Davidson (Eds.), *The nature of emotion: Fundamental questions* (pp. 123 - 126). New York, NY: Oxford University Press.
Leventhal, H. (1984). A perceptual-motor theory of emotion. *Advances in experimental social psychology*, 17, 117 - 182.
Lindsley, D. B. (1950). Emotions and the electroencephalogram. In M. L. Reymert (ed.) *Feelings and emotions: The moose heart symposium*. New York: McGraw-Hill.
MacDougall, W. (1921). *An introduction to social psychology*. Boston, MA: John W. Luce. (Original work published 1908)
MacLean, P. D. (1970). The limbic brain in relation to the psychoses. In P. D. Black (ed.) *Physiological correlates of emotion*. New York: Academic Press.
Mandler, G. (1975). *Mind and emotion*. New York, NY: Wiley.
Marañon, G. (1924). Contribution a l'etude de l'action emotive de l'adrenaline [Contribution to the study of the emotive action of adrenalin]. *Revue Francaise d'Endocrinologie*, 2, 301 - 325.
Mason, W. A. & Capitanio, J. P. (2012). Basic emotions: a reconstruction. *Emotion Review*, 4(3), 238 - 244.
Mesquita, B. (2010). Emoting: A contextualized process. In B. Mesquita, L. F. Barrett & E. Smith (Eds.), *The mind in context* (pp. 83 - 104). New York, NY: Guilford.
Mesquita, B. & Frijda, N. H. (1992). Cultural variations in emotions: a review. *Psychol. Bull*, 112; 179 - 204.
Mesquita, B. & Karasawa, M. (2004). Self-conscious emotions as dynamic cultural processes. *Psychological inquiry*, 161 - 166.
Miller, G. A., Galanter, E. & Pribram, K. H. (1986). *Plans and the structure of behavior*. Adams Bannister Cox.
Nesse, R. M. (1990). Evolutionary explanations of emotions. *Human nature*, 1, 261 - 289.
Nesse, R. M. & Williams, G. C. (1994). *Why we get sick*. New York: Times Books, Random House.
Oatley, K. & Duncan, E. (1994). The experience of emotions in everyday life. *Cognition & emotion*, 8(4), 369 -381.
Panksepp, J. (1981). Toward a general psychobiological theory of emotion. *The behavioral and brain sciences*, 5, 407 - 467.
Panksepp, J. (1989). The neurobiology of emotions: Of animal brains and human feelings. In H. Wagner & T. Manstead (eds.), *Handbook of social psychophysiology* (pp. 5 - 26). Chichester, UK: John Wiley & Sons.
Panksepp, J. (1991). Affective neuroscience: A conceptual framework for the neurobiological study of emotions. In K. T. Strongman (ed.), *International review of studies on emotion* (Vol. 1, pp. 59 - 100). Chichester, UK: John Wiley & Sons.
Panksepp, J. (1992). A critical role for 'affective neuroscience' in resolving what is basic about basic emotions. *Psychological review*, 99(3), 554 - 560.
Panksepp, J. (1993). Neurochemical control of moods and emotions: Amino acids to neuropep-tides. In M. Lewis & J. M. Haviland (eds.), *Handbook of emotions*. New York: Guilford Press.
Panksepp, J. (1998). *Affective neuroscience: The foundations of human and animal emotions*. New York, NY: Oxford University Press.
Papez, J. W. (1937). A proposed mechanism of emotion. *Archives of neurological psychiatry*, 38, 725 - 743.

Parkinson, B. (2012). Piecing together emotion: Sites and time-scales for social construction. *Emotion Review*, 4, 291-298.
Plutchik, R. (1962). *The emotions: Facts, theories and a new model*. New York: Random House.
Plutchik, R. (1970). Emotions, evolution, and adaptive processes. In *Feelings and emotions: the Loyola symposium* (pp. 3-24). Academic Press, New York.
Plutchik, R. (1980). *Emotion: A psychoevolutionary synthesis*. Harpercollins College Division.
Plutchik, R. (1989). Measuring emotions and their derivatives. *Emotion: Theory, research, and experience*, 4, 1.
Plutchik, R. (1991). Emotions and evolution. *International review of studies on emotion*, 1, 37-58.
Plutchik, R. (1993). Emotions and their vicissitudes: Emotions and psychopathology. *Handbook of emotions*, 53-66.
Plutchik, R. (2000). A psychoevolutionary theory of emotion.
Plutchik, R. (2001). The Nature of Emotions: Human emotions have deep evolutionary roots, a fact that may explain their complexity and provide tools for clinical practice. *American scientist*, 89(4), 344-350.
Pribram, R. (1970). Feeling as monitors. In M. Arnold (Ed.), *Feelings and Emotions*. New York: Academic Press.
Rapaport, D. (1953). On the psychoanalytic theory of affect. *International journal of psychoanalysis*, 34.
Reisenzein, R. & Hofmann, T. (1993). Discriminating emotions from appraisal-relevant situational information: Baseline data for structural models of cognitive appraisals. *Cognition & emotion*, 7(3-4), 271-293.
Rolls, E. T. (1990). A theory of emotion, and its application to understanding the neural basis of emotion. *Cognition and emotion*, 4(3), 161-190.
Roseman, I. J. (1984). Cognitive determinants of emotion: A structural theory. *Review of personality & social psychology*.
Roseman, I. J. (1991). Appraisal determinants of discrete emotions. *Cognition & emotion*, 5(3), 161-200.
Roseman, I. J. (1996). Appraisal determinants of emotions: Constructing a more accurate and comprehensive theory. *Cognition & emotion*, 10(3), 241-278.
Russell, J. A. (1980). A circumplex model of affect. *Journal of personality and social psychology*, 39(6), 1161.
Russell, J. A. (2003). Core affect and the psychological construction of emotion. *Psychological review*, 110(1), 145.
Russell, J. A. (2009). Emotion, core affect, and psychological construction. *Cognition and emotion*, 23(7), 1259-1283.
Russell, J. A. & Barrett, L. F. (1999). Core affect, prototypical emotional episodes, and other things called emotion: dissecting the elephant. *Journal of personality and social psychology*, 76(5), 805.
Russell, J. A. & Mehrabian, A. (1977). Evidence for a three-factor theory of emotions. *J. Res. Personal*, 11, 273-94.
Schachter, S. (1959). *The Psychology of affliation*. Stanford: Stanford University Press.
Schachter, S. (1964). The interaction of cognitive and physiological determinants of emotional state. In L. Berkowitz (ed.), *Mental social psychology* (Vol. 1, pp. 49-80). New York: Academic Press.
Schachter, S. (1970). The assumption of identity and peripheralist-centralist contoversies in motivation and emotion. In M. B. Arnold (ed.), *Feelings and emotion: The Loyola symposium*. New York: Academic Press.
Schachter, S. & Singer, J. E. (1962). Cognitive, social and physiological determinants of emotional state. *Psychological review*, 69, 379-399.
Scherer, K. (1997). Profiles of emotion-antecedent appraisal: Testing theoretical predictions across cultures. *Cognition & emotion*, 11(2), 113-150.
Scherer, K. R. (1984). Emotion as a multicomponent process: A model and some cross-cultural data. *Review of personality & Social psychology*.
Scherer, K. R. (1993). Studying the emotion-antecedent appraisal process: An expert system approach. *Cognition & emotion*, 7(3-4), 325-355.
Shaver, P., Schwartz, J., Kirson, D. & O'connor, C. (1987). Emotion knowledge: further exploration of a prototype approach. *Journal of personality and social psychology*, 52(6), 1061.
Shweder, R. A. (1993). The cultural psychology of the emotions. *Handbook of emotions*, 417-431.
Smith, C. A. & Ellsworth, P. C. (1985). Patterns of cognitive appraisal in emotion. *Journal of personality and social psychology*, 48(4), 813.
Solomon, R. C. (2003). *Not passion's slave: Emotions and choice*. New York, NY: Oxford University Press.
Strongman, K. T. (1987). *The psychology of emotion*. John Wiley & Sons.
Strongman, K. T. (2003). *The psychology of emotion: from everyday life to theory*. 5th ed. John Wiley & Sons.
Sullivan, H. S. (1953). *The interpersonal theory of psychiatry*. New York: W W Norton & Co.
Tomkins, S. S. (1962). Affect, imagery, consciousness: Vol. I. The positive affects.
Tomkins, S. S. (1962). Affect, imagery, consciousness: Vol. 2. The negative affects.
Wenger, M. A. (1950). Emotion as visceral action: An extension of Lange's theory. In M. L. Reymert (ed.), *Feelings and emotions: The moose heart symposium*. New York: McGraw-Hill.
Wilson-Mendenhall, C. D., Barrett, L. F., Simmons, W. K. & Barsalou, L. W. (2011). Grounding emotion in situated conceptualization. *Neuropsychologia*, 49(5), 1105-1127.
Wundt, W. (1998). *Outlines of psychology* (C. H. Judd, Trans.). Bristol, UK: Thoemmes Press. (Original work published 1897)
Young, P. T. (1961). *Motivation and emotion*. New York: John Wiley & Sons.

3 情绪的主观体验与评价

3.1 基本情绪的主观体验与评价 / 71
    3.1.1 基本情绪的主观体验 / 71
    3.1.2 基本情绪的评价 / 74
3.2 复合情绪的主观体验与评价 / 75
    3.2.1 爱与依恋 / 76
    3.2.2 自豪 / 78
    3.2.3 羞耻与内疚 / 80
    3.2.4 敌意 / 83
    3.2.5 焦虑与抑郁 / 85
    3.2.6 道德情绪 / 87
3.3 情绪状态的主观体验与评价 / 88
    3.3.1 心境 / 89
    3.3.2 激情 / 91
    3.3.3 应激 / 91
3.4 情绪的基本维度及其测量 / 92
    3.4.1 情绪的基本维度 / 92
    3.4.2 情绪维度的测量 / 93

    情绪的主观体验(subjective experience)是个体对不同情绪和情感状态的自我感受。每种情绪都有其主观体验,构成了情绪和情感的心理内容(彭聃龄,2011)。

    如第一章总论所述,情绪是非常复杂的心理学概念,迄今未有达成共识的定义内涵。由于不同研究者关注情绪的不同方面,因此对于情绪结构也持有不同的理论观点。总体来说,情绪研究可以大致划分为分类取向和维度取向两大类。分类取向的情绪理论认为,情绪是个体在进化过程中发展出来的对刺激的适应性反应,情绪是由几种相对独立的基本情绪、情绪状态及在此基础上形成的多种复合情绪构成的,研究者们致力于将情绪分为几种彼此独立的、有限的基本情绪。而维度取向的情绪理论却认为,情绪是连续体,在几个基本维度上高度相关(乐国安和董颖红,2013),此类研究者们致力于确定情绪的基本维度。情绪的维度是指情绪所固有的某些特征,主要指情绪的动力性、激动性、强度和紧张度等方面,这些特征的变化幅度又具有两极性,每个特征都存在两种对立的状态。

本章首先基于情绪研究的分类取向来依次阐释基本情绪、复合情绪、情绪状态的主观体验与评价,最后再基于情绪研究的维度取向来阐释情绪的基本维度及其测量。

3.1 基本情绪的主观体验与评价

每一种基本情绪都具有独立的主观体验和不同的适应功能,并具有跨文化的一致性,在人类和一些动物之间也可以得到一致的识别、表达和体验(Ekman, 1999)。换句话说,基本情绪是人和一些动物所共有的,是先天的、不学而能的,在发生上有共同的原型或模式,在个体发展早期就已出现,每一种基本情绪都有独特的生理机制和外部表现;而非基本情绪或复合情绪则是多种基本情绪混合的产物,或是基本情绪与认知评价等相互作用的结果。

3.1.1 基本情绪的主观体验

关于基本情绪的种类,从古至今有不同的说法和观点。我国古代名著《礼记·礼运》中提出"七情"说,即喜、怒、哀、惧、爱、恶和憩,《白虎道·情性》主张"六情"分类法,即喜、怒、哀、乐、爱和恶。Ekman(1987)的基本情绪分类包含六种基本情绪:快乐、悲伤、愤怒、恐惧、厌恶和惊奇。Izard(1980)最初在差别情绪理论中提出存在10种基本情绪,除 Ekman 所提及的上述六种之外,还包括兴趣、害羞、自罪感和蔑视。在后来的研究中确定了兴趣、快乐、悲伤、愤怒、厌恶和恐惧这六种基本情绪。其他研究者的情绪主观体验报告也不一致,一般大约存在 6~12 种独立情绪(Diener, Smith & Fujita, 1995; Izard et al., 1993; Nowlis, 1970; Power & Dalgleish, 1997)。

Ekman 的六种基本情绪

Ekman(图 3.1)的六种基本情绪分类是多数研究者所认可的,如图 3.2 所示。但也有研究者认为,有些其他情绪也可以被归入基本情绪,比如柔情(tenderness)。柔情被定义为与记忆有关的体验,并与照料看护的爱相对应,可以与愉悦区别开来,而且并不等同于爱和共情(Kalawski, 2010)。也有研究者提出嫉妒和父母之爱也可以归入基本情绪(Sabini & Silver, 2005)。

图 3.1　Paul Ekman
来源：百度百科.

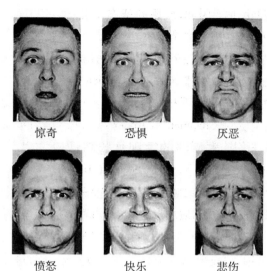

图 3.2　Ekman 的六种基本情绪
来源：Ekman, P. & Friesen, W. (1975). *Unmasking the Face*. Englewood Clifs, NJ：Prentice Hall.

快乐是个体所盼望的目的达到后，紧张解除继之而来的情绪体验。快乐的程度，取决于愿望满足的意外程度，愿望满足得越出乎意料，个体就体验到越快乐。在快乐情绪下参与活动的脑区有：下丘脑前额叶皮质、杏仁核、腹侧纹状体、额前回、前叶背外侧、后扣带回、颞叶、海马、丘脑和尾状核等。**悲伤**是失去所盼望的、所追求的或有价值的事物而引起的情绪体验，其强度依赖于失去的事物的价值。在悲伤情绪中，前额叶皮质中部、额下回、颞上回、楔前叶、杏仁核、丘脑等区域活动都有所增强。**愤怒**是由于目的和愿望不能达到或一再受到挫折，逐渐积累而成的。当挫折是由于不合理的原因或他人恶意所造成时，最容易激起愤怒，对人们强烈愿望的限制或阻止以及不良的人际关系也是愤怒的来源。愤怒和杏仁核有密切联系，也有研究认为愤怒与额叶和扣带前回有关。**恐惧**往往是由于缺乏处理或缺乏摆脱可怕的情景（事物）的力量和能力所造成。恐惧比其他任何情绪都具有感染性。当个体产生恐惧体验时，会激活海马、杏仁核、前额皮质这三个脑区。**惊奇**与愿望或信念等有关，如果外部情境不符合主体信念，个体就会觉得惊奇（Wellman & Banerjee, 1991）。根据刺激的不同，惊奇激活的脑区有所区别：如果刺激是负性的，激活的脑区为杏仁核右腹侧，如果刺激是正性的，激活的脑区为腹内侧前额叶皮质（罗跃嘉，2011）。

厌恶是由令人不愉悦、反感的事物诱发的情绪，有特定的面部表情、生理体验和行为倾向。因为引发厌恶的刺激通常都涉及病菌感染的威胁，比如腐败的食物和肮脏的场地。因此,厌恶的基本功能被认为与防止疾病感染有关(吴宝沛和张雷,2012)。对厌恶的界定在"它是属于基本情绪"和"它是与道德违反而产生的情绪"之间争论不休。儿童在发展早期对厌恶先从体验开始,然后是对厌恶的表达、理解和言语描述,最后才是认知阶段(Widen & Russell, 2013)。另有研究通过自我报告、脑成像技术、面孔表现和内隐测量等实验证据和相关研究发现,真实的厌恶是由违反道德所引发的(Chapman & Anderson, 2013)。在要求个体口头报告厌恶的来源时,会提及很多跟道德有关的行为,比如背叛、虐待、残忍、反常的性行为等(吴宝沛和张雷,2012)。Russel 和 Giner-Sorolla(2013)认为,涉及身体暴力的道德违反更可能引发厌恶,而且在时间上和不同情境中保持更久。综上所述,厌恶在个体发展早期是对物理刺激的厌恶,随后发展为对社会影响和新的道德要求的适应(Pole, 2013)。有研究者对厌恶进行了分类,Olatunji 等(2007)把厌恶分为三类:核心厌恶、动物本性提醒厌恶(指人类会因为想到自己的动物本性而感到厌恶)以及感染厌恶。也有研究把厌恶大致分为身体厌恶和道德厌恶两大类(Simpson et al., 2006)。

引起厌恶的刺激分类界定比较模糊。Haidt 等(1997)最初把引起厌恶的刺激分为七类:食物、动物、身体产物、性、体表破坏、死亡和卫生,随后又增加了人际感染和道德冒犯(Haidt et al., 1997; Rozin et al., 2008)。Tybur 等(2009)把厌恶来源归入三个领域:病菌、性与道德。

暗示性的厌恶与现实生活密切相关,这一情绪在临床病理如恐惧症、厌食症和强迫症的发病过程中扮演重要角色(Olatunji et al., 2010)。除此之外,厌恶也会影响人们的群体态度(Taylor, 2007)。

基本情绪的相关研究。情绪的诱发研究发现,内化(回忆个体相应的情绪事件)和外化(如通过观看影片诱发情绪)过程都可以诱发相应的情绪,然而,如果没有指定具体情绪,那么诱发就很困难。在恐惧、愤怒、愉悦和悲伤这四种情绪中,愉悦受到内化过程的影响最为严重。回忆个人事件会体验更多负性的或混合的情绪,说明内化过程具有更高的紧张度(Salas, Radovic & Turnbull, 2012)。

情绪的性别差异研究发现,女性和男性面对相同的情绪刺激时,女性的体验并非一定比男性强烈,性别差异与情绪诱发材料主题的偏向性有关,女性更倾向于温馨、轻松和幽默的快乐主题。当恐惧视频的主题是"威胁"时,男、女被试在观看后都报告了高强度的恐惧,说明个体对原始恐惧诱因体验没有性别差异。女性在视频主题为"黑暗"时,报告的恐惧强度显著高于男性,这可能与过多的个人卷入有关。男性和女性对"令人作呕的行为"和"受到不公正对待"的情绪主题的主观体验一致性高(靳霄等,2009)。

在对嗅觉的研究中,经常会特别提到其与情绪加工的关系。有研究者发现,几乎所有的被试都可以体验到由嗅觉刺激引发的快乐或厌恶,约有四分之三的被试报告有焦虑体验,只有一半的被试报告体验到悲伤和愤怒。但由视觉刺激所诱发的六种基本情绪,被试都可以明显体验到。嗅觉情绪体验更多与文化、植物和食物等有关,视觉引起的情绪体验更多与人有关。对大多数人来说,更容易通过嗅觉体验到快乐、厌恶和焦虑(Croy, Olgun & Joraschky, 2011)。

研究者使用眼动仪记录被试观察恐惧、愤怒、悲伤、惊奇和高兴五种表情图片时的眼动轨迹,发现成人偏好高兴表情,并在高兴表情上的注视时间和次数显著高于幼儿。成人偏好注视眼部,幼儿偏好注视嘴部。面部表情注意偏好的发展具有社会依存性,人们趋向于偏好积极的情绪,这种发展变化与对面部表情部位的注意偏好相关(谷莉和白学军,2014)。

3.1.2 基本情绪的评价

基本情绪的评价以自我报告为主,包括单项测量和多项测量。

单项测量

单项测量要求被试对某项情绪构成的体验进行分级,这种分级可能是程度的划分也可能是某种具体的情绪,可以是单项回答(如"你感觉愉快吗"),也可以是双项回答(如从"愤怒"到"根本不愤怒"),回答选项通常为五点、七点或九点的 Likert 式计分,如图 3.3 所示。单项测量容易理解,便于建立和管理(姜媛和林崇德,2010)。

悲伤:1……2……3……4……5……6……7……8……9
　　　一点都不　　　　　　　　　　　　　　非常强烈

图 3.3 情绪自我报告的 Likert 式九点量表(以悲伤情绪为例)
来源:姜媛和林崇德(2010).

单项自我报告的一个变式是要求被试选择代表相应答案的数字化可视图形,这种图形给被试提供一条分割两种相反事物的水平线,然后要求被试在线上做标记来形容自己当时的感受。研究者也曾在这种技术中使用单级反应选项,针对某一种情绪结构(如悲伤),这条线表明的是"一点都不"和"非常强烈"。另一种相关的技术是把问题本身转换为所研究情绪的类似物,例如要求被试观看五个卡通脸谱,表情从自然到极为不悦,然后从中选出一个最能表达自己当前感受的脸谱,这种方式在被试不能用语言形容自己的感觉时格外有效,比如幼儿或者语言不通者(姜媛和林崇德,2010)。

多项测量

多项测量包括大量形容情绪状态的词汇,其中一类测量要求被试在符合自己当时感受的项目(情绪词)前画钩,另一类要求被试对自己当时某种情绪的程度进行评定(姜媛和林崇德,2010)。较早的基本情绪评价工具是由普拉切克将八种基本情绪以一个单词来代表,制定了一个五点记分量表。常见的多项测量工具如下:

多重情绪形容词量表(Multiple Affect Adjective Check List)。Thayer(1967)在激活、刺激和影响理论的基础上发表了积极-惰性形容词列表,包含精力充沛、活泼、积极、困倦、安宁等众多刺激等级形容词,被试要从"一点都没有"到"完全感受到"这四个等级中选择。Izard(1977)采用多项区别情绪量表(Differential Emotions Scale, DES)对多种相对独立的情绪进行评定,被试在三个情绪形容词组成的群组(如:很怕/恐惧/害怕,很生气/生气/有点生气)中对自己当时的情绪进行五级评分(姜媛和林崇德,2010)。该量表在分化情绪理论基础上发展而来,用于测量个体的主观情绪体验。最初共有30个项目,测量10种基本情绪,随后的修订版DES-Ⅳ中增加了羞愧和自我指向的敌意这两种情绪。

基本情绪量表(Basic Emotion Scale, BES)由涉及5种基本情绪(快乐、悲伤、愤怒、厌恶和恐惧)的20个形容词组成,分为特质(一般)和状态(过去一周)两种版本(Power & Tarsia, 2007)。

基本情绪评价的相关研究

对喜、怒、哀和惧四种基本情绪的评定发现,强度和复杂度是两个不同的情绪评定维度,两者间的情绪形容词模糊语义的赋值结果没有必然联系;在强度和复杂度赋值上,各词的取值基本符合人们日常对这些词所表达的情绪体验的理解;性别的量表值存在较大的一致性,男性和女性在赋值上的差异主要表现在各词位次和把握度的不同,这种差异可能与不同性别的情绪经验以及个体差异有关(凤四海和黄希庭,2004)。

3.2 复合情绪的主观体验与评价

复合情绪也称社会情绪,可分为依恋性社会情绪、自我意识情绪和自我预期的情绪。依恋性社会情绪涉及到人与人之间的情感连接;个体在社会环境中,由于关注他人对自身或自身行为的评价所产生的情绪被称为自我意识情绪,分为正性和负性两类;在面临机会选择或竞争情境时,个体对不同行为方式的后果做出预期,并根据自身的期望和价值取向调节对社会信息的认知和加工过程,这一过程引发的情绪被称为自我预期的情绪(徐晓坤等,2005)。本部分阐释的复合情绪包括爱与依恋、自豪、羞耻与内疚、敌意、焦虑与抑郁和道德情绪。

3.2.1 爱与依恋

爱与依恋的主观体验

爱 爱是一种原始情绪,是在基本情绪社会化中由多种情绪结合而成的复合情绪。爱可分为激情爱(passionate love)和陪伴爱(companionate love)两种。

激情爱是一种强烈的情绪,被界定为一种迷恋的、炽热的爱,是强烈的渴望与另一个人相结合的状态,可概括为一种"结合的渴望"(Hatfield & Sprecher, 2010)。具体来说,激情爱包含愉快、痛苦、厌恶、恐惧、愤怒和悲伤,又可能与某些强烈的情绪相混合,如欣快、幸福感、孤独感、妒忌、失望、恐怖感等。激情爱是一种既甜蜜又苦涩的体验。在群体的激情狂热中,包含既可能欢快,又可能悲愤的复合情绪。激情爱有两种后果,即爱的回报和爱的代价。对大学生的调查发现,他们在恋爱中处于最良好的状态,体验到自信、放松和幸福。医学检查表明,他们免疫系统良好,处于超常的健康之中(Hatfield & Rapson, 2000)。

陪伴爱被认定为喜爱、亲爱或慈爱,是可发生于各种对象之间的爱,很少激发强烈的激情,它是深切的依恋、亲密的接近和互相承担义务的复合体验,被定义为"与对象间的挚爱和温柔的亲密感"(Hatfield & Rapson, 1993)。典型的陪伴爱发生在母亲与婴儿之间。在成人社会中,陪伴爱广泛地发生在夫妻之间,在亲密的朋友之间也可以出现。

爱的体验主要蕴涵四种情绪原型:快乐、怒、怕和悲伤。鉴于复杂的社会情境和人际关系,激情爱和陪伴爱均可融入欢快、享乐、满意等正性复合情绪中,也可能卷进忧虑、怨恨、妒忌、内疚等负性复合情绪中。

依恋 依恋最早是由英国生态学家 John Bowlby(1969)提出,他认为依恋是抚养者与孩子之间的一种特殊情感连接,在维持婴儿的安全和生存方面具有直接意义,重要性不亚于控制饮食和繁殖的行为系统(Bowlby, 1982;鲁小华,崔丽钦和丛中,2007)。加拿大发展心理学家 Mary Ainsworth(1978)发展了依恋理论,提出了陌生情境实验室测验程序,根据儿童在陌生实验室情境中对母亲的依恋行为把儿童划分为焦虑-回避型不安全依恋、安全型依恋、焦虑-反抗型依恋三种类型和八种依恋亚型。

成人依恋是指成人对童年依恋经验的再现。与早期依恋不同,它不仅建立于童年依恋经历的事实之上,更建立在成人目前对早期依恋经历的评价之上。成人依恋主要分四种类型:自主型、冷淡型、专注型和不确定型。自主型属于安全型,冷淡型、专注型和不确定型都属于不安全型。

爱和依恋的评价

对爱的评价 对爱这种复杂情感的评价,大多是通过问卷测量的方式得到的。对激情爱和陪伴爱的测量表明,相比陪伴爱,激情爱处于更强烈的激情中。从陪伴爱的测量中得到更高的责任感、亲密感和亲切行为的分数。常用的具体测量工具如下：

激情爱量表(Passionate Love Scale, PLS)是对爱的情绪体验评价的典型测量工具。该量表是一个自我报告工具，完整版本包括 30 个项目，简明版本有 15 个项目。该工具是用来测量激情爱的认知、情感和行为因素。其中，情感部分包括爱情进展顺利时的正向感觉、进展不顺利时的负向感觉、渴望感情的交互等(Hatfield, Bensman & Rapson, 2012)。PLS 被认为是单维结构(Hatfield & Sprecher, 1986)。后来的研究者认为该量表是激情爱和迷恋的指标，与依恋也有相关(Loving, Crockett & Paxson, 2009)。

浪漫爱问卷(Romantic Love Questionnaire)。该问卷分为两个分量表，6 个项目测量陷入爱情之后所伴随产生的情绪体验和感觉，21 个项目评估被试在恋爱中的主观体验。

迷恋和依恋量表(Infatuation and Attachment Scale, IAS)。量表有 10 个项目测量迷恋，10 个项目测量依恋，从身体、行为、认知和情绪的角度进行测量(Langeslag, Muris & Franken, 2013)。

对依恋的评价

陌生情境法(Stranger Situation)是评价亲子依恋的一个标准化程序，专门针对 12—18 个月的婴儿设计，包括一系列三分钟的压力逐渐递增的情境：(1)母亲带婴儿进实验室，将婴儿放在一张周围摆放玩具的椅子上；(2)几分钟后一位陌生人进来并试图与婴儿一块玩玩具；(3)母亲离开房间，婴儿与陌生人相处；(4)母亲回来，陌生人悄悄出去；(5)母亲再次出去，婴儿独处几分钟；(6)陌生人回来；(7)母亲回来。该方法对整个情境进行录像，并编码婴儿的各种反应，包括母亲离开和回来时的行为和情绪反应，与陌生人相处和交往的情形。程序使用 4 个七点量表评价婴儿的寻求亲近和接触行为、维持接触行为、反抗行为和回避行为(Ainsworth et al., 1978)。

依恋 Q-set(Attachment Q set, AQS)是儿童依恋行为分类卡片的简称，用于考察家庭环境中 1~5 岁儿童依恋安全性行为的一种测量工具。依恋 Q-set 提供了连续的测量尺度，代表依恋关系安全性的程度。Q-set 共有 90 个项目，一些项目描述与依恋有关的行为，一些项目是儿童日常生活中常见的一般行为，要求受过训练的观察者或母亲将这 90 个项目归为九类。最符合儿童特点的项目被归为一端(第 9、8、7 类)，不符合儿童特点的项目被放在另一端(第 3、2、1 类)。在家访中不能进行评分的项目或不是儿童特征的项目被放在中间的类别。一个项目在归类中的位置决定它的分数。最符合儿童特征的项目得 9 分，最不符合的项目得 1 分。项目的分数代表了家庭环境中儿童与母亲依恋安全性的程度。Waters 和 Deane(1985)从安全性、依赖性和社会性三个维度对依恋 Q-set 的资料进行评分。Q-set 的中译本所建立的理想儿童行为指标和美国儿童依恋安全性指标之间有很高的相关,可通用于中、美两种不同文化,是一个有效的评价中、美儿童与成人依恋关系的工具(吴放和邹泓,1994)。

成人依恋访谈(Adult Attachment Interview,AAI)。Main 等(1985)的成人依恋访谈是测量青少年和成人依恋表征的主要研究方法。这个访谈要求被试描述他们的父母,并用一些具体事例来解释和支持这些描述,包括描述父母对痛苦的典型反应,讨论目前他们与父母的关系,也让被试描述他们在童年时对他们影响重大的死亡或受虐待的经历,他们所使用的语言和描述方式被认为反映了个体关于依恋的心理状态。AAI 将成人的依恋状态分为四种类型:安全-自主型、不安全-漠视型、不安全-沉迷型和不安全-悬而未决型。AAI 能够揭示部分在潜意识中的重要心理过程,但由于实施较为复杂,对评估者的访谈技术也有一定的要求。后来的学者又将注意力投入实施较为简单的自评问卷中(侯静和陈会昌,2002)。

成人依恋问卷(Adult Attachment Questionnaire,AAQ)的编制经历了三个阶段共确定了 94 个项目,有 15 个分量表,并与 AAI 中的部分分量表相对应。这 15 个分量表分别是:母亲不爱、父亲不爱、母亲嫌弃、父亲嫌弃;母亲角色倒置、父亲角色倒置、母亲消极纠缠、父亲消极纠缠;对母亲愤怒、对父亲愤怒、对母亲理想化、对父亲理想化;对死者悼念、对失去亲人恐惧和对父母影响的评价。问卷的中文版使用情况表明项目区分度较好(李菲茗和傅根耀,2001)。

亲密关系体验问卷(Experiences in Close Relationship,ECR)。ECR 问卷有 36 个项目,其中焦虑和回避分量表各有 18 个项目(Brennan,Catherine & Shaver,1998)。ECR 中文版具有较好的心理测量学指标(李同归和加藤和生,2006)。Fraley 等(2000)根据项目反应理论改进编制了包含两个分量表共计 36 个项目的 ECR - R。两个分量表分别是回避(不喜欢与他人亲密、不喜欢依赖他人-他人模型)和焦虑(担心自己被拒绝和被抛弃-自我模型),这两个维度结合可构成依恋类型的组合。每个分量表各有 18 个项目,采用七级评分。ECR - R 主要反映人们处理亲密关系的不同方式(Fraley,Waller & Brennan,2000)。

除上述量表之外,还有一些评价工具也经常应用在不同范畴里,如类型量表(Hazan & Shaver,1987;Bartholomew & Shaver,1998)、成人依恋问卷(吴薇莉,张伟和刘协和,2004)、状态性成人依恋风格测量工具(Gillath et al.,2009;马书采等,2012)、老年人夫妻依赖问卷(翟晓艳等,2010)等。

3.2.2 自豪

自豪的主观体验

自豪是个体把成功事件或积极事件归因于自身能力或努力的结果时所产生的一

种积极的主观情绪体验(杜建政和夏冰丽,2009)。在自豪的概念中,评价是一个核心指标,通常在目标达成或者任务成功完成时,在自我评价或他人评价基础上产生自豪(张向葵,冯晓航和 Matsumoto, 2009)。自豪作为常见的自我意识情绪之一,具有动机功能,对人们的行为有重大影响。

  自豪有两个维度,一是个体对整体自我的自豪,另一个是个体对特定行为的自豪,也可分别称为 α 自豪和 β 自豪(Robins, Noftle & Tracy, 2007)。在自我意识情绪理论中,自豪被分为真实的自豪和自大的自豪,真实的自豪是对唤起自豪的事件进行内部的、不稳定的、可控的归因而引起的自豪;自大的自豪是指对唤起自豪的事件进行内部的、稳定的、不可控的归因引起的自豪(Tracy & Robins, 2004b, 2007a)。

  倾向体验真实自豪的个体与倾向体验自大自豪的个体有明显不同的人格特征。从大五人格因素来看,真实自豪与外向性、宜人性、尽责性及稳定性呈正相关,自大自豪与宜人性、尽责性呈负相关;除开放性之外,真实自豪和自大自豪与大五人格其他因素均存在显著相关。另外,真实自豪与自尊呈正相关,自大自豪与自尊呈负相关,与自恋呈正相关;真实自豪与羞愧呈负相关,自大自豪与羞愧呈正相关(Tracy & Robins, 2007a)。

  自豪的识别具有跨文化的普遍性,但在其他方面,仍然存在文化上的差异。由于社会规范及价值观等因素的影响,在个人主义和集体主义两种不同类型的文化下,自豪的体验和表达存在显著差异。个人主义文化下,个体在描述自豪感时表达了更多的积极情感,并体验到更强烈的自豪情绪(Heine, 2004; Kitayama et al., 2006; Mosquera, 2000)。美国被试的自豪更多基于个人成就,中国被试的自豪更多基于集体成就,中国被试认为对个人成就感到自豪是不适当的,而美国被试更积极地评价个人成就所产生的自豪(Stipek, 1998)。自豪的情绪识别存在群内优势,当自豪的表达者和识别者来自同一国家、种族或地区时,自豪的识别率更高(Elfenbein & Ambady, 2002)。

  社会比较在自豪感产生过程中具有重要影响。公开成就的个体相比没有得到任何社会比较反馈的个体,会报告较高的自豪感。当个体出色完成任务时,会体验到更多自豪感,当得知他人在同样的任务上完成较差时,自豪感的程度更高(Webster et al., 2003; Smith et al., 2006)。

  不同的抚养环境对个体自豪感表达有不同的影响,处在不同经济环境下的个体对自我有不同的评价方式,经济条件好的家庭能为子女提供较为优越的各方面条件,儿童会产生较高的自我评价,自豪感的体验水平要高于经济条件差的家庭(冯晓航和张向葵,2008)。

自豪的评价

自豪的测量评价大多采用自我评定和非言语表达编码两种方式。

自我评定　自豪的自我评定包含自我意识情绪测验中有关自豪的题目和单独的自豪量表。

自我意识情感测验中的对自豪的评定　自豪的最初评价包含在自我意识情感测验中,分为特质自豪测量和状态自豪测量,特质自豪的测量包括 α 自豪分量表和 β 自豪分量表。两个分量表各有 5 个项目,采用五点计分。

真实自豪量表和自大自豪量表　Tracy 和 Robins(2007a)在以往研究的基础上编制了真实自豪和自大自豪量表。每个分量表都可以测量自豪体验的主观情感状态及其体验自豪的特质倾向。特质自豪量表要求被试依据每个项目的描述,评定他们在通常情况下体验这种感觉的程度。状态自豪量表要求被试评定每个项目在多大程度上描述了他们当前的主观体验。真实自豪量表和自大自豪量表都包括 7 个项目。两个量表之间的独立性高,均采用 Likert 五点计分。杨玲和王含涛(2011)对真实自豪与自大自豪倾向量表进行了修订并初步考察了大学生自豪感的特点,修正后的中文版仍然是双维结构。用该量表测量我国大学生发现其真实自豪显著大于自大自豪,且不存在性别差异,但有显著的年级差异(杨玲和王含涛,2011)。

需要注意的是,自豪作为一种自我意识情绪,其自评可能产生偏差。自豪的评定涉及自我评价过程,与自我价值的判断有直接关联,这无疑会受到防御机制的影响。

自豪的非言语表达编码

非言语表达比自我评定更少受到自我意愿的控制,会获得更为精确的测评结果。Tracy 和 Robins(2007b)编制了非言语编码系统来测量自豪。编码系统主要由头部编码、上肢编码和躯干编码三个部分组成。自豪的非言语表达主要表现在微笑的面部表情上,而且可以与高兴等相似的基本情绪区分开来,并能被成年人和四岁及其以上的儿童识别(Tracy & Robins, 2004a)。除面部表情外,自豪的表情特征还包括头部向后微倾,身体向外扩展,上肢举过头部或双手叉腰等,后三种姿势的识别率较高,也是自豪最基本最常见的表达方式(Tracy & Robins, 2004b, 2007a)。跨文化的研究发现,在体育比赛中取胜的运动员表现出头部后倾、胸部扩展、胳膊伸展、握拳等可识别的自豪表达特征,这一表达具有跨文化的一致性(Tracy & Robins, 2008)。

3.2.3　羞耻与内疚

羞耻的主观体验

羞耻是以某种程度的自省和自我评价为核心特征的情绪,是一种指向自我的痛苦、难堪、耻辱的负性情绪体验。自我在这种体验中被审视,并被给予负性评价(高隽和钱铭怡,2009)。有关羞耻的界定并未获得一致认可,以往概念主要从羞耻产生的原因和结果两个方面对其进行描述。在羞耻产生的原因方面,认知理论强调羞耻是个体对已经发生的事件结果重新认知和评价的结果,是个体把消极的行为结果归因于自身能力不足时产生的整体自我的痛苦体验。当个体做出内部的、稳定的、不可控的和整体的归因时,羞耻感就会产生(Tracy & Robin, 2004)。功能主义从进化的视角和社会适应的观点来解释羞耻,把羞耻看作心理进化的产物,是一种有社会性功能的情感(Thompson, Winer & Goodvin, 2005)。在羞耻产生的结果方面,研究者从现象学的角度对羞耻概念加以界定,强调羞耻产生后的心理或行为反应,包括负向的主观体验、回避型行为反应以及心理病理症状。

羞耻往往不是由某件具体事物引起,而是由个体自身对事件的解释所诱发的。羞耻可以被公开的事件诱发,如众所周知的失败,也可能发生于个体的隐私事件,或发生于个体内心之中。羞耻可使个体体验到沮丧、无助、渺小感和无能力感,并试图隐藏、逃避或消失自我(Parrott, 1999),感到羞耻是因为觉得自己受到伤害(钱铭怡和戚健利,2002)。

羞耻的性别差异。男性在羞耻维度上的得分比女性高,这可能和东方文化对不同性别的期待不同有关,男性更为重视面子、社会地位和自尊等,因而男性在个性羞耻和家庭羞耻方面的羞耻感得分较高(钱铭怡等,2000)。

羞耻的评价

量表测评范式 量表测评范式是羞耻评定中的主要范式,一般以自评方式进行,主要包括情景模拟技术、整体形容词核查表技术和问卷自评技术。

情境模拟技术 最早由 Perlman(1958)提出,基本做法是:呈现给被试日常生活中常见的可诱发羞耻体验的假设情境,每个情境都有在特定情境中出现羞耻体验的现象学描述,如"你恨不得找个地方藏起来"。被试阅读完每一种情境后,在五点、七点或九点量表上对上述描述是否符合自身情况进行评定。在情境模拟法中,使用最广泛的是 Tangney(1990)编制的基于情境的自我报告纸笔测验——自我意识情感与归因问卷。这一问卷后又被修订并命名为自我意识情感测验,其中羞耻分量表被证明是测量整体羞耻感的良好工具。但该量表只能评定羞耻成分中的认知内容(负向的自我评价),没有涉及羞耻所伴随的行为或行为倾向。Cohen 等(2011)发展了 Tangney 关于羞耻的理论构念,运用情境模拟技术从认知和行为两个层面来评定羞耻感。

整体形容词核查表 向被试呈现具有羞耻倾向的形容词,然后统计被试在每一个项目下的得分或出现的频率。Gioiella(1981)编制了基于形容词评定的羞耻量表,Hoblitzelle(1987)对其进行了修订。该量表包含 16 个羞耻感形容词(如窘迫、羞辱、尴尬等),要求被试对每一个形容词符合自己的程度进行评定。Harder(1990)编制了一套基于形容词核查表的自我报告纸笔测验——个人情感问卷及其修订版。该形容词核查表使用16个羞耻形容词,要求被试在五点量表上根据频度进行评定。该量表具有较高的内部一致性、重测信度和结构效度。为了解决量表的效度问题,有研究者减少了个人情感问卷的项目数量,并借鉴了积极和消极情感量表中的羞耻感的测查方法,使用6个形容词(自我意识的、愚蠢的、应受批评的、无助的、尴尬的和懊悔的)在 Likert 五点量表上来评定被试的羞耻感,新修订的羞耻感量表有较高的内部一致性(Brown et al., 2009)。

问卷自评技术 是运用自我描述项目直接评价被试羞耻感的测评方法,项目大多来源于对特定时段羞耻感的总体评价或特定领域中的羞耻体验的自我报告。较早对特质羞耻进行评定的量表是 Cook(1988)编制的内化羞耻量表(Internalized Shame Scale, ISS)。量表包括30个项目(其中6个来自 Rosenberg 的自尊量表),每个项目有五级评分。该量表无法区分内化羞耻与自尊的关系,这影响了它的结构效度。Andrews、Qian 和 Valentine(2002)在 ISS 量表基础上编制了羞耻体验量表(Experience of Shame, ESS)。羞耻体验量表来源于半结构式访谈,包括25个项目,用于评定羞耻的三个维度:个性羞耻(与自我有关的羞耻)、行为羞耻(与行为有关的羞耻)和身体羞耻(与身体有关的羞耻)。之后,Swan 和 Andrews(2003)发展了 ESS 并增加了3个项目来评定与饮食有关的羞耻。国内有学者基于羞耻体验量表编制了适合中国被试的羞耻评定量表,钱铭怡等(2000)编制的大学生羞耻体验量表,包括个性羞耻、行为羞耻、家庭羞耻和身体羞耻四个维度。量表提供了大学生常模,并由两种总分,一个总分包括所有项目,另一个总分未包括家庭因素的项目;亓圣华等(2008)编制的中学生羞耻感量表由个性羞耻、行为羞耻、身体羞耻和能力羞耻四个维度构成。

上述三种量表评价方法各有优缺点。情境模拟技术侧重于评定状态羞耻,整体形容词核查表倾向于测查特质羞耻,问卷自评技术更适合评定不同领域或类型的羞耻。不同测评技术与羞耻结构之间并不是一一对应的关系,只是每种方法由于其理论构念不同而导致了测查的内容具有某种程度的倾向性(高学德,2013)。

实验启动范式 羞耻的实验启动范式是在实验的情境下考察羞耻的评价,主要有简单任务失败范式和回忆/想象范式。

简单任务失败范式 假设在完成非常简单的任务中失败的个体更容易产生内归因,特别是当失败的结果公开化时,这种指向自我的归因特点会伴随相应的针对整体自我的情绪或情感,如羞耻感。基本程序是:在启动条件下,要求被试参加一项有他人参加的非常简单的竞争性反应时实验任务(如游戏),随后被试被告知自己在完成该任务中失败。同时,包括被试在内的所有任务参加者都能通过电脑自动生成(研究者提前设计好的程序)的成绩排名表看到每个人的成绩和排名。被试看到自己的排名在最后的,甚至比同组中反应最慢的对手都差。研究者假设,简单任务失败及其结果的公开化会提高被试的羞耻感体验。该范式能更精确地探讨羞耻感和其他行为变量之间的因果关系(Chao et al., 2012)。

回忆/想象范式 通过让被试回忆能够唤起相应情绪的自传体记忆事件来诱发特定情绪体验,也被称为情绪时间回忆技术。回忆/想象范式的基本程序是在启动条件下,主试首先通过访谈或开放式问卷的方式收集被试羞耻体验最为强烈的自传体记忆事件。随后,将这些经历整理成长度大致相当的声音或文字材料,在实验中向被试呈现这些材料,让其回忆事件发生时的感受,以此诱发羞耻感。研究者会要求被试对诱发情绪的情境事件或正常事件中体验的情感(如尴尬、羞耻等)进行评定,以检查实验操纵的效果(高学德,2013)。

内疚

内疚体验来自个体对自己的行为导致失败或导致伤害他人的评价,更多与内在的道德要求有关,代表自我的良心受到冲击后产生的更私人化的体验,多产生于无他人在场的情境中(高学德,周爱保和夏瑞雪,2008)。内疚会使个体体验到焦虑、后悔和懊恼,并试图通过纠正某些事情或弥补错误来减轻内疚感(Lutwak, Panish & Ferrari, 2003)。个体感到内疚时会意识到自己的言行伤害了其他人(钱铭怡和戚健利,2002)。

3.2.4 敌意

敌意的主观体验

敌意一般在少年时期之后才会出现,具有遗传性(Yoon-Mi, 2006),它由情感、认知和行为三部分构成,情感部分包括憎恨、烦恼、生气和蔑视等。敌意可分为经验性敌意和表达性敌意,经验性敌意是指经历敌意情绪的倾向,如憎恨和怀疑,它们没有被公开表达出来;表达性敌意包括通过身体和言语进行攻击,公开表达敌意情绪。

敌意是愤怒、厌恶和轻蔑的结合,其中,愤怒是敌意的主要成分。愤怒的意义在于激发人以最大的力量去打击来犯者而产生攻击行为。愤怒与其他情绪的结合改变了它的功能,成为表达来自外界现实的愤怒源的负性意向。轻蔑作为准备应付所面对的危险对手的一种手段而起作用,它以一种"我比对手更强"的优越感而激活去应付对手的情绪体验。由心理和社会的原因所引起的轻蔑,是在认知评价的基础上发生的,它往往伴随着复杂的妒嫉或怨恨而被诱发,并且在对某对象具有极端不尊重的态度时,轻蔑都是重要的情绪构成物。厌恶和轻蔑均对引起情绪的对象持否定态度,都属于负性情绪,厌恶导致躲避倾向,轻蔑引起冷淡和疏远。它们不像愤怒那么激烈,不会导致冲动行为。然而愤怒、厌恶和轻蔑三者的结合,却能产生有独特色调和独特性质的敌意情绪体验(孟昭兰,2005)。

近期研究发现,敌意是导致冠心病的一个高风险因素,它还能够有效预测心肌梗死、冠状动脉疾病、周边动脉症及死亡率(Smith & Ruiz, 2002)。研究已经证明敌意和心脏病、周边动脉症、心绞痛及冠状动脉疾病有关(Smith, 1992)。在健康行为模型中,敌意和酒精滥用、缺乏锻炼等不良的健康习惯联系在一起(Leiker & Hailey, 1988),且和香烟、咖啡的摄入量、身体质量指数和卡路里摄入量呈正相关(Siegler et al., 1992);在心理生理反应模型中,和敌意相关的神经内分泌和心血管反应可能导致冠心病。具有敌意者更容易体验到愤怒,并对所处环境保持警惕以避免伤害,这可能导致强烈的生理和心理反应(Williams, Barefoot & Shekelle, 1985)。

体验敌意的个体倾向于不喜欢他人,并且容易将这种情绪表达出来,敌对中的愤世嫉俗可能会增加患有抑郁障碍的风险,因为敌对态度、行为所造成的紧张生活事件以及较低的社会支持是抑郁的有效预测指标(Hermann, 2010)。一项用时五年针对1 413名成人的研究发现,愤世嫉俗性敌意和持续增加的抑郁倾向有显著相关(Heponiemi et al., 2006)。

社会经济地位的高低与敌意有关。社会经济地位低的个体敌意的强度更高(Everson et al., 1997)。国内有学者从家庭、社会、个人方面探讨敌意的影响因素。王海霞等(2010)发现,父母经常吵架、母亲过分干涉保护等家庭因素,以及神经质、精神质人格是中学生敌意问题发生的个体因素,个人情绪、社会适应、母亲意志、家庭气氛、师生心理交流是初中学生敌意的影响因素。

敌意的评价

库美敌意量表(Cook-Medley Hostility Scale)是敌意评估中最常用的量表,也称愤世嫉俗型敌意量表。量表的得分是冠状动脉当前疾病最稳定的心理预测指标(Bunde & Suls, 2006)。该量表共计50个项目,被试做"是否"回答。如:"大多数人从内心里不愿意站出来帮助他人"、"不要信任任何人,这才是安全的"(Vella et al., 2012)。量表中关于愤世嫉俗、敌意的影响和攻击性反应共有27个项目,其中反向计分的项目有3个。测量结果高分者倾向于憎恨、怀疑、愤怒和不信任他人,但不大可能会以公开攻击的形式表现出来。该量表已发展出青少年和成人的修订版本。成人版本有23个项目,采用四点评分,从非常同意到非常不同意,分数越低敌意越高(Liehr et al., 2000)。

巴德敌意量表(Buss-Durkee Hostility Inventory)被认为是目前建构上最为谨慎的敌意评价工具,包括八个维度:攻击、间接敌意、易怒、消极、怨恨、怀疑、言语攻击和内疚,共计75个项目,被试做"是否"回答。后该量表被修订为攻击问卷。

Barefoot等(1957)的**敌意量表**分为六个维度:敌对归因、愤世嫉俗、敌对情感、敌对反应、社会回避和其他。

症状自评量表(SCL-90)中包括敌意维度,可测量厌烦、争论、摔物、争斗和不可抑制的冲动爆发等方面,涉及思维、情感及行为。

对敌意的评价除使用自我报告外,也有在结合结构式访谈中进行的行为观察。在评估A型行为模式的结构访谈中,评分系统包括潜在的敌意、体验到的愤怒、声音模式和对于应答者行为的临床判断,潜在的敌意与表达性敌对的评价结果是相关的,其他结构也被用于评定敌对。然而,由于访谈要用较多的时间,而且培训访谈者并保证信度和效度是很难的,因此自我报告评价敌意是比较常用的一种方法。

3.2.5 焦虑与抑郁

焦虑的主观体验和评价

焦虑是个体受到威胁和处于危险情境中的退缩或逃避的体验。焦虑是恐惧和其他多种情绪的结合,是与认知和身体症状相互作用的结果。在某些情况下,痛苦、恐惧、愤怒、羞愧、内疚和兴趣与焦虑同时发生。这些情绪成分的组合因人和情境而异。在临床检验中,患者的面部表情是复杂的复合模式,表情的流露在不同时候可发生细微的变化。有时痛苦的成分大些,愤怒的成分小些;有时敌意成分大些,内疚和羞愧的成分小些;兴趣有时可与恐惧交替发生,有时则与痛苦的压抑交替发生。

焦虑可以分为两种形式:一种来自片段的恐慌性打击,例如一种突然由身体症状所支配的情绪性驱动反应;另一种来自某种威胁或危险感受长时间在心理上盘踞。前者是一种情绪状态,由具体情境所诱发,并随情境的改变而消失。导致焦虑产生的条件有:创伤刺激、潜在的恐怖情境刺激(包括社会性恐怖、流血恐怖、动物恐怖和广场恐怖)以及恐慌刺激等。

在焦虑的评价中,大部分评定工具被应用于临床,用来诊断焦虑程度和焦虑症状,对于焦虑情绪的评价相对较少。张雨青根据临床实践,从中文词典中选取132个情绪形容词,初步编制了具有69个中文形容词的"多种情绪形容词核查表",用来测量个体在真实生活情境中敌对、焦虑和抑郁的情绪体验。丁秀峰(1993)验证了上述焦虑和抑郁情绪形容词核查表的有效性,将焦虑和抑郁情绪形容词做混合编排,测试时要求被试选出反映自己"现在的感觉"的所有形容词。统计每个被试的焦虑和抑郁分数,即表示被试"现在的"焦虑水平或抑郁程度。

目前,日常和临床最常用的评定焦虑的量表是状态焦虑量表(State Anxiety Inventory, SAI)。状态焦虑被用来描述一种不愉快的情绪体验,如紧张、恐惧、忧虑和神经质,并伴有自主(植物)神经功能的亢进,一般是短暂性的。量表包括20个项目,评估人们"这一时刻"的感受和体验,项目主要用来评定即刻的或最近某一特定时间或情景的恐惧、紧张、忧虑和神经质的体验或感受,如:"我感到害怕"、"我是轻松的"、"我感到愉快"等。量表分数越高表示焦虑水平越高。高焦虑分数的个体在测验当时经历着相当紧张和焦虑的感觉(Spielberger & Reheiser, 2009)。我国学者采用大学生被试对状态焦虑量表进行了修订,并报告了修订后量表的大学生样本的常模(李文利和钱铭怡,1995)。

对焦虑的评定是国内外临床心理学家研究较多且应用很广的领域,除上述量表外,常用的还有焦虑自评量表、贝克焦虑量表、汉密尔顿焦虑量表等。这些量表有的侧重主观体验,有的同时评定主观体验与行为表现。还有学者根据已有研究和丰富的临床经验,编修了多维焦虑量表,包括认知反应、主观感受、生理反应和行为反应四个结构,共56个项目(魏源,2005)。

抑郁

抑郁是一种复杂的复合情绪,主要包含痛苦,并按不同情况而合并诱发愤怒、悲伤、忧愁、自罪感、羞愧等情绪,它比任何单一负性情绪的体验都更为强烈和持久。有关抑郁评定的常用量表如下。

抑郁自评量表(Self-rating Depression Scale, SDS)由Zung于1965年编制,能全面、准确、迅速地反映被试抑郁状态的有关症状及其严重程度和变化,被广泛应用于临床。采用四级评分,主要评定症状出现的频度。分数越高,症状越严重。

流调中心抑郁量表(the Center for Epidemiological Studies Depression Scale, CES-D)是美国国立精神卫生研究院的Radloff(1977)编制而成,在国际上被广泛应用于普通人群的抑郁症状筛查,量表既适应于成年人群,也可用于青少年和老年人群,但不能用于临床,也不能用于检测治疗过程中严重程度的变化。量表包括16个描述消极情绪的项目和4个描述积极情绪的项目。最初的量表有四个维度:身体症状、抑郁情绪、积极情绪和人际问题,反映了抑郁状态的六个侧面:抑郁心情、罪恶感与无价值感、无助与无望感、精神运动型迟滞、食欲丧失和睡眠障碍。我国研究者证明,CES-D的四因素结构模型最适合高中生人群(凌宇等,2008),在农村人群中也有较为理想的信效度(张杰,孔媛媛和周莉,2005),有学者还建立了全国城市常模(章婕等,2010)。然而,在测查某些群体(青少年、老年人及临床病人)的抑郁水平时,研究者发现被试作答时间过长,情绪负荷较高,且因项目内容敏感,导致较高的拒答率,因此学者们修订了多种简版CES-D,如Poulin的12个项目版测量青少年的抑郁水平;Anderson的10个项目测量正常老年人的抑郁水平,有抑郁心境和积极情绪缺乏两个维度,测量效果也较好(Amtmann et al., 2014)。中文的简版CES-D有13个项目,其中抑郁情绪有 5 个项目("我觉得孤独"、"我感到消沉"等),积极情绪有 3 个项目。量表采用四点评分,要求被试评定最近一周内每个症状出现的频率。项目总分越高,表明抑郁症状越明显(张宝山和李娟,2011)。

另有很多抑郁量表应用于抑郁症的临床诊断,请详见情绪与健康一章,此处不做赘述。

3.2.6 道德情绪

道德情绪的主观体验

道德情绪是个体根据一定的道德标准评价自己或他人的行为和思想时所产生的情绪体验(周详,杨治良和郝雁丽,2007),是人对客观事物与自身道德需要的关系的反映。它是一种复合情绪,主要包括厌恶、移情、内疚、羞耻、共情、尴尬、自豪等。道德情绪与群体和个人利益紧密相连,既能促进个体道德行为和道德品格的发展,也能阻断不道德行为的产生和发展(Jones & Fitness, 2008)。从内涵上来说,个体违背道德规范时产生的情绪(如羞耻、内疚)或遵守道德规范时产生的情绪(如自豪)都可被称为道德情绪。不道德行为能引起厌恶情绪体验,厌恶情绪反过来也能阻止可能发生的不道德行为,这一循环机制提高了个体的道德适应性(Jones & Fitness, 2008)。

在道德情绪研究领域,心理学家早期较多关注负性效价情绪,如害羞、内疚和困窘等。随着积极心理学的兴起,研究者们开始将目光转移到一些积极情绪,如自豪、感激和爱戴等。在道德情绪影响下有两类典型行为,分别是洁净行为和补偿行为。

洁净行为 Horberg 等(2009)证明厌恶情绪与洁净行为有特殊联系,厌恶情绪的唤起能显著增加个体对违反洁净行为的谴责(Horberg et al., 2009)。不道德的情绪体验会使个体产生更多洁净行为,如在单词补笔任务中会更多使用有洁净意义的单词,在物品偏好选择中更渴望获得与清洁有关的物品(Lee & Schwarz, 2010)。个体说了谎话后偏爱漱口、表现出对牙刷的偏好,做了坏事后更喜欢洗手,更愿意使用洗手液。经历了洁净行为之后,个体的道德判断准则也会因此发生一定的变化,如对他人的不道德行为会变得更宽容等。个体在经历自身或他人真实或虚拟的不道德行为后,都渴望知觉或实际接触与洁净有关的概念和物体。

补偿行为 不道德行为会使个体对自我价值的知觉产生负面影响并产生负性情绪体验,进而威胁个体的道德同一性和内部自我价值平衡,处于这种状态的个体会倾向于通过其他途径重新找回失去的平衡,从而出现道德补偿行为(Jordan, Mullen & Murnighan, 2010),如捐赠的数目更多。补偿行为的根本目的在于修复不满意的自我道德形象。

道德情绪的评价

关于道德情绪的评价,在自我报告方面,基本是对道德情绪所包含的情绪的评价,如分别对厌恶、自豪、羞耻、内疚等的评价,具体内容可见前述相关内容。在对道德情绪的实验研究的评价中,研究者一般会先诱发道德情绪,然后再进行评价,常用的实验范式有行为回忆范式、实物刺激范式和情境设置范式(任俊和高肖肖,2011)。

行为回忆范式 行为回忆范式主要是让个体自我报告过去真实发生的道德(不道德)行为,从而唤起个体的道德情绪。该实验范式的主要步骤包括:(1)被试回忆过去做过的道德(不道德)行为,并口头详细描述一遍。(2)被试将道德(不道德)行为以文字的形式记录下来或者让被试直接抄写道德(不道德)事件。近期的一些研究结合行为回忆范式的基本方式,进行了一些新的尝试,通过抄写并思考不同情绪特质的词语,然后用这些词语编一个故事,再考察被试的捐赠情况。结果显示当个体的道德同一性受到威胁时,个体倾向于通过做"好事"来进行平衡(Sachdeva, Iliev & Medin, 2009)。

实物(或照片、模型等)刺激范式 实物刺激范式是指给被试直接呈现一些物品、照片或仿照物等,引起被试产生某种道德情绪体验。如给被试呈现一些厌恶物体来唤起被试的厌恶情绪体验,发现在注意早期阶段,被试会更多地注视洁净图片,如游泳池、洗澡、瀑布等(Vogt et al., 2011)。有些研究也对实物刺激范式做了一些变通,运用气体等非实物物品来代替有形物品研究道德行为的变化,如气味产生的厌恶与道德判断的关系,结果发现强臭味组比温和臭味组被试的道德判断更严厉(Schnall et al., 2008)。另一项研究则表明随机分配到充满清新气味房间的被试对于慈善活动更感兴趣,清新气体可能促进了互惠行为(Liljenquist, Zhong & Galinsky, 2010)。

情境设置范式 情境设置范式在实验室的研究中也比较常见,主要通过设置具体的情境,诱导个体产生一定的道德情绪,研究个体在这种道德情绪下的行为反应。研究发现,在厌恶情绪体验中,洗过手的被试对别人做过的坏事变得更宽容。在计算机创设真实的虚拟情境中,处在不道德情境中的被试更可能进行身体洁净行为(任俊和高肖肖,2011)。

3.3 情绪状态的主观体验与评价

依据情绪发生的强度、持续性和紧张度,可以把情绪状态分为心境、激情和应激。

3.3.1 心境

心境的主观体验

心境是一种比较微弱、持久具有渲染性的情绪状态,构成其他心理活动的"背景"并影响它们的功能执行。

心境一致性 人们倾向于加工与当前情绪状态相一致的情绪信息,这称为心境一致性。个体的学习或记忆与当前的心境状态有关。具有积极心境的个体总是对令人高兴的感知觉、注意、解释和判断产生偏好,并且也能从记忆中回忆起更多令人高兴的材料,而具有消极心境的个体的情况正好相反。然而,也有研究发现心境一致只出现在积极心境,有的发现只出现在消极心境,或者没有出现心境一致,另外,在自然情境和诱发情境中有时出现有时则不出现(郑希付,2004;陈莉和李文虎,2006)。

自心境一致性效应假说提出以来,心境与情绪信息的决策、判断的关系已逐渐成为研究的焦点。有研究者认为情感在许多判断和决策中是一种影响因素,情感先于判断,人们使用情感启发式获悉对风险和收益的判断。积极或消极情感的想象会引导对兴趣信息的判断和决策,人们心中的客体和事件的表征紧随情感的程度而变化。心境作为一种启动,影响决策者的风险知觉和冒险意图。决策者所做的判断往往与决策者当时的心境保持一致,焦虑情绪促进了对将来事件的悲观估计。有研究者使用短片诱发心境,发现愉悦心境会增加做出积极判断的倾向,悲伤心境会增加做出消极判断的倾向,诱发的心境与未来事件的效价存在一致性效应(张萍,卢家楣和张敏,2012)。

心境的评价

心境形容词量表(ISO-item Mood Adjective Check List,MACL)是最早形成的等级标准之一,要求被试在读到情绪形容词时对自己的情绪分级,级别分为"完全感觉到"、"一点点"、"无法确定"、"一点都没有"。MACL 的精简版有 12 个项目:侵犯、焦虑、热情洋溢、兴高采烈、专注、疲劳、社会情感、伤心、怀疑、自我、精力旺盛和冷漠。早期的 MACL 的应用并不广泛,没有以论文的形式发表。

心境量表(也称心理状态剖面图,Profile of Mood States,POMS)是由美国的 McNair 等(1971)编制的情绪状态评价量表,是用来测试个体心境、情绪和情感状态的良好工具,经过多次修订后形成了内容全面且具有较高信、效度的成熟量表,在国内外广泛应用于临床评估、药效学、运动和科研等领域。采用 POMS 量表调查女大学生心境状态,发现了不同年龄之间的差异(张万勇,2009)。量表由 65 个项目或形容词组成,包含 6 个分量表:紧张-焦虑、抑郁-沮丧、愤怒-敌意、疲乏-迟钝、迷惑-混乱以及精力-活力,前 5 个分量表得分越高心情越不好(负性量表),精力-活力的得分含义则相反(正性量表)。6 个分量表的得分之和构成总分,总分也可单独使用。每一个分量表分别包括若干个形容词(如不愉快的、不称心的、恐慌的、厌倦困乏的、无精打采的等)。美国编制了门诊病人和大学生两个POMS常模(王建平等,2000)。

格罗夫等(Grove et al., 1992)修订了简式POMS问卷,在六个分量表的基础上增加了"与自尊心有关的情绪"分量表,共计40个形容词。根据一周来的心境在这些形容词上选择最符合自己情况的五种等级中的一种。此问卷可用于运动情境。该量表被译为多种语言,具有跨文化的有效性(Andrade, 2010)。研究表明,在比赛取胜与失败之后所测的简式POMS的分数除"疲劳"之外,其余六个分量表均有显著性差异。用情绪状态的总估价(Total mood Disturbance,简称TMD)分来比较,同样发现运动员在比赢输后的TMD分更高。情绪状态总估价(TMD)分数越高,表明情绪状态更消极,即心情更为纷乱、烦闷或失调。

在问卷中文版的修订中,因问卷项目均为形容词,文化差异小,被试报告的真实性比较高,且问卷简便、易用,适于临床使用。祝蓓里(1995)修订并建立中国常模的简式POMS量表,被认为是一种研究情绪状态及情绪与运动效能之间的良好工具,其中紧张、愤怒、疲劳、抑郁和慌乱代表消极情绪指标,精力和自尊代表积极的一面。廖八根,罗兴华和甘少雄(1996)根据原版POMS制定了适合我国文化背景的POMS-R量表,在男女柔道等多个运动队运用,显示有良好的监测效果。量表由紧张-焦虑、愤怒-敌视、疲劳-迟钝、精力-活动性、混乱-迷惑和抑郁-气馁组成,共50个项目,采用五点计分"感到轻松"及"训练有效率"二项反向记分,根据"在上一周至现在该心境感觉怎样"如实回答。(廖八根和罗兴华,2004)。

简明心境量表(Brief Profile of Mood States, BPOMS)将POMS的65个项目精简为30个,每个项目均用一个描述心境的形容词表达。量表包括紧张、生气、抑郁、疲劳、活力和困惑六个维度,每个维度由5个项目组成,采用五点计分。量表具有良好的信效度,是测量个体心境状态简便易行的工具。在量表的使用和修订中,也有将困惑和抑郁合并为一个新的维度的(迟松和林文娟,2003)。

BFS心境量表 德国运动心理学家Abele和Brehm(1986)在"评价性-激活性两维心境模型"和心境动力平衡理论的基础上编制了心境评定量表。该量表包含八个分量表:活跃性、愉悦性、思虑性、平静性、愤怒性、激动性、抑郁性和无活力性,前四个是积极情绪,后四个是消极情绪。每个分量表有5个项目,共计40个项目,要求被试报告当时的真实感觉,采用五点计分。姒刚彦于1994年将BFS心境量表引入国内并修订,使其适用于中国文化背景(姒刚彦和黄志剑,1997)。国内使用BFS心境量表进行的研究多见于锻炼类型的身体活动前后心境的变化,或是竞技运动员训练前后心境变化的情况,比赛型身体活动的心境研究尚不多见。有研究者对BFS心境量表的中文版进行简化,删除无活力性和思虑性两个分量表,形成了18个项目的简明

BFS心境量表(舒莉,訾非和吴建平,2007),研究发现与大五人格量表显著相关(高金金,訾非和陈毅文,2012)。

3.3.2 激情

激情是一种持续时间短、表现剧烈、失去自我控制力的情绪体验,通常是由强烈的欲望和明显的刺激引起。在激情状态中,个体会体验到很难克制的强烈的愤怒感、绝望感、喜悦感以及极度的悲痛感。激情伴随有机体状态的剧烈变化和明显的表情动作,有时甚至发生痉挛。人常常不能意识到他在做什么,不能控制自己,不能预见行为后果,不能评价自己的行为及意义。

激情可以激发动机,增强幸福感。激情也能激发负性情绪,导致不灵活的固执,对获得和谐愉快的生活产生阻碍。激情的双模型把激情定义为一种对活动、物体或所爱的人的强烈倾向,发现重要性,并投入大量的事件的和精力在其中。激情的来源可以指向活动(如:弹奏钢琴)、个体(如一个浪漫的对象)或一个物体(如集邮)。双元模型认为,根据激情内化入个体身份的方式的差异,激情有两种独立的类型,分别是和谐激情(HP)和强迫激情(OP)(Vallerand et al., 2003)。和谐激情是指想自由从事活动的一种强烈愿望,来自激情自动内化到个体身份中,这种内化过程发生在个体愿意接受并认为激情是重要的而非给自己造成压力。当个体具有较高的和谐激情时,他们会表现出更多的开放性,在参与活动时体现更少的防御性。在执行和完成任务的过程中,个体会体验到积极的结果。强迫激情是一种不可控的冲动参与激情,这个过程来源于内心的和/或人际的压力。当个体在被迫激情上程度较高时,个体更加敏感,对正在发生的活动具有防御性,会有经历冲突的风险,并体验负性情感(Vallerand, 2010)。在上述激情双元论的基础上,研究者提出两因素激情量表,用来测量和谐激情和被迫激情。量表共有6个项目,采用七点评分,信效度良好(Marsh et al., 2013)。

3.3.3 应激

应激是出乎意料的紧张情况下所引起的情绪状态,人体把各种资源(首先是内分泌资源)都动员起来,应付紧张的局面。在应激状态下,个体会产生一系列情绪体验如焦虑、烦躁、恐惧、情绪波动、好激动、发脾气;也有自卑、自罪、害羞等情绪体验。

应激的评定多集中于应激源和应激应对方式的评定,对应激的情绪体验的单独评价较少。**应激评定量表**将大量应激归为43种不同的经历造成,这些事件包含个人生活的种种变化,有不愉快的经历,如丧偶、离婚等;也有愉快的经历,如结婚或杰出的个人成就。French(1962)将应激概念引入企业管理范畴来探讨工作中的应激问题。工作应激源是导致组织参与者产生心理应激反应的情境、事件、刺激和活动,是工作应激的形成因素。在工作应激测量的工具中,最有代表性且常用的主要有:《职业紧张调查表 OSI》、《McLean's 工作紧张量表》、《工作内容量表》、《OSI-R 职业紧张量表》等。国内也有很多学者致力于工作应激量表的修订,并取得了一定的成果。其中使用最多的是王重鸣修订的英国学者 Cooper 等开发的一套职业应激量表。赵翔等(2010)采用标准化程序编制适用于中国民航飞行员群体的心理应激问卷(Psychological Stress Questionnaire of Chinese Civil Aviation Pilots, PSQ-CCAP),修订后的问卷从工作方面和非工作方面描述了民航飞行员的心理应激来源,共包含六个维度:工作负荷、职业发展、工作中的人际关系、工作物理环境、飞行安全要求和生活事件(赵翔,许百华和高翔,2010)。

3.4 情绪的基本维度及其测量

情绪的维度是指情绪所固有的某些特征,主要指情绪的动力性、激动性、强度和紧张度等,这些特征的变化幅度又具有两极性,每个特征都存在两种对立的状态。情绪的维度理论经历了从二维理论向多维理论的演变。在二维理论中,核心情绪是连续的,有快感(愉悦-非愉悦)和唤醒(激活-非激活)两大维度(Russell & Barrett, 1999; Russell, 2003),愉悦表明哪个动机系统被情绪刺激激活,唤醒表明每个动机系统的激活程度。Lang 等人(2005)根据上述理论编制了国际情绪图片系统(IAPS)、国际情绪声音系统(IADS)以及英语词汇、短文等情绪刺激标准库。

三维理论的出现从对动机研究的重视开始,一些研究者将积极情绪与趋近动机直接联系,消极情绪与回避动机直接联系(Carver & Harmon-Jones, 2009)。情绪动机模型的提出让研究者重新审视除效价和唤醒之外的维度,并得到了支持证据。高趋近动机强度的积极情绪会窄化注意焦点,低动机强度的消极情绪比中性图片引起更大的注意扩展,高动机强度的消极情绪比中性图片引起更大的注意窄化效应,从而直接证明了情绪的动机理论。除基本的注意之外,记忆和认知归类等也验证了高趋近动机积极情绪窄化认知加工的假设(邹吉林等,2011)。

3.4.1 情绪的基本维度

愉悦维度又称效价,包括愉快(如高兴)和不愉快(如悲哀),唤醒维度包括低唤醒状态(如安静)和高唤醒状态(如惊奇),趋向动机是指趋向于刺激,回避动机是避免刺激。有研究者认为积极情绪和消极情绪是紧密相关的(Russell, 2003),也有研究者认为积极情绪和消极情绪彼此独立(Larson & Steuer, 2009)。

愤怒和果断的维度解释

愤怒作为一种特殊的负性情绪通常具有趋近动机的性质,但在某些情境下却跟回避动机有关。对上述冲突有两种解释,一是认为愤怒的特异性成分可能与趋近动机有关,而其非特异性成分与回避动机有关;二则认为愤怒外投与趋近动机有关,愤怒内投与回避动机有关。大量研究暗示愤怒与趋近动机的关联具有优先性与一般性,而愤怒与回避动机的关联则是有条件的,受情境制约的(杜蕾,2012)。

果断是积极的趋向性情绪,愤怒是消极的趋向性情绪。果断和愤怒在动机方向上相同而在效价上相反。事先让被试启动高趋向的积极情绪,多数被试报告最强烈的情绪体验是果断;当判断表达果断和愉悦、愤怒、悲伤、恐惧、厌恶以及中性面孔的体验时,果断表达的正确确认与愤怒表达的误认有关,而与其他基本情绪的误认无关,这说明果断这个高趋向动机情绪与愤怒接近;在对照片所表达的愉悦、愤怒和果断的强度上,果断与愤怒呈正相关,二者均为高趋向动机消极情绪,与愉悦呈负相关(低趋向动机积极情绪)。这说明,知觉相似的情绪之间有相同的动机方向不同的效价(Harmon-Jones et al., 2011)。

除上述对情绪体验的研究之外,文字的正性情绪信息对个体的正性内隐情绪具有启动效应,且以汉字作为实验材料也可以研究个体的内隐情绪特征(张旭,陈劲和桑标,2009)。

3.4.2 情绪维度的测量

情绪刺激库

情绪体验涉及刺激材料的标准化。美国 NIMH(National Institute of Mental Health)情绪与注意研究中心为解决这一难题而编制了一系列经过量化评定的刺激材料系统,包括图片、声音(IADS)和英语单词等。它们的编制是从情绪研究的维度理论出发,从愉悦度、唤醒度(Arousal)和优势度三个方面用自我报告的方法对材料进行评分,建立相对规范化的情绪刺激系统。这一系统问世以来,尤其是图片系统,在国外被广泛运用在有关情绪问题的研究中,比如情绪处理过程的脑机制、情绪调节、情绪与注意、记忆等认知活动的关系等。在声音情绪的体验方面,已有一套本土化的声音刺激材料,对声音的愉悦度、唤醒度和优势度进行了自我报告的九点量表评分,男女生对部分声音的情绪感受有所不同,可将声音聚类为六类,可引发愉快、悲伤、恐惧、厌恶等情绪(刘涛生等,2006)。

PAD 情绪量表

PAD 情绪量表中的 PAD 是指情绪的三个维度,P 表示愉悦度(pleasure-displeasure),说明个体情绪状态的正负特性;A 表示激活度(arousal-nonarousal),说明个体的神经生理激活水平;D 表示优势度(dominance-submissiveness),说明个体对情景和他人的控制状态,根据这三个维度可以将情绪划分为八类。PAD 情绪量表是基于 PAD 情绪状态模型发展起来的,而 PAD 情绪状态模型则基于 Mehrabian 和 Russell(1974)的维度观情感测量模型而提出。该模型认为情感具有愉悦度、激活度和优势度三个维度(高庆吉,赵昂和董慧芬,2013)。由愉悦度、激活度和优势度组成的三维情绪空间可以充分地表达和量化人类情感,是情感计算研究的基础(刘烨、陶霖密和傅小兰,2009)。

PAD 情绪量表可用于产品评估、情绪或心境状态的评定以及人格测量等,与很多其他人格量表和情绪量表可建立对应关系。PAD 情绪量表中的三个维度可以有效地表示正性负性情绪量表中的正性情绪和负性情绪,也可以很好地区分焦虑和抑郁(焦虑和抑郁都属于愉悦度低和优势度低的情绪,但焦虑在激活度水平上比抑郁高)。

中文简化版 PAD 情绪量表在中国大学生群体中的使用发现,量表的愉悦度和优势度的内部一致性信度较高,激活度的内部一致性信度较低,这可能因为中国人过去很少且不习惯对情绪的激活度进行主观评定,也可能是在英文中可以很好地测量西方人的激活度的项目并不太适用于测试中国被试。

PAD 情绪量表和 PAD 情绪状态模型在近些年被引入情感计算领域,用来对情绪进行更精确的标注(李晓明,傅小兰和邓国峰,2008),在情感计算和系统仿真等方面起到了巨大的推动工作。有研究者在具有语言、表情和视线交互功能的情感智能教学虚拟人原型系统中,采用 PAD 中文简化版情感量表,得到了基于愉悦度、激活度和优势度情感空间的情感体验描述,设计的情感智能教学系统可以提升用户在交互过程中的正向情绪及唤醒度和优势度(谷学静和王志良,2011)。还有研究者在心智计算模型方面,依据基本情绪与 PAD 值的对应关系,分析了 14 种情绪 PAD 值的情感计算,形成了全信息情感理论(浦江,2013)。

其他量表

Russell(1989)基于情绪的环状模式,创设了一种叫做**影响表格**的单项调查问卷。影响表格由一个九乘九的矩阵组成,情绪的形容词被放置于表格每边的中点和四个角,组成扇形,并按顺时针方向排列,分别为:激动、愉快、放松、困倦、忧伤、难受、紧张和振奋。被试在表上选择最符合自己心情的形容词并在其对应的格子里打钩,这种等级模式能得到与其他测试类似的结果。Russell 等认为这种工具对于改变被试愉悦和抑郁程度的操作很敏感,其最大优势是可多次使用而不会引发疲劳(姜媛和林崇德,2010)。

多重情绪形容词量表(Multiple Affect Adjective Check List, MAACL) Zucherman

和 Lubin 的多重情绪形容词量表除了包含积极情绪和消极情绪的感知寻求以外,还包含几个愉悦的情绪得分。MAACL 及其修订版都是以列表形式呈现的,被试通过打钩来确定某种特定情绪是否存在,但是列表也极易受到固定答案和非随机错误的干扰。

积极-消极情感量表(Positive and Negative Affect Schedule, PANAS)是基于积极-消极情感模型而建立的用于测量情绪状态和特质的研究工具,包括积极情感和消极情感 2 个分量表,各有 10 个项目,每一项形容词以五点计分。要求被试评定在一段时期或特定时间段内感受到某种情绪的程度。PANAS 简单易行,在临床研究中具有重要作用,能够很好地区分焦虑和抑郁两种情绪。

激活-去激活形容词检测量表(Activation-Deactivation Adjective Check List, AD-ACL)是基于 Thayer 的能量-紧张模型,主要用于测量两个相对独立的维度:能量激活和紧张唤醒。Matthews 等(1990)在 Thayer 研究的基础上增加了快乐感作为第三个维度,提出了"UWIST 心境形容词测量量表"。

本章从情绪的分类取向和维度取向两种视角对情绪的主观体验进行了阐释。分类取向的主观体验和评价更复杂,更详细,但系统性稍逊;维度取向的理论基础比较系统,其评价工具的结构相对清晰,但在维度的划分方面不如分类取向详细。另外,虽然对基本情绪的研究由来已久,但评价它们的标准系统的工具尚不多见,对情绪的评价多集中于情绪的状态、一些常见的复合情绪,以及情绪的维度方面。

参考文献

陈莉,李文虎.(2006).心境对情绪信息加工的影响.心理学探新,26(4),36—41.
迟松,林文娟.(2003).简明心境量表(BPOMS)的初步修订.中国心理卫生杂志,17(11),768—767.
丁秀峰.(1993).诱发性焦虑和抑郁情绪的测量及其与人格维度关系的研究.心理科学,6,374—346.
杜建政,夏冰丽.(2009).自豪的结构、测量、表达与识别.心理科学进展,17(4),857—862.
杜蕾.(2012).愤怒的动机方向.心理科学进展,20(11),1843—1849.
冯晓航,张向葵.(2008).城市贫困中学生自豪感、外显自尊与抑郁状态的关系.心理发展与教育,4,100—105.
凤四海,黄希庭.(2004).情绪形容词词义的模糊赋值.心理学报,36(6),704—711.
高金金,訾非,陈毅文.(2012).BFS 心境量表的简化及信效度检验.中华行为医学与脑科学杂志,21(4),373—375.
高隽,钱铭怡.(2009).羞耻情绪的两面性:功能与病理作用.中国心理卫生杂志,23(6),451—456.
高学德,周ುಟ保,夏瑞雪.(2008).内疚和羞耻关系研究进展及未来展望.中国心理卫生杂志,2008,22(7),534—537.
高学德.(2013).羞耻研究:概念、结构及其评定.心理科学进展,21(8),1450—1456.
谷莉,白学军.(2014).成人与幼儿面部表情注意偏好的眼动研究.心理科学,37(1),101—105.
谷学静,王志良.(2011).基于 PAD 空间情感体验的情感虚拟评价.北京邮电大学学报,13(5),90—94.
侯静,陈会昌.(2002).依恋研究方法述评.心理发展与教育,3,80—84.
姜媛,林崇德.(2010).情绪测量的自我报告法述评.首都师范大学学报(社会科学版),197(6),126—139.
靳霄,邓光辉,经旻,林国志.(2009).情绪主观体验的性别差异.第四军医大学学报,30(19),2036—2038.
乐国安,董颖红.(2013).情绪的基本机构:争论、应用及其前瞻.南开学报(哲学社会科学版),1,140—150.
李菲茗,傅根耀.(2001).成人依恋问卷(AAQ3.1)的初步适用.中国临床心理学杂志,9(3),190—192.
李同归,加藤和生.(2006).成人依恋的测量:亲密关系经历表(ECR)中文版.心理学报,38(3),399—406.
李文利,钱铭怡.(1995).状态特质焦虑量表中国大学生常模修订.北京大学学报(自然科学版),31(1),108—114.
李晓明,傅小兰,邓国峰.(2008).中文简化版 PAD 情感量表在京大学生中的初步试用.中国心理卫生杂志,22(5),327—329.
廖八根,罗兴华.(2004)心境状态量表检测运动疲劳的评价研究.北京体育大学学报,27(8),1068—1069,1077.

廖八根,罗兴华,甘少雄.(1998).心境状态监测运动性疲劳的有效性研究.广州体育学院学报,27(8),1068—1069,1077.
凌宇,魏勇,蚁金瑶等.(2008).CES-D在高中生中的因素结构研究.中国临床心理学杂志,16(3),265—267.
刘涛生,罗跃嘉,马慧,黄宇霞.(2006).本土化情绪声音库的编制和评定.心理科学,29(2),406—408.
刘烨,陶霖密,傅小兰.(2009).基于情绪图片的PAD情感状态模型分析.中国图像图形学报,(5),216—221.
鲁小华,崔丽钦,丛中.(2007).依恋及其评估方法概述.中国心理卫生杂志,21(3),204—207.
罗跃嘉.(2011).情绪与心理障碍的神经基础.军事医学,35(9),641—645.
马书采,李平,张恒,赵明仁,李晓彤,田志霄,Gillath.(2012).状态性成人依恋量表中文版在中国大学生中的应用.中国临床心理学杂志,20(1),5—10.
孟昭兰.(2005).孟昭兰心理学文选.中国现代心理学家文库.北京:人民教育出版社.网上资源,http://www.pep.com.cn/xgjy/xlyj/xlshuku/xlxj/mzl/201008/t20100827_816219.htm.
彭聃龄 主编(2001).普通心理学.北京:北京师范大学出版社.第354—363页.
浦江.(2013).一种新的心智计算模型.心智与计算,7(1),10—18.
亓圣华,张彤,李繁荣,李志伟.(2008).中学生羞耻感量表的编制.中国临床心理学杂志,16(6),599—601,604.
钱铭怡,Andrews, B.,朱荣春,王爱民.(2000).大学生羞耻量表的修订.中国心理卫生杂志,14(4),217—221.
钱铭怡,戚健利.(2002).大学生羞耻和内疚差异的对比研究.心理学报,34(6),626—633.
任俊,高肖肖.(2011).道德情绪:道德行为的中介调节.心理科学进展,19(8),1224—1232.
舒莉,訾非,吴建平.(2007).应用于教师环境的自我报告心境量表的修订.中国健康心理学杂志,15(8),705—706.
姒刚彦,黄志剑.(1997).BFS两次检验的介绍与结果对比分析.西安体育学院学报,14,76—84.
王海霞.(2010).哈尔滨城镇中学生敌对问题及其影响因素分析.中国学校卫生,31(4),449—451.
王建平,林文娟,陈仲庚,崔俊南,刘玫.(2000).简明心境量表(POMS)在中国的使用报告.心理学报,32(1),110—114.
魏源.(2005).多维焦虑评估量表的编制.中国临床康复,9(12),30—31.
吴宝沛,张雷.(2012).厌恶与道德判断的关系.心理科学进展,20(2),309—316.
吴放,邹泓.(1994).儿童依恋行为分类卡片中文版的修订.心理发展与教育,2,18—24.
吴薇莉,张伟,刘协和.(2004).成人依恋量表(AAS-1996修订版)在中国的信度和效度.四川大学学报(医学版),35(4),536—538.
谢晶,方平,姜媛.(2011).情绪测量方法的研究进展.心理科学,34(2),488—493.
徐晓坤,王玲玲,钱星,王晶晶,周晓林.(2005).社会情绪的神经基础.心理科学进展,13(4),517—524.
杨玲,王含涛.(2011).真实自豪与自大自豪倾向量表的修订与适应.心理与行为研究,9(2),98—103.
翟晓艳,李春花,魏红,王大华.(2010).老年人夫妻依恋问卷的编制.心理发展与教育,2,197—204.
张宝山,李娟.(2011).简版流调中心抑郁量表在全国成年人群中的信效度.社会精神病学,25(7),506—511.
张杰,孔媛媛,周莉.(2009).流调中心抑郁水平评定量表在农村人群测量的信效度评价.中华行为医学与脑科学杂志,18(4),372—374.
张萍,卢家楣,张敏.(2012).心境对未来事件发生概率判断的影响.心理科学,35(1),100—104.
张万勇.(2009).简式POMS量表对体育锻炼女大学生心理状态的适用性评价.西安体育学院学报,26(4),508—512.
张向葵,冯晓航,Matsumoto, D.(2009).自豪感的概念、功能及其影响因素.心理科学,32(6),1398—1340.
张旭,陈劲,桑标.(2009).正性情绪词与内隐情绪启动效应的实验研究.心理科学,32(1),176—177.
章婕,吴振云,方格,李娟,韩布新,陈祉妍.(2010).流调中心抑郁量表全国城市常模的建立.中国心理卫生杂志,24(2),139—143.
赵翔,许百华,高翔.(2010).《中国国航飞行员心理应激问卷》编制的研究.航天医学与医学工程,23(1),35—41.
郑希付.(2004).不同情绪模式的图片和词语刺激启动的时间效应.心理学报,36,545—549.
周详,杨治良,郝雁丽.(2007).理性学习的局限:道德情绪理论对道德养成的启示.道德与文明,(3),57—60.
祝蓓里.(1995).POMS量表及简式中国常模简介.天津体育学院学报,10(1),35—37.
邹吉林,张小聪,张环,于靓,周仁来.(2011).超越效价和唤醒——情绪的动机维度模型述评.心理科学进展,19(9),1339—1346.
Abele A. & Brehm W.(1986). The conceptualization and measurement of mood: the development of the "Mood Survey". *Diagnostica*, 32, 209-228.
Ainsworth, M. D. S, Blehar, M. C., Water, E. & Wall, S.(1978). *Patterns of attachment: A Psychological study of the strange situation*. Hillsdale. N.J.: Erlbaum.
Amtmann D. A., Kim, J., Chung H., Bamer, A. M., Askew, R. L., Wu, S., Cook, K. F. & Johnson, K. L.(2014). Comparing CESD-10, PHQ-9, and PROMIS depression instruments in individuals with multiple sclerosis. *Rehabilitation psychology*, 59(2), 220-229.
Andrade, E., Arce, C., Torrado, J., Garrido, J., Franciso, D. & Arce, I.(2010). Factor Structure and Invariance of the POMS Mood State Questionnaire in Spanish. *The spanish journal of psychology*, 13(1), 444-452.
Bartholomew, K. & Shaver, P.R.(1998). Methods of Assessing Adult Attachment Do They Converge? In: Simpson J. A. & W. S. Rholes (Eds.), *Attachment theory and close relationships* (pp.46-76). New York: Guilford Press.
Bowlby, J.(1969/1982). *Attachment and loss*, Vol.1: *Attachment*. London: Hogarth Press; New York, Basic Books.
Brennan, K. A., Catherine, L. C. & Shaver, P. R.(1998). P. R. Self-Report measurement of adult attachment: an integrative overview. In: Simpson J A, Rholes W S, Eds. *Attachment and close relationships*. New York: Guilford Press, 46-76.
Brown, M. Z., Linehan, M. M., Comtois, K. A., Murray, A. & Chapman, A. L.(2009). Shame as a prospective

predictor of self-inflicted injury in borderline personality disorder: A multi-modal analysis. *Behavior Research and Therapy*, 47,815–822.

Bunde, J. & Suls, J. A (2006). Quantitative analysis of the relationship between the Cook-Medley Hostility Scale and traditional coronary artery disease risk factors. *Health psychology*, 25(4),493–500.

Carver, C. S. & Harmon-Jones, E. (2009). Anger is an approach-related affect: Evidence and implications. *Psychological bulletin*, 135,183–204.

Chao, Y. H., Yang, C. C. & Chiou, W. B. (2012). Food as ego-protective remedy for people experiencing shame: Experimental evidence for a new perspective on weight-related shame. *Appetite*, 59,570–575.

Chapman, H. A. & Anderson, A. K. (2013). Things rank and gross in nature: A review and synthesis of moral disgust. *Psychological bulletin*, 139,300–327.

Croy I., Olgun S. & Joraschky P. (2011). Basic emotions elicited by oders and pictures. *Emotion*, 11(6),1331–1335.

Diener, E., Smith, H. & Fujita, F. (1995). The personality stricture of affect. *Journal of personality and social psychology*. 69,130–141.

Ekman, P. (1999). Basic emotions. In T. Dalgleish & M. J. Power (Eds.), *Handbook of cognition and emotion* pp. 45–60). New York: Wiley.

Elfenbein, H. A. & Ambady, N. (2002). On the universality and cultural specificity of emotion recognition: a meta-analysis. *Psychological bulletin*, 128,203–235.

Everson, S. A., Kauhanen, J. & Kaplan G. A. (1997). Hostility and increased risk of mortality and acute myocardial infarction: the mediating role of behavioral risk factors. *American journal of epidemiology*, 146,142–152.

Fraley, R. C., Waller, N. G. & Brennan, K. A. (2000). An item response theory analysis of self-report measures of adult attachment. *Journal of personality and social psychology*, 78(2),350–365.

French J. R. P. & Kahn R. L. (1962). A programmatic approach to studying the industrial environment and mental health. *Journal of social issues*, 18(1),1–47.

Gillath O., Hart J., Noftle, E. E. & Stockdale, G. D. (2009). Development and validation of a state attachment measure (SAAM). *Journal of research in personality*, 43,362–373.

Grove, J. R. & Prapavessis, H. (1992). Preliminary evidence for the reliability and valiolity of abbreviated profile of Mood states. *International journal of sport psychology*, 23(2),93–109.

Haidt, J., Rozin, P., McCauley, C. & Imada, S. (1997). Body, psyche, and culture: The relationship between disgust and morality. *Psychology and developing societies*, 9,107–131.

Harmon-Jones C., Schmeichel B. J., Mennitt E. & Harmon-Jones E. (2011). The expression of determination: similarities between anger and approach-related positive affect. *Journal of personality and social psychology*, 100(1),172–181.

Hatfield, E. & Rapson, R. L. (1993). *Love, sex and intimacy: their psychology, biology, and history*. New York: Harper Collins.

Hatfield, E. & Rapson, R. L. (2000). Love. In W. E. Craighead & C. B. Nemeroff (Eds.). *The concise corsini encyclopedia of psychology and behavioral science*. New York: John Wiley & Sons, 898–901.

Hatfield, E. & Sprecher, S. (1986). Measuring passionate love in intimate relationships. *Journal of Adolescence*, 9,383–410.

Hatfield, E. & Sprecher, S. (2010). The passionate love scale. In T. D. Fisher, C. M. Davis, W. L. Yaber & S. L. Davis (Eds.), *Handbook of sexuality-related measures: A compendium* (3rd Ed.) (pp. 469–472). Thousand Oaks, CA: Taylor & Francis.

Hatfield, E., Bensman, L. & Rapson, R. L. (2012). A brief history of social scientists' attempts to measure passionate love. *Journal of social and personal relationships*, 29(2),143–164.

Hazan, C. & Shaver, P. (1987). Conceptualization romantic love as an attachment process. *Journal of personality and social psychology*, 52,511–524.

Heine, S. J. (2004). Positive self-views: understanding universals and variability across culture. *Journal of cultural and evolutionary psychology*, 2,109–122.

Heponiemi, T., Elovainio, M., Kivimki, M., Pulkki, L., Puttonen, S. & Keltikangas-Järvinen, L. (2006). The longitudinal effects of social support and hostility on depressive tendencies. *Social Science & Medicine*, 63,1374–1382.

Hermann, N. (2010). Hostility and depressive mood: results from the Whithall II prospective cohort study. *Psychological medicine*, 40(3),405–413.

Horberg, E. J., Oveis, C., Keltner, D. & Cohen, A. B. (2009). Disgust and the moralization of purity. *Journal of personality and social psychology*, 97,963–976.

Izard, C. E., Libero, D. Z., Putnam, P. & Haynes, O. M. (1993). Stability of emotion experiences and their relations to traits of personality. *Journal of personality and social psychology*, 64(5),847–860.

Jones, A. & Fitness, J. (2008). Moral hypervigilance: The influence of disgust sensitivity in the moral domain. *Emotion*, 8,613–627.

Jordan, J., Mullen, E. & Murnighan, J. K. (2010). Striving for the moral self: The effects of recalling past moral actions on future moral behavior. *Personality and social psychology bulletin*, 37,701–713.

Kalawski, J. P. (2010). Is tenderness a basic emotion? *Motivation emotion*, 34,158-167.
Kitayama, S., Mesquita, B. & Karasawa, M. (2006). Cultural affordances and emotional experence: Socially engaging and disengaging emotions in Japan and the United States. *Journal of personality and social psychology*, 91,890-903.
Langeslag, S. J. E., Muris, P. & Franken, I. H. A. (2013). Measuring romantic love: psychometric properties of the infatuation and attachment scale. *Journal of sex research*, 50(8),739-747.
Larson, C. L. & Steuer, E. L. (2009). Motivational relevance as a potential modulator of memory for affective stimuli: Can we compare snakes and cakes? *Emotion review*, 1,116-117.
Lee, S. W. S. & Schwarz, N. (2010). Washing away post-decisional dissonance. *Science*, 323,709.
Leiker, M. & Hailey, (1988). B. J. A link between hostility and disease: poor health habits. *Behavioral medicine*, 3, 129-133.
Liehr, P., Meininger, J. C., Mueller, W. H., Chan, W., Frazier, L. & Reyes, L. R. (2000). Psychometric testing of the adolescent version of the cook-medley hostility scale. *Issues in comprehensive pediatric nursing*, 23,103-116.
Liljenquist, K., Zhong, C. B. & Galinsky, A. D. (2010). The smell of virtue: Clean scents promote reciprocity and charity. *Psychological science*, 21,381-383
Loving, T. J., Crockett, E. E. & Paxson, A. A. (2009). Passionate love and relationship thinkers: Experimental evidence for acute cortisol elevations in women. *Psychoneuroendocrinology*, 34,939-946.
Lutwak, N., Panish J. & Ferrari, J. (2003). Shame and guilt: characterological vs. Behavioral self-blame and their relationship to fear of intimacy. *Personality and individual differences*, 35,909-916.
Marsh H. W., Vallerand, R. J., Lafrenière, M. K., Philip, L., Morin, A. J. S., Carbonneau, N., Jowett, S., Bureau, J. S., Fernet, C., Guay, F., Abduljabbar, A. S. & Paquet, Y. (2013). Passion: does one scale fit all? Construct validity of two-factor passion scale and psychometric invariance over different activities and languages. *Psychological assessment*,25(3),796-809.
Matthews, G.,Jones, D. M. & Chamberlain, A. G. (1990). Refining the measurement of mood: the UWIST Mood Adjective Checklist. *British journal of psychology*, 81(1),17-42.
Mehrabian, A. & Russell, J. (1974). *An Approach to Environmental Psychology*. Cambridge: MIT Press.
Mosquera, P. M., Manstead, A. S. R. & Fischer, A. H. (2000). The role of honor-related values in the elicitation, experience, and communication of pride, shame, and anger: Spain and the Netherland compared. *Personality and social psychology bulletin*, 26,833-844.
Nowlis, V. (1970). *Mood: Behavior and experience*. In M. Arnold (Ed.). Feelings and emotions (pp. 61-77). New York: Academic Press.
Olatunji, B. O., Cisler, J., McKay, D. & Phillips, M. L. (2010). Is disgust associated with psychopathology? Emerging research in the anxiety disorders. *Psychiatry research*, 175,1-10.
Olatunji, B. O., Williams, N. L., Tolin, D. F., Abramowitz, J. S., Sawchuk, C. N., Lohr, J. M., et al. (2007). The disgust scale: Items analysis, factor structure, and suggestions for refinement. *Psychological assessment*, 19,281-297.
Parrott, W. G. (1999). Function of emotion: Introduction. *Cognitive emotion*, 13(5),465-466.
Pole, N. (2013). Disgust discussed: introduction to the special section. *Psychological bulletin*, 139(2),269-270.
Power, M. J. & Dalgleish. T. (1997). *Cognition and emotion: From order to disorder*. Hove, UK: Psychology' Press.
Power, M. J. & Tarsia, M. (2007). Basic and Complex Emotions in Depression and Anxiety. *Clinical psychology and psychotherapy*, 14(1),19-31.
Radloff l. S. (1977). The CES-D Scale: a self-report depression scale for research in the General. *Applied psychology measure*, 1977,1(3),385-401.
Robins, R. W., Nofile, E. E. & Tracy, J. L. (2007). Assessing self-conscious emotions: a review of self-report and nonverbal measures. In J. L. Tracy, R. W. Robins & J. P. Tangey (Eds.), *The self-conscious emotions: Theory and research* (pp. 443-467). New York: Guilford Press.
Rozin, P., Haidt, J. & McCauley, C. R. (2008). Disgust. In M. Lewis, J. M. Havilland-Jones & L. F. Barrett (Eds.), *Handbook of emotions* (3rd ed., pp.757-776). New York, NY: Guilford.
Russell J. A. & Barrett L. F. (1999). Core affect, prototypical emotional episodes, and other things called emotion: Dissecting the elephant. *Journal of personality and social psychology*, 76(5),805-819.
Russell, J. A. (2003). Core affect and the psychological construction of emotion. *Psychological Review*, 110,145-172.
Russell, P. S. & Giner-Sorolla, R. (2013). Bodily moral disgust: What it is, how it is different from anger, and why it is an unreasoned emotion. *Psychological bulletin*, 139,328-351.
Sabini, J. & Silver, M. (2005). Ekman's basic emotions: why not love and jealousy? *Cognition and emotion*, 19(5),693-712.
Sachdeva, S., Iliev, R. & Medin, D. L. (2009). Sinning saints and saintly sinners: The paradox of moral self-regulation. *Psychological science*, 20,523-528.
Salas, C. E., Radovic, D. & Turnbull, O. H. (2012). Inside-out: comparing internally generated and externally generated basic emotions. *Emotion*, 2012,12(3),568-578.
Schnall, S., Haidt, J., Clore, G. L. & Jordan, A. H. (2008). Disgust as embodied moral judgment. *Personality and social psychology bulletin*, 34,1096-1109.

Siegler, I. C., Peterson, B. L., Barefoot, J. C. & Williams, B. B. (1992). Hostility during ateadolescence predicts coronary risk factors at mid-life. *American journal of epidemiology*, 136, 146–154.
Simpson, J., Carter, S., Anthony, S. H. & Overton, P. G. (2006). Is disgust a Homogeneous emotion? *Motivation and emotion*, 30, 31–41.
Smith, R. H., Eyre, H. L., Caitlin, A. J., et al. (2006). Relativistic origins of emotional reactions to events happening to others and to ourselves. *British journal of social psychology*, 45, 357–371.
Smith, T. W. & Ruiz, J. M. (2002). Psychosocial influences on the development and course of coronary heart disease: current status and implications for research and practice. *Journal of consulting and clinical psychology*, 2002, 70, 548–568.
Smith, T. W. (1992). Hostility and health: current status of a psychosomatic hypothesis. *Health psychology*, 1992, 11 (3), 139–150.
Spielberger, C. D. & Reheiser, E. C. (2009). Assessment of emotions: anxiety, anger, depression, and curiosity. *Applied Psychology: Health and well-being*, 2009, 1(3), 271–302.
Stipek, D. (1998). Differences between Americans and Chinese in the circumstances evoking pride, shame, and guilt. *Journal of cross-Cultural psychology*, 29, 616–629.
Taylor, K. (2007). Disgust is a factor in extreme prejudice. *British journal of social psychology*, 46, 597–617.
Tracy, J. L. & Robins, R. W. (2004a). Putting the self into self-conscious emotions: a theoretical model. *Psychological inquiry*, 15, 103–125.
Tracy, J. L. & Robins, R. W. (2004b). Show you pride: Evidence for a discrete emotion expression. *Psychology science*, 15, 194–197.
Tracy, J. L. & Robins, R. W. (2007a). Emerging insights into the nature and function of pride. *Current direction in psychological science*, 16, 147–150.
Tracy, J. L. & Robins, R. W. (2007b). The prototypical pride expression: development of a nonverbal behavior coding system. *Emotion*, 7, 789–801.
Tracy, J. L. & Robins, R. W. (2008). The automaticity of emotion recognition. *Emotion*, 8, 81–95.
Tybur, J. M., Lieberman, D. & Griskevicius, V. (2009). Microbes, mating, and morality: Individual differences in three functional domains of disgust. *Journal of personality and social psychology*, 97, 103–122.
Vallerand, R. J. (2010). On passion for life activities: The dualistic model of passion. In M. P. Zanna (Ed.), *Advances in experimental social psychology* (Vol. 42, pp. 97–193). New York, NY: Academic Press.
Vallerand, R. J., Blanchard, C., Mageau, G. A., Koestner, R., Ratelle, C. F., Léonard, M. & Marsolais, J. (2003). Les passions de l'âme: On obsessive and harmonious passion. *Journal of personality and social psychology*, 85, 756–767.
Vella, E. J., Kamarck, T. W., et al. (2012). Hostile mood and social strain during daily life: a test of the transactional model. *Annual behavior medicine*, 2012, 44, 341–352.
Vogt, J., Lozo, L., Koster, E. H. W. & De Houwer, J. (2011). On the role of goal relevance in emotional attention: Disgust evokes early attention to cleanliness. *Cognition & emotion*, 25, 466–477.
Waters, E. & Deane, K. E. (1985). Defining and assessing individual differences in attachment relationships: Q-methodology and the organization of behavior in infancy and early childhood. In I. Bretherton & E. Waters (Eds.), *Monographs of the society for research in child development*, 50(Serial No. 209), 276–297.
Webster, J. M., Duvall, J., Gaines, L. M., et al. (2003). The roles of praise and social comparison information in the experience of pride. *The journal of social psychology*, 143, 209–232.
Wellman, H., M. & Banerjee, M. (1991). Mind and emotion: children's understanding of the emotional consequences of beliefs and desires. *British Journal of developmental psychology*, 9(2), 191–214.
Widen, S. C. & Russell, J. A. (2013). Children's recognition of disgust in others. *Psychological bulletin*, 139, 271–299.
Williams, R. R., Barefoot, J. C. & Shekelle, R. (1985). The health consequences of hostility. In M. A. Chesney & R. H. Rosenman (Eds.). *Anger and hostility in cardiovascular and behavioral disorder* (pp. 173–185). New York: Mc Graw-Hill.
Yoon-Mi Hur. (2006). Non-additive genetic effects on hostility in South Korean adolescent and young adult twins. *Twin research and human genetics*, 9(5), 637–641.

4 情绪的外部表现及识别

4.1 表情 / 102
    4.1.1 面部表情 / 102
    4.1.2 姿态表情 / 103
    4.1.3 语调表情 / 104
4.2 表情的识别 / 105
    4.2.1 面部表情识别 / 106
    4.2.2 姿态表情识别 / 109
    4.2.3 语调表情识别 / 111
    4.2.4 表情的计算机自动识别 / 113
4.3 表情识别的影响因素 / 117
    4.3.1 个体因素 / 117
    4.3.2 环境因素 / 121
    4.3.3 刺激因素 / 125
    4.3.4 疾病 / 126
4.4 表情识别的应用 / 128
    4.4.1 在临床治疗中的应用 / 128
    4.4.2 在国家安全中的应用 / 129
    4.4.3 在司法实践中的应用 / 129
    4.4.4 在经济生活中的应用 / 130
    4.4.5 在工业设计中的应用 / 131
4.5 结语:表情识别相关理论与展望 / 132

"人非草木,孰能无情",情绪是人们日常生活中最常见的心理现象之一。在英语的日常词汇中,有 550 余个词是描绘情绪的(Weiten, 2007, p. 399)。无情绪反应被认为是心理疾病的一种表现。人们寻求心理咨询和心理治疗帮助也常常是因为感觉到抑郁和焦虑。"出门看天色,进门看脸色",情绪在日常人际交往中有着重要作用,人们通过情绪进行交流。而对情绪的准确识别是利用情绪进行交流的前提。

我们通过对情绪的外在表现(即表情)的识别来达到对情绪状态的确认,表情包括面部表情、姿态表情以及语调表情。通常认为基本表情(喜、怒、哀、惧、惊、厌)的识别和产生具有跨文化的一致性(Ekman, 1993)。天生的盲人自发产生的基本表情和正常视力的人们的基本表情模式是一样的(Matsumoto & Willingham, 2009)。

情绪具有量与质(quantity and quality)两个方面的属性(Moors, 2009)。定量的属性指情绪的强度,可以把情绪看成是一个从强度为零到极大的强度的连续体。而定性的属性则指情绪的类型,广义的类型为正性或者负性,狭义的类型是指具体的情绪种类(如喜、怒)。给情绪定性就牵涉到情绪的识别。

从进化心理学的角度,识别他人情绪对生存具有重要价值。生存环境中存在各种各样的刺激,人们必须知道哪些刺激是对我们有益的,哪些是有害的,对这些刺激的反应直接反映在情绪上,有益的刺激会让我们体验到正性的情绪(如高兴),从而趋近这些刺激。相反,对有害的刺激让我们体验到负性的情绪(如恐惧),从而回避这些刺激。通过对他人情绪的识别,可以间接知道周围刺激物是有益还是有害的。达尔文在其《人和动物的表情》(Darwin, 1998)一书中讲到,情绪可以帮助人和动物应对各种生存挑战,比如恐惧反应可以帮助人和动物逃离危险;愤怒反应可以帮助人和动物对付竞争对手。进化过程中,相比那些不具有这些情绪反应的人和动物,具有相应情绪反应的个体更可能活到繁殖年龄,因此有更大的概率将自己的基因传给下一代。

达尔文认为内在的基本情绪对应特定的外部表情,这在各个文化都具有一致性。比如高兴的情绪在面部上对应的表现为嘴角上扬,眼角出现皱纹;而悲伤则会在面部上表现出嘴角下垂,内侧眼角上的眉毛上扬等,而且出现这些表情是无法自主控制的。对这些基本表情的识别也具有跨文化的一致性,如面部嘴角上扬,眼角出现皱纹会一致的被认为是高兴(Izard, 1994)。

对表情的识别除了在社会交往中具有重要价值外,在其他的一些领域也有着重要的应用价值。比如人机交互,包括情感化教学系统(affective tutoring systems),拟人化机器人(humanoid robotics),情感化游戏(affective games)、情感计算(affective computing)等(Gunes, Shan, Chen & Tian, 2012)。游戏与娱乐产业极大地推动了表情识别的研究,特别是面部表情与姿态表情的识别。主要是因为这些产业希望给玩家提供更好的交互体验,努力摆脱控制器的指令输入,而通过玩家本人的信息来控制游戏,这需要多个通道信息的输入,特别是人体姿态表情的有关信息。一个典型的游戏应用项目是微软的 Xbox(参考 http://www.xbox.com/zh-CN/),该游戏终端可以识别玩家的身体姿态和语言命令,从而使用这些信息来控制游戏的操作,而不需要通过游戏控制杆。除了在人机交互领域,表情识别在国家安全、司法实践、临床治疗等多个领域均有着广泛的应用。

4.1 表情

按照信息加工的观点,我们可以把情绪刺激看成是输入,而把人类的情绪体验看成输出。输出的情绪体验包括三个成分,即生理唤醒,主观体验(认知评价)和外在表现(Weiten,2007)。其中情绪的外在表现又分为面部表情,姿态表情和语调表情。这三种表情传达了在书面交流中所无法体现的丰富信息。

4.1.1 面部表情

内部情绪状态可以通过面部表情(facial expressions)来表现,因为面部光滑无毛,同时人类进化成直立行走,面部可以完全暴露在他人的视野范围中,使得面部适合作为情绪交流的途径(George, 2013)。相应的情绪状态会引起眼睛周围肌肉(如眼轮匝肌)、颜面部肌肉和口部肌肉的变化,特定的情绪状态对应特定的肌肉变化模式。"眼睛是心灵的窗户",内在的心理活动特别是情绪活动常常可以通过人眼的变化来表达,"眉目传情"从字面来理解也是对的。不同的眼神可以表达人的各种不同的情绪和情感,如高兴和兴奋时"眉开眼笑",愤怒时"怒目而视",惊讶时"目瞪口呆",悲伤时"双眼无神",等等。口部肌肉也是面部表情表现的重要部位,如对某人恨得"咬牙切齿",紧张得"张口结舌"。

对面部表情的研究是情绪研究的核心主题,无论是理论研究还是应用研究,面部表情一直以来受到情绪研究者的极大关注。相关的研究问题包括面部表情的结构特征、生理基础、跨文化一致性等。最早关于面部表情的科学研究可以追溯到 19 世纪 Bell 对面部表情解剖基础的研究(Russell, Bachorowski & Fernández-Dols, 2003)以及 Duchenne 对真笑与假笑的研究(Ekman, Davidson & Friesen, 1990)。当代的表情研究开始于 1962 年 Sylvan Tomkins 的相关研究(Russell et al., 2003)。达尔文认为存在一些基本的具有跨文化一致性的面部表情,在这种研究框架下,Ekman 及其同事确定了至少六种基本表情(对应六种基本情绪:喜、怒、哀、惧、惊、厌,参见 Ekman, 1992a,如下图 4.1 所示)并发展出来一套对面部表情肌肉运动(动作单元)进行编码的系统(facial action coding system,参见 Ekman & Rosenberg, 1997)。基本表情可能跟选择压力有关,比如恐惧表情包括睁大的眼睛,这使得人们可以获得更多视觉信息输入以更好地找到逃避危险的途径(Susskind et al., 2008)。

面部表情的出现是一个动态的事件(Frank, Ekman & Friesen, 1993),通常包括出现(onset)面部肌肉动作,动作强度增大,面部肌肉动作增大到一定程度后面部外

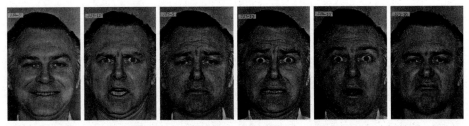

图 4.1 六种基本表情,从左至右依次为:喜、怒、哀、惧、惊、厌(来源:网络)。

观保持不变一段时间,达到一个表情动作幅度最大的(apex)平台期,然后是一个肌肉松弛的表情动作消退期(offset)。一个面部动作的运动环路是:中性(neutral)→出现表情动作→表情动作最大幅度→消退→中性。日常生活中大多数的表情完成这一环路的时间范围在 0.5—4 秒(Matsumoto 和 Hwang,2011)。而另一种持续时间较短所谓微表情(吴奇,申寻兵和傅小兰,2010),其时间动力过程也一样,只是完成上述整个表情动作环路可以快到几十毫秒(Yan, Wu, Liang, Chen & Fu, 2013)。

4.1.2 姿态表情

人们可以通过紧握的拳头(愤怒)、耷拉着脑袋(垂头丧气,悲伤)等身体姿态来表现内心的情绪。日常语言中,有许多通过身体姿态来描绘情绪状态的词汇,比如"手舞足蹈"、(笑得)"前俯后仰"、"捶胸顿足"、"捧腹大笑"、"抱头痛哭"等。

情绪和身体有着密切的关系。在自主神经系统的作用下,在人们处于情绪唤醒状态时,可以观察到身体的众多反应。比如呼吸加快(增加氧的供应以消耗血糖提供能量)、心跳加速(血压升高)、瞳孔放大、出汗等。

身体姿态相比面部运动要更为丰富和复杂,通过姿态表情进行情绪交流有很多的优势,比如可以远距离沟通;愤怒和恐惧以姿态表情的形式其对应的识别正确率更高(De Gelder, 2009)。那么是否特定的身体运动和姿态就一定对应特定的情绪呢?对这一问题学界有着长期的争议(Wallbott, 1998)。一些研究者发现特定的身体运动和姿态会伴随特定的情绪;另一些研究者却认为身体运动和姿态(不包括面部运动)只能表现情绪的强度(quantity 或 intensity),而无法表现情绪的具体内容(quality,即何种情绪)。

情绪研究的先驱达尔文认为有些身体运动与姿态会对应特定的情绪。下面表4.1总结了达尔文的观点(改编自 Wallbott, 1998)。

表 4.1　达尔文认为对应特定情绪的身体运动与姿态表情

情　绪	身体运动与姿态表情
高兴(joy)	各种无目的的运动,跑跳,手舞足蹈,拍手,前俯后仰
悲伤(sadness)	身体无运动,垂头丧气(低头,胸部收缩)
骄傲(pride)	昂首挺胸
羞愧(shame)	转身回避,弯腰,紧张不安的动作
恐惧(fear/terror/horror)	缩头,抱头,身体僵硬,抽筋似的动作,手不停地在胸前抱紧松开并伴有抽动
愤怒(anger)	全身颤抖,摔物,摇晃拳头,双拳紧握,怒目圆睁
厌恶(disgust)	吐口水,身体回避,抬肩,手臂夹紧
轻蔑(contempt)	转身

而情绪研究的代表人物 Ekman(Ekman & Friesen, 1974)却认为单纯观察身体姿态表情并不能得到有关其是何种情绪的信息。但他认为姿态表情可以提供情绪强度信息。在他看来,没有特定的姿态可以充当特定情绪的外在表现形式。虽然存在这样的争议,但这并不妨碍对姿态表情识别的研究及其在相关领域的应用。

4.1.3　语调表情

"听话听音",话语除了其所要表达的内容外,其音调也能提供丰富的信息(如年龄、性别、家乡)。笑声、哭泣、叹气、哈欠等诸如此类的语音也能够表达不同的情绪(Belin, Fecteau & Bédard, 2004),这些可以看成是语调表情的实例。语调表情通过言语的韵律(prosody of speech,语音音高、响度、节律等的组合模式)的形式来表达(Bruck, Kreifelts, Ethofer & Wildgruber, 2013)。高兴的说话声音通常音高更高、响度更大、语速更快;而相应地,悲伤的说话声音音高较低(低沉)、语速较慢。

对语调表情存在两种看法(Bachorowski & Owren, 2008),一种是分类的观点,认为特定的语音线索(acoustic cues)对应特定的情感状态,也即语调表情能够区分不同的基本情绪状态(与基本表情相似)。早期的研究者如达尔文也认为特定的语调可以对应特定的情绪状态(Bachorowski & Owren, 2008),比如婴儿的哭声,他认为不同的哭声代表了婴儿不同的情绪状态,像害怕、饥饿、感到冷或痛、或者不舒服。但后来的一些研究发现,实际上婴儿的哭声仅仅是表达了其痛苦的程度(参见 Russell 等,2003)。不同的哭声并不对应不同的情绪状态(Bachorowski, 1999),而只是为了减少他人对哭声的习惯化(habituating),照看者是从情境中(如久未哺乳)推测出婴儿的特定心理状态(饥饿)。因此一些研究者认为与情绪相关的语言线索只在两个维度,即唤醒度(arousal)和愉悦度(pleasure)上存在差别(维度观)。

对笑声的研究发现(Russell et al., 2003),不止幽默能诱发笑声,愤怒也能诱发笑声(冷笑)，为了表示对他人的服从也会发出笑声(赔笑)。如哭泣一样,人们可能也会认为不同的笑代表不同的心理状态,而研究却发现,不同笑声跟自主报告的内部情绪体验并不对应,他们认为笑声跟性别、与互动方的熟悉程度等有关(Bachorowski, Smoski & Owren, 2001)。

4.2 表情的识别

人们如何对客体进行识别(包括感知与分类，perceive和categorise)以及对应的心理机制是什么的问题在心理学中已有几十年的研究和探索(Cohen & Lefebvre, 2005)。从进化的角度看,人们必须迅速理解快速变化的周围环境以便成功应对环境中的挑战(如生存威胁),慢半拍者在优胜劣汰的过程中将被淘汰。因此,人们会形成外部环境刺激的内部心理表征以迅速理解刺激的意义从而做出趋近或回避的决策。外部刺激可以分为远刺激(distal stimulus, 物理刺激物本身,如一块石头)和近刺激(proximal stimulus, 客观的物理刺激物在感官上的模式,如石头在视网膜上的光学成像),人们知觉(perception)的功能是把近刺激转换为心理的知觉物(percept),即一种以类别(category)形式存在的主观的可报告的主观经验(如"石头"这一类别的视觉经验)。这即实现了对外部物理刺激的识别。因此,客体识别包含知觉和分类(categorization)。分类可以帮助人们精简外部刺激与生存无关的信息且同时可以根据类别补充相关的信息,分类对人们的认知活动至关重要(Harnad, 2005)。我们如何感知周围环境会受分类的影响,分类使人们可以有意识地表征和辨别外部刺激信息。研究者们认为分类的加工机制对所有类型的外部刺激都是适应的,不管外部刺激类型是某个客体、还是客体的特征(如颜色),或者是面孔或者面部表情(Barrett, 2006; Cohen & Lefebvre, 2005)。因此表情的识别也遵循同样的分类机制。

只有当人们能够识别他人的表情时,表情才具有交流的作用。那么人们是如何识别他人的表情呢? 要回答这个问题,我们先对概念进行一个厘清。在心理学中,识别(recognition)和知觉是紧密联系在一起的,知觉通常指相对较早期的心理加工(以刺激呈现为时间起点),加工的结果是获得视觉影像的特征和他们的整体结构,较大程度上依赖负责早期加工的感觉皮质的功能。因此,对于那些仅需对刺激的视觉特征、几何属性进行反应的任务(如判断同时呈现的两个面孔是否一样)更多地涉及知觉加工。而识别从时间特征上,相对知觉而言发生更晚,识别过程中,把知觉到的直接信息存储在记忆中,从而可以比较和识别随后进入的刺激(如判断相继呈现的两个面孔是否一样)。同时,识别除了利用知觉信息外,还额外需要储存在记忆中的知识。以识别恐惧表情为例,我们需要把恐惧面孔的知觉特征与有关恐惧的知识联系起来,需要知道产生恐惧表情的运动表征的知识。要识别出所看到的个体的表情是哪一种(是高兴还是恐惧或者其他类型的表情),还需要知道此表情和周围其他的刺激的直接或间接的关系(比如,在何时何地看到这个表情面孔,对此表情面孔的心理感受是怎样的,等等)。

表情识别的分类加工和其他客体的分类加工具有相似的功能,即快速存取和提取相应的情绪信息以迅速适应环境挑战从而做出快速的适应性反应,因此表情识别通常是一种自动化的加工,具有高加工优先性(Yantis & Johnson, 1990)。在表情类别上,不同的理论观点存在分歧,持基本情绪/表情观点的学者认为表情可以分几种基本类型,而持维度观点的学者认为情绪的分类应该按照效价(valence,正性还负性)和激活程度(activation,或者唤醒,arousal)进行,且不同的人对两个维度的判断会受文化、年龄、性别、情境等因素的影响(Russell et al., 2003)。在阐述了表情识别的一般原理后,下面我们分别对面部表情、姿态表情以及语调表情的识别进行进一步论述。

4.2.1 面部表情识别

面部表情识别的行为研究

从信息传播的角度,对表情的识别即为解释他人所传递的情绪信号。根据基本情绪理论,那些基本表情是天生而非学习习得的类别,是在进化的过程中形成的,对表情的分类是一种全或无的方式(如某个表情属于愤怒就不会属于悲伤);而持其他如情绪文化相对论观点的研究者则认为表情的种类是习得的,他们认为像恐惧和愤怒等表情类别的概念就像鸟与家具等概念一样是习得的,表情类别的定义边界并不清晰,表情属于哪一类是根据其和表情原型的相似程度来确定的(情绪原型理论,prototype theory of emotion,参见 Russell & Fehr, 1987)。因此对表情的分类只是在程度上进行区别(如某个表情属于愤怒的程度更高,而属于悲伤的程度较低,因此该表情被识别为愤怒,但其和其他类型表情的边界并不清晰,即模糊边界, fuzzy boundaries)。

面部表情识别时利用了哪些面孔知觉特征信息?成功的面部表情识别又利用了哪些面孔知觉特征信息呢?Schyns 和 Oliva (1999)发现对表情的检测(detection)利用了面孔的高频信息(细节),而对表情的识别分类利用了低频信息(最凸显的轮廓信息),对愤怒、高兴表情的识别主要基于低频信息。Smith 和 Merlusca (2014)研究了识别恐惧、厌恶、和愤怒表情要利用的信息,采用的任务有两种,一种是判断有表情还是中性,一种判断表情的具体类型。结果发现,不管是哪种任务,恐惧表情的识别需要利用面孔高频信息,而面孔低频信息的利用则跟任务类型有关。随着观察距离的增加,空间频率信息将主要局限于低频信息(通俗理解,距离越远,可见的细节越少,通常只可见模糊轮廓),不同表情识别利用的空间频率信息差异限定了不同表情的交流范围。运动信息在面部表情识别中有重要作用,研究发现,动态的面部表情比对应的静态表情显得更加强烈、唤醒度也更高(Sato, Kochiyama, Uono & Yoshikawa, 2010)。

不同的空间频率信息对不同表情的识别具有不同的影响,不同的面孔局部对不同的表情识别也有不同的影响。眼睛对恐惧表情的识别具有重要作用,嘴唇对高兴和惊讶的识别均有重要作用(惊讶时通常嘴唇部位是张开的,而高兴时嘴角上扬),而鼻子下部和嘴唇部位对厌恶的识别很重要(Smith & Schyns, 2009)。对于高兴、惊讶、厌恶的识别,面孔下部信息比面孔上部信息更重要;而对于悲伤和恐惧的识别,面孔上部信息更重要;对愤怒而言则上下部信息一样重要。关于宏表情的研究发现,不同的面孔局部信息在判断不同表情中的作用是不同的(Bassili, 1979)。

面部表情识别认知神经机制

面部表情可以是内在情绪的不自主反应(involuntary expressions),也可以是外在社会规则所要求的自主反应(voluntary expressions),作为社会交流的信号。面部肌肉运动受两条功能可以分离的神经通路控制(Frank, Maccario 和 Govindaraju, 2009),一条通路控制自主的面部肌肉运动,一条通路控制不自主的面部肌肉运动(包括面部表情)。脑损伤病人的研究发现,初级运动皮质(primary motor cortex)受损的病人无法产生要求其做到的表情(要求这样的病人做一个高兴的表情病人无法办到),却能产生自发的表情(看幽默视频可以自发产生高兴的面部表情)。与之相对的,脑岛(insula),基底神经节(basal ganglia),脑桥(pons)等部位的损伤的病人可以做到要求做出的表情,无法产生自发的表情(帕金森病人亦如此,参见 Smith, Smith, & Ellgring, 1996)。

研究发现,当给被试看不同情绪图片时,不同情绪图片激活了被试大脑的不同区域:愤怒激活了右侧眶额皮层(right orbitofrontal cortext)与前扣带回(anterior cingulate cortex);悲伤激活了左侧杏仁核和右侧颞叶(Blair, Morris, Frith, Perrett & Dolan, 1999);厌恶激活了前脑岛(anterior insula)与边缘系统皮质-纹状体-丘脑联合部位(limbic cortico-striatal-thalamic, Phillips et al., 1997);恐惧激活了左侧杏仁核(left amygdala, Morris et al., 1996);高兴激活了左半球的侧、中额叶区域以及颞叶前回(anterior temporal lobe)等脑区(Ekman 等, 1990)。识别恐惧面孔比识别愤怒面孔更多地激活了杏仁核(Panksepp, 2007)。识别负性情绪时(如厌恶)右侧前额叶皮质相比左侧有更大的激活,而识别正性情绪会更多地激活左侧额叶(Urry 等, 2004)。负责表情识别的脑区是一个涉及大脑皮层和皮下结构的大网络,杏仁核在表情识别中起着核心作用,有关表情识别脑区的更详细内容可以参考 Fusar-Poli 等(2009)对表情识别脑区相关研究的元分析。

对他人情绪进行识别时,识别者(observer)会体验到某种程度的相同情绪(Gallese, 2006)。这印证了日常生活中常说的"情绪可以感染"(看到别人笑会诱发自己笑,参见 Provine, 1997)。也意味着对情绪进行识别时的生理机制与产生所识别情绪时的生理机制是类似的。情绪产生时身体会有相应的生理唤醒,比如心率、肌电等的变化,在表情识别时,被试会体验到相同的情绪(程度上会较弱)并产生与待识别表情产生时相类似的生理唤醒,这被称为再经历(Niedenthal, 2007)。感觉运动系统(sensory-motor system)在人们识别表情时有着至关重要的作用,当人们再次经历所识别的情绪时,感觉运动系统必须重构类似经历该情绪时的身体状态。

为了理解他人情绪/表情而再经历或模仿对应情绪/表情的身体变化,这被称为身体标记(somatic markers, Damasio, Everitt & Bishop, 1996; Dunn, Dalgleish & Lawrence, 2006),研究者们认为在表情识别时,大脑的加工必须和身体的反馈(包括自主神经系统、身体感觉系统、内分泌系统所提供的反馈)结合在一起才能更好地识别表情。因为情绪本身就(包括情绪记忆)涉及相应的身体反应。

一些研究者认为,来自面部肌肉的反馈信息在表情识别中也有着重要的作用,他们提出了所谓的面部反馈假设(facial-feedback hypothesis,参见 Mcintosh, 1996)。根据这种观点,外部情绪刺激信息输入到皮下运动控制中心后会自动激发(evoke)面部表情,皮下运作控制中心发出面部肌肉收缩的指令(如嘟嘴、皱眉等),面部肌肉的运动信息反馈到人脑皮层,大脑产生有意识的情绪体验,从而达到对表情的识别(体验到的是什么情绪)。

被动地观看表情面孔与主动的模仿相应表情所激活的脑区有所不同(Leslie, Johnson-Frey & Grafton, 2004),被动观看更多的激活了右半球的前运动区(premotor regions)。通常,情绪加工具有右半球优势。

英国"伦敦大学学院"儿童健康中心 David H. Skuse 等人(Skuse et al., 2014)的研究发现,基因也会影响到对面部表情的识别能力,他们研究了英国和芬兰 198 个家中有一个自闭症孩子的家庭成员的认知能力和基因类型之间的关联,发现催产素受体的单核苷酸多态性(SNP)与其表情识别能力显著相关。

大脑对面部表情的加工究竟有多快呢?进化论的假设认为人们对与危险相关的表情的加工应该是非常快的,因为这直接跟生存相关。Adolphs (2002)曾提出一个模型,认为面部表情信息的粗略表征(面孔低频信息)通过皮下丘脑-丘脑后结节通路(colliculo-pulvinar pathway)到达杏仁核,或者经过视觉皮层快速的前馈信息到眶额皮层(OFC)与杏仁核,这个过程十分迅速,可以在刺激呈现后的 120 ms 内完成,这一点得到 ERP/MEG 研究的支持,视觉刺激相关的最早成分 C1 被发现受到不同面部表情的影响(和中性表情比,参见 Morel, Beaucousin, Perrine & George, 2012; Pourtois, Grandjean, Sander 和 Vuilleumier, 2004);而且随后的 P1 成分也被发现受到不同面部表情的影响(Vuilleumier & Pourtois, 2007)。而面部表情的识别(获取面部表情的意义与概念类别知识)则较晚,一般在刺激呈现后 300 ms 左右(Morel, Ponz, Mercier, Vuilleumier George, 2009)。

4.2.2 姿态表情识别

姿态表情识别的行为研究

识别他人的表情还可以通过他人的身体姿态(De Gelder, 2006)。面部表情的识别,需要在近距离的面对面的条件下进行,但姿态表情的识别却可以在比较远的距离进行,这拓宽了我们进行情绪交流的范围。达尔文把情绪看成是一种人类适应环境所具备的特质,认为一些特定的身体运动对应特定的情绪状态(De Gelder, Snyder, Greve, Gerard & Hadjikhani, 2004)。长期以来,表情识别研究采用的情绪刺激材料多为面部表情(De Gelder & Hortensius, 2014)。采用包括身体姿态表情在内的多种情绪线索可以达到对情绪的更好的理解。而日常生活中,情绪的出现也常常涉及身体动作,从进化的角度看,情绪会引起一系列适应环境的身体行为反应。

采用面部表情识别常用的迫选任务,并使用静态的身体表情姿势图,研究者们发现人们的姿态表情识别成绩显著高于随机水平(Atkinson, Tunstall & Dittrich, 2007)。姿态表情可以由身体的多个部分来表达,其中最重要的是身体躯干姿势。Coulson (2004)采用计算机产生的人体躯干姿态模型图,要求被试把六种基本表情(喜、怒、忧、惧、悲、恐)分别对应到躯干姿态模型图上,结果表明身体姿态表情的识别跟语调表情的识别成绩差不多,一些姿态表情的识别成绩接近面部表情的识别成绩。

对舞蹈动作所表达的情绪的识别研究发现,表达惊讶、恐惧、愤怒、悲伤、高兴等情绪的舞蹈动作的识别正确率显著高于随机水平(Dittrich, Troscianko, Lea & Morgan, 1996)。Bernhardt & Robinson (2007)采用运动学参数(kinematic features,如速度,加速度等)对身体运动(如行走、跑步)进行了分析,发现愤怒和悲伤的姿态表情比中性和高兴的姿态表情更容易识别。Karg, Kuhnlenz 和 Buss (2010)发现被试可以识别单一一个步伐(stride)的情绪状态(采用运动捕获数据),他们认为步态(gait)对于识别情绪的纬度(唤醒与优势度,arousal and dominance)是一个有用的线索。而且步态的不同速度对姿态表情识别具有重要作用(Roether, Omlor, Christensen & Giese, 2009)。

姿态表情识别研究所采用的材料除了身体姿态表情图片和视频外,一些研究开始采用全身运动姿态的光点图(whole body point-light displays),结果发现,人们很容易从这种生物运动模式中识别出表情(Clarke, Bradshaw, Field, Hampson & Rose, 2005)。姿态表情识别研究所采用的技术除了传统面部表情识别研究所采用的技术外(如行为方法、脑成像等),一些研究者开始采用虚拟现实(virtual reality)的手段来研究姿态表情(Pan, Gillies, Barker, Clark & Slater, 2012)。虚拟现实手段可以实施现实生活所无法进行的控制,特别适合研究复杂的社会情绪及与其相关的现象(如群体情绪的蔓延机制)。

跟识别面部表情一样,对姿态表情的识别通常也是自动发生的,且较为容易(De Gelder & Van Den Stock, 2011)。身体的完形(configuration)信息在姿态表情识别中十分重要,与面孔识别一样,身体姿态表情的识别也存在倒置效应(inversion effects,参见 Atkinson et al., 2007),然而身体姿态识别的倒置效应在不给出头部的时候却消失了(Yovel, Pelc & Lubetzky, 2010),表明身体的整体形态(form)信息在姿态表情识别中起作用。研究发现肢体弯曲导致的腿部运动和姿势变化对愤怒和恐惧姿态表情的识别很重要,而头部的倾斜对悲伤姿态表情识别尤为关键(Roether 等,2009)。

姿态表情识别的认知神经机制

有两块大脑区域被发现与姿态表情识别有关。人们在被动观看全身或身体部分时激活了枕中回(middle occipital gyrus)及颞中回(middle temporal gyrus)附近的区域(Peelen & Downing, 2007)。另外一个涉及姿态表情识别的大脑区域是梭状身体区(fusiform body area),该区域与面孔识别的特异性区域梭状回(fusiform face area)有一定的重叠,对身体刺激也具有特异性反应。

杏仁核在情绪识别当中扮演着极其重要的角色。Hadjikhani 和 De Gelder (2003)发现当被试观看恐惧的姿态表情时(全身),杏仁核和梭状回皮质均有激活;Pichon, De Gelder 和 Grèzes (2011)采用威胁的体态表情的动态图像作为刺激材料,发现了相似的激活区域。

从进化的角度看,威胁性的姿态表情跟生存密切相关,人们对于威胁的姿态表情的加工具有一定的特殊性。研究发现(Tamietto, Pullens, De Gelder, Weiskrantz & Goebel, 2012),对威胁性的姿态表情的加工十分迅速并且可以不需注意的参与,一些皮下结构在威胁性姿态表情的识别中起重要作用。丘脑枕核(pulvinar)和上丘(superior colliculus)参与了威胁性姿态表情的快速检测(detection)和朝向(orientation);上丘、丘脑核枕、杏仁核以及眶额叶皮层(orbitofrontal cortex)都参与了威胁性姿态表情的情感信息的整合。

对恐惧姿态表情识别时间进程的研究(Van Heijnsbergen, Meeren, Grezes & De

Gelder，2007)发现其识别时间进程跟面部表情识别一样可以在刺激呈现后的 100~120 ms 时间范围内实现(Van Heijnsbergen 等的研究中 ERP 成分 P1 的峰值潜伏期为 112 ms)，表明体态表情的识别在视觉加工的早期即可以发生。但目前尚缺少对更多有关体态表情的时间进程的研究。

4.2.3 语调表情识别

20 世纪初，有关是否能够只依赖语音信息就能识别情绪信息的问题激起了心理学家和精神病学家们的极大兴趣，特别是 20 世纪 50 年代到 80 年代(Scherer, Johnstone & Klasmeyer, 2003)。众多研究者致力于寻找基本情绪对应的特异性语音特征(Johnstone & Scherer, 2000)，但研究结果却只发现了唤醒水平与语言特征存在特定的关联，语音特征和效价却并无明确的对应关系(Russell et al., 2003)。

语音测量

声带以一种准周期(quasi-periodic)的方式振动产生音素(包括元音和辅音)，这种振动的基础频率称之为基频(fundamental frequency)，符号表示为 F0，对音高的识别具有重要作用。当前对情绪状态的识别主要关注对 F0 及其相关的物理参数的测量。上喉头的共鸣参数共振峰(formant)通常也是研究者对语音中的情绪信息进行测量的指标之一，快速变化的共振峰可以反映即时的情绪变化。语调表情的总体频率特征可以通过所谓的长程平均频谱(long-term average spectrum，计算整个语音片段中 30 秒或以上时间的平均能量)来反映，该指标十分稳定，缺点是不能像共振峰那样反映即时的短暂的语调表情。除了对频率进行测量外，对语调表情音强(intensity, 对应心理量响度)的测量也得到了研究者的重视(Bachorowski & Owren, 2008)。

众多的研究发现愤怒和高兴的语调表情伴随着 F0 增加，声音的波幅更高(Johnstone 和 Scherer, 2000)，同时也表明愤怒和高兴的语调表情在物理特征上存在很多相似之处(Scherer et al., 2003)。语调表情有一个特殊的地方，即同一种表情存在不同实例，比如愤怒，有所谓的暴怒(hot anger)和生气(cold anger)，这些相同语调表情的不同实例在物理特征上也有极大的不同。

语调表情识别的行为研究与认知神经机制

大多数的研究采用扮演范式(portrayal paradigm)对语调表情进行识别研究(Scherer 等,2003)，该范式通常要求演员扮演或模仿各种不同情绪的说话声音(内容是固定的)，然后让被试对所扮演的语调表情的类型进行判断，然后分析其识别的正确率(将判断的语调表情类型与事先要求扮演或模仿的语调表情类型进行比较)并与几率水平进行比较。部分研究还给出了判断的混淆矩阵(confusion matrices)。

研究发现人们对语调表情的识别准确率相当高。早期的一些研究发现语调表情的识别正确率能达到60%。一项对厌恶、惊讶、羞愧、感兴趣、高兴、恐惧、悲伤以及愤怒的语调表情识别的研究表明,被试识别的平均准确率可以达到65%,而另一项研究采用专业播音员模仿的恐惧、高兴、悲伤、愤怒和厌恶语调表情让不同年龄组的被试识别,结果发现他们的平均识别正确率可达56%(Scherer et al.,2003)。Schröder(2003)让被试对10种不同的语调表情进行分类,发现平均可达81%的正确率;对于厌恶,通常面部表情的识别正确率并不是特别高(虽然高于几率),但厌恶的语调表情识别正确率可以达到93%。一项元分析的结果表明,语调表情的识别正确率极大地高于几率水平(Juslin & Laukka,2003)。一般情况下,被试对演员表演出来的语调表情的识别率正确率至少在55%以上(Johnstone & Scherer,2000),当识别者使用的语言与表达语调表情的语言不同时,识别正确率也显著高于几率,不过随着两者的差别变大,识别正确率下降(Scherer,Banse & Wallbott,2001)。在所有语调表情中,对愤怒、恐惧和悲伤的识别最好。对语调表情的平均识别正确率通常比面部表情的平均识别正确率低了大约15%,因为面部表情识别中对于高兴的识别正确率几近100%,有研究对面部表情和语调表情的识别正确率做了一个对比,如下表4.2(参见Scherer等(2003))。

表4.2 西方文化与非西方文化下面部表情和语调表情识别正确率(%)对比

	中性	愤怒	恐惧	高兴	悲伤	厌恶	惊讶	均值
面部/西方(20)	N/A	78	77	95	79	80	88	78
语调/西方(11)	74	77	61	57	71	31	N/A	62
面部/非西方(11)	N/A	59	62	88	74	67	77	65
语调/非西方(11)	70	64	38	28	58	N/A	N/A	52

注释:第一列括号内为研究个数,N/A表示无相关研究。对厌恶语调表情识别的较低正确率可能是由于进化中不同表情功能的差异导致的(厌恶以面部表情形式更有利于他人识别,可以更好地传递如食物有害的信息),更详细解释可参考Johnstone和Scherer(2000)。

众多研究试图寻找语调表情识别所需利用的语音参数,如F0的均值与标准差,语音平均能量、持续时间等(Scherer et al.,2003)。但一些研究发现(Russell et al.,2003),对他人语调表情进行识别时,人们更多的是根据自身对语调表情的情感反应,对听到的语调表情的过去经历以及听到语调表情时所处的背景来进行识别。

识别语调表情涉及哪些大脑的区域呢?早期的定位研究(Ross,1981)发现语调表情的加工脑区主要是右半球,具体为右上颞叶(right superior temporal structures),对应威尔尼克区(wernicke's area)。当前对语调表情识别神经基础的研究已不再采用定位的观点,而是研究大脑神经网络的作用(Wildgruber,Ethofer,Grandjean &

Kreifelts,2009)。研究表明颞叶上部、额叶下部以及皮层下结构如杏仁核跟语调表情识别存在密切关联(Schirmer 和 Kotz,2006),其中颞叶的中上部皮层(mid-superior temporal cortex, m-STC)得到了众多研究的确认表明其参与了语调表情的识别(Ethofer et al.,2012),研究者们比较了各种语调表情(如笑声、哭声)和其他自然界的声音(如动物叫声、音乐、机械发出的声音)激活脑区的差异,结果都一致地发现颞叶的中上部皮层有更大的激活。颞叶的中上部皮层对语调表情的激活甚至可以在无注意的情况下发生(Ethofer et al.,2006)。与面部表情识别的特异性脑区梭状回类似,识别语调表情也存在一个特异性脑区-颞叶语音区(temporal voice areas, Belin & Grosbras,2010)。

另外,右侧大脑颞叶上后部皮层(right posterior superior temporal cortex, p-STC)、右侧下额叶皮层(right inferior frontal cortex, IFC)也涉及语调表情识别(Wildgruber et al.,2005);一些研究发现 IFC 跟工作记忆有关,因此有研究者假设在情感信息的编码过程中有工作记忆的参与(Mitchell,2007)。

Mitchell(2007)通过对参与识别语调表情的大脑加工节点的交互进行动态因果建模,认为语调表情信息在经过耳、脑干、丘脑及初级听皮层(A1)的加工后,进一步的信息会从右侧的上颞叶(STC,进行基本的声学特征抽取和分析)流向左右两边的下额叶皮层(识别)。

通过事件相关电位(ERP)对语调表情识别的时间进程进行研究发现,语音特征的分析在刺激呈现的 100 ms 内即可完成(听觉 ERP 成分 N1 的峰值在 60—80 ms 之间)(Schirmer & Kotz,2006),而对表情的识别(分类)的时间相对较晚(Wambacq, Shea-Miller & Abubakr,2004)。

4.2.4 表情的计算机自动识别

理解他人情绪对社会交互十分重要,但一方面人的情绪十分复杂,识别并不容易;另一方面,如果要同时识别多人的表情,这对人而言是一个十分困难的任务,但这对于实时了解人们内心真实活动或潜在意图具有重要作用。由于对他人表情进行识别具有非常重要的实用价值,计算机科学家一直以来试图开发出能自动对人类面部表情进行识别的机器。近年来,机器学习(machine learning)[①]领域的研究获得了较大进展。这使得表情的自动识别,特别是面部表情的自动识别得到了蓬勃发展。目前,自动面部表情识别算法已经具备了一定的可靠性和准确性,原本仅存在于实验室

---

① 有关机器学习的知识可参加在线免费课程"机器学习",网址:http://www.courera.org/learn/machine-learning.

中的各种自动表情识别算法已经开始逐步走向商业化的应用(如一些数码相机厂商、手机厂商已经开始在相机中内置微笑检测程序)。然而,目前的自动表情识别算法,离完全实现商用尚有一定的距离,例如,面孔检测与追踪(face detection and tracking)算法目前还仅能较好地处理白人与亚洲人在较好光照条件下的正面面孔,在其他情况下(例如黑人)算法的性能则会大幅下降;表情识别算法针对人为的表情(posed expression)具有较高的识别率,但还无法准确识别在自然状态下进行正常人际沟通时出现的自发表情(spontaneous expression);大多数程序仅被设计用来识别单张的静态表情图片,这使得算法在面对动态的且表情强度较低的表情视频时性能低下。目前,自动面部表情识别领域的研究者们正在对这些问题进行改进,以期实现真正实用的自动表情识别系统。

无论研究者最终采用何种技术,自动面部表情识别系统的系统框架基本上是固定的。一个典型的自动表情识别系统的执行步骤如下:

1) 面孔检测与面孔追踪。该模块负责寻找在视频中面孔的所在位置,并对包含面孔图像的合适图像区域予以提取。通过对面孔进行检测和追踪,模块去除了面孔的位移信息,对系统的信息输入进行了限制,从而提高了系统的处理速度。

面孔检测(face detection)与面孔追踪(face tracking)其实属于不同的技术。面孔检测忽略了不同图像在时域上的相关信息,独立地对图像中的面孔进行定位,可以很方便进行并行化处理,但对面孔位置与数量的突然变化不敏感,而且不存在误差积累问题。其中,Viola 和 Jones (2004)实现的基于 haar 小波与 adaboost 算法的层级构架的面孔检测算法堪称面孔检测领域的经典。该方法可实现对面孔图像的实时检测,且具有一定的鲁棒性。

面孔追踪方法利用图像间的信息关联来对面孔在图像中的位置进行持续的追踪。本质上面孔追踪方法是利用图像间的差异来对面孔所处的位置进行推断。由于该方法利用面孔图像序列在时域上的信息,相对于面孔检测方法,这些方法具有在速度与准确性上的优势。然而,这样的方法存在误差积累的问题,除非受到周期性的修正,否则追踪时产生的误差会逐渐扩大,这很容易导致算法大范围偏离追踪目标,最终变成在不存在面孔的区域反复不断地执行搜索面孔的操作。例如,近年来受到较多关注的 AAM(active appearance model; Cootes, Edwards & Taylor, 2001)和 CLM (constrained local model; Baltrusaitis, Robinson & Morency, 2012)等均存在这样的问题。

鉴于面孔检测与面孔追踪算法各自的特点,也有一些研究者开始尝试将这两种方法结合起来提高该模块的性能与速度。例如,研究者用面孔追踪方法对短时间内的面孔视频进行处理,以提高速度;然后利用面孔检测算法周期性地对面孔追踪的误差进行修正,并处理视频中其他一些突然移进与移出视野的面孔(Morency, Whitehill & Movellan, 2010)。

2) 面孔配准(face registration)。在系统成功提取出面孔图像后,将执行面孔配准操作。该模块主要对提取出的面孔图像进行标准化,包括光照归一化、尺寸归一化等。除此外,该模块还主要负责对图像进行对齐操作。提取出的面孔图像会根据几个重要器官或特征点的位置进行对齐,来减少面孔由于运动和姿态等带来的误差,从而方便系统进行有效的特征提取。面孔配准模块具体执行哪些操作,与系统采用的特征提取方法等有关。特征提取方法分辨率越高,对表情越敏感,往往对面孔配准的要求就越高。特征提取方法越具有不变性,对面孔配准的要求就越低。例如,AAM方法即可用于面孔配准。

3) 特征提取(feature extraction)。在该模块,系统主要提取的是面孔中那些与表情有关的几何形状信息(如面孔中五官的相对位置)以及表情运动带来的面部外观变化信息(如面部表情对面部纹理带来的变化等)。进行特征提取的方法可以表达为图像像素值的函数,这种函数又被称为过滤器组(filter bank)。若该函数的定义域是单张静态图像的像素值,则我们把这种特征提取方法称为空域过滤器(spatial filter),将过滤器提取出来的特征称为空间特征(spatial features)。若该函数的定义域是连续的视频帧,则我们把这种特征提取方法称为时空过滤器(spatial-temporal filter),将这种过滤器提取出来的特征称为时空特征(spatiotemporal features)。

4) 分类(classification)。分类模块使用机器学习的方法,对面部特征进行分析,得到表情最终所属的表情类别,或选择输出相应的后验概率和表情强度值等等。常用的机器学习方法包括 SVM(support vector machine)、boosting 算法(如 Adaboost 或 Gentleboost)、K 近邻(K nearest neighbors)、多元 logistic 回归(multivariate logistic regression)、多层神经网络(multi-layer neural network)等。

对于机器学习算法的选择,依赖于研究者对特征提取方法的选择。研究显示,机器学习算法与特征提取方法之间会有较强的交互作用,从而直接影响算法的最终性能(Whitehill, Littlewort, Fasel, Bartlett & Movellan, 2009)。由于对特征的选择往往取决于研究者本身的先验知识,而这样的表征往往不能完整包含对识别有用的信息,也不一定与所采用的机器学习方法相适应,近年来一些研究者开始尝试省略特征提取步骤,模仿人类大脑对信息的表征方法,利用深度学习的方法(deep learning)自适应的让神经网络形成与分类有关的特征,从而一次性解决特征提取与机器学习的问题(Hinton, Osindero & Teh, 2006)。

5) 可选步骤:时间信息整合(temporal integration)。研究者可在时域上对分类器输出的信息进行整合,例如整合表情强度随时间的变化信息,在更抽象的层面进行进一步的数据分析,以此来对人的其他内部状态信息进行推断,例如:是否感觉疲劳,注意力是否集中,是否在进行欺骗等。时间信息整合的方法包括两种,早期整合与晚期整合。早期整合在特征选择阶段执行,该方法被基于时空过滤器的特征提取方法所包含。而晚期整合方法则在分类步骤之后执行。研究者通过对分类器输出的信息进行二次机器学习,来对面部表情在时间上表达出的模式进行学习,从而判别出人的内部状态,例如,人是真实感觉疼痛还是在伪装疼痛等(Bartlett, Littlewort, Frank, & Lee, 2014)。

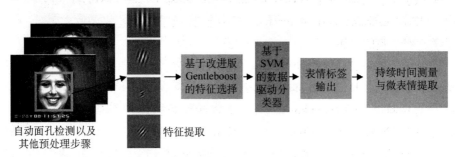

图4.2　一个典型的面部表情分析与识别系统

来源:Wu, Shen & Fu (2011).

上述五个步骤间具有一定的独立性。例如,研究者可以直接用更加准确的面孔检测与追踪算法替代其原有算法来提高系统性能。但在实际应用中,若系统中某一模块被替换,在大多数情况下研究者需要对系统进行重新训练。其中,特征提取方法被认为是自动面部表情识别中最重要的步骤。自动面部表情识别算法的整体设计往往由研究者对特征提取方法的选择而定。

自动面部表情识别算法大多针对的是人为表情。然而,人为表情与人在真实情境中出现的自发表情存在很大的差别。人为表情多在实验室条件下诱发,模特在主试的要求下,按照要求摆出"高兴"、"悲伤"、"惊讶"等表情。人为表情的表达主要由大脑的运动皮层控制,属于随意运动。脑的皮层下区域不随意产生的表情,称为自发表情。对微表情这种自发表情进行识别具有特别的应用价值(吴奇等,2010)。微表情可以反映人们真实的内心情绪,因此微表情有可能成为解读人类真实意图及真实情绪状态的重要窗口。

目前,有部分研究者开始尝试对微表情进行自动识别。例如,Polikovsky, Kameda 和 Ohta(2009)提出了一种利用 3D 梯度方向直方图(3D gradients orientation histogram)提取面部运动信息的方法,该方法能够表征动作单元(AU,参见 Ekman & Rosenberg, 1997)的不同时相,因此这种方法为微表情的自动识别提供了可能;Shreve, Godavarthy, Goldgof & Sarkar(2011)提出了一种新的表情视频分割方法。他们利用光流(optical flow)来计算光学应力(optical strain),实现了对普通表情和微表情视频的分割;Pfister, Li, Zhao 和 Pietikainen (2011)通过以 LBP - TOP 为特征提取方法,以机器学习的方法构造最终的分类器(如 SVM, MKL, random forest 等),实现了对视频中的微表情进行有无以及正负判断的目标;Wu 等(2011)以 gabor 小波为特征提取方法,以 GentleSVM 为分类器,实现了一个对视频中的六种微表情进行自动识别的微表情识别算法;Wang, Chen, Yan, Chen, 和 Fu (2014)提出了一种张量子空间辨别分析(discriminant tensor subspace analysis)的降维方法,通过将之与 ELM(extreme learning machine)相结合,提出了一种对已分割好的视频中的微表情进行识别的方法。

除了大量的面部表情自动识别研究外,一些研究者也开始研究姿态表情的自动识别(Bernhardt & Robinson, 2007; Gunes et al. , 2012),Janssen 等(2008)使用人工神经网络并利用了动力学(kinetic)和运动学参数分析了两个实验中被试的步态(gait)。第一个实验试图从被试的步态中分析其情绪状态(高兴、悲伤、愤怒、平静);第二个实验则分析听不同类型的音乐(振奋的、恬静的,无音乐做对照)对行走中的步态的影响。结果发现不依赖主试的主观评定,计算机通过分析步态特征对情绪状态的识别可以达到几乎 100% 的正确率。

对语调表情的自动识别也得到了众多研究者的关注,通常语调表情的识别分为两个部分,第一部分是训练阶段,通过对数字化的语调表情进行特征抽取,根据特征向量进行建模并形成情绪类型数据库;第二部分是识别阶段,对待识别的语调表情进行特征抽取,将抽取的特征向量与训练阶段形成的数据库进行比较,求得两者的相似性分数,再根据这一分数进行判断(陈育得,2008)。

计算机自动表情识别可以在人机交互、公共安全、司法、移动互联网和娱乐等领域得到大量应用,但要想真正将自动面孔表情识别方法实用化,其算法一定要能够处理诸如头部运动、局部遮挡、复杂光照等带给面部图像的影响。在自动表情识别领域,实现一个与人无关、与观察角度无关的鲁棒的自动表情识别系统依然是研究者面临的一个重大挑战。

4.3 表情识别的影响因素

4.3.1 个体因素

年龄对表情识别的影响

表情是情绪状态的外部表现,特定的情绪对应特定的表情,对表情的识别,似乎不应存在不同年龄对同一个表情有不同的识别的情况。然而,研究发现,儿童对面部表情的理解和识别能力非常低,但这种理解和识别能力在成长的过程中会不断提高。在个体发展早期,儿童把表情仅分成两类(感觉好,感觉坏),随着年龄的增加,儿童逐步发展出分辨不同表情的能力,直到青少年期完全获得识别各种表情的能力。儿童对表情(主要指面部表情)的识别,通常并不依赖表情本身,而是通过对情绪发生的前因(antecedents)与后果(consequences)的理解来达到对表情的识别(Widen, 2013)。

老年人的认知能力在退化,同样,对表情识别的众多研究发现,老龄化(aging)对表情识别也有着极大的影响,老年人的表情识别能力也在退化(Ruffman, Henry, Livingstone & Phillips, 2008)。研究发现(Calder et al., 2003),与青年人相比,老年人较难识别恐惧和悲伤,但却更容易识别厌恶,在对愤怒、惊讶和高兴表情识别上没有差异。Williams 等(2009)测试了 1 000 个不同年龄被试(6—91 岁)的表情识别能力,得到了一个倒 U 形的识别能力曲线,即:青年和中年被试的表情识别能力最好,儿童和老年被试的表情识别能力相对较低。具体到基本情绪识别,Williams 等(2009)发现恐惧和愤怒的识别会受到年龄因素的较大影响,而对高兴表情的识别无明显的年龄差异,并且在做内隐测量时亦为这种模式。通常,老年人对负性表情的识别能力会衰退,而对正性情绪的识别能力则保持不变。虽然大体上表情的识别会受到年龄因素的影响,但对具体的基本表情的识别,不同的研究得到的结果却不尽一致。比如 Suzuki, Hoshino, Shigemasu 和 Kawamura (2007)的研究发现,老年人对悲伤的识别能力降低,但对恐惧和愤怒的识别能力却没有变化。Keightley, Winocur, Burianova, Hongwanishkul 和 Grady (2006)研究发现老年人对恐惧和悲伤的识别能力受损,却对愤怒,厌恶,惊讶和高兴均保持了和年轻人相似的识别能力。

老年人较青年人除了在面部表情识别能力上有差距之外,在对听觉的语调表情,体态表情以及情绪词语等识别能力上均有衰退(Isaacowitz et al., 2007;Ruffman, Halberstadt & Murray, 2009)。Ruffman 等(2008)对面部表情、语调表情以及体态表情的识别做了一个元分析,结果表明,无论是以面部表情、语调表情还是体态表情的形式,愤怒和悲伤对老年人而言最难识别;老年人对于恐惧、惊讶与高兴的识别能力显著衰退,而对厌恶的识别能力却基本保持不变。

Walden 和 Field (1982)研究了 3—5 岁学龄前儿童的表情识别能力,发现儿童对面部表情的识别正确率可以到达 75% 左右,并且对高兴和悲伤识别得最好。Vicari, Reilly, Pasqualetti, Vizzotto 和 Caltagirone (2000)研究发现学龄前儿童对高兴、悲伤和惊讶能做出准确的识别,但对厌恶,愤怒以及恐惧的识别却存在困难;5 岁到 8 岁左右的儿童已经发展出了必要的表情识别能力,在 8 岁以后到 13 岁这个年龄段的儿童的表情识别能力并无年龄差别。Kolb, Wilson 和 Taylor (1992)研究发现 6—15 岁年龄段的儿童都能很好地识别高兴表情,但直到 14 岁左右,儿童才能准确地识别厌恶、悲伤、惊讶。在 14—15 岁年龄段,儿童的表情识别能力已达到成年人的水平。

性别对表情识别的影响

研究表明,通常女性对表情的识别能力要好于男性(Wester, Vogel, Pressly & Heesacker, 2002)。Hampson, Van Anders 和 Mullin (2006)让不同性别的被试识别计算机呈现的面部表情图片,同时考察其识别速度和准确性,结果发现,对所有表情,女性被试的识别速度和准确性指标都好于男性,并且,对负性情绪,女性的识别能力更加高于男性。进一步的研究发现,性别和年龄因素上存在交互作用,对于恐惧和悲伤表情的识别,老年女性相比老年男性对这两种表情识别的优势更加明显;而对于愤怒表情的识别,年轻男性却比年轻女性的识别能力要好(Williams et al., 2009)。

表情识别能力存在性别差异的结论得到了众多研究结果的支持,但产生表情识别性别优势的原因(基础)是什么却存在着争议。McClure (2000)比较全面地分析比较了表情识别女性优势的两种原因:社会建构和生理因素。通过对婴儿期、儿童期和青少年期的面部表情识别的性别差异进行元分析(meta-analysis)后,McClure 发现在不同的发展时期,都存在面部表情识别的女性优势,而且年龄越小,这种性别优势的效应量(effect size)越大。这就意味着,表情识别的女性优势源于两性之间先天的神经生理差异,而非后天社会因素导致的,而且这种先天的神经生理差异在婴儿期即已有所表现,社会因素可能在发展的过程中起到了强化的作用(如女性在社会化的过程中习得了如何更好地观察他人情绪线索)。

一些研究者对不同性别被试在进行表情识别时,大脑加工区域是否存在差异进行了研究。Thomas 等(2001)采用 fMRI 技术研究了被试识别恐惧表情和中性表情的脑区激活,并分析了不同性别被试脑区激活的差异。他们发现,在多次观看恐惧面孔后,儿童被试中男孩的杏仁核激活程度降低了,但女孩的杏仁核激活程度并无变化。Killgore 和 Yurgelun Todd (2001)考察了被试识别高兴和恐惧表情面孔的脑区激活,结果发现男性被试的杏仁核激活具有不对称性,即,男性被试的左杏仁核在识别恐惧表情面孔时激活区域更大而右杏仁核在识别高兴表情面孔时激活区域更大。但女性被试在识别表情面孔时的杏仁核激活却没有这种不对称性。Lee, Liu, Chan, Fang 和 Gao (2004)的研究表明,男性识别表情时特定的大脑区域负责特定的表情类型,而女性对表情的识别大脑加工具有弥散性,女性在识别表情时有更多的大脑区域参与。这些结果表明男女在识别表情时,所涉及的加工脑区是有差别的,这进一步支持了表情识别女性优势是源于生理因素的假说。

从进化的观点看,表情识别的女性优势可以用所谓的主要照看者假说(primary caretaker hypothesis)来解释(Babchuk, Hames & Thompson, 1985; Hampson et al., 2006)。根据该假说,女性作为后代的主要照看者,需要对婴儿的表情更加敏感,为了婴儿的生存,女性必须迅速而准确地识别其婴儿的需要,因为婴儿的需要在语言尚未发展起来的时候无法通过言语来表达,因而只能通过表情。因此要求作为主要照看者的女性必须迅速准确地识别婴儿的非言语表情信息。那些能够做到这一点的女性的后代生存繁衍了下来,而不能做到这一点的女性的后代在进化过程中就慢慢被淘汰。Babchuk 等(1985)的研究发现女性对婴儿的表情识别的准确率确实更高。

其他个体因素对表情识别的影响

负责表情识别的脑区存在着相似性(Kolb et al., 1992),这意味着表情识别的跨文化一致性具备生物学基础。但研究发现,表情的识别会受到个体经验的影响。Pollak 和 Sinha(2002)通过融合(morph)恐惧和愤怒面孔(比如各占一半),发现受到过虐待和体罚的儿童更可能把这些表情识别为愤怒,而且他们也能够更好地识别愤怒。受过体罚和虐待的儿童之所以对愤怒表情敏感,可能是因为这样可以帮助他们快速觉察出看护人(如父母)的敌意并为随后的结果做好准备(如准备挨打)。

O'Sullivan 和 Ekman(2004)发现,那些有着不寻常家庭成长经历(如受虐待,家庭成员有酗酒者)的个体觉察表情的能力很强(也能很好的觉察欺骗)。失语症患者也被发现能够很好地识别表情(Etcoff, Ekman, Magee & Frank, 2000),原因是他们不得不通过觉察非言语线索来补偿其受损的语言功能,从而使其觉察非言语线索的能力得到了极大的提高。Smith 和 Walden(1998)研究发现家庭经济状况较差的非裔美国家儿童比白人中产阶级家庭儿童具有更准确地识别恐惧表情的能力。这些结果表明,对某种表情的丰富经验能够增加儿童正确识别对应表情的能力。

共情能力对表情识别也具有一定的影响。共情(empathy)是指设身处地站在他人的角度理解他人状态的能力(Chlopan, Mccain, Carbonell & Hagen, 1985)。共情能力对表情识别具有重要意义,通常人们在识别某种表情时脸上会产生对应的表情活动(Hennenlotter 等,2005)。甚至当所要识别的表情在意识阈限以下时,仍可见面部肌肉的反应(Dimberg, Thunberg & Elmehed, 2000)。

另外,表情的识别需要言语的参与(比如说出某种表情相应的名称)。因此,人们必须具备合适的情绪词汇,研究发现情绪词汇水平会影响到对表情的识别(Herba & Phillips, 2004)。

对语调表情的识别而言,跟面部表情识别一样,其识别正确率受到任务类型的影响,通常迫选(forced-choice)任务的识别正确率要高于自由(free-choice)选择任务(Johnson, Emde, Scherer & Klinnert, 1986),Scherer, Banse, Wallbott 和 Goldbeck(1991)发现不同的被试对语调表情的识别有不同的影响,大学生和社区招募的志愿者在正确率和错误模式上均有差异。另外,语调表情刺激的持续时间对其识别也有极大的影响(Bachorowski & Owren, 2008)。

4.3.2 环境因素

文化因素对表情识别的影响

达尔文把动物和人的情绪进行了分类,并进行了跨文化的比较,来考察表情是具有跨文化一致性还是具有文化相对性(即不同文化的表情的产生和识别有差异),结果发现不同文化下情绪的产生和识别具有跨文化的一致性。比如悲伤表情,不同文化下的人们产生的悲伤表情具有高度的相似性。这种一致性还可以从天生的盲人身上得到体现,天生的盲人无法通过视觉的学习或模仿某种表情,但对像悲伤这样的表情,天生盲人产生的悲伤表情跟正常视力的人们产生的悲伤表情同样具有高度的相似(如下图 4.3)。表明类似厌恶这样的基本表情较大程度上是由生理因素所决定的。

图 4.3 盲人运动员(左图)与正常视力的运动员(右图)在一场比赛失败后的悲伤表情具有高度相似性(来源:网络)

芬兰阿尔托大学计算科学和生物医学工程系的 Lauri Nummenmaa 等人(Nummenmaa, Glerean, Hari & Hietanen, 2014)发现,不同的情绪对应不同的身体激活状态。他们让被试(n = 701)观看情绪词、情绪诱发短文、情绪诱发短片以及情绪面孔,然后要求被试在计算机屏幕上呈现的人体轮廓图中标出自己主观感觉到的对应的身体激活"增加"和"减少"的部位。结果表明,对于不同的基本情绪,通过这种主观报告所描绘出来的身体热量分布图也不同,且具有跨文化的一致性(即在他们的研究中,芬兰,瑞士,台湾被试所描绘出来的同一种情绪的身体热图具有一致性)。因此,表情的跨文化一致性的观点得到了相当多的支持证据以及众多的研究者的拥趸。

自达尔文对面部表情的研究开始,研究者们认为面部表情存在一些基本的类型,即基本情绪观。但到了20世纪初,一些学者开始改变看法,认为面部表情既不是天生的也不是普遍的,而是在极大程度上受到文化因素的影响,即"文化相对论"(culture-relativistic)。到了20世纪60年代,表情普遍性(universal)的观点又开始流行,并得到了一些跨文化研究的支持,但20世纪末以来,一些学者又开始怀疑表情普遍性的观点(Wallbott, 1998)。

持表情普遍性观点的学者认为,不同文化下的人们对面部表情贴标签(label)的方式具有一致性,不同文化下的人们表达同样的情绪会用同样的表情,但他们也承认特定文化下的情绪表露规则(display rules)可以相应地控制表情。不同的文化会有不同的表情表露规则。比如,日本文化提倡压制对地位比自己高的人的愤怒和厌恶(Ekman & Friesen, 1971)。而在北美,男孩被要求不表现悲伤,而女孩被要求压制愤怒(Ekman, 1992b)。

持表情普遍性观点的 Ekman(1994)曾提出一个神经文化理论(neuro-cultural theory),认为某些基本情绪具有特异的生理模式,并会产生特定的表情,且这些表情具有跨文化的一致性。但是,通过社会学习(如表露规则的学习),最终的表情可以被修饰(modifed)、夸大(exacerbated)、压抑(suppressed)、掩饰(masked)。

在有些公共场合社会规则要求不能表露某些情绪,比如送葬的场合就不能笑。同时有些表情也不适合当面表露,比如对他人的厌恶。而且有些文化也鼓励不要轻易流露表情("男儿有泪不轻弹")。这就意味着,表情的产生和识别会有文化差异。虽然达尔文认为,情绪即便到现在对人仍然是有用的("表情本身,或者情绪语言,当然对人类的福祉而言十分重要",原文为:expression in itself, or the language of the emotions, is certainly of importance for the welfare of mankind)。但当代的一些情绪心理学研究者对情绪是否仍具有其进化上的重要作用(生存适应)持怀疑态度。这些研究者认为,情绪(表情)的作用可能已经发生了变化,或者根本上已经不具有原来的功能(比如现代人如果再愤怒地露出牙齿,就已经失去了警告或威胁对方的功能,因为在现代人与人的争斗中不太会有"咬一口"这种动作的出现,牙齿也不再体现攻击能力)。现代社会情境下,表情更多的充当了社会信息交流的产物。这会导致我们对表情的识别受到文化环境的影响,因为在不同的文化背景下,社会信息交流有着较大的文化差异。

情绪究竟是如达尔文所认为的具有跨文化一致性,还是说是一种具有文化相对性的构想(construction)呢?社会建构(social construction)主义认为情绪具有文化相对性,一种可能是:不同文化环境下的人们可能会以所处文化下的某些特定模范人物作为模仿对象。并且,某些情绪可能会被特定的社会文化所强化,这种看法跟情绪的生物决定论的观点截然相反。情绪的文化相对性也有一定的依据,比如,在一些社会文化情境中可以表达的表情在另一些文化下却并不合适。像成年男性伤心地哭在东方文化下是不合适的,如"男儿流血不流泪"。

要完全区分表情的生理因素和文化因素较为困难,因为两者对表情的识别应该都有重要作用。从已有研究证据看,少数几种表情(如基本表情)应该具有跨文化甚至是跨种群的一致性(如人与猩猩均有喜怒)。但表情的诱发刺激却显然具有文化的特定性,比如一些幽默或笑话在西方人可能觉得特别逗笑,但换到东方文化下可能就未必。反之亦然。笔者曾听过一个香港学者讲述概念的有关研究,其中提到了"鸟专家"这一词汇,结果内地的学生都在偷笑,但香港学者却莫名其妙。在东方文化和西方文化的不同背景下,"鸟专家"的说法可以引起不同的理解。

如果把表情的两种对立的观点(跨文化一致性,以 Ekman 为代表,如 Ekman,1994;文化相对性,以 Barrett 为代表,如 Barrett, 2006; Gendron, Roberson, Van Der Vyver & Barrett, 2014.)作为一个连续体的两端,对表情是否具有跨文化一致性的最恰当的看法也许是在这两个极端的中间的某个位置。我们可以比较放心地假设,在进化过程中我们的大脑会进化出一些普遍的结构,这些普遍结构会负责加工处理我们所谓的基本情绪(Panksepp, 1994)。同时,似乎也存在一些事物会诱发完全相似的反应,比如看到蛇会诱发恐惧,对大的朝向自己移动的物体感动恐惧,对跌落感到恐惧。而且这些表情的诱发物在儿童发展的早期即可观察到(比如挫折诱发的愤怒)。当然也不能排除具有文化特异性的表情诱发物,不同文化下不同个体的表情跟亲密程度与强化有着密切联系(Cacioppo & Gardner, 1999)。不同的文化情境也具有不同的文化规范(Norms)。同样的生理因素导致的表情会受到文化规范的影响。比如日本人和美国人在相同生理因素的作用下,都能表现出相似的表情,但日本人在独处和有他人在场时同样的表情却有不一样的表现,在有他人在场时他们会压抑自己的表情(Cacioppo, Berntson & Klein, 1992)。这很好地阐释了表情的文化相对性。

情境(context)对表情识别的影响

在对表情进行识别研究时,研究者通常有一个潜在的假设,即表情主要是由体现在面孔上的特定面部动作组合来表现的,因此,表情识别研究大多数关注面部表情的识别,即所谓的面孔聚焦范式(face-focused paradigm)。这一范式认为人为摆出的、静态的面部肌肉组合提供了足够的可供识别的情绪信息,并能把这种范式下得到的研究结果外推到日常生活情境中的表情识别。但表情总是出现在一定的背景情境中,孤立的表情是没有的。研究表明,情境会对表情的识别产生影响(Gendron, Mesquita 和 Barrett, 2013)。场景(scenes),语音(voices),身体(bodies),其他的面孔(other faces),文化取向(cultrual orientation),以及词语(words)等情境因素均会影响对面部表情的识别(Barrett, Mesquita 和 Gendron, 2011)。如下图 4.4 所示,身体姿势会对表情的识别产生影响(同一表情合成到不同身体姿势上,会导致对该表情有不同的分类)。

图 4.4　同一表情合成到不同身体姿势(来源:网络)

我们对表情的识别应该综合考虑各种情境因素。人们在识别愤怒背景下的厌恶面部表情时,其识别准确性从 87%降到了 13%(Aviezer et al., 2008)。语调表情的识别亦受到情境的影响,在一个热闹的聚会上听到尖叫可能会认为表达了正性的情绪,然而在一个漆黑无人的夜晚街道上听到尖叫,反射性的就会识别为负性情绪(如恐惧)。

值得一提的是语言也可以看成是一种情境(Gendron et al., 2013)。情绪知觉一定程度上是建构的,语言对情绪的识别具有重要作用,语言起一个粘合剂(glue)的作用(即把相似的情绪现象归为同一类)。研究发现,对表情的识别,跟是否提供表情标签(各个表情的名称)有关,当不给被试提供表情的标签,被试对表情的识别正确率就显著下降(Barrett, Lindquist & Gendron, 2007)。这提示语言提供的概念框架对面部表情识别有一定的影响。从知觉的假设检验的过程来看(王甦和汪安圣,1992,P.24),语言影响表情识别的原因可能是语言影响了对表情刺激进行分类的某个加工阶段,在这个阶段与所识别的表情有关的记忆信息(概念)被提取出来并与此表情形成的知觉印象(知觉)进行比较与匹配,语言信息可以帮助排除其他相似结构特征的竞争(比如识别一个悲伤的表情,其面孔特征结构与厌恶表情的面孔结构特征具有一定相似性,因此在把一个悲伤表情分类为悲伤时,厌恶表情的假设就会与悲伤表情的假设进行竞争,而语言信息有助于排除一些其他的假设的竞争。还有一种可能的原因是语言的概念信息会动态地重构面孔知觉信息。一方面语言概念信息决定哪些信息可以被抽取出来(信息取样)进入到下一步加工;另一方面,语言概念信息可以启动与识别表情相关的身体感觉,而这个过程会影响到所进入的感觉信息(待加工的表情的特征信息)的加工。

4.3.3 刺激因素

呈现时间对表情识别的影响

表情的不同呈现时间对表情的识别正确率有不同的影响,研究发现(Shen, Wu & Fu, 2012)呈现时间 200 ms 以下的表情的识别正确率随呈现时间的增长而增加,但 200 ms 以上的表情的识别正确率不再随呈现时间的增加而发生变化。类似的,Calvo 和 Lundqvist(2008)发现,250 ms 呈现时长的表情的识别正确率和 500 ms 呈现时长条件以及自由浏览(free time)条件下的识别正确率均无显著差异。表情识别的反应时指标上,呈现时间 200 ms 以下的表情的识别反应时和 200 ms 以上的表情识别反应时有差异。脑电指标上,200 ms 以下的表情对应的脑电成分(N400)和 200 ms 以上的表情对应的脑电成分清晰的分为了两组。血氧浓度变化指标上,长时程的表情(600 ms)导致的血氧浓度变化较明显的不同于短时程的表情导致的血氧浓度变化(申寻兵,2012)。

从记忆的角度可以解释呈现时间不同的表情的识别差异。呈现时间对记忆造成的影响不一样,人们对以 1 秒一个速率出现的客体的记忆跟长时客体的记忆没有差异,但 1 秒内若出现三个或以上(即呈现时间 300 ms 以下)的客体相应的记忆却相当差,基本上只能记住一半的客体(Potter, 2012)。因此持续时间短暂的表情,其相应信息的记忆会较差,从而导致其识别较为困难。但对呈现时间较长的表情的记忆可以不受影响(有充分时间进行加工),从而可以得到较好的识别。

当表情呈现时间特别短以至于处于人们的意识阈限以下时(即没有意识到表情的出现),人们仍然可以对阈下表情进行加工。即表情的识别在无意识的条件下也可以发生。Winkielman, Berridge 和 Wilbarger (2005)等发现,给被试呈现 16 ms 时长的高兴、愤怒和中性表情,然后呈现 400 ms 的中性表情掩蔽,接着要求被试倒某种饮料,并喝掉一些,然后对饮料进行主观评价。结果发现,不同的阈下表情图片对被试倾倒饮料的量、喝掉的量均有不同的影响(跟实验前的生理性口渴水平存在交互作用),因为如果阈下表情没有得到识别,那么就不会出现对倾倒、喝掉饮料的量产生影响。这一结果与 Dimberg 等(2000)的研究结果一致,这些结果表明表情的识别可以在无意识的条件下发生。这一结论进步得到了盲视病人的研究结果的支持(存在所谓情感盲视(affective blindsight),参见 Tamietto et al., 2009; Tamietto & De Gelder, 2008)。

表情的呈现时间和识别者的个性特点共同影响对表情的识别。Ambady, Hallahan 和 Rosenthal (1995)给被试看一个时长 2 s 的视频,视频内容为一个显得不安的女性的面部特写。然后研究者要求被试判断视频里的那位女士的情形是在批评某人迟到了还是在谈论她自己的离婚。结果发现,性格类型为内向的人对他人情绪的识别与理解要好于外向型的人。而外向型的人的表情都写在脸上,容易被他人所识别。

姿态表情对面部表情识别的影响

不言而喻,面孔总是跟整个身体一起出现的,但在表情识别的实验当中,通常都是把情绪面孔刺激单独呈现给被试。这促使研究者们思考,身体姿态对表情识别具有何种影响？如前所述,情绪的外在表现之一为姿态表情,身体姿态也可以传递情绪状态信息。Meeren, Van Heijnsbergen 和 De Gelder (2005)发现对面部表情的判断受到姿态表情的极大影响。他们将恐惧和愤怒的面部表情和姿态表情进行面部-身体的组合,从而使不同部位传递的情绪信息出现一致和冲突两种情形。他们的研究结果发现,对面部表情的识别正确性受到姿态表情的影响,并且更多的偏向以姿态表情的类型作为判断面部表情的类型的依据。

姿态表情对面部表情识别的影响在情绪激烈是体现得更为突出。Aviezer, Trope 和 Todorov (2012)等人的研究发现,人们在识别强烈的表情时,通过识别体态表情判断他人的情绪状态比通过识别面部表情判断他人情绪状态更有效。姿态表情联合面部表情的识别有助于对模糊情境情绪色彩的正确判断,比如惊讶的面部表情可以被识别为正性的,如惊喜,也可以被识别为负性的,如惊恐,但综合考虑姿态表情则可以消除这种模糊性。

4.3.4 疾病

表情识别和大脑有着密切关系,大脑的损伤对表情识别会造成影响。把猴子的双侧杏仁核切除后,那些在平常会使它们变得情绪波动的刺激对它们不再起作用。比如原来使它们恐惧的刺激(巨大的声响、蛇等)已经不再使它们害怕(Brown & Schäfer, 1888)。这使研究者们很早即认识到,大脑的某些部位的损伤,会导致表情识别的障碍。

当前对大脑与表情识别的关系存在三种不同的看法。第一种观点认为右半球负责所有情绪信息的加工(Bowers, Bauer & Heilman, 1993);第二种观点认为左半球负责加工正性表情或趋近刺激而右半球负责加工负性表情或回避刺激(效价理论,参见 Davidson (1992); Silberman & Weingartner, 1986);第三种观点认为不同的脑区负责加工不同的基本表情。因此,不同观点的研究者对脑损伤影响表情识别的分析重点上各有不同。

在基本情绪理论的框架下,众多研究发现不同的脑区分别负责不同基本表情的加工。研究发现(Adolphs et al., 2005; Adolphs, Tranel, Damasio & Damasio,

1995；Davis，1992），双侧杏仁核损伤使得对恐惧表情识别能力受损，左侧杏仁核损伤则导致愤怒和惊讶表情识别能力下降，右侧杏仁核损伤对表情识别能力没有显著影响。脑岛(insula)的受损会损伤厌恶表情识别能力(Gasquoine，2014)，而基底神经节的损伤也会导致厌恶识别能力受损(Calder, Keane, Manes, Antoun & Young, 2000)。腹侧纹状体(ventral striatum)的损伤会导致愤怒表情的识别能力受损(Calder, Keane, Lawrence & Manes, 2004)。

众多心理疾病伴随着情绪方面的障碍(Kring，2008)。精神分裂症病人对表情的识别存在障碍，与正常人相比，他们不能很好地理解他人面部表情所反映出来的情绪意义。Sachs, Steger-Wuchse, Kryspin-Exner, Gur 和 Katschnig (2004)的究表明，精神分裂症患者对所有类型的表情识别能力都明显低于正常对照组。研究(Martin, Baudouin, Tiberghien & Franck, 2005)发现，精神分裂症病人在识别负性表情时存在一定的障碍，不容易感知与识别他人负性表情(如愤怒，但精神分裂症病人对正性表情的知觉加工却没有损伤)。Bediou 等(2005)的研究发现，精神分裂症病人识别正性表情的得分与正常被试无差异，但识别负性情绪尤其是较强烈负性情绪时其得分显著低于正常被试；另外，他们还发现精神分裂症病人存在把中性表情(无表情)识别为表情的倾向，且总是错误地将其判断为正性或负性。Leppänen 等(2006)对缓解期的精神分裂症病人的研究也证实了上述发现。

Tsoi 等(2008)的研究结果却跟前述精神分裂症病人表情识别结果不一致，他们应用信号检测论来确定表情识别的能力和反应判断标准，结果发现精神分裂症病人对于恐惧，悲伤等负性情绪的识别能力却高于正常被试，而对于正性情绪，如高兴，其识别能力反而比正常被试低。另外，他们发现精神分裂症病人对负性表情的判断标准低于正常被试，对于正性表情的识别判断标准高于正常被试，精神分裂症病人存在对正性表情的特异性的损伤，不容易识别出他人的正性情绪，更容易把他人的面部情绪理解为负性情绪。这种不一致的结果有待进一步探索，但是大量的研究还是表明精神分裂症病人在表情识别能力上普遍的低于正常人(Morris, Weickert & Loughland, 2009; Paquin, Wilson, Cellard, Lecomte & Potvin, 2014)。

自闭症谱系的病人(autism spectrum disorder, ASD)对表情存在识别困难，在自闭症的诊断标准中，对表情的识别障碍是一个重要方面(APA，2013)。一些研究(严淑琼，2008)发现自闭症儿童从面部表情、语音表情及在两种形式的配对刺激中识别基本情绪存在困难。一项研究(Harms, Martin & Wallace, 2010)表明自闭症病人对负性情绪更难识别。但自闭症病人究竟对哪些表情最难识别尚无定论，Bormann-Kischkel, Vilsmeier 和 Baude (1995)发现惊讶、恐惧和愤怒对自闭症病人而言最难识别；而 Boraston, Blakemore, Chilvers 和 Skuse (2007)发现自闭症病人最难识别悲伤;Humphreys, Minshew, Leonard 和 Behrmann (2007)发现恐惧对自闭症病人而言最难识别。

对自闭症病人表情识别的研究采用动态表情却发现了不一致的结果,Gepner, Deruelle 和 Grynfeltt(2001)发现自闭症病人对动态的面部表情的识别成绩与正常对照组没有差别,而 Tardif, Lainé, Rodriguez 和 Gepner (2007)将动态表情的速度变慢,发现自闭症病人的表情识别成绩反而高于对照组。自闭症病人表情识别的这些不一致结果,也有待进一步探索。

4.4 表情识别的应用

表情识别可以在多个领域得到应用。例如,在临床治疗领域,医生可以通过识别患者(尤其是存在沟通障碍的患者,如儿童、聋哑人等)的表情来诊断病情(如疼痛程度);在司法领域,执法人员可通过表情识别来分析判断嫌疑人是否在撒谎;在工业领域,表情识别可以做到更好的人机交互,如可实现对驾驶员当前情绪状态的评估(通过计算机),若出现疲劳驾驶等情况,实现自动提醒;在经济领域,表情识别可应用到广告设计、消费心理分析等方面。

4.4.1 在临床治疗中的应用

从治疗者的角度,准确地识别病人的表情,可以帮助建立良好的治疗关系,而好的治疗关系对治疗结果具有重要的影响(Ackerman, 2001; Norcross & Hill, 2002);治疗过程中,通过识别不同的表情来了解哪些是跟情境适应的情绪经验,哪些是不合适的情绪经验(如对普通物体有恐惧表情),从而有针对性地进行干预,治疗者通过来识别病人主要的情绪体验及与之相伴随的其他情绪体验,把病人的注意力转移到对其他伴随情绪体验到感受上来,是帮助病人改变情绪状态的一种重要方法(Greenberg, 2002)。另外,对病人表情的识别,也有助于判断病人是否在装病(如假装疼痛,Craig, Hyde & Patrick, 1991)。

从患者的角度,要改变自己不适应的情绪状态首先需要对自身的情绪状态有一个觉知,这可以通过表情识别来完成。如前所述的精神分裂症病人、自闭症病人在表情识别上存在障碍,众多研究发现可以通过表情识别训练提高患者的共情(empathy)能力,从而促进其社会功能,为这些病人的康复提供帮助(Russell, Chu & Phillips, 2006; Russo-Ponsaran, Evans-Smith, Johnson & Mckown, 2014; Silver, Goodman, Knoll & Isakov, 2004; Wölwer et al., 2005)。

4.4.2 在国家安全中的应用

每天有成千上万的乘客经过地铁站、火车站、机场的安检口,或通过边防站出入国境。未来保障国家安全,各个国家都迫切需要行之有效的安全检查,安检口常规的检查是查看有无携带违禁品,而忽略了犯罪的主体——人。安检人员需要辨识出乘客里哪些人可能具有高风险性或有不良意图以提前预防犯罪。在当今全球政治格局动荡不安、恐怖活动频发的严峻形势下,寻找一种有效的人员筛查方法显得格外重要。人要实施犯罪,必须隐瞒其犯罪迹象,即需要欺骗,因此,对人员进行安全筛查可以从寻找欺骗(deception 或 lie)线索入手。欺骗线索有行为线索、认知线索、生理线索等(Depaulo et al., 2003; Frank et al., 2009; Vrij & Granhag, 2012),行为线索的获得只需要在安检口对乘客进行观察(包括摄像头获取),简单易行,可以大批量地实施。行为线索中,表情包括面部表情和姿态表情可以直接观察获得。表情识别(包括微表情识别和姿态表情识别)可以帮助人们寻找欺骗线索(梁静等,2013;吴奇等,2010)。

微表情与欺骗的关系密切(Ekman, 2009a),识别微表情可以成为欺骗检测的一个有效线索和辅助手段(Vrij, Granhag & Porter, 2010),Frank 等(2009)研究发现通过识别微表情来进行欺骗检测,可以达到70%的准确率。并且,美国的交通安全部已经将微表情识别的技术与方法应用于国家安全(Shen et al., 2012; Weinberger, 2010),在美国已有176个机场应用基于微表情的技术进行欺骗检测,截至2012年,累计投入了8.78亿美元(根据美国国土安全部数据,数据来源:http://www.oig.dhs.gov/assets/Mgmt/2013/OIG_13-91_May13.pdf)。

Meservy, Jensen, Kruse Burgoon, 和 Nunamaker Jr (2008)试图从姿态表情中提取区分欺骗(有罪)与真实(无辜)的线索以在反恐实践中进行应用,他们的研究结果表明对两类(欺骗与真实)迫选的正确率能够达到71%,显著高于随机水平。

4.4.3 在司法实践中的应用

在司法实践中,嫌疑人的口供是否真实(是否存在欺骗)是司法人员关心的问题,测谎技术在司法实践中得到了大量的应用。研究者们一直试图寻找身体最诚实的部分来检测嫌疑人是否有欺骗行为。表情中的姿态表情、语调表情以及(面部)微表情通常难以被有意地控制,因此能够真实反映嫌疑人的内心情绪状态而得到了众多研究。

Runeson 和 Frykholm (1983)给姿态表情与欺骗的关系研究提供了一个经典范式,他们让被试观看一个演员提不同重量的盒子,然后要求被试判断演员是否在盒子的重量上试图欺骗他们(如本来很轻,但装出很重的样子)。结果发现被试判断的正确率显著高于随机水平。

欺骗者对欺骗对象会感到内疚,特别是欺骗那些信任自己的人,Ekman(2009b)指出虽然内疚的线索并不明显,但相应的会有悲伤的线索,表现为语调表情伴随较低的音高,声音会舒缓而轻柔,同时眼神会向下。同时,欺骗他人也未必全是负性的情绪体验,还可能有愚弄他人的快感(duping delight),这种快感在语调表情上会表现为更高的音高、更快的语速、更响亮的声音。另外,欺骗者相对说真话者通常其话语的音高更高,姿态表情上会显得更紧张和受限制(tense and inhibited, Depaulo et al., 2003)。

在面部表情上,欺骗者通常比说真话者显著地少一些真正的笑。另外,欺骗者可能会出现微表情,微表情是一种持续时间很短的表情,可以反映真实的内心情绪状态(吴奇等,2010)。如果审讯时犯人有快速的恐惧、轻蔑、紧张等表情(出现微表情),那么提醒审讯者需要进一步调查。Mann, Vrij 和 Bull(2002)用嫌犯在新闻发布会上的视频作为研究材料,其中一个嫌犯在视频中声称女友失踪而最终证明是他杀害了女友。Vrij 和 Mann 对该嫌疑人的采访视频进行分析后,发现了一个短暂的微笑!这虽然不能证明他在撒谎,但使此人值得怀疑。但关于微表情在欺骗检测中的作用及机制的相关研究并没有取得一致的认识。有研究发现识别另一种幅度较低而不完整的表情——弱表情(subtle expression)跟欺骗检测能力更加关系密切(Warren, Schertler & Bull, 2009)。

Ekman 和 O'sullivan(1991)曾经比较了美国执法人员(包括秘密服务人员,中央情报局特工,联邦调查局特工,国家安全局特工,联邦缉毒署特工,加州警察和法官)和精神科医师、大学生、成人的欺骗检测能力,发现只有秘密服务人员的成绩显著高于其他职业群体,秘密服务人员之所以能够有较好的成绩是因为他们更多地采用了非言语的线索,包括识别表情。

4.4.4 在经济生活中的应用

人们的情感状态会影响到消费决策(Rick & Loewenstein, 2008),广告也试图影响人们的消费决策,情感特征可以作为广告有效性的一个指标,特别是对那些说服性的广告(Richins, 1997)。研究发现,人们会把品牌名称和对广告的情感联系在一起储存在记忆中(Wiles & Cornwell, 1991),因此,可以通过识别观众的表情对广告有效性进行评估(Desmet, Hekkert 和 Jacobs, 2000)。Frosch, Krueger, Hornik, Cronholm & Barg(2007)的研究发现,95%的药品广告采用了情感诉求(emotional appeal)。

当前一些软件可以通过普通摄像头加上识别代码即可分析测量人们实时的情绪

状态变化,如观看电视广告时的表情(如图 4.5 所示,相应软件可以分析观众的表情类型,详情况也参阅 Picard,1999)。通过识别观众的表情,可以分析得到对所观看内容的态度,得出观众最喜欢看的内容是什么样的。英国BBC 广播公司已经开始分析观众对自己节目的情感状态,以决定哪些节目受观众欢迎(参见 http://news.techworld.com/sme/3525285/bbc-worldwide-to-trial-crowdemotions-facial-recognition-software/)。

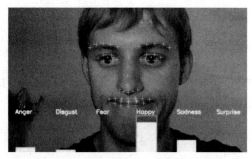

图 4.5 对面部表情的自动分析

对群体的大规模的表情识别还可以帮助进行舆情分析,了解公众对特定事件的情绪反应,以及时进行引导(段建勇,程利伟,张梅和高振安,2013)。情绪感染(emotional contagion)是社会心理学关注一个重要问题,Kramer, Guillory 和 Hancock(2014)利用网络社交网站脸书(Facebook)作为研究平台,操纵了用户在其新闻推送内容中接触不同情绪(正性或负性)的程度,发现较少获得负面内容的用户较少可能去写一些负面的信息,反之亦然。表明用户的情绪受到他人表达的情绪的影响。

如前所述,表情识别可以作为欺骗检测线索,一些大规模互联网金融公司在开展小微企业放贷业务时,因为业务量较大,无法一一实地考察放贷对象,那么可以在对放贷对象进行网络面谈时,分析其面谈代表的表情来评估其可靠性(有无欺骗)。

4.4.5 在工业设计中的应用

人工智能领域中拟人化机器人已经开始走进人们的生活,拟人化机器人可以具备识别表情的能力(Turkle, 2006)。机器人具备表情识别能力,可以更好地进行人机交互(human-computer interaction),如可以在机器教学中取得更好的教学效果;制造具备表情识别能力的情感机器人可以反过来促进对情绪本质的理解,情感机器人可以成为很好的实验平台(Arbib & Fellous, 2004; Fellous & Arbib, 2005)。在情感计算领域(Picard, 1999, 2003),使计算机具备识别表情的能力、智能地对人类表情进行识别并作出相应反应是重要的目标(其他能力包括表达表情、调整人类情绪等)。让机器(计算机)具备表情识别能力是可行的,Picard 等让计算机对八种表情进行识别,发现正确率可以达到 81%,远高于 12.5% 的几率水平(Picard, 2003)。而当前也出现了类似的机器人,如 Kismet (Breazeal & Brooks, 2005)

在产品设计中,当产品的用途可以得到满足时,产品带给人们的情绪体验极大地影响产品的畅销度,当前的产品设计开始把人们的情感需求作为设计时的首要考虑因素(Van Gorp & Adams, 2012)。人们在使用产品时,会有各种情绪体验,因此设计师需要理解和考虑产品给用户带来的情绪体验,在产品中包含激起情绪的元素,比如汽车的安全带在没有插入插扣中时会以激发负性情感的声音促使人们去消除从而达到系上安全带的目的。

网络聊天软件(如QQ)、电子邮件、网络论坛等平台,通常都会内置很多表情符号,因为在纯文字的信息交流中,无法识别交流对象的情绪状态,而通过识别这些符号化的表情可以帮助我们对信息进行解释,避免误解(Van Veenen, 2010)。

4.5 结语:表情识别相关理论与展望

对表情识别,很多研究者关心表情刺激的识别是否和非表情刺激的识别具有同样的机制(Duncan & Barrett, 2007; Lazurus, 1984; Pessoa, 2008; Zajonc, 1980)。如果"情"(emotion)和"理"(cognition)是分离的心理过程,即两者具有不同的加工机制,那么对知觉与分类的认知机制的研究将无助于对表情识别的理解;但若表情刺激只是刺激物的一种,和中性刺激一样遵循同样的机制的话,研究者们则可以从中性刺激物的识别机制来理解表情识别,而对中性刺激的识别则已有众多研究(Moors, 2007)。

关于表情(或情绪)识别,存在三个主要的取向和四个主要的理论。表情识别的一个研究取向是行为取向,即研究影响表情识别的行为因素,包括表情面孔的熟悉度、早期受虐待经历等对识别表情的影响;另一个取向是生物取向,即通过EEG、fMRI、脑损毁等一系列手段,研究大脑负责表情识别的特定结构;第三个取向是认知取向,探索情境和社会因素对表情识别的影响,同时也关注面孔局部信息在表情识别加工中的相对重要性(Fox, 2004)。表情识别的四个理论中最具代表性的就是基本情绪理论(Ekman, 1992b),该理论认为某些类别的表情触发了事先定义好了的情感程序,该程序引起特定的反应模式,从而将表情刺激分类为某个具体的表情类型。该理论更多地强调表情识别的自下而上的加工,表情识别更多地由表情刺激本身决定;与之相对的一个比较灵活的识别模型是评价理论(Ellsworth & Scherer, 2003),该理论认为表情的识别是一个基于图式评估(schema evaluation)或者模式匹配(pattern matching)的过程,表情的分类是个体根据其自身的需要、目标、价值观及幸福感(well-being)等对表情刺激进行评价得出的。该理论综合考虑了表情刺激与个体需要之间的交互,认为表情识别是一个既有自上而下加工又有自下而上加工的动态过程(Pessoa, 2008); 而另一极具影响的理论为维度理论(Russell, 2003), 该理论提出了一个非常普遍而经济高效的表情识别机制, 即表情的识别分类是基于最简单的正负性(valence)两维以及激活(arousal)的程度; 近些年表情识别的建构观得到了较多研究(Barrett, 2006a; Barrett et al., 2007), 表情识别的建构主义理论认为, 表情(情绪)的种类并非一个自然天生的实体, 而是人为的概念。语言提供了概念类别, 因此语言情境对表情的分类有很大的限制作用(限制了赋予表情刺激以何种意义)。该理论更多强调表情识别的自上而下加工(强调语言知识、文化社会等因素对表情识别的影响等)。

在表情识别的神经机制上, Ledoux(1998)曾提出存在两个通路进行表情的识别加工, 第一条通路是"低位路径"(low road), 丘脑和杏仁核直接连接; 另一条通路是"高位通路"(high road), 表情信息在经过丘脑加工后投射到大脑皮层, 进一步加工后再投射到杏仁核。第一条通路绕过了意识觉知, 对表情信息是自动加工, 而第二条通路对表情信息是精细的有意识加工。众多的脑区参与了表情的识别, 包括额叶、颞叶, 而且表情识别加工的脑区主要是右侧。

对表情识别的一个批评是实验当中需要识别的表情种类较少(Scherer et al., 2003), 特别是按照基本情绪理论选择基本情绪作为实验材料通常只包含一个正性表情(高兴), 这样可能会导致被试的心理加工是所谓的辨别(discrimination, 在选择项中进行选择)而非识别(recognition, 确实识别出来表情的种类)。

对表情进行识别的研究通常是在实验室中, 安排一些被试被动地观看计算机屏幕呈现的情绪刺激(通常是一些孤立的表情刺激, 如面部表情), 然后记录其反应。而实际生活中的表情, 远比实验室研究的情境要复杂, 情绪的产生和识别离不开和他人的互动, 表情也不仅仅是孤立的面部表情, 面部表情和身体姿态表情是伴随产生的。因此, 未来的表情识别研究应当综合利用面部表情和姿态表情, 在社会交互的情境下进行(De Gelder & Hortensius, 2014)。把表情识别的研究从对单一个体的研究扩展到对互动的双方或者小群体的研究, 这样将使人们更好地理解群体情绪反应(比如恐慌, 日本核泄漏, 我国民众恐慌性抢盐)的机制。将表情识别研究放在群体中的框架下将成为未来表情识别研究的重要发展方向。

参考文献

陈育得. (2008). 中文语音情绪辨识及效能评估之研究. 博士论文. 台湾大同大学, 台湾.
段建勇, 程利伟, 张梅, 高振安. (2013). 网络舆情分析中共性知识挖掘方法研究. 现代图书情报技术, 29(10), 59—65.
梁静, 颜文靖, 吴奇, 申寻兵, 王甦菁, 傅小兰. (2013). 微表情研究的进展与展望. 中国科学基金, 27(2), 75—78.
申寻兵. (2012). 微表情识别的时间特性及加工机制研究. (博士), 中国科学院心理研究所, 北京.
王甦, 汪安圣. (1992). 认知心理学. 北京: 北京大学出版社.
吴奇, 申寻兵, 傅小兰. (2010). 微表情研究及其应用. 心理科学进展, 18(9), 1359—1368.

严淑琼.(2008).自闭症儿童面部表情加工的实验研究.硕士论文.上海:华东师范大学.
Ackerman, Steven J.; Benjamin, Lorna Smith; Beutler, Larry E.; Gelso, Charles J.; Goldfried, Marvin R.; Hill, Clara; Lambert, Michael J.; Norcross, John C.; Orlinsky, David E.; Rainer, Jackson. (2001). Empirically supported therapy relationships: Conclusions and recommendations of the division 29 task force. *Psychotherapy: Theory, research, practice, training, 38*(4), 495-497.
Adolphs, Ralph. (2002). Neural systems for recognizing emotion. *Current opinion in neurobiology, 12*(2), 169-177.
Adolphs, Ralph, Gosselin, Frederic, Buchanan, Tony W, Tranel, Daniel, Schyns, Philippe, & Damasio, Antonio R. (2005). A mechanism for impaired fear recognition after amygdala damage. *Nature, 433*(7021), 68-72.
Adolphs, Ralph, Tranel, Daniel, Damasio, Hanna & Damasio, Antonio R. (1995). Fear and the human amygdala. *The Journal of neuroscience, 15*(9), 5879-5891.
Ambady, Nalini, Hallahan, Mark & Rosenthal, Robert. (1995). On judging and being judged accurately in zero-acquaintance situations. *Journal of personality and social psychology, 69*(3), 518-529.
American, Psychiatric Association. (2013). *The diagnostic and statistical manual of mental disorders: Dsm 5.* Washington, DC: American Psychiatric Publishing.
Arbib, Michael A & Fellous, Jean-Marc. (2004). Emotions: From brain to robot. *Trends in cognitive sciences, 8*(12), 554-561.
Atkinson, Anthony P, Tunstall, Mary L & Dittrich, Winand H. (2007). Evidence for distinct contributions of form and motion information to the recognition of emotions from body gestures. *Cognition, 104*(1), 59-72.
Aviezer, Hillel, Hassin, Ran R, Ryan, Jennifer, Grady, Cheryl, Susskind, Josh, Anderson, Adam, ... Bentin, Shlomo. (2008). Angry, disgusted, or afraid? Studies on the malleability of emotion perception. *Psychological science, 19*(7), 724-732.
Aviezer, Hillel, Trope, Yaacov & Todorov, Alexander. (2012). Body cues, not facial expressions, discriminate between intense positive and negative emotions. *Science, 338*(6111), 1225-1229.
Babchuk, Wayne A, Hames, Raymond B & Thompson, Ross A. (1985). Sex differences in the recognition of infant facial expressions of emotion: The primary caretaker hypothesis. *Ethology and sociobiology, 6*(2), 89-101.
Bachorowski, Jo-Anne. (1999). Vocal expression and perception of emotion. *Current directions in psychological science, 8*(2), 53-57.
Bachorowski, Jo-Anne & Owren, Michael J. (2008). Vocal expressions of emotion. In M. Lewis, J. Haviland-Jones & L. F. Barret (Eds.), *Handbook of emotions* (3th ed., pp. 196-210). New York: The Guilford Press.
Bachorowski, Jo-Anne, Smoski, Moria J & Owren, Michael J. (2001). The acoustic features of human laughter. *The Journal of the acoustical society of America, 110*(3), 1581-1597.
Baltrusaitis, Tadas, Robinson, Peter & Morency, L. (2012). 3d constrained local model for rigid and non-rigid facial tracking. Paper presented at the 2012 IEEE Conference on Computer Vision and Pattern Recognition (CVPR), Proidence, PI.
Barrett, Lisa Feldman. (2006a). Are emotions natural kinds? *Perspectives on psychological science, 1*(1), 28-58.
Barrett, Lisa Feldman. (2006b). Solving the emotion paradox: Categorization and the experience of emotion. *Personality and social psychology review, 10*(1), 20-46.
Barrett, Lisa Feldman, Lindquist, Kristen A & Gendron, Maria. (2007). Language as context for the perception of emotion. *Trends in cognitive sciences, 11*(8), 327-332.
Barrett, Lisa Feldman, Mesquita, Batja & Gendron, Maria. (2011). Context in emotion perception. *Current directions in psychological science, 20*(5), 286-290.
Bartlett, Marian Stewart, Littlewort, Gwen C, Frank, Mark G & Lee, Kang. (2014). Automatic decoding of facial movements reveals deceptive pain expressions. *Current biology, 24*(7), 738-743.
Bassili, John N. (1979). Emotion recognition: The role of facial movement and the relative importance of upper and lower areas of the face. *Journal of personality and social psychology, 37*(11), 2049-2058.
Bediou, Benoit, Franck, Nicolas, Saoud, Mohamed, Baudouin, Jean-Yves, Tiberghien, Guy, Daléry, Jean & d'Amato, Thierry. (2005). Effects of emotion and identity on facial affect processing in schizophrenia. *Psychiatry research, 133*(2), 149-157.
Belin, Pascal, Fecteau, Shirley & Bédard, Catherine. (2004). Thinking the voice: Neural correlates of voice perception. *Trends in cognitive sciences, 8*(3), 129-135.
Belin, Pascal & Grosbras, Marie-Hélène. (2010). Before speech: Cerebral voice processing in infants. *Neuron, 65*(6), 733-735.
Bernhardt, Daniel & Robinson, Peter. (2007). Detecting affect from non-stylised body motions *Affective computing and intelligent interaction* (p. 59-70): Springer.
Blair, RJR, Morris, John S, Frith, Chris D, Perrett, David I & Dolan, Raymond J. (1999). Dissociable neural responses to facial expressions of sadness and anger. *Brain, 122*(5), 883-893.
Boraston, Zillah, Blakemore, Sarah-Jayne, Chilvers, Rebecca & Skuse, David. (2007). Impaired sadness recognition is linked to social interaction deficit in autism. *Neuropsychologia, 45*(7), 1501-1510.
Bormann-Kischkel, Christiane, Vilsmeier, Markus & Baude, Beate. (1995). The development of emotional concepts in autism. *Journal of child psychology and psychiatry, 36*(7), 1243-1259.

Bowers, Dawn, Bauer, Russell M & Heilman, Kenneth M. (1993). The nonverbal affect lexicon: Theoretical perspectives from neuropsychological studies of affect perception. *Neuropsychology*, 7(4), 433-444.

Breazeal, Cynthia & Brooks, Rodney. (2005). Robot emotion: A functional perspective. In J.-M. Fellous & M. A. Arbib (Eds.), *Who needs emotions* (pp. 271-310). Oxford: Oxford University Press.

Brown, Sanger & Schäfer, EA. (1888). An investigation into the functions of the occipital and temporal lobes of the monkey's brain. *Philosophical transactions of the royal society of London. B*, 303-327.

Bruck, Carolin, Kreifelts, Benjamin, Ethofer, Thomas & Wildgruber, Dirk. (2013). Emotional voices: The tone of (true) feelings. In J. Armony & P. Vuilleumier (Eds.), *The cambridge handbook of human affective neuroscience* (p. 171-197). Cambridge: Cambridg University Press.

Cacioppo, John T & Gardner, Wendi L. (1999). Emotion. *Annual review of psychology*, 50(1), 191-214.

Cacioppo, John T., Berntson, Gary G. & Klein, David J. (1992). What is an emotion? The role of somatovisceral afference, with special emphasis on somatovisceral "illusions.". In M. S. Clark (Ed.), *Emotion and social behavior. Review of personality and social psychology* (Vol. 14, pp. 63-98). Thousand Oaks, CA, US: Sage Publications.

Calder, Andrew J, Keane, Jill, Lawrence, Andrew D & Manes, Facundo. (2004). Impaired recognition of anger following damage to the ventral striatum. *Brain*, 127(9), 1958-1969.

Calder, Andrew J, Keane, Jill, Manes, Facundo, Antoun, Nagui & Young, Andrew W. (2000). Impaired recognition and experience of disgust following brain injury. *Nature neuroscience*, 3(11), 1077-1078.

Calder, Andrew J, Keane, Jill, Manly, Tom, Sprengelmeyer, Reiner, Scott, Sophie, Nimmo-Smith, Ian & Young, Andrew W. (2003). Facial expression recognition across the adult life span. *Neuropsychologia*, 41(2), 195-202.

Calvo, Manuel G & Lundqvist, Daniel. (2008). Facial expressions of emotion (kdef): Identification under different display-duration conditions. *Behavior research methods*, 40(1), 109-115.

Chlopan, Bruce E, McCain, Marianne L, Carbonell, Joyce L & Hagen, Richard L. (1985). Empathy: Review of available measures. *Journal of personality and social psychology*, 48(3), 635-653.

Clarke, Tanya J, Bradshaw, Mark F, Field, David T, Hampson, Sarah E & Rose, David. (2005). The perception of emotion from body movement in point-light displays of interpersonal dialogue. *Perception-London*, 34(10), 1171-1180.

Cohen, Henri & Lefebvre, Claire. (2005). *Handbook of categorization in cognitive science*. Amsterdam: Elsevier.

Cootes, Timothy F, Edwards, Gareth J & Taylor, Christopher J. (2001). Active appearance models. *IEEE Transactions on pattern analysis and machine intelligence*, 23(6), 681-685.

Coulson, Mark. (2004). Attributing emotion to static body postures: Recognition accuracy, confusions, and viewpoint dependence. *Journal of nonverbal behavior*, 28(2), 117-139.

Craig, Kenneth D, Hyde, Susan A & Patrick, Christopher J. (1991). Genuine, suppressed and faked facial behavior during exacerbation of chronic low back pain. *Pain*, 46(2), 161-171.

Damasio, Antonio R, Everitt, BJ & Bishop, D. (1996). The somatic marker hypothesis and the possible functions of the prefrontal cortex [and discussion]. *Philosophical transactions of the royal society of London. Series B: Biological sciences*, 351(1346), 1413-1420.

Darwin, Charles. (1998). *The expression of the emotions in man and animals*. Oxford: Oxford University Press.

Davidson, Richard J. (1992). Emotion and affective style: Hemispheric substrates. *Psychological science*, 3(1), 39-43.

Davis, Michael. (1992). The role of the amygdala in fear and anxiety. *Annual review of neuroscience*, 15(1), 353-375.

De Gelder, Beatrice. (2006). Towards the neurobiology of emotional body language. *Nature Reviews Neuroscience*, 7(3), 242-249.

de Gelder, Beatrice. (2009). Why bodies? Twelve reasons for including bodily expressions in affective neuroscience. *Philosophical transactions of the royal society B: Biological sciences*, 364(1535), 3475-3484.

de Gelder, Beatrice & Hortensius, Ruud. (2014). The many faces of the emotional body. *New frontiers in social neuroscience*, 153-164.

De Gelder, Beatrice, Snyder, Josh, Greve, Doug, Gerard, George & Hadjikhani, Nouchine. (2004). Fear fosters flight: A mechanism for fear contagion when perceiving emotion expressed by a whole body. *Proceedings of the national academy of sciences of the United States of America*, 101(47), 16701-16706.

De Gelder, Beatrice & Van den Stock, Jan. (2011). The bodily expressive action stimulus test (beast). Construction and validation of a stimulus basis for measuring perception of whole body expression of emotions. *Frontiers in psychology*, 2.

DePaulo, Bella M, Lindsay, James J, Malone, Brian E, Muhlenbruck, Laura, Charlton, Kelly & Cooper, Harris. (2003). Cues to deception. *Psychological bulletin*, 129(1), 74-118.

Desmet, Peter MA, Hekkert, Paul & Jacobs, Jan J. (2000). When a car makes you smile: Development and application of an instrument to measure product emotions. *Advances in consumer research*, 27, 111-117.

Dimberg, Ulf, Thunberg, Monika & Elmehed, Kurt. (2000). Unconscious facial reactions to emotional facial expressions. *Psychological science*, 11(1), 86-89.

Dittrich, Winand H, Troscianko, Tom, Lea, Stephen EG & Morgan, Dawn. (1996). Perception of emotion from dynamic point-light displays represented in dance. *Perception-London*, 25(6), 727-738.

Duncan, Seth & Barrett, Lisa Feldman. (2007). Affect is a form of cognition: A neurobiological analysis. *Cognition and* emotion, 21(6), 1184-1211.

Dunn, Barnaby D, Dalgleish, Tim & Lawrence, Andrew D. (2006). The somatic marker hypothesis: A critical evaluation. *Neuroscience & biobehavioral reviews*, 30(2), 239-271.

Ekman, Paul. (1992a). Are there basic emotions? *Psychological review*, 99(3), 550-553.

Ekman, Paul. (1992b). An argument for basic emotions. *Cognition & emotion*, 6(3-4), 169-200.

Ekman, Paul. (1993). Facial expression and emotion. *American psychologist*, 48(4), 384-392.

Ekman, Paul. (1994). Strong evidence for universals in facial expressions: A reply to russell's mistaken critique. *Psychological bulletin*, 115(2), 268-287.

Ekman, Paul. (2009a). Lie catching and microexpressions. *The philosophy of deception*, 118-133.

Ekman, Paul. (2009b). *Telling lies: Clues to deceit in the marketplace, politics, and marriage (revised edition)*. NewYork: WW Norton & Company.

Ekman, Paul, Davidson, Richard J & Friesen, Wallace V. (1990). The duchenne smile: Emotional expression and brain physiology. II. *Journal of personality and social psychology*, 58(2), 342-353.

Ekman, Paul & Friesen, Wallace V. (1971). Constants across cultures in the face and emotion. *Journal of personality and social psychology*, 17(2), 124-129.

Ekman, Paul & Friesen, Wallace V. (1974). Detecting deception from the body or face. *Journal of personality and social psychology*, 29(3), 288-298.

Ekman, Paul & O'Sullivan, Maureen. (1991). Who can catch a liar? *American psychologist*, 46(9), 913-920.

Ekman, Paul & Rosenberg, Erika L. (1997). *What the face reveals: Basic and applied studies of spontaneous expression using the facial action coding system (facs)*. Oxford, UK: Oxford University Press.

Ellsworth, Phoebe C & Scherer, Klaus R. (2003). Appraisal processes in emotion. In *Handbook of affective sciences*, 572-595.

Etcoff, Nancy L, Ekman, Paul, Magee, John J & Frank, Mark G. (2000). Lie detection and language comprehension. *Nature*, 405(6783), 139-139.

Ethofer, Thomas, Anders, Silke, Erb, Michael, Herbert, Cornelia, Wiethoff, Sarah, Kissler, Johanna, ... Wildgruber, Dirk. (2006). Cerebral pathways in processing of affective prosody: A dynamic causal modeling study. *Neuroimage*, 30(2), 580-587.

Ethofer, Thomas, Bretscher, Johannes, Gschwind, Markus, Kreifelts, Benjamin, Wildgruber, Dirk & Vuilleumier, Patrik. (2012). Emotional voice areas: Anatomic location, functional properties, and structural connections revealed by combined fmri/dti. *Cerebral Cortex*, 22(1), 191-200.

Fellous, Jean-Marc & Arbib, Michael A. (2005). *Who needs emotions?: The brain meets the robot*. Oxford: Oxford University Press

Fox, Jeremy. (2004). Factors of emotion recognition in faces: Three perspectives. *Journal of Young Investigators*, 3.

Frank, Mark G, Ekman, Paul & Friesen, Wallace V. (1993). Behavioral markers and recognizability of the smile of enjoyment. *Journal of personality and social psychology*, 64(1), 83-93.

Frank, Mark G. , Maccario, Carl J. & Govindaraju, Venugopal. (2009). Behavior and security. In P. Seidenstat & F. X. Splane (Eds.), *Protecting airline passengers in the age of terrorism*. (pp. 86-106). Santa Barbara, California: Greenwood Pub Group.

Frosch, Dominick L, Krueger, Patrick M, Hornik, Robert C, Cronholm, Peter F & Barg, Frances K. (2007). Creating demand for prescription drugs: A content analysis of television direct-to-consumer advertising. *The Annals of family medicine*, 5(1), 6-13.

Fusar-Poli, Paolo, Placentino, Anna, Carletti, Francesco, Landi, Paola, Allen, Paul, Surguladze, Simon, ... Barale, Francesco. (2009). Functional atlas of emotional faces processing: A voxel-based meta-analysis of 105 functional magnetic resonance imaging studies. *Journal of psychiatry & neuroscience: JPN*, 34(6), 418-432.

Gallese, V. (2006). Intentional attunement: A neurophysiological perspective on social cognition and its disruption in autism. *Brain research*, 1079(1), 15-24.

Gasquoine, Philip Gerard. (2014). Contributions of the insula to cognition and emotion. *Neuropsychology review*, 24(2), 77-87.

Gendron, Maria, Mesquita, Batja & Barrett, Lisa Feldman. (2013). Emotion perception: Putting the face in context. In D. Reisberg (Ed.), *The oxford handbook of cognitive psychology*. Oxford: Oxford University Press.

Gendron, Maria, Roberson, Debi, van der Vyver, Jacoba Marietta & Barrett, Lisa Feldman. (2014). Perceptions of emotion from facial expressions are not culturally universal: Evidence from a remote culture. *Emotion*, 14(2), 251-262.

George, Nathalie. (2013). The facial expression of emotions. In J. Armony & P. Vuilleumier (Eds.), *The cambridge handbook of human affective neuroscience* (p. 171-197). Cambridge Cambridg University Press.

Gepner, Bruno, Deruelle, Christine & Grynfeltt, Stanislas. (2001). Motion and emotion: A novel approach to the study of face processing by young autistic children. *Journal of autism and developmental disorders*, 31(1), 37-45.

Greenberg, Leslie S. (2002). *Emotion-focused therapy: Coaching clients to work through their feelings*. Washington, DC, American Psychological Association.

Griffiths, Paul. (2004). Is emotion a natural kind? In R. C. Solomon (Ed.), *Thinking about feeling* (p. 233-249). New

York: Oxford University Press.
Gunes, Hatice, Shan, Caifeng, Chen, Shizhi & Tian, Y. (2012). Bodily expression for automatic affect recognition. In A. Konar & A. Chakraborty (Eds.), *Advances in emotion recognition*. Hoboken, NJ: John Wiley & Sons Inc.
Hadjikhani, Nouchine & de Gelder, Beatrice. (2003). Seeing fearful body expressions activates the fusiform cortex and amygdala. *Current biology*, *13*(24), 2201–2205.
Hampson, Elizabeth, van Anders, Sari M & Mullin, Lucy I. (2006). A female advantage in the recognition of emotional facial expressions: Test of an evolutionary hypothesis. *Evolution and human behavior*, *27*(6), 401–416.
Harms, Madeline B, Martin, Alex & Wallace, Gregory L. (2010). Facial emotion recognition in autism spectrum disorders: A review of behavioral and neuroimaging studies. *Neuropsychology review*, *20*(3), 290–322.
Harnad, Stevan. (2005). To cognize is to categorize: Cognition is categorization. In H. Cohen & C. Lefebvre (Eds.), *Handbook of categorization in cognitive science* (p. 20–45). Amsterdam: Elsevier.
Hennenlotter, Andreas, Schroeder, Ulrike, Erhard, Peter, Castrop, Florian, Haslinger, Bernhard, Stoecker, Daniela, … Ceballos-Baumann, Andres O. (2005). A common neural basis for receptive and expressive communication of pleasant facial affect. *Neuroimage*, *26*(2), 581–591.
Herba, Catherine & Phillips, Mary. (2004). Annotation: Development of facial expression recognition from childhood to adolescence: Behavioural and neurological perspectives. *Journal of child psychology and psychiatry*, *45*(7), 1185–1198.
Hinton, Geoffrey, Osindero, Simon & Teh, Yee-Whye. (2006). A fast learning algorithm for deep belief nets. *Neural computation*, *18*(7), 1527–1554.
Humphreys, Kate, Minshew, Nancy, Leonard, Grace Lee & Behrmann, Marlene. (2007). A fine-grained analysis of facial expression processing in high-functioning adults with autism. *Neuropsychologia*, *45*(4), 685–695.
Isaacowitz, Derek M, Löckenhoff, Corinna E, Lane, Richard D, Wright, Ron, Sechrest, Lee, Riedel, Robert & Costa, Paul T. (2007). Age differences in recognition of emotion in lexical stimuli and facial expressions. *Psychology and aging*, *22*(1), 147.
Izard, Carroll E. (1994). Innate and universal facial expressions: Evidence from developmental and cross-cultural research. *Psychological bulletin*, *115*(2), 288–299.
Janssen, Daniel, Schöllhorn, Wolfgang I, Lubienetzki, Jessica, Fölling, Karina, Kokenge, Henrike & Davids, Keith. (2008). Recognition of emotions in gait patterns by means of artificial neural nets. *Journal of nonverbal behavior*, *32*(2), 79–92.
Johnson, William F, Emde, Robert N, Scherer, Klaus R & Klinnert, Mary D. (1986). Recognition of emotion from vocal cues. *Archives of general psychiatry*, *43*(3), 280–283.
Johnstone, Tom & Scherer, KR. (2000). Vocal communication of emotion. In M. Lewis & J. Haviland (Eds.), *The handbook of emotion* (p. 220–235). New York: Guilford.
Juslin, Patrik N & Laukka, Petri. (2003). Communication of emotions in vocal expression and music performance: Different channels, same code? *Psychological bulletin*, *129*(5), 770–814.
Karg, Michelle, Kuhnlenz, Kolja & Buss, Martin. (2010). Recognition of affect based on gait patterns. *Systems, man, and cybernetics, Part B: Cybernetics, IEEE transactions on*, *40*(4), 1050–1061.
Keightley, Michelle L, Winocur, Gordon, Burianova, Hana, Hongwanishkul, Donaya & Grady, Cheryl L. (2006). Age effects on social cognition: Faces tell a different story. *Psychology and aging*, *21*(3), 558–572.
Killgore, William DS & Yurgelun-Todd, Deborah A. (2001). Sex differences in amygdala activation during the perception of facial affect. *Neuroreport*, *12*(11), 2543–2547.
Kolb, Bryan, Wilson, Barbara & Taylor, Laughlin. (1992). Developmental changes in the recognition and comprehension of facial expression: Implications for frontal lobe function. *Brain and cognition*, *20*(1), 74–84.
Kramer, Adam DI, Guillory, Jamie E & Hancock, Jeffrey T. (2014). Experimental evidence of massive-scale emotional contagion through social networks. *Proceedings of the national academy of sciences*, *111*(24), 8788–8790.
Kring, Ann M. (2008). Emotion disturbances as transdiagnostic processes in psychopathology. In M. Lewis, J. Haviland-Jones & L. F. Barret (Eds.), *Handbook of emotion* (Vol., pp. 691–705). New York: The Guilford Press.
Lazarus, Richard S. (1984). On the primacy of cognition. *American psychologist*, *39*(2), 124–129.
LeDoux, Joseph. (1998). *The emotional brain: The mysterious underpinnings of emotional life*. London: Phoenix.
Lee, TMC, Liu, HL, Chan, CCH, Fang, SY & Gao, JH. (2004). Neural activities associated with emotion recognition observed in men and women. *Molecular psychiatry*, *10*(5), 450–455.
Leppänen, JM, Niehaus, DJH, Koen, L, Du Toit, E, Schoeman, R & Emsley, R. (2006). Emotional face processing deficit in schizophrenia: A replication study in a south african xhosa population. *Schizophrenia research*, *84*(2), 323–330.
Leslie, Kenneth R, Johnson-Frey, Scott H & Grafton, Scott T. (2004). Functional imaging of face and hand imitation: Towards a motor theory of empathy. *Neuroimage*, *21*(2), 601–607.
Mann, Samantha, Vrij, Aldert & Bull, Ray. (2002). Suspects, lies, and videotape: An analysis of authentic high-stake liars. *Law and human behavior*, *26*(3), 365–376.
Martin, Flavie, Baudouin, Jean-Yves, Tiberghien, Guy & Franck, Nicolas. (2005). Processing emotional expression and facial identity in schizophrenia. *Psychiatry research*, *134*(1), 43–53.

Matsumoto, David & Hwang, Hyi Sung. (2011). Reading facial expressions of emotion. *Psychological Science Agenda*, 25(5).

Matsumoto, David & Willingham, Bob. (2009). Spontaneous facial expressions of emotion of congenitally and noncongenitally blind individuals. *Journal of Personality and Social Psychology*, 96(1), 1–10.

McClure, Erin B. (2000). A meta-analytic review of sex differences in facial expression processing and their development in infants, children, and adolescents. *Psychological bulletin*, 126(3), 424–453.

McIntosh, Daniel N. (1996). Facial feedback hypotheses: Evidence, implications, and directions. *Motivation and emotion*, 20(2), 121–147.

Meeren, Hanneke KM, van Heijnsbergen, Corné CRJ & de Gelder, Beatrice. (2005). Rapid perceptual integration of facial expression and emotional body language. *Proceedings of the national academy of sciences of the United States of America*, 102(45), 16518–16523.

Meservy, Thomas O, Jensen, Matthew L, Kruse, W John, Burgoon, Judee K & Nunamaker Jr, Jay F. (2008). Automatic extraction of deceptive behavioral cues from video *Terrorism informatics* (pp. 495–516): Springer.

Mitchell, Rachel LC. (2007). Fmri delineation of working memory for emotional prosody in the brain: Commonalities with the lexico-semantic emotion network. *Neuroimage*, 36(3), 1015–1025.

Moors, Agnes. (2007). Can cognitive methods be used to study the unique aspect of emotion: An appraisal theorist's answer. *Cognition and emotion*, 21(6), 1238–1269.

Moors, Agnes. (2009). Theories of emotion causation: A review. In J. D. Houwer & D. Hermans (Eds.), *Cognition and emotion* (pp. 625–662). New York: Psychology Press.

Morel, Shasha, Beaucousin, Virginie, Perrin, Margaux & George, Nathalie. (2012). Very early modulation of brain responses to neutral faces by a single prior association with an emotional context: Evidence from meg. *Neuroimage*, 61(4), 1461–1470.

Morel, Shasha, Ponz, Aurélie, Mercier, Manuel, Vuilleumier, Patrik & George, Nathalie. (2009). Eeg-meg evidence for early differential repetition effects for fearful, happy and neutral faces. *Brain research*, 1254, 84–98.

Morency, Louis-Philippe, Whitehill, Jacob & Movellan, Javier. (2010). Monocular head pose estimation using generalized adaptive view-based appearance model. *Image and vision computing*, 28(5), 754–761.

Morris, John S, Frith, Christopher D, Perrett, David I, Rowland, Daniel, Young, Andrew W, Calder, Andrew J & Dolan, Raymond J. (1996). A differential neural response in the human amygdala to fearful and happy facial expressions.

Morris, Richard W, Weickert, Cynthia Shannon & Loughland, Carmel M. (2009). Emotional face processing in schizophrenia. *Current opinion in psychiatry*, 22(2), 140–146.

Niedenthal, Paula M. (2007). Embodying emotion. *science*, 316(5827), 1002–1005.

Norcross, John C & Hill, Clara E. (2002). Empirically supported therapy relationships. *Psychotherapy relationships that work: Therapist contributions and responsiveness to patients*, 3–16.

Nummenmaa, Lauri, Glerean, Enrico, Hari, Riitta & Hietanen, Jari K. (2014). Bodily maps of emotions. *Proceedings of the national academy of sciences*, 111(2), 646–651.

O'Sullivan, Maureen & Ekman, Paul. (2004). The wizards of deception detection. In P. A. Granhag & L. A. Stromwall (Eds.), *The detection of deception in forensic contexts* (pp. 269–286). Cambridge, UK: Cambridge Press.

Pan, Xueni, Gillies, Marco, Barker, Chris, Clark, David M & Slater, Mel. (2012). Socially anxious and confident men interact with a forward virtual woman: An experimental study. *PloS one*, 7(4), 32931.

Panksepp, Jaak. (1994). The basics of basic emotion. In P. Ekman & R. J. Davidson (Eds.), *The nature of emotion: Fundamental questions* (p. 20–24). New York: Oxford University Press.

Panksepp, Jaak. (2007). Neurologizing the psychology of affects: How appraisal-based constructivism and basic emotion theory can coexist. *Perspectives on psychological science*, 2(3), 281–296.

Paquin, Karine, Wilson, Alexa Larouche, Cellard, Caroline, Lecomte, Tania & Potvin, Stéphane. (2014). A systematic review on improving cognition in schizophrenia: Which is the more commonly used type of training, practice or strategy learning? *BMC psychiatry*, 14(1), 139.

Peelen, Marius V & Downing, Paul E. (2007). The neural basis of visual body perception. *Nature reviews neuroscience*, 8(8), 636–648.

Pessoa, Luiz. (2008). On the relationship between emotion and cognition. *Nature Reviews Neuroscience*, 9(2), 148–158.

Pfister, Tomas, Li, Xiaobai, Zhao, Guoying & Pietikainen, Matti. (2011). *Recognising spontaneous facial micro-expressions*. Paper presented at the Computer Vision (ICCV), 2011 IEEE International Conference on, Barcelona, Spain.

Phillips, Mary L, Young, Andy W, Senior, Carl, Brammer, Michael, Andrew, Chris, Calder, Andrew J, ... Williams, SCR. (1997). A specific neural substrate for perceiving facial expressions of disgust. *Nature*, 389(6650), 495–498.

Picard, Rosalind W. (1999). *Affective computing for hci*. Paper presented at the the Eighth International Conference on Human-Computer Interaction: Ergonomics and User Interfaces, Munich, Germany.

Picard, Rosalind W. (2003). Affective computing: Challenges. *International journal of human-computer studies*, 59(1), 55–64.

Pichon, Swann, de Gelder, Beatrice & Grèzes, Julie. (2012). Threat prompts defensive brain responses independently of attentional control. *Cerebral cortex*, *22*(2),274-85.

Polikovsky, Senya, Kameda, Yoshinari & Ohta, Yuichi. (2009). Facial micro-expressions recognition using high speed camera and 3d-gradient descriptor. 3rd Int Conf on Crime Detection and Prevention (ICDP 2009): IET. 1-6.

Pollak, Seth D & Sinha, Pawan. (2002). Effects of early experience on children's recognition of facial displays of emotion. *Developmental psychology*, *38*(5),784-791.

Potter, Mary C. (2012). Recognition and memory for briefly presented scenes. *Frontiers in psychology*, *3*.

Pourtois, Gilles, Grandjean, Didier, Sander, David & Vuilleumier, Patrik. (2004). Electrophysiological correlates of rapid spatial orienting towards fearful faces. *Cerebral cortex*, *14*(6),619-633.

Provine, Robert R. (1997). Yawns, laughs, smiles, tickles, and talking: Naturalistic and laboratory studies of facial action and social communication. In J. A. Russell & J. M. Fern´andez-Dols (Eds.), *The psychology of facial expression* (pp. 158-175). Cambridge: Cambridge University press.

Richins, Marsha L. (1997). Measuring emotions in the consumption experience. *Journal of consumer research*, *24*(2), 127-146.

Rick, Scott & Loewenstein, George. (2008). The role of emotion in economic behavior. In M. Lewis, J. Haviland-Jones & L. Barrett (Eds.), *Handbook of emotions* (pp. 138-156). New York: The Guilford Press.

Roether, Claire L, Omlor, Lars, Christensen, Andrea & Giese, Martin A. (2009). Critical features for the perception of emotion from gait. *Journal of vision*, *9*(6), aticle 15.

Ross, Elliott D. (1981). The aprosodias: Functional-anatomic organization of the affective components of language in the right hemisphere. *Archives of neurology*, *38*(9),561-569.

Ruffman, Ted, Halberstadt, Jamin & Murray, Janice. (2009). Recognition of facial, auditory, and bodily emotions in older adults. *The journals of gerontology series B: Psychological sciences and social sciences*, *64*(6),696-703.

Ruffman, Ted, Henry, Julie D, Livingstone, Vicki & Phillips, Louise H. (2008). A meta-analytic review of emotion recognition and aging: Implications for neuropsychological models of aging. *Neuroscience & biobehavioral reviews*, *32*(4),863-881.

Runeson, Sverker & Frykholm, Gunilla. (1983). Kinematic specification of dynamics as an informational basis for person-and-action perception: Expectation, gender recognition, and deceptive intention. *Journal of experimental psychology: General*, *112*(4),585-615.

Russell, James A. (2003). Core affect and the psychological construction of emotion. *Psychological review*, *110*(1),145.

Russell, James A, Bachorowski, Jo-Anne & Fernández-Dols, José-Miguel. (2003). Facial and vocal expressions of emotion. *Annual review of psychology*, *54*(1),329-349.

Russell, James A & Fehr, Beverley. (1987). Relativity in the perception of emotion in facial expressions. *Journal of Experimental Psychology: General*, *116*(3),223-237.

Russell, Tamara A, Chu, Elvina & Phillips, Mary L. (2006). A pilot study to investigate the effectiveness of emotion recognition remediation in schizophrenia using the micro - expression training tool. *British journal of clinical psychology*, *45*(4),579-583.

Russo-Ponsaran, Nicole M, Evans-Smith, Bernadette, Johnson, Jason K & McKown, Clark. (2014). A pilot study assessing the feasibility of a facial emotion training paradigm for school-age children with autism spectrum disorders. *Journal of mental health research in intellectual disabilities*, *7*(2),169-190.

Sachs, Gabriele, Steger-Wuchse, Dorothea, Kryspin-Exner, Ilse, Gur, Ruben C & Katschnig, Heinz. (2004). Facial recognition deficits and cognition in schizophrenia. *Schizophrenia research*, *68*(1),27-35.

Sato, Wataru, Kochiyama, Takanori, Uono, Shota & Yoshikawa, Sakiko. (2010). Amygdala integrates emotional expression and gaze direction in response to dynamic facial expressions. *Neuroimage*, *50*(4),1658-1665.

Scherer, Klaus R. (2003). Vocal communication of emotion: A review of research paradigms. *Speech communication*, *40*(1),227-256.

Scherer, Klaus R, Banse, Rainer & Wallbott, Harald G. (2001). Emotion inferences from vocal expression correlate across languages and cultures. *Journal of cross-cultural psychology*, *32*(1),76-92.

Scherer, Klaus R, Banse, Rainer, Wallbott, Harald G & Goldbeck, Thomas. (1991). Vocal cues in emotion encoding and decoding. *Motivation and emotion*, *15*(2),123-148.

Scherer, Klaus R, Johnstone, Tom & Klasmeyer, Gundrun. (2003). Vocal expression of emotion. In R. J. Davidson, K. R. Scherer & H. H. Goldsmith (Eds.), *Handbook of affective sciences* (pp. 433-456). Oxford: Oxford University Press.

Schirmer, Annett & Kotz, Sonja A. (2006). Beyond the right hemisphere: Brain mechanisms mediating vocal emotional processing. *Trends in cognitive sciences*, *10*(1),24-30.

Schröder, Marc. (2003). Experimental study of affect bursts. *Speech communication*, *40*(1),99-116.

Schyns, Philippe G & Oliva, Aude. (1999). Dr. Angry and mr. Smile: When categorization flexibly modifies the perception of faces in rapid visual presentations. *Cognition*, *69*(3),243-265.

Shen, Xun-bing, Wu, Qi & Fu, Xiao-lan. (2012). Effects of the duration of expressions on the recognition of microexpressions. *Journal of Zhejiang University SCIENCE B*, *13*(3),221-230.

Shreve, Matthew, Godavarthy, Sridhar, Goldof, Dmitry & Sarkar, Sudeep. (*2011*). Macro-and micro-expression spotting in long videos using spatio-temporal strain. Paper presented at the 2011 IEEE International Conference on Automatic Face & Gesture Recognition and Workshops (FG 2011), Santa Barbara, California.

Silberman, Edward K & Weingartner, Herbert. (1986). Hemispheric lateralization of functions related to emotion. *Brain and cognition*, 5(3), 322-353.

Silver, Henry, Goodman, Craig, Knoll, Gabriela & Isakov, Victoria. (2004). Brief emotion training improves recognition of facial emotions in chronic schizophrenia. A pilot study. *Psychiatry research*, 128(2), 147-154.

Skuse, David H, Lori, Adriana, Cubells, Joseph F, Lee, Irene, Conneely, Karen N, Puura, Kaija, ... Young, Larry J. (2014). Common polymorphism in the oxytocin receptor gene (oxtr) is associated with human social recognition skills. *Proceedings of the national academy of sciences*, 111(5), 1987-1992.

Smith, Fraser W & Schyns, Philippe G. (2009). Smile through your fear and sadness transmitting and identifying facial expression signals over a range of viewing distances. *Psychological science*, 20(10), 1202-1208.

Smith, Marcia C, Smith, Melissa K & Ellgring, Heiner. (1996). Spontaneous and posed facial expression in parkinson's disease. *Journal of the international neuropsychological society*, 2(05), 383-391.

Smith, Marie L & Merlusca, Christina. (2014). How task shapes the use of information during facial expression categorizations. *Emotion*, 43(3), 478-487.

Smith, Maureen & Walden, Tedra. (1998). Developmental trends in emotion understanding among a diverse sample of african-american preschool children. *Journal of applied developmental psychology*, 19(2), 177-197.

Susskind, Joshua M, Lee, Daniel H, Cusi, Andrée, Feiman, Roman, Grabski, Wojtek & Anderson, Adam K. (2008). Expressing fear enhances sensory acquisition. *Nature neuroscience*, 11(7), 843-850.

Suzuki, Atsunobu, Hoshino, Takahiro, Shigemasu, Kazuo & Kawamura, Mitsuru. (2007). Decline or improvement?: Age-related differences in facial expression recognition. *Biological psychology*, 74(1), 75-84.

Tamietto, Marco, Castelli, Lorys, Vighetti, Sergio, Perozzo, Paola, Geminiani, Giuliano, Weiskrantz, Lawrence & de Gelder, Beatrice. (2009). Unseen facial and bodily expressions trigger fast emotional reactions. *Proceedings of the national academy of sciences*, 106(42), 17661-17666.

Tamietto, Marco & de Gelder, Beatrice. (2008). Affective blindsight in the intact brain: Neural interhemispheric summation for unseen fearful expressions. *Neuropsychologia*, 46(3), 820-828.

Tamietto, Marco, Pullens, Pim, de Gelder, Beatrice, Weiskrantz, Lawrence & Goebel, Rainer. (2012). Subcortical connections to human amygdala and changes following destruction of the visual cortex. *Current biology*, 22(15), 1449-1455.

Tardif, Carole, Lainé, France, Rodriguez, Mélissa & Gepner, Bruno. (2007). Slowing down presentation of facial movements and vocal sounds enhances facial expression recognition and induces facial-vocal imitation in children with autism. *Journal of autism and developmental disorders*, 37(8), 1469-1484.

Thomas, Kathleen M, Drevets, Wayne C, Whalen, Paul J, Eccard, Clayton H, Dahl, Ronald E, Ryan, Neal D & Casey, BJ. (2001). Amygdala response to facial expressions in children and adults. *Biological psychiatry*, 49(4), 309-316.

Tsoi, Daniel T, Lee, Kwang-Hyuk, Khokhar, Waqqas A, Mir, Nusrat U, Swalli, Jaspal S, Gee, Kate A, ... Woodruff, Peter WR. (2008). Is facial emotion recognition impairment in schizophrenia identical for different emotions? A signal detection analysis. *Schizophrenia research*, 99(1), 263-269.

Turkle, Sherry. (2006). *A nascent robotics culture: New complicities for companionship.* Paper presented at the American Association for Artificial Intelligence AAAI.

Urry, Heather L, Nitschke, Jack B, Dolski, Isa, Jackson, Daren C, Dalton, Kim M, Mueller, Corrina J, ... Davidson, Richard J. (2004). Making a life worth living neural correlates of well-being. *Psychological science*, 15(6), 367-372.

Van Gorp, Trevor & Adams, Edie. (2012). *Design for emotion*. New York: Elsevier.

Van Heijnsbergen, CCRJ, Meeren, HKM, Grezes, J & de Gelder, B. (2007). Rapid detection of fear in body expressions, an erp study. *Brain research*, 1186, 233-241.

Van Veenen, Jelle. (2010). From: - (to: -) using online communication to improve dispute resolution Paper presented at the SSRN eLibrary. http://ssrn.com/abstract=1618719orhttp://dx.doi.org/10.2139/ssrn.1618719

Vicari, S, Reilly, J Snitzer, Pasqualetti, P, Vizzotto, A & Caltagirone, C. (2000). Recognition of facial expressions of emotions in school-age children: The intersection of perceptual and semantic categories. *Acta Paediatrica*, 89(7), 836-845.

Viola, Paul & Jones, Michael J. (2004). Robust real-time face detection. *International journal of computer vision*, 57(2), 137-154.

Vrij, Aldert & Granhag, Pär Anders. (2012). Eliciting cues to deception and truth: What matters are the questions asked. *Journal of applied research in memory and cognition*, 1(2), 110-117.

Vrij, Aldert, Granhag, Pär Anders & Porter, Stephen. (2010). Pitfalls and opportunities in nonverbal and verbal lie detection. *Psychological science in the public interest*, 11(3), 89-121.

Vuilleumier, Patrik & Pourtois, Gilles. (2007). Distributed and interactive brain mechanisms during emotion face perception: Evidence from functional neuroimaging. *Neuropsychologia*, 45(1), 174-194.

Wölwer, Wolfgang, Frommann, Nicole, Halfmann, Sabine, Piaszek, Anja, Streit, Marcus & Gaebel, Wolfgang.

(2005). Remediation of impairments in facial affect recognition in schizophrenia: Efficacy and specificity of a new training program. *Schizophrenia research*, *80*(2), 295–303.

Walden, Tedra A & Field, Tiffany M. (1982). Discrimination of facial expressions by preschool children. *Child development*, 1312–1319.

Wallbott, Harald G. (1998). Bodily expression of emotion. *European journal of social psychology*, *28*(6), 879–896.

Wambacq, Ilse JA, Shea-Miller, Kelly J & Abubakr, Abuhuziefa. (2004). Non-voluntary and voluntary processing of emotional prosody: An event-related potentials study. *Neuroreport*, *15*(3), 555–559.

Wang, Su-Jing, Chen, Hui-Ling, Yan, Wen-Jing, Chen, Yu-Hsin & Fu, Xiaolan. (2014). Face recognition and micro-expression recognition based on discriminant tensor subspace analysis plus extreme learning machine. *Neural processing letters*, *39*(1), 25–43.

Warren, Gemma, Schertler, Elizabeth & Bull, Peter. (2009). Detecting deception from emotional and unemotional cues. *Journal of nonverbal behavior*, *33*(1), 59–69.

Weinberger, Sharon. (2010). Intent to deceive? *Nature*, *465*(7297), 412–415.

Weiten, Wayne. (2007). *Psychology: Themes and variations* (7th ed.). Belmont, CA, USA: Wadsworth Publishing Co Inc.

Wester, Stephen R, Vogel, David L, Pressly, Page K & Heesacker, Martin. (2002). Sex differences in emotion a critical review of the literature and implications for counseling psychology. *The Counseling psychologist*, *30*(4), 630–652.

Whitehill, Jacob, Littlewort, Gwen, Fasel, Ian, Bartlett, Marian & Movellan, Javier. (2009). Toward practical smile detection. *Pattern analysis and machine intelligence, IEEE Transactions on*, *31*(11), 2106–2111.

Wildgruber, D, Riecker, A, Hertrich, I, Erb, M, Grodd, W, Ethofer, T & Ackermann, H. (2005). Identification of emotional intonation evaluated by fmri. *Neuroimage*, *24*(4), 1233–1241.

Wildgruber, Dirk, Ethofer, Thomas, Grandjean, Didier & Kreifelts, Benjamin. (2009). A cerebral network model of speech prosody comprehension. *International journal of speech-language pathology*, *11*(4), 277–281.

Wiles, Judith A & Cornwell, T Bettina. (1991). A review of methods utilized in measuring affect, feelings, and emotion in advertising. *Current issues and research in advertising*, *13*(1–2), 241–275.

Williams, Leanne M, Mathersul, Danielle, Palmer, Donna M, Gur, Ruben C, Gur, Raquel E & Gordon, Evian. (2009). Explicit identification and implicit recognition of facial emotions: I. Age effects in males and females across 10 decades. *Journal of Clinical and Experimental Neuropsychology*, *31*(3), 257–277.

Winkielman, Piotr, Berridge, Kent C & Wilbarger, Julia L. (2005). Unconscious affective reactions to masked happy versus angry faces influence consumption behavior and judgments of value. *Personality and social psychology bulletin*, *31*(1), 121–135.

Wu, Qi, Shen, Xunbing & Fu, Xiaolan. (2011). The machine knows what you are hiding: An automatic micro-expression recognition system. In S. D'Mello, A. Graesser, B. Schuller & J. C. Martin (Eds.), *Lecture notes in computer science: Affective computing and intelligent interaction* (Vol. 6975, pp. 152–162): Springer.

Yan, Wen-Jing, Wu, Qi, Liang, Jing, Chen, Yu-Hsin & Fu, Xiaolan. (2013). How fast are the leaked facial expressions: The duration of micro-expressions. *Journal of nonverbal behavior*, *37*(4), 217–230.

Yantis, Steven & Johnson, Douglas N. (1990). Mechanisms of attentional priority. *Journal of experimental psychology: Human perception and performance*, *16*(4), 812–825.

Yovel, Galit, Pelc, Tatiana & Lubetzky, Ida. (2010). It's all in your head: Why is the body inversion effect abolished for headless bodies? *Journal of experimental psychology: Human perception and performance*, *36*(3), 759–767.

Zajonc, Robert B. (1980). Feeling and thinking: Preferences need no inferences. *American psychologist*, *35*(2), 151–175.

5　情绪的生理激活及其测量

5.1　情绪自主神经反应 / 143
  5.1.1　情绪自主神经反应的测量方法 / 144
  5.1.2　情绪的自主神经反应模式 / 148
  5.1.3　情绪自主神经反应模式的特异化 / 153
5.2　情绪中枢神经反应 / 154
  5.2.1　情绪中枢神经反应的测量方法 / 155
  5.2.2　情绪的中枢神经系统反应模式 / 156
  5.2.3　情绪中枢神经反应模式的特异化 / 163
5.3　情绪的生化反应 / 167
  5.3.1　情绪生化反应的测量方法 / 168
  5.3.2　情绪的生化反应模式 / 169
  5.3.3　情绪生化反应模式的特异化 / 172
5.4　情绪自主反应与中枢机制的整合 / 172
  5.4.1　情绪环路模型 / 173
  5.4.2　神经内脏整合模型 / 174

  在日常生活中，因社会情境、自身适应等使得我们无时无刻不在体验着自身情绪的变化，如获得赞美时我们感到喜悦、遇到挫折时我们感到悲伤。任何情绪体验都伴随着一系列的生理唤醒(也称之为生理激活)，并且这种生理唤醒会反过来增强我们的情绪体验。这种生理唤醒包括外周自主神经系统的反应、大脑脑区的活动变化以及体内一些神经化学物质的改变。过去几十年探讨情绪生理机制的研究者一直关心我们体验到的所有情绪(悲伤、高兴、愤怒、惊讶、恐惧等)是否都伴随着相同的情绪生理唤醒还是每一种情绪会有自己特异性生理唤醒，也就是我们体验到的各种情绪产生的根源：情绪是由特异性的外周自主神经反应引起的还是由特定脑区活动决定的？抑或是其他因素与自主神经反应和大脑活动共同决定着我们所体验到的情绪？

  许多情绪理论家强调了外周自主神经反应在情绪产生中的作用。如 William

James 早在 1884 年就提出,情绪是由某些刺激引起的外周生理变化的结果而非生理变化的前提,情绪体验是个体对外周生理反应的知觉反馈,这种反应主要是指外周神经系统支配下的内脏和腺体的活动,不同的情绪伴随独特的生理变化(如,心率、血压等)模式和骨骼肌的运动变化。Malatesta 等(1987)将情绪定义为"神经过程的特殊组合,引导特定的表达和相应特定的感觉"。据此,一些研究者试图通过多种实验手段找到人类基本情绪所对应的外周生理反应模式。以往研究也确实发现人类所体验到的不同情绪在皮肤、心率、血压、指温、心率变异性等生理指标上存在一定的差异(Collet et al., 1997; Ekman, Levenson & Friesen, 1983; Kreibig, 2010; Stephens, Christie & Friedman, 2010)。与情绪的"外周决定论"不同,另一些研究者更加关注情绪活动的中枢神经机制。如 Connon 早在 1931 年就提出,自主神经活动引发的外周生理反应可能只是情绪产生的非特异性表现,真正决定情绪性质的是皮层中枢。随着神经功能成像技术的发展,这一观点得到了一些证据的支持。神经成像研究表明,情绪由大脑中的一个回路控制,包括眶额皮层、腹内侧前额皮层、杏仁核、下丘脑、脑干、扣带回皮层、丘脑、海马、伏隔核、脑岛及感觉皮层等,这些可能是情绪产生、情绪体验和调节情绪外部表现的关键脑区,不同性质的情绪可能具有特定的中枢神经环路(Britton, Phan, et al., 2006; Etkin, Egner & Kalisch, 2011; Lindquist & Barrett, 2012; Lindquist, Wager, Kober, Bliss-Moreau & Barrett, 2012; Rudrauf et al., 2009)。

近几年有研究者提出,单独考察情绪的外周生理反应或中枢机制,可能并不能全面阐释情绪的复杂特性,应从整合的视角将情绪的外周生理反应模式与中枢神经机制进行有机联系(Hagemann, Waldstein 和 Thayer, 2003;刘飞和蔡厚德,2010)。有关情绪生理机制的探讨,还有相当一部分研究者探讨了生物化学物质,如探讨氨基酸、神经肽等神经化学递质与情绪之间的关系(Aleman, Swart 和 van Rijn, 2008; O'Connor 等,2010),试图更加全面深入地了解情绪的生理机制。本章将系统地介绍情绪的自主神经反应、中枢神经反应、情绪活动过程的生物化学反应,以及测量情绪自主反应、中枢神经活动和生物化学反应的方法和指标及其心理学意义。

5.1 情绪自主神经反应

自主神经系统(autonomic nervous system)是控制各种腺体、内脏和血管的神经系统,这种神经控制的活动如心跳、呼吸等都是不受意志支配的,所以也称为植物性神经系统。自主神经系统由交感神经与副交感神经两个分支系统构成。自主神经系统的活动是不随意的,不受中枢神经系统的支配,它与情绪活动有密切的联系。一些情绪研究者认为,情绪的生理变化主要是通过自主神经系统的活动来实现的,每一种情绪在一定程度上存在特定的、相对可靠的自主神经反应模式(James,1984; Norman,Berntson 和 Cacioppo,2014)。当个体受到情绪性信息刺激时或机体处于某种情绪状态时,自主神经系统内部会发生一系列的生理变化,生理唤醒水平和器官激活程度都会明显的不同于常态生理节律(Ekman, Levenson,和 Friesen, 1983; Levenson, 1992; Levenson, 2014)。测量这些变化的指标就是生理指标(physiological index),可以运用生理记录仪器(生理多导仪)来记录。

5.1.1 情绪自主神经反应的测量方法

了解反映情绪自主神经反应的生理指标才能准确理解情绪自主神经反应的模式。通常研究者会选取单个或多个生理指标来测量情绪活动过程中自主神经系统的反应。Kreibig(2010)元分析后提出常见的生理测量指标可以区分为五大类(Kreibig, 2010)(如图5.1所示):心血管测量,包括心率、血压和心率变异性等指标;皮肤电测量,主要指标是皮肤电导水平和皮肤温度;呼吸测量,包括呼吸频率、呼吸变异性和呼吸潮气量等;肠胃测量,主要是胃电。此外,有一些研究者将眼睛的瞳孔直径变化、眨眼等也作为测量情绪自主神经反应的一项生理指标(易欣,葛列众和刘宏燕,2015)。由于每一大类测量中测量指标中又包含多个具体的测量指标,在本小部分,我们仅介绍研究者常用的、对不同基本情绪反应敏感的生理测量指标。

图 5.1 自主神经系统活动生理测量指标字号越大,表明应用越高

来源:Kreibig (2010).

心血管测量(cardiovascular measures)

许多情绪研究者都十分关注情绪活动过程中心血管系统的反应,考察情绪状态下心率、血压、血管容积、脉搏和心率变异性等生理指标的变化。情绪状态下心血管系统的活动一方面表现为心跳速度和强度的改变,另一方面表现为外周血管的舒张

与收缩的变化。用心动电流描记器和心电图仪可以把心脏活动的变化曲线记录下来,用血管容积描记器可以把外周血管容积的变化记录下来。

心率(heart rate, HR) 心率是最常见的心血管系统指标。心率指单位时间内心脏搏动的次数,反映了控制心脏的交感神经和副交感神经系统的均衡性,可以作为自主神经系统活动的指标。当有机体处于休息或松弛状态时,副交感神经系统的功能占优势,此时心率变慢,每次心搏的排血量减少;而在持续注意或有机体对应激做出反应的过程中,副交感神经系统的兴奋性下降,交感神经系统的兴奋性加强,有机体的心率加快(Myrtek, 2004)。心率记录方法是将负极放置在右手手腕脉搏处,正极放置在左手手腕脉搏处,参考电极放于正极上方一寸处。

血压 与情绪自主神经反应相关的另一心血管系统指标是血压。血压是血液在血管内流动时作用于血管壁的压力,是推动血液在血管内流动的动力。血压分为收缩压(systoblic blood pressure, SBP)和舒张压(diastolic blood pressure, DBP)。心室收缩,血液从心室流入动脉,此时血液对动脉的压力最高,称为收缩压。心室舒张,动脉血管弹性回缩,血液仍慢慢继续向前流动,但血压下降,此时的压力称为舒张压。当血管扩张时,血压下降;血管收缩时,血压升高(Kreibig, 2010)。

血管容积(vascular space, VS) 血管容积是与血压变化相关联的,它们都反映了心血管循环系统的活动情况,有着相近的生理机制。血管容积的变化是自主神经系统控制动脉壁平滑肌的收缩和舒张造成的,即由局部血管收缩和舒张引起的。一些实验研究发现,人的某些情绪状态(如害怕)可以引起皮肤血管的收缩。这种情绪刺激引起的反射作用使得动脉血压升高,从而使得更多的血液进入大脑中。当人感到为难或羞耻时,由于降压中枢的反射作用,会引起皮肤血管的舒张,更多的血液进入表面,从而表现出面红耳赤等情况(Christie & Friedman, 2004)。

脉搏 心血管循环系统的动力来源于心脏跳动,测量心脏活动有多种方式。最直接的方式是记录心跳,另一种方式是记录脉搏率(pulse rate, PR)。心脏的每一次收缩都发出一个"波浪",通过动脉,所产生的脉搏可以直接被感觉到,也可以借助脉搏描记录器加以记录,脉搏率是情绪自主神经反应的良好生理指标之一(Appelhans & Luecken, 2006, 2008)。

心率变异性(heart rate variability, HRV) 在心率变异性指标产生以前,传统的研究中多采用呼吸、心率、血压、肌电、皮肤电位活动等生理指标。近三十年来,心率变异性作为评价自主神经系统功能的良好指标已广泛应用于临床医学及情绪的生理心理学研究中,该指标能够很好地分离交感和副交感神经系统对心脏活动的影响(Kleiger, Stein & Bigger, 2005; Montano et al., 2009)。心率变异性是指逐次心跳R-R间期(心电图两次相邻心跳中R波峰的距离时间,反映的是两次心跳的间隔)

不断波动的现象,受交感神经和副交感神经活动的影响。心率变异性的测量和分析方法包括时域分析法(time domain analysis method)和频域分析法(frequency domain analysis method)。心率变异性常用指标有 R-R 间期标准差(standard deviation of normal-to-normal intervals, SDNNI),该指标能够总体上反映自主神经系统的活动性;相邻 R-R 间期差值的均方根(root mean square of successive difference, RMSSD),该指标主要反映副交感神经的活动性,其值降低表示副交感神经活动减弱;低频谱段功率(low frequency power, LF),该指标受交感和副交感神经系统的双重调制,但主要反映交感神经系统的调节;高频谱段功率(high frequency power, HF),该指标主要受副交感神经系统的调节;低频与高频谱段功率比(ration of low frequency and high frequency, LF/HF),主要反映交感和副交感神经系统的均衡性或平衡性(Terathongkum & Pickler, 2004; Thayer et al., 2012);呼吸性窦性心律不齐(respiratory sinus arrhythmia, RSA)是副交感迷走神经张力的一个重要测量指标。

皮肤电活动测量(Electrodermal measures)

在情绪自主神经反应的诸多研究中,皮肤电系统的活动(Electro-dermal activity, EDA)是继心血管系统指标外最常被考察的生理测量指标,主要包括皮肤电导水平(Skin conductance level, SCL)和手指皮肤温度。

皮肤电导水平 皮肤电导水平(以下简称"皮肤电")被认为是测定情绪的客观指标之一。皮肤电可以通过生理多导仪收集,采用非极化电极将人体皮肤上两点联接到灵敏度足够高的电表上,电表指针会摆动,电流流过产生电位差,这种电位差称为皮肤电位或皮电(图 5.2 皮肤电反应测量的部位)。皮肤电作为研究情绪变化的一个生理指标的原理是:皮肤电流运动具有一定的电阻参数,在情绪唤醒状态下,皮肤内血管的舒张和收缩及汗腺分泌等变化能引起皮肤电阻的变化,以此来测定自主性神经系统的情绪反应,如,当人处在紧张的情绪状态时,皮肤电阻下降,皮肤导电电流增加(参见 Khalfa 等,2002)。皮肤电信号随着情感的不同有明显的变化(参见 Scheirer

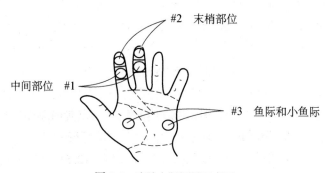

图 5.2 皮肤电阻测量示意图

来源:蔡菁和刘光远(2010).

等,2002)。如,当受到刺激和压力时,皮肤电信号敏感,能够很好地区分高兴和恐惧这两种情感。不足的是,皮肤电很容易受到外部因素的影响,例如,外部温度,因此需要对其进行参考测量和校准(Haag 等,2004)。此外,皮肤电基础水平的个体差异也非常明显,与个性特征相关,可分为高、中、低不同水平。基础水平越高者,越倾向于内向、紧张、焦虑不安、情绪不稳定、反应过分敏感;而基础水平低者,越倾向于开朗、外向、心态比较平衡、自信,心理适应较好。因此,不同的个体在不同的时间段,其皮肤电位也会有所不同(Dawson, Schell 和 Filion, 2007)。

手指温度(finger tip skin temperature, FTT)指温的变化可反映自主神经系统的功能变化(McFarland, 1985; Kreibig, 2010)。手指皮肤温度反应与毛细血管壁的收缩和扩张造成手指血流量发生变化。在放松时,交感神经兴奋性下降,手指毛细血管舒张,指端血流量增加,指温升高;而紧张时,交感神经兴奋性升高,指端的血流量减少,指温下降(Ekman, Levenson 和 Friesen, 1983; Shivakumar 和 Vijaya, 2012)。

呼吸测量(Respiratory measures)

人体与外界气体交换的过程称为呼吸。情绪与呼吸变化活动存在密切关系(Ritz,等,2002; Ritz, 2004)。呼吸的变化可通过呼吸描记器记录下来,根据记录曲线,可分析不同情绪状态下呼吸的频率和深度变化(Butler, Wilhelm 和 Gross, 2006; Krumhansl, 1997),具体测量指标主要包括呼吸频率(respiratory rate, RR)、呼吸变异性(respiratory variability, RV)、呼吸潮气量(Tidal volume, TV)、呼吸阻力(oscillatory resistance, Ros)和每分通气量(minute ventilation, Vm)等。

呼吸频率呼吸频率是描述单位时间内呼吸的次数,受到各种内源性和外源性因素的影响。通常,正常呼吸频率为 12—18 次/分,且有稳定的节律。已有研究表明,呼吸频率和节律会随着情绪波动而改变(Von Leupoldt et al., 2010)。

呼吸变异性(respiration variability, RV)除了呼吸频率,呼吸变异性也是用来测量自主神经变化的有效指标。呼吸变异性是指呼吸频率或强度的变化,一般用呼吸周期标准差和呼吸幅度标准差来表示心率的快速变化。

胃肌电测量(electrogastrogram measure)

Vianna 和 Tranel(2006)使用影片诱导范式首次发现,胃电(electrogastrogram, EGG)的峰值振幅与被试主观评定的唤醒程度之间存在高度正相关($r = 0.64$),但与情绪效价无关。这表明,胃肌电(gastric myoelectrical)活动可以作为情绪唤醒度的有效测量指标。

瞳孔和眨眼

一些情绪的研究者发现,情绪刺激会影响瞳孔大小(pupillary dilation)和眨眼次数(eye blinks)。研究发现正负性情绪刺激(图片、声音)引发的瞳孔反应存在明显差异(Bradley et al.，2008；Partala & Surakka，2003；Geangu et al.，2011；Laukka et al.，2013)，能够反映情绪唤醒度。通常采用瞳孔计(pupillometer)或眼动追踪设备(eye-tracking)记录和分析个体处在不同情绪状态下的瞳孔直径变化和眨眼次数。

5.1.2 情绪的自主神经反应模式

交感与副交感神经活动与不同基本情绪的对应关系

自主神经系统由交感神经与副交感神经两个分支系统构成。早在1929年，Cannon提出交感神经是情绪的决定因素，情绪的自主神经传出活动模式仅限于交感神经活动增加、副交感神经活动降低的经典拮抗模式。但随着研究的进行，研究者提出情绪的自主神经反应模式不仅仅限于经典拮抗模式，个体还可以以共同活动的模式或某个分支的单独活动对情绪刺激做出反应(李建平等，2006；Rainville等，2006)。

Berntson，Cacioppo和Quigley(1991)采用药物阻断方法建立了交感与副交感神经活动张力在增强、不变、减弱三个维度上共有九种可能的搭配模式(见表5.1)。

表5.1 九种自主神经活动模式

交感反应	副交感反应		
	增强	不变	减弱
增强	共同兴奋模式	交感单独兴奋模式	交感优势拮抗模式
不变	副交感单独兴奋模式	基线	副交感单独抑制模式
减弱	副交感优势拮抗模式	交感单独抑制模式	共同抑制模式

来源:英文源自Berntson，Cacioppo & Quigley (1991)；中文源自蔡厚德(2012)。

心率、心率变异性、呼吸能够比较直接地考察交感与副交感神经系统的波动水平。一些研究者基于上述表5.1中的九种自主神经活动模式期望找到不同基本情绪与交感、副交感系统的对应关系。情绪神经科学家Damasio领导的研究小组考查了自主神经功能调节活动模式与基本情绪的关系(Rainville et al. 2006)。他们考察了被试在完成有关快乐、悲伤、愤怒和恐惧等情绪事件的自传体回忆任务时的心率、心率变异性、呼吸变异性等外周指标的变化。研究发现，心率、心率变异性和呼吸变异性在四种情绪发生时均出现了不同的活动模式(见图5.3)。具体表现为：愤怒时心率上升，高频谱段功率(HF)不变，交感神经处于兴奋状态，而副交感神经无变化(交感单独兴奋模式)；其他三种情绪(悲伤、愤怒和恐惧)均表现为心率上升，高频谱段功率下降，提示交感兴奋与副交感抑制并存(交感优势拮抗模式)。其中，快乐和悲哀的

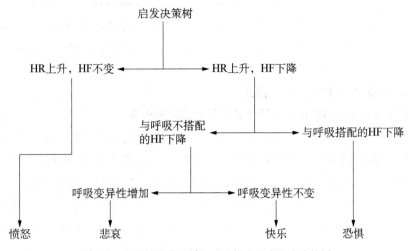

图 5.3 四种情绪自主神经反应模式的启发式决策树
来源：英文原图 Rainville 等(2006)；中文图引自蔡厚德(2012).

高频谱段功率下降可能反映中枢脑区对疑核(large cell nuclei)节前副交感神经元和交感运动神经元的抑制增强；恐惧时的高频谱段功率下降，可能主要源于呼吸性窦性心律不齐的减弱。此外，在呼吸变异性指标上，快乐比悲哀的情绪条件更加稳定，表明快乐的自主神经活动相对稳定。

中国学者李建平等(2006)利用心率变异性等指标也考察了五种基本情绪(悲伤、厌恶、愤怒、恐惧、快乐)和中性情绪所对应的自主神经活动模式发现，每一种情绪的自主神经反应模式都不仅限于经典拮抗模式，还可以有副交感神经活动增强伴随交感神经活动减弱的拮抗模式、共同激活模式、共同抑制模式及四种非伴随活动模式。不同情绪在各种反应模式的分布上不同。其中，悲伤和中性情绪更多地表现为经典拮抗模式(30.3%；32.5%)；厌恶和快乐情绪更多地表现为以副交感神经活动增强伴随交感神经活动减弱的拮抗模式(30.2%；33.3%)；愤怒和恐惧情绪主要表现为经典拮抗模式和共同激活模式(31.2%；30.3%)，二者比例接近。

不同情绪诱发范式下的情绪自主神经反应模式

在实验室中考察情绪体验的生理机制，需要可靠有效的情绪诱发和控制方法。情绪诱发方法是指"在非自然和严格控制的条件下唤起个体临时性情绪状态的策略"(郑璞，刘聪慧和俞国良，2012；蒋军，陈雪飞和陈安涛，2011；Baños et al., 2006)。目前，有关不同基本情绪是否存在特异性的、稳定的自主神经反应模式还缺乏一致性的结论，一个重要原因在于不同的研究者采用不同的情绪诱发方法(如图片、音乐、影片、回忆等)诱发被试的基本情绪，并同时记录多个生理指标。对情绪诱发效果的检测依赖于个体的主观报告或量表检测(如 SAM, Self-Assessment Manikin),之后基于主观报告或量表测量结果对诱发的不同情绪状态下的多个生理指标进行分类。由于不同诱发范式诱发的情绪的可靠性和情绪唤醒度高低可能存在较大差异,因此尽管被试主观报告是同类情绪(如都是愤怒情绪),但体现在客观的生理指标上则可能出现较大差异。因此,本部分将介绍不同情绪诱发方式下,被试处在不同基本情绪状态下的自主神经反应的典型性研究,力图阐述清楚不同基本情绪的自主神经反应模式,如表 5.2 中不同情绪的自主神经反应所示。

有指导的面部操作任务(facial action task)诱发情绪 美国心理学家 Ekman 等人(1983)采用面部表情动作诱发情绪的方法首次系统考察了惊奇、快乐、悲伤、愤怒、恐惧和厌恶等六种基本情绪的自主神经反应,发现人类不同情绪间的自主反应存在明显差异。他们让被试根据指导语做不同基本情绪状态下的面部表情(如恐惧表情下,"提高眉毛并聚在一起,提高上眼睑,同时将嘴横向拉伸"),同时记录被试的心率、左右手温度、皮肤电导水平及前臂屈肌肌张力。结果发现,愤怒、恐惧和悲伤情绪使得个体的心率显著快于惊奇、高兴和厌恶情绪,悲哀相比于恐惧、厌恶和愤怒有更高的皮肤电导水平,个体愤怒时的指温显著高于恐惧和悲伤情绪。Ekman、Levenson 随后进行了一系列的研究。他们主要发现愤怒、厌恶、恐惧和悲哀四种负性情绪的自主神经反应之间存在比较可靠的差异:愤怒、恐惧、悲哀三种情绪相比于厌恶引起了更显著的心率加快;愤怒比恐惧引起了手指温度的更大升高;悲哀比其他三种负性情绪引起更大的外周血管舒张,血液到达外周的速度更快(Levenson, Ekman & Friesen, 1990; Levenson, 1992),并且这些变化具有职业、年龄、文化和性别的一致性(Levenson et al., 1992),悲伤比其他几种情绪引起了更大的外周血管舒张。其他一些研究者采用有指导的面部操作任务诱发情绪也验证了上述研究结果(Sinha, Lovallo 和 Parsons, 1992)。Ekman 等人的研究首次详细区分了几种情绪(厌恶、愤怒、恐惧、悲伤)的自主神经反应,不同于以往将情绪只分类为两类或三类,为后续研究者考察情绪的特异性(emotion-specific)自主神经反应提供了新的视角。

文字/图片情绪诱发 该方法是让被试连续观看具有强烈情绪色彩的图片或文字以产生所需的目标情绪状态,并且测量诱发出来的情绪持续时间(Bradley 和 Lang, 2007)。Gomez, Stahel 和 Danuser(2004)考察了被试观看不同正负效价和唤醒度的情绪图片时的呼吸、皮肤电导水平(SCL)和心率(HR),发现随着图片愉悦度的增加,被试的吸气时间延长,平均吸气流量减低,胸式呼吸增加。随着图片唤醒度的增加,吸气时间和总呼吸时间缩短,平均吸气流量、每分钟通气量、胸式呼吸和皮肤电活动增加。Carson Smith(2006)采用快速呈现情绪图片的方法,发现当呈现负性情绪图片时,被试的皮肤导电性显著上升;当呈现正性或中性图片时,皮肤导电性显著下降。Bradley 等(2008)发现采用高情绪唤醒度(不管是正性还是负性)图片诱发被试情绪时,其瞳孔直径变化显著,且瞳孔直径变化时皮肤电导水平也明显变化。在 Laukka 等(2013)的研究中,瞳孔在负性图片中扩张最大,其次是中性图片,正性图片中最小,正性和负性图片所诱发的瞳孔大小的差异显著。目前常用的情绪图片诱发材料是由美国国立精神卫生研究所(National Institute of Mental Health, NIMH)建立的标准化的国际情绪图片库(International Affective Picture System, IAPS)、英语情感词/短文系统(Affective Norms for English Words/Text, ANEW/ANET)。中国学者建立了本土化的中国情绪图片库、词库等(Chinese Affective Picture System, CAPS)为情绪诱发研究提供了更多选择(白露等,2005)。

电影片段情绪诱发 该方法是通过观看电影或录像剪辑来诱发被试特定的情绪状态。在观看电影或录像剪辑时,要求被试在观看过程中不要抑制产生的情感,让情感自然地流露(Marston 等,1984)。Palomba 等(2000)和 Baldaro 等(2001)以不同内容的影片诱发被试情绪的发现、暴力威胁和外科手术的影片使得被试具有不同的反应,前者使被试心率明显加速,而后者则心率减慢。演示外科手术的电影引起心率降低可能是因为副交感神经单独活动,或副交感神经活动占优势(Baldaro 等,2001;Palomba 等,2000)。让被试观看受损严重的肢体或受伤流血的影片时,皮肤电导水平升高,心率下降(Codispoti, Surcinelli & Baldaro, 2008)。但 Gomez 等人(2005)的采用影片诱发范式的研究发现,呼吸活动在正负性情绪状态下无显著差异,但情绪唤醒度影响呼吸活动,表现为相比于低唤醒情绪,被试在高唤醒情绪中的呼气时间(expiratory time, Te)更短,吸气时间占呼吸总时间比例(inspiratory duty cycle)更高,平均呼气流量和每分钟通气量更大。目前,每分钟通气量随着情绪唤醒度的上升而增大的结论,已经得到了较为一致的证明,被认为是呼吸系统中最可靠的用于衡量情绪唤醒度的指标(Gomez, Shafy & Danuser, 2008)。中国学者徐景波、孟昭兰和王丽华早在 1995 年记录被试观看影片时(猫与老鼠、黑太阳七三一片段)的心率和指端脉搏容积发现,正性情绪下心率变化不显著,指端脉搏容积显著下降;负性情绪下,心率显著增加,指端脉搏容积显著下降(徐景波,孟昭兰和王丽华,1995)。李建平等(2006)让 92 名被试观看六段影片,用"情绪报告表"采集被试的情绪及等级。结果发现,悲伤、愤怒、恐惧及中性片段使得收缩压升高;厌恶、愤怒、恐惧、快乐和中性片段使呼吸频率加快;悲伤和恐惧都使得 R-R 间期延长、R-R 间期最大值、最小值及 HRV 总功率减小;悲伤、恐惧和中性片段都会导致 HRV 高频功率降低。贾静和刘昌(2008)选用《活着》、《憨豆先生》、《企鹅日记》三段影片诱发悲伤、快乐和中性情绪,发现被试的呼吸频率受情绪影响显著,无论悲伤情绪还是快乐情绪都引起呼吸频率的降低;皮肤电受情绪影响显著,悲伤情绪引起皮肤电电位的增高。

录音、音乐情绪诱发研究发现,各种声音录音(如鸟叫、婴儿哭泣、炸弹爆炸等)以及音乐等都可以作为情绪诱发的材料。音乐情绪诱发的方法是让被试听具有强烈情绪色彩的音乐,使被试在音乐的帮助下唤起情绪。Partala 和 Surakka(2003)让被试分别听 10 段高唤醒度的负性、正性及中性声音,并记录被试的瞳孔变化。结果发现瞳孔直径在正负性声音条件下显著大于中性条件,并且正性刺激使得女性出现最大瞳孔变化,而负性刺激使得男性出现最大瞳孔变化,这表明瞳孔直径能够对高唤醒度的情绪刺激敏感。Kallinen(2004)让被试在睁眼(eyes-open)和闭眼(eyes-closed)条件下听四段在效价(正负)和唤醒度(高低)上不同的音乐片段,并记录被试的皮肤电(Electrodermal,EDA)、心电(electrocardiac,ECG)和肌电(electromyographic,EMG),随着正负性情绪唤醒水平的增高,被试的皮肤电导水平也随之增高。国内学者刘贤敏和刘昌(2006)选取旋律相同但用两种不同乐器(古筝和埙)演奏的乐曲,用生理多导仪记录被试在听乐曲时的各项生理指标。结果发现,两种不同音色的乐曲成功诱发被试悲伤和愉快两种完全不同的情绪,皮肤电反应不受情绪的影响,但愉快情绪下的皮肤温度会高于悲伤情绪下的皮肤温度,心率的变化受情绪和性别的交互影响。Sammler 等(2007)发现不愉快音乐诱发情绪时使得心率下降。目前 NIMH 建立的国际情感数码声音系统(internaltional affective digital sounds,IADS)及中国本土化的中国情感数码声音系统(Chinese affective digital sounds,CADS)(刘涛生等,2006)为探讨音乐诱发情绪的自主神经反应提供了标准化的实验刺激材料。

自传式回忆/想象情绪诱发回忆和想象情境诱发是通过让被试想象某种情境来达到情绪内部诱发的目的,这种方法需要被试有意识的合作,会受预期的影响。Brewer,Doughti 和 Lubin(1980)通过让被试回忆能够唤起相应情绪的自传式事件来诱发特定情绪。Wright 和 Mischel 在 1982 年提出想象情绪诱发方法,被试基于指导语想象一些悲伤、愉快、中性等情景,这些情境可以是纯想象的也可以是过去生活中的真实经历,要求被试身临其境式的感受和思考这些景象。Sinha 等人(1992)采用该情绪诱发方法发现,愤怒和恐惧情绪会伴随收缩压的升高,但舒张压的升高只是在愤怒时出现(Sinha,Lovallo & Parsons,1992)。Neumann 和 Waldstein(2001)考察了回忆个人情绪性事件时心血管测量指标的变化,发现整体上情绪回忆使得血压、心率、总外周阻力(total peripheral resistance,TPR)显著增强,而心搏指数(stroke index,SI)显著下降;此外,收缩压在负性情绪中显著高于正性情绪。

具身情境性情绪诱发一些研究者在实验室模拟情绪诱发的真实情境,通过对情境的操控诱发、改变被试的情绪体验。Egloff 等(2002,2006)在实验中让被试进行演讲,诱发其焦虑情绪,测量发现被试的指端脉搏容积下降,心率显著增加,血压显著增加,呼吸频率下降。Britton 等(2006)研究发现,相对于进行中性、积极主题演讲的被试,进行消极主题演讲的被试的皮电、心率变化最显著且犯更多的错误。随后其另一实验表明,悲伤条件下的皮肤导电性比在高兴、厌恶时的皮肤导电性都低。

气味情绪诱发 气味诱发的研究中通常让被试有意识或无意识地闻某种气味,以此诱发被试的情绪。研究发现,嗅觉刺激能够诱发被试积极或消极的情绪,影响个体的认知加工和行为(Chebat & Michon,2003;Lin,Cross & Childers,2015)。Bensafi等人(2002)采用异戊酸、苯硫酚、吡啶、左旋薄荷、乙酸异戊酯和桉树脑六种气味诱发现被试情绪,发现随着正性和负性情绪的唤醒程度的增高,被试的皮肤电导水平也随之增高。由于,嗅觉材料通常比较难准确地诱发出某一特定的情绪,往往是几种正性或负性情绪的组合情绪。因此,目前嗅觉刺激诱发情绪的研究还处于起步阶段。

组合情绪诱发 为了更有效地诱发目标情绪,有研究者试图将两种或两种以上的情绪诱发方法组合在一起来诱发被试的情绪,提高情绪诱发的程度来探讨情绪激活状态下的自主神经反应模式。Gendolla,Abele和Krüsken(2001)采用音乐盒和回忆个人生活事件两种方法引发了被试的积极和消极情绪,与积极情绪相比,在消极情绪下收缩压更高。Baumgartner等(2006)采用国际情感图片系统的图片和古典音乐诱发三种基本情绪(快乐、悲伤和恐惧),24名被试的呼吸记录显示,呼吸指标在图片和音乐结合诱发条件下显著增加,其次是图片诱发情绪条件,而单纯的音乐诱发方式引发的生理变化并不明显。

5.1.3 情绪自主神经反应模式的特异化

情绪心理生理学研究已确定正、负性情绪间的自主神经反应模式是不同的,存在"负性偏倚"现象,即负性情绪较正性情绪有更大的自主神经激活(Cacioppo等,2000;Larsen等,2008)。这种"负性偏倚"具体表现为:1)心血管系统指标上,被试观看负性情绪刺激(如战争、枪支的图片或视频)诱发负性情绪时,相比于观看正性和中性情绪刺激,心率会更大程度上的减慢(Anttonen & Surakka,2005;Gomez等,2005;Hubert 和 de Jone-Meyer,1990;Palomba,Angrilli & Mini,1997;Simons等,1999;Codispoti,Surcinelli & Baldaro,2008;Bianchin & Angrilli,2012);而国内学者徐景波、孟昭兰和王丽华(1995)的研究发现,心率在负性情绪下显著加快;Brosschot 和 Thayer(2003)日常记录法的研究也发现负性情绪下心率更快。在收缩压指标上,采用音乐诱发范式和回忆诱发范式的研究发现,相比于正性情绪,被试在负性情绪中收缩压显著升高,而舒张压则无变化。国内杨宏宇和林文娟(2005)采用国际情绪图片库的研究也发现,被试观看负性图片时收缩压升高。2)皮肤电系统指标上,Kallinen(2004)使用四段音乐片段(圣桑的"动物狂欢节"、巴赫的"创意曲"第八首、穆索尔斯基的"荒山之夜"、舒曼的"第四交响曲")诱发被试高低唤醒度的正性和负性情绪,发现被试在高唤醒的负性音乐中的皮肤电导水平更高。Balconi,Falbo和Conte(2012)采用图片诱发的研究进一步验证了上述结果,发现高唤醒的负性图片诱发的皮肤电导水平显著大于高唤醒正性情绪。3)呼吸系统指标上,Ritz等人(2002、2004)的系列研究发现,当被试出现负性情绪时,其呼吸阻力显著增大;而在中性和正性情绪时,呼吸阻力则基本无变化。4)瞳孔变化指标,最近的一项研究发现瞳孔在负性图片中扩张最大,在正性和中性图片中变化较小。婴儿被试的研究也同样发现,负性情绪诱发的瞳孔直径最大。尽管目前还有一些研究质疑情绪的"负性偏倚",如Gomez等(2005)、Bernat等(2006)采用影片和图片诱发范式,发现相比于负性情绪,正性情绪诱发了更高的皮肤电导水平,但就目前的多项考察情绪自主神经反应的研究支持了情绪自主神经反应的"负性偏倚"的现象,正如Cacioppo等(2000)所提出的"情绪特异性的自主神经反应模式充满了不确定性,但效价特异性的自主神经反应模式可能是存在的"。

综合以往的研究,目前考察情绪的自主神经反应的研究主要从心血管系统、皮肤电系统、呼吸系统、肠胃系统和瞳孔等四个方面进行考察。尽管目前一些研究结果还存在一些争议,但在一定程度上显示出了相对一致性,得到了一些非常有意义的研究结果:心率和血压对不同效价的情绪变化比较敏感但结果并不稳定,受情绪诱发方式的影响;皮肤导电水平与情绪唤醒度关系密切,两者基本成正相关;呼吸反应测量和分析复杂,情绪的呼吸反应模式尚需要进一步研究;肠胃系统(胃电)和瞳孔的情绪变化反应模式作为较新的测量指标还需要进一步的探讨。总之,每一种基本情绪都有自己特异性的变化,并且不同情绪间的自主神经反应模式是有差异的。但正如Levenson(2011,2014)在其综述中所提出的,在自主神经传出活动层面,情绪的自主神经反应是灵活可塑的,将多种对情绪变化具有高敏感性的外周生理指标(如心率、皮肤电导水平)有机结合起来,可能能够更敏感、更准确地刻画人类不同情绪状态下的具有特异性和稳定性的自主神经反应模式,最终在情绪的自主神经反应模式的科学问题上得到准确一致的结论。但需要指出的是,自主神经系统的活动可能并非情绪产生的中枢神经机制,它的活动对情绪起支持和延续的作用(Kreibig, 2010)。

5.2 情绪中枢神经反应

随着正电子放射断层扫描(positron emission tomography, PET)、功能性磁共振成像(functional magnetic resonance imaging, fMRI)、脑磁图(magnetoencephalography, MEG)和事件相关电位(event-related potential technique, EEG)等高时间和空间分辨

率技术的发展,心理学和认知神经科学研究者采用这些技术系统考察人类情绪活动的中枢神经机制。以往诸多研究发现情绪由大脑中的一个回路控制,包括前眶额皮层、腹内侧前额皮层、杏仁核、下丘脑、脑干、扣带回皮层、丘脑、海马、伏隔核、脑岛及感觉皮层等。不同脑区活动的特异性激活和失活可能表明它们在情绪加工中起到不同作用(Damasio 等,2000；Rudrauf 等,2009)。

5.2.1 情绪中枢神经反应的测量方法

高时间分辨率测量方法

脑电图 脑电图(electroencephalography, EEG)是利用高灵敏度生物信号放大器,把通过电极记录下来的脑细胞群的自发性、节律性电活动接收放大后,描记出来的类似于正弦波的连续曲线。脑波的周期是从波峰至下一个波峰(或从波谷至下一个波谷)的时间,其单位为 Hz。1929 年德国精神病学家 Hans Berger 首先记录到了人脑的脑电波,此后诸多研究者开始探讨人脑的脑电波,并逐步形成了人脑脑电图。脑电波是一些自发的有节律的神经电活动,其频率变动范围在每秒 1—30 次之间。脑电的频段范围为 0.5—100 Hz,但一般与认知有关的频段范围为 0.5—30 Hz。目前,这些神经电活动相对比较一致的可划分为五个波段,命名为即 δ 波(delta band)、θ 波(theta band)、α 波(alpha band)、β 波(beta band)和 γ 波(gamma band),分别对应于不同的认知加工(如表 5.2 所示)。脑电 EEG 信号处理中最直观的是观察其脑电地形图和进行功率谱分析。在这些方法的基础上又发展出了许多新的方法,如 3D 频率地形图、3D 电流密度地形图、事件相关同步(event-related synchronization, ERS)、事件相关去同步(event-related desynchronization, ERD)、时频分析(短时傅里叶变换和小波变换)等。其中,事件相关同步(ERS)和事件相关去同步(ERD)是为了观察 EEG 的各节律成分和事件出现的同步性,随着事件出现突然增加称为事件相关同步,反之降低则称为事件相关去同步。

表 5.2　各频段频率范围和对应的认知特性

波段名称	频率/Hz	幅度值[4]/μV	频次/秒	认 知 特 性
δ 波	0.5—3 Hz	20—200	1—3 次	慢波,当个体处在婴儿期或智力发育不成熟时以及成年人在极度疲劳和昏睡状态时,可出现这种波形。
θ 波	0.5—3 Hz	100—150	4—7 次	慢波,成年人在受到挫折和抑郁时以及精神病患者常伴随这种波形。

波段名称	频率/Hz	幅度值⁴/μV	频次/秒	认 知 特 性
α波	8—13 Hz	20—100	8—13次	快波,它是正常人脑电波的基本节律,如果无外加刺激,其频率相当恒定。人在清醒、安静或闭眼时该节律最为明显,睁开眼睛或接受其他刺激时,α波消失。α波有三种状态:慢速α波,(8—9 Hz),中间α波(9—12 Hz),快速α波(12—13 Hz)。
β波	14—30 Hz	5—30	14—30次	快波,当精神紧张和情绪激动、亢奋时出现此波,当人从睡梦中惊醒时,原来的慢波节律可立即被该节律所替代。
γ波	>35 Hz	<2		属于脑波的高频成分,对信息在脑中的接受、传输、加工、综合、反馈等高级功能和人脑的认知活动具有重要作用。

高空间分辨率测量方法

正电子放射断层扫描 正电子发射断层扫描技术(positron emission tomography, PET),或称之为 PET 扫描技术,是给被试服用不同种放射活性物质(如,葡萄糖、蛋白质、核酸、脂肪酸),标记上短寿命的放射性核素(如,F18,碳 11 等),这些物质在脑内被活动的脑细胞吸收,通过对该物质在代谢中的聚集,来反映某一脑区活动的情况。

功能性磁共振成像 功能性磁共振成像(functional magnetic resonance imaging, fMRI)是在磁共振成像(magnetic resonance imaging, MRI)的基础上发展起来的,它可以在无创条件下,以高分辨率、高对比度探测大脑的内部神经活动。其主要原理是利用磁振造影来测量神经元活动所引发的血液动力的改变(刘树伟,尹玲和唐一源,2011)。

脑磁图 脑磁图描记术也叫脑磁图仪(magnet oencephalo graphy, MEG),是一种应用脑功能图像检测技术对人体实施完全无接触、无侵袭、无损伤临床应用设备。MEG 检测过程中测量系统不会发出任何射线、能量或机器噪声,而只是对脑内发出的极其微弱的生物磁场信号加以测定和描记。在实施 MEG 检测时,MEG 探测器不需要固定于患者头部,对患者无需特殊处置,所以测试准备时间短,监测简便、安全,对人体无任何副作用及其他不良影响。

5.2.2 情绪的中枢神经系统反应模式

不同基本情绪的 EEG 脑波激活模式

情绪活动可以引发大脑皮质电活动的变化,早期研究主要集中在 30 Hz 以下的低频成分。

θ波节律涉及到情绪和认知的加工。Stenberg(1992)让被试想象自己过去的愉快和不愉快及中性事件,发现相比于想象中性事件,右侧额叶 θ 活动增强及枕叶 β 活动变化(愉快条件下增强,不愉快条件下降低)。Stenberg 进一步发现与情绪加工有关的 θ 活动主要定位在一侧额区,反映了情绪刺激边缘加工的不对称性。Sammler 等(2007)发现,愉快音乐相比于不愉快音乐在诱发情绪时,额中(frontal midline, fm)的 θ 波活动增强,表明额中 θ 波调节情绪加工。

情绪的 EEG 研究中,多数考察额叶、颞叶和顶叶 8—13 Hz 的 α 频带,发现情绪负荷可能与左右额叶和前颞叶的 α 波活动有关。EEG 研究情绪假设,当某一皮质区的 8—13 Hz 的 α 波活动增强时,则意味着该区域的皮质活跃性减弱。因此,当某个脑区的 α 波振幅减小,即能量值降低时(去同步化过程),该脑区会发生更为强烈的与情绪有关的活动。Schmidt 和 Trainor(2001)通过 EEG 首次发现额区 α 波(8—13 Hz)活动能够区分情绪效价(valence)和情绪强度(intensity:intense vs. calm)。他们采用音乐诱发情绪方法诱发被试开心、愉悦、悲伤和害怕情绪,发现听正性情绪的乐曲时,左前额会产生较强的脑电活动,而听负性情绪的音乐时,右前额则产生较强的脑电活动,前脑可能与情绪加工存在关联。进一步发现,尽管额区 EEG 活动的不对称性并不能区分情绪强度,但发现额区 EEG 活动在情绪间呈现递减趋势,其排列为害怕>开心>愉悦>悲伤。Sarlo 等(2005)让被试观看手术场景、蟑螂、人类打斗和自然风光等四段影片,诱发被试的中性和负性情绪,发现负性情绪被诱发时 α 波频段活动较强,且右后脑会产生强烈的脑电活动。

β波活动,特别是颞叶的 β 波活动可能涉及情绪加工。Ray 和 Cole(1985)发现,负性情绪与正性情绪相比,颞叶的 β(16—24 Hz)活动更强烈。Schellberg 等人(1990)发现,正性情绪与负性情绪相比,右侧颞叶有较大的 β(26—45 Hz)激活。Crawford,Clarke 和 Triolo(1996)把 β 波活动分为更细的几个波带:β13(13.5—16.45 Hz)、β16(16.6—19.45 Hz)、β19(19.5—25.45 Hz)、β31(31.5—37.45 Hz)、β40(37.4—41.7 Hz)。研究发现,β13 出现在额区和中央区,睡眠时相比清醒时情绪的大脑不对称性更大;在额区、中央区和枕区,快乐比悲伤在高 β 频带上激活更显著,β19 在额区引起更大激活,β25 在快乐时右顶叶比左顶叶的激活更强烈;在两种情绪中,β40 在右中央和顶区也有显著激活。

对高频成分的研究是在 40 Hz 节律与刺激及事件的同步性研究获得重大发现后,γ 节律(30—65 Hz)在情绪研究方面也有许多重大发现。Müller 等(1999)等让被试观看情绪性图片,并把 γ 波细分为三段更窄的频带:γ - 40 = 30—50 Hz, γ - 60 = 50—70 Hz, γ - 80 = 70—90 Hz,分析发现被试观看负性情绪图片时,左半球 γ 波能量比右半球能量高;而呈现正性图片时,右半球 γ - 40 能量比左半球高,并且右半球

γ-40在正负性情绪刺激下的频率都高于中性刺激(Müller 等,1999)。Keil 等(2001)采用129导的EEG设备采集10名被试观看IAPS图片系统的图片,对不同情绪刺激下的GBA(Gamma band active)进行分析,他们发现与中性图片相比,在80 ms左右负性图片刺激下出现早γ波(30—45 Hz)活动增强,而500 ms左右发现正性和负性图片刺激下晚γ波(46—65 Hz)活动都显著增强,且晚γ主要激活在大脑右半球。Keil等主张早γ节律可以作为检测负性情绪的指标之一,晚γ节律则可以反映大脑皮层对情绪视觉目标的处理。

国内学者贾静和刘昌(2008)的研究发现悲伤影片较多地激活了额区α波,愉快影片较多激活了枕区的α波,而δ、θ、β和γ的最大能量或最大能量对应的频率,在不同的脑区都受到情绪的显著影响。刘贤敏和刘昌(2011)使用中国古典音乐诱发被试情绪发现无论是在悲伤情绪还是愉快情绪下,δ波、θ波、α波、β波和γ波的能量都减弱,但减弱的脑区不同;悲伤情绪与愉快情绪相比,θ波、α波、β波能量增强,但增强脑区不同,δ波无差异,γ波能量在中央区减弱。

不同基本情绪的脑区激活模式

Lindquist 等(2012a,2012b)分析了1990年1月至2007年12月期间发表的有关情绪加工和情绪体验的91项研究,发现情绪加工时的脑激活区不仅包括由内侧前额叶皮层(medial prefrontal cortex)、内侧颞叶(medial temporal cortex)、腹外侧前额叶皮层(ventrolateral prefrontal cortex)组成的默认网络(the default network)脑区,也激活了由脑岛,杏仁核和前扣带回(anterior cingulate cortex, ACC)组成的突显网络(salience network)以及腹外侧前额叶皮层的额顶网络(frontoparietal network)。情绪加工的脑机制如图5.4所示。

Vytal 和 Hamann(2010)采用激活似然估计(activation likelihood estimation, ALE)元分析方法,分析以往脑成像的多项研究,发现五种(高兴、悲伤、愤怒、恐惧、厌恶)基本情绪各自存在特异性的激活脑区,同时两两间也存在显著的区别脑区,如图5.5所示。ALE脑区激活一致性分析发现,高兴情绪激活9个重要集群,其中最大集群($4\,880\ mm^3$)位于右侧颞上回(the right superior temporal gyrus, STG);悲伤情绪激活35个重要集群,其中最大集群($3\,120\ mm^3$)位于左额内侧回(the left medial frontal gyrus, medFG);愤怒情绪激活13个重要集群,其中最大集群($2\,408\ mm^3$)位于左侧额下回;恐惧情绪激活11个重要集群,其中最大集群($5\,616\ mm^3$)位于左侧杏仁核;厌恶情绪激活16个重要集群,最大集群($14\,208\ mm^3$)位于右侧脑岛和右侧前额下回。ALE脑区激活辨别力分析发现,高兴与悲伤情绪相比,高兴情绪存在于4个显著激活的重要集群,最大集群($424\ mm^3$)位于STG,而悲伤情绪存在于12个显著激活的重要集群,最大集群($2\,536\ mm^3$)位于右侧颞中回;高兴与愤怒情绪相比,高

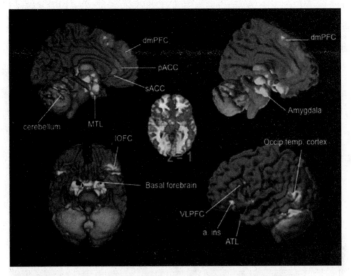

图 5.4　情绪脑机制的元分析结果（来源：Lindquist 等，2012）

注：黄色、橙色、粉色和紫色区域为不同研究中得到的一致性脑激活区。OFC（orbitofrontal cortex：眶额皮层）；DLPFC（dorsolateral prefrontal cortex：背外侧前额叶皮层）；ATL（anterior temporal lobe：颞前叶）；VLPFC（ventrolateral prefrontal cortex：腹外侧前额叶皮层）；DMPFC（dorsomedial prefrontal cortex：背内侧前额叶皮层）；aMCC（anteriormid-cingulate cortex：前中部扣带回）；sACC（subgenual ACC：膝下前扣带回）；Amygdala：杏仁核；pACC（pregenual anterior cingulate cortex：前扣带回前膝部）。

兴情绪存在 6 个显著激活的重要集群，最大集群（1 032 mm³）位于扣带回左喙（left rostral ACC），而愤怒情绪存在 6 个显著激活的重要集群，最大集群（1 536 mm³）位于额下回（inferior frontal gyrus, IFG）；高兴与恐惧情绪相比，高兴情绪存在 6 个显著激活的重要集群，最大集群（1 592 mm³）位于 STG，而愤怒情绪存在 11 个显著激活的重要集群，最大集群（3 192 mm³）位于左侧杏仁核；高兴与厌恶情绪相比，高兴情绪存在 4 个显著激活的重要集群，最大集群（672 mm³）位于扣带回左喙（left rostral ACC），而厌恶情绪存在 11 个显著激活的重要集群，最大集群（12 008 mm³）位于右侧壳核；悲伤与愤怒情绪相比，悲伤情绪存在 18 个显著激活的重要集群，最大集群（2 280 mm³）位于左侧额中回，而愤怒情绪存在 3 个显著激活的重要集群，最大集群（608 mm³）位于右侧海马旁回（the right parahippocampal gyrus）；悲伤与恐惧情绪相比，悲伤情绪存在 14 个显著激活的重要集群，最大集群（20 840 mm³）位于 medFG，而恐惧情绪存在 6 个显著激活的重要集群，最大集群（2 632 mm³）位于左侧杏仁核；悲伤与厌恶情绪相比，悲伤情绪存在 12 个显著激活的重要集群，最大集群（1 584 mm³）位于右侧额下回，而厌恶情绪存在 10 个显著激活的重要集群,最大集群($6\,392\ mm^3$)位于左侧脑岛;愤怒与恐惧情绪相比,愤怒情绪存在 4 个显著激活的重要集群,最大集群($4\,784\ mm^3$)位于左侧额下回,而恐惧情绪存在 11 个显著激活的重要集群,最大集群($3\,688\ mm^3$)位于左侧壳核;愤怒与厌恶情绪相比,愤怒情绪存在 4 个显著激活的重要集群,最大集群($544\ mm^3$)位于左侧额下回,而厌恶情绪存在 15 个显著激活的重要集群,最大集群($10\,696\ mm^3$)位于右侧壳核;恐惧与厌恶情绪相比,恐惧情绪存在 9 个显著激活的重要集群,最大集群($2\,264\ mm^3$)位于左侧杏仁核,而厌恶情绪存在 12 个显著激活的重要集群,最大集群($2\,328\ mm^3$)位于右侧壳核。

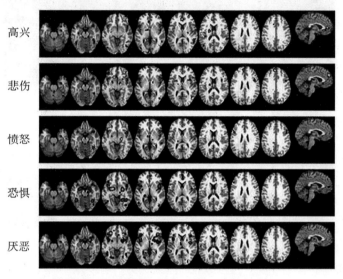

图 5.5　不同基本情绪的脑区激活似然图
来源:来自 Vytal & Hamann (2010).

下面分别具体介绍在情绪加工过程中起重要作用的脑区及其它们的作用。

边缘系统(the limbic system) 情绪较早期的研究发现,情绪受边缘系统的调节和控制。边缘系统是位于大脑半球到间脑并延伸到中脑的一个较大的、非均一的、最原始的神经结构,包括丘脑、下丘脑、海马和杏仁核。著名的 Olds 和 Milner(1954)的动物按压杠杆实验采用颅内点刺激法证明了边缘系统是情绪体验产生的中心。刺激人的边缘系统也会产生类似的反应(Panksepp, 1986)。随着研究手段和技术方法的革新,研究者对边缘系统在情绪体验中的作用聚焦到了杏仁核,LeDoux 等(1990)首先发现了杏仁核在情绪中枢中的关键作用。LeDoux 提出的情绪中枢连接结构突出了杏仁核在情绪反应中的关键作用,同时也对边缘系统其他部分在情绪反应中的功能进行了重新定位。

杏仁核 杏仁核位于颞叶中部,与海马前部相连,是由至少13个具有复杂内外联系的子核组成的结构。以往诸多研究发现,杏仁核在情绪加工中起到了十分重要的作用,且被认为是恐惧情绪反应的中枢(LeDoux,1998;Pessoa和Adolphs,2010;王翠艳,刘昌,2007)。Costafreda等(2008)对2008年以前的385项PET和FMRI研究的元分析发现,杏仁核涉及愤怒、悲伤、高兴、惊奇等基本情绪的加工,但在恐惧、厌恶、悲伤等负性情绪下,杏仁核的激活程度比在开心等正性情绪下更强。杏仁核主要负责负性情绪如恐惧和焦虑等的加工(Kober等,2008;Lindquist和Barrett,2012;Lindquist等,2012;Öhman和Mineka,2001;Paradiso等,1999)。Kluver和Bucy(1937)最早发现杏仁核受损的猴子不会回避危险刺激,失去了对危险刺激的恐惧反应。杏仁核受损病人的一些研究发现,杏仁核的主要功能是负责恐惧检测,杏仁核损伤的病人不能识别恐惧刺激,但对其他情绪刺激的识别却不受影响(Adolphs等,2005;Anderson和Phelps,2000,2001)。关于杏仁核参与恐惧情绪反应的机制,Ledoux(1993,2003)认为存在两条恐惧反射通路:一条是"低通路(low road)";另一条是"高通路(high road)",两条通路相互分离,同时发生。"低通路"是将刺激的感觉信息先传至丘脑,然后由丘脑直接传到杏仁核。这条通路绕过了皮层,对刺激信号进行的是粗糙加工,但是这条通路加工速度更快,可以保证对恐惧刺激做出迅速反应,这对人类和动物适应生存是非常重要的;"高通路"是丘脑在向杏仁核传递信息的同时也将信息输送到了扣带回和腹内侧额叶等皮层结构进行高级加工,该通路加工速度虽然稍慢但却比"低通路"的加工更全面更彻底,对刺激进行精细加工(LeDoux,2003;LeDoux,1993)。最近有研究者针对杏仁核的情绪加工通路,提出了从"低通路(low road)"到"多通路(many roads)"的假设(Pessoa和Adolphs,2010)。

下丘脑 下丘脑位于第三脑室下部,视交叉后部,脑垂体上首。下丘脑与情绪有密切关系。对动物的实验证明,用微电极刺激动物(猫)的下丘脑腹内侧核,会引起动物强烈的情绪反应,产生明显的情绪性行为,如,愤怒而凶猛地扑向实验者。刺激动物下丘脑的不同部位,可观察到两种不同的情绪行为模式:①斗争或发怒,表现为吼叫、嘶叫、露爪、耳朵后侧、竖毛等;②逃避或恐惧,表现为瞳孔扩大、眼光扫来扫去、左右摇头、以致最后逃走。如果切除下丘脑以上(保留下丘脑)的全部脑组织,上述情绪反应仍然存在。可见,下丘脑是情绪及动机性行为产生的重要脑结构。美国心理学家奥尔兹等用"自我刺激"的方法,证明下丘脑和边缘系统中存在一个"快乐中枢"。实验者在老鼠的下丘脑背部埋上电极,另一端与电源开关的杠杆相连。老鼠只要按压杠杆,电源即接通,在埋电极的脑部就会受到一个微弱的电刺激。老鼠经过反复学习,逐渐形成了操作性条件反射。由于通过按压杠杆获得电流对脑的刺激,能引起快乐和满足,所以老鼠不断地按压杠杆,通过"自我刺激"来追求快乐。老鼠按压杠杆的频次可达每小时5 000次,并能连续按压杠杆15~20小时,直到筋疲力尽、昏昏欲睡为止。如果在下丘脑以外的脑部埋下电极,则没有出现上述情形,或者快乐效果不明显。由此推断,老鼠的下丘脑中存在一个"快乐中枢"(Olds & Milner, 1954)。

海马 海马结构可以接受来自内嗅区,隔核,扣带回,灰被,下丘脑,丘脑前核,中缝核,蓝斑,脑干网状结构等纤维传入,传出主要是经由穹窿到乳头体,与许多皮质区和皮质下中枢发生联系。近来有研究认为海马在情绪行为的背景(context)调节中起关键作用,损伤后会在不适当的背景中表现出情绪行为,且其体积与特质焦虑等负性情绪呈正相关(Davidson, Jackson和Kalin, 2000)。

网状结构 网状结构位于脑干内部、两耳之间,是一种由白质和灰质交织混杂的结构,主要包括延髓的中央部位、脑桥的被盖和中脑部分。美国心理学家Lindsley(1951)指出:网状结构的功能在于唤醒,它是情绪产生的必要条件(Lindsley, 1951)。网状结构靠近下丘脑部分,既是情绪表现下行系统中的中转站,又是上行警觉激活系统的中转站。网状结构靠近下丘脑部位接受来自中枢和外围两方面的冲动,向下发放引起各种情绪的外部表现;向上传送可使某种情绪处于激活状态,并经过大脑皮层的活动产生主体的体验。

前额叶皮层(prefrontal cortex) 前额叶皮层主要通过背侧外部、腹内侧部和眶部来发挥不同的作用,存在情绪偏侧化效应,左侧与积极情绪有关,右侧与消极情绪有关。额叶皮质—边缘系统的联结对情绪的调节尤其重要,主要有两条相互独立而平行的通路:"额叶内侧—扣带回—海马"通路和"眶回—额叶—颞叶—杏仁核"通路(Etkin, Egner & Kalisch, 2011)。

扣带回 扣带回通过丘脑前核群接受许多皮质区的纤维传入,传入纤维可投射到海马、杏仁核、隔核、丘脑前核及前额叶皮质区等,投射到脑干的纤维可到达上丘脑、中脑中央灰质、蓝斑、中脑被盖等。通过海马和穹窿影响下丘脑,下丘脑则通过乳头丘脑束和前脑前核影响扣带回。Eisenberger, Lieberman和Williams(2003)指出前扣带回对负性情绪的评价起主要作用。前扣带回是扣带沟(cingulate sulcus)和胼胝体(corpus callosum)之间的皮层(Von dem Hagen et al., 2009),根据功能可以将其分为背侧前扣带回(dorsal anterior cingulate cortex, dACC)、腹侧前扣带回(ventral anterior cingulate cortex, vACC)。背侧前扣带回主要负责注意调节,vACC负责加工情绪的突显性(salient)、动机信息以及调节情绪的反应(Bush, Luu和Posner, 2000)。

大脑皮层(cerebral cortex) 人类的情绪多是在大脑皮层的控制和调节下产生的。对情绪的调节不是发生在大脑皮层的某一个区域,而是不同区域协同活动的结果(Fischl et al., 2004)。大脑两半球对情绪的控制和调节存在一定的差异(Davidson, 1992)。Davidson采用脑电记录系统记录被试的脑电活动,让被试先看能唤起愉快情绪的视频,如,动物图片"小狗戏花"和"大猩猩洗澡",接着看唤起厌恶的视频,如,三级伤残尸体和可怕的残肢等。脑电结果表明,愉快的影片使左半球的脑电活动加强,而厌恶的影片使右半球的电位活动加强。

5.2.3 情绪中枢神经反应模式的特异化

额区 EEG 不对称现象

许多情绪研究者力图找到不同的基本情绪与大脑区域之间的对应关系,但直到目前为止都缺乏一致性的研究(Kroupi, Yazdani 和 Ebrahimi, 2011)。Davidson's 的情绪动机模型认为,左侧额区的活动与正性情绪有关,而右侧额区的活动则与负性情绪有关,这种"额区 EEG 不对称"现象一直在情绪研究中占主导地位。Coan 和 Allen 综述了近 70 篇考察情绪和额区 EEG 关系的研究发现在不同的情绪诱发方式下都能够观察到这种额区 EEG 活动的不对称。尽管还有一些研究者并没有观察到这种现象,如 Dennis 和 Solomon(2010)发现双侧 EEG 的活动主要是与负性情绪相关。但如 Kroupi, Yazdani 和 Touradi(2011)采用样本依赖(subject-dependent)和样本独立(subject independent)方法分析情绪性音乐视频诱发被试情绪的研究中所提到的"被试的年龄、个性、文化背景、偏好等会影响被试的脑区活动模式",情绪的 EEG 活动模式是复杂的,需要考虑个体差异性。

情绪加工的大脑偏侧化现象

情绪 EEG 的研究结果表明大脑加工可能存在情绪偏侧化现象。已有研究发现被试在不同的情绪状态下,其大脑的左、右半球、前部与后部的脑电活动存在明显差异。Aftannas 等(1998、2002)考察了 θ、$\alpha 1$、$\alpha 2$、$\alpha 3$ 节律的同步和去同步化随情绪图片唤醒度的变化而变化。结果发现三种不同唤醒度(高、中、低)的图片引起左前部和双侧后部皮层的 θ 波产生明显的同步化;$\alpha 1$ 节律在枕部出现较大同步化;高唤醒度图片引起大脑右半球后部的 θ、$\alpha 1$ 节律的同步化;$\alpha 3$ 节律在左半球前部的同步加大。Krause 等人(2000)的研究采用影片诱发被试的厌恶、悲伤和中性三种情绪,同时记录和分析被试大脑的窄波频带变化:θ 波(4—6 Hz)、θ 波(6—8 Hz)、α 波(8—10 Hz)、α 波(10—12 Hz),发现相比观看悲伤和中性影片,观看厌恶影片引起更大的早 θ(4—8 Hz)波段节律的同步化,且前额皮层比枕部皮层同步化程度更高;被试在看中性影片时,α 波在枕部皮层呈现去同步化效应。Isotani 和 Lehmann(2002)采用快乐和悲伤的音乐作为情绪诱发刺激,发现中性与正性情绪相比,$\alpha 2$、$\beta 2$、$\beta 3$ 在额叶右侧 B6 区、右侧 B6 区和额叶中间 B10 区有更强烈的激活;而负性与正性情绪相比,θ 波在颞叶边缘的 B36 区有更强的激活。Costa, Rognoni 和 Galati(2006)同样采用影片诱发情绪的方法,考察同步化指标(synchronization index, SI)分析脑波节律(0.5—41 Hz)

对正负性(悲伤和高兴)情绪的区分。结果发现,相比于中性影片,正负性情绪性影片均引发了所有脑波节律的同步化指标的增强,并且悲伤影片引起额区脑波的同步化的显著变化;而高兴影片主要是引起额区和枕区脑波的同步化。其他一些采用影片(面部表情变化、诱发情绪的结果发现,引发烦躁情绪时,大脑右半球的α波比左半球低,且前颞叶皮质活跃性最高;而诱发愉快情绪时,则结果相反(Ekman, Davidson 和 Friesen, 1990; Davidson 等, 1992; Jones 和 Fox, 1992)。Crawford 等人(1996)在被试觉醒和催眠状态下诱发愉快和悲伤情绪,对被试大脑前额区(F3F4)、中央区(C3C4)和顶区(P3P4)的 11 个 EEG 窄波频带进行分析,发现低频 α 波(7.5—9.45 Hz)在顶区出现左、右半球差异,而高频 α 波(9.5—13.45 Hz)无差异。相比于积极情绪状态,诱发被试的悲伤情绪时,其右顶区的 α 波(7.5—9.45 Hz)活动显著降低(Crawford, Clarke 和 Kitner-Triolo, 1996)。Aftanas 等(2004)也发现,放松冥想时会产生喜悦情绪状态,这种喜悦状态常伴随着前额和中央区的同步化增强,尤以左前额区最明显;这种主观情绪体验与 θ 波变化相关。以上研究结果表明,正负性情绪与大脑偏侧化之间存在普遍联系,右半球更多地参与负性情绪活动,而左半球更多地与正性情绪活动有关。

采用高空间分辨率技术的研究也发现大脑对情绪反应存在偏侧化现象。研究者发现大脑两侧的杏仁核在情绪加工中的功能可能不一致,即存在杏仁核的情绪偏侧化现象。如,Schneider 等(1997)最早分别采用 PET 和 fMRI 技术的研究都发现:当诱导出悲伤情绪时,左侧杏仁核明显激活。Vuilleumier 等(2001)和 Phelps 等(2001)的 fMRI 研究发现恐惧的面部表情引起的主要是左侧杏仁核的显著激活。Morris, Buchel 和 Dolan(2001)将高音噪声与生气的面部表情图片内隐联结以诱发被试的愤怒情绪,也发现左侧杏仁核显著激活。此外,还有许多研究也都发现其他负性情绪,如悲伤也激活了左侧杏仁核(Lévesque 等, 2003; Posse 等, 2003)。但一些研究也同时发现左侧杏仁核也可能参与高兴等正性情绪。Schneider 等(1997)的研究也同时发现高兴的面部表情也激活了左侧杏仁核。右侧杏仁核也可能与消极情绪有关。Sander 和 Scheich(2005)给被试呈现听觉情绪刺激—笑声和哭声,让他们自我诱导产生相应的情绪,发现双侧杏核激活,但右侧更显著。Osaka 等(2012)让被试观看日本能剧(Noh theater)中的悲伤面孔和中性面孔,发现被试在观看悲伤面孔时右侧杏仁核显著激活(Osaka 等, 2012)。从目前研究看,无论是积极情绪还是消极情绪几乎都引发了左侧、右侧或双侧杏仁核激活。Baas, Aleman 和 Kahn(2004)对 54 项 fMRI 和 PET 研究的元分析发现:左侧杏仁核的激活显著多于右侧杏仁核。Wager 等(2008)对 65 项脑成像研究的元分析也得出同样结论,即杏仁核功能偏侧化偏向左侧,且与消极情绪高度相关。情绪加工涉及的边缘系统除杏仁核外,海马、下丘脑等都参与了情绪加工。因此,关于杏仁核是否存在大脑情绪加工的偏侧化,还需要将其他脑区联系起来。

恐惧、厌恶、悲伤加工的神经环路

由于不同情绪存在正负效价、唤醒度等差异,因此,不同情绪可能会诱发不同脑区的激活,但也存在脑区的重叠激活。以往许多研究探讨和区分了恐惧、厌恶和悲伤三种基本情绪加工的中枢神经机制。下面分别介绍恐惧、厌恶、悲伤三种负性情绪分别激活的脑区及其实验证据。

恐惧 对恐惧情绪的加工对人类的具有重要的生存和适应意义(Pessoa & Adolphs,2010;冯攀和冯廷勇,2013)。Yehuda和LeDoux(2007)总结以往研究提出了恐惧情绪加工的中枢神经环路(如图5.6),发现恐惧加工的中枢神经机制主要涉及以下几个脑区:杏仁核、海马、前扣带回、内侧额叶皮层(medial Prefrontal Cortex,mPFC)、眶额皮层。其中,杏仁核、前扣带回和眶额皮层在恐惧情绪的形成和表达中起重要作用;海马是恐惧记忆与巩固的神经基础;前扣带回、内侧前额叶是恐惧情绪的调节中枢;同时,内侧前额叶在条件化恐惧消退中发挥着重要作用。这些脑区交互作用,揭示了人类恐惧情绪加工的基本神经机制。

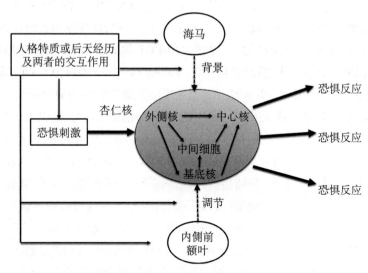

图5.6 恐惧情绪加工过程的神经机制

来源:英文源自Yehuda和LeDoux(2007);中文源自冯攀和冯廷勇(2013).

厌恶 厌恶是由令人不愉悦、反感的事物诱发的情绪。负责厌恶加工的主要脑区有脑岛、基底神经节;相关脑区包括前扣带回、杏仁核和丘脑。除此以外,丘脑(Aleman和Swart,2008)、内侧前额叶等(Phillips et al.,1997)也参与厌恶加工(中文综述见黄好,罗禹,冯廷勇和李红,2010)。厌恶情绪加工神经环路如图 5.7 所示。

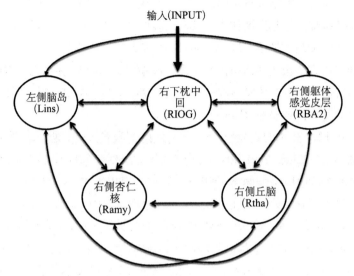

图 5.7 厌恶情绪加工的动态因果模型环路
来源:Tettamanti 等(2012).

　　Calder 等(2000)直接研究一名左侧脑岛、壳核及苍白球受损病人发现,该病人不能够识别厌恶情绪,不能识别言语声音表达的厌恶情绪(如呕吐声),不能对厌恶情景产生厌恶情绪,厌恶感受性显著降低。但该病人识别恐惧、愤怒、悲伤等其他负性情绪的能力与正常人一样。基底神经节参与厌恶加工的证据主要来自对基底节受损病人的研究,包括亨廷顿病人(Huntington's disease, HD)、帕金森病人(Parkinson's Disease, PD)和威尔逊病人(Wilson's Disease, WD),这三类病人在基底神经节上都存在不同程度或部位的损伤(Montoya et al., 2006)。Hayes 等人考察了 HD 病人在 7 类不同情绪任务上的表现,分别是:1)情绪场景产生任务;2)非言语情绪声音识别任务;3)情绪词语分类任务;4)情绪图片分类任务;5)厌恶敏感性测试;6)嗅觉测试;7)味觉测试。在情绪词语分类任务和厌恶敏感性测试任务中,HD 病人与控制组不存在显著差异,但在其他任务中的厌恶加工能力都表现出不同程度受损。HD 病人对言语输入的厌恶加工能力没有受损,而其他类型的厌恶加工能力受损,这可能是由于 HD 病人关于厌恶的言语知识保存完好,只是厌恶感受性受损,因此基底节可能与厌恶感受相关(Hayes, Stevenson & Coltheart, 2007)。无论是体验厌恶情绪还是观看他人厌恶表情都显著激活了前扣带回。杏仁核在厌恶加工中也有激活(Aleman & Swart, C2008; Phillips et al., 2004)。杏仁核和脑岛在某些情绪加工中存在共变关系(Trautmann, Fehr & Herrmann, 2009),而脑岛是厌恶加工的重要结构,因此杏仁核也可能参与厌恶加工。

悲伤 悲伤是种系发展演进中形成的一种基本情绪。前额叶皮质、扣带前回和杏仁核在悲伤情绪加工中起主要作用。其他区域如颞叶、顶叶、基底神经节、丘脑、下丘脑等也参与悲伤情绪的加工。Panksepp 的研究发现：悲伤的表达如人的哭泣或动物的哀嚎由导水管周围灰质回路所控制。在人脑中，这一回路包括中脑、内侧丘脑、隔区、视前区和前带状束皮，刺激该回路可引起或加强哭泣，损伤该回路的相关区域，可减少或甚至消除哭泣或哀嚎(Panksepp，1992)。

一项采用 PET 技术的研究中，研究者要求被试观看愉快或悲伤的面部表情图片并体验由此引发的心境。结果发现，悲伤诱发时，前额叶左侧较之右侧区域脑血流更大(Schneider 等，1994)；Esslen 等(2004)采用 ERP 技术考察了用快乐、悲伤、愤怒、恐惧和厌恶 5 种不同效价的情绪面孔诱发被试的情绪，发现悲伤诱发时，被试右侧额叶激活最高(Esslen 等，2004)。关于杏仁核与悲伤之间的关系，Anderson 和 Phelps 早在 2001 年通过考察杏仁核受损病人的面部表情的研究发现，杏仁核发生病变的患者对悲伤表情反应减少。但正常人的悲伤研究中，研究者却发现杏仁核激活的不对称。Blair 等(1999)采用 PET 技术的研究中，要求被试对紧张度不断变化的悲伤和愤怒面孔作性别区分任务，结果发现，随着悲伤紧张性的不断增加，左侧杏仁核及左侧颞极的激活也增加。许多研究者研究了悲伤情绪诱发时前扣带回的激活特征。George 等(1995)采用 PET 技术考察了悲伤心境和脑区激活之间的联系。被试通过回忆自己经历过的悲伤事件来诱发悲伤心境，同时观看悲伤面孔图片以加强诱发效果。结果发现诱发的悲伤激活了腹侧前扣带回。Lane 等(1997)对比了愉快和悲伤诱发时脑区血流量变化，发现，相比于愉快心境，在悲伤情境下，被试的右侧前扣带回和基底神经节等区域显著激活。Lane 等又进一步比较了悲伤和中性条件，发现悲伤条件下双侧前扣带回和左侧前额叶激活显著增加。Mayberg(1997)采用 PET 技术考察了悲伤诱发时大脑皮质和边缘系统的区域脑血流的变化，发现悲伤诱发时，膝下前扣带回和前脑岛的局部区域脑血流增加，表明这些区域激活。Mayberg 等提出悲伤情境下前扣带回激活显著可能是因为诱发的悲伤情绪能够阻断边缘系统和皮质区域间的相互联系，使得膝下扣带回脑区血流增加。

5.3 情绪的生化反应

内分泌系统(endocrine system)由内分泌腺和分布于其他器官的内分泌细胞组成。神经系统与内分泌系统经常被认为是两个彼此独立的系统，但实际上二者是紧密联系、密切配合和相互作用的两大生物信息传递和调控系统。特别是对于集体自稳性、生物节律性和免疫功能的调节更是基于二者的密切配合,以神经内分泌系统和神经体液调节的方式发挥作用。

不同的情绪状态引起不同的内分泌腺体分泌激素的变化。Cannon 及 Bard 首先提出了情绪是由下丘脑控制的理论。下丘脑作为神经系统的代表,支配着内分泌细胞集中的诸多腺体,构成几个激素轴系统,包括下丘脑-垂体-肾上腺轴、下丘脑-垂体-甲状腺轴等,对全身进行神经内分泌调节不同的情绪状态。通过下丘脑对全身进行神经内分泌调节,从而引起垂体前叶、肾上腺、甲状腺分泌的各类激素的变化。

5.3.1 情绪生化反应的测量方法

不同情绪状态会显著引起肾上腺、甲状腺和脑垂体分泌的各类激素的变化。系统了解对这些内分泌腺激素的检测技术,有助于理解情绪是如何影响神经内分泌系统激素的变化的。

肾上腺激素的检测

肾上腺皮质分泌的激素按其功能分为三类:①盐皮质激素,由球状带合成,是 21 碳皮质类固醇,以醛固酮和 11-脱氧皮质酮为代表,主要功能是调节体内水盐代谢。②糖皮质激素,由束状带合成,也是 21 碳皮质类固醇,以皮质醇与皮质酮为代表,主要功能是影响体内蛋白质、糖、脂类代谢。③性激素,包括雄激素和雌激素,主要功能是维持第二性征和正常的性腺功能,由网状带合成,雄激素为 19 号碳皮质类固醇激素,包括脱氢表雄酮及脱氢表雄酮硫酸酯、雄烯二酮和少量睾酮。雌激素为 18 碳皮质类固醇激素,主要有雌酮和雌二醇。同时也分泌孕酮,为 21 碳类固醇。皮质醇是体内最主要的糖皮质激素,在肾上腺皮质内合成。皮质的合成和分泌受下丘脑-垂体-肾上腺轴的负反馈机制的调节。目前临床上可以有效检测血清总皮质醇、尿游离皮质醇、唾液皮质醇等。检测的方法有许多种,如竞争蛋白结合法、高分辨色谱分析法、放射免疫分析法、电化学发光免疫分析法、荧光分析法、浸渍片法等(Appel 等,2005;Leung 等,2003)。

皮质醇测定 皮质醇可以分别从唾液、尿液和血液中测定。A)血浆皮质醇测定。血浆皮质醇能根据肾上腺功能变化及时反映血清总皮质醇变化情况及皮质醇昼夜节律性。在正常生理条件下,皮质醇的分泌早晨最高,午夜最低。通常采血以上午 8—9 时为正常值,正常值为 175—550 nmol/L。常用测定技术是竞争法原理和电化学发光技术;B)尿游离皮质醇测定。尿游离皮质醇是血中游离皮质醇经肾小球滤过而来,尿中游离皮质醇与血液中游离皮质醇含量成正比。故测定尿游离皮质醇可反映血液中游离皮质醇水平。一般说来,尿游离皮质醇正常值为 55—250 umol/L。现在尿游离皮质醇检测最常用方法是萃取 24 小时小便后用电化学发光免疫分析法检测。

C)唾液皮质醇测定。皮质醇容易穿过细胞膜扩散进入唾液,细胞内扩散使唾液皮质醇浓度不受唾液流速的影响。唾液皮质醇能有效反映血浆皮质醇浓度,唾液皮质醇与血浆皮质醇昼夜节律水平变化完全一致(Nunes 等,2009;Riad-Fahmy,Read 和 Walker,1979;Yaneva 等,2004)。相对于血浆,测定唾液能给评估大脑皮质醇水平提供一个更直接的指标。近年来唾液皮质醇的测定已在国内外广泛开展。目前,用于血清(浆)总皮质醇测定的方法经过改良后均能用于唾液皮质醇测定,常用的是放射免疫法和化学发光免疫法(刘湘群 & 杨华喜,2009)。

醛固酮测定 醛固酮(Aldostercne)为肾上腺皮质激素中的盐皮质激素,能调节人体内电解质的平衡和维持体液容量的恒定。其分泌也是昼夜节律,上午10时最高,午夜最低,分泌入血后,与血浆 CBG(皮质类固醇结合球蛋白)结合很少。目前临床上主要采用的醛固酮测定方法是放射免疫法、发光免疫分析法和高效液相色谱法(陈宇琼,李国祥和黄火强,2013)。

甲状腺激素的检测

血液循环中 TSH、FT4、FT3 三种典型甲状腺激素(thyroxin)的浓度与甲状腺功能关系密切,在甲状腺激素测定中具有重要参考价值。传统的甲状腺激素测定多采用放射免疫(RIA)法,近年来化学发光法或电化学发光(ECLI)分析法逐渐成为甲状腺激素的主要测定方法(朱立和连小兰,2003;胡蓉,2012)。

脑垂体素的检测

脑垂体分泌的激素主要包括促肾上腺皮质激素和促甲状腺激素(thyrotropin,thyroid stimulating hormone,TSH)。

促肾上腺皮质激素检测 促肾上腺皮质激素是腺垂体分泌的微量多肽激素,是肾上腺皮质活性的主要调节者,其释放的频率和幅度具有昼夜节律性。血液中的促肾上腺皮质激素水平在清晨觉醒之前可达到高峰,而半夜熟睡时则最低。临床检测促肾上腺皮质激素的技术主要有放射免疫法、电化学发光法等。

促甲状腺激素检测 促甲状腺激素的功能主要是促进甲状腺细胞增生,使甲状腺能够生长成正常状态,还能够促进甲状腺合成和分泌甲状腺激素。其浓度呈昼夜节律性变化,清晨2—4时最高,下午6—8点是最低。现在医学检测促甲状腺激素浓度的技术有免疫放射分析、酶免疫分析、荧光免疫分析和时间分辨荧光免疫分析及化学发光免疫分析。其中,化学发光免疫分析是一项最新免疫测定技术。

5.3.2 情绪的生化反应模式

内分泌腺激素

情绪过程中的许多生理变化都同内分泌腺的活动有关,其中肾上腺同情绪的关系最为密切(Blomstrand 和 Lofgren, 1956)，它实际上是情绪内脏反应的最主要来源。肾上腺既受自主神经系统所支配，又受中枢神经系统的直接调节。肾上腺由皮质和髓质两部分组成，这两部分通过两条神经内分泌途径对情绪行为发生影响：一是下丘脑-垂体-肾上腺皮质系统，二是下丘脑-交感神经-肾上腺髓质系统。

下丘脑-垂体-肾上腺皮质系统(Hypothalamus-pituitary-adrenal axis, HPA axis) 下丘脑和脑垂体既是神经系统的一部分，本身也是内分泌腺。情绪产生时，下丘脑发放促肾上腺皮质激素释放因子(corticotropinreleasing factor, CRF)调节垂体前叶促肾上腺皮质激素(adrenocorticotropin, ACTH)的分泌量，而促肾上腺皮质激素又控制着肾上腺皮质类固醇的分泌和血液深度。

皮质醇是一种由肾上腺分泌的荷尔蒙，是人体主要的糖皮质激素，其分泌与个体的心理状态有关。一些研究认为消极情绪与皮质醇之间关系密切，恐惧、焦虑、无望、失控的情境可以造成皮质醇的释放(Buchanan, al'Absi 和 Lovallo, 1999)，因此皮质醇又被称为"压力荷尔蒙"。Berk 等的研究发现通过电影诱发被试大笑与对照组相比，被试的皮质醇水平下降(Berk et al., 1997)。Buchanan 等人用 30 分钟的幽默片作为情绪诱发材料，与休息对照组相比，发现观看幽默录像后被试积极情绪增加，消极情绪减少，唾液皮质醇水平明显下降(Buchanan, al'Absi & Lovallo, 1999)。压力调节的一些研究发现，采用如指导性放松和音乐训练等积极心理状态调整方法同样使得被试皮质醇水平降低。如 McKinney 等人的研究发现，6 次指导性放松和音乐的训练之后可使被试皮质醇水平显著下降，时间可以持续 6 周(McKinney et al., 1997)。

下丘脑-交感神经-肾上腺髓质系统 肾上腺髓质系统受交感神经系统控制。在对情绪性刺激发生反应时，交感神经同时刺激内脏器官和肾上腺髓质。通过神经的作用，内脏器官立即进入应激状态。肾上腺髓质分泌的肾上腺髓质则分泌肾上腺素(epinephrine, Epi)、去甲肾上腺素(noradrenaline, Nr)、多巴胺(dopamine, DA)等能够促进生理应激反应，这些激素统称为儿茶酚胺。去甲肾上腺素对感觉唤醒有选择性影响，主导高级情感情境，如使受惊吓的个体特别敏感。多巴胺系统则更多参与正性心理活动过程，主要对急迫状况预期进行调节。因此，人类的正性情绪性反应与高水平多巴胺的活动有关。有研究发现用现代摇滚音乐或负性情绪图片诱发被试紧张、焦虑、苦闷和紧迫感等消极情绪，除造成被试的血压、心率发生明显变化外，去甲肾上腺素、皮质醇、促肾上腺皮质激素明显增加；而用古典音乐诱发被试安宁、平静、放松等积极情绪或正性以及采用中性情绪图片诱发情绪时，刺激后机体血浆的肾上腺素(plasma epinephrine)、去甲肾上腺素、皮质醇、促肾上腺皮质激素水平则无明显变化(Gerra 等,1998; Gerra 等,2003)。

神经肽(neuropeptide)

肽是两个或多个氨基酸通过肽键连接而成的化合物。神经肽对情绪具有调节作用，但作用不同。有些神经肽在激活和抑制具体情绪上起着执行作用，而另一些则只起辅助作用，如对神经整合过程起加强或延续时间的作用。此外，一些神经肽在外周和中枢神经之间起协调作用。由于自主神经系统可以反映情绪的变化，而神经肽能够极大地调节和促进躯体各种自主性神经系统的改变，包括躯体温度和心血管等。因此，神经肽物质在自主神经系统和中枢神经系统间，为调节情绪性提供了许多潜在的联系(Panksepp, 1993; Bos et al., 2012)。由于神经肽的多样化系统在情绪控制中作用复杂，本节中只对与情绪关系较为明晰的肽类作介绍。下丘脑神经肽与情绪相关的下丘脑神经肽主要包括促皮质激素释放激素(CRH)、促甲状腺激素释放激素(TRH)。

下丘脑神经肽 从下丘脑神经元释放出来的CRF，首先激活脑垂体肾上腺素的应激反应。同时，靠近CRF的神经元通过脑干启动先天脑环路，促使加强整合中枢应激反应。CRF主要影响是激活对恐惧、焦虑进行的反应，并分离痛苦反应。去甲肾上腺素对CRF也有直接的抑制效果，而CRF神经元对去甲肾上腺素有兴奋影响。CRF神经元能促使神经紧张肽被耗尽而导致心理抑郁。

垂体肽 与情绪相关的垂体肽包括血管升压素(VP)，促肾上腺皮质激素(ACTH)。加压素能够调节记忆、选择性注意和一般性的认知活动。由于加压素的外周效应可使血压增高，因此被研究者认为具有情绪色调的性质。例如，由于受睾丸酮的控制，它在提高雄性的攻击行为中增加激动性，是发怒的基础。当加压素处于低水平时，产生正性情绪改变，直接与评价情绪刺激相联系。但加压素处于低水平，也有可能导致情绪和认知异常。

内阿片肽(opioid peptide) 内阿片肽主要可以分为四大类：脑啡肽类、内啡肽类、强啡肽类、内吗啡肽类。内阿片肽在体内分布广泛，除广泛分布于中枢神经系统外，在其他组织和器官也有分布，如肾上腺、消化系统等。内阿片肽有抵制负性情绪和促进正性情绪的作用。其中，内啡肽存是已知的最强有力的类鸦片物质。它使人产生幸福、愉快、兴奋和轻松的感觉。它还能解除负性痛苦情绪，不仅能够解除躯体疼痛还能去除社会性失落引起的痛苦。一般认为，愉快状态能刺激内啡肽使免疫系统起作用，因此这种强有力的鸦片剂能成为快乐的信号而可以导致体内平衡，使躯体免疫力提高。但Lu, Siegel和Shaikh(1992)发现，内啡肽的功能不同于社交聚会及美食引起的快感或性兴奋，它有很强的鸦片麻醉成分。脑啡肽比内啡肽的作用要弱，作用的时间也短。它的功能尚不清楚，可能参与短时的愉快反馈及来自各感官的即时性欢乐。

神经甾体

神经甾体是有活性作用的甾体激素,如,糖皮质激素、盐皮质激素、孕激素、性激素等。据临床观察发现,妇女的忧郁、焦虑、易怒常发生在孕酮较低的经前期,孕酮相应增多的怀孕期负性情绪则大大降低,而孕酮减少的分娩后期易急躁忧郁。糖皮质激素可直接参与负性情绪的发生,也可通过 5-羟色胺及皮质激素释放激素(corticotropin-releasing hormone, CRH)等激素发挥作用。发生焦虑、紧张、愤怒等负性情绪时,血浆糖皮质激素水平明显上升,抑郁症患者中还发现血浆皮质醇水平增高,17-羟皮质类固醇增多(李凌江,李则宣,2005)。

雌激素

以往神经科学研究发现,卵巢激素影响情绪加工的脑区和情绪行为的产生,其中卵巢激素中的雌激素对女性的情绪行为起作用(陈春平,程大志和罗跃嘉,2012)。雌激素受体(estrogen receptor, ER)分布于整个大脑,包括海马、杏仁核、丘脑和内嗅皮层等,其中杏仁核雌激素受体的浓度最高,这些脑区是情绪体验的关键脑区,因此雌激素可能会对情绪具有间接的影响(Gasbarri 等,2012)。一项跨年组的研究发现,绝经期女性相比于年轻女性在情绪面孔加工中杏仁核活动明显降低,而改变体内雌激素水平时,这种趋势则逆转(Pruis 等,2009)。此外,雌激素能够影响情绪的唤醒,改变个体情绪体验的强度。如研究发现,绝经后妇女对正性图片的唤醒度明显高于负性图片,且杏仁核对正性图片的激活较强(Mather & Knight, 2005)。而对绝经后妇女使用雌激素后,在情绪感知任务中,其对负性图片的唤醒度明显提高(Tessitore et al., 2005)。

5.3.3 情绪生化反应模式的特异化

现在一般认为,许多激素如神经递质、神经肽、神经甾体和雌激素参与了负性情绪,但调控机制目前尚不明确。韩迎辰、詹光杰,奚耕思等总结负性情绪影响激素变化的原因可能有以下四种:1)单胺类递质的缺乏,尤其是 NE 与 5-HT;2)下丘脑-垂体-肾上腺皮质轴(HPA 轴)负反馈失调,CRH、促肾上腺皮质激素(ATCH)等功能的异常;3)激素分泌异常引起的受体功能、信号传导及基因转录的改变;4)其他激素(如,DA、内源性阿片肽(EOP)、P 物质、氨基酸和遗传因子等(韩迎辰,2005;詹光杰,奚耕思,2006)。

5.4 情绪自主反应与中枢机制的整合

众所周知,情绪是躯体唤醒、外显行为和主体体验等多成分交互影响的复杂心理现象。情绪的外周和中枢生理反应研究发现,一些基本情绪可能会伴随某种特异性的自主神经活动反应模式,而大脑网状结构、边缘系统(下丘脑、海马和杏仁核)和大脑皮层等诸多脑区可能是情绪活动的重要中枢结构。以往研究多采用分离的思路考察不同情绪的外周模式或中枢机制,并不能够全面阐述情绪的复杂特性及情绪体验与身体反应的交互影响(刘飞,蔡厚德,2010)。有研究者提出情绪的自主神经活动反应与中枢神经激活存在整合,如,研究发现大脑右半球可能在引起情绪的自主神经反应中起主导作用(Borod, 2000)。基于情绪自主神经反应的各项生理指标和脑激活状态,有研究者提出了情绪环路模型(Bechara, 2004;Damasio, 1998)和神经内脏整合模型(Hagemann, Waldstein & Thayer, 2003;Thayer & Lane, 2009;Thayer & Ruiz-Padial, 2006),为情绪不同生理机制的整合提供了借鉴。

5.4.1 情绪环路模型

情绪环路模型假设,大脑皮层的皮层下结构与躯体反应状态之间存在一个躯体环路(body loop)(见图5.8),该环路负责加工各种情绪信息和调控躯体反应,来源于外周生理反应模式的不同性质情绪感受在中枢脑区存在映射(Bechara & Damasio, 2005)。已有研究证明了该情绪环路的存在,如 Rudrauf 等(2009)发现,内脏腺体和骨骼肌等躯体状态的变化可以通过脊髓副交感神经和神经内分泌等通路反馈到中枢,从而影响个体的主观感受和决策行为,其中副交感神经是其主要通路。Rudrauf 等还发现情绪图片刺激出现后的 500 ms 内就可诱发心律变异率的改变,几乎同时也

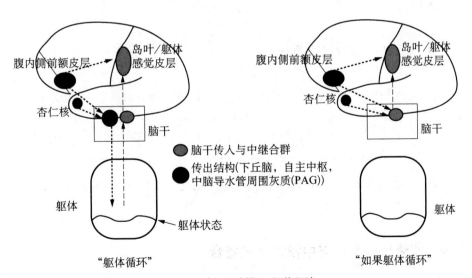

图 5.8　神经环路模型-躯体环路

来源:英文源自 Bechara 和 Damasio (2005);中文源自刘飞和蔡厚德(2010)。

会引起躯体感觉皮层的激活,表明情绪活动中来自躯体的传入信息可以在很短时间内传至感觉皮层,参与对情绪感受的加工。Vianna 等(2009)记录了被试进行不同基本情绪(快乐、恐惧、厌恶、悲伤和愤怒)的自传体回忆任务时的皮电反应和胃动血流(electrogastrogram),结果发现交感系统和胃肠系统的活动水平与被试对情绪唤醒度的评价呈正相关,表明不同性质的情绪感受可能伴随相应的躯体状态变化。

5.4.2 神经内脏整合模型

神经内脏整合模型着重强调情绪加工过程中前额皮层对皮层下脑区和自主神经系统的抑制性调控(见图 5.9),这种抑制效应主要通过孤束核的 γ-氨基丁酸(GABA)神经元实现(Thayer & Ruiz-Padial, 2006)。GABA 是一种抑制性神经递

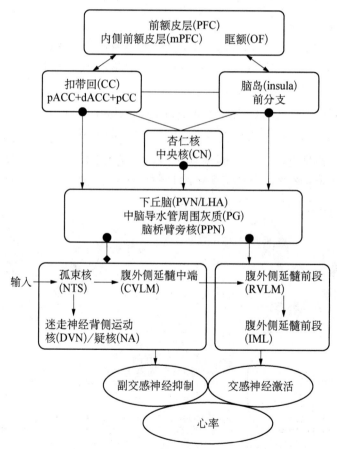

图 5.9 神经内脏整合模型-前额叶皮层对心率的影响
来源:英文源自 Thayer 和 Lane (2009);中文源自刘飞和蔡厚德(2010).

质,如果将其通路阻断,会导致高血压和窦性心动过速等自主反应失衡。功能成像研究(Lane等,2009)表明,眶额皮层、腹内侧前额皮层和前扣带回皮层等脑区的活动减弱程度与心率变异性中高频成分的降低程度呈正相关,表明副交感神经张力的波动变化可能受中枢脑区(如前额皮层)的抑制性调控。

神经环路模型和神经内脏整合模型在阐述情绪生理机制的思路上存在明显差异,前者强调外周反应对中枢脑区的映射作用,试图解释情绪经验产生的生理基础;而后者则强调中枢脑区对外周反应的抑制性调控,试图说明情绪调节的神经基础(刘飞,蔡厚德,2010)。未来研究可以将反映中枢脑区功能活动的技术(如 PET、fMRI 和 MEG)与反映外周自主反应的指标(如心率变异性)等结合起来,从外周反应模式与中枢神经活动整合的角度来探明情绪的生理机制,如目前多通道生理仪器与 fMRI 技术的结合为探讨情绪的外周反应与中枢神经反应的整合提供了可能。

本章小结

目前对情绪生理机制的研究的结果主要有:外周变化(如,自主神经活动、内脏活动的变化)反映与生命过程密切相关的一般唤醒,尚缺乏与情绪相关的稳定的特定外周反应模式。中枢神经各部分的功能既是定位的,又接受皮层的影响与控制。内分泌腺的改变与自主神经系统的改变是相一致的。中枢神经系统、自主神经系统和内分泌系统之间存在网络性的交互作用关系。上述结果只能提供说明情绪与生理有关的线索。而无论是皮肤电反应、循环系统、呼吸还是 EEG 分析都没有明确说明躯体生理变化及中枢神经机制与具体情绪的关系,尚缺乏具体情绪有何种特定(emotion-specific)的躯体反应模式及脑区变化模式的研究。

参考文献

白露,马慧,黄宇霞,罗跃嘉.(2005).中国情绪图片系统的编制—在 46 名中国大学生中的试用.中国心理卫生杂志,19(11),719—722.
蔡菁.(2010).皮肤电反应信号在情感状态识别中的研究.重庆:西南大学.
陈春萍,程大志,罗跃嘉.(2012).雌激素对情绪的影响:心理,神经,内分泌研究.中国科学:生命科学,41(11),1049—1062.
陈雪琼,李国祥,黄火强.(2013).肾素-血管紧张素-醛固酮系统检测研究进展.标记免疫分析与临床,20(3),195—196.
冯攀,冯廷勇.(2013).恐惧情绪加工的神经机制.心理学探新,33(3),209—214.
詹光辰,奚耕思.(2006).负性情绪的生物学基础.现代生物医学进展,6(7),73—75.
韩迎版.(2005).抑郁症及抗抑郁天然药研究进展.药学实践杂志,23(1),3—5.
何世冰,李宏翰.(2005).情绪研究的三种取向:生理、认知与行为.社会心理科学,20(79),290—305.
胡蓉.(2012).化学发光法检测甲状腺激素的临床应用.中国医药导刊,5,098.
黄好,罗禹,冯廷勇,李红.(2010).厌恶加工的神经基础.心理科学进展,18(9),1449—1457.
贾静,刘昌.(2008).影片片段诱发情绪的生理活动研究.中国健康心理学杂志,16(10),1187—1189.
蒋军,陈雪飞,陈安涛(2011).情绪诱发方法及其新进展.西南师范大学学报:自然科学版,36(1),209—214.
李建平,张平,代景华,王丽芳,阎克乐.(2006).五种基本情绪心脏自主神经传出活动模式.中国行为医学科学,15,57—58.
李凌江,李则宣.(2005).精神应激的生物学致病机制研究-Ⅱ:神经内分泌机制.中国行为医学科学,14(2),156—158.
刘飞,蔡厚德.(2010).情绪生理机制研究的外周与中枢神经系统整合模型.心理科学进展,18(4),606—622.
刘涛生,罗跃嘉,马慧,黄宇霞.(2006).本土化情绪声音库的编制和评定.心理科学,29,406—408.
刘树伟,尹玲,唐一源.(2011).功能神经影像学.济南:山东科学技术出版社.

刘贤敏,刘昌.(2011).中国古典音乐诱发情绪的生理活动研究.中国健康心理学杂志,19(5),618—620.
刘湘群,杨华喜.(2009).午夜零点唾液皮质醇测定和 24 小时尿皮质醇测定的相关性研究.现代医药卫生,25(7),1024—1025.
王翠艳,刘昌.(2007).杏仁核情绪功能偏侧化的成像研究述评.心理科学进展,15(2),313—318.
向亦文,阎克乐,陆运青.(2000).大学生皮肤电反应、MMPI 及其关系的初步研究.心理学报,32(1),95—98.
徐景波,孟昭兰,王丽华.(1995).正负性情绪的自主生理反应实验研究.心理科学(3),134—139.
杨宏宇,林文娟.(2005).国际情感图片系统在中国诱发正性和负性情绪反应的研究.中国行为医学科学,14(11),1028—1030.
易欣,葛列众,刘宏燕.(2015).正负性情绪的自主神经反应及应用.心理科学进展,23(1),72—84.
郑璞,刘聪慧,俞国良(2012).情绪诱发方法述评.心理科学进展,20(1),45—55.
朱立,连小兰.(2003).甲状腺激素自身抗体的检测及其临床意义.标记免疫分析与临床,10(1),11—14.

Adolphs, R., Gosselin, F., Buchanan, T. W., Tranel, D., Schyns, P. & Damasio, A. R. (2005). A mechanism for impaired fear recognition after amygdala damage. *Nature*, 433(7021),68–72.

Aftanas, L. I., et al. (1998). Non-linear dynamical coupling between different brain areas during evoked emotions: an EEG investigation. *Biological psychology*, 48(2),121–138.

Aftanas, L. I., et al. (2002). Time-dependent cortical asymmetries induced by emotional arousal: EEG analysis of event-related synchronization and desynchronization in individually defined frequency bands. *International journal of psychophysiology* 44(1),67–82.

Aftanas, L. I., Reva, N. V., Varlamov, A. A., Pavlov, S. V. & Makhnev, V. P. (2004). Analysis of evoked EEG synchronization and desynchronization in conditions of emotional activation in humans: Temporal and topographic characteristics. *Neuroscience and behavioral physiology*, 34(8),859–867.

Aleman, A., Swart, M. & van Rijn, S. (2008). Brain imaging, genetics and emotion. *Biological psychology*, 79(1),58–69.

Anderson, A. K. & Phelps, E. A. (2000). Expression without recognition: Contributions of the human amygdala to emotional communication. *Psychological science*, 11(2),106–111.

Anderson, A. K. & Phelps, E. A. (2001). Lesions of the human amygdala impair enhanced perception of emotionally salient events. *Nature*, 411(6835),305–309.

Anttonen, J. and V. Surakka (2005). Emotions and heart rate while sitting on a chair. Proceedings of the SIGCHI conference on Human factors in computing systems. 491–499.

Appel, D., Schmid, R. D., Dragan, C. A., Bureik, M. & Urlacher, V. B. (2005). A fluorimetric assay for cortisol. *Analytical and bioanalytical chemistry*, 383(2),182–186.

Appelhans, B. M. & Luecken, L. J. (2006). Heart rate variability as an index of regulated emotional responding. *Review of general psychology*, 10(3),229–240.

Appelhans, B. M. & Luecken, L. J. (2008). Heart rate variability and pain: Associations of two interrelated homeostatic processes. *Biological psychology*, 77(2),174–182.

Baas, D., Aleman, A. & Kahn, R. S. (2004). Lateralization of amygdala activation: A systematic review of functional neuroimaging studies. *Brain research reviews*, 45(2),96–103.

Balconi, M., et al. (2012). BIS and BAS correlates with psychophysiological and cortical response systems during aversive and appetitive emotional stimuli processing. *Motivation and emotion*, 36(2),218–231.

Baldaro, B., et al. (2001). Autonomic reactivity during viewing of an unpleasant film. Perceptual and motor skills 93(3),797–805.

Baños, R. M., et al. (2006). Changing induced moods via virtual reality. *Persuasive Technology*, Springer, 7–15.

Barlow, J. S. (1993). The electroencephalogram: Its patterns and origins. Cambridge: MIT Press.

Baumgartner, T., Esslen, M. & Jäncke, L. (2006). From emotion perception to emotion experience: Emotions evoked by pictures and classical music. *International Journal of Psychophysiology*, 60(1),34–43.

Bechara, A. & Damasio, A. R. (2005). The somatic marker hypothesis: A neural theory of economic decision. *Games and economic behavior*, 52(2),336–372.

Bechara, A. (2004). The role of emotion in decision-making: evidence from neurological patients with orbitofrontal damage. *Brain and cognition*, 55(1),30–40.

Bensafi, M., et al. (2002). Autonomic nervous system responses to odours: the role of pleasantness and arousal. *Chemical senses*, 27(8),703–709.

Benuzzi, F., et al. (2009). Brain networks responsive to aversive visual stimuli in humans. *Magnetic resonance imaging*, 27(8),1088–1095.

Berk, L. S., Bittmen, B., Covington, T., Bickford, K., Tom, S. & Westengard, J. (1997). A video presentation of music, nature's imagery and positive affirmations as a combined eustress paradigm modulates neuroendocrine hormones. *Ann Behav Med*, 19,174.

Bernat, E., et al. (2006). Effects of picture content and intensity on affective physiological response. *Psychophysiology*, 43(1),93–103.

Berntson, G. G., Cacioppo, J. T. & Quigley, K. S. (1991). Autonomic determinism: The modes of autonomic control, the doctrine of autonomic space, and the laws of autonomic constraint. *Psychological review*, 98(4),459–487.

Bianchin, M. and A. Angrilli (2012). Gender differences in emotional responses: A psychophysiological study. *Physiology & behavior*, *105*(4), 925–932.

Blair, R. J. R., Morris, J. S., Frith, C. D., Perrett, D. I. & Dolan, R. J. (1999). Dissociable neural responses to facial expressions of sadness and anger. *Brain*, *122*(5), 883–893.

Blomstrand, R. & Lofgren, L. (1956). Influence of emotional stress on the renal circulation. *Psychosomatic medicine*, *18*(5), 420–426.

Borod, J. (Ed.). (2000). The neuropsychology of emotion. New York: Oxford University Press.

Bos, P. A., Panksepp, J., Bluthé, R. M. & van Honk, J. (2012). Acute effects of steroid hormones and neuropeptides on human social-emotional behavior: A review of single administration studies. *Frontiers in neuroendocrinology*, *33*(1), 17–35.

Bradley, M. M, Lang, P. J. The international affective picture system(IPAS) in the study of emotion and attention[M]// Coan. J. A, Allen, J. B, *Handbook of emotion elicitation and assessment*. New York: Oxford University press, 2007: 29–45.

Bradley, M. M., Miccoli, L., Escrig, M. A. & Lang, P. J. (2008). The pupil as a measure of emotional arousal and autonomic activation. *Psychophysiology*, *45*, 602–607.

Brewer, D., et al. (1980). "Induction of mood and mood shift." Journal of Clinical Psychology, 36(1), 215–226.

Britton, J. C., Phan, K. L., Taylor, S. F., Welsh, R. C., Berridge, K. C. & Liberzon, I. (2006). Neural correlates of social and nonsocial emotions: An fMRI study. *Neuroimage*, *31*(1), 397–409.

Brosschot, J. F. and J. F. Thayer (2003). Heart rate response is longer after negative emotions than after positive emotions. *International journal of psychophysiology*, *50*(3), 181–187.

Buchanan, T. W., al'Absi, M. & Lovallo, W. R. (1999). Cortisol fluctuates with increases and decreases in negative affect. *Psychoneuroendocrinology*, *24*(2), 227–241.

Bush, G., et al. (2000). Cognitive and emotional influences in anterior cingulate cortex. Trends in cognitive sciences, 4 (6), 215–222.

Butler, E. A., Wilhelm, F. H. & Gross, J. J. (2006). Respiratory sinus arrhythmia, emotion, and emotion regulation during social interaction. *Psychophysiology*, *43*(6), 612–622.

Cacioppo, J. T., Berntson, G. G., Larsen, J. T., Poehlmann, K. M. & Ito, T. A. (2000). The psychophysiology of emotion. *Handbook of emotions*, *2*, 173–191.

Calder, A. J., et al. (2000). Impaired recognition and experience of disgust following brain injury. *Nature neuroscience*, *3*(11), 1077–1078.

Cannon, W. B., Bodily changes in pain, hunger, fear and rage, 2nd edn. Appleton, New York, 1929.

Cannon, W. B. (1931). Again the James-Lange and the thalamic theories of emotion. *Psychological review*, *38*(4), 281–295.

Chebat, J.-C. and R. Michon (2003). "Impact of ambient odors on mall shoppers' emotions, cognition, and spending: A test of competitive causal theories." *Journal of business research*, *56*(7), 529–539.

Christie, I. C. & Friedman, B. H. (2004). Autonomic specificity of discrete emotion and dimensions of affective space: A multivariate approach. *International journal of psychophysiology*, *51*(2), 143–153.

Coan, J. A. and J. J. Allen (2004). "Frontal EEG asymmetry as a moderator and mediator of emotion." *Biological psychology*, *67*(1), 7–50.

Codispoti. M, Surcinelli. P & Baldaro, B. (2008). "Watching emotional movies: Affective reactions and gender differences." *International journal of psychophysiology*, *69*(2), 90–95.

Collet, C., Vernet-Maury, E., Delhomme, G. & Dittmar, A. (1997). Autonomic nervous system response patterns specificity to basic emotions. Journal of the autonomic nervous system, 62(1–2), 45–57.

Costafreda, S. G., Brammer, M. J., David, A. S. & Fu, C. H. Y. (2008). Predictors of amygdala activation during the processing of emotional stimuli: A meta-analysis of 385 PET and fMRI studies. *Brain research reviews*, *58*(1), 57–70.

Costa, T., et al. (2006). "EEG phase synchronization during emotional response to positive and negative film stimuli." *Neuroscience letters*, *406*(3), 159–164.

Crawford, H. J., Clarke, S. W. & Kitner-Triolo, M. (1996). Self-generated happy and sad emotions in low and highly hypnotizable persons during waking and hypnosis: Laterality and regional EEG activity differences. *International journal of psychophysiology*, *24*(3), 239–266.

Damasio, A. R., Grabowski, T. J., Bechara, A., Damasio, H., Ponto, L. L. B., Parvizi, J. & Hichwa, R. D. (2000). Subcortical and cortical brain activity during the feeling of self-generated emotions. *Nature neuroscience*, *3*(10), 1049–1056.

Damasio, A. (1998). Emotion in the perspective of an integrated nervous system. Brain Research Reviews, 26, 83–86.

Davidson, R. J., Ekman, P., Saron, C. D., Senulis, J. A. & Friesen, W. V. (1990). Approach-withdrawal and cerebral asymmetry: Emotional expression and brain physiology: I. *Journal of personality and social psychology*, *58*(2), 330–341.

Davidson, R. J., Jackson, D. C. & Kalin, N. H. (2000). Emotion, plasticity, context, and regulation: Perspectives from affective neuroscience. *Psychological bulletin*, *126*(6), 890.

Davidson, R. J., Schwartz, G. E., Saron, C., Bennett, J. & Goleman, D. J. (1979). Frontal versus parietal EEG asymmetry during positive and negative affect. Paper presented at the Psychophysiology.
Davidson, R. J. (1992). Anterior cerebral asymmetry and the nature of emotion. *Brain and cognition*, 20(1), 125–151.
Dawson, Michael E, Schell, Anne M & Filion, Diane L. (2007). The Electrodermal System. *Handbook of psychophysiology*, 159.
Dennis, T. A. and B. Solomon (2010). Frontal EEG and emotion regulation: Electrocortical activity in response to emotional film clips is associated with reduced mood induction and attention interference effects. *Biological psychology*, 85(3), 456–464.
Egloff, B., Schmukle, S. C., Burns, L. R. & Schwerdtfeger, A. (2006). Spontaneous emotion regulation during evaluated speaking tasks: Associations with negative affect, anxiety expression, memory, and physiological responding. *Emotion*, 6(3), 356–366.
Egloff, B., Wilhelm, F. H., Neubauer, D. H., Mauss, I. B. & Gross, J. J. (2002). Implicit anxiety measure predicts cardiovascular reactivity to an evaluated speaking task. *Emotion*, 2(1), 3–11.
Eisenberger, N. I., Lieberman, M. D. & Williams, K. D. (2003). Does rejection hurt? An fMRI study of social exclusion. *Science*, 302(5643), 290–292.
Ekman, P., Levenson, R. W. & Friesen, W. V. (1983). Autonomic nervous system activity distinguishes among emotions. *Science*, 221(4616), 1208–1210.
Ekman, P., et al. (1990). The Duchenne smile: Emotional expression and brain physiology: II. *Journal of personality and social psychology*, 58(2), 342–353.
Ellis, R. J. & Simons, R. F. (2005). The impact of music on subjective and physiological indices of emotion while viewing films. *Psychomusicology: A Journal of research in music cognition*, 19(1), 15–40.
Esslen, M., Pascual-Marqui, R. D., Hell, D., Kochi, K. & Lehmann, D. (2004). Brain areas and time course of emotional processing. *NeuroImage*, 21(4), 1189–1203.
Etkin, A., Egner, T. & Kalisch, R. (2011). Emotional processing in anterior cingulate and medial prefrontal cortex. *Trends in cognitive sciences*, 15(2), 85–93.
Etkin, A. (2010). Functional neuroanatomy of anxiety: A neural circuit perspective Behavioral neurobiology of anxiety and its treatment. *Current topics in behavioral neurosciences*, 2, 251–277.
Fischl, B., van der Kouwe, A., Destrieux, C., Halgren, E., Ségonne, F., Salat, D. H., ... Kennedy, D. (2004). Automatically parcellating the human cerebral cortex. *Cerebral Cortex*, 14(1), 11–22.
Frankenhaeuser, M. & Rissler, A. (1970). Effects of punishment on catecholamine release and efficiency of performance. *Psychopharmacologia*, 17(5), 378–390.
Frankenhaeuser, M., Mellis, I., Rissler, A., Björkvall, C. & Patkai, P. (1968). Catecholamine excretion as related to cognitive and emotional reaction patterns. *Psychosomatic medicine*, 30(1), 109–120.
Gasbarri, A., et al. (2012). Estrogen, cognitive functions and emotion: an overview on humans, non-human primates and rodents in reproductive years. *Reviews in the Neurosciences*, 23(5–6), 587–660.
Geangu, E., Hauf, P., Bhardwaj, R. & Bentz, W. (2011). Infant pupil diameter changes in response to others' positive and negative emotions. *PloS One*, 6(11), e27326.
Gendolla, G. H. E., Abele, A. E. & Krüsken, J. (2001). The informational impact of mood on effort mobilization: A study of cardiovascular and electrodermal responses. *Emotion*, 1(1), 12–24.
George, M. S., Ketter, T. A., Parekh, P. I., Horwitz, B., Herscovitch, P. & Post, R. M. (1995). Brain activity during transient sadness and happiness in healthy women. *American Journal of Psychiatry*, 152(3), 341–351.
Gerra, G., Baldaro, B., Zaimovic, A., Moi, G., Bussandri, M., Raggi, M. A. & Brambilla, F. (2003). Neuroendocrine responses to experimentally-induced emotions among abstinent opioid-dependent subjects. *Drug and alcohol dependence*, 71(1), 25–35.
Gerra, G., Zaimovic, A., Franchini, D., Palladino, M., Giucastro, G., Reali, N., ... Brambilla, F. (1998). Neuroendocrine responses of healthy volunteers to 'techno-music': Relationships with personality traits and emotional state. *International Journal of Psychophysiology*, 28(1), 99–111.
Gilbert, D. G. & Hagen, R. L. (1980). The effects of nicotine and extraversion on self-report, skin conductance, electromyographic, and heart responses to emotional stimuli. *Addictive behaviors*, 5(3), 247–257.
Gomez, P., et al. (2004). Respiratory responses during affective picture viewing. *Biological psychology*, 67(3), 359–373.
Gomez, P., et al. (2005). Respiratory responses associated with affective processing of film stimuli. *Biological psychology*, 68(3), 223–235.
Gomez, P., et al. (2008). Respiration, metabolic balance, and attention in affective picture processing. *Biological psychology*, 78(2), 138–149.
Haag, A., Goronzy, S., Schaich, P. & Williams, J. (2004). Emotion recognition using bio-sensors: First steps towards an automatic system. *Affective dialogue systems* (pp. 36–48). Berlin: Springer.
Hagemann, D., Waldstein, S. R. & Thayer, J. F. (2003). Central and autonomic nervous system integration in emotion. *Brain and cognition*, 52(1), 79–87.
Hayes, C., et al. (2007). Disgust and Huntington's disease. *Neuropsychologia*, 45(6), 1135–1151.

Hubert, W. & de Jong-Meyer, R. (1991). Autonomic, neuroendocrine, and subjective responses to emotion-inducing film stimuli. *International journal of psychophysiology*, 11(2), 131-140.

Hubert, W., Möller, M. & de Jong-Meyer, R. (1993). Film-induced amusement changes in saliva cortisol levels. *Psychoneuroendocrinology*, 18(4), 265-272.

Isotani, T., et al. (2002). Source localization of brain electric activity during positive, neutral and negative emotional states. *International congress series*, 1232, 165-173.

James, W. (1884). II.—What is an emotion? *Mind*, 34, 188-205.

Johnson-Laird, P. N. & Oatley, K. (1989). The language of emotions: An analysis of a semantic field. *Cognition and emotion*, 3(2), 81-123.

Jones, N. A. & Fox, N. A. (1992). Electroencephalogram asymmetry during emotionally evocative films and its relation to positive and negative affectivity. *Brain and cognition*, 20(2), 280-299.

Kallinen, K. (2004). "Emotion related psychophysiological responses to listening music with eyesopen versus eyes-closed: electrodermal (EDA), electrocardiac (ECG), and electromyographic (EMG) measures." *Proc. of Music Perception & Cognition*: 299-301.

Keil, A., et al. (2001). "Effects of emotional arousal in the cerebral hemispheres: a study of oscillatory brain activity and event-related potentials." *Clinical neurophysiology*, 112(11), 2057-2068.

Khalfa, S., Isabelle, P., Jean-Pierre, B. & Manon, R. (2002). Event-related skin conductance responses to musical emotions in humans. *Neuroscience letters*, 328(2), 145-149.

Kleiger, R. E., Stein, P. K. & Bigger, J. T. (2005). Heart rate variability: Measurement and clinical utility. *Annals of noninvasive electrocardiology*, 10(1), 88-101.

Klüver, H. & Bucy, P. C. (1937). "Psychic blindness" and other symptoms following bilateral temporal lobectomy in Rhesus monkeys. *American journal of physiology*, 119, 352-353.

Kober, H., Barrett, L. F., Joseph, J., Bliss-Moreau, E., Lindquist, K. & Wager, T. D. (2008). Functional grouping and cortical-subcortical interactions in emotion: A meta-analysis of neuroimaging studies. *Neuroimage*, 42(2), 998-1031.

Krause, C. M., Viemerö, V., Rosenqvist, A., Sillanmäki, L. & Åström, T. (2000). Relative electroencephalographic desynchronization and synchronization in humans to emotional film content: An analysis of the 4-6, 6-8, 8-10 and 10-12 Hz frequency bands. *Neuroscience letters*, 286(1), 9-12.

Kreibig, S. D., Wilhelm, F. H., Roth, W. T. & Gross, J. J. (2007). Cardiovascular, electrodermal, and respiratory response patterns to fear—and sadness—inducing films. *Psychophysiology*, 44(5), 787-806.

Kreibig, S. D. (2010). Autonomic nervous system activity in emotion: A review. Biological psychology, 84(3), 394-421.

Kroupi, E., et al. (2011). EEG correlates of different emotional states elicited during watching music videos. *Affective Computing and Intelligent Interaction*, Springer: 457-466. S. D'Mello et al. (Eds.): ACII 2011, Part II, LNCS 6975, pp. 457-466.

Krumhansl, C. L. (1997). An exploratory study of musical emotions and psychophysiology. *Canadian journal of experimental psychology/revue canadienne de psychologie expérimentale*, 51(4), 336-352.

Lane, R. D. & Nadel, L. (2002). *Cognitive neuroscience of emotion*. New York: Oxford University Press.

Lane, R. D., McRae, K., Reiman, E. M., Chen, K., Ahern, G. L & Thayer, J. F. (2009). Neural correlates of heart rate variability during emotion. *Neuroimage*, 44(1), 213-222.

Lane, R. D., Reiman, E. M., Ahern, G. L., Schwartz, G. E. & Davidson, R. J. (1997). Neuroanatomical correlates of happiness, sadness, and disgust. *American journal of psychiatry*, 154(7), 926-933.

Larsen, J. T., Berntson, G. G., Poehlmann, K. M., Ito, T. A. & Cacioppo, J. T. (2008). The psychophysiology of emotion. *Handbook of emotions*, 3, 180-195.

Laukka, S. J., Haapala, M., Lehtihalmes, M., Väyrynen, E. & Seppänen, T. (2013). Pupil size variation related to oral report of affective pictures. *Procedia-social and behavioral sciences*, 84, 18-23.

LeDoux, J. E., Cicchetti, P., Xagoraris, A. & Romanski, L. M. (1990). The lateral amygdaloid nucleus: Sensory interface of the amygdala in fear conditioning. *The Journal of neuroscience*, 10(4), 1062-1069.

LeDoux, J. E. (1993). Emotional memory systems in the brain. Behavioural brain research, 58(1), 69-79.

LeDoux, J. (1998). Fear and the brain: Where have we been, and where are we going? *Biological psychiatry*, 44(12), 1229-1238.

LeDoux, J. (2003). The emotional brain, fear, and the amygdala. *Cellular and molecular neurobiology*, 23(4-5), 727-738.

Leung, W., Chan, P., Bosgoed, F., Lehmann, K., Renneberg, I., Lehmann, M. & Renneberg, R. (2003). One-step quantitative cortisol dipstick with proportional reading. *Journal of immunological methods*, 281(1), 109-118.

Levenson, R. W., Ekman, P. & Friesen, W. V. (1990). Voluntary facial action generates emotion-specific autonomic nervous system activity. *Psychophysiology*, 27(4), 363-384.

Levenson, R. W. (1992). Autonomic nervous system differences among emotions. *Psychological science*, 3(1), 23-27.

Levenson, R. W., et al. (1992). "Emotion and autonomic nervous system activity in the Minangkabau of West Sumatra." *Journal of personality and social psychology*, 62(6): 972.

Levenson, R. W., et al. (1991). Emotion, physiology, and expression in old age. Psychology and aging, 6(1), 28-35.

Levenson, R. W. (2011). Basic emotion questions. *Emotion review*, 3(4), 379-386.
Levenson, R. W. (2014). The autonomic nervous system and emotion. *Emotion review*, 6(2), 100-112.
Lévesque, J., Eugène, F., Joanette, Y., Paquette, V., Mensour, B., Beaudoin, G., ... Beauregard, M. (2003). Neural circuitry underlying voluntary suppression of sadness. *Biological psychiatry*, 53(6), 502-510.
Lin, M.-H. J., et al. (2015). Olfactory Imagery and Emotions: Neuroscientific Evidence. *Ideas in Marketing: Finding the new and polishing the old, developments in marketing science: proceedings of the academy of marketing Science*, pp 617-620.
Lindquist, K. A. & Barrett, L. F. (2012). A functional architecture of the human brain: Emerging insights from the science of emotion. *Trends in cognitive sciences*, 16(11), 533-540.
Lindquist, K. A., Wager, T. D., Kober, H., Bliss-Moreau, E. & Barrett, L. F. (2012). The brain basis of emotion: A meta-analytic review. *Behavioral and brain sciences*, 35(03), 121-143.
Lindsley, C. H. (1951). Measurement of fiber orientation. *Textile research journal*, 21(1), 39-46.
Lu, C. -L., et al. (1992). Role of NMDA receptors in hypothalamic facilitation of feline defensive rage elicited from the midbrain periaqueductal gray. *Brain research*, 581(1), 123-132.
Malatesta, C. Z., Izard, C. E., Culver, C. & Nicolich, M. (1987). Emotion communication skills in young, middle-aged, and older women. *Psychology and aging*, 2(2), 193-203.
Marston, A., et al. (1984). Toward the laboratory study of sadness and crying. *The American journal of psychology*, 97(1), 127-131.
Mather, M. and M. Knight (2005). Goal-directed memory: the role of cognitive control in older adults' emotional memory. *Psychology and aging*, 20(4), 554-570.
Mayberg, H. S. (1997). Limbic-cortical dysregulation: A proposed model of depression. *The Journal of neuropsychiatry and clinical neurosciences*, 9(3), 471-481.
McFarland, Richard A. (1985). Relationship of skin temperature changes to the emotions accompanying music. *Biofeedback and self-regulation*, 10(3), 255-267.
McKinney, C. H., Antoni, M. H., Kumar, M., Tims, F. C. & McCabe, P. M. (1997). Effects of guided imagery and music (GIM) therapy on mood and cortisol in healthy adults. *Health psychology*, 16(4), 390-400.
Montano, N., Porta, A., Cogliati, C., Costantino, G., Tobaldini, E., Casali, K. R. & Iellamo, F. (2009). Heart rate variability explored in the frequency domain: A tool to investigate the link between heart and behavior. *Neuroscience & biobehavioral reviews*, 33(2), 71-80.
Morris, J. S., Buchel, C. & Dolan, R. J. (2001). Parallel neural responses in amygdala subregions and sensory cortex during implicit fear conditioning. *Neuroimage*, 13(6), 1044-1052.
Müller, M. M., et al. (1999). "Processing of affective pictures modulates right-hemispheric gamma band EEG activity." *Clinical neurophysiology*, 110(11), 1913-1920.
Myrtek, M. (2004). Heart and emotion: Ambulatory monitoring studies in everyday life. Cambridge: Hogrefe & Huber Publishers.
Neumann, S. A. and S. R. Waldstein (2001). "Similar patterns of cardiovascular response during emotional activation as a function of affective valence and arousal and gender." *Journal of psychosomatic research*, 50(5), 245-253.
Nunes, M., Vattaut, S., Corcuff, J., Rault, A., Loiseau, H., Gatta, B., ... Tabarin, A. (2009). Late-night salivary cortisol for diagnosis of overt and subclinical Cushing's syndrome in hospitalized and ambulatory patients. *The journal of clinical endocrinology & metabolism*, 94(2), 456-462.
O'Connor, R. M., Finger, B. C., Flor, P. J. & Cryan, J. F. (2010). Metabotropic glutamate receptor 7: At the interface of cognition and emotion. *European journal of pharmacology*, 639(1), 123-131.
Öhman, A. & Mineka, S. (2001). Fears, phobias, and preparedness: Toward an evolved module of fear and fear learning. *Psychological review*, 108(3), 483-522.
Olds, J. & Milner, P. (1954). Positive reinforcement produced by electrical stimulation of septal area and other regions of rat brain. *Journal of comparative and physiological psychology*, 47(6), 419-427.
Osaka, N., Minamoto, T., Yaoi, K. & Osaka, M. (2012). Neural correlates of delicate sadness: An fMRI study based on the neuroaesthetics of Noh masks. *Neuroreport*, 23(1), 26-29.
Palomba, D., et al. (2000). "Cardiac responses associated with affective processing of unpleasant film stimuli." *International journal of psychophysiology*, 36(1), 45-57.
Panksepp, J. (1986). The neurochemistry of behavior. *Annual review of psychology*, 37(1), 77-107.
Panksepp, J. (1992). A critical role for "affective neuroscience" in resolving what is basic about basic emotions. *Psychological review*, 99(3), 554-560.
Panksepp, J. (1993). Neurochemical control of moods and emotions: Amino acids to neuropeptides. Lewis, M. (Ed); Haviland, J. M. (Ed), (1993). *Handbook of emotions*. (pp. 87-107). New York, NY, US: Guilford Press, xiii, 653 pp.
Panksepp, J. (1998). The periconscious substrates of consciousness: Affective states and the evolutionary origins of the SELF. *Journal of consciousness studies*, 5(5-6), 5-6.
Paradiso, S., Johnson, D. L., Andreasen, N. C., O'Leary, D. S., Watkins, G. L., Boles Ponto, L. L. & Hichwa, R. D. (1999). Cerebral blood flow changes associated with attribution of emotional valence to pleasant, unpleasant, and

neutral visual stimuli in a PET study of normal subjects. *American journal of psychiatry*, 156(10), 1618–1629.
Partala, T. & Surakka, V. (2003). Pupil size variation as an indication of affective processing. *International journal of human-computer studies*, 59(1), 185–198.
Pessoa, L. & Adolphs, R. (2010). Emotion processing and the amygdala: From a 'low road' to 'many roads' of evaluating biological significance. *Nature reviews neuroscience*, 11(11), 773–783.
Phelps, E. A., O'Connor, K. J., Gatenby, J. C., Gore, J. C., Grillon, C. & Davis, M. (2001). Activation of the left amygdala to a cognitive representation of fear. *Nature neuroscience*, 4(4), 437–441.
Phillips, M. L., Young, A. W., Senior, C., Brammer, M., Andrew, C., Calder, A. J., ... David, A. S. (1997). A specific neural substrate for perceiving facial expressions of disgust. *Nature*, 389(6650), 495–498.
Posse, S., Fitzgerald, D., Gao, K., Habel, U., Rosenberg, D., Moore, G. J. & Schneider, F. (2003). Real-time fMRI of temporolimbic regions detects amygdala activation during single-trial self-induced sadness. *Neuroimage*, 18(3), 760–768.
Pruis, T., et al. (2009). Estrogen modifies arousal but not memory for emotional events in older women. *Neurobiology of aging*, 30(8), 1296–1304.
Rainville, P., Bechara, A., Naqvi, N. & Damasio, A. R. (2006). Basic emotions are associated with distinct patterns of cardiorespiratory activity. *International journal of psychophysiology*, 61(1), 5–18.
Ray, W. J. and H. W. Cole (1985). EEG alpha activity reflects attentional demands, and beta activity reflects emotional and cognitive processes. *Science*, 228(4700), 750–752.
Riad-Fahmy, D., Read, G. F. & Walker, R. F. (1979). Salivary steroid assays for screening endocrine function. *Postgraduate medical journal*, 56, 75–78.
Ritz, T., Alatupa, S., Thöns, M. & Dahme, B. (2002). Effects of affective picture viewing and imagery on respiratory resistance in nonasthmatic individuals. *Psychophysiology*, 39(1), 86–94.
Ritz, T. (2004). Probing the psychophysiology of the airways: Physical activity, experienced emotion, and facially expressed emotion. *Psychophysiology*, 41(6), 809–821.
Rudrauf, D., Lachaux, J., Damasio, A., Baillet, S., Hugueville, L., Martinerie, J., ... Renault, B. (2009). Enter feelings: Somatosensory responses following early stages of visual induction of emotion. *International journal of psychophysiology*, 72(1), 13–23.
Sammler, D., et al. (2007). "Music and emotion: electrophysiological correlates of the processing of pleasant and unpleasant music." *Psychophysiology*, 44(2), 293–304.
Sánchez-Navarro, J. P., Martínez-Selva, J. M., Román, F. & Torrente, G. (2006). The effect of content and physical properties of affective pictures on emotional responses. *The Spanish journal of psychology*, 9(02), 145–153.
Sander, K. and H. Scheich (2005). "Left auditory cortex and amygdala, but right insula dominance for human laughing and crying." *Journal of cognitive neuroscience*, 17(10), 1519–1531.
Sarlo, M., et al. (2005). "Changes in EEG alpha power to different disgust elicitors: the specificity of mutilations." *Neuroscience letters*, 382(3), 291–296.
Scheirer, J., Fernandez, R., Klein, J. & Picard, R. W. (2002). Frustrating the user on purpose: A step toward building an affective computer. *Interacting with computers*, 14(2), 93–118.
Schellberg, D., et al. (1990). "EEG power and coherence while male adults watch emotional video films." *International journal of psychophysiology*, 9(3), 279–291.
Schmidt, L. A. and L. J. Trainor (2001). "Frontal brain electrical activity (EEG) distinguishes valence and intensity of musical emotions." *Cognition & Emotion*, 15(4), 487–500.
Schneider, F., Grodd, W., Weiss, U., Klose, U., Mayer, K. R., Nägele, T. & Gur, R. C. (1997). Functional MRI reveals left amygdala activation during emotion. Psychiatry Research: *Neuroimaging*, 76(2–3), 75–82.
Schneider, F., Gur, R. C., Jaggi, J. L. & Gur, R. E. (1994). Differential effects of mood on cortical cerebral blood flow: A 133xenon clearance study. *Psychiatry research*, 52(2), 215–236.
Shagass, C. (1972). Electrical activity of the brain. *Handbook of psychophysiology*, 263–328.
Shivakumar, G & Vijaya, PA. (2012). Emotion recognition using finger tip temperature: first step towards an automatic system. *Int J Comput Electr Eng (Singap)*, 4(3), 252–255.
Simons, R. F., et al. (1999). "Emotion processing in three systems: The medium and the message." *Psychophysiology*, 36(5), 619–627.
Sinha, R., Lovallo, W. R. & Parsons, O. A. (1992). Cardiovascular differentiation of emotions. Psychosomatic Medicine, 54(4), 422–435. Smith, J. C., Löw, A., Bradley, M. M. & Lang, P. J. (2006). Rapid picture presentation and affective engagement. *Emotion*, 6(2), 208–214.
Stenberg, G. (1992). "Personality and the EEG: Arousal and emotional arousability." *Personality and Individual Differences*, 13(10), 1097–1113.
Stephens, C. L., Christie, I. C. & Friedman, B. H. (2010). Autonomic specificity of basic emotions: Evidence from pattern classification and cluster analysis. *Biological psychology*, 84(3), 463–473.
Terathongkum, S. & Pickler, R. H. (2004). Relationships among heart rate variability, hypertension, and relaxation techniques. *Journal of vascular nursing*, 22(3), 78–82.
Tessitore, A., et al. (2005). Functional changes in the activity of brain regions underlying emotion processing in the

elderly. *Psychiatry research: Neuroimaging*, *139*(1), 9–18.

Tettamanti, M., Rognoni, E., Cafiero, R., Costa, T., Galati, D. & Perani, D. (2012). Distinct pathways of neural coupling for different basic emotions. *Neuroimage*, *59*(2), 1804–1817.

Thayer, J. F. & Lane, R. D. (2009). Claude Bernard and the heart-brain connection: Further elaboration of a model of neurovisceral integration. *Neuroscience & biobehavioral reviews*, *33*(2), 81–88.

Thayer, J. F. & Ruiz-Padial, E. (2006). Neurovisceral integration, emotions and health: An update. *International Congress Series*, *1287*, 122–127.

Thayer, J. F., Åhs, F., Fredrikson, M., Sollers III, J. J. & Wager, T. D. (2012). A meta-analysis of heart rate variability and neuroimaging studies: implications for heart rate variability as a marker of stress and health. *Neuroscience & biobehavioral reviews*, *36*(2), 747–756.

Trautmann, S. A., et al. (2009). "Emotions in motion: dynamic compared to static facial expressions of disgust and happiness reveal more widespread emotion-specific activations." *Brain research*, *1284*, 100–115.

Vianna, E. P. M. & Tranel, D. (2006). Gastric myoelectrical activity as an index of emotional arousal. *International journal of psychophysiology*, *61*(1), 70–76.

Vianna, E. P. M., Naqvi, N., Bechara, A. & Tranel, D. (2009). Does vivid emotional imagery depend on body signals? *International journal of psychophysiology*, *72*(1), 46–50.

Von dem Hagen, E. A. H., Beaver, J. D., Ewbank, M. P., Keane, J., Passamonti, L., Lawrence, A. D. & Calder, A. J. (2009). Leaving a bad taste in your mouth but not in my insula. *Social cognitive and affective neuroscience*, *4*(4), 379–386.

Vuilleumier, P., Armony, J. L., Driver, J. & Dolan, R. J. (2001). Effects of attention and emotion on face processing in the human brain: An event-related fMRI study. *Neuron*, *30*(3), 829–841.

Von Leupoldt, Andreas, Vovk, Andrea, Bradley, Margaret M, Keil, Andreas, Lang, Peter J & Davenport, Paul W. (2010). The impact of emotion on respiratory-related evoked potentials. Psychophysiology, 47(3), 579–586.

Vytal, K. & Hamann, S. (2010). Neuroimaging support for discrete neural correlates of basic emotions: A voxel-based meta-analysis. *Journal of cognitive neuroscience*, *22*(12), 2864–2885.

Wager, T. D., Barrett, L. F., Bliss-Moreau, E., Lindquist, K., Duncan, S., Kober, H., ... Mize, J. (2008). The neuroimaging of emotion. The handbook of emotion, 3, 249–271.

Wright, J. and W. Mischel (1982). "Influence of affect on cognitive social learning person variables." *Journal of personality and social psychology*, *43*(5): 901–914.

Yaneva, M., Mosnier-Pudar, H., Dugué, M., Grabar, S., Fulla, Y. & Bertagna, X. (2004). Midnight salivary cortisol for the initial diagnosis of Cushing's syndrome of various causes. *The Journal of clinical endocrinology & metabolism*, *89*(7), 3345–3351.

Yehuda, R. & LeDoux, J. (2007). Response variation following trauma: A translational neuroscience approach to understanding PTSD. *Neuron*, *56*(1), 19–32.

6 情绪的毕生发展

6.1 情绪的早期发展 / 184
　　6.1.1 情绪理解的发展 / 184
　　6.1.2 情绪体验和表达的发展 / 190
　　6.1.3 情绪调节的发展 / 193
6.2 情绪的晚期发展 / 195
　　6.2.1 情绪识别年老化 / 195
　　6.2.2 情绪体验年老化 / 196
　　6.2.3 情绪调节年老化 / 198
　　6.2.4 老年人的正性情绪偏向 / 199
　　6.2.5 正性情绪偏向的理论解释 / 203
6.3 情绪发展的影响因素 / 204
　　6.3.1 情绪发展的神经生理基础 / 204
　　6.3.2 情绪发展的社会文化基础 / 211

　　随着成年人情绪研究的兴起，情绪的发展也在发展科学中成为热点。人的一生是多方面发展的，而情绪的发展正是其中最重要的过程之一，在人的毕生发展中产生了广泛的影响。正如老年心理学家 Baltes 的毕生发展观(lifespan perspective)所指出的，个体的发展是一个多维、动态、多功能、非线性的毕生过程(Baltes 等，2006)。情绪的毕生发展变化不仅反映了情绪体验的多样性，也体现了个体心理发展的许多特征。这些特征包括情绪的心理生理基础，情绪知觉、理解、共情和自我认识能力的发展，情绪表达规则的掌握，以及情绪调节能力的发展。这些能力如何发展成熟，以及如何整合在一起来塑造情绪的体验和表达的过程构成了情绪的发展。在人生的每个阶段，情绪的理解、体验、表达和调节能力的发展都推动了个体心理特征的发展及其与外部社会的互动，同时这些心理特征的发展及其社会文化背景也反过来推动了情绪的发展。例如，从父母对婴儿情绪的反映到日常生活中的情绪观念的点点滴滴中，社会文化使得某些情绪在社会生活中特别突显，从而引起这些情绪的更多体验和表达；而大脑边缘系统和前额叶等功能结构的发育成熟决定了儿童的情绪体验和调节能力何时获得并如何发展。

随着人的生理成熟到老化以及社会适应的过程,人类情绪的发展首先表现出了情绪的生物属性,之后则逐渐反映出更多的社会文化属性。人类情绪的发生和发展,历经婴幼儿期、儿童期、青少年期、成人期及老年期,同其他领域的发展一样,遵循一定顺序和规律。从人类的婴儿期到青春期,与情绪相关的各个脑结构相继发育成熟,直到成年期相对稳定,再到老年期,一些情绪脑结构发生退化。这些神经生理基础的变化,也必然带来情绪的发展性变化,使得不同时期情绪的发展表现出独特的特点。考虑到其他章节已经涵盖了成年期的情绪功能,本章便基于情绪的生理发展特点,主要围绕人类毕生发展早期(婴儿期到青春期)和晚期(老年期)的情绪发展过程,分别从神经生理基础和社会文化的角度阐述情绪发展的生物性和社会文化属性。

6.1 情绪的早期发展

在整个毕生发展过程中,人类的情绪随着年龄增长会发生显著的变化。神经生理的成熟,自我理解和理解他人能力的发展,逐渐增强的对人与环境的评价能力,社会交往和自我控制能力的发展,以及对社会习俗和规则的认识,这些都与情绪的发展密切相关。在初始阶段,由于神经生理的不成熟、认知能力发展的不足和社会经验的匮乏,人类婴儿的情绪更多表现为先天的基本情绪,承担着婴儿与其照顾者之间的社会交互功能。例如,刚出生1到2天的新生儿就会有痛苦、厌恶和微笑反应,这与其生理需要是否被满足密切相关。这些先天的情绪也是人际互动的社会化开端。随着生理的成熟和心智的成长,情绪越来越受社会文化因素的影响,由初级情绪慢慢分化出复杂的社会情绪,各种情绪在生理成熟、认知发展和社会经验的累积中逐渐发生。因而,情绪又是后天的社会产物。情绪的机能主义观点认为,个体的情绪发展依赖于个体对情境事件与自身关系的认知(Campos et al., 1994)。由于情绪对生存的适应性价值,个体的某些情绪模式从一出生就具有,并能持续一生帮助个体适应新的环境。随着个体社会化和认知的发展,其与情境交互模式的数量、复杂程度不断发展变化,其情绪也就得到不断的分化和发展(刘国雄和张丽锦,2010)。

6.1.1 情绪理解的发展

情绪理解是指个体理解情绪的原因和结果的能力,以及应用这些信息对自我和他人产生合适的情绪反应的能力(Cassidy & Parke, 1992;徐琴美和何洁,2006)。情绪理解是情绪交流和建立社会关系的前提,是个体发展和社会适应的基础。一般来说,情绪理解能力越强,儿童越能形成合适的社会反应,因而社会交往能力和情绪适应能力也越强(Camra & Shuster, 2013; Izard et al., 2011)。

从幼儿早期一直到进入小学前的这段时期,儿童对情绪内涵的理解和运用各种情绪的知识日益精细和复杂。由于情绪过程是一个包含多个成分的动态过程,Camras 和 Shuster(2013)将情绪理解能力定义为理解这些情绪成分及其关系的能力。相应地,以往对儿童情绪理解的研究也分为了多个主题,包括:对情绪表情的识别、对情绪情境的识别、对愿望和情绪关系的理解、对信念和情绪关系的理解、对真实和表面情绪的区分理解、对多重情绪的理解(Pons, Harris & de Rosnay, 2004)。

个体从出生开始,随着年龄的增长、生理的成熟与社会互动经验的增加,情绪理解能力日益成熟。情绪理解的发展与大脑发育成熟的时间顺序有关,因而全世界幼儿情绪理解发展的顺序大致是相同的(Pons & Harris, 2005; Tenenbaum et al., 2004)。半岁左右的婴儿已经可以通过一些基本面部表情和情绪声音的意义来判断他人情绪,表现出人类最初始的情绪知觉能力。到2岁左右,幼儿便可以很好地识别面部表情。在婴儿时期,将情绪情境与其情绪意义联系起来的能力已经萌芽。这一能力随着心理理论能力的发展在3到5岁之间又有了新的变化。与"朴素心理理论"一致,2到3岁的孩子开始明白情绪与愿望的满足有关,3岁可能是儿童以愿望为基础进行情绪理解的关键年龄。而以信念为基础的情绪理解出现较晚,儿童在4到5岁才获得了情绪观点采择能力,可以体会到情绪和想法、信念和期望之间更复杂的关系(Thompson & Lagattuta, 2006; Wellman, 2002)。也就是说,幼儿对情绪的判断已经可以超越外显的面部表情或肢体动作以及情绪情境信息,而根据他人内在的愿望、信念、记忆和对情境的评价来理解情绪。

到童年中期,孩子们开始有明显的情绪过程概念,懂得情绪如何随着时间的推移逐渐消退,理解某种情绪与其原因的关系,知道个人背景、经历、性格如何产生独特的情绪反应模式(Thompson, 1990)。到10岁左右,儿童才能较好地区分真实感受和表面情绪;在对于多重情绪的理解方面,7岁儿童能识别同一性质的情绪(例如都是消极情绪),9到10岁的儿童开始认识到同一个事件可以同时诱发多种情绪,如学校放假时产生的既高兴(比如可以和家人出去玩)又难过(比如与老师和好同学分别)的情绪。青少年时期,情绪理解能力的发展与自我意识觉醒和人格成熟密切相关。青少年已经能够更好地理解情绪的原因,知道人际关系、自我反省和生存焦虑中情绪的复杂性(Harter, 2006),这些也往往体现了青少年的矛盾情绪体验、情绪自我调控、人际经验和心理冲突。

情绪表情的识别

情绪表情是人们情绪的外在表现,包括面部表情、情绪语音、躯体姿态等。根据外在表情可以推测出一个人的内部情绪状态,这是儿童情绪理解中最早发展的能力。

这是一个在婴儿早期就出现的现象:5个月的婴儿已经可以区分和识别高兴面部表情(Bornstein & Arterberry, 2003)。1岁以内的婴儿能对高兴、生气、悲伤等基本面部情绪进行辨别,10周大的婴儿甚至已经能够再认面部表情。当然,这是否真正反映了儿童对表情所代表情绪意义的理解还存在争议,因为这可能是儿童基于表情面部特征进行的知觉辨别。1岁末2岁初,婴儿已经能够辨别很多成年人面部和声音表情的情绪含义。一个重要的能力"社会参照"能力出现,这种能力会将这些情绪含义与成人行为的解释联系在一起(Saarn et al., 2006)。例如,成人尤其是父母或照顾者的笑容或惊恐的样子(往往伴随着某种声音和行为)会影响儿童对不熟悉的人或物体的趋避行为。2到3岁,情绪信息精确感知的基本能力进一步发展,表现为幼儿对情绪信息的意义有更加敏锐的意识。例如,2岁末幼儿能更明显地意识到情绪体验的主观性,知道他人可以有和自己不一样的感受(Repacholi & Gopnik, 1997)。这个时期,开始可以见到幼儿会安慰难过的同伴或对兄弟姐妹恶作剧。

大约3岁左右,幼儿开始可以根据他人表现出来的表情或动作来解读他人的情绪,并会使用情绪词汇来标示其情绪状态。很多研究都发现幼儿可以识别照片或情绪面孔上的表情,多数幼儿可以根据情绪词汇正确指认出高兴、难过、害怕和生气的表情。在学龄前,儿童首先发展了对于高兴表情的命名能力,然后是悲伤、愤怒,最后是惊奇和恐惧(Herba & Phillips, 2004)。而对于尴尬、焦虑等更微妙的表情的识别能力则需要更多的发展时间,这可能是因为儿童体验和理解混合情绪状态的能力发展较晚,直到童年中晚期才出现(Larsen, To & Fireman, 2007)。

表情只是获取他人情绪信息的来源之一,语调、姿态等同样也是重要的情绪线索。除了面部表情,3岁幼儿也具备对情绪语音的识别能力,他们对高兴和悲伤情绪语音的识别已经与4、5岁儿童的表现没有显著差异。3到5岁儿童对愤怒和恐惧的情绪语音的识别能力会随着年龄的增长不断提高。

儿童对躯体姿态的情绪理解能力则发展较晚。Boone和Cunningham(1998)研究发现,儿童在4岁左右可以识别躯体语言表达的悲伤情绪;5岁能够识别悲伤、恐惧和高兴;8岁则达到成人水平,能够识别所有的基本情绪。Ross等人(2012)进一步验证了儿童4岁左右就可以识别躯体表情和在8岁达到成人水平的结论,而且发现悲伤、高兴、恐惧和生气之间没有差异。但对舞蹈动作的情绪理解研究则发现5岁儿童就能达到成人水平(Lagerlof & Djerf, 2009; Van Meel, Verburgh & DeMeijer, 1993)。这可能是因为舞蹈动作表现情绪相对稳定而且更夸张,因而任务显得比较简单。

表情识别的发展会一直持续到青少年期。高兴表情的识别在5岁左右就已经和成人差不多了,对于惊讶、厌恶和恐惧表情的识别在5到10岁之间持续改善,而愤怒和悲伤表情的识别则持续到 10 岁以后(Gao & Maurer, 2010)。这说明情绪表情的识别能力很快就发展到了顶峰,然后一直维持到老年期才开始退化。

情绪情境的识别

根据情境来判断他人情绪的能力称为情绪观点采择能力(王异芳,何曲枝和苏彦捷,2010)。这类发展研究通常通过构建一系列特定情绪的代表性情境,以故事或图卡的方式呈现给儿童,让儿童推测情境中主角的情绪会是什么,从而了解儿童的情境性情绪识别能力。大部分研究发现,幼儿基于外在情境辨认基本情绪的能力在 3 到 5 岁之间大致发展完成(姚端维等,2004;王异芳,何曲枝和苏彦捷,2010)。3 岁的幼儿已经能从正性情境中识别高兴情绪,例如幼儿在看到收到玩具等礼物的图片时会去选择高兴表情的选项。4 岁左右的幼儿则可以成功识别出一些负性情境的情绪,例如图片中小孩的玩具被其他小孩抢了,幼儿会指认主角为生气的情绪。但对于引发复杂情绪(多重情绪)的情境,如引发惊讶、焦虑、厌恶或嫉妒等情绪的情境,儿童的识别能力则发展较晚(参见下文的"多重情绪"小节)。

以愿望为基础的情绪理解

以愿望为基础的情绪理解是指个体对于自己或他人是否满足愿望时所产生的情绪的理解。研究表明,儿童 3 岁左右就能够理解情绪和愿望之间的联系。通常这类研究会创造一个包含愿望礼物的情境,然后有两个故事主角要对这个愿望礼物作出反应,研究者会先告诉幼儿故事的两个主角对目标物的喜爱程度不同,然后观察幼儿是否会根据情境、自己的感受或根据故事主角的不同喜好来推测其情绪。例如收到礼物时,一个是主角想要的礼物,另一个是主角不想要的礼物,已有少数 3 岁左右的幼儿能超越外在情境的线索和自己对该礼物的喜好,推测当礼物与预期符合时故事主角会高兴,而礼物不符合预期时故事主角则会难过或生气。3 到 4 岁是儿童愿望情绪理解发展的关键时期。但是,3 岁到 7 岁的儿童对日常情境中行为的情绪预期,与他们对愿望的理解能力(如"愿望是一种主观的心理状态")有关(刘国雄,方富熹,2003)。尽管 3 岁儿童已经能够根据愿望预期人们的行为,但还不能完全理解愿望的主观性,并不能完全根据结果是否符合内在的主观愿望来判断行为者的情绪。到了 5 岁,以愿望为基础的情绪理解能力基本上完全发展起来。

以信念为基础的情绪理解

基于信念的情绪理解是指个体对于情境与自己或他人所持信念是否一致时所产生的情绪理解。这类研究通常采用错误信念理解实验:在实验中向儿童讲述故事,故事中小白兔在不知情的情况下,它喜欢的苹果汁被换成不喜欢的橙汁;最后要求儿童回答小白兔在喝橙汁之前(基于信念的情绪)以及喝之后基于愿望的情绪的感受。研究发现,3 岁、4 岁和 6 岁儿童都能正确理解基于愿望的情绪;然而 3 岁儿童还不能正确理解基于信念的情绪,少数4岁儿童则能够理解和信念有关的情绪,到6岁时儿童才能够比较普遍发展出基于信念的情绪理解能力。基于愿望和信念的情绪理解能力是随年龄的增长而逐渐提高的。儿童虽在4岁左右就能通过认知的错误信念进行情绪判断,但对于错误信念的情绪推测能力则要到5至7岁才发展出来(de Rosnay et al.,2004)。

真实情绪与表面情绪的区分

随着年龄增长,儿童逐渐理解情绪的外部表达(表面情绪)可以被掩饰,因此可能与主观感受到的情绪(真实情绪)不一致。理解表面情绪和真实情绪的区别需要个体在内部建立一种心理表征(刘玉娟和方富熹,2004;史冰和苏彦捷,2005),经常表现为信念的形式。6岁儿童已经能够认识到,人际交往中表面的面部表情会让他人产生错误的信念,以保护自己或者适应社会(刘航和刘秀丽,2014)。与此相一致,较早期的研究指出幼儿要到6岁左右才开始能分辨他人的表面情绪和真实感受。一些研究突显故事主角的真实情绪后,发现有些4岁幼儿也可以了解真正的感受是可以被藏起来的,而以社会较能接受的方式表现其表面情绪。例如为了不让妈妈伤心,在故事主角在收到不喜欢的礼物时会表现出高兴的样子(Jones, Abbey & Cumberland, 1998; Joshi & MacLean, 1994)。卓美红(2008)认为,3到4岁儿童已经能对真实-表面情绪进行区分,但更多的是以一种内隐形式存在,直到5到6岁的时候才能清晰地通过口头外显表达出来。国内刘航和刘秀丽(2014)的研究认为,儿童对真实-表面情绪的认知能力在3到5岁时快速发展,直至6岁以后发展速度才趋于平稳。但早期多数研究表明,区分情绪的表面表达和实际感受的能力,大概在10岁之前都是很有限的;儿童10岁以后才可以肯定地提到实际和表达的情绪之间的不匹配(Harris, lthof & Meerum Terwogt, 1981)。近期研究由于选择的被试年龄范围扩大,通常认为4岁儿童已开始具备真实-表面情绪区分能力(刘航和刘秀丽,2014)。当然,这仍然有很大程度的限制。

多重情绪的理解

多重情绪理解指儿童认识到同一情绪情境中可能并存着多种不同或矛盾的情绪反应,也可称为对于混合情绪的理解。这里的情绪情境通常涉及同一事件引发多种情绪,儿童在单一表情或同时配对出现的多种表情中指认故事主角的情绪感受。Pons和Harris(2000)采用结构化的情绪理解测验(TEC, Test of Emotion Comprehension,图6.1)研究发现,6岁儿童只能理解单一情绪,大部分9岁儿童可以理解多重情绪的存在。多数的研究都指出,幼儿对多重情绪的理解发展得较晚,要到7到8岁左右才发展出来(Brown & Dunn, 1996)。另一些研究则认为这种能力的发展稍微早些,在5到7岁之间(Harter, 1999)。

图 6.1 多重情绪理解测试的故事图示

在情绪理解测验中,主试呈现一个卡通故事图并讲述相应有关角色的故事内容;然后要求儿童从 4 张可能的情绪结果中指出最恰当的一张图来对故事主人公做一个情绪归因。在本故事图示中,主人公正看着一辆很漂亮的自行车,那是她/他很喜欢的生日礼物;但是,她/他以前从来没有骑过自行车,有点害怕会摔倒弄疼自己。因此,现在主人公心里是怎么感受的呢?是高兴、既伤心又害怕、既高兴又害怕还是害怕?

来源:Pons & Harris(2000).

对冲突情绪可以并存的理解较晚一些才出现,5 到 6 岁是儿童冲突情绪理解快速发展的年龄(Harter,1999;刁洁,2008)。6 岁左右的幼儿对冲突情绪才有初步的理解,到 10 至 11 岁左右比较稳定,这时,他们便能够理解同一情境可能引发两种矛盾的情绪(Harter,1999;陈璟和李红,2008;郑裴和马伟娜,2009)。

道德情绪理解

道德情绪理解是指儿童对与道德有关的情境或事件的情绪理解。研究发现,幼儿阶段是道德情绪萌芽的时期。以玩偶呈现的道德两难情境任务的研究表明,较小幼儿在观看故事主角违反道德的行为时并无道德情感的觉察。例如,故事主角去朋友家里作客时趁朋友不注意偷吃了巧克力。当研究者询问幼儿故事主角的感受时,3 到 5 岁的幼儿都普遍认为故事主角会高兴,原因是他吃到了巧克力;但 6 岁左右的幼儿则认为故事主角虽然吃到巧克力会高兴,但也会因为怕被发现而感到害怕或难过;8 岁左右的儿童则有较多道德情绪的觉察,认为故事主角会高兴或害怕以外,还可能因做错事而心生愧疚(Nunner-Winkler & Sodain,1988;Woolgar et al.,2001)。陈少华和郑雪(2000)发现,在亲社会道德情境中,年幼儿童倾向于判断行为者产生消极的情绪体验,年长儿童则作出积极的情绪判断。李占星等(2014)采用故事情境法探讨了 6 到 10 岁儿童对损人情境下损人者和旁观者的道德情绪判断与归因的发展,发现 6 岁儿童能理解损人行为是不对的,但直到 8 岁儿童才能理解旁观行为是不对的;而且随着年龄增长,儿童判断损人者的愉悦程度逐渐降低。Barden 等(1980)认为,儿童对道德违反情境中主角的道德情绪判断是一种由高兴到难过,由积极到消极的过程,其道德情绪归因是由结果定向向道德定向发展的。这种发展的规律也得到了前述 Nunner-Winkler 等(1988)的实验支持。

6.1.2 情绪体验和表达的发展

情绪体验的发展

情绪是与生俱来的,随生长发育而逐渐分化。随着儿童生理上的成熟和心智的成长,情绪的体验和表达越来越受社会文化因素的影响,由初级情绪慢慢分化出复杂的社会情绪。

婴儿早期的行为可以分为趋近和回避行为,然后在此基础上分化为各种情绪行为(图6.2,Lewis,2014)。一般认为,婴儿在5到6周时出现兴趣和微笑,即社会性微笑;3到4个月时开始出现愤怒和悲伤;6到8个月开始体验到对母亲、抚养者等亲近者的依恋,并随之产生对陌生人的焦虑和分离焦虑等。随着生理的进一步成熟和社会化过程中实践经验的增多,幼儿的基本情绪逐渐分化和发展,向更复杂多样的形式转变。大概在1岁半至2岁左右,婴儿逐渐体验到羞愧、自豪、同情、内疚等更高级更复杂的自我意识情绪(表 6.1,Lewis, 2014;Izard, 1991;Izard & Ackerman,2000)。这些情绪的出现反映了儿童社会化的结果,表明儿童开始掌握并能够利用社会文化规范来评价自己的行为,从而产生复杂的社会性情绪体验。进入幼儿期,儿童情绪的体验由生理性体验向社会性情绪体验过渡。学龄前儿童在成人满足其安全的需要和爱的需要的情况下会产生愉快的情绪体验,也在与老师、同伴交往的过程中体验到各种社会性情绪。3到5岁的学龄前儿童已经可以反省自己的情绪体验,并以面部表情、姿态行为、声音情绪等形式单独或混合地表达出来,还会通过语言与家人和同伴分享讨论,或在角色游戏中演绎。这个阶段儿童的自我意识情绪也更强烈,已开始认识到情绪体验的前因后果以及情绪对社会交往的影响。

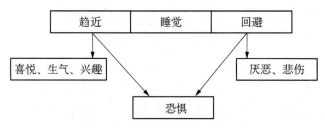

图6.2 早期情绪行为的分化发展
来源:Lewis (2014).

表 6.1　基本情绪和自我意识情绪的发展

	基本情绪	自我意识情绪
分类	高兴、悲伤、恐惧、兴趣、愤怒、厌恶、惊讶	自豪、内疚、羞愧、尴尬
起源	人类的生物本能	基于社会价值和期待的唤醒
普适性	有充分证据支持人类普适性	尚不清楚是否跨文化一致
发展	出生或婴儿早期出现	在 2—3 岁末出现

来源：Izard (1991); Izard & Ackerman (2000).

进入小学后，随着学校环境的改变、认知能力的提高，学龄儿童情绪的稳定性会逐步增强。情绪已开始逐渐内化，小学高年级学生已逐渐能意识到自己的情绪表现以及随之可能产生的后果，情绪的冲动性和易变性逐渐减弱，其基本情绪状态是比较平和的。学龄儿童情感也日益丰富，随年龄增长分化出越来越多的情绪状态，并且继续出现一些高级情感，如道德感、尊重、怜悯等；情感指向的事物不断增加，越来越多的事物能够引起儿童的情感体验，集体生活中的事件，与同伴之间的关系、老师之间的关系，学校、班集体对个人的要求和评价等，都会引起学龄儿童的复杂多样的情绪体验。

青春期是个体心理更复杂的时期，青少年开始内省个体的情绪体验，并且对他人尤其是同伴的情绪十分敏感，对情绪符号（如音乐）和情绪事件的感受十分强烈。青少年情绪由强烈的外部表现逐步转变为比较稳定的内心体验（张文新，2002）。青少年情绪体验的时间也有所延长，表现出心境化的特点（陈宁，2009），情绪体验的内容更加深刻丰富，社会性情绪占主导地位（张文新，2002）。但是，在青春期，类似婴儿期的情绪波动又重新出现。与小学儿童和成年人相比，青少年情绪体验表现出波动性明显的特点，具有更多的极端而短暂的情绪。

情绪表达规则的理解和使用

情绪表达规则的理解和使用能力主要涉及情绪表达规则知识、情绪表达规则目标以及情绪表达规则策略三个方面（Ekman & Friesen, 1969; Jones, Abbey & Cumberland, 1998; 侯瑞鹤和俞国良，2006）。情绪表达规则知识是指儿童根据具体情绪情境要求控制和调节各种外部情绪表情使其符合社会期望的知识，反映了儿童对表达规则的理解。情绪表达规则目标指儿童使用情绪表达规则控制和调节自己外部情绪表情的动机和目的。这是决定儿童情绪表达规则使用的重要因素，包括考虑他人感受的亲社会目标、维护社会规范和准则的社会规范目标和保护自尊、远离冲突的自我保护目标等。情绪表达规则策略是个体利用规则调节或改变外部情绪表情的方式，体现了儿童如何使用表达规则。情绪表达发展的一个重要方面是在不同社会情境下对情绪表达规则的理解和运用。例如,一个人不喜欢收到的生日礼物,但还是要表现出高兴的样子。人们通过情绪表达规则的运用来掩饰真实的感受,而表达出更恰当的情绪以达到个人目标(如保护自尊)或符合社会规范(如避免伤害别人的感情和维护人际关系)。

情绪表达规则的理解和使用能力是幼儿在社会化过程中逐渐发展起来的,较小的儿童并不完全具备这种能力。因此,较小的儿童可能会拒绝不喜欢的礼物,并表现出不恰当的行为。但自我意识情绪的出现表明学龄前儿童已经对情绪表达规则知识有初步的认识。大约在3到4岁,儿童开始出现了区分内外情绪的认知能力(Josephs,1994),可以控制自己的情绪表达来顾及他人的感受(Banerjee,1997)。6岁左右,儿童掌握了表面情绪和内心真实体验的区分技能(刘航和刘秀丽,2014),这是和情绪表达规则理解有关的能力。但是,由于认知能力和社会能力发展的限制,儿童情绪表达规则的理解直到小学阶段才得到快速发展,在9岁左右达到最快速的发展期(侯瑞鹤和俞国良,2006)。童年中期则是情绪表达规则理解的重要发展时期,儿童开始能够真正理解情绪表达规则的意义和目的(Jones, Abbey & Cumberland, 1998; Saarni, 1999),在随后的几年里,儿童对情绪表达规则的意义、适用范围和重要性的理解能力显著提高。儿童逐渐了解在什么情境下、对谁应该表现出什么样的情绪,而不管自己内心真正的情绪状态。在有些社会情境中,人们会真实地表达出自己的真实情绪体验;而在另外一些社会情境中,人们可能会掩饰、伪装自己的真实情绪。例如,即使得到一个不喜欢的礼物,也要微笑并表示比较喜欢这个礼物。同时,儿童也开始学会利用情绪表达规则掩饰自己的真实情绪体验。小学之后,儿童对情绪表达规则的理解水平保持在相对稳定的水平(侯瑞鹤和俞国良,2006)。在这个过程中,儿童逐渐获得社会的情绪表达规则,并用以指导自己在特定社会情境下表现出社会认可的情绪。

共情

共情包含情绪共情和认知调节两种过程,两者有着不同的发展机制(黄翯青和苏彦捷,2012)。黄翯青和苏彦捷(2012)认为情绪共情是一种与生俱来的能力,从婴儿期直到成年期呈现下降趋势,到老年阶段有所上升,呈现出U形发展轨迹。婴儿经常会对知觉到的他人情绪产生共鸣反应,例如听到他人哭声会感到烦躁不安,并产生更多的哭泣反应(Field et al., 2007)。婴儿期之后,情绪感染出现了下降的趋势(Geangu et al., 2010),盲目复制他人情绪行为的共鸣反应在3岁之后也基本消失(Hoffman, 1977)。但是对于将共情看作单一维度的学者来说,这种早期的情绪感染并不是真正的共情反应,因为婴儿并没有真正理解诱发他人感受的情境,缺少适当的认知成分。

早期的情绪感染具有共鸣的特点,但仍然表现出了一些认知成分的萌芽(黄翯青和苏彦捷,2012)。例如,用注视偏好和违背预期等非言语研究范式,研究者们发现6个月婴儿更偏爱那些乐于助人的人,而不喜欢那些不愿合作甚至干扰他人合作的个体(Hamlin, Wynn & Bloom, 2007)。但一般来说,认知共情相对于情绪共情发展较晚,从出生直到成年期呈现上升趋势,在老年阶段逐渐下降,呈现倒U形的发展轨迹(黄翯青和苏彦捷,2012)。

随着儿童早期情绪理解能力的快速发展,儿童开始可以对他人的痛苦产生真正包含认知成分的共情和其他各种情绪反应。认知共情在1到2岁的学步期中快速发展。在日常生活和实验场景中,学步期儿童就已经可以对母亲的悲痛做出关切反应(Zahn-Waxler, 2000),12个月婴儿会安慰悲伤的同伴,14到18个月时就能表现出自发的助人行为(Warneken & Tomasello, 2009)。随后一年里共情反应的范围更广,也更复杂。早期的共情反应偶尔伴随着亲社会行为,如努力安慰悲伤的人;但随着年龄的增长,共情总是和助人行为以及其他亲社会行为有关(Eisenberg, Spinrad & Sadovsky, 2006)。到童年中期,儿童开始具有真正的共情能力和更强的情绪理解能力。这些能力的发展也增强了儿童对他人情绪的同感敏感性。

6.1.3 情绪调节的发展

情绪调节(emotion regulation)是指"个体对具有什么样的情绪、情绪什么时候发生、如何进行情绪体验与表达施加影响的过程"(Gross, 1998),涉及个体内部情绪体验和对外部表达的调控。情绪调节能力也是个体发展较早的能力之一。具有情绪调节能力的儿童已经知道在人际交往中能够根据需要隐藏和改变情绪反应,知道利用一些策略去调节情绪。

大量研究表明,情绪调节能力在婴儿1岁前就已经初步发展(Eisenberg et al., 2014)。大概3个月左右,早期情绪调节就开始出现,更多表现为无计划、不受监控的状态。在婴儿早期,情绪调节更多的是一种内部生理机制的调控,主要是对偏好刺激的趋近和对厌恶刺激的回避,很多是无意识的。婴儿调节能力的增强依赖于注意机制和简单运动技能的发展,并使婴儿能够协调运用注意集中和注意分散来调节自己的积极和消极情绪体验。例如,婴儿可以通过转头、吮吸手指、摸头等策略缓和自己的消极情绪。婴儿5个月时已经体现了较强的交流能力,如他们的哭泣是为了得到别人的关注,表达自己的饥饿、痛苦等状态和情绪。7个月时,婴儿开始能够辨别他人的面部情绪,在一定程度上理解一些常见表情的情绪含义。8到12个月,婴儿有可能从以生理成熟为基础的自我情绪表达和对情绪的经验两方面形成对一些负性情绪的理解。婴儿这些能力的出现使其情绪调节行为更加具有目的性和策略性。

Thompson(1994)认为6到12个月这半年是婴儿情绪调节发展的重要阶段。

1岁末,婴儿自我意识的增强和认知能力的提高促进了情绪调节能力的进步。婴儿的情绪调节也变得更主动和更有目的性。婴儿开始有意识地做出一些行为来促进自身情绪目标的实现。例如,婴儿开始有组织、有顺序地掌握一系列动作,从而可以灵活地伸手趋近、缩手躲避和吮吸手指来进行自我安慰。婴儿的情绪调节能力像这一时期个体其他方面的发展一样,主要依赖于外界帮助,但是已经可以看到个体能动性的初步表现。

1到3岁的儿童开始出现自我意识,不但能感受到消极情绪,同时也能够意识到如何借助于他人和自身力量改变消极情绪,从而使自己感觉更好。因此,1到3岁的儿童开始更有能力控制自己的情绪,随着年龄的增长,他们更能自主地调节自己的情绪(姚端维,陈英和和赵延芹,2004;陆芳和陈国鹏,2007)。Morris等人(2011)认为从婴儿期到儿童后期情绪调节的发展存在三个基本趋势:从依靠外部调节逐渐发展为依靠内部调节;内部调节策略的发展;儿童根据不同环境选择适当策略的应对能力的增长。Altshuler和Ruble(1989)发现学龄前期的儿童主要依赖抚养者的支持与帮助进行情绪调节。抚养者的参与对于儿童情绪调节能力的发展是至关重要的。抚养者通常是儿童的依恋对象,儿童通过与依恋对象的互动、学习形成自己的情绪调节策略。随着年龄的增长与认知能力的提高,儿童的控制能力逐步提高,情绪调节更讲究策略与方法,从依赖支持性情绪调节发展到独立性策略性情绪调节。学步期可能是情绪调节技能发展的关键阶段,此时儿童以抚养者为榜样学习情绪调节,开始独立运用一些调节方法,如离开某种特定的消极情境等(曾祥岚和崔淼,2010)。

研究者一致认为情绪调节的发展遵循着一定的时间表,并在某种程度上反映了儿童的认知发展阶段。3岁是儿童情绪调节能力发展的里程碑(Kopp, 1989; Thompson, 1994),该时期儿童认知能力的快速发展促进了情绪调节能力的极大进步,儿童会更自如地运用各种策略。随着儿童年龄的增长,情绪调节逐渐从依赖外部资源向依赖内部资源转化,调节情绪的认知策略也逐渐增加。这些策略包括积极看待事物、认知回避和转移注意的能力等。3岁儿童较多使用发泄、情绪释放策略;4岁儿童较多使用建构性策略,自我安慰策略减少;5岁儿童较多使用回避策略(姚端维,陈英和和赵延芹,2004),认知重构策略的运用也逐渐增多(乔建中和饶虹,2000)。年龄大一点的孩子能够通过控制自己的面部表情在最大程度上减轻人际争执中消极情绪的扩大(比如避免冷笑或表现得轻蔑);8岁左右的儿童开始出现心理层面的情绪调节策略,如转移注意力或刻意否认等(Altshuler & Ruble, 1989)。

进入青春期,个体经历着更加持久而深刻的情绪变化。这在某种程度上反映了从儿童向成人的过渡过程中生理、认知和社会性方面的剧烈变化。因此,情绪调节表现出了青春期的鲜明特征。在青春期,神经系统的兴奋和抑制过程逐渐平衡,与情绪相关的激素、神经系统在青春期发展完善,前扣带回皮层和前额叶皮层在青春期晚期趋于成熟。这些生理机制的成熟促使了情绪调节能力的发展。但是,由于经历了自身内在成长和外在环境的剧烈变化,个体情绪调节的发展也表现出强烈的波动性(Riediger & Klipker, 2014)。

总体来说,随年龄增长,情绪调节策略越来越需要认知的参与(侯瑞鹤和余国良,2006),认知在情绪调节方面的作用日渐突出。个体情绪调节的发展趋于稳定,也更加体现出了个体的独特性。情绪调节能力会随着年龄增长而增强,这种增长一直持续到老年期。

6.2 情绪的晚期发展

情绪的发展从婴儿早期一直持续到成年,但成年期的发展特点已经产生了变化。成年人往往通过职业、伙伴的选择和其他活动来寻求建立稳定而个性化的生活方式来满足情绪体验,而不再追求各种新异的复杂情绪体验。换句话说,成人会努力通过各种方式在自己的生活中融入自己选择的情绪体验,例如职业选择、婚姻、养育后代、休闲活动等。成年人也变得善于调节自己的情绪表达,以符合社会规范或达到个人目标。尽管可能体验到新的情绪(如辛酸),成年早期情绪发展的主题仍是将情绪体验自然融合到日常生活和社会关系中。成年早期的情绪发展保持着相对稳定,直到迈入老年时期,身体素质、基本认知能力和社会关系都会进入一个转变期,进而也会给情绪带来很多变化。

伴随着年龄的增长,并受疾病困扰、记忆力衰退、社交网络缩小的影响,老年人似乎不像成年早期那样富有情绪能量。纵向研究表明,在年老化过程中,认知加工脑区的脑容量表现出显著的减少,而情绪加工脑区却没有显著减少(Pressman et al., 2014)。这表明年老化过程中情绪认知应该有不同于一般认知老化的过程。事实上,不同于认知能力随年龄增长而呈现简单下降的趋势,大量的研究表明老年期的情绪发展呈现出了一种混合的模式。由于认知能力、经验、目标和动机的变化,老年人在行为上表现为情绪识别能力下降,正性情绪体验增强,负性情绪体验减少或减弱,情绪表达自动化行为减少,情绪调节能力提高(Carstensen et al., 2000; Charles, Reynolds & Gatz, 2001; Gross et al., 1997; Riediger et al., 2009)等方面。

6.2.1 情绪识别年老化

情绪识别是情绪理解的重要部分。研究发现,老年人的情绪识别能力有所下降。

这个结论的基础主要是老年人在面部表情识别任务中的表现。老年人情绪识别的研究主要采用传统的表情识别任务,即呈现一张某种情绪的表情图片,让被试选择最合适的情绪类别标签。尽管老年人的表情识别能力有所下降,但并非所有表情都如此,不同类型表情的加工存在不同的年老化模式。与年轻人相比,老年人在识别恐惧、悲伤(Calder et al., 2003; Wong, Cronin-Golomb & Neargarder, 2005; Ruffman et al., 2008)、中性(McDowell, Harrison & Demaree, 1994)表情时成绩下降;在识别愤怒表情时也会下降,但程度稍小些(Calder et al., 2003);而识别厌恶表情时,其与年轻人的表现没有差异(Orgeta 和 Phillips, 2008),甚至更好(Calde et al., 2003; Wong et al., 2005)。他们对高兴、惊奇表情的识别方面则缺少一致的结论,不同研究分别报告了老年人识别劣势(Ruffman et al., 2008)、无年龄差异(McDowell et al., 1994; Murphy & Isaacowitz, 2010; Orgeta & Phillips, 2008)和老年人识别优势(Murphy, Lehrfeld & Isaacowitz, 2010)等三种发现。总体而言,老年人对负性表情(厌恶除外)的识别准确性下降,但对正性表情保持了较高的识别准确性。

表情只是获取他人情绪信息的来源之一,语调、姿态等同样也是重要的情绪线索。Ruffman 等人(2008)对 28 项研究数据(老年被试 705 人,年轻被试 962 人)进行了元分析,考察了不同情绪形式(表情、语调、姿态、表情-语调匹配)任务下的年龄差异,结果发现老年人在语调情绪识别和表情-语调匹配任务中并没有表现出与年龄相关的"正性效应":老年人识别愤怒、悲伤和高兴语调情绪更困难,但在识别恐惧、惊讶和厌恶语调的准确性上并没有表现出年龄差异;除了厌恶情绪以外,年轻人和老年人在匹配其他情绪的表情和语调上都存在着显著的年龄差异。

6.2.2 情绪体验年老化

情绪体验是老年人主观幸福感的一个重要方面,包括正性和负性情绪体验两个方面。大量的证据表明老年人的日常情绪体验有较大的改善,表现出正性情绪体验优势。横断研究(25 至 74 岁)数据显示老年组体验到了更多的正性情绪,而负性情绪体验在减少(Mroczek & Kolarz, 1998)。同样,纵向研究发现情绪体验会随年龄增长变得越来越积极(Carstensen et al., 2011; Charles, Reynolds & Gatz, 2001)。情绪体验年老化研究得到了一个较统一的结果:30 到 60 岁期间,幸福感不断提升,主要体现在负性情绪减少(Charles et al., 2001)、焦虑和抑郁症比例下降(Piazza & Charles, 2006)、生活满意度提高(Mroczek & Spiro, 2005)、正性情绪维持在稳定的水平(Charles et al., 2001)。这些结果表明老年人情绪体验产生了新的变化,出现了正性偏向。这反映了老年人的目标和动机转向了情感满足,并将更多的认知资源投入到情绪情感调节过程中。由于动机、目标的转变,老年人更重视那些具有正性情绪意义的目标,而回避那些负性情绪意义的目标(Carstensen, Isaacowitz & Charles, 1999; Carstensen, 2006)。

但是,对于60岁以上老年人的情绪体验研究结果却较不一致。横断研究发现65岁之后负性情绪体验增加(Diener & Suh, 1997)。当然,这可能是较年老老人的身体健康和认知功能进一步下降的结果。当研究者控制了健康水平、功能限制等因素后,发现负性情绪体验仍呈下降趋势(Kunzman et al., 2000)。另外,60及70岁年龄段老年人的抑郁症状变得更严重(Diener & Suh, 1997),但往后仍然随年龄增长呈线性下降趋势(60到84岁,Kobau et al., 2004)。

情绪唤醒度是影响情绪体验的重要因素,也影响着情绪体验的年龄差异。Pinquart(2001)的元分析表明,情绪体验的下降主要体现在负性情绪与高唤醒的正性情绪(如兴奋、热情);而低唤醒的正性情绪(满足、平静)并没有体现出显著的年龄下降,甚至老年人可能体验更多(Kessler & Staudinger, 2009)。这可能和不同情绪本身的生理唤醒水平有关。

此外,老年人的幸福感是否提升与其人格特质有关。不同于一般老年人幸福感提升,高神经质老年人的负性情绪体验水平更高,且有更高的抑郁危险(Kendler et al., 2006)。越来越多的研究表明,神经质得分高的老年人在情绪体验方面并没有年龄优势,其负性体验相对保持稳定(Charles et al., 2001)。同样,高神经质老年人并不随年龄增加而对生活更满意,他们对生活满意度的评价并没有提高(Mroczek 和 Spiro, 2005)。研究者推测由于长期处于负性状态,高神经质者会对负性情绪更敏感(Mroczek & Almeida, 2004)。

大多数研究中,老年人的情绪体验大多是通过自陈问卷测量的,如正负性情绪量表(Postive and Negative Affect Schedules, PANAS; Kunzmann, Little & Smith, 2000)、Bradburn情感平衡量表(Bradburn Affect Balance Scale; Charles, Reynolds 和 Gatz, 2001)等。但自陈报告易受当时情绪状态或测试情境的影响,基于以往经验的回忆和评价也易造成偏差。为了克服自陈报告的误差,研究者采取了经验取样的测量方法考察自然情境中老年人的情绪体验。在这类研究中,参与者通常需随身携带一个电子呼叫装置和一本自我报告手册(主要是若干测量问卷),并根据随机接收到的电子信号即时进行自我报告(Kubey, Larson & Csilszentmihalyi, 1996)。基于经验取样法,Carstensen团队多次测量了18至94岁成年人日常生活中各种类型的情绪体验的频率、强度和复杂性(Carstensen et al., 2000; Carstensen等,2011)。在情绪强度方面,研究并没有得到可靠的年龄差异。但在情绪体验频率方面,正性情绪体验频率随年龄增长而增加,到64岁之后则开始呈下降趋势(图6.3A)。研究也发现,伴随年龄增长,人们的情绪体验更加稳定(图6.3B);正性和负性情绪的负相关随年

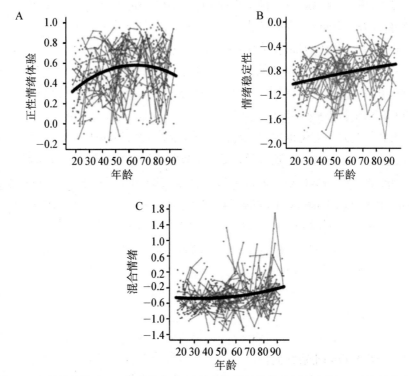

图 6.3 年龄轨迹图:(A)正性情绪体验(正性与负性情绪体验频率之差);(B)情绪稳定性(-MSSD);(C)混合情绪(个体正负性情绪评分相关系数转化成的 z 分数)

来源:Carstensen 等(2011)。

龄增长而下降,老年人更易同时体验到正性和负性情绪(混合情绪,图 6.3C)。这些结果表明情绪体验发生的改变因老年期的不同年龄阶段也不尽相同,情感生活的顶峰或许直至 70 岁才达到。

6.2.3 情绪调节年老化

情绪功能不仅包含对他人情绪的识别,也包括对自身情绪状态的调节。与老年人情绪体验和表达下降不同,情绪调节能力随年龄增长而增强。相比于年轻人和中年人,老年人更认同"努力让自己心态平和,避免发生情绪状况","试图不表现出正性或负性的情绪反应"(Lawton et al.,1992)。此外,老年人也更有意识地管理自身情绪,选取并有效地执行适用的情绪管理策略,在社交情境中主动调节自身的情绪(Scheibe & Blanchard-Fields,2009)。

年老化这一过程本身可能为老年人的情绪调节带来了一定的优势。伴随年龄的增长,老年人的社会网络和社交行为发生了一定的改变,由此也构建了较小但更稳定而亲密的社交群体,避免了因为环境变化、社交行为带来的一些负性情绪(Carstensen, Fung & Charles, 2003)。因而,相比于年轻人,环境改变更利于老年人的情绪调节(Urry 和 Gross, 2010),从而使人际冲突较少,人际关系趋于平和。而且,年老也意味着更多的生活经历和更多的情绪调节经验,这无疑有利于情绪调节能力的提高(Scheibe, 2012),从而老年人在情绪体验和表达的调控方面显得更自信(Gross et al., 1997; Kessler & Staudinger, 2009)。

情绪调节能力的变化也体现在老年人采取的情绪调节策略上。随着年龄的增长,老年人更少使用表达抑制等反应定向的情绪调节(antecedent-focused emotion regulation),而更多采取认知重评等原因定向的情绪调节方式(response-focused emotion regulation; Gross et al., 1997; Yeung et al., 2011)。虽然老年人使用认知重评的频率更高(John & Gross, 2004),但并不是所有认知重评方式都能被有效使用。相比于年轻人,老年人更能有效利用积极重评策略(positive reappraisal),而不擅长分离重评策略(Detached Reappraisal; Shiota & Levenson, 2009)。当然,也有一些研究认为老年人多采用消极情绪调节策略,使用的情绪调节策略(如否认、逃避现实,压抑负性情绪)缺少适应性,缺乏积极的应对和问题解决策略。

6.2.4 老年人的正性情绪偏向

如前所述,与年轻人相比,老年人正性情绪体验更多,对正性表情的识别维持得较好,表现出一种对正性信息的偏好。Carstensen 等(2005)据此提出了"正性效应"(Positivity Effect)的概念,用来概括老年人对正性情绪刺激的认知加工较好并表现出对正性信息的偏向现象(伍麟和邢小莉,2009)。这种正性情绪偏向可以体现在老年人的各种情绪认知加工上,包括对情绪的识别、注意、记忆等。

正性情绪注意偏向

根据认知心理学的观点,人的注意资源非常有限,在信息加工的过程中,必须对有限的注意资源进行分配才能完成任务。由于认知能力的下降,老年人对情绪刺激的注意资源及分配是否变化成为研究者主要关注的问题。研究表明,老年人对正性信息存在注意偏向。在点探测注意任务中,老年人的注意偏好选择正性面孔,避免负性面孔。但老年人对威胁性面孔的加工优势并没有丧失。进一步的眼动研究表明,这主要体现了不同注意成分即初始探测(自动加工)和持续注意(受控加工)的年龄差异(Rosler et al., 2005)。当在负性和中性图片一起呈现时,年轻人和老年人都首先注意并扫视负性图片;但在后续眼动过程中,年轻人注视负性图片的时间比老年人更长。

正性情绪记忆偏向

记忆能力的衰退是老年人认知老化的主要表现之一,然而在情绪记忆方面老年人也表现出了"正性效应",即对正性情绪刺激的记忆表现相对较好。Kensinger 和 Schacter(2008)用 fMRI 技术对比研究了青年人和老年人在情绪记忆中涉及的脑区,发现老年被试在编码正性情绪刺激时会更多的激活内侧前额叶和扣带回区域。因为这些区域被认为与自我参照加工有关,所以老年人对正性情绪的记忆偏向可能来自于将正性信息与自身关联的加工方式(Kensinger & Schacter, 2008)。Waring, Addis 和 Kensinger(2013)考察了对情绪场景编码阶段的有效连接性(effective connectivity)的年龄差别。实验中让年轻人和老年人分别在 fMRI 扫描仪中观看并记忆由正性或负性个体和中性背景组成的场景,然后对被试进行记忆测试。结果表明,不管个体是正性还是负性,老年人的额叶区域内和额叶到内侧枕叶的正性连接都比年轻人更强,尤其是在个体和背景被记住的情况下。这说明老年人和年轻人进行情绪场景编码时有连接性差异:老年人需要更多的额叶连接性来编码整个场景,而不是只编码场景中的情绪个体(Waring, Addis 和 Kensinger, 2013)。

Sakaki, Nga 和 Mather(2013)用 fMRI 技术研究了老年人和年轻人的静息态功能连接、情绪学习脑激活模式和记忆的情绪偏向之间的关系。结果发现老年人记忆的正性效应与杏仁核和内侧前额叶之间的功能关联之间具有高相关,而年轻人没有表现出这种关联。这说明情绪和记忆的交互作用不仅依赖于与任务相关的脑活动,也受基本功能连接的影响。St Jacques 等(2010)考察了老年人和年轻人在情绪记忆任务中,杏仁核与其他脑区的功能连接性。结果发现相对于年轻人,老年人在负性任务中右侧杏仁核与腹前扣带回有更强的功能连接,与视觉区有更弱的功能连接。St Jacques 等推论这种连接性差别反映了年轻人更偏重知觉特性,而老年人则更偏重情绪控制。

Addis 等(2010)用结构方程建模方法得到老年人和年轻人情绪记忆相关脑区之间的有效连接性,他们发现在加工正性情绪时,年轻人和老年人的有效连接性表现出显著差异:老年人的海马活动被杏仁核和腹内侧前额叶(vmPFC)等情绪加工脑区正向调节;年轻人的海马则被杏仁核和 vmPFC 负向调节,并受到丘脑的调控。在前额叶的连接性上,老年人和年轻人也存在差异:老年人的 vmPFC 和背内侧前额叶(dmPFC)和眶额皮层(OFC)之间存在较强的正性连接,但年轻人的 dmPFC 和 OFC 之间存在负性连接。在加工负性情绪刺激时,两者的连接性模式没有显著差异,都是在海马、杏仁核和梭状回之间以及 dmPFC、vmPFC 和 OFC 之间存在强连接。

大多数研究支持了老年人对情绪刺激的加工模式具有补偿性的变化的结论,且更多地依赖于前额叶加工,这种变化带来的影响被描述为老年化中的 PASA 效应(Posterior-Anterior Shift in Ageing effect)。Kehoe 等(2013)考察了老年人对情绪效价和唤醒的分离,发现老年人对正性效价的情绪刺激表现出更多的激活(左侧杏仁核,左侧枕叶和右侧舌回),这与已有的正性效应研究结果一致。然而,老年人对情绪唤醒表现出了较弱的激活(颞叶,双侧枕叶视觉皮层,左侧后顶叶,双侧辅助运动区)。Kehoe等(2013)认为这种效价和唤醒的分离是老年人后侧皮层功能相对弱化,额叶功能相对增强的结果。

多数情绪记忆研究范式中采用人工情绪刺激,相比之下,对真实事件的情绪记忆具有更高的生态效度。Breslin和Safer(2013)通过调查年轻和年老的棒球迷对其支持的球队多年前夺冠和失冠关键场次的记忆,研究了长时情绪记忆中年龄和效价的交互作用。结果表明在回忆准确性和生动性两个指标上没有发现年龄和情绪效价之间的交互作用。球迷在记忆的生动性和回想度两个指标上具有显著的正性偏向,但没有年龄差异。这种正性偏向可能是情绪目标(emotional goal)对记忆的影响,即多数球迷对球队的记忆是休闲性质的,目标是为了让自己感觉良好。这在某种程度上表明老年人的记忆正性偏向可能是正性情绪目标的反映。

情绪识别的正性优势

与年轻人相比,老年人在记忆、注意等方面都存在明显的衰退。然而在情绪识别方面,并不像认知能力那样随着年龄的增长而呈现简单的下降趋势。总体而言,老年人的表情识别准确性下降,尤其是对负性表情的识别(厌恶表情除外),但对高兴表情等正性刺激却保持较高的识别准确性(Ruffman et al.,2008),存在着正负性表情识别的分离。

老年人不仅在表情识别准确性上表现出正性优势,其表情的注视方式和表情加工时的大脑活动也存在差异。眼动研究发现在被动浏览表情面孔的任务中,老年人更多地关注下半脸,较少关注上半脸(Wong et al.,2005)。人脸的不同部位在不同表情中的作用差别较大:上半脸在识别愤怒、恐惧以及悲伤情绪时作用较大,而下半脸是识别厌恶、高兴的重要线索(Calder et al.,2000)。老年人对表情的注视模式可能导致其对表情的识别表现出"正性效应"。以往的研究结果也发现愤怒、恐惧、悲伤这些依赖于眼部的表情在识别中显现出很大的年龄差异,而对高兴的识别并没有年龄差异(Ruffman et al.,2008)。但Murphy和Isaacowitz(2010)在控制了注视方式后也没有消除对于愤怒和悲伤表情识别的年龄差异。

在大脑活动方面,表情加工的年龄差异主要体现在边缘系统和前额叶(李鹤等,2009):无论是在外显表情识别(Gunning-Dixon et al.,2003;Fischer et al.,2005)中还是表情内隐加工时(Iidaka 等,2002;Gunning-Dixon et al.,2003;Fischer et al.,2005),年轻人更倾向于利用边缘系统等皮层下区域,而老年人则更依赖于与情绪调控和意识功能密切关联的前额叶皮层区(Davidson, Jackson & Kalin, 2000)。一方面,有研究指出老年人额叶皮层区域激活的增强可能是为了弥补杏仁核等边缘系统功能的下降,反映了一种大脑功能的重组或代偿(Gunning-Dixon et al., 2003; Fischer et al., 2005)。以往研究也证实,无论是正常老化还是病理性老化,边缘系统中海马、海马旁回和杏仁核等脑区的体积都随年龄增长而显著下降(Raz et al., 2004),激活程度也都随年龄增长而下降(Cerf-Ducastel & Murphy, 2003)。另一方面,Williams等(2006)认为这种改变可能反映出老年人对情绪信息的加工由自动加工开始向控制加工转变,以更好地控制对负性情绪的反应从而提升自身幸福感。而老年人对情绪的控制加工增强了前额叶的激活。

情绪加工的"正性效应"是否出现也与情绪加工时认知资源的多少有关。Reed和Carstensen(2012)对"正性效应"出现的前提条件进行了总结,指出需要3个条件:(1)认知资源可用;(2)实验任务或刺激未启动自动加工;(3)信息加工未被外在因素(如实验指导语)限制。随着人的年老化,情绪目标的凸显性增强。考虑到负性信息比正性信息更具影响力(Isaacowitz等,2009),老年人需要克服负性信息自动加工的特点(Kisley et al., 2007)以避免负性情绪信息的影响(Hilimire & Mienaltowski, 2014; Parks, Blanchard-Fields & Corballis, 2014)。因而,在加工目标相关刺激、回避目标无关刺激时,便需要认知资源的参与(Mather, 2006)。Mather和Knight(2005)采用双任务实验操纵被试的认知资源来考察老年人情绪加工的"正性效应"。在双任务中,被试在观看情绪图片的同时也要检测声音的变化。随后的记忆测试发现相对于年轻人,老年人会回忆出更多的负性图片,而对正性图片的回忆数目较少。当认知控制被分心任务抑制时,老年人的正性记忆优势消失,甚至出现了负性偏向。该研究的另一个实验发现认知控制能力强的老年人比认知控制能力差的老年人对正性刺激的记忆更好,进一步说明了控制加工在情绪加工中的作用。Knight等(2007)提供了更直接的证据:当注意分散时,老年人对负性面孔的关注时间长于年轻人;但在被动观看条件下,老年人出现了"正性效应",对正性面孔的关注更大。

但也有研究指出,老年人对于表情的自动加工受到情绪效价的影响。短时呈现低强度的情绪面孔时,老年人的表情加工仍表现出"正性效应":辨别高兴与中性时,更偏向高兴反应,而年轻人更偏向做出中性反应;在辨别恐惧与中性时,老年人表现出更大的中性偏向。这说明与年龄相关的"正性效应"可以发生在无需认知资源参与的自动加工水平(Johnson & Whiting, 2013)。此外,有研究者采用不受认知控制影响的面孔/房屋双眼竞争任务,也发现老年被试会有选择地抑制负性面孔,表现出对于负性表情的回避倾向(Bannerman et al., 2011)。这些结果表明在早期的表情自动加工中,与年龄相关的"正性效应"便出现了,因此"正性效应"不一定依赖于控制加工。

6.2.5 正性情绪偏向的理论解释

虽然老年人的认知能力有所下降,但是其幸福感却维持在较好的水平:体验更多的正性情绪,而负性情绪体验较少。这可能得益于老年人有效的情绪调节。在情绪加工方面,年龄与情绪效价存在显著交互,表现为情绪加工年老化的"正性效应":相比于负性刺激,老年人对于正性情绪的加工维持较好,对正性刺激的关注更多,记忆成绩更好,对高兴等正性情绪的识别准确性并不随年龄的增长而下降。那么,如何来理解年老化和正性效应的关联呢?就这一问题,学者们从不同角度提出了不同的理论模型。

选择性优化补偿理论(Selective Optimization with Compensation, SOC)

该理论从 Baltes 和 Baltes(1990)提出的人与环境交互的多元模型发展而来。根据 SOC 理论,伴随着成长,人们会更加意识到年龄增长所带来的得与失。由于社会、认知等功能伴随年龄增长而有所下降,人们对资源的分配也变得更加谨慎。因而,人们通常会选择实现那些在后半生中更重要、更易获得的目标。目标一旦被优先选择,人们便通过优化行为以实现该目标。若平常的策略不能保证目标的实现,人们就会采取补偿策略,如获得他人的帮助以实现自身目标。将这一模式运用到社会关系中,社会关系变得更加紧密,往往会带来更高的幸福感体验。

情绪调节的选择性优化补偿模型(SOC-ER, Selective Optimization with Compensation in Emotion Regulation, Urry & Gross, 2010)指出老年人采取情境选择、注意调整等认知需求较小的情绪调节策略,而不采用认知评估或情绪抑制等严重依赖认知控制加工的策略。该模型能够解释老年人对情绪刺激的注意"正性效应"(Isaacowitz et al., 2006),可能反映了老年人将选择性注意作为调节策略(Isaacowitz et al., 2008, 2009b)。当认知资源有限时(如分心任务中),老年人不会有效加工与追求情绪目标相关的信息(Mather & Knight, 2005; Knight et al., 2007)。只有当认知资源可用时,老年人才更有效地进行情绪调节。

社会情绪选择理论(Socioemotional Selectivity Theory, SST)

该理论的代表人物是斯坦福大学的 Laura L. Carstensen 教授。社会情绪选择理论指出时间知觉会影响人们对目标的选择。该理论将社会目标分为两种:对知识的追求和获得情感满足的目标。当知觉到的时间是无限(open-ended)时,人们主要是以获得知识为目标;当时间有限(limited)时,情绪目标则更突显。随着年龄的增长,人们所知觉到的时间变得越来越有限,老年人对目标和动机的选择也发生了改变:由获取知识、拓宽视野向获取情感满足进行转变,他们会将更多的认知资源投入到情绪情感调节过程中。由于动机、目标的转变,老年人更重视那些具有正性情绪意义的目标,而回避负性情绪意义的目标(Carstensen, Isaacowitz & Charles, 1999;

Carstensen,2006)。

优劣整合模型(Strength And Vulnerability Integration, SAVI)

优劣整合模型(Charles, 2010; Charles & Luong, 2013)整合了老年人情绪调节的优势和劣势。一方面,SAVI指出随着年龄的增长,老年人更多且更有效地通过注意分配、认知评估、行为控制等方式调节日常的情绪体验。当人们遇到一般的挫折、情绪事件时,这些策略的使用能够有效地回避或减少负性情绪体验,保持稳定的正性情绪。老年人有策略的情绪调节源于其时间观念改变和经验知识增加。当老年人发觉生命是有限时,情绪目标的突显性增加,老年人更关注自身的情绪体验(Carstensen, Isaacowitz & Charles, 1999)。此外,更丰富的生活经验也为老年人成功管理自身情绪提供了可能。这解释了为何研究发现老年人总体上比年轻人更幸福。

而另一方面,SAVI也指出生理系统的灵活性、认知能力的下降会影响老年人的情绪调节能力。特别是遭遇到高唤醒情绪事件时,老年人无法采取有效的情绪调节策略。此时,老年人的幸福感会下降,同时生理反应增强。当观看与衰老特征有关的影片时,如丧偶等,老年人体验到更强的悲伤情绪,并产生与年轻人相当的生理反应(Kunzmann & Grühn, 2005)。

6.3 情绪发展的影响因素

情绪的发展研究表明,情绪不只是内部体验与外在表现,也受到神经生理基础与社会文化背景的深刻影响。正如情绪的功能主义理论所阐述的,个体和外部环境的关系不仅影响情绪的诱发,而且影响情绪体验和表达的调节策略。个体的内部状态和社会文化背景对于情绪知觉和情绪理解的发展也是至关重要的。儿童总能够基于神经生理机制在一定的社会文化背景下习得各种情绪的意义,并通过人际互动中的共情和情绪感染获得替代性情绪经验。因此,情绪具有生物性和社会文化性的特点(Harre & Parrott, 1996; Robinson, 2004;李冉冉和许远理,2011)。

6.3.1 情绪发展的神经生理基础

情绪的发展依赖于大脑的发育成熟,包括大脑情绪功能区域的发育、神经内分泌以及其他随年龄而快速变化的生物过程(Ledoux, 2000)。众所周知,大脑在出生后最初几个月和几年内发育和变化很快,甚至在出生之前大脑就已经快速发育。婴儿大脑产生了几万亿突触,比成年人多得多。2岁幼儿大脑细胞之间的突触连接是普通成年人脑的2倍。人生前三年是大脑发育的关键时期,是一个突触快速形成以促进神经细胞的功能连接的时期,大脑连接生成的速度远远超过了连接丢失的速度

(Dirix等,2009)。在前三年,充分刺激的环境对大脑功能和结构的发育可以发挥最强大的和最持久的影响。错误的刺激或刺激不足会导致大脑发育异常,因为错过关键期,某些神经通路的关键回路发育的机会几乎消失(Lenroot & Giedd, 2007)。虽然前三年之后大脑在继续发育,但通常情况下是消除突触连接,而不是形成新的连接。常言说:"3岁看大,7岁看老",在成长的过程中,一个孩子3岁之前的生长发育会影响其一生的发展变化。前3年的关键时期为成人提供了从生物基础上塑造婴幼儿情绪健康环境的机会,以利于发展其情感复原力(Bull, Espy & Wiebe, 2008)。

作为人类机能的生物特性,情绪起源于大脑的原始脑区,例如包括杏仁核情绪中枢在内的边缘系统(Johnson, 2010)。但由于也涉及到人类复杂行为,情绪还受高级脑区制约,特别是前额叶等新皮层(Davidson, Fox & Kalin, 2007)。这些影响情绪行为的神经生理过程也存在着明显的发展变化。正如第5章所阐述的,以往诸多研究发现情绪是由大脑中的一个回路控制,包括前眶额皮层(OFC)、腹内侧前额皮层(vmPFC)、杏仁核、下丘脑、脑干、扣带回皮层、丘脑、海马、伏隔核、岛叶及感觉皮层等(Bechara & Damasio, 2005;刘飞,蔡厚德,2010)。不同脑区活动的特异性的激活和失活可能表明他们在情绪加工中起到不同作用。很多证据表明大脑情绪回路等情绪相关的结构是在相对持久地发展的(Paus, Keshavan & Giedd, 2008)。

基本情绪的表达:表情的生物先天性

情绪的生物性观点认为情绪现象普遍存在于人类生活之中,其产生由人类的生物属性决定。来自婴儿的研究发现反映了面部表情的生物先天性(王垒,2009):首先,婴儿生来就具有表情,在出生后一年内,婴儿就逐渐表达出兴趣、愉快、厌恶、痛苦等基本情绪表情,这些表情是随婴儿生理的成熟而逐渐显现的;其次,先天盲婴在发生早期显露出与正常婴儿同样的面部表情。只是由于盲婴得不到来自成人面部表情的视觉强化,他们的表情才在以后逐渐变得退化。因此,婴儿前语言发育阶段的基本表情似乎是先天预设而无需学习的本能。他们通过情绪信息如面部表情、声音和动作表达他们的情绪,"表述"他们的状况和需要,从而同成人进行互动以获得成人的照料(李冉冉和许远里,2011)。

Paul Ekman通过面部表情的跨文化研究将表情的生物性这一观点发扬光大,并开发了以解剖学为基础的编码系统来测量面部表情。根据Ekman和Friesen(1969)的研究,在不同民族、不同文化背景的人类群体中,表情具有很高的一致性。他们针对五种不同文化的人(智利、阿根廷、巴西、日本、美国)展示面部表情的照片,分别请他们判断各个面部表情所显示的情绪。研究发现,不同文化的人们普遍具备高兴、惊讶、恐惧、愤怒、沮丧和悲伤等几种情绪,并且能够准确识别来自其他文化人们对于这几种情绪的表达。事实上,所有人类复杂的情绪都牵涉到这几种表情的不同组合,且不论文化差异、种族、性别或教育程度,全世界各地人们以大致相同的方式表达基本情绪,他们也能够通过读取他人的面部表情辨认出对方所体验的情绪。例如,在没有意识到的情况下观看一个应激影片,美国学生和日本学生表现出类似的负向面部表情。而且,这些相似的面部表情也引发了相似的神经反应。研究发现:当要求两个不同文化的人做出相同的面部动作时,两者会产生相似的自主神经反应(Levenson 等,1992)。这说明面部动作与特定情绪的自主生理反应之间的关联关系是具有普遍性的。

情绪知觉和体验发展的神经基础

情绪知觉是最早发展的能力之一。表情识别的发展研究表明童年期的表情识别正确率随着年龄增长,但不同表情的增长速度不同(Thomas et al., 2007)。不同表情识别能力的发展轨迹可能与这些表情对应的加工脑区有关。例如,大脑的情绪中枢杏仁核对于恐惧表情的识别至关重要,与中性表情相比,恐惧表情激活了双侧的杏仁核、梭状回、额内回。杏仁核与下丘脑以及脑干许多部位的连接在婴儿刚出生时就已经具备完整的功能,在婴儿一出生就发挥作用,使婴儿注意到面孔等重要社会刺激(Johnson, 2005)。因此,对情绪刺激的行为和神经反应早在新生儿期就出现了(Johnson, 2005)。例如,新生儿能够识别人脸,与其他物体相比也更喜欢人脸。婴儿可以区分快乐和悲伤的面部表情,也可以区分其主要抚养者和陌生人的声音(Dirix et al., 2009)。早期的双侧杏仁核损伤会引起恐惧表情识别缺陷(Adolphs 等,1994),但成人期类似的损伤则不会(Hamann et al., 1996)。但杏仁核真正开始发挥功能要等到婴儿长到6至8个月的时候。婴儿半岁后,眶额皮质才逐渐调节婴儿的情绪生活,这时候婴儿真正能感受情绪,并开始对边缘系统的情绪功能进行自我调节。

事件相关脑电位(ERP)研究表明7个月的婴儿对恐惧表情表现出比高兴表情更强的前额叶负波(Nelson & de Haan, 1996)。前额叶负波通常在刺激后400—800 ms出现,反映了增强的注意,产生于前扣带回(Reynolds & Richards, 2005)。近红外成像(NIRS)研究则发现高兴表情激活了9—13个月婴儿的眶额皮层(OFC)(Minagawa-Kawai et al., 2009),而且对母亲表情的激活强于熟悉或陌生人的表情。OFC激活可能反映了母婴依恋的神经基础。虽然眶额区反馈回路在生命早期已形成,但到1岁才发育成熟(Machado & Bachevalier, 2003)。

杏仁核的体积在7.5—18.5岁之间仍然持续增加(Schumann et al., 2004),其情绪反应的精细化过程一直持续到童年和青少年时期。Baird 等(1999)在12—17岁的青少年中发现恐惧表情的杏仁核激活。而且11岁儿童对中性表情比其他表情表现出更大的杏仁核激活,但成人对恐惧表情比其他表情表现出了更大的杏仁核激活

(Thomas et al., 2001)。同样,厌恶和悲伤等表情激活的神经系统,10岁儿童与成人之间也存在差异(Lobaugh et al., 2006)。而且,青少年的情感反应比更小的儿童和成人显示更多的杏仁核活动(Guyer et al., 2008; Hare et al., 2008)。

青春期是生理及心理发生巨大变化的时期,经历着大脑功能的重组。这种重组既发生在皮层下结构,也发生在PFC等高级区域,反映了这些脑区尚未成熟。而且,在青少年早中期杏仁核和腹侧纹状体等皮层下脑区并没有充分受到前额叶的调节(Nelson et al., 2005)。因此,在情绪识别任务中,青少年表现出与成人相反的模式:腹外侧前额叶(vlPFC)较少激活,但边缘系统激活较强(Passarotti, 2009),反映了青少年更大的情绪反应和不成熟的前额叶活动。Wong等(2009)的ERP研究发现青春期被试(10—16岁)在情绪识别任务中表现出类似成人的大脑皮层活动,但大脑激活模式与年龄相关的差异因表情不同而变化,反映了青少年对不同表情知觉有着不同的神经系统发育和成熟速度(Wong et al., 2009)。McGivern等(2002)甚至发现了"青春期反转"现象,在表情面孔和标签匹配任务中,青少年的反应时比低龄儿童更长,然后到16—17岁时重新回到青春期前的水平。这种反转可能是因为青春期儿童的神经重组造成的。但这种反转并没有出现在简单表情识别任务中。因此,青春期和其他年龄对大脑情绪环路的发展和功能的影响尚有很多不清楚的地方。

而到了老年期,无论是正常老化还是病理性老化,边缘系统中海马、旁海马回和杏仁核等脑区的体积都随年龄增长而显著下降(Raz et al., 2004),激活程度也都随年龄增长而下降(Cerf-Ducastel & Murphy, 2003)。因此,情绪材料对于老年人的刺激会激活不同于年轻人的大脑活动。例如,负性和正性刺激对老年人的杏仁核激活不同,正性刺激对老年人的激活远大于年轻人,而负性刺激的杏仁核激活则下降(Mather et al., 2004)。对于正常评定为负性的刺激,老年人会将其评定为中性,而这些刺激也会引起杏仁核的激活下降,这说明老年人对负性刺激的知觉能力下降,同时杏仁核也做出了相应的反应(St. Jacques et al., 2010)。

情绪调节发展的神经基础

在儿童情绪调节的发展过程中,神经生理机制的不断成熟是儿童调节机能发展的基础。通常,儿童在神经生理活动规律方面的个体差异可以预测情绪调节过程的不同表现。这些神经生理活动不仅涉及情绪相关脑区,也包括了认知功能相关脑区。情绪调节也经常被认为是认知过程,情绪调节能力的提高依赖于认知能力的发展,如执行控制功能等。事实上,情绪调节过程和认知过程激活的脑区在前额叶皮层和前扣带回皮层存在相当程度的重叠,在情绪调节过程,情绪与认知也是难以分离的。回答情绪调节能力如何发展这一问题,与情绪调节相关的脑功能区的发展和成熟是一个重要的考察方面。研究显示有效的情绪调节依赖于前额叶皮层(PFC)功能。腹内侧前额叶(vmPFC)和相邻的前扣带回(ACC)在控制自身情绪方面起着重要的作用，腹侧区域负责情绪加工，而背侧更多与认知执行功能有关(Allman et al., 2001)。

与其他时期相比，婴儿期的情绪调节依赖于外部资源远多于内部资源。因而，早期的母婴依恋质量对与情绪调节系统的发展至关重要。父母的互动能够帮助塑造婴儿情绪及其调节的脑区，如中线额区的认知控制系统(Posner & Rothbart, 2000)。6个月左右，新生儿开始出现初步的情绪刺激注意偏向系统。7个月左右，前扣带回(ACC)等认知控制脑区开始参与调节对恐惧表情的注意偏好(Nelson & de Haan, 1996)。但这可能只是反映对威胁性信息的自动反应。真正有意识的自我调节直到3岁左右才发展起来，并在很大程度上依赖于主动控制和抑制能力的发展(Posner & Rothbart, 2000)。新生儿时期激烈的情绪波动随着年龄增长逐渐得到越来越多的调控，反映了肾上腺皮质的激活和副交感神经调节的成熟(Gunnar 和 Davis, 2003)。

前额叶皮层是认知执行控制功能最重要的脑区，与情绪中枢杏仁核和边缘系统具有密切的功能连接，并与情绪行为的控制功能密切相关。前扣带回皮层与情绪的认知控制相关，负责冲突监控及认知与情绪的整合过程。因此，前额叶和前扣带回皮层的发展制约着儿童的情绪调节能力的发展。约从2岁起，前额叶皮层(包括眶额皮质)进入漫长的突触修正阶段，前额叶灰质体积和厚度的减少一直持续到青少年时期和二十几岁(Shaw et al., 2008)。前额叶调节区和杏仁核的双向连接的发展也一直持续到十几岁(Nelson et al., 2005)。而各个脑叶的白质体积在儿童和青少年时期也在持续增长(Giedd et al., 1999)，反映了脑细胞轴突髓鞘的形成，提高了脑区之间的神经传递效率。4岁是儿童认知控制发展迅速的时期，这与前扣带回皮层在这时期的快速发展密切相关。儿童3—6岁时前额叶皮层和前扣带回皮层发展迅速，这阶段幼儿能够控制自身的冲动行为，情绪调节认知策略发展也突飞猛进。McRae等(2010)发现在负性情绪调节过程中认知重评策略的使用与杏仁核、前额皮层和扣带回区域的激活密切相关。随着各皮层和前额叶之间功能连接的发展，情绪调节能力在童年期开始出现并增强(Lewis & Todd, 2007; Ochsner & Gross, 2007)。

最近的一项功能磁共振成像研究考察了神经系统的发展如何支持学龄儿童情绪调节(Pitskel et al., 2011)。该研究关注支持认知重评的环路，要求儿童和青少年放大和抑制他们对恶心图片的情绪反应。增强和抑制调节激活了截然不同的大脑活动模式，并且腹内侧前额叶(vmPFC)和边缘结构(特别是杏仁核)的激活之间存在明显的负相关，表明vmPFC的调控作用。此外，vmPFC和杏仁核的激活受到年龄的影响(图6.4)。杏仁核的激活随着年龄的增长下降，这与更有效的情绪调节一致。Pfeifer等(2011)报告了38个正常参与者从童年后期(10岁)到青春期的早期阶段(13岁)的功能磁共振成像数据。对面部表情的反应表现出在腹侧纹状体(VS)、vmPFC、杏仁

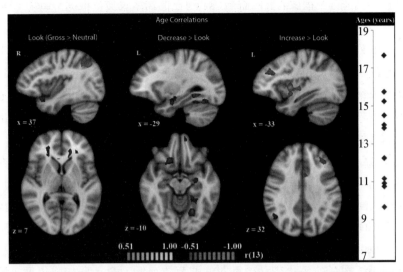

图6.4 脑区激活与年龄的相关关系：橙色代表正相关，蓝色代表负相关。右侧给出了被试的年龄分布

来源：Pitskel 等（2011）.

核和顶叶等脑区的一般性和特异性变化的混合模式。而且对同伴的影响和风险行为敏感性下降和腹侧纹状体激活的上升呈正相关，腹侧纹状体和杏仁核的负相关在青春期早期也比童年后期更明显。这些结果表明腹侧纹状体对情绪的反应可能在青少年人际功能中发挥着情绪调节的作用。

  青少年期是神经生理机制与认知方面的重要发展阶段，神经系统兴奋和抑制过程的逐渐平衡协调，前额叶和扣带回皮层趋于成熟（Blakemore & Choudhury, 2006；Ochsner & Gross, 2008），调节机能不断增强，使个体获得多种情绪调节策略成为可能。抑制控制功能主要由背侧、腹侧、腹内侧前额叶和前扣带回等脑区完成。行为和脑成像研究表明，抑制控制从童年期到青少年期一直持续发展（Davidson et al., 2006），从童年到青少年，从青少年到成年，抑制任务中前额叶反应也逐渐更有效率（Lewis et al., 2006）。Lewis（2003）发现情绪调节策略的使用最初依赖于额叶皮层控制过程的发展，在 8—12 岁之间前额叶皮层迅速增长，直至发展到青春期晚期。Levesque 等（2004）的 fMRI 研究考察 8—10 岁女孩观看悲伤影片时使用重评策略的神经反应，发现重评与外侧、腹外侧、眶额部、内侧等前额叶区域和前扣带回的更大激活密切相关。而类似的女性成人研究发现了更少区域的前额叶激活（Levesque et al., 2003），这种激活区域的差异可能反映了未成年人的前额叶控制功能尚未成熟引起的弥散反应。该研究主要关注与情绪刺激相关的意识控制任务中前额叶对皮下结构的调控实验任务中被试需要内隐地调节自己的情绪反应。根据Gross(1998)的过程定向观点,有许多情绪调节策略,其中抑制和重评受到最多的关注。从发展的角度看,抑制策略的使用频率在9—15岁期间随着年龄的增长而减少(Gullone et al., 2010),反映了随着神经生理和心理的成熟儿童学会了更多的适应性策略。但比较意外的是主观报告的认知重评策略也在9—15岁期间逐渐减少(Gullone et al., 2010)。这可能是因为这些策略变得更加自动化而无需较多的意识努力控制,因而通过主观的自我报告难以检测出来。

但是,这个发展轨迹仍然有一些争议。采用不涉及情绪的抑制控制任务(如go/no-go任务,Simon任务)的研究表明抑制控制能力随年龄呈线性增长(Davidson et al., 2006)。但线性的轨迹不足以描述清楚与情绪相关的抑制控制(Somerville & Casey, 2010)。青少年研究发现前额叶调节情绪反应的脑区比边缘系统滞后发育(Nelson et al. 2005)。这说明情绪反应的抑制控制可能遵循U型的发展轨迹,即杏仁核等皮下结构受前额叶在青少年期的调节效率低于童年期和成年期。Hare等(2008)考察了恐惧、高兴和平静表情的go/no-go任务中前额叶和杏仁核激活的年龄差异(7—32岁),发现青少年组的杏仁核对恐惧的激活反应大于童年组和成人组,而且激活程度与恐惧表情相对于高兴表情的反应延迟时间长短相关,但前额叶的激活与延迟时间呈负相关。这说明青少年的腹内侧PFC(vmPFC)对情绪的反应更少(Etkin et al., 2006; Hare et al., 2008),反映了青少年可能有更多的情绪反应,但受PFC的情绪调节比较少,即较差的调节控制功能(Grosbras et al., 2007; Levesque et al., 2004)。

到了老年期,尽管PFC总体上随年龄增长而受损,但在儿童期相对发育较早的腹侧PFC皮层厚度在其毕生发展中都保存完好。老年人的额叶区域如内侧前额叶皮层(PFC)在情绪加工中通常都激活更大。老年人加工负性和正性刺激同样会增强PFC的激活。Allard和Kensinger(2014)采用fMRI考察了不同情绪调节策略(选择性注意/认知重评)下神经活动的年龄差异。"被动观看"条件下,被试自然地观看视频;"选择注意"条件下,被试则关注屏幕上可以增强正性体验或降低负性体验的区域;"认知重评"条件,当观看负性视频时,被试可以选择以下某种策略:分离重评("将自己从事件中抽离并告诉自己这只是表演");积极重评("给看到的事件找一个积极的解释",如看到车祸视频时,可以想象下没人在车祸中受伤)。结果发现在认知重评时老年人的内侧和外侧前额叶比在选择注意条件下激活更大,而年轻人则正好相反。这可能是由于老年人在重评时需要更多的认知资源。杏仁核激活随年老化的变化反映了老年人的情绪体验,而这种体验受到前额叶的情绪调节增强的影响。在老年人的正性偏向中,杏仁核减少对负性刺激的关注与回忆可以看成是情绪调节加工的结果,以缓和负性情绪(Mather & Carstenson, 2005; St Jacques et al., 2009)。近来的研究直接考察了年轻和年老者在运用再评价这一情绪管理策略时的神经反应,发现再评价与额叶激活的增强、杏仁核的激活减弱相关联(Winecoff et al., 2011)。

6.3.2　情绪发展的社会文化基础

儿童在与外界进行社会互动的过程中逐渐习得社会的情绪规范,这称为情绪发展的社会化。社会化过程是儿童情绪发展的核心(Halberstadt & Lozada, 2011),在儿童成长的社会文化背景下完成。情绪作为非言语交流的重要成分,反映一种需求或意图的表达,同样也受到社会文化规范的塑造。情绪的文化相对论认为,情绪受到社会文化的塑造,是在社会文化背景下建构出来的,具有跨文化不一致性;身处不同文化的人们会拥有形态各异的情绪特征。因此,情绪社会化使得儿童的情绪理解、体验、表达和调节都反映出社会文化的烙印。

社会文化决定了儿童情绪社会化是在什么样的情绪情境下完成的(Super & Harkness, 1986),对儿童的情绪信念和社会化目标产生决定性影响。在一定的社会文化下,成年人普遍习得了对刺激事件如何做出情绪反应的共享知识(即社会文化规范)。在情绪社会化的发展过程中,儿童通过人际互动(特别是与家人和同伴的互动)的过程逐渐把他人对自己情绪的反应等情绪规范内化为自我的情绪调节标准,即把社会文化中的情绪规则体系内化。例如,人们对儿童的不同情绪反应和反应倾向给予鼓励或惩罚,使某些情绪反应比另外一些情绪反应更容易发生或被压制,以此引导和塑造儿童的情绪体验和表达。

情绪理解

情绪理解的发展直接体现了情绪文化信念的影响。情绪如何被感知和解释是通过儿童的交互对象(父母和其他人)体现的。不同社会文化的儿童对不同情境下的情绪诱因、情绪体验和表达有不同的理解。例如,个体和集体主义文化中对是否表露负性情绪以及羞愧和愤怒的表达是否可接受等有不同的文化规范。在日常生活中,儿童和家人之间的日常交流为儿童提供了了解情绪的机会(Lagattuta & Wellman, 2002; Thompson, 2006; Thompson, Laible & Ontai, 2003)。当儿童开始与家长讨论自己的经历和情绪归因时,家长对归因的进一步解释、澄清,都可能为儿童提供接触不同情绪的机会和不同的情绪解读,从而塑造儿童的情绪理解(Thompson, 2006)。这是社会文化因素对情绪理解的发展产生作用的方式:社会文化差异会体现在情绪相关的信念和家人在日常交流中提到的情绪,改变儿童接触和了解某些情绪的机会,影响儿童形成的情绪信念。例如,美国母亲与3岁儿童交流时提到儿童和他人的想法和感受的频率更多,差不多是韩国母亲的2倍。因而,美国儿童接触相关情绪的机会更多。在这些过程中,成年人向儿童传递社会化的情绪知识、符合社会期望的情绪行为和某种情绪反应的前因后果(Thompson et al., 2003; Thompson & Meyer, 2007)。通过这种方式,将情绪的社会规范明确地传达给儿童。例如,对于女孩,父母会谈论更多的伤心难过情绪,从外部的社会关系角度解释情绪,并通过安慰和调解来化解负面情绪。对于男孩,父母会讨论更多的愤怒情绪,从男孩自身的角度解释情绪,并较少处理男孩的负面情绪。因此,男孩和女孩对情绪的理解是不一样的。

社会文化差异的影响还体现在表情的识别上。不同文化塑造下的情绪表达会导致面部精细动作的不同,而这些面部动作则反映了情绪表情构成的文化特点(Elfenbein & Ambady, 2003),从而使得个体接触的表情带有社会文化特点。Elfenbein & Ambady(2003)将美国人的面部表情呈现给不同文化背景的被试识别,发现表情的识别率因被试对美国文化的接触经验而异:美国人识别率最高(93%),中国人的识别率最低(60%),而具有一定美国文化接触经验的人识别率介于两者之间(移居美国的华人为83%,华裔美国人为87%)。这表明,观察者与目标面孔之间的文化背景差异会影响表情识别。然而这种文化差异并非来自于语言的差异。Marsh, Elfenbein和Ambady(2003)发现,使用相同语言的加拿大魁北克和非洲刚果的被试对面部表情的识别模式具有很大的差异。关于群内优势的行为研究也验证了文化对情绪识别的调节作用(张秋颖等,2011):人们在识别与自己有相同文化背景人物的面部表情时,其准确性要高于识别与自己文化背景不同人物的面部情绪。脑成像研究也表明相同文化组群中成员的恐惧表情会引发杏仁核更强的激活、唤醒和警觉(Chiao et al., 2008)。此外,与美国被试相比,东亚被试对目标面孔的判断更受群体中其他面孔表情的影响,在识别表情时更容易受到情绪背景因素的影响(Matsumoto, Hwang & Yamada, 2012)。

情绪体验

情绪很多时候在社会关系中形成,并不断地反映着社会关系。在一定社会文化规范下,某种情绪的意义通常是固定并重复发生的。通过这种重复性的塑造,符合社会文化期望的情绪将逐渐成为个体自然的情绪体验和反应。尽管不同文化之间情绪都具有相似的多种生理过程,但情绪体验的自发反应已经在儿童的社会化发展过程中渗透了社会文化的特点。新生儿最初的情绪是原始情绪,表达着某种生理需要。但是,只要开始社会交往,他的情绪便获得某种社会意义。这些社会意义为成长中的儿童所认知,成为儿童个体情绪发展的萌芽,复合情绪和自我意识情绪便逐渐出现。随着儿童社会交往的拓广,社会文化规范中的情绪知识逐渐融入到个体经验中,塑造着个体的情绪体验和情绪表征。

在不同文化结构的社会中，人们会以不同的方式体验与表达正性情绪和负性情绪，也会因不同的动机而控制其情绪的体验与表达。在强调个体主义文化的社会中（如美国等西方国家），人们会以典型的对立模式来体验情绪；而在强调集体主义文化的社会中（如中国、韩国、日本），人们会以典型的辩证方式来体验情绪。Bagozzi，Wong 和 Yi(1999)发现，在西方或个体文化社会中，正性情绪与负性情绪负相关；而在东方或集体文化社会中，正性情绪与负性情绪正相关。Schimmack 等(2002)认为，西方人倾向于以两极方式体验和表达情绪，像高兴和悲伤之间是互相冲突的，而东方人倾向于以辩证方式体验和表达情绪，不同效价的情绪（如快乐和悲伤）之间是可以相互兼容的。

在西方，人们很重视在社会情境中的适当的感受，即重视将行为的社会意义与个人情绪体验相联系。而在东方，特别是中国、韩国、日本，人们对行为的社会意义的认识主要源自人们的社会背景，而不重视其与自我情绪体验的联系；而且，东方人表露自己的情绪，主要是表达对特定社会道德观和价值观的一种认同，而不是体现自己此时此刻的内心真实感受。因此，东方人的情绪表达和情绪行为，常常偏离了个人真实的内在心理过程。当情绪与社会经历有关时，情绪被中国人认为只是次要的"伴随现象"，而且中国人对有关情绪体验的反应往往是"我的感受并不重要"(Potter, 1998)。例如 Lee 等(2005)对完成任务的成功和失败的跨文化研究发现，个体主义取向的美国被试在成功时报告了较强的快乐感和较低的轻松感，在失败时报告了较强的悲伤感和较低的焦虑感；而集体主义取向的中国被试在成功时报告了较低的快乐感和较强的轻松感，在失败时报告了较低的悲伤感和较高的焦虑感。这些结果反映了中国被试的情绪体验带有更多的外部色彩。

如果人们体验到的某种情感与社会文化期望相冲突时，人们可能对这种情感产生负强化，从而被抑制。例如，由于集体主义文化不鼓励人们在公众场合直接表达情绪，亚洲文化背景中的人们在情绪情境中体验到更少的情绪，并表现出更少的情绪行为(Mesquita & Karasaw, 2002)。社会文化通过正强化和负强化会塑造出某种情绪比较常见而另一种情绪少见的现象，进而导致社会环境中激发某种情绪的事件非常多，而缺少激发另一种情绪的事件。这种塑造最终必然导致两种不同文化下的人们所遭遇的情绪事件频率高低不同，从而引发不同的情绪体验。相应地，儿童在发展过程中对于某种情绪的体验也较多，而对另一种情绪体验较少。例如，在个人主义文化国家中，羞耻通常被看作是一种消极的负性情绪，且与愤怒等一些防御性反应相联系；而在集体主义文化中，在他人面前表现出羞耻体验却被视为是勇敢的并且是积极的(杨玲，李磊和袁彦，2012)，从而集体主义文化中的羞耻感是一种相对剧烈的情感体验。

情绪表达

文化模式影响情绪的表达方式、某种情绪发生的频率及对某种情绪表达方式的认可程度。人们表达情绪的时机和方式都要受其所处社会文化规范的影响。各种文化都有其特有的情绪表达规则，决定了人们表达情绪的时机和方式，尽管基本表情是跨文化一致的。例如，日本人的面部表情比美国人少，东方传统女性很少在公众场合哈哈大笑。除了面部的表情动作，眼神与目光注视也反映出情绪表达的文化差异性。美国文化鼓励直接目光接触；而许多其他文化中，晚辈不可直视长辈。因此，不同的文化价值观在对待掩饰情绪的重要性方面是有明显差异的。即使在西方文化中，传达给男孩和女孩的情绪表达规则也不同。例如，女生比男生被更多鼓励表现出悲伤或恐惧(Fivush, 1994)。

与此密切相关，在表达某种情绪的频率方面，集体主义文化中人们表现出更多的社会性情绪，个体主义文化中人们表现出更多的个体性情绪。Eid 和 Diener(2001)研究表明，个体主义与集体主义文化中，情绪表达上的差异主要表现在自豪和内疚上。Scollon 等(2005)认为在集体主义文化中自豪是一种相对负性的情绪，自豪体验更多的个体也体验了更多的负性情绪(如焦虑和内疚)。Kitayama 等(2000)对日本和美国被试的研究表明，在正性情景中，美国被试报告感受个人独立的情绪如自豪、优越感、自尊更多，而日本被试报告感受社会依赖的情绪如友好、亲密、尊敬和同情等更多。

集体主义文化和个体主义文化对情绪的公开表达有着不同的规则(吕庆燕，王有智和王振宏，2010)。前者强调社会和谐并重视个体要学会通过外部非言语线索理解他人情绪并据此进行社会交往；后者重视个人的自我表达，强调表达的真实可靠性(史冰和苏彦捷，2005)。通过情绪表达规则的塑造，社会文化会对儿童真实-表面情绪区分能力产生重要影响。和美国母亲相比，日本母亲更期望自己孩子能更早掌握真实-表面情绪区分能力，更重视儿童的情绪理解和情绪表达规则知识的发展(Conroy et al., 1980)。因而，日本母亲在幼儿很小时就教导他们为了维护人际的和谐和礼貌，需要学习隐藏自己真正的感受(Hendry, 1986)。因此，集体主义文化的东方儿童真实-表面情绪区分能力相对好于西方儿童(Van Der Veer, 1996)，但美国儿童可能比东亚儿童更早更好地理解自己的情绪，更倾向于表现自己的真实情绪(史冰和苏彦捷，2005)。

情绪调节

情绪调节(emotion regulation)是日常生活中很常见的现象，常见的情绪调节策略有表达抑制、认知重评、表达忽视等。情绪调节必然需要依据一定的标准或规范，即什么是适当的情绪表达和体验。这些标准和规范受到社会情绪文化(内隐和外显的)和人们希望实现的目标的影响。大部分社会文化规范在儿童早期习得,逐步地自然形成个体的习惯(Kitayama & Duffy, 2004)。在情绪社会化的发展过程中,儿童通过人际交往(特别是与家人、同伴互动)过程,逐渐把交往对象对自己情绪的反应内化为自我的情绪调节标准。事实上,情绪调节的最早形式来自于家长对儿童情绪的调控,这也是情绪调节的发展具有社会文化性的一个原因。家人通过对儿童的安抚、调整熟悉的环境、改变儿童的活动或指导儿童情绪调节策略等措施来调节儿童的情绪(Garner & Spears, 2000; Spinrad et al., 2004)。除了采取措施应对儿童的情绪活动外,父母还通过表现出自身的情绪状态来调节儿童情绪活动的适当性。随着年龄的增长,父母还将通过交流,讨论情绪的前因后果以及如何控制和管理自己的情绪。通过这些交往行为潜移默化的影响,社会文化规范逐步内化,儿童在很多时候自动地调节情绪。在儿童早期社会化过程中,习得"愤怒是破坏性的"等情绪反应,从而自动减少这些情绪;当个体在极度愤怒或极度悲伤时,基于潜在内化的社会文化规范而无需有意自我控制却仍能在大多数时候保持平静(樊召锋和俞国良,2009)。

　　自动情绪调节过程是个体在其成长的社会文化环境中发展形成的。西方社会强调情绪的积极方面,鼓励情绪体验和情绪表达。相对而言,大多数亚洲社会鼓励相对更少的情绪表达,特别是对"高激活度"情绪(如兴奋)更是如此(Tsai, Knutson & Fung, 2006)。因此,个体的自动情绪调节也体现出社会文化因素的影响。例如,东亚人通常更容易自动抑制负性情绪,这是常见的表达抑制调节策略。与个体主义文化相比,集体主义文化不鼓励人们在公众场合直接表达情绪,认为抑制情绪更符合社会规范。因此,集体文化中的个体会表现出更多的情绪控制。Butler, Lee和Gross(2007)发现情绪抑制对持不同文化价值观的群体的作用存在差异,实验引发的情绪抑制在欧美价值观组导致了更多的负面同伴评价和敌意行为,然而这些负面效应在亚洲价值观组发生的更少。华裔美国人和墨西哥裔美国人的研究显示,华裔抑制组被试比墨西哥裔被试报告较少的正、负情绪体验。研究认为,亚洲文化背景中的情绪控制受到更多的重视,尤其是分离性社会情绪(如傲慢、愤怒等)(Kitayama et al., 2006)。在亚洲文化背景下,其情绪控制受到极高的重视,这反过来又给予个体有很多情绪控制的实践机会(Eid & Diener, 2001)。

　　社会文化环境还会影响到情绪情境的自动重评。东亚社会的个体会通过合作规范或观察学习而逐渐了解到在不同情境下评估的自我都是不重要的,因此个体会自动体验到越来越弱的情绪(Rothbaum et al., 2000)。相反,重视个人控制及增加个人控制的情绪情境可能被评估为是重要的,如会导致愤怒情绪的增加,而减弱个人控制的情绪情境可能被评估为较不重要的,如会导致满足感的减少(Mesquita & Albert, 2007)。

与调节情绪表达的表达规则相比,情绪调节策略影响的是情绪本身(Cole, Martin & Dennis, 2004; Thompson, 1990, 1994)。所有年龄段的人都会寻求调节自己的情绪体验。这有许多种原因,如人们在应激下寻求调节自己的情绪,使自己感觉更好些(减少负面情绪,增加幸福感或高兴的感受),使自己往好处想(调控强烈的情绪),促使勇敢的行动(减少恐惧或焦虑),增强动机,寻求支持,确认关系(通过增强对别人的同情或共情情绪)以及其他原因。因此,对情绪调节的理解需要了解调节行为对应的个人目标。有时,这些目标是不言而喻的:儿童和成人在应对困境时会调节情绪。但是,这些目标也受社会情境的影响:例如,当大人在附近时儿童能大声抗议别人的欺负,但当大人不在时他们可能只是默默容忍被欺负(Thompson, 1994)。就此而言,情绪表达规则的使用反映了情绪调节的过程,也具有社会性和文化性。情绪调节能力和与儿童的社会能力密切相关(例如,Gilliom 等,2002)。

老年人的情绪调节策略也受到文化差异的影响。西方人表达抑制策略的使用随年龄的增长而减少(John & Gross, 2004),然而中国人在表达抑制策略的使用上并没有表现出年龄差异(Yeung et al., 2011)。这可能是由于中国人更强调相互依赖以及社会和谐,从而各年龄组更多地抑制负性情绪的表达,以免冒犯他人(Butler, Lee & Gross, 2007; Zhang & Bond, 1998)。同样,其他年龄的中国人也都可能采取表达抑制策略以进行情绪调节。Butler 等(2007)发现相比于欧裔美国人,采用表达抑制的亚裔美国人更少表现出负性情绪或在社交中表现冷漠。

结语:情绪既是生物进化的产物,也是个体在一定的社会文化背景下社会适应的结果。因此,情绪的发展既存在着全人类的普遍性规律,也存在着文化相对性特点,反映了情绪本身所具有的生物和社会的双重特点。个体情绪的发展过程体现了以生物属性为主发展到社会属性为主的复杂过程,展现了人类情绪的生物属性和社会化复杂的相互作用。

参考文献

陈璟和李红.(2008).幼儿心理理论愿望信念理解与情绪理解关系研究.心理发展与教育,24(1),7—13.
陈宁.(2009).青少年情绪的发展.上海青年管理干部学院学报,3,21—23.
陈少华和郑雪.(2000).亲社会情境中儿童的道德情绪判断及归因模式的实验研究.心理发展与教育,16(1),19—23.
刁洁.(2008).3—6 岁儿童情绪理解的发展及其与同伴接纳的关系研究(硕士学位论文).四川师范大学,成都.
樊召锋和俞国良.(2009).自动情绪调节:基于社会文化与神经科学的考量.心理科学进展,17(4),722—729.
侯瑞鹤和俞国良.(2006).儿童对情绪表达规则的理解与策略的使用.心理科学,29(1),18—21.
黄翯青和苏彦捷.(2012).共情的毕生发展:一个双过程的视角.心理发展与教育,28(4),434—441.
李鹤,丁妮和董奇.(2009).情绪加工老化效应的神经机制.心理科学进展,17(2),356—361.
李冉冉和许远srir.(2011).人类情绪生物性与社会性的整合探析.新疆职业大学学报,19(2),9—12.
李占星,曹贤才,庞维国和牛玉柏.(2014).6~10 岁儿童对损人情境下行为者的道德情绪判断与归因.心理发展与教育,30(3),252—258.
刘飞和蔡厚德.(2010).情绪生理机制研究的外周与中枢神经系统整合模型.心理科学进展,18(4),616—622.
刘国雄和方富熹.(2003).关于儿童道德情绪判断的研究进展.心理科学进展,11(3),55—60.
刘国雄和张丽锦.(2010).关于情绪以及情绪发展的理论述评.宁夏大学学报:人文社会科学版,32(1),212—215.

刘航和刘秀丽. (2014). 3~6岁儿童情绪伪装认知能力发展及其与错误信念理解的关系. 心理学探新, 34(2), 179—185.
刘玉娟和方富熹. (2005). 儿童情绪伪装能力的发展研究. 心理科学, 27(6), 1386—1388.
陆芳和陈国鹏. (2009). 幼儿情绪调节策略与气质的相关研究. 心理科学, 32(2), 417—419.
吕庆燕, 王有智和王振宏. (2010). 个体主义与集体主义文化模式下的情绪差异性. 兰州大学学报: 社会科学版, 38(6), 90—94.
潘苗苗和苏彦捷. (2007). 幼儿情绪理解, 情绪调节与其同伴接纳的关系. 心理发展与教育, 2(6), 6—13.
乔建中和饶虹. (2000). 国外儿童情绪调节研究的现状. 心理发展与教育, 16(2), 49—52.
史冰和苏彦捷. (2005). 儿童欺骗的情境依赖. 心理科学, 28(4), 816—819.
史冰和苏彦捷. (2005). 儿童情绪伪装能力的发展和影响因素. 心理科学进展, 13(2), 162—168.
王垒. (2009). 孟昭兰心理学文选. 北京: 人民教育出版社.
王异芳, 何曲枝和苏彦捷. (2010). 2~5岁儿童情绪理解能力发展及其与语言能力的关系. 幼儿教育: 教育科学, Z3, 70—74.
伍麟和邢小莉. (2009). 注意与记忆中的"积极效应"——"老化悖论"与社会情绪选择理论的视角. 心理科学进展, 17(2), 362—369.
徐琴美和何洁. (2006). 儿童情绪理解发展的研究述评. 心理科学进展, 14(2), 223—228.
杨玲, 李磊和袁彦. (2012). 自我意识情绪的跨文化研究进展及展望. 宁波大学学报(教育科学版), 34(3), 35—38.
姚端维, 陈英和和赵延芹. (2004). 3~5岁儿童情绪能力的年龄特征, 发展趋势和性别差异的研究. 心理发展与教育, 2(1), 12—16.
张秋颖, 陈建文, 于全磊和辛鹏. (2011). 情绪识别中的群内优势效应. 心理科学进展, 19(2), 209—216.
张文新. (2002). 青少年发展心理学. 济南: 山东人民出版社, 117—136, 302—307.
曾祥岚和崔淼. (2010). 情绪调节的过程, 策略及其作用. 宁夏社会科学, 2, 140—143.
郑裴和马伟娜. (2009). 聋哑儿童情绪理解的发展. 中国临床心理学杂志, 17(5), 584—587.
卓美红. (2008). 2—9岁儿童情绪理解能力的发展研究(硕士学位论文). 浙江大学, 杭州.
Addis, D. R., Leclerc, C. M., Muscatell, K. A. & Kensinger, E. A. (2010). There are age-related changes in neural connectivity during the encoding of positive, but not negative, information. *Cortex*, 46(4), 425 - 433.
Adolphs, R., Tranel, D., Damasio, H. & Damasio, A. (1994). Impaired recognition of emotion in facial expressions following bilateral damage to the human amygdala. *Nature*, 372(6507), 669 - 672.
Allard, E. S. & Kensinger, E. A. (2014). Age-related differences in neural recruitment during the use of cognitive reappraisal and selective attention as emotion regulation strategies. *Frontiers in psychology*. 5, 296.
Allman, J. M., Hakeem, A., Erwin, J. M., Nimchinsky, E. & Hof, P. (2001). The anterior cingulate cortex. *Annals of the New York Academy of Sciences*, 935(1), 107 - 117.
Altshuler, J. L. & Ruble, D. N. (1989). Developmental changes in children's awareness of strategies for coping with uncontrollable stress. *Child development*, 60(6), 1337 - 1349.
Bagozzi, R. P., Wong, N. & Yi, Y. (1999). The role of culture and gender in the relationship between positive and negative affect. *Cognition & emotion*, 13(6), 641 - 672.
Baird, A. A., Gruber, S. A., Fein, D. A., MASS, L. C., Steingard, R. J., Renshaw, P. F., ... & Yurgelun-Todd, D. A. (1999). Functional magnetic resonance imaging of facial affect recognition in children and adolescents. *Journal of the American academy of child & adolescent psychiatry*, 38(2), 195 - 199.
Baltes, P. B. (1987). Theoretical propositions of life-span developmental psychology: On the dynamics between growth and decline. *Developmental psychology*, 23(5), 611 - 626.
Baltes, P. B. & Baltes, M. M. (1990). Psychological perspectives on successful aging: The model of selective optimization with compensation. In P. B. Baltes & M. M. Baltes (Eds.), *Successful aging: Perspectives from the behavioral sciences* (pp. 1 - 34). New York: Cambridge University Press.
Baltes, P., Lindenberger, U. & Staudinger, U. (2006). Life span theory in developmental psychology. In W. Damon & R. Lerner (Eds.), Handbook of child psychology: Theoretical models of human development (pp. 569 - 595). New Jersey: John Wiley & Sons, Inc.
Banerjee, M. (1997). Hidden emotions: Preschoolers' knowledge of appearance-reality and emotion display rules. *Social cognition*, 15(2), 107 - 132.
Bannerman, R. L., Regener, P. & Sahraie, A. (2011). Binocular rivalry: a window into emotional processing in aging. *Psychology and aging*, 26(2), 372 - 380.
Barden, R. C., Zelko, F. A., Duncan, S. W. & Masters, J. C. (1980). Children's consensual knowledge about the experiential determinants of emotion. *Journal of personality and social psychology*, 39(5), 968 - 976.
Bechara, A. & Damasio, A. R. (2005). The somatic marker hypothesis: A neural theory of economic decision. *Games and economic behavior*, 52(2), 336 - 372.
Blakemore, S. J. & Choudhury, S. (2006). Development of the adolescent brain: implications for executive function and social cognition. *Journal of child psychology and psychiatry*, 47(3 - 4), 296 - 312.
Bornstein, M. H. & Arterberry, M. (2003). Recognition, discrimination and categorization of smiling by 5-month-old infants. *Developmental science*, 6(5), 585 - 599.
Boone, R. T. & Cunningham, J. G. (1998). Children's decoding of emotion in expressive body movement: the development of cue attunement. *Developmental psychology*, 34(5), 1007 - 1016.

Breslin, C. W. & Safer, M. A. (2013). Aging and long-term memory for emotionally valenced events. *Psychology and aging*, 28(2), 346–351.

Brown, J. R. & Dunn, J. (1996). Continuities in emotion understanding from three to six years. *Child development*, 67(3), 789–802.

Bull, R., Espy, K. A. & Wiebe, S. A. (2008). Short-term memory, working memory, and executive functioning in preschoolers: Longitudinal predictors of mathematical achievement at age 7 years. *Developmental neuropsychology*, 33(3), 205–228.

Butler, E. A., Lee, T. L. & Gross, J. J. (2007). Emotion regulation and culture: are the social consequences of emotion suppression culture-specific?. *Emotion*, 7(1), 30–48.

Calder, A. J., Keane, J., Manly, T., Sprengelmeyer, R., Scott, S., Nimmo-Smith, I. & Young, A. W. (2003). Facial expression recognition across the adult life span. *Neuropsychologia*, 41(2), 195–202.

Calder, A. J., Young, A. W., Keane, J. & Dean, M. (2000). Configural information in facial expression perception. *Journal of Experimental Psychology: Human perception and performance*, 26(2), 527–551.

Campos, J. J., Mumme, D. L., Kermoian, R. & Campos, R. G. (1994). A functionalist perspective on the nature of emotion. *Monographs of the society for research in child development*, 59(2-3), 284–303.

Camras, L. A. & Shuster, M. M. (2013). Current emotion research in developmental psychology. *Emotion review*, 5(3), 321–329.

Carstensen, L. L. (2006). The influence of a sense of time on human development. *Science*, 312(5782), 1913–1915

Carstensen, L. L. & Mikels, J. A. (2005). At the intersection of emotion and cognition: Aging and the positivity effect. *Current directions in psychological science*, 14(3), 117–121.

Carstensen, L. L., Fung, H. & Charles, S. (2003). Socioemotional selectivity theory and the regulation of emotion in the second half of life. *Motivation and emotion*, 27(2), 103–123.

Carstensen, L. L., Isaacowitz, D. & Charles, S. T. (1999). Taking time seriously: A theory of socioemotional selectivity. *American psychologist*, 54(3), 165–181

Carstensen, L. L., Pasupathi, M., Mayr, U. & Nesselroade, J. (2000). Emotional experience in everyday life across the adult life span. *Journal of personality and social psychology*, 79(4), 644–655.

Carstensen, L. L., Turan, B., Scheibe, S., Ram, N., Ersner-Hershfield, H., Samanez-Larkin, G. R., Brooks, K. P. & Nesselroade, J. R. (2011). Emotional experience improves with age: Evidence based on over 10 years of experience sampling. *Psychology and aging*, 26(1), 21–33.

Cassidy, J., Parke, R. D., Butkovsky, L. & Braungart, J. M. (1992). Family-Peer Connections: The Roles of Emotional Expressiveness within the Family and Children's Understanding of Emotions. *Child development*, 63(3), 603–618.

Cerf-Ducastel, B. & Murphy, C. (2003). fMRI brain activation in response to odors is reduced in primary olfactory areas of elderly subjects. *Brain research*, 986(1-2), 39–53.

Charles, S. T. (2010). Strength and vulnerability integration: a model of emotional well-being across adulthood. *Psychological bulletin*, 136(6), 1068–1091.

Charles, S. T. & Luong, G. (2013). The theoretical model of strength and vulnerability integration. *Current directions in psychological science*, 22, 443–448.

Charles, S. T., Piazza, J. R., Mogle, J., Sliwinski, M. J. & Almeida, D. M. (2013). The wear-and-tear of daily stressors on mental health. *Psychological science*, 24(5), 733–741.

Charles, S. T., Reynolds, C. A. & Gatz, M. (2001). Age-related ifferences and change in positive and negative affect over 23 years. *Journal of personality and social psychology*, 80(1), 136–151.

Chiao, J. Y., Iidaka, T., Gordon, H. L., Nogawa, J., Bar, M., Aminoff, E., ... & Ambady, N. (2008). Cultural specificity in amygdala response to fear faces. *Journal of Cognitive Neuroscience*, 20(12), 2167–2174.

Cole, P. M., Martin, S. E. & Dennis, T. A. (2004). Emotion regulation as a scientific construct: Methodological challenges and directions for child development research. *Child development*, 75(2), 317–333.

Conroy, M., Hess, D. R., Azuma, H. & Kashiwagi, K. (1980). Maternal strategies for regulating children's behavior. *Journal of cross-cultural psychology*, 11(2), 153–172.

Davidson, M. C., Amso, D., Anderson, L. C. & Diamond, A. (2006). Development of cognitive control and executive functions from 4 to 13 years: Evidence from manipulations of memory, inhibition, and task switching. *Neuropsychologia*, 44(11), 2037–2078.

Davidson, R. J., Fox, A. & Kalin, N. H., (2007). Neural bases of emotion regulation in nonhuman primates and humans. In J. J. Gross (Ed.)The handbook of emotion regulation (pp. 47–68). New York: Guilford Press.

Davidson, R. J., Jackson, D. C. & Kalin, N. H. (2000). Emotion, plasticity, context, and regulation: perspectives from affective neuroscience. *Psychological bulletin*, 126(6), 890–906.

de Rosnay, M., Pons, F., Harris, P. L. & Morrell, J. (2004). A lag between understanding false belief and emotion attribution in young children: Relationships with linguistic ability and mothers' mental-state language. *British journal of developmental psychology*, 22(2), 197–218.

Diener, E. & Suh, E. (1997). Measuring quality of life: Economic, social, and subjective indicators. *Social indicators research*, 40(1-2), 189–216.

Dirix, C. E., Nijhuis, J. G., Jongsma, H. W. & Hornstra, G. (2009). Aspects of fetal learning and memory. *Child*

development, *80*(4),1251-1258.
Eid, M. & Diener, E. (2001). Norms for experiencing emotions in different cultures: inter-and intranational differences. *Journal of personality and social psychology*, *81*(5),869-885.
Eisenberg, N., Hofer, C., Sulik, M. J. & Spinrad, T. L. (2014). Self-regulation, effortful control, and their socioemotional correlates. In J. J. Gross (Ed.), Handbook of emotion regulation. New York: Guilford Press.
Eisenberg, N., Spinard, T. L. & Sadovsky, A. (2006). Empathy-related responding in children. In M. Killen & J. G. Smetana (Eds.), Handbook of moral development (pp. 517-549). Mahwah, NJ: Lawrence Erlbaum Associates.
Ekman, P. & Friesen, W. V. (1981). The repertoire of nonverbal behavior: Categories, origins, usage, and coding. *Nonverbal communication*, *interaction*, *and gesture*, 57-106. In A. Kendon, T. A. Sebeok & J. Umiker-Sebeok (Eds.). Nonverbal communication, interaction, and gesture: selections from Semiotica (pp. 57-106). Walter de Gruyter.
Elfenbein, H. A. & Ambady, N. (2003). Universals and cultural differences in recognizing emotions. *Current directions in psychological science*, *12*(5),159-164.
Etkin, A., Egner, T., Peraza, D. M., Kandel, E. R. & Hirsch, J. (2006). Resolving emotional conflict: a role for the rostral anterior cingulate cortex in modulating activity in the amygdala. *Neuron*, *51*(6),871-882.
Field, T., Diego, M., Hernandez-Reif, M. & Fernandez, M. (2007). Depressed mothers' newborns show less discrimination of other newborns' cry sounds. *Infant behavior and development*, *30*(3),431-435.
Fischer, H., Sandblom, J., Gavazzeni, J., Fransson, P., Wright, C. I. & Bäckman, L. (2005). Age-differential patterns of brain activation during perception of angry faces. *Neuroscience letters*, *386*(2),99-104.
Fivush, R. (1994). Constructing narrative, emotion, and self in parent-child conversations about the past. In U. Neisser & R. Fivush (Eds.), The remembering self (pp. 136-157). Cambridge, UK: Cambridge University Press.
Gao, X. & Maurer, D. (2010). A happy story: Developmental changes in children's sensitivity to facial expressions of varying intensities. *Journal of experimental child psychology*, *107*(2),67-86.
Garner, P. W. & Spears, F. M. (2000). Emotion Regulation in Low-income Preschoolers. *Social development*, *9*(2), 246-264.
Geangu, E., Benga, O., Stahl, D. & Striano, T. (2010). Contagious crying beyond the first days of life. *Infant behavior and development*, *33*(3),279-288.
Giedd, J. N., Blumenthal, J., Jeffries, N. O., Castellanos, F. X., Liu, H., Zijdenbos, A., Paus, T., Evans, A. C. & Rapoport, J. L. (1999). Brain development during childhood and adolescence: a longitudinal MRI study. *Nature neuroscience*, *2*(10),861-863.
Gilliom, M., Shaw, D. S., Beck, J. E., Schonberg, M. A. & Lukon, J. L. (2002). Anger regulation in disadvantaged preschool boys: strategies, antecedents, and the development of self-control. *Developmental psychology*, *38*(2), 222-235.
Grosbras, M. H., Jansen, M., Leonard, G., McIntosh, A., Osswald, K., Poulsen, C., ... & Paus, T. (2007). Neural mechanisms of resistance to peer influence in early adolescence. *The Journal of Neuroscience*, *27*(30),8040-8045.
Gross, J. J. (1998). The emerging field of emotion regulation: An integrative review. *Review of general psychology*, *2* (3),271-299.
Gullone, E., Hughes, E. K., King, N. J. & Tonge, B. (2010). The normative development of emotion regulation strategy use in children and adolescents: A 2-year follow-up study. *Journal of Child psychology and psychiatry*, *51* (5),567-574.
Gunnar, M. R. & Davis, E. P. (2003). Stress and emotion in early childhood. In R. M. Lerner & M. A. Easterbrooks (Eds.), Handbook of psychology, Vol. 6: Developmental psychology (pp. 113-134). New York: Wiley.
Gunning-Dixon, F. M., Gur, R. C., Perkins, A. C., Schroeder, L., Turner, T., Turetsky, B. I., ... & Gur, R. E. (2003). Age-related differences in brain activation during emotional face processing. *Neurobiology of aging*, *24*(2), 285-295.
Guyer, A., Monk, C., McClure-Tone, E., Nelson, E., Roberson-Nay, R., Adler, A., ... & Ernst, M. (2008). A developmental examination of amygdala response to facial expressions. *Cognitive neuroscience*, *Journal of*, *20*(9), 1565-1582.
Halberstadt, A. G. & Lozada, F. L. (2011). Culture and emotion in the first five years of life. In M. Lewis (Ed.) Encyclopedia on early childhood development (pp. 1-6, online). Montreal, Quebec: Centre of Excellence for Early Childhood Development.
Hamann, S. B., Stefanacci, L., Squire, L. R., Adolphs, R., Tranel, D., Damasio, H. & Damasio, A. (1996). Recognizing facial emotion. *Nature*, *379*(6565),497.
Hamlin, J. K., Wynn, K. & Bloom, P. (2007). Social evaluation by preverbal infants. *Nature*, *450*(7169),557-559.
Hare, T. A., Tottenham, N., Galvan, A., Voss, H. U., Glover, G. H. & Casey, B. J. (2008). Biological substrates of emotional reactivity and regulation in adolescence during an emotional go-nogo task. *Biological psychiatry*, *63*(10), 927-934.
Harré, R. & Parrott, W. G. (Eds). (1996). The emotions: Social, cultural and biological dimensions. London: Sage Publications.
Harris, P. L., Olthof, T. & Terwogt, M. M. (1981). Children's knowledge of emotion. *Journal of child psychology and*

Psychiatry, 22(3), 247-261.
Harter, S. (1999). The construction of the self: A developmental perspective. New York: Guilford Press.
Harter, S. (2006). Developmental perspectives on the self. In N. Eisenberg (Ed.), The handbook of child psychology, Volume on social and personality development, (4th edition), New York: Wiley.
Hendry, J. (1986). Kindergartens and the transition from home to school education. *Comparative education*, 22(1), 53-58.
Herba, C. M. & Phillips, M. (2004). Annotation: Development of facial expression recognition from childhood to adolescence: Behavioural and neurological perspectives. *Journal of child psychology and psychiatry*, 45(7), 1185-1198.
Hilimire, M. R., Mienaltowski, A., Parks, N. A., Blanchard-Fields, F. & Corballis, P. M. (2014). Age differences in early frontocentral enhanced event-related positivity elicited by emotional faces. *Social cognitive and affective neuroscience*, 9, 969-976.
Hoffman, M. (1977). Empathy, its development and prosocial implications. In C. Keasey (Ed.), Nebraska symposium on motivation (pp. 69-218). University of Nebraska Press.
Iidaka, T., Okada, T., Murata, T., Omori, M., Kosaka, H., Sadato, N. & Yonekura, Y. (2002). Age-related differences in the medial temporal lobe responses to emotional faces as revealed by fMRI. *Hippocampus*, 12(3), 352-362.
Isaacowitz, D. M., Allard, E. S., Murphy, N. A. & Schlangel, M. (2009). The time course of age-related preferences toward positive and negative stimuli. *The journals of gerontology. Series B, Psychological sciences and social sciences*, 64(2), 188-192.
Isaacowitz, D. M., Toner, K., Goren, D. & Wilson, H. R. (2008). Looking while unhappy mood-congruent gaze in young adults, positive gaze in older adults. *Psychological science*, 19(9), 848-853.
Isaacowitz, D. M., Toner, K. & Neupert, S. D. (2009). Use of gaze for real-time mood regulation: effects of age and attentional functioning. *Psychology and aging*, 24(4), 989-994.
Isaacowitz, D. M., Wadlinger, H. A., Goren, D. & Wilson, H. R. (2006). Selective preference in visual fixation away from negative images in old age? An eye-tracking study. *Psychology and aging*, 21(1), 40-48.
Izard, C. E. (1991). The psychology of emotions. New York: Plenum Press.
Izard, C. E., Woodburn, E. M., Finlon, K. J., Krauthamer-Ewing, E. S., Grossman, S. R. & Seidenfeld, A. (2011). Emotion knowledge, emotion utilization, and emotion regulation. *Emotion Review*, 3(1), 44-52.
Izard, C. E. & Ackerman, B. P. (2000). Motivational, organizational, and regulatory functions of discrete emotions. In M. Lewis & J. Haviland-Jones (Eds.), Handbook of emotions (2nd ed., pp. 253-322). New York: Guilford Press.
John, O. P. & Gross, J. J. (2004). Healthy and unhealthy emotion regulation: Personality processes, individual differences, and life span development. *Journal of personality*, 72(6), 1301-1334.
Johnson, D. R. & Whiting, W. L. (2013). Detecting subtle expressions: Older adults demonstrate automatic and controlled positive response bias in emotional perception. *Psychology and aging*, 28(1), 172.
Johnson, M. H. (2005). Subcortical face processing. *Nature Reviews Neuroscience*, 6(10), 766-774.
Johnson, M. H. (2010). Developmental neuroscience, psychophysiology, and genetics. In M. H. Bornstein & M. E. Lamb (Eds.), Developmental science: An advanced textbook (6th ed., pp. 201-240). Hove, UK: Psychology Press.
Jones, D. C., Abbey, B. B. & Cumberland, A. (1998). The development of display rule knowledge: Linkages with family expressiveness and social competence. *Child development*, 69(4), 1209-1222.
Josephs, I. E. (1994). Display rule behavior and understanding in preschool children. *Journal of nonverbal behavior*, 18(4), 301-326.
Joshi, M. S. & MacLean, M. (1994). Indian and English children's understanding of the distinction between real and apparent emotion. *Child development*, 65(5), 1372-1384.
Kehoe, E. G., Toomey, J. M., Balsters, J. H. & Bokde, A. L. W. (2013). Healthy aging is associated with increased neural processing of positive valence but attenuated processing of emotional arousal: an fMRI study. *Neurobiology of Aging*, 34(3), 809-821.
Kendler, K. S., Gatz, M., Gardner, C. O. & Pedersen, N. L. (2006). A Swedish national twin study of lifetime major depression. *American journal of psychiatry*, 163(1), 109-114.
Kensinger, E. A. & Schacter, D. L. (2008). Neural processes supporting young and older adults' emotional memories. *Journal of cognitive neuroscience*, 20(7), 1161-1173.
Kessler, E. M. & Staudinger, U. M. (2009). Affective experience in adulthood and old age: The role of affective arousal and perceived regulation. *Psychology and aging*, 24(2), 349-362.
Kisley, M. A., Wood, S. & Burrows, C. L. (2007). Looking at the Sunny Side of Life Age-Related Change in an Event-Related Potential Measure of the Negativity Bias. *Psychological science*, 18(9), 838-843.
Kitayama, S., Markus, H. R. & Kurokawa, M. (2000). Culture, emotion, and well-being: Good feelings in Japan and the United States. *Cognition and emotion*, 14(1), 93-124.
Kitayama, S. & Duffy, S. (2004). Cultural competence—Tacit, yet fundamental: Self, social relations, and cognition in the US and Japan. In R. J., Sternberg & E. L. Grigorenko, (Eds.), Culture and competence (pp. 55-87). Washington, DC: American Psychological Association.

Kitayama, S. , Mesquita, B. & Karasawa, M. (2006). Cultural affordances and emotional experience: socially engaging and disengaging emotions in Japan and the United States. *Journal of personality and social psychology*, 91(5), 890 - 903.

Knight, M. , Seymour, T. L. , Gaunt, J. T. , Baker, C. , Nesmith, K. & Mather, M. (2007). Aging and goal-directed emotional attention: distraction reverses emotional biases. *Emotion*, 7(4), 705 - 714.

Kobau, R. , Safran, M. A. , Zack, M. M. , Moriarty, D. G. & Chapman, D. (2004). Sad, blue, or depressed days, health behaviors and health-related quality of life, Behavioral Risk Factor Surveillance System, 1995 - 2000. *Health and quality of life outcomes*, 2(40), 1 - 8.

Kopp, C. B. (1989). Regulation of distress and negative emotions: A developmental view. *Developmental Psychology*, 25(3), 343 - 354.

Kubey, R. , Larson, R. & Csikszentmihalyi, M. (1996). Experience Sampling Method Applications to Communication Research Questions. *Journal of communication*, 46(2), 99 - 120.

Kunzmann, U. & Grühn, D. (2005). Age differences in emotional reactivity: the sample case of sadness. *Psychology and aging*, 20(1), 47 - 59.

Kunzmann, U. , Little, T. D. & Smith, J. (2000). Is age-related stability of subjective well-being a paradox? Cross-sectional and longitudinal evidence from the Berlin Aging Study. *Psychology and aging*, 15(3), 511 - 526.

Lagattuta, K. H. & Wellman, H. M. (2002). Differences in early parent-child conversations about negative versus positive emotions: implications for the development of psychological understanding. *Developmental psychology*, 38(4), 564 - 580.

Lagerlöf, I. & Djerf, M. (2009). Children's understanding of emotion in dance. *European journal of developmental psychology*, 6(4), 409 - 431.

Larsen, J. T. , To, Y. M. & Fireman, G. (2007). Children's understanding and experience of mixed emotions. *Psychological science*, 18(2), 186 - 191.

Lawton, M. P. , Kleban, M. H. , Rajagopal, D. & Dean, J. (1992). Dimensions of affective experience in three age groups. *Psychology and aging*, 7(2), 171 - 184.

LeDoux, J. E. (2000). Emotion circuits in the brain. *Annual Review of Neuroscience*, 23, 155 - 184.

Lenroot, R. K. & Giedd, J. N. (2007). The structural development of the brain as measured longitudinally with MRI. In K. Fischer (Ed), *Human behavior and the developing brain*, (2nd edition). New York: Guilford.

Lévesque, J. , Eugène, F. , Joanette, Y. , Paquette, V. , Mensour, B. , Beaudoin, G. , ... & Beauregard, M. (2003). Neural circuitry underlying voluntary suppression of sadness. *Biological psychiatry*, 53(6), 502 - 510.

Lévesque, J. , Joanette, Y. , Mensour, B. , Beaudoin, G. , Leroux, J. M. , Bourgouin, P. & Beauregard, M. (2004). Neural basis of emotional self-regulation in childhood. *Neuroscience*, 129(2), 361 - 369.

Levenson, R. W. , Ekman, P. , Heider, K. , Friesen, W. V. (1992). Emotion and autonomic nervous system activity in the Minangkabau of west Sumatra. *Journal of personality and social psychology*, 62(6), 972 - 988.

Lewis, M. (2003). The role of the self in shame. *Social Research: An international quarterly*, 70(4), 1181 - 1204.

Lewis, M. (2014). The Rise of Consciousness and the Development of Emotional Life. New York: Guilford Pre

Lewis, M. D. , Lamm, C. , Segalowitz, S. J. , Stieben, J. & Zelazo, P. D. (2006). Neurophysiological correlates of emotion regulation in children and adolescents. *Journal of cognitive neuroscience*, 18(3), 430 - 443.

Lewis, M. D. & Todd, R. M. (2007). The self-regulating brain: Cortical-subcortical feedback and the development of intelligent action. *Cognitive development*, 22(4), 406 - 430.

Lobaugh, N. J. , Gibson, E. & Taylor, M. J. (2006). Children recruit distinct neural systems for implicit emotional face processing. *Neuroreport*, 17(2), 215 - 219.

Machado, C. J. & Bachevalier, J. (2003). Non-human primate models of childhood psychopathology: the promise and the limitations. *Journal of child psychology and psychiatry*, 44(1), 64 - 87.

Marsh, A. A. , Elfenbein, H. A. & Ambady, N. (2003). Nonverbal "accents" cultural differences in facial expressions of emotion. *Psychological science*, 14(4), 373 - 376.

Mather, M. (2006). Why memories may become more positive as people age, InB. Uttl, N. Ohta & A. L. Siegenthaler (Eds), Memory and emotion: Interdisciplinary perspectives (pp. 135 - 158). Malden: Blackwell Publishing.

Mather, M. & Carstensen, L. L. (2005). Aging and motivated cognition: The positivity effect in attention and memory. *Trends in cognitive sciences*, 9(10), 496 - 502.

Mather, M. & Knight, M. R. (2006). Angry faces get noticed quickly: Threat detection is not impaired among older adults. *The journals of gerontology series B: Psychological sciences and social sciences*, 61(1), 54 - 57.

Mather, M. , Canli, T. , English, T. , Whitfield, S. , Wais, P. , Ochsner, K. , ... & Carstensen, L. L. (2004). Amygdala responses to emotionally valenced stimuli in older and younger adults. *Psychological science*, 15(4), 259 - 263.

Matsumoto, D. , Hwang, H. S. & Yamada, H. (2012). Cultural Differences in the Relative Contributions of Face and Context to Judgments of Emotions. *Journal of cross-cultural psychology*, 43(2), 198 - 218.

McDowell, C. L. , Harrison, D. W. & Demaree, H. A. (1994). Is right hemisphere decline in the perception of emotion a function of aging?. *International journal of neuroscience*, 79(1 - 2), 1 - 11.

McGivern, R. F. , Andersen, J. , Byrd, D. , Mutter, K. L. & Reilly, J. (2002). Cognitive efficiency on a match to sample task decreases at the onset of puberty in children. *Brain and cognition*, *50*(1),73-89.

McRae, K., Hughes, B., Chopra, S., Gabrieli, J. D., Gross, J. J. & Ochsner, K. N. (2010). The neural bases of distraction and reappraisal. *Journal of cognitive neuroscience*, *22*(2),248-262.

Mesquita, B. & Albert, D. (2007). The cultural regulation of emotions. In J. J. Gross (Ed.), *The handbook of emotion regulation* (pp. 486-503). New York, NY: Guilford Press.

Mesquita, B. & Karasawa, M. (2002). Different emotional lives. *Cognition and emotion*, *16*(1),127-141.

Morris, A. S., Silk, J. S., Morris, M. D., Steinberg, L., Aucoin, K. J. & Keyes, A. W. (2011). The influence of mother-child emotion regulation strategies on children's expression of anger and sadness. *Developmental psychology*, *47*(1),213-225.

Mroczek, D. K. & Almeida, D. M. (2004). The effect of daily stress, personality, and age on daily negative affect. *Journal of personality*, *72*(2),355-378.

Mroczek, D. K. & Kolarz, C. M. (1998). The effect of age on positive and negative affect: a developmental perspective on happiness. *Journal of personality and social psychology*, *75*(5),1333-1349.

Mroczek, D. K. & Spiro III, A. (2005). Change in life satisfaction during adulthood: findings from the veterans affairs normative aging study. *Journal of personality and social psychology*, *88*(1),189-202.

Murphy, N. A. & Isaacowitz, D. M. (2010). Age effects and gaze patterns in recognising emotional expressions: An in-depth look at gaze measures and covariates. *Cognition and emotion*, *24*(3),436-452.

Murphy, N. A., Lehrfeld, J. M. & Isaacowitz, D. M. (2010). Recognition of posed and spontaneous dynamic smiles in young and older adults. *Psychology and aging*, *25*(4),811-821.

Nelson, E. E., Leibenluft, E., McClure, E. & Pine, D. S. (2005). The social re-orientation of adolescence: a neuroscience perspective on the process and its relation to psychopathology. *Psychological medicine*, *35*(02),163-174.

Nelson, C. A. & De Haan, M. (1996). Neural correlates of infants' visual responsiveness to facial expressions of emotion. *Developmental psychobiology*, *29*(7),577-595.

Nunner-Winkler, G. & Sodian, B. (1988). Children's understanding of moral emotions. *Child development*, *59*(5), 1323-1338.

Ochsner, K. N. & Gross, J. J. (2008). Cognitive emotion regulation: Insights from social cognitive and affective neuroscience. *Currents directions in psychological science*, *17*(1),153-158.

Ochsner, K. N. & Gross, J. J. (2007). The neural architecture of emotion regulation. In J. J. Gross (Ed.) *The Handbook of emotion regulation* (pp. 87-109). New York: Guilford Press.

Orgeta, V. & Phillips, L. H. (2007). Effects of age and emotional intensity on the recognition of facial emotion. *Experimental aging research*, *34*(1),63-79.

Passarotti, A. M., Sweeney, J. A. & Pavuluri, M. N. (2009). Neural correlates of incidental and directed facial emotion processing in adolescents and adults. *Social cognitive and affective neuroscience*, *4*(4),387-398.

Paus, T., Keshavan, M. & Giedd, J. N. (2008). Why do many psychiatric disorders emerge during adolescence?. *Nature reviews neuroscience*, *9*(12),947-957.

Pressman, P., Noniyeva, Y., Bott, N., Dutt, S., Miller, B., Sturm, V. & Kramer, J. (2014). Longitudinal volume loss in neuroanatomical regions of emotion versus cognition. *Neurology*, *82*(10 Supplement), P2.161-P2.161.

Pfeifer, J. H., Masten, C. L., Moore III, W. E., Oswald, T. M., Mazziotta, J. C., Iacoboni, M. & Dapretto, M. (2011). Entering adolescence: resistance to peer influence, risky behavior, and neural changes in emotion reactivity. *Neuron*, *69*(5),1029-1036.

Piazza, J. R. & Charles, S. T. (2006). Mental health of the Baby Boomers. In S. Krauss-Whitbourne & S. Willis (Eds.). The Baby Boomers grow up: Contemporary perspectives on midlife (pp. 111-146). Hillsdale, NJ: Erlbaum.

Pinquart, M. (2001). Correlates of subjective health in older adults: a meta-analysis. *Psychology and aging*, *16*(3),414-426.

Pitskel, N. B., Bolling, D. Z., Kaiser, M. D., Crowley, M. J. & Pelphrey, K. A. (2011). How grossed out are you? The neural bases of emotion regulation from childhood to adolescence. *Developmental cognitive neuroscience*, *1*(3),324-337.

Pons, F. & Harris, P. (2000). *Test of emotion comprehension: TEC.* University of Oxford.

Pons, F. & Harris, P. (2005). Longitudinal change and longitudinal stability of individual differences in children's emotion understanding. *Cognition and emotion*, *19*(8),1158-1174.

Pons, F., Harris, P., de Rosnay, M. (2004). Emotion comprehension between 3 and 11 years: Developmental periods and hierarchical organization. *European journal of developmental psychology*, *1*(2),127-152.

Posner, M. I. & Rothbart, M. K. (2000). Developing mechanisms of self-regulation. *Development and psychopathology*, *12*(3),427-441.

Potter, S. H. (1988). The cultural construction of emotion in rural Chinese social life. *Ethos*, *16*(2),181-208.

Raz, N., Gunning-Dixon, F., Head, D., Rodrigue, K. M., Williamson, A. & Acker, J. D. (2004). Aging, sexual dimorphism, and hemispheric asymmetry of the cerebral cortex: replicability of regional differences in volume. *Neurobiology of aging*, *25*(3),377-396.

Reed, A. E. & Carstensen, L. L. (2012). The theory behind the age-related positivity effect. *Frontiers in psychology*, *3*,

339.
Repacholi, B. M. & Gopnik, A. (1997). Early reasoning about desires: evidence from 14-and 18-month-olds. *Developmental psychology*, *33*(1),12-21.
Reynolds, G. D. & Richards, J. E. (2005). Familiarization, attention, and recognition memory in infancy: An event-related potential and cortical source localization study. *Developmental psychology*, *41*(4),598-615.
Riediger, M. & Klipker, K. (2014). Emotion regulation in adolescence. In J. J. Gross (Ed.), *Handbook of emotion regulation* (2nd ed., pp.187-202). New York: Guilford Press.
Riediger, M., Schmiedek, F., Wagner, G. G. & Lindenberger, U. (2009). Seeking pleasure and seeking pain: Differences in prohedonic and contra-hedonic motivation from adolescence to old age. *Psychological science*, *20*(12),1529-1535.
Robinson, J. (2004). Emotion: Biological fact or social construction? In R. C. Solomon (Ed.), Thinking about feeling: Contemporary philosophers on emotions (pp.28-43). New York: Oxford University Press.
Rösler, A., Ulrich, C., Billino, J., Sterzer, P., Weidauer, S., Bernhardt, T., ... & Kleinschmidt, A. (2005). Effects of arousing emotional scenes on the distribution of visuospatial attention: Changes with aging and early subcortical vascular dementia. *Journal of the neurological sciences*, *229-230*,109-116.
Ross, P. D., Polson, L. & Grosbras, M. H. (2011). Developmental changes in emotion recognition from full-light and point-light displays of body movement. *PloS one*, *7*(9), e44815.
Rothbaum, F., Pott, M., Azuma, H., Miyake, K. & Weisz, J. (2000). The development of close relationships in Japan and the United States: Paths of symbiotic harmony and generative tension. *Child development*, *71*(5),1121-1142.
Ruffman, T., Henry, J. D., Livingstone, V., Phillips, L. H. (2008). A meta-analytic review of emotion recognition and aging: Implications for neuropsychological models of aging. *Neuroscience and biobehavioral reviews*, *32*(4), 863-881.
Saarni, C. (1999). The development of emotional competence. New York, NY: Guilford Press.
Saarni, C., Campos, J. J., Camras, L. A., Witherington, D., Eisenberg, N., Damon, W., Lerner, R. M. (2006). Handbook of child psychology: Vol. 3, Social, emotional, and personality development (6th ed., pp. 226-299). Hoboken, NJ, US: John Wiley & Sons Inc.
Sakaki, M., Nga, L. & Mather, M. (2013). Amygdala functional connectivity with medial prefrontal cortex at rest predicts the positivity effect in older adults. *Journal of cognitive neuroscience*, *25*,1206-1224
Scheibe, S. (2012). The golden years of emotion. APS observer, 25(9).
Scheibe, S. & Blanchard-Fields, F. (2009). Regulating emotions while performing the N-back: What is costly for young adults is not so costly for older adults. *Psychology and aging*, *24*,217-223
Schimmack, U., Böckenholt, U. & Reisenzein, R. (2002). Response styles in affect ratings: Making a mountain out of a molehill. *Journal of personality assessment*, *78*(3),461-483.
Schumann, C. M., Hamstra, J., Goodlin-Jones, B. L., Lotspeich, L. J., Kwon, H., Buonocore, M. H., ... & Amaral, D. G. (2004). The amygdala is enlarged in children but not adolescents with autism; the hippocampus is enlarged at all ages. *The journal of neuroscience*, *24*(28),6392-6401.
Scollon, C. N., Diener, E., Oishi, S. & Biswas-Diener, R. (2005). An Experience Sampling and Cross-Cultural Investigation of the Relation between Pleasant and Unpleasant Emotion. *Cognition and emotion*, *19*(1),27-52.
Shaw, P., Kabani, N. J., Lerch, J. P., Eckstrand, K., Lenroot, R., Gogtay, N., ... & Wise, S. P. (2008). Neurodevelopmental trajectories of the human cerebral cortex. *The Journal of neuroscience*, *28*(14),3586-3594.
Shiota, M. N. & Levenson, R. W. (2009). Effects of aging on experimentally instructed detached reappraisal, positive reappraisal, and emotional behavior suppression. *Psychology and aging*, *24*(4),890-900.
Somerville, L. H. & Casey, B. J. (2010). Developmental neurobiology of cognitive control and motivational systems. *Current opinion in neurobiology*, *20*(2),236-241.
Spinrad, T., Stifter, C., Donelan-McCall, N. & Turner, L. (2004). Mothers' regulation strategies in response to toddlers' affect: Links to later emotion self-regulation. *Social development*, *13*(1),40-55.
St Jacques, P. L., Bessette-Symons, B. & Cabeza, R. (2009). Functional neuroimaging studies of aging and emotion: Fronto-amygdalar differences during emotional perception and episodic memory. *Journal of the international neuropsychological society*, *15*(6),819-825.
St Jacques, P., Dolcos, F. & Cabeza, R. (2010). Effects of aging on functional connectivity of the amygdala during negative evaluation: A network analysis of fMRI data. *Neurobiology of aging*, *31*(2),315-327.
Super, C. M. & Harkness, S. (1986). The developmental niche: A conceptualization at the interface of child and culture. *International journal of behavioral development*, *9*(4),545-569.
Tenenbaum, H., Visscher, P., Pons, F. & Harris, P. (2004). Emotion understanding in Quechua children from an agro-pastoralist village. *International journal of behavioral development*, *28*(5),471-478.
Thomas, K. M., Drevets, W. C., Dahl, R. E., Ryan, N. D., Birmaher, B., Eccard, C. H., ... & Casey, B. J. (2001). Amygdala response to fearful faces in anxious and depressed children. *Archives of general psychiatry*, *58*(11),1057-1063.
Thomas, L. A., De Bellis, M. D., Graham, R. & LaBar, K. S. (2007). Development of emotional facial recognition in late childhood and adolescence. *Developmental science*, *10*(5),547-558.

Thompson, R. A. (1994). Emotion Regulation: A Theme in Search Of Definition. *Monographs of the society for research in child development*, 59(3), 25-52.

Thompson, R. A. & Meyer, S. (2007). The socialization of emotion regulation in the family. In J. Gross (Ed.), *Handbook of emotion regulation* (pp. 249-268). New York: Guilford.

Thompson, R. A. (1990). Socioemotional development. Nebraska Symposium on Motivation (Vol. 36, pp. 367-467). Lincoln: University of Nebraska Press.

Thompson, R. A. (2006). Conversation and developing understanding: Introduction to the special issue. *Merrill palmer quarterly*, 52(1), 1-16.

Thompson, R. A., Laible, D. J. & Ontai, L. L. (2003). Early understanding of emotion, morality, and the self: Developing a working model. In R. V. Kail (Ed.), *Advances in child development and behavior* (Vol. 31, pp. 137-171). San Diego, CA: Academic.

Thompson, R. & Lagattuta, K. H. (2006). Feeling and understanding: Early emotional Development. In K. McCartney & D. Phillips (Eds.), *Blackwell handbook of early childhood development* (pp. 317-338). Malden, MA: Blackwell Publishing.

Tsai, J. L., Knutson, B. & Fung, H. H. (2006). Cultural variation in affect valuation. *Journal of personality and social psychology*, 90(2), 288-307.

Urry, H. L. & Gross, J. J. (2010). Emotion regulation in older age. *Current directions in psychological science*, 19(6), 352-357.

van der Veer, R. (1996). Henri Wallon's theory of early child development: the role of emotions. *Developmental review*, 16(4), 364-390.

Van Meel, J., Verburgh, H. & De Meijer, M. (1993). Children's interpretations of dance expressions. *Empirical studies of the arts*, 11(2), 117-133.

Waring, J. D., Addis, D. R. & Kensinger, E. A. (2013). Effects of aging on neural connectivity underlying selective memory for emotional scenes. *Neurobiology of aging*, 34(2), 451-467.

Warneken, F. & Tomasello, M. (2009). The roots of human altruism. *British Journal of Psychology*, 100(3), 455-471.

Wellman, H. M. (2002). Understanding the psychological world: Developing a theory of mind. In U. Goswami (Ed.), *Handbook of Childhood Cognitive Development* (pp. 167-187). Oxford: Blackwell.

Williams, L. M., Brown, K. J., Palmer, D., Liddell, B. J., Kemp, A. H., Olivieri, G., ... & Gordon, E. (2006). The mellow years?: neural basis of improving emotional stability over age. *The Journal of neuroscience*, 26(24), 6422-6430.

Winecoff, A. A, LaBar, K. S., Madden, D. J., Cabeza, R. & Huettel, S. A. (2011). Cognitive and neural contributors to emotion regulation in aging. *Social cognitive and affective neuroscience*, 6(2), 165-176.

Wintre, M. G., Polivy, J. & Murray, M. A. (1990). Self-Predictions of Emotional Response Patterns: Age, Sex, and Situational Determinants. *Child development*, 61(4), 1124-1133.

Wong, B., Cronin-Golomb, A. & Neargarder, S. (2005). Patterns of visual scanning as predictors of emotion identification in normal aging. *Neuropsychology*, 19(6), 739-749.

Wong, T. K., Fung, P. C., McAlonan, G. M. & Chua, S. E. (2009). Spatiotemporal dipole source localization of face processing ERPs in adolescents: a preliminary study. *Behavioral and brain functions*, 5(1), 16.

Woolgar, M., Steele, H., Steele, M., Yabsley, S. & Fonagy, P. (2001). Children's play narrative responses to hypothetical dilemmas and their awareness of moral emotions. *British journal of developmental psychology*, 19(1), 115-128.

Yeung, D. Y., Wong, K. M. & Lok, D. P. P. (2011). Emotion regulation mediates age differences in emotions. *Aging and mental health*. 15(3). 414-418.

Zahn-Waxler, C. (2000). The early development of empathy, guilt, and internalization of responsibility: implications for gender differences in internalizing and externalizing problems, In R. Davidson (Ed). *Wisconsin Symposium on Emotion, vol 1: Anxiety, depression, and emotion* (pp. 222-265). New York, Oxford University Press.

Zhang, J. & Bond, M. H. (1998). Personality and filial piety among college students in two Chinese societies the added value of indigenous constructs. *Journal of cross-cultural psychology*, 29(3), 402-417.

7 情绪记忆

7.1 情绪记忆成绩 / 226
    7.1.1 唤醒度与情绪记忆成绩 / 226
    7.1.2 效价与情绪记忆成绩 / 227
    7.1.3 心境一致性与情绪记忆成绩 / 228
7.2 情绪记忆的脑机制 / 230
    7.2.1 情绪记忆的神经环路 / 230
    7.2.2 唤醒度与情绪记忆成绩的脑机制 / 233
    7.2.3 效度与情绪记忆成绩的脑机制 / 234
    7.2.4 心境一致性与情绪记忆成绩的脑机制 / 235
7.3 情绪记忆的应用 / 235
    7.3.1 情绪记忆的年龄差异 / 235
    7.3.2 情绪记忆的性别差异 / 236
    7.3.3 特殊个体的情绪记忆 / 237

    情绪记忆与每一个人的日常生活密切关联,是生活经历中最重要的内容之一。人们对体验到的、有情绪意义的刺激(图片或声音)、事件或场景等的记忆统称为情绪记忆(emotional memory)或情感记忆(affective memory)。当我们拿到梦寐以求的大学入学通知书的那一刻,激动和开心永远刻画在脑海中;惊闻亲戚好友去世的噩耗,许久后依然隐隐作痛;亲身经历过汶川大地震的人也很难忘却那惊恐的一幕。可见,情绪的内容能在大脑中记忆更加深刻。同时,生活中人们都有一种感觉,越是想忘记的情绪内容越忘不掉。在实验室情境中,情绪性信息较非情绪性信息也能回忆得更准确,研究者将情绪内容促进记忆的现象称为情绪记忆增强效应(Anderson, Wais & Gabrieli, 2006; Hamann, 2001;王海宝,张达人和余永强,2009)。该效应有助于人类更好地记住危险或有利情境等信息,从而趋利避害做出正确决策(Kensinger, Brierley, Medford, Growdon & Corkin, 2002)。

    情绪记忆当然一直也是情绪和记忆领域专家学者关心的重要课题之一(李雪冰,罗跃嘉,2007;吴润果,罗跃嘉,2008)。归结起来围绕两个问题:情绪各维度如何影响记忆成绩?记忆的心境如何作用于记忆成绩?对这些问题的回答看似简单实际上也是比较复杂的。首先我们需要区分一些最基本概念:记忆的信息本身所包含的情绪内容以及记忆编码时的心境(mood),即通常所说的情绪状态;另外,情绪通常分为两个维度:效价和唤醒度。情绪效价指情绪是正性(积极)或者负性(消极)的,例如高兴就是一种积极情绪,而悲伤是一种消极情绪;情绪唤醒度指情绪的强度(intensity),对于恐惧,有弱恐惧和强恐惧程度之分。本章将重点围绕情绪记忆,从情绪记忆成绩、情绪记忆的脑机制和情绪记忆的应用三方面进行研究和生活角度的解读。在本章中里,读者将能看到情绪记忆成绩是如何受到效价、情绪唤醒度、心境一致性的影响,同时对于情绪记忆的脑机制、情绪记忆障碍等内容有一定的认识。

7.1 情绪记忆成绩

7.1.1 唤醒度与情绪记忆成绩

情绪的唤醒由刺激所诱发,这种刺激有可能是来自身体的因素,例如疼痛能带来痛苦的情绪记忆。情绪唤醒度更多的是来自外界的刺激,例如生活中,春天漫山遍野的鲜花能激发我们愉快的情绪,陌生人的一句无端的指责却也有可能令我们勃然大怒。研究者在实验室内也主要通过外界刺激唤醒情绪,包括电影片段、情绪事件、图片、情绪词、奖惩任务等。情绪的变化与神经生理反应密切相关。情绪反应与自主神经活动联系密切,情绪发生时伴随交感和副交感等自主神经系统和内分泌系统的改变,自主神经活动的改变会引起心率、血压、皮肤电等活动的改变。现有的技术手段如脑电反应、心血管反应、皮肤电反应、呼吸变化都与情绪的唤醒水平密切相关,也都是情绪唤醒水平的重要指标。

唤醒度能提高情绪记忆的成绩。高情绪唤醒词比中性词语在再认时成绩更好(Labar & Phelps, 1998; Sharot & Phelps, 2004),有研究甚至发现该记忆增强效应能够在一年后依然显著(Dolcos, Labar & Cabeza, 2005)。这些结果似乎与我们的常识是一致的。

究竟为何唤醒度能提高记忆成绩呢?目前比较认同从注意力的角度进行解释。情绪唤醒将使注意力集中于情绪诱发的事件,这样与情绪有关的信息将记忆得更好。情绪唤醒可能是通过调动注意系统来达到对情绪刺激的有效加工。情绪刺激获得更多的注意资源,从而会更好地被编码在记忆中,也更易于被重新激活和提取(Buchanan, 2007; LaBar & Cabeza, 2006)。情绪唤醒通过吸引注意力有选择性地转向情绪事件(Easterbrook, 1959),从而有助于提高对于情绪事件核心特征的记忆(Christianson & Loftus, 1987; Libkuman et al., 1999,2004)。这种解释在一系列的研究中得到了支持证据。当要求被试完成一个视觉搜索任务,相比中性刺激("蘑菇"或"花"),其能更快地在众多刺激中发现情绪刺激("蜘蛛"或"蛇",Ohman, Flykt & Esteves, 2001)。Kensinger 和 Corkin(2003)的研究也发现负性唤醒词在分散注意条件下的记忆成绩好于负性非唤醒词和中性词,而负性非唤醒词和中性词的记忆成绩相似,这说明唤醒程度决定记忆成绩的高低。另外,在注意瞬脱范式中,被试需要在一系列迅速呈现的物体中发现相继呈现的两个目标,当两个目标出现的间隔时间小于一定值(如 500 毫秒),被试经常会漏报第 2 个目标。如果第 2 个目标是情绪性的,这种漏报会大大减小。有趣的是,研究发现对于情绪信息敏感的脑结构杏仁核受损时,这种情绪刺激的易化效应会消失(Anderson & Phelps, 2001)。同时,相比非情绪词,人们也更加快速地转移注意力到情绪词的位置(Stormark, Nordby & Hugdahl, 1995)。情绪刺激优先捕获注意的效应在逆向掩蔽范式中也被证明(Phelps, 2004)。唤醒度更能吸引注意力还体现在注意力资源缺乏的双任务范式下,被试被要求同时完成两项任务,结果也发现情绪记忆的成绩不受认知任务(听觉分辨任务)的影响(Kensinger & Corkin, 2004)。

同时,唤醒度对于与情绪相关的核心特征的记忆也伴随着对于情绪无关的信息记忆成绩的下降。有研究认为这种准确性的提高伴随着记忆范围的缩小(Reisberg & Hertel, 2004)。我们在生活中也有这样的体验,当考试紧张的时候,对于监考老师提示的考试有关的信息比如对于考试各答题卡上交时间的说明记忆深刻,但是对于老师穿什么颜色的衣服却记忆模糊。这种与情绪事件无关信息记忆范围的缩小可能在司法取证中,如目击证人、受害者描述事件过程等方面都能产生影响。

7.1.2　效价与情绪记忆成绩

尽管大部分的研究都认为主要是情绪唤醒度促进了情绪记忆的成绩提升,但也有研究发现那些被标记为情绪性的材料(如被试判断为负性材料)相比中性材料其记忆成绩更好。对于相同唤醒度的效价刺激其依然能影响记忆成绩(Kensinger & Corkin, 2004)。

效价对记忆成绩的提高被认为与精细化(elaboration)加工有关。该过程指建立新的信息与记忆中的信息联系的过程。当个体在进行精细化加工时,其意义被提取且与过去记忆的信息系统建立联系而使其成绩提高。这种精细化过程有两种可能的解释。第一种为自传体式的精细化。例如,当被试被要求判断刺激是否与他们有关(该词是否描述了他们的状态或性格特征)时,相对于那些只有词义的词(例如"影子"),被试对与自己的自传体记忆相连的词语的记忆成绩更高(例如"乐观",Rogers et al., 1977)。第二种是语义的精细化,被试可能倾向于从语义的角度建构与要记忆项目的连接从而提高记忆成绩。

7.1.3 心境一致性与情绪记忆成绩

可能我们都有这样的经历,心情沮丧时更多回忆生活中痛苦的经历,而开心时则更多回忆的幸福的时刻。情绪状态与记忆内容往往发生着交互作用。情绪记忆不仅受到唤醒度和效价的影响,也受到个体的心理状态的影响。心境(mood)是指微弱的、持久的,具有弥散特点的情绪状态。人们倾向于回忆更多与心境相一致的情绪内容,称为心境一致性效应。同时,也有研究者提出情绪一致性记忆(emotion congruent memory),个体经历一种特殊的心境或情绪后,当他们有选择地接触、回忆情绪相关联的材料时,倾向于以一种相同的心境来解释这种经验。换言之,积极的情绪能易化积极信息的加工和回忆,消极的情绪能易化消极信息的加工和回忆(Matt, Vázquez & Campbell, 1992;Rusting, 1988)。一般认为,如果研究情绪不考虑被试情绪的唤醒度和效价,情绪和心境的意义相似,因此,心境一致性效应与情绪一致性效应是具有同等意义的概念(Parkinson, Totterdell, Briner & Reynolds, 1996),在本章中统称为心境一致性。

心境一致性对于记忆的促进作用也在许多科学研究中得到了证实。有研究就发现人们在学习与回忆时,心境一致时的回忆成绩会好于不一致时的回忆成绩。在一项研究中,研究者通过要求被试回忆高兴或悲伤的情绪经历来诱发其不同的心境,然后让他们分别记忆表示高兴或悲伤的词语,结果发现,当编码与回忆时的心境一致时,他们的记忆成绩会显著好于不一致时的成绩(Blaney, 1986)。同时,研究表明心境一致性在抑郁心境中表现为一种较为稳定的现象,与抑郁症的持续、加重和复发有密切关系(Blaney, 1986; Van Wingen, Mattern, Verkes, Buitelaar & Fernández, 2010)。Rottenberg, Hildner & Gotlib(2006)以原来抑郁者、当前抑郁者和从没抑郁者为被试,通过独特的采访程序让被试回忆概括生活中愉快的和悲伤的事件,结果发现有意义的线索能够诱发当前抑郁者的心境一致性记忆。Howe 和 Malone(2011)研究发现,无论是对词汇的自由回忆还是再认,与轻度抑郁者相比,重度抑郁者表现出了更大的心境一致性效应。同时,Matt, Vázquez & Campbell(1992)对以往心境一致性外显记忆研究的元分析结果表明,抑郁症患者在外显记忆中倾向于优先回忆消极的信息,而正常被试则倾向于优先回忆积极的信息。Gaddy 和 Ingram(2014)对 20 项心境一致性内隐记忆研究的元分析结果表明,抑郁症患者在内隐记忆中也倾向于优先回忆消极的信息,并且,这一效应与编码和记忆中与消极信息匹配的知觉而非概念加工相关。不过,这些研究也受到一定的质疑,因为心境一致性的效应会受到其他因素的影响(Loeffler, Myrtek & Peper, 2013)。首先,有研究者发现,正性心境和负性心境对心境一致性效应的影响是不对称的。正性心境一般会加强对心境一致的信息的提取,中度的负性情绪则会提高对心境不一致的信息的提取。

目前关于心境一致性效应主要有以下几种解释,第一种为联想网络模型(associative network model),由 Bower(1981)提出。该模型认为基本情绪(如高兴、愤怒、恐惧、悲伤、惊讶、厌恶等)会以节点的形式在记忆中表征,相互联系的节点构成记忆网络,每一个节点都是一个生理系统,每个生理系统都有自己的效应器,具体包括生理和自动反应、面部和体态的表达、描述情绪状态的词汇、行为倾向、与情绪相关的主题以及相关的记忆事件。其他情绪(如失望、藐视等)则是这些节点的激活合成物,如失望可能是混合有惊讶的悲伤。这些节点释放和接收扩散性激活且与其他节点具有不同强度的联系。因此,一旦某种基本情绪被激活,其他节点则是按照扩散式激活,与此基本情绪相联系的各个效应器也很快被激活,从而出现心境一致性效应。

第二种解释理论为认知图式理论(schema theory),由 Beck(2002)提出。Beck 认为,认知包括表浅的自动加工和深层的认知结构(即认知图式)。认知图式是在个体的过去经验中形成的,是个体关于自己和世界的总的信念和假设。认知图式一旦形成就支配着个体的信息加工过程,个体只对与自我已有图式有关的信息有快速的反应。因而与图式相关的信息更易于得到精细加工,从而与记忆中的其他信息联系得更好。认知图式理论认为,心境也能像图式一样对信息选择、组织和精细加工产生影响(Beck, 2002),与心境一致的信息更容易被注意到,更可能与情绪相关的事实发生联系,也更能得到精细化加工,因此记忆成绩更好。

第三种解释理论是迁移适当加工理论(transfer appropriate processing, TAP),由 Roediger 等人提出(Roediger & Blaxton, 1987; Barry, Naus & Rehm, 2004; Roediger & McDermott, 1992)。其中一种观点认为,心境通过关联方式增强信息的精确性,建立起心境和先前学习材料之间的联结,这种联结在随后的回忆中将成为一个主要的线索,尤其是缺乏知觉的和概念的线索时,心境可能被用来作为被试有意识回忆策略的一部分。这种分析可以解释外显记忆出现情绪一致性效应,而内隐记忆不出现情绪一致性记忆的情况。另一种观点认为,心境之所以起作用是因为它和目标事件的其他有关方面共同作用,甚至成为个体的记忆表征,后来的类似心境的经验作为先前事件再表征的一部分而起作用,这部分的信息加工可能使得整个记忆表征得以恢复完整,并使得匹配事件更易于觉察到。此观点也可以解释内隐记忆中的心境一致性效应。

还有一种有代表性的解释理论是情绪渗透模型(affect infusion model, AIM),由 Forgas(1995)提出。情绪渗透模型最初是用来解释情绪与决策的理论模型,Eich 和 Forgas 把它扩展到用来解释情绪一致性效应的整合模型。所谓的情绪渗透(affect infusion)是指个体在从事不同的加工策略时,情绪影响认知的大小程度不同。即情绪会有选择地影响个体的学习、记忆、注意和联想,并最终使得个体的认知结果向着与情绪相一致的方向倾斜(Eich & Forgas, 2003)。

7.2 情绪记忆的脑机制

7.2.1 情绪记忆的神经环路

尽管目前对于情绪记忆的神经环路我们还知之甚少,但该方面的研究主要集中在杏仁核(amygdala)、内侧颞叶(MTL)中的海马(Hippocampus),以及前额叶皮质(PFC)等。其中杏仁核被认为是情绪记忆的核心。杏仁核、海马以及前额叶皮质的神经环路构成了情绪记忆的神经基础。下面我们将一一介绍。

杏仁核 杏仁核是情绪记忆最重要的脑结构,被认为是整个情绪记忆神经环路的核心。传统观点将杏仁核按不同的细胞类型分为外侧核(lateralnuclei)、基底核(basal nuclei)和附属基底核(accessory basal nucle)三部分,现在又将它们合起来称基底外侧杏仁核(basolateral amygdala)。中央核(central nuclei)、内侧核(medial nuclei)和皮质核(cortical nuclei)组成了周边附属结构,被称为杏仁状复合体(amygdaloid complex)。基底外侧杏仁核与其周边结构合起来就是我们所熟知的杏仁核(the amygdala)。有研究发现杏仁核损伤的病人其情绪性图片和情绪性词语记忆成绩受损(Markowitsch et al., 1994)。Hamann等人(1999)也发现杏仁核受损的病人对于正性情绪记忆的增强效应消失。目前关于杏仁核的作用有两种假设。一种假设为调节假设,杏仁核在情绪记忆的编码和巩固阶段与其他脑区协同,能够影响外显记忆/陈述性记忆和内隐记忆/程序性记忆。一般认为杏仁核能够在外显记忆中调节内侧颞叶记忆系统,而在程序性记忆中能够调节纹状体及外周和中枢神经系统的活动(Mcgaugh, 2000, 2004)。另外一种假设为可塑性假设,认为杏仁核本身具有很强的可塑性。其在习得性恐惧中至关重要。可塑性假说得到了解剖学、电生理和病人研究等的支持,在接下来的一个部分,也将详细讲解恐惧性习得获得杏仁核的参与。

海马 杏仁核能够调节海马依赖性记忆的保存,而当情绪刺激发生时海马又能对事件的情绪色彩形成心境表征,进而影响杏仁核的反应。记忆的编码后加工,即记忆巩固,主要是在海马中完成的。海马对情境记忆(episodic memory)是必不可少的,在这里它控制了被人类称作"记忆"的东西,就是说按"意愿"去回忆事件。最初杏仁核和海马被认为是归属于两个独立的记忆系统,有着其特定的功能。然而在情绪状态下,两个系统进行着精细且重要的交互作用。情绪唤醒诱发了应激激素的释放,应激激素激活了杏仁核的肾上腺素受体,这些受体的活动操控了激素对海马巩固效应的影响(McGaugh & Roozendaal, 2002)。可见,杏仁核能够调节海马依存性记忆的保存,而当情绪刺激发生时海马又能对事件的情绪色彩形成心境表征进而影响杏仁核的反应。尽管海马和杏仁核是两个独立的记忆系统,但是当情绪遭遇记忆时,他们便协同工作(Phelps, 2004)。

下面我们以恐惧记忆的习得为例,探讨两者的不同脑区的协作。条件性恐惧获得是我们研究大脑中情绪记忆相关脑区活动的重要范式。其基本过程为条件性刺激(conditioned stimulus, CS)与非条件性刺激(unconditioned stimulus, US)的发生联系在一起时,CS 也能引起一种恐惧反应,即条件性反应(conditional response, CR)。Bechara 等(2002)对脑损伤病人的研究发现,杏仁核损伤的病人不能建立起条件反射,但却能够清楚地知道条件刺激是伴随着非条件刺激这一事实,其损害了条件性恐惧和恐惧增强惊吓效应;相反,海马损伤的病人能够建立起条件反射,但不明白条件性恐惧刺激和非条件性恐惧刺激之间的联系;杏仁核与海马都损伤的病人则既不能建立条件反射,又不能解释实验过程。

在恐惧条件反射建立的过程中,杏仁核中的外侧核(LA)、基底核(B)、附属基底核(AB)以及中央核(CE)是最为相关的区域。从当前主流的模型看来,LA 是信息传递中转站,它接受来自丘脑、海马和皮质的信息,然后根据这些信息的不同性质来激活不同靶区。LA 具有高度的可塑性,带有多种类型的细胞受体,如 GABA(γ氨基丁酸)受体、阿片受体、糖皮质激素受体和 M 型乙酰胆碱受体等,因此 LA 是记忆中发生长时程增强效应(long-termpotentiation, LTP)的主要区域。当条件刺激传入时,LA 突触后细胞电压门控通道打开,钙离子流入,引起胞内级联反应,诱导基因转录,导致蛋白质的合成(LeDoux, 2001; Tronson & Taylor, 2007)。实验证明向 LA 注射蛋白质合成抑制剂会干扰条件反射的建立。

传统观点认为 CE 是 LA 的投射点,经 LA 处理的信息被投射到 CE,再由 CE 传送给下游脑区。但是也有新观点认为 CE 并不只是被动地接受外侧核的投射,其本身也具有可塑性,可以直接接受并处理来自感觉区的信息;而且 LA 与 CE 之间的联系并不是直接的,而是通过一类称为中间细胞(intercalated cell, ITC)的群体介导。AB 和 B 主要在与场景相关的条件反射中接受来自海马的信息,并将其传送到 CE,此过程似乎不需要 LA 的参与(Paré, Quirk & Ledoux, 2004)。

以声音为条件刺激的恐惧条件反射为例描述杏仁核环路:作为条件刺激的声音信息由听觉丘脑和听觉皮质传送到 LA;这时作为非条件刺激的电击带来的痛苦感受也由脊髓—丘脑(spinothalamictract)通路到达了 LA。LA 中一部分细胞对条件刺激和非条件刺激同时发生反应,并且可能引起 LTP,这构成了条件反射建立的物质基础。发生可塑性变化的 LA 细胞通过激活 ITC,将信息传送到 CE,最后信息经过脑干到达身体各部的效应器,引发条件性恐惧。如果此过程中带有场景信息,则 LA 会同时与海马发生联系,并且在海马诱发 LTP,形成较为稳定的场景情绪记忆;反过来海马也能够通过激活杏仁核中的 AB 和 B 来影响下游的信息传导。

海马不仅在编码和巩固阶段发挥作用,也参与情绪记忆的提取过程。Dolcos, Labaar & Cabeza(2005)通过 fMRI 研究发现,情绪记忆编码后,经过一个长时间间隔(1年)延迟后,海马仍与提取相关。Greenberg 等人(2005)通过情绪自传体事件的提取研究得到了类似的结果,进一步证实了海马在情绪记忆的提取过程中发挥重要作用。

前额叶皮质及其他并不是只有内侧颞叶系统被卷入这个复杂的交互作用当中,部分前额皮层(prefrontal cortex, PFC)也参与了情绪记忆。Sergerie, Lepage 和 Armony (2005)使用 fMRI 来研究不同表情(愉快、中性、恐惧)面孔的编码对 PFC 活动的影响。结果显示右侧 PFC 的激活提示对面孔的记忆,与表情无关;而左侧 PFC 的激活却与表情面孔的成功编码有关。这再一次证明了右背外侧前额皮层在非语言材料的成功编码中的作用,而左背外侧前额皮层是情绪与记忆整合的地方。在另一项研究中,已知在负性情绪中左侧额叶皮层眶回(left orbitofrontal cortex, LOFC)活动增强,而这种增强与对正性情绪信息的记忆减弱有关。于是 Schutter 和 van Honk (2006)假设如果抑制了 LOFC,那么正性情绪的记忆就应该增强。他们采用了重复经磁颅刺激(repetitive transcranial magnetic stimulation, rTMS)来抑制 LOFC 的活动,结果发现 rTMS 实验组对高兴面孔的记忆明显高于控制组,这便证实了他们的假设:LOFC 确实在正性情绪记忆中发挥着作用。

根据 Davidson 和 Irwin(1999)提出的"情绪效价假设":左侧 PFC 主要参与正性情绪加工,右侧 PFC 主要参与负性情绪加工。Dolcos 等进一步研究发现,前额叶不同亚区在情绪性评估和情绪记忆中起着不同作用,正性和负性刺激分别激活左侧背外侧和右侧腹外侧 PFC,从而支持了"情绪效价假设",并且强调左侧腹外侧及背外侧 PFC(dorsolateral prefrontal cortex, DLPFC)参与情绪记忆的增强效应的调节(Dolcos, LaBar & Cabeza, 2004a, 2004b)。也有研究显示,PFC 的激活可能与"材料的特异性"有关。Sergerie, Lepage 和 Armony(2005)利用 fMRI 来研究不同表情(愉快、中性、恐惧)面孔的编码对 PFC 活动的影响。结果显示,左侧 PFC 与不同表情面孔的成功编码有关。

功能成像研究表明,海马在情绪性记忆中同样具有重要作用,并且主要体现在记忆的编码及巩固阶段。Kensinger 和 Corkin 研究发现前额叶-海马网络与情绪记忆的编码中情绪效价相关,而杏仁核-海马网络参与了情绪记忆中的唤醒度效应(Kensinger & Corkin, 2004)。

7.2.2 唤醒度与情绪记忆成绩的脑机制

大量的神经影像学及 ERP 研究结果表明,杏仁核与其他脑区的互动在情绪记忆编码和提取等任务中起着关键作用,杏仁核不但参与了情绪记忆编码,创造了最初的记忆表征;事件结束后,巩固阶段杏仁核继续影响着记忆表征,并把情绪性事件的信息储存到长时记忆转变成更持久的形式,情绪对记忆的影响一直是随着时间的延长而增强的(Miller, 2005)。

唤醒度与情绪记忆在脑电上有所体现。Dolcos 和 Cabeza(2002)通过在编码期间记录事件相关电位(ERPs),发现情绪刺激的相继记忆效应比中性刺激得更快。"被记住的"和"被遗忘的"两类项目再编码时的生理活动的差异称为 DM 效应。情绪刺激有一个早期的 DM 效应,表现在刺激呈现后的 400~600 毫秒,情绪和中性刺激相似的 DM 效应则发生在晚期的 600~800 毫秒。情绪刺激更早的 DM 效应表明,情绪刺激的记忆优势在早期的编码阶段就体现出来了,情绪性信息优先获得认知资源。

研究发现情绪唤醒度对于记忆成绩的影响主要是通过杏仁核—海马神经环路在刺激编码中起作用的(Rensinger & Corkin, 2004)。与 ERP 发现的 DM 效应一致,fMRI 研究显示情绪提高了 DM 效应主要的激活在杏仁核和内侧颞叶等(Canli, Desmond, Zhao & Gabrieli, 2002; Dolcos, LaBar, Cabeza, 2004a),并且 DM 效应对于情绪性和中性刺激激活区域不一样,前者激活的是前海马旁回,而后者激活的后海马旁回,这些结果支持解剖学证据,证明前海马与杏仁核有连接(Amaral & Price, 1984)。

如前所示,情绪唤醒材料对于机体记忆加工的影响主要是通过杏仁核来实现的。Adolphs 等(2005)通过对一例双侧杏仁核完全损害的患者进行情绪效价和情绪唤醒水平的研究发现,该患者对表达负性情绪的面孔、词汇及语句的情绪唤醒水平的再认发生了损害,而对其情绪效价的再认则表现正常,这个实验结果说明杏仁核的功能应该与情绪唤醒有关。脑成像证据表明,不论效价是正性的还是负性的,记忆编码阶段杏仁核和海马的激活水平与情绪刺激的记忆优势效应(情绪条件减去中性条件)相关(Hamann, Ely, Grafton & Kilts, 1999),这说明情绪主要是通过唤醒度来影响记忆的。杏仁核的激活程度与场景情绪的强度呈正相关,编码阶段中左侧杏仁核的激活水平预测了随后对情绪性场景记忆的成绩(Canli, Zhao, Brewer, Gabrieli & Cahill, 2000)。在排除了情绪信息的相关性和独特性因素的作用后,研究发现高唤醒度的情绪词显著地激活了海马和杏仁核,这表明情绪唤醒是情绪记忆增强效应的主要因素(Sommer, Glascher, Moritz & Buchel, 2008)。

有观点认为情绪唤醒能够加强记忆,是因为信息在编码时得到了更深的语义或策略加工以及更多的工作记忆资源(Dolcos, LaBar & Cabeza, 2004a, 2004b)。

Ritchey等人(2011)检验了加工层次的深度是否会影响情绪记忆。他们让被试对负性、中性和正性的场景进行深、浅两种水平的编码加工。浅加工集中于场景的物理属性,深加工则编码场景的语义。两天后的再认结果表明,情绪对记忆的促进作用在浅加工水平最大。同时进行的脑成像扫描发现右侧杏仁核主要在浅加工时提高负性情绪的记忆,而右腹外侧前额叶增强深加工时正性情绪的记忆。这表明情绪唤醒度对记忆的易化作用主要来源于杏仁核和前额叶,并且对于不同的情绪效价信息很可能存在着不同的易化作用机制。

7.2.3 效价与情绪记忆成绩的脑机制

情绪记忆的 ERPs 研究发现了效价对记忆脑电成分的影响。Koeing 和 Mecklinger(2008)以国际情绪图片系统(IAPS)内的情绪图片作为材料进行了事件相关电位研究,实验编码阶段要求被试对呈现的一系列图片进行记忆,同时判断其呈现的事件发生在室内或室外;3—7天后进行的再认阶段测试要求被试对其是否见过某些图片进行直接判断。结果表明,在编码阶段脑区后部250—450毫秒时段,情绪图片比中性图片的波形更大,反映了对情绪刺激效价的注意捕捉。但研究中的积极事件唤醒度不如消极事件,却激发了比消极和中性事件更大波幅的慢波。研究者认为积极低唤醒事件进入了精细加工过程,有利于再认记忆的表现;而消极高唤醒事件会干扰精细加工机制。如果能够将情绪效价与唤醒度因素分开进行探索,可能将会得到更加深入的结论。

研究还发现负性情绪会干扰定向遗忘,被试在以往负性图片时付出了更多的认知资源可以看出负性情绪信息虽然能够被主动地遗忘,但是需要被试付出更多的认知资源。因为情绪具有记忆的增强效应,情绪通过抓取注意,增强信息的编码和巩固从而达到增强记忆的效果(Öhman, Flykt & Esteves, 2001),在实验中负性图片呈现时诱发了更大的 LPP 成分是这一理论假设的强有力的支持。由于负性情绪信息的这种记忆增强优势,因此,在同等的情况下,负性情绪记忆更不容易忘记。最近的很多研究采用压抑遗忘范式也发现遗忘负性情绪性记忆更困难,被试需要付出更多的努力,在 fMRI 的研究中发现为负性情绪性记忆遗忘过程中激活了更多的大脑区域(Depue, Curran & Banich, 2007)。

fMRI 的研究发现情绪效价对于记忆成绩的影响主要是通过前额叶—海马神经环路在刺激编码中起作用的(Rensinger & Corkin, 2004)。目前的研究表明情绪唤醒度和效度负责的神经环路是不同的。唤醒度主要负责的神经环路是杏仁核、海马及前额叶系统,而效价主要负责的神经环路是海马—前额叶神经环路。

7.2.4 心境一致性与情绪记忆成绩的脑机制

近年来,情绪记忆的脑机制逐渐成为 ERPs 研究中最热门的问题之一,而心境一致性效应的神经机制,也是研究者们关注的对象。黄雅洁(2006)对情绪状态对情绪记忆的影响进行了探究,研究使用 IAPS 的情绪图片来诱发被试产生情绪状态,编码阶段要求被试对词语效价进行判断,然后让被试对自己当前情绪进行判断;分心任务后重复情绪诱发阶段并进入直接再认阶段。结果表明,积极目标词的反应速度和正确率都高于消极目标词;心境依存性效应在再认阶段 170—400 毫秒时段的前额中央区显著,反映了额区中线位置对情绪记忆加工中注意调整的影响;心境一致性效应在学习阶段 200—300 毫秒的右额区和 400—630 毫秒的广泛脑区达到显著,一致条件下波幅显著大于不一致条件下的波幅。

情绪记忆的 ERPs 研究,探索了目标效价、年龄、新旧、心境等因素对事件相关电位的影响。还有研究使用 ERPs 对情绪记忆的编码和再认展开研究,继续进行对情绪图片材料记忆的新旧效应的探索。研究发现在广泛的时段和脑区中积极目标诱发的波形显著正于消极目标条件。在编码阶段 200—350 毫秒时段和提取阶段 300—500 毫秒时段的中央顶区和顶枕区中线附近位置,一致启动条件下的波形显著正于不一致启动条件下。在启动类型产生主效应的时段中,也存在着其与目标效价的显著交互作用。这些结果表明情绪图片记忆提取过程中存在着新旧效应(廖岩,2011)。不仅是一般编码阶段的工作记忆和提取阶段的长时记忆,对情绪记忆的 ERPs 研究也已经涉及到感觉记忆方面。王曼(2008)使用阈上和阈下情绪启动范式对视觉感觉记忆进行了研究,实验以 4×2 的八字母卡片作为刺激目标。首先使用情绪图片的呈现诱发情绪并要求被试对其效价进行判断,然后呈现字母卡片,接着使用声音提示被试要记忆哪一行字母,最后被试对呈现的一行目标字母进行再认判断。结果表明,启动情绪效价对 ERPs 成分产生了显著影响,总趋势为积极、消极、中性波幅依次递增。同时阈上启动的波幅小于阈下启动,研究者认为这是由于前者占用认知资源所致,但这与负性偏向效应的观点不一致。另外,这个研究将积极、消极、中性的情绪启动试次分别集中呈现而非随机化,目的是造成稳定的情绪状态即心境,可能会得到与一般情绪启动研究不同的结果。

7.3 情绪记忆的应用

7.3.1 情绪记忆的年龄差异

情绪记忆是不仅会受到效价强度(愉快和不愉快)和唤醒度的影响,而且这个一般规则会随着年龄发生改变。Comblai, D'Argembeau 和 Van der Linden(2005)研究年龄在与情绪相关的自传体记忆中的作用。实验中,青年人和老年人被要求对正性、中性和负性三种情绪类型的事件各回忆出两件。研究发现不论是青年人还是老年人,他们的情绪记忆(不论正性还是负性)都比非情绪信息记忆包含了更多的感觉体验和情境上(如地点、时间)的细节。有趣的是,老年人对于负性情绪刺激的记忆却关联着非常高的积极感受(positive feelings)。这样的结果说明在老年人和青年人中,情绪对自传式记忆的影响模式是相似的,不同的是老年人可能倾向于采用一个更加积极的观点来重新评估负性记忆。

杏仁核参与情绪记忆存在年龄效应。Mather 等(2006)研究发现,随着年龄的增加,对于负性情绪图片再认的准确性较正性情绪和中性情绪逐渐下降,青年人则能够记忆更多的负性情绪图片。进一步研究表明,老年人与年轻人在进行情绪性图片编码时其杏仁核的激活程度都较中性图片高,然而两者也存在差别,老年人在观看正性图片时其杏仁核激活较观看负性图片时更明显。

7.3.2 情绪记忆的性别差异

情绪记忆也存在性别差异。心理学的研究已经发现女性比男性能更好地记住情绪事件,fMRI 研究为此也提供了神经解剖学的客观证据。Canli 等人(2002)要求被试评估中性和负性图片的情绪唤醒度,同时进行 fMRI 扫描。3 周后进行再认测验。结果显示情绪唤醒度高的图片记忆比唤醒度低的好,女性比男性好。观察功能像发现,对之后证明是成功记忆的图片进行编码时,男性和女性激活了不同的神经环路。男性比女性更多地激活了右半球杏仁核,而女性较男性却更多地激活了左侧杏仁核。当进行情绪唤醒评估和情绪唤醒图片的后继记忆时,女性参与的脑结构更多,这可能就是女性的情绪记忆强于男性的神经基础。还有研究发现了相似的效应,在成功的主动编码情况下,杏仁核表现为偏侧化效应,男右女左偏侧化优势,与非主动编码情况下结果一致(Cahill et al., 2001; Cahill et al., 2004; Canli, Desmond, Zhao & Gabrieli, 2002; Mackiewicz, Sarinopoulos, Cleven & Nitschke, 2006)。同时也证实了不同文化背景下杏仁核这种性别特异性偏侧化优势仍然保持一致性。

目前,这种性别偏侧化效应有两种解释:一种解释为女性对情绪性事件编码可能使用了语言为基础的左侧化编码机制。有研究表明左侧杏仁核对于语言性威胁存在反应,而右侧杏仁核则未出现变化(Phelps et al., 2001)。女性对于情绪性刺激的编码过程可能动用了包括内省和内在语言化等多种手段;男性在情绪性事件的编码过程中更多的是使用需要右侧半球参与的视觉-空间策略来进行,因而表现为右侧杏仁核的激活。另一种解释为左侧杏仁核对于情绪性材料的反应为有意识反应,右侧杏仁核对于情绪性刺激的反应为无意识的反应(Morris, Ohman & Dolan, 1998)。另外，Cahill和Van Stegeren(2003)通过研究心得安对记忆的损害作用，结果发现：男性主要表现为对情绪性故事的主旨信息的损害，而女性主要表现为故事细节的记忆下降。从而认为男女在情绪性认知中出现的性别差异是由于男性善于运用右侧大脑半球，从而偏向于对刺激或现象进行全局的、总体的反应，这一偏向是通过右侧杏仁核的激活来调节的。女性则偏向于运用左侧大脑半球对一个刺激或现象进行局部或细节的加工，所以表现为左侧杏仁体的激活。

除杏仁核存在性别差异外，其他脑区也存在相对特异性差异。王海宝等人的研究发现，在情绪记忆编码时，男性左侧前额叶背外侧、左侧额上回、前额叶内侧(MPFC)、前扣带回(ACC)、右侧眶回激活明显，而女性双侧海马(HP)、枕叶皮层、右侧梭状回(FFA)激活明显(王海宝，潘志立，& 余永强，2010)。前者主要与增强情绪评估、情绪表征、情绪认知整合、情绪性工作记忆和行为控制等有关，而后者主要与增强情绪的视觉感知、面孔识别、表情等加工有关。说明男女对情绪的加工受高级认知调控，即认知方式差异的影响(Cahill, et al., 2004)。王海宝等人还发现，男性激活右侧杏仁核的基底外侧核，而女性激活左侧杏仁核的中央核和内侧核。既往研究显示，前者主要与认知环路相关，后者主要与情绪体验环路相关(Kilpatrick, Zald, Pardo & Cahill, 2006)。由此可推测，男女对情绪事件采取不同的编码加工策略：男性主要采取理性方式(如增强对情绪刺激的主观评估等)，而女性主要采取感性方式(如增强对情绪面孔和环境背景的感知等)。进一步推测，在人类男女性杏仁核不同亚区功能可能存在差异。尽管既往动物实验研究表明杏仁核不同亚区存在性别差异，而目前人类脑功能成像尚没有相关研究报道，因此，需待未来进一步深入研究。

7.3.3 特殊个体的情绪记忆

抑郁症患者 在探讨情绪状态对记忆的影响时，情绪障碍特别是抑郁症的研究是十分必要的，既有助于对情绪障碍本身的了解，又考察了情绪与记忆的脑机制。大量研究显示情绪障碍与情绪刺激的异常加工有关，并且这种异常加工会易化负性情绪的产生，促进情绪障碍者对抑郁事件的回忆。近年来，研究者广泛调查了这种异常加工的神经机制，发现抑郁症病人对负性情绪材料的记忆增强。这被认为是一种与抑郁心境相关的情绪内容识别能力提高的现象，也就是所谓的"期待效应"或"心境一致性效应"。ERP的研究表明，在重度抑郁症病人的记忆编码阶段，正性词诱发的ERP波幅要明显低于负性词和中性词(Shestyuk, Deldin, Brand & Deveney, 2005)。将刺激材料从情绪词换成表情面孔后，也得出相似的结果，在记忆的保持阶段，正常组对负性面孔表现出明显降低的慢波(slow wave, SW)，而抑郁组的SW在负性面孔和正性面孔间没有明显差异,这说明抑郁症病人加强了对负性面孔的加工(Deveney & Deldin, 2004)。还有证据表明,与正常被试相比,抑郁症病人的情绪记忆相关脑结构(如,杏仁核,前额皮层)表现出对悲伤面孔的神经活动增强,高兴面孔的神经活动减弱(Leppänen, 2006)。这些结果均提示抑郁症病人的认知缺陷可能是源于大脑对正性信息加工的减弱,对负性信息加工的增强。

人脑是一个复杂的网络系统,在进行高级情感活动时涉及多个脑区之间复杂的交互作用,情绪记忆功能需要多个脑区协同工作,共同完成。静息态 fMRI 可用来研究抑郁症多个脑区间的功能连接。众多脑功能影像研究揭示抑郁患者存在情感调节环路的功能异常,主要定位于边缘系统-皮层-纹状体-苍白球-丘脑神经环路(limbic-cortical-striatal-pallidal-thalamic, LCSPT)。其中杏仁核、海马、丘脑及前额叶是这一环路的重要组成部分,在情绪调节和传导中起重要作用(Clark, Chamberlain & Sahakian, 2009)。还有研究发现,抑郁症对悲伤情绪加工时右侧杏仁核与眶额皮层功能连接增强,对高兴情绪加工左侧杏仁核与眶额皮层功能连接减弱(Ramel et al., 2007)。抑郁症的核心症状是情感障碍以及认知功能的改变,但其神经生理学机制至今仍不清楚。神经认知学研究发现与年轻抑郁症患者相比,老年抑郁症患者的学习、记忆及运动系统损坏更为严重(Thomas et al., 2009)。潘豪(2012)选取老年抑郁症患者为研究对象,运用静息态 fMRI 研究老年抑郁症患者和正常对照组情绪记忆网络的功能连接差异,并探讨抑郁症情感环路的异常。研究发现抑郁症患者较正常对照组认知能力下降,且存在情绪记忆"负性偏向作用",并且存在情感环路的功能异常。抑郁症患者与正常对照组中枢节点的个数及位置均存在差异,抑郁症患者右侧杏仁核及左侧额下回网络节点功能减弱,右侧海马网络节点功能代偿性增强。

焦虑症患者　焦虑症患者也被认为存在情绪记忆障碍。焦虑症患者的一个中心特质是加工恐惧记忆出现了异常(Bishop, 2007; Tyrer & Baldwin, 2006)。这些病人往往是内隐的而非外显的,且他们对于恐惧信息与正常人有不同。这些病人会把注意力更多转移到恐惧有关的刺激并且伴有更强的杏仁核激活。

灾难性创伤性障碍　在那些遭遇创伤性应激障碍的人往往更关注灾难性的记忆(Mollica, Caridad, Massagli, 2007; O'Donnell, 2004)。这些病人记忆那些与灾难性相关的词语记忆成绩更好,其他研究也显示在加工负性词语记忆成绩更好且伴有更大的杏仁核和海马的激活(Brohawn, Offringa, Pfaff, Hughes, Shin, 2010)。且对于情绪记忆的提取,该病人提取灾难性比中性刺激的记忆激活了边缘系统主要在右脑,包括杏仁核,前扣带,脑岛和颞叶(Rauch, 1996)。

参考文献

黄雅洁. (2006). 情绪状态对词汇学习与再认的影响. 首都师范大学, 硕士学位论文.
李雪冰, 罗跃嘉. (2007). 情绪和记忆的相互作用. 心理科学进展, 15(1), 3—7.
廖岩. (2011). 图片材料的情绪启动及对情绪记忆的影响: 一个 ERP 研究. 首都师范大学, 硕士学位论文.
潘豪. (2012). 情绪记忆网络年龄及抑郁症相关改变: 静息态 fMRI 研究. 安徽医科大学, 硕士学位论文.
王海宝, 潘志立, 余永强. (2010). 杏仁核参与情绪记忆持续效应和瞬时效应功能磁共振成像研究. 中华行为医学与脑科学杂志, 19, 769—771.
王海宝, 张达人, 余永强. (2009). 情绪记忆增强效应的时间依赖性. 心理学报, (10), 932—938.
王曼. (2008). 情绪对视觉感觉记忆的影响: 来自 ERP 的证据. 西南大学, 硕士学位论文.
吴润果, 罗跃嘉. (2008). 情绪记忆的神经基础. 心理科学进展, 16(3), 458—463.

Adolphs, R., Gosselin, F., Buchanan, T. W., Tranel, D., Schyns, P. & Damasio, A. R. (2005). A mechanism for impaired fear recognition after amygdala damage. *Nature*, *433*(7021), 68-72.

Amaral, D. G. & Price, J. L. (1984). Amygdalo-cortical projections in the monkey (Macaca fascicularis). *Journal of comparative neurology*, *230*(4), 465-496.

Anderson, A. K. & Phelps, E. A. (2001). Lesions of the human amygdala impair enhanced perception of emotionally salient events. *Nature*, *411*(6835), 305-309.

Anderson, A. K., Wais, P. E. & Gabrieli, J. D. (2006). Emotion enhances remembrance of neutral events past. *Proceedings of the national academy of sciences of the United States of America*, *103*(5), 1599-1604.

Barry, E. S., Naus, M. J. & Rehm, L. P. (2004). Depression and implicit memory: Understanding mood congruent memory bias. *Cognitive therapy and research*, *28*(3), 387-414.

Bechara, Antoine, Tranel, Daniel, Damasio, Hanna, Adolphs, Ralph, Rockland, Charles & Damasio, Antonio R. (2002). Double dissociation of conditioning and declarative knowledge relative to the amygdala and hippocampus in humans. *Foundations in social neuroscience*, *30*(47), 149.

Beck, A. T. (2002). Cognitive models of depression. *Clinical advances in cognitive psychotherapy: Theory and application*, *14*, 29-61.

Bishop, S. J. (2007). Neurocognitive mechanisms of anxiety: an integrative account. *Trends in cognitive sciences*, *11*(7), 307-316.

Blaney, P. H. (1986). Affect and Memory: a Review. *Psychological bulletin*, *99*(2), 229-246.

Bower, G. H. (1981). Mood and memory. *Am psychol*, *36*(2), 129-148.

Brohawn, K. H., Offringa, R., Pfaff, D. L., Hughes, K. C. & Shin, L. M. (2010). The neural correlates of emotional memory in posttraumatic stress disorder. *Biological psychiatry*, *68*(11), 1023-1030.

Buchanan, T. W. (2007). Retrieval of emotional memories. *Psychological bulletin*, *133*(5), 761-779.

Cahill, L., Haier, R. J., White, N. S., Fallon, J., Kilpatrick, L., Lawrence, C., ... Alkire, M. T. (2001). Sex-related difference in amygdala activity during emotionally influenced memory storage. *Neurobiology of learning and memory*, *75*(1), 1-9.

Cahill, L., Uncapher, M., Kilpatrick, L., Alkire, M. T. & Turner, J. (2004). Sex-related hemispheric lateralization of amygdala function in emotionally influenced memory: An fMRI investigation. *Learning & memory*, *11*(3), 261-266.

Cahill, L. & van Stegeren, A. (2003). Sex-related impairment of memory for emotional events with beta-adrenergic blockade. *Neurobiology of learning and memory*, *79*(1), 81-88.

Canli, T., Desmond, J. E., Zhao, Z. & Gabrieli, J. D. E. (2002). Sex differences in the neuralasis of emotional memories. *Proceedings of the national academy of sciences of the United States of America*, *99*(16), 10789-10794.

Canli, T., Zhao, Z., Brewer, J., Gabrieli, J. D. & Cahill, L. (2000). Event-related activation in the human amygdala associates with later memory for individual emotional experience. *Journal of neuroscience*, *20*(19), RC99-1.

Christianson, S. Å. & Loftus, E. F. (1987). Memory for traumatic events. *Applied cognitive psychology*, *1*(4), 225-239.

Clark, L., Chamberlain, S. R. & Sahakian, B. J. (2009). Neurocognitive Mechanisms in Depression: Implications for Treatment. *Annual review of neuroscience*, *32*, 57-74.

Comblain, C., D'Argembeau, A. & Van der Linden, M. (2005). Phenomenal characteristics of autobiographical memories for emotional and neutral events in older and younger adults. *Exp aging res*, *31*(2), 173-189.

Davidson, R. J. & Irwin, W. (1999). The functional neuroanatomy of emotion and affective style. *Trends in cognitive sciences*, *3*(1), 11-21.

Depue, B. E., Curran, T. & Banich, M. T. (2007). Prefrontal regions orchestrate suppression of emotional memories via a two-phase process. *Science*, *317*(5835), 215-219.

Deveney, C. M. & Deldin, P. J. (2004). Memory of faces: a slow wave ERP study of major depression. *Emotion*, *4*(3), 295.

Dolcos, F. & Cabeza, R. (2002). Event-related potentials of emotional memory: Encoding pleasant, unpleasant, and neutral pictures. *Cognitive affective & behavioral neuroscience*, *2*(3), 252-263.

Dolcos, F., LaBar, K. S. & Cabeza, R. (2005). Remembering one year later: role of the amygdala and the medial temporal lobe memory system in retrieving emotional memories. *Proceedings of the national academy of sciences of the United States of America*, 102(7),2626-2631.

Dolcos, F., LaBar, K. S. & Cabeza, R. (2004a). Dissociable effects of arousal and valence on prefrontal activity indexing emotional evaluation and subsequent memory: an event-related fMRI study. *Neuroimage*, 23(1),64-74.

Dolcos, F., LaBar, K. S. & Cabeza, R. (2004b). Interaction between the amygdala and the medial temporal lobe memory system predicts better memory for emotional events. *Neuron*, 42(5),855-863.

Dolcos, F., LaBar, K. S. & Cabeza, R. (2005). Remembering one year later: Role of the amygdala and the medial temporal lobe memory system in retrieving emotional memories. *Proceedings of the national academy of sciences of the United States of America*, 102(7),2626-2631.

Easterbrook, J. A. (1959). The effect of emotion on cue utilization and the organization of behavior. *Psychological review*, 66(3),183-201.

Eich, E. & Forgas, J. P. (2003). Mood, cognition, and memory. *Handbook of psychology*.

Fawcett, J. M. & Taylor, T. L. (2008). Forgetting is effortful: Evidence from reaction time probes in an item-method directed forgetting task. *Memory & cognition*, 36(6),1168-1181.

Forgas, J. P. (1995). Mood and judgment: the affect infusion model (AIM). *Psychological bulletin*, 117(1),39-66.

Gaddy, M. A. & Ingram, R. E. (2014). A meta-analytic review of mood-congruent implicit memory in depressed mood. *Clin psychol rev*, 34(5),402-416.

Greenberg, D. L., Rice, H. J., Cooper, J. J., Cabeza, R., Rubin, D. C. & LaBar, K. S. (2005). Co-activation of the amygdala, hippocampus and inferior frontal gyrus during autobiographical memory retrieval. *Neuropsychologia*, 43(5),659-674.

Hamann, S. (2001). Cognitive and neural mechanisms of emotional memory. *Trends in cognitive sciences*, 5(9), 394-400.

Hamann, S. B., Ely, T. D., Grafton, S. T. & Kilts, C. D. (1999). Amygdala activity related to enhanced memory for pleasant and aversive stimuli. *Nature neuroscience*, 2(3),289-293.

Howe, M. L. & Malone, C. (2011). Mood-congruent true and false memory: Effects of depression. *Memory*, 19(2), 192-201.

Kensinger, E. A., Brierley, B., Medford, N., Growdon, J. H. & Corkin, S. (2002). Effects of Normal Aging and Alzheimer's Disease on Emotional Memory. *Emotion*, 2(2),118-134.

Kensinger, E. A. & Corkin, S. (2003). Memory enhancement for emotional words: Are emotional words more vividly remembered than neutral words? *Memory & cognition*, 31(8),1169-1180.

Kensinger, E. A. & Corkin, S. (2004). Two routes to emotional memory: Distinct neural processes for valence and arousal. *Proceedings of the national academy of sciences of the United States of America*, 101(9),3310-3315.

Kilpatrick, L. A., Zald, D. H., Pardo, J. V. & Cahill, L. F. (2006). Sex-related differences in amygdala functional connectivity during resting conditions. *Neuroimage*, 30(2),452-461.

Koenig, S. & Mecklinger, A. (2008). Electrophysiological correlates of encoding and retrieving emotional events. *Emotion*, 8(2),162-173.

LaBar, K. S. & Cabeza, R. (2006). Cognitive neuroscience of emotional memory. *Nature reviews neuroscience*, 7(1), 54-64.

LaBar, K. S. & Phelps, E. A. (1998). Arousal-mediated memory consolidation: Role of the medial temporal lobe in humans. *Psychological science*, 9(6),490-493.

Hamann, S. B., Ely, T. D., Grafton, S. T. & Kilts, C. D. (1999). Amygdala activity related to enhanced memory for pleasant and aversive stimuli. *Nature neuroscience*, 2(3),289-293.

LeDoux, Joseph E. (2001). Emotion circuits in the brain. *The Science of Mental Health: Fear and anxiety*, 259.

Leppänen, J. M. (2006). Emotional information processing in mood disorders: a review of behavioral and neuroimaging findings. *Current opinion in psychiatry*, 19(1),34-39.

Libkuman, T. M., Nichols-Whitehead, P., Griffith, J. & Thomas, R. (1999). Source of arousal and memory for detail. *Memory & cognition*, 27(1),166-190.

Libkuman, T., Stabler, C. & Otani, H. (2004). Arousal, valence, and memory for detail. *Memory*, 12(2),237-247.

Loeffler, S. N., Myrtek, M. & Peper, M. (2013). Mood-congruent memory in daily life: Evidence from interactive ambulatory monitoring. *Biological psychology*, 93(2),308-315.

Mather, M., Mitchell, K. J., Raye, C. L., Novak, D. L., Greene, E. J. & Johnson, M. K. (2006). Emotional arousal can impair feature binding in working memory. *Journal of cognitive neuroscience*, 18(4),614-625.

Markowitsch, H. J., Calabrese, P., Würker, M., Durwen, H. F., Kessler, J., Babinsky, R.,. & Gehlen, W. (1994). The amygdala's contribution to memory-a study on two patients with Urbach-Wiethe disease. *Neuroreport*, 5(11), 1349-1352.

Mackiewicz, K. L., Sarinopoulos, I., Cleven, K. L. & Nitschke, J. B. (2006). The effect of anticipation and the specificity of sex differences for amygdala and hippocampus function in emotional memory. *Proceedings of the national academy of sciences of the United States of America*, 103(38),14200-14205.

Matt, G. E., Vázquez, C. & Campbell, W. K. (1992). Mood-congruent recall of affectively toned stimuli: A meta-analytic review. *Clin psychol rev*, 12(2),227-255.

McGaugh, J. L. (2000). Neuroscience-Memory-a century of consolidation. *Science*, 287(5451), 248–251.

McGaugh, J. L. (2004). The amygdala modulates the consolidation of memories of emotionally arousing experiences. *Annual review of neuroscience*, 27, 1–28.

McGaugh, J. L. & Roozendaal, B. (2002). Role of adrenal stress hormones in forming lasting memories in the brain. *Current opinion in neurobiology*, 12(2), 205–210.

Miller, G. (2005). How are memories stored and retrieved? *Science*, 309(5731), 92–92.

Mollica, R. F., Caridad, K. R. & Massagli, M. P. (2007). Longitudinal study of posttraumatic stress disorder, depression, and changes in traumatic memories over time in Bosnian refugees. *The Journal of nervous and mental disease*, 195(7), 572–579.

Morris, J. S., Ohman, A. & Dolan, R. J. (1998). Conscious and unconscious emotional learning in the human amygdala. *nature*, 393(6684), 467–470.

O'Donnell, J. F. (2004). Insomnia in cancer patients. *Clinical cornerstone*, 6(1), S6–S14.

Öhman, A., Flykt, A. & Esteves, F. (2001). Emotion drives attention: detecting the snake in the grass. *Journal of experimental psychology: General*, 130(3), 466.

Paré, Denis, Quirk, Gregory J & Ledoux, Joseph E. (2004). New vistas on amygdala networks in conditioned fear. *Journal of neurophysiology*, 92(1), 1–9.

Parkinson, B., Totterdell, P., Briner, R. B. & Reynolds, S. (1996). *Changing moods: The psychology of mood and mood regulation*: Addison Wesley Longman London.

Phelps, E. A. (2004). Human emotion and memory: interactions of the amygdala and hippocampal complex. *Current opinion in neurobiology*, 14(2), 198–202.

Phelps, E. A., O'Connor, K. J., Gatenby, J. C., Gore, J. C., Grillon, C. & Davis, M. (2001). Activation of the left amygdala to a cognitive representation of fear. *Nature neuroscience*, 4(4), 437–441.

Ramel, W., Goldin, P. R., Eyler, L. T., Brown, G. G., Gotlib, I. H. & McQuaid, J. R. (2007). Amygdala reactivity and mood-congruent memory in individuals at risk for depressive relapse. *Biological psychiatry*, 61(2), 231–239.

Rauch, S. L., van der Kolk, B. A., Fisler, R. E., Alpert, N. M., Orr, S. P., Savage, C. R., Fischman, A. J., Jenike, M. A., and Pitman, R. K. (1996). A symptom provocation study of posttraumatic stress disorder using positron emission tomography and script-drivenimagery. Arch. Gen. Psychiatry 53:380–387.

Reisberg, D. E. & Hertel, P. E. (2004). *Memory and emotion*. Oxford University Press.

Roediger, H. L., 3rd & McDermott, K. B. (1992). Depression and implicit memory: a commentary. *J Abnorm psychol*, 101(3), 587–591.

Roediger III, H. L. & Blaxton, T. A. (1987). Retrieval modes produce dissociations in memory for surface information.

Rogers, T. B., Kuiper, N. A. & Kirker, W. S. (1977). Self-reference and the encoding of personal information. *Journal of personality and social psychology*, 35(9), 677–688.

Rottenberg, J., Hildner, J. & Gotlib, I. (2006). Idiographic autobiographical memories in major depressive disorder. *Cognition & emotion*, 20(1), 114–128.

Rusting, C. L. (1998). Personality, mood, and cognitive processing of emotional information: three conceptual frameworks. *Psychological bulletin*, 124(2), 165–196.

Schutter, D. J. & Van Honk, J. (2006). Increased positive emotional memory after repetitive transcranial magnetic stimulation over the orbitofrontal cortex. *Journal of psychiatry & neuroscience*, 31(2), 101–104.

Sergerie, K., Lepage, M. & Armony, J. L. (2005). A face to remember: emotional expression modulates prefrontal activity during memory formation. *Neuroimage*, 24(2), 580–585.

Sharot, T. & Phelps, E. A. (2004). How arousal modulates memory: Disentangling the effects of attention and retention. *Cognitive, Affective & behavioral neuroscience*, 4(3), 294–306.

Shestyuk, A. Y., Deldin, P. J., Brand, J. E. & Deveney, C. M. (2005). Reduced sustained brain activity during processing of positive emotional stimuli in major depression. *Biological psychiatry*, 57(10), 1089–1096.

Sommer, T., Glascher, J., Moritz, S. & Buchel, C. (2008). Emotional enhancement effect of memory: Removing the influence of cognitive factors. *Learning & memory*, 15(8), 569–573.

Stormark, K. M., Nordby, H. & Hugdahl, K. (1995). Attentional shifts to emotionally charged cues: Behavioural and ERP data. *Cognition & emotion*, 9(5), 507–523.

Thomas, A. J., Gallagher, P., Robinson, L. J., Porter, R. J., Young, A. H., Ferrier, I. N. & O'Brien, J. T. (2009). A comparison of neurocognitive impairment in younger and older adults with major depression. *Psychological medicine*, 39(5), 725–733.

Tronson, Natalie C & Taylor, Jane R. (2007). Molecular mechanisms of memory reconsolidation. *Nature reviews neuroscience*, 8(4), 262–275.

Tyrer, P. & Baldwin, D. (2006). Generalised anxiety disorder. *The Lancet*, 368(9553), 2156–2166.

van Wingen, G., Mattern, C., Verkes, R. J., Buitelaar, J. & Fernández, G. (2010). Testosterone reduces amygdala-orbitofrontal cortex coupling. *Psychoneuroendocrinology*, 35(1), 105–113.

8 情绪智力

8.1 情绪智力的定义和理论模型 / 243
    8.1.1 情绪智力的定义 / 243
    8.1.2 情绪智力概念的发展 / 245
    8.1.3 情绪智力的理论模型 / 247
8.2 情绪智力的测量 / 252
    8.2.1 情绪智力和认知智力的关系 / 252
    8.2.2 基于能力模型的情绪智力测验 / 254
    8.2.3 其他情绪智力测验 / 258
    小结 / 259
8.3 情绪智力与生活 / 259
    8.3.1 情绪智力与工作绩效 / 260
    8.3.2 情绪智力与心理健康 / 262
    8.3.3 情绪智力的促进 / 263
    小结 / 264
8.4 情绪智力研究展望:趋势和前沿 / 264

20世纪80年代,狭义的智力概念受到挑战,Gardner(1985)提出多元智力(multiple intelligences),将智力的领域扩展到包括音乐智力、运动智力、人际智力、对自我、他人或自然世界的洞察力等。Gardner(1985)认为,这些能力相对独立,甚至可能具有独立的神经结构。例如,生活中经常提到的"白痴天才",或者一位诺贝尔奖得主可能在生活中一团糟等等。在过去的20余年,智力的定义和理论已变得更为宽泛,如Sternberg(1998)的成功智力(success intelligence)、Perkins(1995)的真实智力(true intelligence),还有以Mayer和Salovey(1997)为代表的情绪智力(emotional intelligence)。智力概念的扩展具有非常重要的意义,它使我们超越"一般因素"从而更加批判地思考我们借助"智力"这个概念到底想要表达什么(林崇德等,2004)。Sternberg和Kaufman(1998)指出,尽管不同文献的智力概念有所不同,但是其包含的认知属性却可能并没有任何差异;有很多研究智力的范式,他们互相补充而非互相矛盾,只是从不同的方面看待智力,看待智力问题。

与此同时,心理学领域展开了大量关于情绪以及情绪与认知相互作用的研究。情感和思维并不总是像大多数人认为的那样不能并存,事实上,它们彼此需要(见本书后面论述情绪与认知的章节)。如国内研究者孟昭兰和美国研究者展开的情绪对认知影响的跨文化研究(孟昭兰,1984;1985;1987)。在该系列研究中,通过活动诱发15到24个月婴儿的各种情绪,观察婴儿完成操作任务的行为特点和时间。结果发现积极情绪对婴儿完成作业具有激励作用;在操作动作复杂程度不同的四种作业中,对作业表现出兴趣的被试都比惧怕情绪组成绩好;在愤怒情绪状态下的操作成绩明显比无怒情绪状态下的成绩差;愤怒情绪状态下被试完成操作所需要的时间明显多于无怒情绪状态。

1990年,耶鲁大学 Peter Salovey(现耶鲁大学校长)和新罕布什尔大学的 John Mayer 基于其理论家的敏锐性,根据情绪和智力研究领域的研究成果,提出了"情绪智力"概念,这是情绪智力首次在学术期刊中出现(Salovey & Mayer, 1990);Goleman(1995)将情绪智力推广给大众;20世纪90年代晚期出现了大量关于情绪智力的研究。情绪智力被研究者认为是一种热智力(hot intelligence)(热智力还包括人格智力、社会智力等),与冷智力(言语理解、知觉组织等)相对,它是对与人有关的信息的推理(这些信息经常会产生痛苦或积极的反应)(Mayer, Salovey & Caruso, 2000; Mayer, Salovey & Caruso, 2004; Mayer, Panter & Caruso, 2012)。

8.1 情绪智力的定义和理论模型

8.1.1 情绪智力的定义

自1990年 Salovey 和 Mayer 正式提出情绪智力的概念以来,研究者对情绪智力的认识就不断深化,从不同角度看到了情绪智力的不同方面,对情绪智力的定义尚没有达成共识。目前情绪智力的定义主要可分为三大类:(1)情绪智力是一种能力;(2)情绪智力是一种人格倾向;(3)情绪智力是认知因素和非认知因素的混合物。例如,一些研究者将情绪智力定义为对情绪推理的能力,而其他则将其等同于一系列特质,如成就动机(achievement motivation)、灵活性(flexibility)、幸福(happiness)和自我(self-regard)(Judge et al., 2005)。那么,"情绪智力"到底是什么?事实上,有很多定义来源于畅销杂志和畅销书,比如 Goleman(1995)对情绪智力的描述。然而,由于在心理学领域,一个有效的概念/术语必须符合心理学概念的语义网络——大多数科学家都熟悉的意义系统。因此,科学的情绪智力应该严格地从情绪和智力两个术语进行界定,即情绪智力是一个和情绪、智力及其二者关系有关的一个概念。

情绪智力与智力

智力是处理各种类型信息的一种心理能力。它是对多种心理能力的一般描述。如言语智力指对言语信息和知识进行推理以及采用言语信息和知识提高思维的心理能力;空间智力指对如物体、形状、方向等空间信息和知识进行推理,和采用空间信息和知识提高思维的能力等(参考 Gardner 的多元智力中的定义)。因此,将智力和情绪这两个概念整合,情绪智力应与言语理解智力、概念形成智力、逻辑—数学智力或身体—运动智力等术语相似,在这些术语中,言语理解、知觉组织等等都用于修饰名词"智力"(Mayer & Salovey, 1997)。

情绪智力与情绪

情绪智力概念的发展不仅与智力研究有关,而且和情绪研究有关。情绪作为一种复杂的心理活动,是多成分复合、多维度结构、生理和心理多水平整合的产物(乔建中,2003)。最初,情绪和智力被认为是对立的两方,人们经常将情绪作为思维的一种非理性的和破坏性的力量。然而,情绪也可能对认知有一种潜在的促进作用。情绪产生会伴随着生理的、运动准备、行为、认知和主观体验的改变(Izard, 1993)。因此,在 1997 年,Mayer 和 Salovey 的情绪概念主要集中于情绪推理的技能方面,如在健康个体中,恐惧表明一个人面临一个相对有力量或无法控制的威胁;幸福主要指个人与他人关系的和谐;愤怒经常反映了对不公平的感受(Mayer & Salovey, 1997)。因此,情绪具有一些一般化的规律,而可以将这种规律运用于识别和推理情绪、感受。例如,一位没有安全感或者自我否定的个体可能感觉到害羞、自卑或压抑,一位被欺辱了的人可能感到愤怒。那么,对这些反应的识别需要某种形式的智力。

基于智力和情绪最为一般的定义,情绪智力需要基于人类心理能力来定义,至少应该具有一些关于加工情绪信息的能力。Salovey 和 Mayer 把情绪智力看作是个体准确、有效地加工情绪信息的能力集合。它包含对情绪准确的推理能力,利用情绪和情绪知识来提高思维的能力(Mayer et al., 2008)。因此,研究情绪智力意味着关注能力本身。正如言语智力关注对言语的学习和推理,以及使用言语智力来提高思维一样,情绪智力关心的是对情绪的推理和使用情绪提高思维的能力,包含:(1)加工的内容:对情绪推理和用情绪推理的能力;(2)加工的结果:情绪系统对提高智力的贡献,加工情绪信息的能力能提高认知活动(如,思维,决策,记忆等等),提高幸福感,促进社会功能(Mayer & Salovey, 1997; Mayer, Salovey & Caruso, 2008)。2000 年,Mayer, Salovey 和 Caruso 指出情绪智力表示一种认识情绪意义和他们关系的能力、利用情绪知识推理和解决问题的能力,以及使用情绪促进认知活动能力,它是跨认知和情绪系统的操作(Mayer, Salovey & Caruso, 2000)。Mayer, Salovey 和 Caruso 等 2004 年的定义认为,情绪智力是觉知和表达情绪、利用情绪促进思维、理解情绪和情绪知识,以及有效调控情绪并促进情绪认知成长的能力(Mayer, Salovey & Caruso, 2004)。在 2008 年心理学年鉴中,Mayer 等人再次重申情绪智力必须符合概念语义网络规则,从而将其定义为"能够准确对情绪进行推理的能力和使用情绪及情绪知识从而提高思维的能力"(Mayer, Roberts & Barsade, 2008)。

从最开始的定义,到后来的修订、扩展都将情绪智力作为一组与情绪及情绪信息有关的能力看待。情绪智力的概念暗含人类既是理性的又是感性的(Thingujam, 2002),因此,人类在漫长的发展史上所展现出的适应和处理情绪的能力就依赖于感性和理性能力的整合功能(Salovey, Bedell et al., 2000)。

概念的澄清:情绪智力与情商

在此,笔者不得不提一个大家耳熟能详的概念"情商",一位名叫 Goleman 的作者基于 Salovey 和 Mayer(1990)的理论,同时搜集许多关于大脑、情绪和行为的有趣信息和日常生活素材,于 1995 年撰写了《情绪智力》(*emotional intelligence*)一书,该书并非学术性专著,但是由于《时代周刊》(*Time*)杂志使用"情商"(EQ)为封面进行炒作和宣传,该书立即成为风靡全世界的畅销书。而台湾学者在翻译这本通俗的《情绪智力》的时候,擅自在书名上添加了"情商"二字。事实上,国内研究者王晓钧(2002)在其《情绪智力:理论和问题》一文中已对这两个概念进行了澄清,但仅限在学术期刊上的澄清,而学术论文的阅读量(有研究表明平均每篇学术论文只有 7 人阅读过)远远小于畅销书的阅读量。

当笔者在 2014 年初尝试地在百度里搜索"情商"和"情绪智力"两个概念的时候,以"情商"为关键词能搜到 49 600 000 条,而以"情绪智力"为关键词搜到 6 950 000 条,可以看出前者远远多于后者;同时,又在中国知网 CNKI 中以两个关键词搜索,出现了相反情况,以"情绪智力"为关键词找到 27 389 条结果,而以"情商"为关键词则搜到 9 157 条结果;最后在 Web of Science 中以 emotional intelligence 为关键词搜到 9 728 篇文献,而以 emotional quotient 为关键词仅仅搜到 488 篇文献。我们可以看出媒体的宣传和科普读物尽管对某个科学概念的传播具有较快的推动作用,但是也给情绪智力的科学意义造成了极大混乱,时至今日,很多心理学界的师生都误认为戈尔曼 1995 年的《情绪智力》一书是该领域的经典学术著作。在本章中,情绪智力的概念都是将其视作一种能力,主要集中在情绪智力的科学研究上,而非流行的大众概念"情商"。

8.1.2 情绪智力概念的发展

情绪智力的科学提及要追溯到 20 世纪 60 年代,主要在心理治疗领域(Leuner, 1966)。传统的心理学研究中,人们倾向于将智力研究与情绪研究分开进行。但随着研究的深入，人们越来越认识到不仅认知能影响人的情绪，同样情绪也影响人的认知。因为，只有将一个人的认识与情绪结合起来，才能深刻地理解人心理的本质，特别是人的智力活动本质(林崇德等，2004)。情绪智力自提出以来，学术领域对其的认识是一个不断深化的过程，因此，我们将根据学术界对其探讨的历史脉络梳理相关研究，除了帮助大家了解情绪智力概念的发展，也更希望促使大家产生新的认识。

20世纪80年代，心理学家开始更为开放地思考多元智力(Gardner的多元智力，1985；Sternberg的成功智力，1999)，同时，情绪研究以及情绪和认知的相互作用的研究越来越多(见本书后面章节)。1990年Salovey和Mayer首次在学术文献中将情绪智力作为一个理论概念呈现给读者，他们这样定义情绪智力："属于社会智力的一个子集(subset)，包括监控自己和他人情绪、情感，并对其作出区分，使用这些信息来指导自己的思维和行为的能力。"在第一次提出情绪智力的概念时，Salovey和Mayer指出情绪智力相对于Gardner社会智力中的人际智力(personal intelligence)中与情感有关的方面，包括了关于自己和他人的知识。但是，情绪智力并不包括对自己的一般觉察和对他人的评价，仅仅集中在对情绪的加工上，即识别和使用自己和他人的情绪状态从而解决问题和调节行为。

Salovey和Mayer(1990)指出由于先前缺少一个科学概念，因此关于情绪智力的研究散落在期刊、书籍和心理学的各种分支中，他们通过对160余篇文献的回顾总结出情绪智力包括三个心理过程：(1)评价和表达自己、他人情绪；(2)调节自己、他人的情绪；(3)适应性地利用情绪。

1995年，美国一家杂志社的编辑Goleman出版了《情绪智力》一书，将情绪智力定义为"自我意识、自我管理、自我激励、认识他人情绪以及处理人际关系"(Goleman，1995)。由于《时代周刊》(Times)宣传"它是成功的最好预测指标"，情绪智力的概念很快传遍世界。情绪智力(大众称之为EQ)几乎包含日常生活、工作中的所有方面，一时成为济世的万能灵药。以Goleman为代表的通俗观点扩展了情绪智力的含义，典型地给其列出一组人格特点，如"同情、动机、坚持性、移情和社会技能"(王晓钧，2002)。Salovey和Mayer多次在著述中进行区分，试图为情绪智力的科学发展提供更好的出路。1999年9月，Mayer在美国心理学会(American Psychological Association，APA)的Monitor上发表题为"情绪智力：通俗或科学的心理学？"，明确指出：情绪智力是两个世界的产物，一个是畅销书、新闻报纸和杂志中的通俗文化世界；另一个是科学杂志、学术专著和同行评审的世界。不过，这两个世界的定义都扩展了人们对智力的认识。

1997年，Mayer和Salovey认为最初提出的情绪智力根据其所包含的能力来定义,颇显单一,缺少了对情绪感受的思考。因此,在一篇题为"什么是情绪智力"的综述中,他们修订并扩展了情绪智力的定义,提出情绪智力包括:(1)准确觉察(perceive)、评价(appraise)和表达(express)情绪的能力;(2)使用(access)和/或产生促进思维的情绪的能力;(3)理解(understand)情绪和情绪知识的能力;(4)调节(regulate)从而促进情绪和智力成长的能力(Mayer 和 Salovey, 1997)。

8.1.3 情绪智力的理论模型

当前的情绪智力理论可分为能力模型和混合模型两类(Mayer, Salovey & Caruso, 2000; Zeidner et al., 2004;彭正敏等, 2004)。在本章中,我们将首先简要介绍混合模型,它主要是以 Bar-On 和 Goleman 提出的情绪智力理论模型为代表,其以预测成功为目标,试图在传统智力以外找出能够预测成功的所有重要因素;之后,将详细介绍情绪智力的能力模型,它是智力领域的关于能力的情绪智力,以 Mayer 和 Salovey 为主导的学术研究,将情绪智力纳入智力的家族并坚持科学量化的道路。这两个模型中的情绪智力是完全不同的概念结构,而并非是同一概念的不同测评手段:"混合模型中的情绪智力主要是行为的特性、倾向性和自我觉察到的能力,主要通过自评的方式进行测量;而能力模型关注的是实际的能力,并应该由最高成就测验而非自评量表进行测量的能力"(彭正敏, 2004; Petrides & Furnham, 2007)。

情绪智力的混合模型

混合模型的理论建立在以人格为基础的情绪智力定义基础上,它所包含的内容跨越了个性主要子系统的多个领域(Mayer et al., 2000)。国外主要以 Bar-On (1997)和 Goleman 等人(2001)提出的理论为代表,国内主要以张耀华提出的情绪智力模型为代表。

Goleman 的情绪胜任力模型 Goleman 等的理论从目标(自我和他人)和能力(意识和管理)两个维度把情绪智力分为四族,每个族包含若干胜任力。分别为自我意识(情绪自我意识、准确的自我评价、自信)、自我管理(情绪自我调节、易被理解、适应性、成就动机、积极主动、乐观)、社会意识(移情、组织意识、服务导向)和关系管理(激励人、影响力、冲突管理、促进变革、发展别人、团队合作)(Goleman, Boytazis & McKee, 2001)。

Bar-On 的情绪智力模型 1997 年,Bar-On 在多年研究和实践的基础上提出了情绪智力的定义,"一系列影响个人成功应对环境需求和压力的非认知的能力、胜任力和技能"(Bar-On, 1997)。他提出的模型是一个情绪和社会智力结构模型,由 5 个维度和 15 个因素构成(许远理, 2004)。5 个维度内又包含多种成分,分别为内省能力(自我认同、自我意识、坚持性、独立性、自我实现)、人际交往能力(移情、社会责任、人际关系)、压力管理(压力容忍、冲动控制)、适应性(现实考验、灵活性、问题解决)和一般情绪状态(乐观、快乐)(Bar-On, 2000)。

国内研究者也致力于构建情绪智力的理论模型,例如,张辉华(2006)认为情绪智力具有情景具体性和群体独特性,他的研究对象是管理人员,因此他认为管理者情绪智力是指管理者在工作和交往过程中表现出来的理解、驾驭情绪及与情绪相关的心理和行为的能力。发现管理者情绪智力分为关系处理、工作情智、人际敏感和情绪调控四个因素构成,四个因素又分为两个领域:一是工作领域,包括关系处理和工作情智;二是自我领域,包括人际敏感和情绪调控。

纵观以上的情绪智力模型可以看出,情绪智力混合模型中的几个维度都在智力范畴之外,因为他们更多地是指典型行为而不是最高能力。因此,研究者指出:"为了避免犯概念一致的错误,研究者应该选择情绪智力的能力模型"(Côté, 2014)。

情绪智力的能力模型

能力模型的理论建立在情绪智力定义基础上,它所包含的内容主要聚焦于情绪系统的情绪与认知的交互作用领域(Mayer 等,2000)。国外主要以 Mayer 等(1990)提出的情绪智力能力型模型为代表。国内主要以许远理和卢家楣等提出的情绪智力能力模型为代表。

Mayer 等的情绪智力能力模型 Mayer 等在 1990 年建立了第一个关于情绪智力的模型,即情绪智力的三维模型,具体见图 8.1。其认为情绪智力是一种独立的智力,是一种加工情绪信息的能力,它包括准确地评价自己和他人的情绪,恰当地表达情绪,以及适应地调控情绪的能力。该模型已由彭正敏(2004)向国内研究者介绍,由于个别信息不一,故参考作者原著。该模型的提出在当时产生了相当广泛的影响,也引来颇多争议。

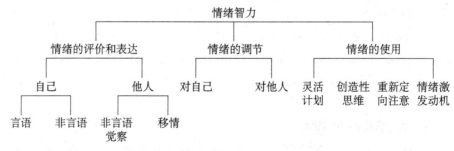

图 8.1 Salovey 和 Mayer 最初的情绪三维模型

来源:Salovey & Mayer (1990).

1997 年,Mayer 和 Salovey 进一步提出了情绪智力的层级四维模型,见图 8.2。

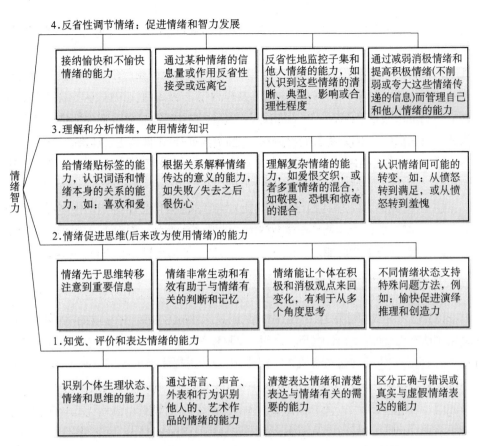

图 8.2 情绪智力的层级四维模型

来源：Mayer & Salovey (1997).

该模型的提出为后来情绪智力的评估工具提供了理论基础(2000,2002)，而且为研究与加工情绪信息相关的能力的个体差异提供了很好的框架(Salovey 和 Grewal, 2005)。

Mayer, Salovey 等认为情绪智力是一种处理有关个人和他人情感信息的能力。如图 8.2 所示，在这个模型中，有四个分支，分别为情绪认知、情绪使用、情绪理解和情绪管理。此理论认为，以上四种能力有一个从低到高的发展过程，情绪认知是情绪智力的最基本过程，情绪管理是情绪智力最复杂的过程(Mayer & Salovey, 1997)。

第一层，感知和表达情绪

该维度关心的是个体如何准确和快速表达情绪，识别、觉察和解读情绪体验和情绪表现。在该维度有四种特定能力：

(1) 能识别他人感受到的情绪的能力。该能力指个体如何准确地识别情绪(例如，他人是否感到生气、伤心等等)，尤其是通过加工非言语信息，比如面部表情和声音、语调(Buck et al., 1980; Elfenbein & Eisenkraft, 2010)。这种能力也叫非言语接受能力(Buck 等,1980),情绪再认能力(Rubin et al., 2005)和移情准确性(Côté et al., 2011b)。

(2) 觉察他人情绪表达的真实性。该能力指个体如何快速区分真假情绪表情(Groth et al., 2009; Mayer & Salovey, 1997)。这能帮助个体决定他们是否依赖他人的表情来推论态度、目标和意图或决定他们是否应该谨慎做出这些推论。

(3) 评价自己情绪的能力。当个体对事件有情绪反应的时候,有些人更可能意识到自己正在经历情绪并且更可能确认自己的心理感受(Salovey & Mayer, 1990)。

(4) 清晰地向别人表达自己情绪的能力。当观察者能够准确识别传递者想传递的情绪的时候,那么个体就是在清晰地传递情绪(Salovey & Mayer, 1990)。

第二层,使用情绪的能力

该维度主要是个体如何使用情绪对认知活动的综合效应,如创造力和冒险等(Salovey & Mayer, 1990)。主要由两个能力组成:

(1) 情绪对认知过程的综合效应的认识。这种能力主要与个体对情绪如何系统地指导认知活动的知晓有关(Fine et al., 2003; Morgan et al., 2010)。例如,在决策时,感到焦虑和风险规避具有很强的相关,因为焦虑提示当前环境不确定,而人们在不确定环境下更加偏好风险规避(Yip & Côté, 2013)。

(2) 利用情绪指导认知活动和问题解决的能力,即个体如何有效地根据认知活动的需要产生情绪,从而使认知活动适应于当前情景(Mayer & Salovey, 1997)。

第三层,理解情绪的能力

该维度与个体如何准确推理各种情绪有关,如当他们定义情绪、在事件和情绪反应之间建立联系的时候。该维度包括三种能力:

(1) 理解情绪语言的能力。这种能力指个体如何准确识别语言和情绪之间的关系,如何准确用语言描述自己和他人的情绪(Fine et al., 2003; Mayer & Salovey 1997)。

(2) 分析事件和情绪的因果关系的能力。Mayer 和 Salovey(1997)将这种能力描述为"解释情绪传递关于关系的意义的能力,如伤心经常伴随着损失"。例如,这种能力较高的领导能准确预测不公平会引起员工的愤怒,而其他领导可能会忽视不公平程序导致的情绪后果。

(3) 理解简单情绪如何组合成复杂情绪的能力。有了这种能力,当再体验到先前的事件时,个体就能够认识到感到幸福和伤心组合成了一个新的复杂情绪,如乡愁(Sedikides 等,2008),而其他人不太可能从一个较为复杂的情绪经历中理解幸福和伤心。

第四层,调节情绪的能力

该维度与个体能多大程度上增加、保持或降低自己或他人的情绪的强度或持续

时间(Gross, 2013)有关。主要包括三种能力:

(1) 设置情绪调节目标的能力。该能力指个体多大程度上决定他们目前的情绪是否在当前环境中是最佳的,从而视需要设定修改情绪的目标(Mayer 和 Salovey, 1997)。如果不是最佳的情绪,个体设置改变情绪的目标,有的个体设置目标较其他个体更为合适(Côté et al., 2006; Sheppes et al., 2013; Ford 和 Tamir, 2012)。

(2) 选择情绪调节策略的能力。这种能力指个体选择能够激发想要的情绪的策略的程度(Feldman et al., 2001)。例如,选择情绪调节策略能力较高的领导或教练能够确定大量策略(例如,教练热烈的演讲,让队长给整个团队做演讲)将会更能激发团队的活力。

(3) 使用情绪调节策略的能力。这种能力指个体如何使用情绪调节来产生想要的情绪效果(Cote et al., 2010a, Sheppes et al., 2013)。个体可能会选择适合的调节策略,但是他们可能不一定会有效运用这些策略(Cote et al., 2006)。

情绪智力的层级四维模型的四个分支按照从基本心理过程到高级心理过程排列。首先,最低层是(相对)简单的觉察和表达情绪的能力;相反,最高的一层与有意的、反省性的情绪调节有关。每个分支又有四个代表性的能力。在发展中相对较早出现的能力在每个分支的左侧,后来逐渐发展的能力在右侧。由于发展较早的左边的技能相互整合的较少,因此,他们更能清楚地说明各个分支之间的差异;然而,后来发展的右边的能力更为综合,并且彼此融合交叉,因此,也很难区分(Mayer 和 Salovey, 1997)。

许远里的情绪智力能力模型　国内研究者许远理(2004)在其博士论文中,基于情绪智力的能力和混合模型,借鉴 Guilford 的智力理论模型建构思想提出了情绪智力的三维结构模型。在三维结构模型中,情绪智力包括对象、内容和操作三个维度。对象维度是情绪智力研究的目标范围,由指向自己,指向他人、指向生态环境三部分组成;操作维度是情绪智力的心理活动过程和心理活动方式,由感知和体验、表达和评价、调节和控制三种操作方式所组成;内容维度是不同意义的情绪或情绪信息,由积极情绪(信息)和消极情绪(信息)组成。三个维度的所有可能组合构成 18 种情绪能力模式,即情绪智力组合理论的因子结构。

卢家楣的情绪智力能力模型　卢家楣(2005,2008)提出情绪智力应该从操作和对象两个维度进行分析,从情绪智力的操作维度上分析,这里用以操作情感的心理活动主要包括:观察、理解、评价、遇见、体验、表达、调控等。从情绪智力的对象维度上分析,这里可被操作的情感对象包括:个体自己的情感、他人的情感、自己与他人之间的情感、他人与他人之间的情感等。得出观察情感的能力、理解情感的能力、评价情感的能力、预见情感的能力、体验情感的能力、表达情感的能力、调控情感的能力等。

8.2 情绪智力的测量

在心理学领域,产生某种智力概念的逻辑程序包括以下几个步骤:(1)定义;(2)开发评估方法;(3)证明它部分或完全独立于已有的智力;(4)证明它能预测现实生活的某些方面(Mayer & Salovey, 1997)。Mayer 和 Salovey(1997)明确提出情绪智力与性格(traits)、天赋(talents)相区别。性格可以指特点或行为偏好(例如,外向,害羞);而天赋指一些非智能能力(例如,运动技能)。

因此,情绪智力完成概念上的理论建构之后,就需要考虑寻找证据证明他确实存在,表明其可评估性。正如前面提到的情绪概念的建构原理提出的:理解情绪智力包含的形式需要保证情绪智力意义上不同于一般智力而又需要与其足够相关,从而才可以被定义为一种智力。如果想证明情绪智力是一种真实的智力(与一般智力无关的技能),而并不是一般智力中的一部分,这主要取决于它的测量和评估。

基于对情绪智力概念的理论陈述,Mayer 和 Salovey(1997)提出如下假设:情绪智力高的个体可以更快地对情绪信息进行加工,而且个体在对情绪的感受上可能存在一个"一定程度"上的正确答案,后者正体现了智力和情绪整合的一个含义(Mayer & Salovey, 1997)。那么由于存在正确答案,所以就存在个体差异,根据正确答案就能将高低情绪智力的个体区分开(Matthews et al., 2004)。尽管智力测量中文化公平的问题同样存在于情绪智力(不同的文化背景下的正确答案并非完全相同),但是却可以在某个特定的文化背景下确定正确答案(Matthews et al., 2004;Mayer & Salovey, 1997;Morgan et al., 2010)。情绪智力高的个体更可能比情绪智力低的个体做到对情绪信息的正确认识。在传统的认知智力研究中,研究者会强调推理、问题解决等的正确率和反应时间指标来反映认知智力的高低,同样,情绪智力高的更可能快速解决与情绪有关的问题。例如,在商店或饭店,情绪智力高的服务员更可能较快认识到顾客的情绪(Matthews et al., 2004),从而提供更好的服务。

8.2.1 情绪智力和认知智力的关系

谈到情绪智力,人们会自然想到,它作为一种新的智力与传统智力存在怎样的关系。传统智力是强调认知的智力,可以称之为"认知智力"。一般认为认知智力主要包括三个方面的能力:言语推理能力(或言语智力)、数量推理能力(或数学逻辑智力)和空间推理能力(或视觉空间智力),认知智力可以用智商 IQ 来表征(Carroll, 1993 & Gardner, 1995)。因此,情绪智力与其他智力有本质上的相同,都包含觉知、理解和推理等,而与其他智力最为关键的差异来源于输入的信息内容不同,情绪智力输入的是情绪信息(John D Mayer, Salovey, Caruso & Sitarenios, 2001)。

1999年,Mayer等人(1999)在《智力》杂志上发表了基于情绪智力概念的研究报告。该研究能够回答情绪智力领域的重要问题,例如,情绪智力是一个单一能力还是很多能力,它和传统一般智力测验的及其他测验的关系如何?情绪智力作为一种智力必须符合判断真智力的三个标准:概念上的,相关的和发展的标准。首先,概念上的包括智力必须反映心理操作而不仅仅是行为的喜好方式,或个人自尊,或非智力因素;同时,心理操作仅仅是测量与情绪有关的能力。其次,相关标准还需要实证研究标准:智力应该是描述一组近似相关的能力,他们与已有的智力是既有相关又有区别的。最后,这种智力能力能随着年龄和经验而不断提高(至少适用于发展中的儿童)。

情绪智力和认知智力的区别

情绪智力和认知智力的区别首先是关注的对象不同,传统智力关注对数字、词语等的加工和记忆,对空间的知觉以及逻辑推理,并且关注记忆、知觉、推理的速度和准确率以及转换的灵活性。并且传统智力还关注人的思维方法,将思维分为发散思维和复合思维。传统智力测验所用的方法主要是图画填充,数字计算,迷津检验,常识性问答等。而情绪智力所关注的对象是人对情绪的知觉和理解的能力,评估和表达能力,情绪的调节和运用能力,情绪智力的测验方法主要是采用自陈式问卷来测被试的感知、体验、表达、评价、调节自己和他人情绪的能力。其次是加工的对象不同,传统智力测验选择的都是单纯的认知任务的操作,如言语理解、知觉速度、逻辑推理、短时记忆等。这些都是以"中性"材料或信息为研究内容(起码以中性信息为主);而情绪智力是侧重以感知、记忆、体验、评价、调节的操作为研究对象,以"情绪、情感、信息或材料"为研究内容(杨立昊,许远理和罗明英,2011)。

情绪智力与认知智力存在适度相关

情绪智力作为智力家族的重要成员,从理论上讲,它与认知智力一样,同样具有智力的一般特征。Mayer(2001)等人对智力的成分与情绪智力做了总结,见表8.1。

表8.1 智力成分概览

智力的成分	言语智力的例子	情绪智力的例子
元加工(附属成分)	能够用笔记帮助记忆	知道如何让他人快乐
抽象理解和推理(核心成分)	能够辨别故事的主人公与其他的角色比较	能够分析某种情绪并能识别它是由哪些成分组成的
知识背景加工(附属成分)	拥有先于故事的背景知识	用于有关情感的知识
信息输入成分(附属成分)	能够在记忆中保持长句子	能够识别面部表情

来源:Mayer (2001).

根据心理测量学的逻辑,如果某个变量宣称自己是一种智力,那么这个变量的测量分数和传统智力的测量分数应有"适度"的相关,因为这个变量和传统智力共有一个公因子,即智力。这种适度的相关包括两层意思:其一,这个变量和传统智力的相关不能过高,如果相关过高,则说明这个变量与传统智力具有很大的共同性,不能和传统智力区分开来,所以这个变量不能成为一种新的智力。其二,这个变量和传统智力之间不能没有相关,如果这样,则说明这个变量不是一种智力。

Mayer 等(1999)首先对情绪智力与传统智力(即认知智力)的关系进行了研究,研究发现,情绪智力符合传统智力的标准:1. 具有一系列可以操作的能力;2. 与传统智力具有适度的相关,即与智力所包括的能力相关,与先前存在的智力相关,同时表现出一定的独立变异;3. 这种智力能力能随着年龄和经验不断提高(至少适用于发展中儿童)。这三项结果证实了情绪智力符合传统智力的三条标准。

随后,国外的多项研究也证实了情绪智力与认知智力存在适度相关。总的来看,情绪智力与认知智力的相关系数范围从 0.05(Ciarrochi, Chan 和 Caputi, 2000)到 0.45(Schulte, Ree 和 Carretta, 2004)。

近来,部分国内学者的研究也证实了"情绪智力和认知智力存在适度相关"的假设。如国内学者吕秋霞(2009)在情绪智力和认知智力的关系研究中,发现情绪理解与《中小学生团体智力筛选测验》测得的 IQ 相关显著(r = .158**),情绪感知与瑞文标准推理测验测得的 IQ 相关显著(r = .139*)。耿亮(2008)在其研究《大学生情绪智力、认知智力和人格与决策偏差的关系研究》中也发现,在理解情绪和情绪策略领域上,瑞文量表的得分与 Mayer-Salovey-Caruso 情绪智力测量(MSCELT)的得分相关显著(r = 0.23)。

8.2.2 基于能力模型的情绪智力测验

多维情绪智力量表(Multifactor Emotional Intelligence Scale, MEIS)

MEIS 测验与传统自我报告问卷和能力测验不同,在该测验中,被试须完成一系列任务,从而测量其觉察情绪、识别情绪、理解情绪和管理情绪的能力。属于基于作业成绩的情绪智力测验。其理论假设是:如果测验能测出个体认识他人情绪的能力,那就意味着能测出个体认识自己情绪的能力。

多维度情绪智力量表(MEIS)概述　　最初的 MEIS 测验包括 292 个项目,测查 12 种能力,分别测量基于能力模型的情绪知觉、情绪促进思维、情绪理解和情绪管理四个能力维度(见图 8.2)(Mayer, Salovey & Caruso, 1997)。维度 1 包括测查被试在面孔、音乐、设计和故事中的情绪知觉,考察个体知觉和识别各种刺激材料中的情绪能力;维度 2 包括了两个测验,测量联觉的判断(synesthesia judgments)和情绪偏向

(feeling biases),评估将情绪同化到知觉和认知过程中的能力;维度3包含4个任务考察情绪理解;维度4包含两个测验来评估情绪管理能力:关于自己和他人。更多与测验题目有关的信息详见 Mayer,Salovey 和 Caruso(2002)所制测验。

MEIS 的计分　在多维情绪智力量表 MEIS 中包含三种计分方式来产生计分键,以确定正确答案(范会勇,2010),分别是:同感评估计分法(consensus scoring)、专家评分法(experts scoring)和目标计分法(target scoring)。前两种都是基于主观评价。其中同感评估技术(consensual assessment technique,CAT)又称主观评价法(宋晓辉,施建农,2005),其具体操作即由几位熟悉某一领域的评价者根据自己的主观想法对被试的作品或反应独立地作出评价。

在该测验中,同感评估计分法是按照样本选择各个选项的比例赋分,假定 ABCD 四个选项的所占比例分别为 0.5、0.1、0.15、0.25,那么选择 A 的被试得 0.5 分,选择 B 的被试得 0.1 分,以此类推(范会勇,2010)。在面孔任务中,假定被试组里有 51% 对某张面孔图片报告的是有点儿生气(量表上是"4"),那么,选择"4"的被试在该题中就会得 0.51 分;如果被试选择绝对没有生气(量表上是"1"),由于整个样本中,只有 0.06 的人同意,因此,该被试在该题上的得分为 0.06。

专家评分法与同感评估法相似,都是主观评价法。在该量表中,Mayer 和 Caruso 作为专家,根据他们所阅读的关于情绪的西方哲学以及情绪的当代心理学模型来确定最佳选项(从 1 到 5),被试同意最佳答案就得 1 分,否则得 0 分。

目标计分法则是以目标的真实状态为正确答案。目标就是事先为了获得测验材料,邀请被试测验形成之前撰写材料,比如某段材料中描述了一段高兴的事,那么被试的情绪就是高兴的,高兴就是正确答案。Mayer,Salovey 和 Caruso(2002)指出这三种方法之间具有较高的一致性,同感评估技术法由于其方便性成为为使用最为广泛的计分方法。

MEIS 的标准化:测量学指标　MEIS 既可以进行团体施测又可以个别施测。503 名成人完成了 MEIS 的所有任务,同时完成了几个其他标准测验(效度检验)。503 名被试是 17—70 岁的成人(平均年龄为 23 岁),其中 47% 为全日制大学生,53% 为非全日制的大学生、公司员工、职业研讨会的参与者等等。整个样本大致与美国的种族组成成分一致。

通过对 500 余名成人被试进行量表的标准化,获得了较好的信效度。四个分量表的内部一致性 α 系数为 0.81—0.96,全量表内部一致性信度系数为 0.96。为了考察同感评估法和专家评价法之间的相关,研究者随机从 4 个维度中选取了 4 个代表任务,将同感评估结果和专家评分结果配对,结果发现,所有任务中两者都具有高度的相关:维度 1 中的故事 $r=0.70$;维度 2 中情绪偏向 $r=0.64$;维度 3 中相对性 $r=$

0.61;维度 4 中的管理他人的情绪 r=0.80,所有的 r 都达到了 0.001 水平的显著性。

三个评分系统的一致性都符合测量学指标。由于前面假定如果是一种智力,那么它应该定义一组相互关联的能力。因此,作者在相关矩阵表中检验了 12 种任务中的正相关程度。通过多种特质-多种方法矩阵法(Multitrait-Multimethod Approach)分析 4 个维度后发现,同一维度的不同方法呈中等程度相关,而不同维度则低相关,比较符合测量学指标。

采用相容效度、区分效度、实证效度和结构效度来多方面考察量表的效度:(1)相容效度,与言语智力既相关又独立,与人格特质低相关;(2)因素分析表明,MEIS 包含两个水平的层级,顶层代表综合情绪智力的因素水平,它们是完全紧密结合的能力群;(3)实证效度:MEIS 成人的实际得分高于儿童实际得分,这表明随年龄发展的理论构想;(4)区分效度:MEIS 与众多的社会技能中的相关大多数未达到统计学的显著性水平。

尽管以上的测量学指标都很理想,但是通过结构方程模型发现,该测验包含三个维度:知觉、理解和管理。这三个维度彼此相关,知觉维度和理解维度相关达 0.39;知觉和管理维度相关为 0.49;理解和管理相关为 0.33。测验的实证结果并不支持研究者提出的四维模型。因此,研究者随后采用协方差结构模型处理,发现管理维度和理解维度相关高达 0.87,而在现实生活中要将这两个维度区分开也非常困难。

Mayer-Salovey-Caruso 情绪智力测验(Mayer-Salovey-Caruso Emotional Intelligence Test, MSCEIT)

目前,使用最为广泛的当数 Mayer-Salovey-Caruso 情绪智力测验(Mayer-Salovey-Caruso Emotional Intelligence Test, MSCEIT)(Mayer et al.,2002)。MSCEIT 测量情绪智力的四个方面,并提供总的情绪智力分数。该测验具有两个评分系统,一个是基于情绪研究专家,另一个是对从一般人群中抽取的大样本的总反应(Mayer et al.,2001)。

MSCEIT 前身是 MEIS,MSCEIT 共有 141 个项目,用 8 项任务测量其理论基础所对应的四项能力,是目前最具有影响力的情绪智力量表(Mayer, Salovey & Caruso, 2012)。MSCEIT 是一个 40 分钟的测验包,有计算机和纸笔测验两个版本。主要用来测查个体在情绪智力四个维度上的能力(知觉、使用、理解和管理情绪能力,样题见表 8.2),既有维度分,又有总分。考虑到情绪智力的能力模型和社会标准相匹配,因此 MSCEIT 采用同感评估技术,高分表明个体与社会上更多的人的回答一致;同时采用了 21 位情绪领域的研究者作为专家(Mayer 等人邀请了参加国际心理学大会的 21 位情绪心理学专家),根据专家标准评分。正如上文中提到的:同感评估技术和专家评价法两种方法都是可靠的,而且获得了相似的分数,这表明外行和专家拥有共同的关于情绪的社会知识(Mayer, Salovey, Caruso & Sitarenios, 2003)。以专家选择的百分比作为每个题目的项目得分。Mayer 等人报告了对专家评分的验证性因素分析的结果 GFI = 0.97，AGFI = 0.97，NFI = 0.93，NNFI = 0.94，一致性评分是指题目选项被被试选择最多的即为正确答案。RMSEA = 0.03。

表8.2　MSCEIT 各维度及例题

Mayer-Salovey-Caruso 情绪智力测验维度	例　题
情绪知觉	 这张脸在多大程度上表达了下面的情绪？ 1. 没有一点儿高兴　　1　2　3　4　5　　非常高兴 2. 有一点儿害怕　　　1　2　3　4　5　　非常害怕 4. 没有一点儿惊讶　　1　2　3　4　5　　非常惊讶 4. 没有一点儿厌恶　　1　2　3　4　5　　非常厌恶 5. 没有一点儿激动　　1　2　3　4　5　　非常激动
情绪使用	第一次见公公婆婆(岳父岳母)什么样的心情对您有帮助 a) 紧张　　　没有用　1　2　3　4　5 有用 b) 惊讶　　　没有用　1　2　3　4　5 有用
情绪理解	当汤姆想起他所要完成的所有工作的时候，他有点着急，并且变得比较焦虑。当他老板给他分配了一个额外的任务的时候，他感觉： a) 受打击;b) 沮丧;c) 害羞;d) 自省;e) 紧张不安
情绪管理	黛比刚刚度假回来。她感觉平静和满意。下面的活动能够多大程度上让她保持这种心情？ 活动1:她开始列举家里需要做的事情清单。 非常无效 1　2　3　4　5　非常有效 活动2:她开始考虑下一个假期去的时间和地点。 非常无效 1　2　3　4　5　非常有效 活动3:她决定最好忽略这种感受，因为它不会持续很久。 非常无效 1　2　3　4　5　非常有效

MSCEIT 的四个维度分(知觉、使用、理解和管理)互为中等程度相关，维度分和总分都非常可靠，而 Lopes, Salovey 和 Straus(2003)研究发现 MSCEIT 与大五人格中的宜人性(agreeableness)和尽责性(conscientiousness)具有正的低相关。

另外,MSCEIT 具有青少年版,MSCEIT-Y 是 MSCEIT 的少年版本,是为儿童和青少年设计的情绪智力量表。此量表有 101 个条目(其中 97 个题目的得分)来测量儿童是怎样执行任务并解决情绪性问题的,测量情绪智力的四个分支:感知情绪,利用情绪促进思维,理解情绪和管理情绪。四个分支的每一个用两种任务测量。感知情绪用面孔任务和照片任务测量,让儿童定义一系列情绪图片;利用情绪促进思维用感情任务和促进任务测量,包括一组情景和任务,来评定儿童是否理解不同情绪对行为和决策的影响;理解情绪用混合和变化任务测量,在一些情景中儿童需要选择出主角是什么感受;管理情绪用情绪管理任务和情绪的关系任务测量,在特定的情绪中选择出最合适的策略来解决问题。

基于自我报告的情绪智力测验 EIS

自 Mayer 等人提出情绪智力能力模型之后,研究者开始基于该理论编制了相应的情绪智力测验。Schutte 等(1998)基于最早的情绪智力三维模型构建了"自我报告法"的情绪智力量表 EIS(Emotional Intelligence Scale,EIS)。这是一个自我评定量表。在该测验中,被试在关于情绪能力自我描述方面的句子上选取合适的等级,比如,我能很好地控制自己的情绪。我国学者王才康把 EIS 修订成了 EIS 中文版。其 α 系数为 0.83。包括 33 个项目,采用 5 点计分,其包括四个因素:情绪感知、自我情绪调控、调控他人情绪、运用情绪。该量表具有较好的信效度,而且既适用于成人,又适用于青少年(Ciarrochi et al.,2000;Schutte et al.,1998)。除了比较好的测量学指标,又由于其题目少(33 道题目)和操作的方便性,EIS 在国内外的情绪智力研究领域都是使用较为广泛的量表。

自我报告法基于如下假设:人们能准确描述关于自己情绪问题的最高表现,并且他们愿意在问卷上报告。但是这里必然存在社会赞许性的偏差。

8.2.3 其他情绪智力测验

除了上述基于能力模型的情绪智力测验,还有大量的基于混合模型和基于能力与混合模型为基础的情绪智力测验,在此向读者做简要介绍。

情商问卷(简称 EQi)。由 Bar-On 开发的,EQi 共有 133 个项目,包括 5 个分量表和 15 个子量表,分别对应于其理论基础中 5 个方面的内容和 15 个成分(Wood,Parker & Keefer,2009)。

情绪胜任力问卷(简称 ECI 2.0,其前期版本为 ECI 1.0)。由 Goleman 等开发。其中 ECI 2.0 共有 72 个项目,包括 18 个分量表,分别对应于其理论基础的 18 项胜任力(Boyatzis,Goleman & Rhee,2000)。

特质情绪智力问卷(简称 TEIQ)。由 Petrides 和 Furnham 开发,此问卷共有 153

个项目,包括四个维度和 15 个因素,分别为情绪性(移情特质、情绪感知、情绪表达、个人关系)、社会性(社会意识、情绪管理、坚持性、自尊)、自控(冲动控制、压力管理、自我激励、情绪调控、适应能力)和幸福感(乐观、快乐)(Petrides,2009)。与之相似的有由 Dulewicz 和 Higgs(1999)开发的情绪智力问卷(简称 EIQ),此问卷共有 69 个条目,包括 7 个因素,分别为自我意识、情绪弹性、人际敏感、自我激励、影响、果断和责任心。

另外,近年来国内研究者针对不同人群编制了很多情绪智力测验,例如管理者情绪智力行为问卷(简称 MEIB),是由张辉华和凌文辁(2008)开发的,此问卷共有 16 个条目,包括 4 个维度,分别为关系处理、工作情智、人际敏感和情绪调控。还有大学生情绪智力问卷,由徐小燕编制,包括情绪觉知力、情绪评价力、情绪适应性、情绪调控力和情绪表现等 5 个维度,18 个子维度,共有 76 个项目(徐小燕,2003)。

小结
元分析发现基于自我报告的情绪智力和人格特质的测量相关非常高(Joseph & Newman,2010),这也证实了基于自我报告的情绪智力测量的方法学偏差。因此,Mayer 等(2008)提出,如果想要对情绪智力进行很好地测量需要避免采用自我报告测量法。

8.3 情绪智力与生活

情绪智力的确可以对个体的生活和工作绩效做出有意义的预测,在 20 世纪 90 年代末大众的认识是"情绪智力是成功生活的最好预测"。这主要起源于情绪智力研究的代表人物 Goleman 在其畅销书《情绪智力——为什么情绪智力比 IQ 更重要》提出,"情绪智力比认知智力更重要"(杨春晓译,2010)。即情绪智力对生活成功的解释力可以和 IQ 相当,并且有时还要比 IQ 的解释力大。这是基于 Goleman(1999)曾调查了 121 个公司和 180 种工作,得出的结论"情绪智力对成功的贡献是 IQ 的 2 倍,而且情绪智力对于公司高层管理者的工作成就起决定性的作用"。国内不少有关 EQ 的出版物和文章都宣扬"二八原则"——"成功 = 20% IQ + 80% EQ"的成功公式,但这一宣扬有失偏颇,Goleman(1995)在原文中是这样阐述:"IQ 至多只能解释 20% 的生活成功变异,还有 80% 需要其他因素来解释",但国内的出版物把其他因素完全理解为情绪智力这一个因素是不妥的,这过分夸大了情绪智力的作用(王晓钧,2002)。

近年来,有大量实证研究来考察情绪智力与个体发展的关系,结果发现,情绪智力体现在生活中的方方面面,它也与工作绩效、学业成绩、心理健康、幸福感等密切相关。

8.3.1 情绪智力与工作绩效

在公司里,情绪智力高的人可以很好地评价自己情绪的能力,并能清晰向别人表达自己情绪的能力。如在公司里,当员工对老板做的某个决策很生气的时候,有的员工可能认识到;而有的员工可能意识不到,尽管他们也有这样的反应。这种能力的一个方面就是内省觉知(introspective awareness),一种觉察与情绪有关的心理变化的能力(Feldman et al.,2004)。另外又如,如果当领导对工作满意并想把这种积极情绪传递给下属,那么情绪智力高的领导者可以清晰展现;而情绪智力低的领导可能没那么清晰地展现,那么下属可能觉察到的其他情绪。

21世纪以来,国内研究者开展了大量关于情绪智力与工作绩效的实证研究。高寒阳(2006)考察了我国中小企业家的情绪智力、领导风格与绩效的关系,结果发现通过变革型领导风格中介变量,企业家的情绪智力对员工的组织承诺和工作满意度均有正向预测作用(高寒阳,2006)。同年,吴筱玫(2006)考察了企业领导的情绪智力与领导效能之间的关系,结果发现,情绪智力对领导效能具有显著的预测作用。其主要体现在觉察和认识他人的情绪和情绪管理能力对领导的凝聚力起到21.5%的预测。利用情绪智力的能力对领导效能的团体目标完成的预测力为13.5%,对工作满意度的预测力达到15.5%。张辉华(2006)通过因素分析提出中国管理者情绪智力包括:关系处理、工作情智、人际敏感和情绪调控,随后考察了管理者情绪智力与工作绩效的关系,结果发现,情绪智力与工作绩效和领导力具有明显的正相关,但是情绪智力对工作绩效的作用主要是通过领导力和自我效能感的中介作用产生的。又有研究考察了情绪智力的各维度对工作绩效的预测,如李晶(2008)发现,情绪智力能有效促进个体的工作绩效,具体表现在情绪智力较高的员工可以有效地利用一些情绪调节策略,从而使自己与他人的人际交互更加有效。同样,团队成员的情绪智力会影响到团队绩效,当上下级的情绪智力同时较高时,在上下级交互过程中,他们便可以同时应用有效的情绪调节策略,随着对方的情绪变化来合理控制和表达自己的情绪,从而使交互过程更加愉快顺畅,就更容易取得和谐的人际关系,从而促进团队绩效(李晶,2008)。王润甜(2010)考察了企业中员工情绪智力对工作绩效的影响,结果表明情绪智力对员工绩效有显著的预测作用。

与成人的工作绩效类似,也有人考察了中学生的情绪智力与学业成绩的关系。例如,国内研究者荣巨兵(2006)考察了中学生学习动机、情绪智力与学业成绩关系研究。通过回归分析发现,情绪感觉、情绪表达和对他人情绪的理解也通过自身的情绪的理解和推理间接地影响学业成绩的关系。如果情绪感觉能力良好,情绪表达能力清晰,同时能够很好地理解他人的情绪,那么就有利于提高对自身情绪的理解和推理、预测能力,从而有利于提高学业成绩。叶国萍(2005)考察了中学生情绪智力与自我调节学习关系的研究。结果发现,中学生的情绪智力能很好地预测其自我调节学习能力,尤其是其中的情绪决策和促进能力能很好地预测其自我调节学习。

从以上几项研究可以看出,国内的研究越来越细化,也更能从综合的视角去看待问题。然而,从较为单一的预测来看,情绪智力能很好地预测工作绩效;但是当考虑其他变量之后,情绪智力不一定是直接对工作绩效产生作用,可能通过其他变量作为中介来调节其对工作绩效的影响。根据效度泛化模型(validity generalization model)(Schmidt & Hunter, 1977),在工作和组织环境中当预测变量(predictor)和效标(validity)的关系比较稳定的时候,就出现了效度泛化。因此,根据该模型,情绪智力使得组织成员得到很多好处,进而转化成了更多的受欢迎的情境,从而促进了工作业绩的增长。

同时,上述研究中并没有考察传统的认知智力,所以并不能说明到底谁对工作绩效的作用更大。Cote 和 Miners(2006)考察了情绪智力和认知智力和工作绩效的关系,发现认知智力会调节情绪智力和工作绩效的关系,当认知智力比较低的时候,情绪智力越高工作绩效越好。情绪智力和认知智力不管是工作绩效还是组织关系行为方面都是互相补偿的关系。当个体的认知智力低于总体的一个标准差时,情绪智力就成为了工作绩效和组织关系的一个非常好的预测变量,能够更好地预测工作绩效和组织关系(Cote & Miners, 2006)。

尽管很多研究都表明情绪智力和工作绩效存在很明显的关系,但有研究者指出需特别注意特定的情境模型和调节模型,即全面考虑特定情境和个体个性特质等变量。如果只考虑情绪智力与工作绩效两个变量的关系,而不同时考虑组织环境和员工特点,那么结果可能没有意义,甚至是可能会误导(Lievens & Chan, 2010)。例如,Farh 等人(2012)的研究表明情绪智力和工作表现之间没有关系,但当考虑领导工作要求很高的时候,情绪智力和工作表现之间的相关却是显著的。

综上,提高员工和领导的情绪智力是企业需要努力的目标。同时,情绪智力作为一种能力,相对其他较稳定的人格特质(人格、自我概念等),较容易通过培训来得到提高。已经有相关研究指出,后天的培养因素对情绪智力的提高有很大的作用(Law et al., 2004),所以,组织可以通过对现有员工及其上级进行适当的情绪智力方面的培训,来提高整体的效率(李晶,2008)。

8.3.2 情绪智力与心理健康

自情绪智力概念提出并能被测量之后,就有大量研究者关注其与个体其他心理特质的关系,除了对工作绩效的预测之外,另一个非常重要的方面就是心理健康。Brackett 等(2004)发现在青春期男孩中,情绪智力和怪异、偏差行为呈现负相关;在大学生中,情绪智力分数低的男生报告"为了寻求快感会有更多的药物滥用和饮酒",同时,这些被试和朋友的关系更不尽如人意。Lopes 等(2003)采用 MSCEIT 情绪智力测验和社会关系满意度的自我报告问卷考察大学生的情绪智力和社会满意度的关系。结果发现,情绪智力高的大学生更可能和别人具有积极的关系(如认识到可以从父母处获得支持)而和较少地与朋友的消极互动。Lopes 等(2004)考察了大学生中情绪智力和他人对自己评价的关系。结果发现情绪智力得分高的大学生从朋友那里获得更多的积极评价,在朋友需要的时候更可能为朋友提供情感支持。在一项日记法研究(diary method research)中,MSCEIT 得分越高的学生与异性的社会交往也更成功。

在以青少年为对象的研究中,国内研究者张惠敏(2005)考察了初中生和高中生的情绪智力与社会支持、心理健康的关系。发现了与国外研究有着相似的结果,1. 情绪智力与社会支持之间有极其显著的相关,其中情绪调节能力(包括自我调节和调节他人)与社会支持的相关较其他因素更加突出一些。2. 情绪智力与领悟社会支持有着非常显著的相关,同样是情绪调节能力与社会支持领悟力的相关较其他因素更加突出一些。3. 情绪智力与心理健康关系也非常显著。

同样,在成人的研究中获得相似结果。Rivers 等(2013)提出情绪智力可能是成人风险行为的一个预测因子,他们以 243 名大学生为被试,对比了情绪智力和自尊在风险行为中的作用。风险行为包括物质滥用(吸毒、吸烟、酗酒),适应问题(不健康的生活方式、混乱、过失行为)和攻击行为(与父母和朋友冲突、偷窃、言语攻击、行为攻击)。采用结构方程模型分析数据,结果发现是情绪智力而非自尊与风险行为呈显著的负相关(路径系数分别为,-.21,-.25,-.33)。Lavalekar, Kulkarni 和 Jagtap(2010)考察了 25—65 岁夫妇情绪智力和婚姻满意度的关系,结果发现,在情绪智力和婚姻满意度之间有显著的正相关($r=.2$)。

Landa 和 López-Zafra, E. (2010)通过提升情绪智力来促进学生、专业人员的心理健康。就学生的情绪智力培养来看,情绪智力的情绪修复成分以及自我概念的所有量表得分均存在正相关。而对专业人员的情绪培养来看,在情绪诱发的情境中,拥有良好的处理情绪信息能力的人,具有更低的工作压力。如果个体具有可以缩短消极情绪状态,延长积极情绪状态的能力,那么,他们比那些不善于调节情绪的人更健康(Landa & López-Zafra, E. ,2010)。

8.3.3 情绪智力的促进

Brown(1997)和Fancher(1985)曾提出智力的标准应包括"这种能力应随着年龄和经验的增长不断提高"。那么情绪智力作为智力的一种,也应当满足这一标准。Mayer等(1999)率先对"情绪智力是否符合这一标准"进行了实验验证。这是对于情绪智力发展的早期研究。Mayer等(1999)在研究中选取了两个样本群体,一个是青少年(12—16岁)样本,一个是成年人样本。数据结果显示年龄较大的个体在情绪智力测验中的得分显著高于年龄较小的个体,可见年龄是影响情绪智力发展的因素,但Mayer等的研究并未指出情绪智力的具体发展模式。国内研究者李冉冉(2012)对3—7岁儿童的情绪智力进行研究发现,年龄是影响儿童情绪智力发展的最大因素,随着年龄的增长儿童的情绪智力不断增加;与智力研究结果类似,父母学历较高的儿童的情绪智力比父母学历较低的儿童的情绪智力要高;隔代老人参与照顾儿童的家庭,儿童的情绪智力发展可能受到影响;家庭氛围会影响孩子情绪智力的发展,其中营造出安全、接纳、尊重并引导孩子进行合理情绪表达和评价的家庭氛围有利于儿童情绪智力的发展。

儿童是国家的未来,早期教育问题受到了社会各界的重视,对于儿童情商培养的书籍和课程铺天盖地的出现,质量也是良莠不齐。现有的关于情绪智力培养及促进的书籍和课程主要存在两方面的问题:一是对情绪智力的概念不明确,有些学者认为儿童情绪教育在于情绪智力的培养,把情绪智力的培养和情绪教育混为一谈;二是还有些学者把培养健全的人格内容加入到情绪智力的培养中,造成情绪智力概念的外延过大。

自Bar-on(1997)提出"情商"一词以来,国外学者便不断提出了情商培养的方法并出版了情商培养的多本畅销书。如美国著名儿童心理咨询师康娜莉娅·史贝蔓所创作的情绪主题绘本《我的感觉》系列丛书,所谓情绪智力教育活动开展的主要媒介。《我的感觉》系列丛书是一套集系统性与专业性为一体的情绪智力教育图书,它包括儿童常见七大情绪主题:难过、生气、害怕、思念、嫉妒、自信和同理心。书中借助小动物的故事,向儿童描述了每种情绪的由来、感觉、如何表达自己的感觉,如何处理自己的情绪,并帮助儿童了解与学习如何管理自己的情绪,这些内容符合情绪智力的促进范畴。

Mayer和Salovey(1997)指出加工情绪信息的能力能促进认知活动(如思维、决策、记忆等等),提高幸福感,促进社会功能(Mayer & Salovey, 1997)。因此,情绪智力能力模型提出来之后,继测量研制之后,就有人开始对其可提高性实施了干预实验。研究者Brackett, Rivers, Reyes和Salovey(2012)根据情绪智力理论(Mayer等,

1997)、情绪发展和情绪能力的研究(Danham,1998;Saarni,1999),设计了 RULER 课程。该课程主要是采用基于能力的方法培育社会、情绪和学业能力(Brackett 等人,2004)。在课程中,教会孩子认识自己和他人的情绪,理解很多情绪的因果,使用复杂的词汇给情绪标签并用社会适合的方式表达和有效调节情绪(RULER 技能)。结果发现,与对照班比较,RULER 课程提高了学生的学业(词汇、阅读理解、写作和创造力)和社会、情绪能力(如健康关系,更好地决策和亲社会行为(Brackett, Rivers, Reyes, Salovey, 2012)。

2013 年,Rivers, Brackett 等人(2013)通过改进研究设计,采用随机对照试验(clustered randomized controlled trial testing),继续考察了 RULER 课程对情绪智力的促进作用。一共有 62 个学校的 5、6 年级学生参加,一半学校上传统的英语语言艺术课,一半学校上整合了 RULER 的英语语言艺术课,然后采用多层线性模型分析发现:与传统班级比较,有 RULER 内容的学校的学生具有更高水平的热情和师生关系,学生更加自主并且领导力更高,而老师则更愿意考虑学生的兴趣和动机。

同年,该团队又考察了对 RULER 课程对课堂质量的促进作用。该研究室先前的一项历时 2 年的追踪研究发现,RULER 课程会表现出更大的情绪支持,更好的班级组织和更多的教学支持。这几项研究都表明对情绪知识的学习情绪、智力的训练和发展,对创造投入、授权和多产的学习环境的重要作用。(creating engaging, empowering and productive learning environments)。

小结

情绪智力和认知智力一样,它可能影响着我们生活的方方面面,因此在寻求情绪智力与其他心理与行为的关系时,我们发现:(1)基于能力的情绪智力和人格与智力的关系:情绪智力与其他类型的智力测验具有很低的相关($r = 0.00—0.35$);情绪智力和社会、情绪特质量表的相关系数非常低($r = 0.00—0.35$)。(2)高情绪智力的个体的心理健康水平更好,对其社会网络更加满意,更可能获得较好的社会支持,更少地使用毒品和饮酒,并且更少出现人际交往问题。(3)情绪智力从婴幼儿期开始发展,结合培训效果评估的研究可以发现,情绪智力具有与认知智力相似的发展性和可提高性。

8.4 情绪智力研究展望:趋势和前沿

从 20 世纪 90 年代至今国内情绪智力方面展开了系列的基础和应用研究,打着"情商"的旗帜的培训机构占有了早教市场很大的比重;21 世纪开始国内的高校研究所出现了很多硕士博士论文,目前已有近200余篇硕士博士论文(王晓钧等,2013)。过去20余年,从情绪智力概念的发展、理论的提出、测验的编制和验证、模型的实证研究以及基于该概念的应用研究等方面,已取得了非常多有价值的成果。这也足以说明情绪智力是一个非常有前景的研究领域。因此,在今后的基础和应用研究中,可能需要从以下几个方面着手:

首先是理论建构问题。20余年来,围绕情绪智力理论内涵展开的能力论、混合论和特质论的争论从未间断,争论的焦点始终离不开其理论应包含的因素。情绪智力的基本理论内涵究竟以情绪认知能力和情绪行为能力为主,还是应包含情绪、人格和社会技能诸因素?能力论主张前者,混合论和特质论主张后者,由此而引发了一系列的理论争议问题。如果在此问题上无法形成主流观点,那么情绪智力理论将继续维持"不成熟,待深化"的局面,并成为严重影响实证研究和应用研究的瓶颈(王晓钧等,2013)。基于情绪智力的能力模型,情绪智力是否适合于心理学中的心理能力类别也是需要继续努力的,只有这样,才能更好地理解心理能力并且重视其之间的相互关系,在评估的时候也才能考虑最重要的因素(Mayer et al.,2008)。

其次是实证研究方面。从本章的第二节可以看出,情绪智力对生活中的工作绩效、学业成绩或心理健康都有预测作用,然而需要在纳入认知智力等其他因素的情况下,进一步考察其预测作用。那么,情绪智力是否在精神病学、心理治疗等方面也有预测作用?这是需要继续进行实证研究的。同时,情绪智力实证研究在测量工具开发领域存在着"开发多,争议多"的现象,无一不打上理论研究"不成熟"的深深烙印(王晓钧等,2013)。这种争议很难靠测量工具的开发解决,今后情绪智力实证研究将向何处发展,就成为摆在研究者面前必须深思的问题。今后还需要加大实验研究的力度,尤其是加大神经科学和脑认知科学的研究力度。

最后是应用研究趋势。情绪智力一经问世就受到学者、大众的关注,应用前景广阔。事实证明,在诸多人文社会科学领域,情绪智力已经成为热门课题。随着理论研究和实证研究的逐步深入,情绪智力理论将会向更广泛的应用领域辐射。在本章的第三节的"情绪智力的发展与促进"也可以看出,已经开发出情绪智力的培训课程,也发现培训课程的有效性,那么这种有效性是如何产生作用的。将实验室的类比研究和应用领域的研究结合可能能更好地帮助研究者去理解情绪智力教学的作用。而实验室和应用领域的研究结果又能促进人们对理论的思考(Mayer et al.,2008)。

参考文献

丹尼尔,戈尔曼.(2012).杨春晓译.情商:为什么情商比智商更重要.中信出版社,201,0—11.
范会勇.(2010).大学生情绪智力的测量学研究.博士学位论文:西南大学.
高寒阳.(2006).中小企业家情绪智力、领导风格与绩效之间的关系研究.硕士学位论文:浙江大学.

耿亮.(2008).大学生情绪智力,认知智力和人格与决策偏差的关系研究.硕士学位论文:上海师范大学.
李晶.(2008).上下级情绪智力对 LMX 和员工工作结果变量作用的研究,硕士学位论文:浙江大学.
李冉冉.(2012).3—7岁儿童情绪智力的探索.硕士学位论文:信阳师范学院.
林崇德,白学军,李庆安.(2004).关于智力研究的新进展.北京师范大学学报(社会科学版),1,25—32.
卢家楣.(2005).对情绪智力概念的探讨.心理科学,28(5),1246—1249.
吕秋霞.(2009).高中生主观幸福感与人格特质,情绪智力,认知智力的关系研究.硕士学位论文:上海师范大学.
孟昭兰,Campos J.(1984).幼儿不同情绪状态对其智力操作的影响.心理学报,3,231—239.
孟昭兰.(1985).当代情绪理论的发展.心理学报,17(2),209—215.
孟昭兰.(1987).不同情绪状态对智力操作的影响——三个实验研究的总报告.心理科学.4,1—6
彭正敏,林绚晖,张继明,车宏生.(2004).情绪智力的能力模型.心理科学进展,12(6),817—823.
乔建中.(2003).情绪研究:理论与方法.南京:南京师范大学出版社
荣巨兵.(2006).中学生学习动机,情绪智力与学业成绩关系研究.硕士学位论文:上海师范大学.
宋晓辉,施建农.(2005).创造力测量手段——同感评估技术(CAT)简介.心理科学进展:13(6),739—744.
王润甜.(2010).企业员工情绪智力对其工作绩效的影响研究.硕士学位论文:湖南大学.
王晓钧,廖国彬,张玮.(2013).22年情绪智力研究的现状,特点及趋势.心理科学,3;042.
王晓钧.(2002).情绪智力:理论及问题.华东师范大学学报(教育科学版),2;009.
吴筱玫.(2006).企业领导者情绪智力与领导效能关系研究.硕士学位论文:河南大学.
徐小燕.(2003).大学生情绪智力量表的编制与实测.硕士学位论文:西南师范大学.
许远丽.(2004).情绪智力组合理论的建构与实证研究:博士学位论文:首都师范大学.
杨立昊,许远程,罗明英.(2011).传统智力与情绪智力的区别与联系.怀化学院学报,30(10),40—42.
叶国萍.(2005).中学生情绪智力与自我调节学习关系的研究.硕士学位论文:首都师范大学.
张辉华,凌文辁.(2008).管理者情绪智力行为模型及其有效性的实证研究.南开管理评论,(2),50—60.
张辉华.(2006).管理者的情绪智力及其工作绩效的关系研究.博士学位论文:暨南大学.
张惠敏.(2005).中学生情绪智力与社会支持及心理健康的关系.硕士学位论文:上海师范大学.
张俊,卢家楣.(2008).情绪智力结构的实证研究.心理科学,31(5),1063—1068.
Bar-On, R. (1997). The emotional quotient inventory (EQ-i). *Technical manual*. Toronto, Canada: Multi-Health Systems.
Bar-On, R. (2000). Emotional and social Intelligence: Insights from the emotional quotient inventory. In R. Bar-On & J.
Boyatzis, R. E., Goleman, D. & Rhee, K. (2000). Clustering competence in emotional intelligence: Insights from the Emotional Competence Inventory (ECI). *Handbook of emotional intelligence*, 343-362.
Brackett, M. A., Mayer, J. D. & Warner, R. M. (2004). Emotional intelligence and its relation to everyday behaviour. *Personality and Individual differences*, 36(6), 1387-1402.
Brackett, M. A., Rivers, S. E., Reyes, M. R. & Salovey, P. (2012). Enhancing academic performance and social and emotional competence with the RULER feeling words curriculum. *Learning and individual differences*, 22(2), 218-224.
Brown, B. (1997). Raw scores of cognitive ability are real psychological variables: IQ is a hyperspace variable. In V. C. Shipman (Chair). IQ or cognitive ability? Symposium presented to the 9th Annual Convention of the American Psychological Society, Washington, DC.
Buck, R., Baron, R. M., Goodman, N. & Shapiro, B. (1980). Unitization of spontaneous nonverbal behavior in the study of emotion communication. *Journal of personality and social psychology*, 39(3), 522.
Carroll, J. B. (1993). *Human cognitive abilities: A survey of factor-analytic studies*. New York: Cambridge University Press.
Ciarrochi, J. V., Chan, A. Y. & Caputi, P. (2000). A critical evaluation of the emotional intelligence construct. *Personality and individual differences*, 28(3), 539-561.
CôtéS, Gyurak A, Levenson RW. (2010a). The ability to regulate emotion is associated with greater well-being, income, and socioeconomic status. *Emotion*, 10, 923-33
CôtéS, Kraus MW, Cheng BH, Oveis C, Van der Löwe I, et al. (2011b). Social power facilitates the effect of prosocial orientation on empathic accuracy. *J. Personal. Soc. psychol.* 101, 217-32
Côté, S. (2014). Emotional intelligence in organizations. *Annu. Rev. Organ. Psychol. Organ. Behav.*, 1(1), 459-488.
Cote, S. & Miners, C. T. (2006). Emotional intelligence, cognitive intelligence, and job performance. *Administrative science quarterly*, 51(1), 1-28.
Côté, S., Miners, C. T. & Moon, S. (2006). Emotional intelligence and wise emotion regulation in the workplace. *Research on emotion in organizations*, 2, 1-24.
Denham, S. A. (1998). *Emotional development in young children*. Guilford Press.
Dulewicz, V. & Higgs, M. (1999). Can emotional intelligence be measured and developed?. *Leadership & organization development journal*, 20(5), 242-253.
Elfenbein, H. A. & Eisenkraft, N. (2010). The relationship between displaying and perceiving nonverbal cues of affect: A meta-analysis to solve an old mystery. *Journal of personality and social psychology*, 98(2), 301.
Fancher, R. E. (1985). *The intelligence men: Makers of the IQ controversy*. New York: W. W. Norton.

Farh, C. I. , Seo, M. G. & Tesluk, P. E. (2012). Emotional Intelligence, Teamwork Effectiveness, and Job Performance. *Journal of applied psychology*, 97(4),890–900.

Feldman Barrett L, Gross JJ. (2001). Emotional intelligence: a process model of emotion representation and regulation. In *Emotions: Current issues and future directions*, ed. TJ Mayne, GA Bonanno, 286–310. New York: Guilford

Feldman Barrett L, Quigley KS, Bliss-Moreau E, Aronson KR. (2004). Introceptive sensitivity and self-reports of emotional experience. *J. Personal. Soc. Psychol*. 87,684–97

Fine, S. E. , Izard, C. E. , Mostow, A. J. , Trentacosta, C. J. & Ackerman, B. P. (2003). First grade emotion knowledge as a predictor of fifth grade self-reported internalizing behaviors in children from economically disadvantaged families. *Development and psychopathology*, 15(02),331–342.

Ford, B. Q. & Tamir, M. (2012). When getting angry is smart: Emotional preferences and emotional intelligence. *Emotion*, 12(4),685.

Gardner, H. (1985). *Frames of mind: The theory of multiple intelligences*. Basic books.

Gardner, H. (1995). Cracking open the IQ box. In S Fraser (Eds), *The bell curve wars*. New York: Basic Books.

Goleman, D. (1995). Emotional intelligence. New York: Bantam Books.

Goleman, D. (1999). What makes a leader?. *Clinical laboratory management review: official publication of the clinical laboratory management association/CLMA*, 13(3),123.

Goleman, D. (2001). An EI-based theory of performance. *The emotionally intelligent workplace: How to select for, measure, and improve emotional intelligence in individuals, groups, and organizations*, 1,27–44.

Goleman, D. , Boyatzis, R. & McKee, A. (2001). Primal leadership: The hidden driver of great performance. *Harvard business review*, 79(11),42–53.

Gross, J. J. (2013). Emotion regulation: taking stock and moving forward. *Emotion*, 13(3),359.

Groth, M. , Hennig-Thurau, T. & Walsh, G. (2009). Customer reactions to emotional labor: The roles of employee acting strategies and customer detection accuracy. *Academy of management journal*, 52,958–974

Izard, C. E. (1993). Four systems for emotion activation: cognitive and noncognitive processes. *Psychological review*, 100(1),68.

Joseph, D. L. & Newman, D. A. (2010). Emotional intelligence: an integrative meta-analysis and cascading model. *Journal of applied psychology*, 95(1),54.

Judge, T. A. , Bono, J. E. , Erez, A. & Locke, E. A. (2005). Core self-evaluations and job and life satisfaction: the role of self-concordance and goal attainment. *Journal of applied psychology*, 90(2),257.

Landa, J. M. A. & López-Zafra, E. (2010). The impact of emotional intelligence on nursing: An overview. *Psychology*, 1(01),50.

Lavalekar, A. , Kulkarni, P. & Jagtap, P. (2010). Emotional intelligence and marital satisfaction. *Psychosoc res*, 5, 185–194.

Law, K. S. , Wong, C. S. & Song, L. J. (2004). The construct and criterion validity of emotional intelligence and its potential utility for management studies. *Journal of applied psychology*, 89(3),483.

Leuner, B. (1966). Emotionale intelligenz und emanzipation (emotional intelligence and emancipation). *Praxis Der Kynderpsychologie Und Kinderpsychiatry*, 15,196–203.

Lievens, F. & Chan, D. (2010). 16 Practical Intelligence, Emotional Intelligence, and Social Intelligence.

Lopes, P. N. , Brackett, M. A. , Nezlek, J. B. , Schütz, A. , Sellin, I. & Salovey, P. (2004). Emotional intelligence and social interaction. *Personality and social psychology bulletin*, 30(8),1018–1034.

Lopes, P. N. , Salovey, P. & Straus, R. (2003). Emotional intelligence, personality, and the perceived quality of social relationships. *Personality and individual differences*, 35(3),641–658.

Matthews, G. , Zeidner, M. & Roberts, R. D. (2004). *Emotional intelligence: Science and myth*. MIT Press.

Mayer J. D. , Salovey P, Caruso D. R. , Sitarenios G. (2001). Emotional intelligence as a standard intelligence. *Emotion*, 1,232–42

Mayer, J. D. & Salovey, P. (1997). What is emotional intelligence? In P. Salovey & D. Sluyter (Eds.), *emotional development and emotional intelligence: Educational implications* (pp. 3–31). New York: Basic Books.

Mayer, J. D. , Caruso, D. R. & Salovey, P. (1999). Emotional intelligence meets traditional standards for an intelligence. *Intelligence*, 27(4),267–298.

Mayer, J. D. , Panter, A. T. & Caruso, D. R. (2012). Does personal intelligence exist? Evidence from a new ability based measure. *Journal of personality assessment*, 94,124–140.

Mayer, J. D. , Roberts, R. D. & Barsade, S. G. (2008). Human abilities: Emotional intelligence. *Annu. rev. psychol.*, 59,507–536.

Mayer, J. D. , Salovey, P. & Caruso, D. (1997). *Emotional IQ test (CD ROM)*. Needham, MA: Virtual Knowledge.

Mayer, J. D. , Salovey, P. & Caruso, D. R. (2000). Models of emotional intelligence. In R. J. Sternberg (Eds.), *Handbook of intelligence* (pp. 396–420). Cambridge, UK: Cambridge Univ. Press.

Mayer, J. D. , Salovey, P. & Caruso, D. R. (2004). TARGET ARTICLES:" Emotional Intelligence: Theory, Findings, and Implications". *Psychological inquiry*, 15(3),197–215.

Mayer, J. D. , Salovey, P. & Caruso, D. R. (2008). Emotional intelligence: new ability or eclectic traits?. *American psychologist*, 63(6),503.

Mayer, J. D., Salovey, P. & Caruso, D. R. (2012). The validity of the MSCEIT: Additional analyses and evidence. *Emotion Review*, *4*(*4*), 403-408.

Mayer, J. D., Salovey, P., Caruso, D. R. & Sitarenios, G. (2003). Measuring emotional intelligence with the MSCEIT V2.0. *Emotion*, *3*(*1*), 97.

Mayer, J. D., Salovey, P. & Caruso, D. R. (2002). Mayer-Salovey-Caruso Emotional Intelligence Test (*MSCEIT*) item booklet, Version 2.0. Toronto, Ontario, Canada: MHS Publishers.

Morgan, J. K., Izard, C. E. & King, K. A. (2010). Construct validity of the Emotion Matching Task: Preliminary evidence for convergent and criterion validity of a new emotion knowledge measure for young children. *Social development*, *19*(1), 52-70.

Perkins, D. (1995). *Outsmarting IQ: The emerging science of learnable intelligence*. Simon and Schuster.

Petrides, K. V. (2009). Psychometric properties of the trait emotional intelligence questionnaire (TEIQue). In *Assessing emotional intelligence* (pp. 85-101). Springer US.

Petrides, K. V., Furnham, A. & Mavroveli, S. (2007). Trait emotional intelligence: Moving forward in the field of EI. *Psychology: An international review*, *53*(*3*), 371-399.

Rivers, S. E., Brackett, M. A., Omori, M., Sickler, C., Bertoli, M. C. & Salovey, P. (2013). Emotion skills as a protective factor for risky behaviors among college students. *Journal of college student development*, *54*(*2*), 172-183.

Rivers, S. E., Brackett, M. A., Reyes, M. R., Elbertson, N. A. & Salovey, P. (2013). Improving the social and emotional climate of classrooms: A clustered randomized controlled trial testing The RULER Approach. *Prevention science*, *14*(*1*), 77-87.

Rubin, R. S., Munz, D. C. & Bommer, W. H. (2005). Leading from within: The effects of emotion recognition and personality on transformational leadership behavior. *Academy of management journal*, *48*(*5*), 845-858.

Saarni, C. (1999). *The development of emotional competence*. Guilford Press.

Salovey P, Mayer JD. (1990). Emotional intelligence. Imagin. Cogn. Personal. 9, 185-211

Salovey, P. & Grewal, D. (2005). The science of emotional intelligence. *Current directions in psychological science*, *14* (*6*), 281-285.

Salovey, P., Bedell, B. T., Detweiler, J. B. & Mayer, J. D. (2000). Current directions in emotional intelligence research. *Handbook of emotions*, *2*(*1*), 504-520.

Schmidt, F. L. & Hunter, J. E. (1977). Development of a general solution to the problem of validity generalization. *Journal of applied psychology*, *62*, 529-540.

Schulte, M. J., Ree, M. J. & Carretta, T. R. (2004). Emotional intelligence: Not much more than g and personality. *Personality and individual differences*, *37*(*5*), 1059-1068.

Schutte, N. S., Malouff, J. M., Hall, L. E., Haggerty, D. J., Cooper, J. T., Golden, C. J. & Dornheim, L. (1998). Development and validation of a measure of emotional intelligence. *Personality and individual differences*, *25*(*2*), 167-177.

Sedikides, C., Wildschut, T., Arndt, J. & Routledge, C. (2008). Nostalgia past, present, and future. *Current directions in psychological science*, *17*(*5*), 304-307.

Sheppes G, Scheibe S, Suri G, Radu P, Blechert J, Gross JJ. 2013. Emotion regulation choice: a conceptual framework and supporting evidence. *J. Exp. Psychol. Gen. In press*. doi: 10.1037/a0030831

Sternberg, R. J. (1999). The theory of successful intelligence. *Review of general psychology*, *3*(4), 292.

Sternberg, R. J. & Kaufman, J. C. (1998). Human abilities. *Annual review of psychology*, *49*(*1*), 479-502.

Thingujam, N. S. (2002). Emotional intelligence: What is the evidence. *Psychological Studies*, *47*(*1-3*), 54-69.

Wood, L. M., Parker, J. D. & Keefer, K. V. (2009). Assessing emotional intelligence using the Emotional Quotient Inventory (EQ-i) and related instruments. In *Assessing emotional intelligence* (pp. 67-84). Springer US.

Yip, J. A. & Côté, S. (2012). The Emotionally Intelligent Decision Maker Emotion-Understanding Ability Reduces the Effect of Incidental Anxiety on Risk Taking. *Psychological science*, 0956797612450031.

Zeidner, M., Matthews, G. & Roberts, R. D. (2004). Emotional intelligence in the workplace: A critical review. *Applied psychology*, *53*(*3*), 371-399.

9 情绪与注意

9.1 情绪与注意的研究概况 / 269
  9.1.1 研究历史 / 270
  9.1.2 研究现状 / 271
9.2 情绪与注意的研究范式 / 272
  9.2.1 抑制范式 / 273
  9.2.2 搜索范式 / 275
  9.2.3 提示范式 / 278
9.3 情绪对注意的影响 / 282
  9.3.1 情绪性刺激对注意的影响 / 282
  9.3.2 个体情绪状态对注意的影响 / 285
9.4 注意训练对情绪的调节 / 289
  9.4.1 研究概况 / 289
  9.4.2 相关研究 / 290
  9.4.3 展望未来 / 292

  注意作为心理活动的内部调节机制，在现代认知心理学的研究中占据着重要的地位。情绪与注意的关系是情绪与认知研究中的重要内容，备受研究者的关注。在本章中，我们将从以下几个方面介绍情绪与注意的相关研究：首先从研究历史和研究现状两个方面简要介绍情绪与注意的研究概况；其次说明情绪与注意的研究范式与实验逻辑；最后阐释情绪对注意的影响和注意训练对情绪的调节作用。

9.1 情绪与注意的研究概况

  自20世纪70年代以来，就有心理学家开始关注情绪对注意的影响(Scheier & Carver, 1977)。随后研究者开始系统探讨情绪与注意的关系。起初研究者主要采用经典的注意研究范式探讨情绪对注意的影响，特别关注情绪性刺激的注意偏向(Halkiopoulos, 1981)；后来研究者开始关注个体情绪状态对注意的影响以及心理病理学人群(如焦虑与抑郁个体)的注意特点(Matthews & Antes, 1992);自20世纪90年代以来,随着认知神经科学的兴起,研究者开始采用认知神经科学的技术手段对上述问题进行深入探讨,以求了解情绪性刺激的注意偏向的脑机制(Vuilleumier, 2005);近年来,有研究者开始关注注意训练对情绪的调节(Hallion & Ruscio, 2011)。值得注意的是,上述不同内容的研究之间并没有严格的时间界限,往往是交织在一起的。下面将从研究历史和研究现状两个方面进一步阐述情绪与注意的研究概况。

9.1.1 研究历史

情绪与注意的早期研究关注的是情绪性刺激的注意偏向,也称情绪性注意(emotional attention),是指个体具有对情绪性信息进行选择性加工的注意偏好,主要关注的焦点是刺激的情绪特性而非个体的情绪或情感状态对注意的影响,对该主题的研究有着较长的历史(彭晓哲和周晓林,2005)。

早在认知心理学诞生之初,就有研究涉及到情绪与注意的关系。Cherry(1953)在研究听觉选择性注意时所描述的经典的"鸡尾酒会效应"可算作是情绪性注意的早期示例。在对注意资源有较高要求的双耳分听任务中,具有情绪意义的项目(如被试的名字)即使呈现在不被注意的刺激流中,也可能会被注意到。第一个有关情绪性刺激注意偏向的系统性研究是由Halkiopoulos(1981)在其博士论文中完成的。该研究探讨的是听觉通道中情绪性刺激的注意偏向。他采用双耳分听的追随程序,首先给被试的双耳同时呈现一对词语,然后要求被试只注意一只耳朵并大声重复呈现在该耳朵的词语,同时忽略非注意耳的词语。在词对出现后很短的时间里,可能会出现一个纯音,被试尽可能迅速对该纯音进行反应。结果发现当纯音在同一耳紧接着一个威胁词出现,比起纯音在另一耳紧接着威胁词出现时,具有高焦虑特质的焦虑个体(但那些低焦虑特质的人并不)对纯音反应更快。这一发现与后来的其他相关研究(Hansen & Hansen 1988;Öhman, Flykt & Esteves, 2001)的结果都表明,在注意资源有限的情况下,人们对情绪上突显项目的意识会更强。

几乎同时,一些早期的理论家认为,个体的情绪状态会强烈影响其注意加工的特性。例如,Easterbrook(1959)曾声称,极端负性唤起的刺激或者状态会使注意的焦点变得更狭窄。对注意广度的影响已成为社会和临床心理学感兴趣的主题(如Eysenck, 1992)负性情绪。在Halkiopoulos(1981)关于情绪性刺激的注意偏向研究中,由于被试是具有高低焦虑特质的个体,实际上从另一个角度来说,这一研究也第一次清楚地说明了个体的焦虑特质也会影响其注意加工的特性。现代情绪性注意的研究源于实验心理病理学,相关研究者探究了对威胁相关信息的注意与焦虑之间的关系(Mathews & MacLeod, 1985)。结果表明,与低焦虑的个体相比,极端焦虑的个体表现出了对威胁性刺激更夸大的注意。

到了20世纪末,有研究者开始探讨注意训练对情绪的调节作用。Gross(1998)将注意分配作为情绪调节的一种策略,随后研究者对情绪调节的注意分配策略展开了较为系统的研究。

上述工作使得注意与情绪交互作用的研究领域生机勃勃。直至今天,这两个相关的领域仍然是平行的研究主题,这在本章后续的介绍中将有所反映。

9.1.2 研究现状

情绪与注意研究目前主要关注两个方面的科学问题,一是情绪对注意的影响,二是注意训练对情绪的调节作用。前者还可以再细分为情绪性刺激的注意偏向和个体情绪状态对注意的影响这两个主题。

情绪性刺激的注意偏向

注意加工资源的有限性决定了我们必须有效地选择与当前任务有关的信息进行加工,同时抑制无关信息的干扰,以灵活的方式实现既定的目标。起初的注意研究主要关注的是中性刺激条件下注意加工与转换的特点。随着情绪研究的兴起,研究者开始关注情绪与注意的关系,所关注的科学问题主要是情绪性刺激的注意偏向,即人们对情绪性刺激的加工是否需要注意的参与,情绪性的刺激是否能够有效地捕获注意(Yiend, 2010; Yiend, Barnicot & Koster, 2013)。

主要是认知实验心理学家和认知神经科学家比较关注情绪性刺激的注意偏向这个问题,大多数研究考察的是视空间注意,也有少数研究考察听觉通道(Mathews & MacLeod, 1986)和跨通道的情绪性注意(如, Santangelo, Ho & Spence, 2008)。这些研究使用的材料主要有情绪性或非情绪性的词语、自然刺激(Frischen, Eastwood & Smilek, 2008)。然而还有个别研究考察了不同刺激类型之间的系统差异(Bar-Haim, Lamy, Pergamin, Bakermans-Kranenburg & Van Ijzendoorn, 2007)。对情绪性信息的注意可以从绩效指标(如反应时、错误率、眼动和神经激活模式)上反映出来。

个体情绪状态对注意的影响

研究个体情绪状态对注意加工特性的影响,一般都是通过不同手段(如利用声音、视频、图片等材料)诱发正常被试产生不同的情绪状态,以探讨不同情绪状态下个体的注意加工特点。也有研究探讨心理病理人群与正常人群的注意加工特点有何差异,主要关注的心理病理人群可分为焦虑个体和抑郁个体两大类。有相当多的证据有力地证明,焦虑个体通常会表现出注意偏向(Heinrichs & Hofmann, 2001)。例如,Calvo 和 Avero(2005)对特质性焦虑影响注意偏向威胁相关图片的研究进行了综述,发现在 58% 的研究中注意偏向和高焦虑相关,在剩下的 42% 的研究中则不相关。

已有比较多的证据表明注意偏向发生在注意分配的早期阶段,而不是晚期阶段(Calva & Avero, 2005; Mogg, Millar & Bradley, 2000; Bradley, Mogg & Millar, 2000)。例如,Calvo 和 Avero(2005)发现,在伤害相关图片呈现后的前 500 毫秒内被试表现出了注意偏向,但是在刺激呈现后的 1 500—3 000 毫秒期间变成了注意回避。对注意偏向和抑郁之间的关系的研究相对较少。正如 Rinck 和 Becker(2005, p.63)所指出的,"关于抑郁的注意偏向这方面的实验证据数量很少且结果各异,因此很难得出确切的结论"。

注意训练对情绪的调节作用

在关注情绪对注意影响的同时,也有研究者开始关注注意训练对情绪的调节作用(参见近期综述:邢采和杨苗苗,2013)。如前所述,自 Gross(1998)提出了情绪调节的过程模型以来,研究者开始关注分心(distraction)和沉思(rumination)两种注意分配策略对情绪调节的影响。对病理性烦躁不安(dysphoria)患者和抑郁症患者进行的研究发现,诱导患者使用分心的策略可以有效地减少其烦躁、抑郁的症状,而使用沉思策略则会保持甚至加剧患者的症状(Nolen-Hoeksema, 1991, 2000)。对于健康被试进行的研究发现,采用分心的策略可以有效地减轻被试的抑郁情绪(Kross & Ayduk, 2008);而沉思则会导致个体产生更多的负面情绪,且持续时间更长(Bushman, Bonacci, Pedersen, Vasquez & Miller, 2005; Watkins, 2004)。

近年来,越来越多的研究者开始关注注意分配在情绪调节过程中的作用及其机制(Isaacowitz, Toner 和 Neupert, 2009; Lutz, Slagter, Dunne 和 Davidson, 2008)。已有研究结果表明:注意分配在情绪调节过程中发挥重要的作用,而且可以通过反复训练来改变注意分配的策略(Lutz, Slagter et al., 2008; Rueda, Rothbart, Saccomanno & Posner, 2007)。更重要的是,注意训练不仅可以改变个体的注意模式,还可以改变情绪加工方式,从而实现对情绪反应的改善(Heeren, Lievens & Philippot, 2011; MacLeod, 2012; MacLeod & Mathews, 2012)。

9.2 情绪与注意的研究范式

情绪与注意的研究方法主要源自认知实验心理学、认知神经科学、实验心理病理学以及相关学科,其经典研究范式主要包括抑制范式、搜索范式和提示范式三大类。

9.2.1 抑制范式

近年来随着心理学家对抑制过程的关注,越来越多的研究者利用抑制范式来研究情绪的注意偏向(白学军,贾丽萍,王敬欣,2013)。抑制领域有多种经典的实验范式都可以用来研究情绪与注意的关系,比如情绪 Stroop 任务、情绪 Franker 任务和情绪 Simon 任务等。

情绪 Stroop 任务

心理学家 Stroop(1935)设计了一种实验,实验中呈现不同颜色书写的色词,要求被试忽略色词的意义,而对词的书写颜色做出反应。结果发现,词义与书写颜色不一致时(如用红色墨水书写的"绿"字)的反应时长于词义与书写颜色一致时(如用绿色墨水书写"绿"字)的反应时,他将该现象命名为 Stroop 效应。情绪 Stroop 任务(emotional stroop task)是由 Gotlib 和 McCann(1984)提出的一种用以研究情绪刺激对认知加工干扰作用的实验范式,由经典的 Stroop 任务发展演变而来。该任务中,向被试呈现不同颜色的词语(包括情绪词和中性词),同样要求他们忽略词语的意义,尽可能快地命名词语的颜色。结果表明,被试命名情绪词语颜色的时间长于命名中性词语颜色的时间。这一现象被称为情绪 Stroop 效应(Mathews & MaeLeod, 1994; Williams, Mathews & MaeLeod, 1996)。研究者通常采用此任务来研究情绪性刺激的注意偏向。

值得注意的是,情绪 Stroop 效应通常发生在情绪障碍或情绪易感型被试组,而在正常人群中比较鲜见。在一项元分析中,Bar-Haim 及其同事们(2007)发现情绪 Stroop 效应只出现在区组设计的实验中,即在一个区组中,某一效价的情绪刺激反复出现,情绪的累加使得干扰作用产生。

目前,对于情绪 Stroop 效应产生的原因存在争议:情绪 Stroop 任务产生之初试图考察情绪信息对选择性注意的干扰。但一些研究者对此提出了质疑,认为情绪 Stroop 效应反映了个体的抑制过程,而非选择性注意过程,即当要求个体命名情绪词的颜色时,个体可能需要有意识地抑制自己对词义的注意。这一过程需要消耗注意资源,使得对颜色的反应时延长。还有研究者认为,在情绪 Stroop 任务中,存在早期和晚期加工过程。选择性注意过程发生在早期阶段,抑制过程发生在晚期阶段。情绪 Stroop 效应如何受到两个过程的影响,还需要进一步研究。正如 de Ruiter 和 Brosschot(1994,p.317)所指出的:"由于刺激包含情绪维度的信息,所以 Stroop 效应也许是避免对刺激进行加工的结果"。

情绪 Flanker 范式

Flanker 冲突是指当中心靶刺激与两侧分心刺激同时出现时,两侧分心刺激会干扰被试对中心靶刺激的判断，造成被试对中心靶刺激的辨识变慢。该冲突产生的原因是不相关任务信息对相关任务信息加工的干扰。被试在任务中有对两侧刺激反应的趋势，因此在判断中心刺激的时候需要克服两侧刺激的干扰，因为两侧刺激的干扰使得被试对中心刺激的判断变慢或正确率降低(Eriksen & Eriksen, 1974)。

当靶刺激带有情绪信息时，尽管要求被试对靶刺激的非情绪属性进行判断，但是其情绪属性依然会影响被试的反应。实验刺激带有情绪信息的 Flanker 任务即为情绪 Flanker 任务(如图 9.1)。

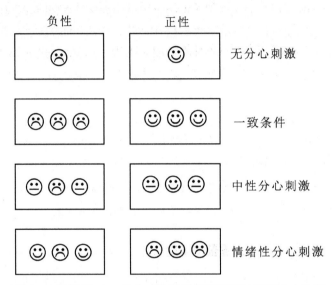

图 9.1 情绪 Flanker 范式。要求被试判断出现在屏幕中央的刺激是正性还是负性，无论该刺激单独出现还是两侧伴随有干扰物出现。

来源：Fenske & Eastwood (2003).

情绪 Simon 范式

Simon 效应是由 Simon 及其同事发现的一种刺激——反应相容现象(Simon & Small, 1969)。具体来说，该效应是指当要求被试对刺激的相关属性(如颜色、形状等)作反应时，虽然刺激出现的位置(无关属性)与任务无关，但仍然会对相关属性的加工产生影响，即当无关属性的刺激位置与反应位置在同侧(一致)时，个体反应速度更快，正确率更高的现象。实验中分别给被试的左耳或右耳呈现"左"或"右"的指令，要求其对听到的指令按左键或右键反应。结果发现，当"左"(或"右")的指令出现在左耳(或右耳)时的反应明显比出现在右耳(或左耳)时的反应更快。Simon 冲突指的是任务相关信息为刺激的非空间信息，比如颜色或者形状，而刺激呈现的位置为任务无关信息,当刺激呈现位置与反应按键不相容时,会导致一个更慢的反应。

情绪 Simon 任务是指该任务中的刺激带有情绪信息,尽管情绪信息和呈现位置为任务无关信息,这些信息依然会影响被试的反应,使得被试对情绪刺激的反应时长于对中性刺激的反应时。如要求被试通过左、右按键判断呈现在屏幕左侧或右侧的情绪和中性面孔的性别,这时刺激的情绪信息及刺激的呈现位置为任务无关信息,这些信息依然会影响被试的反应(如图 9.2)。

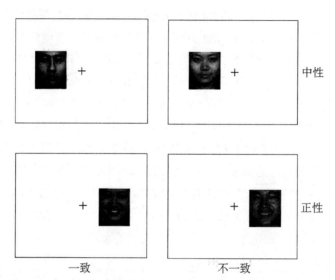

图 9.2 情绪 Simon 任务。要求被试判断出现在屏幕左右两侧的情绪和非情绪面孔的性别。当面孔出现位置(屏幕左/右侧)与按键位置(左/右键)一致时,为一致条件;反之,为不一致条件。

来源:Xue, Cui, Wang, Zhang, Qiu & Luo (2013).

Stroop 冲突和 Flanker 冲突均属于基于刺激的冲突,这类冲突来源于任务相关和任务无关刺激特征的不相容性。Simon 冲突与上述两种冲突不同,属于基于反应的冲突,该冲突来源于不相关刺激维度和反应维度的重叠。这种效应被认为是由不相关刺激的位置引起的。运动系统对于这类来源的刺激有一种内在的情绪,这种快速直接的反应与慢的任务相关的反应相竞争。

9.2.2 搜索范式

搜索范式可以分为两大类,基于空间的目标搜索和基于时间的目标搜索。常见的视觉搜索范式就是基于空间的目标搜索,而注意瞬脱范式则可以看作是基于时间的目标搜索。下面将介绍这两类用于研究情绪与注意的搜索范式。

情绪刺激的视觉搜索范式

经典的视觉搜索范式通常要求被试从同时呈现的众多分心刺激(干扰物)中找出目标(靶子),通过比较目标搜索时间和速度(搜索斜率)衡量对目标的注意偏向。个体对威胁刺激(愤怒面孔)的检测虽然是快速高效的,但却是以系列搜索的方式进行的。个体可以快速搜索获得负性情绪刺激,具有重要的生态学意义,因为负性情绪往往意味着威胁和危险,个体可以快速做出回避的决策,避免受到可能的伤害。

在正常个体中,从中性或积极干扰物中搜索威胁性靶刺激要显著快于从威胁性靶刺激中搜索中性或积极刺激。通过情绪性刺激的视觉搜索范式(如图9.3),研究者发现威胁性刺激在注意捕获上的优势是由目标刺激的威胁属性导致的,而不是目标刺激的独特性或刺激本身所具有的负性情绪色彩所决定的(文涛,汪亚珉和丁锦红,2011)。对表达情绪的图示面孔的搜索则发现,在不同类型的搜索中,负性情绪面孔所引起的注意偏向的程度是不同的,例如在基于时间的视觉标记实验范式中,负性情绪面孔并不是总是能引起强烈的注意偏向(Hao, Zhang & Fu, 2005)。Eastwood等人利用面孔简笔画作为刺激,进一步证实威胁性面孔的注意偏向是基于面孔整体所传递的威胁信息,而不是面孔的某些低水平局部特征(Eastwood, Smilek & Merikle, 2001, 2003)。对于高焦虑个体,威胁性刺激对他们具有极强的分心效应,但在低焦虑个体中没有发现这种分心效应导致的注意偏向。

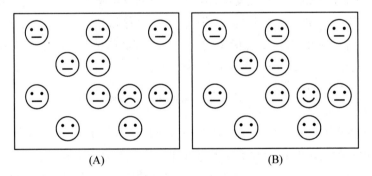

图9.3 情绪性刺激的视觉搜索范式。(A)要求被试从中性面孔中搜索负性面孔,(B)要求被试从中性面孔中搜索正性面孔。

来源:Frischen, Eastwood & Smilek (2008).

情绪刺激的注意瞬脱范式

视觉注意瞬脱(Attentional Blink, AB)是指在很短时间内(约500毫秒)序列呈现两个目标刺激时,被试对第二个目标正确报告率显著下降的现象。注意瞬脱出现在快速序列视觉呈现(RSVP)范式中。在该范式中,一系列刺激项目(可以是字母、

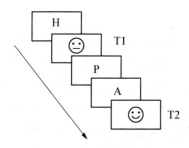

图 9.4 情绪性刺激的注意瞬脱范式。序列呈现字母和情绪性面孔，操纵两个靶刺激（情绪性面孔）的时间间隔和情绪效价，要求被试识别出两个情绪性面孔的效价。

数字、词语或图片等）在计算机屏幕的同一个位置相继快速呈现，呈现速率为每秒 6—20 个项目。设定刺激序列中的一个或多个项目为靶刺激。某些情况下，为突出靶刺激，常以不同于其他项目的颜色或形态呈现靶。任务要求被试在刺激项目呈现过程中搜索靶并在刺激序列呈现结束后报告靶刺激（如图 9.4）。RSVP 范式则主要涉及注意资源的时间分配特点（杨小冬和罗跃嘉，2004）。

Anderson 等人利用快速序列视觉呈现任务考察了正常被试和杏仁核受损被试对情绪词和中性词的"注意瞬脱"现象。实验结果显示：在"注意瞬脱"现象发生的时间区段内，正常被试和右侧杏仁核受损被试对消极含义靶子 T2 的报告准确率要显著高于中性含义的靶子 T2，双侧杏仁核受损的被试和左侧杏仁核受损的被试则未出现差异。该研究表明，正常个体在注意资源非常有限的条件下（在"注意瞬脱"期间）仍然表现出对负性情绪刺激信息较高的注意水平。同时，也有力地证实了左侧杏仁核在涉及情绪信息的知觉加工活动中发挥着重要作用。

Keil 等人进行的一项研究发现，相对于中性意义的靶子 T2，被试对情绪唤醒度高（包括愉悦情绪和消极情绪）的 T2 报告显示出更高的准确率，而且这种显著差异主要出现在较早的时间位置。但是情绪唤醒度较低的情绪词（包括积极词和消极词），则不出现报告准确率相对较高的情况（叶榕，余凤琼，蒋玉宝和汪凯，2011）。

有研究者把注意瞬脱范式与负载理论相结合，通过调节注意瞬脱中 T1 刺激物知觉负载水平的高低（箭头朝向相同与否），观察被试在四种时间延迟条件下对 T2 目标侦测任务中恐惧和中性面孔的反应正确率，从而对情绪性刺激的加工特征进行研究。结果发现，对恐惧面孔探测的正确率在高知觉负载条件下显著降低，而中性面孔则不受知觉负载水平影响，并且这种高知觉负载对恐惧面孔加工的抑制作用仅发生在注意瞬脱中的短延迟条件下（贾磊，李肖，孙晓和张庆林，2012）。

电生理学的技术也为情绪图片的效价和唤醒度在注意瞬脱中的作用提供了数据支持。实验发现效价在对抗注意瞬脱中起到主要作用，正性图片的对抗效应优于负性图片，但唤醒度对注意瞬脱的影响不显著。ERP 的结果发现以上的效应发生在 P3 代表的工作记忆巩固极端，而在 P2 和 N2 代表的早期注意阶段，注意瞬脱和情绪加工无显著交互作用（杨洁敏，袁加锦和李红，2009）。

9.2.3 提示范式

提示范式主要包括由 Posner 和 Cohen(1984)提出的经典的空间线索范式和 Macleod 等人 1986 年改进的点探测范式,下面将详细介绍用于研究情绪与注意的两种提示范式。

情绪刺激的提示/线索范式

提示/线索范式是基于 Posner 和 Cohen (1984)研究注意资源的空间分配特点的经典模式。靶刺激出现在左视野或右视野,注意在左右视野之间转移。靶刺激出现之前会有一个提示性的线索刺激(300 毫秒以内),靶刺激出现在提示线索的同一空间位置称为有效提示,出现在提示线索的相反空间位置称为无效提示。结果发现,无效提示条件下的手动反应时慢于有效提示条件下的,产生了提示效应(杨小冬和罗跃嘉,2004)。

外源性线索范式是研究带有负性情绪的威胁信息注意偏向的一个常用范式(如图 9.5)。在以正常个体为被试的研究中,常以令人厌恶的白噪音为刺激,通过恐惧条件训练程序使其成为威胁性信号,以探究威胁信息对注意的影响。已有研究表明,威胁信息可以有效地吸引和保持注意,从而使被试表现出威胁性注意偏向(文涛,汪亚珉和丁锦红,2011)。

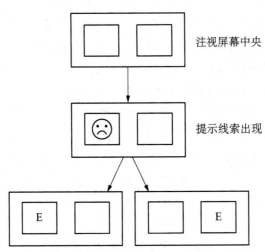

图 9.5 情绪性刺激的提示/线索范式。要求被试识别出现在提示位置和非提示位置上的目标字母。

Stormark 等人以普通大学生为被试,用消极意义的和中性意义的情绪词作为线索,探查情绪性线索对被试注意转移的影响,并记录头皮的事件相关电位。结果显示,词的情绪效价(负性、中性)和提示的有效性(有效、无效)间产生了显著的交互作用。当情绪词作线索时,有效提示条件下的反应时要明显短于无效提示条件,而且在情绪词作线索时产生的这种差异大于中性词,对负性情绪词存在一个整体的 P3 成分的增强。这说明当负性情绪词作为有效提示线索时,能比中性词获得更高的注意程度(Stomark, Nordly 和 Hugdahl, 1995)。当使用情绪词作为线索时, TMS 技术的研究发现, 20Hz 重复经颅刺激没有造成健康被试对情绪词的注意偏向,但对于高焦虑人群或临床焦虑症患者的情况仍需研究支持(李斌彬,周东丰,管振全,乔宏和张五芳,2006)。

Neyedli 和 Welsh(2012)研究了线索提示范式下负性刺激对反应的促进和抑制进程、运动轨迹的偏差和注意机制。研究发现,负性刺激的线索提示对出现在有效提示位置的靶刺激的探测要快于不是负性刺激的线索提示,这说明负性情绪信息更加影响个体的空间注意定向。

有研究发现,当采用愤怒、快乐和中性情绪面孔作为实验刺激时,面孔的情绪效价线索会影响注意的选择。有效线索是指目标呈现在与面孔相同的位置,无效线索是指目标呈现在与面孔不同的位置。在有效线索情况下,三种情绪线索图片之间没有差异;在无效线索条件下,与中性图片相比,愤怒和快乐图片的线索导致被试对靶刺激反应时间更长(林楠,2012)。

Yiend 等人采用提示范式,以图片为刺激材料对正常个体和焦虑障碍个体进行研究。结果显示,威胁性意义的图片作线索时,高焦虑特质个体的注意转移显得较为困难,但低焦虑特质个体则差异不显著(杨小冬和罗跃嘉,2004)。

情绪刺激的点探测范式

点探测范式(dot-probe paradigm)最初是由认知心理学家用来评价选择性注意的一种测验方法,起源于 Posner, Snyder 和 Davidson (1980)对视觉空间注意的研究,后来由 Macleod, Mathews 以及 Tata 三人于 1986 年用于视觉通道的研究。传统的视觉点探测实验任务通常用来测查注意资源的空间分配特点(Macleod, Mathews & Tata, 1986)。

在与情绪信息有关的视觉点探测实验中,一种实验设计是在计算机屏幕上成对出现两个词,这两个词以上下位置排列。其中一个是中性词,另一个是消极情绪词,后者为目标词。任务要求被试独自识别位于某个位置的词,然后词对消失,探点出现在词对出现过的某个位置。在探测点出现后要求被试尽快判断其位置(如,在上边还是在下边)或性质(如,探测点是":"还是".."或星号,是圆形还是方形等)。该方法的假设是:对探测点位置或性质做出判断的反应时会随被试对探点出现区域的注意而减少,即探测点出现在被试先前注意的区域时,反应时较短;反之,反应时较长(MacLeod, Mathews & Tata, 1986)。另外一种实验设计是将点探测实验与双耳分听实验范式相结合,在追随耳中呈现故事信息,在非追随耳中呈现有威胁性或中性的词,要求被试根据追随耳的信息,对显示屏上随机呈现的探点做按键反应(杨小冬和罗跃嘉,2004)。

  从被试方面来说,情绪点探测实验范式主要适用于情绪障碍个体以及高焦虑特质个体,这与情绪Stroop实验范式类似。高焦虑的被试对情绪词也通过点探测范式显示出了注意偏向。研究发现,焦虑个体对出现在威胁性含义词位置处的探测点的反应快于中性词位置出现的探测点(杨小冬和罗跃嘉,2004;柳春香和黄希庭,2008)。饮食失调的患者对"肥胖"等消极意味的形体词有注意偏向,而回避"苗条"等积极词汇(Johansson et al., 2004; Ringer, Scotto & Touyz, 1998)。使用改进后的点探测范式(将刺激的呈现时间缩短并伴有前后掩蔽,用以考察阈下刺激)对高特质焦虑的被试的研究发现,其对消极词位置出现的探测点反应快于对中性词位置出现探测点的反应。在进一步的研究中,Bradley等人(2009)发现,负性情绪词语线索即使呈现时间很短,并有后掩蔽刺激,高焦虑被试也能表现出前注意警觉。Mogg等人(2000)采用相同范式考查高焦虑被试对负性面孔的注意偏向,仍然发现了前注意警觉。上述几个研究说明个体对于情绪的探测可以达到阈下水平。还有研究发现,在没有压力的条件下,高焦虑特质被试对消极词位置出现的探测点的反应比较快。这类研究与情绪Stroop掩蔽实验的结果一致,显示出焦虑个体对负性情绪信息存在注意偏向,而且注意偏向发生在信息加工的早期阶段。在与双耳分听实验范式结合的研究中,当非追随耳呈现有威胁意义的词时,焦虑个体对显示屏上探点的反应要慢于非追随耳呈现中性词时。研究者以此来说明负性情绪信息在非意识水平仍能吸引加工资源(Mathews & MacLeod, 1986)。这与上面提到的前注意警觉的研究一致。此外,高焦虑个体对积极情绪刺激是否也存在着注意偏向则一直存在着争议。Mogg和Marden(1990)的研究表明高焦虑特质个体对两类威胁性单词(身体暴力和社交伤害)和积极词都存在有注意偏向。Martin, Williams和Clark(1991)等人的研究表明GAD患者对积极词语有着延时反应,对积极刺激存在注意偏向,并且在积极词语和消极词语之间不存在差异。但Mogg, Kentish和Bradley(1993)的研究发现焦虑与积极信息的选择过程没有关系(Mogg, Kentish & Bradley, 1993;杨智辉和王建平,2011)。

  从刺激形式来看,点探测范式对于情绪的研究主要使用情绪图片或情绪面孔。在加入动机水平的研究中,相对于中性刺激,积极情绪图片无论何种动机水平都可以使被试产生注意偏向,这说明被试一般会更偏好于积极情绪刺激(徐礼云,王晨晨,贺斐和李佳芹,2013)。在对情绪面孔的研究中,把被试对探测点出现在情绪面孔不一致位置(配对中性面孔的位置)的反应时减去探测点出现在情绪面孔一致位置(负性或者正性面孔位置)的反应时作为注意偏向值,结果发现低特质焦虑大学生对负性面孔存在回避现象是由注意偏向值引起的,而在诱发恐惧情绪时回避现象消失(林国志,邓光辉和靳霄,2010)。对于愤怒个体的点探测研究则发现,高特质愤怒被试对愤怒面孔同侧探测刺激反应时显著快于异侧,快乐面孔同侧探测刺激反应时显著慢于异侧反应时;低特质愤怒组被试不同性质面孔同异侧反应时无显著差异。这说明高特质愤怒个体对与愤怒相关刺激存在注意偏向(罗亚莉和张大均,2011)。在对抑郁个体的研究中,与非抑郁认知易感者相比,抑郁认知易感者在面对愤怒面孔时,其注意力更难从中脱离出来,且抑郁认知易感者对愉悦面孔的注意不够。因此,对负性情绪面孔的注意偏向是抑郁认知易感者的认知特征之一,然而,多次呈现负性刺激可能改变抑郁高分青年被试的注意偏向(刘阳娥,冯正直,戴琴,王凤和廖承菊,2009;钟明天,蚁金瑶,凌宇,王海星,朱熊兆和姚树桥,2012)。另外,负性情绪图片的呈现时间也会影响抑郁症患者的注意偏离,在500毫秒时被试对负性图片存在注意脱离困难,而在100毫秒时则不存在这种注意偏向特征(朱熊兆,钟明天,蚁金瑶,姚树桥和匡永锋,2008)。

  点探测范式对情绪面孔的注意偏向的研究还涉及高级复杂情绪和个性(如图9.6)。在对自尊的ERP研究中发现,无论是负性的还是正性的情绪性信息都能引起低自尊个体的更多注意,表明低自尊个体更容易受到情绪性信息的影响(杨娟,李海江和张庆林,2012)。对个性的研究则发现,A型行为者对愤怒面孔有注意指向,对厌恶面孔有注意逃避;B型行为者对情绪面孔没有特殊注意指向(戴琴和冯正直,2008)。

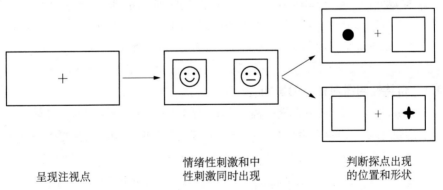

呈现注视点　　　情绪性刺激和中　　　判断探点出现
　　　　　　　　性刺激同时出现　　　的位置和形状

图9.6　情绪刺激的点探测范式,要求被试判断探点出现的位置和形状。

  综上所述,在情绪与注意的三大类研究范式中,抑制范式主要包括情绪Stroop、情绪Flanker和情绪Simon范式,研究者们主要通过此类范式研究情绪性刺激的注意偏向,即情绪性刺激对注意力的捕获;搜索范式主要包括空间维度的情绪性刺激的视觉搜索范式和时间维度的情绪性刺激的注意瞬脱范式,研究者们主要通过此类范式研究情绪性刺激的觉察和识别;提示范式则主要包括情绪性刺激的提示范式和情绪性刺激的点探测范式,研究者们使用该类范式研究情绪性刺激对注意的捕获与保持。

9.3 情绪对注意的影响

研究情绪与注意的心理学家一致认为二者之间并不是独立的,而是存在着复杂的交互影响。不管是情绪性刺激还是个体的情绪性状态都会对注意产生一定影响,同时注意也会影响个体情绪状态,通过注意训练可以改变个体的情绪状态,预防情绪障碍的产生,使个体保持积极的情绪状态,该方法已经成为临床心理疾病治疗中的一种重要方法。

如前所述,当谈及情绪对注意的影响时,情绪既可以指刺激的情绪性质,也可以指个体的情绪状态。第一种情况使用术语"情绪性注意",第二种情况是指个体的心境状态,人格特质或临床上的失调。在研究情绪性注意时,研究者们感兴趣的主要问题是个体对情绪材料(更具体来说是正性和负性材料)的加工与对中性材料的加工有何不同。在研究心理病理人群的情绪对注意加工的影响时,其目的是获得临床病人注意加工情绪性信息的特点。

有关情绪如何影响注意的理论解释可以大致分为两个方面,一是寻求对突显材料注意效应的解释(是否是由于情绪的性质或者其他的特性捕获了注意),另一个则主要是试图解释在情绪(通常是与情绪一致的)材料加工方面的与心理病理学相关的个体差异。在本节中,我们将主要介绍这两方面的相关理论及实验研究。

9.3.1 情绪性刺激对注意的影响

尽管主流的认知研究者对情绪性注意的兴趣得到了迅速的发展,但在理论上仍然处于初期阶段。一般将情绪材料视为一种高突显的材料,将其与注意理论联系起来。然而研究兴趣的一些新的领域往往通过借用现存的理论来解释新的现象。下面将首先介绍两种与情绪性信息的注意加工紧密相连的重要的注意理论——特征整合理论和偏向竞争理论。然后介绍相关的实验研究。

相关的注意理论

特征整合理论　　特征整合理论描述了某些知觉特征(朝向或颜色)是如何被自动加工并优先于其他注意选择的(Treisman & Gelade, 1980)。该理论将注意看作结合单个特征(特征联合)形成复杂刺激表征的过程。因此在视觉环境中搜索复杂的目标(联合搜索)也是一个较慢的序列搜索过程,需要重复地进行注意选择、加工和拒绝,直至发现目标。

在经典视觉搜索实验中,给被试呈现一个刺激阵列,要求其既快又准地定位并识别出独特的目标项(与不一致面部表情的视觉搜索相似)。如果目标项与干扰子在某个独特特征上有差异,那么被试能够非常快地检测到目标项,而不管干扰子的数目多少;然而对于更复杂的目标来说,搜索画面包含的项目越多,搜索反应时就越长,此时注意可能要系统地搜索每个项目。通常以搜索集合的大小为横坐标,以搜索反应时为纵坐标,将二者关系画在一个坐标系上,此时统计图的搜索斜率可以表现搜索的效率。通常用斜率大小量化平行搜索的程度,斜率越小表示越接近快速平行的搜索,斜率越大表示越接近慢速的序列搜索过程(Treisman & Gelade, 1980)。

对于情绪性信息的注意来说,问题就变为情绪刺激是如何被加工的:是否高度突显的联合特征能够从视觉环境中跳出(进化的角度),或者更复杂的信息是否需要选择特定的情绪意义?后面有关情绪性跳出的数据评论将暗示会朝向这个连续体的前端。

偏向竞争理论 偏向竞争理论是用来解释竞争项目间注意选择的重要理论(Buehlmann & Deco, 2008; Desimone & Duncan, 1995)。我们的信息加工系统容量有限,需要通过信息表征之间的注意竞争来处理超负荷的信息(内部或者外部的信息)。自下而上和自上而下的因素都能够影响任意表征的相对激活,因此会偏向竞争者。这就导致知觉者选择重要的表征,而拒绝次要的表征。

在对情绪性信息注意的背景下,情绪性材料的内在特征(如较高的知觉独特性和生物学准备)可以被看做增加了刺激的突显度,导致自下而上的注意偏向。同样自上而下的因素(如环境的情境、过去的经验等)也能够产生竞争的偏向。该模型同时呈现这两个刺激,以便获得选择性注意的效果。这一分离被偏向竞争及相关模型所预测,并有实验证据支持。在一般人群(Calvo, Nummenmaa & Hyönä, 2008)和个体差异研究(MacLeod & Mathews, 1991; Mathews & Milroy, 1994)中,个体将注意偏向情绪性信息而非中性信息。结果的这一模式意味着注意效应背后的情绪相关的差异依赖于偏向竞争理论所预测的加工优先性的变化。

如果假设情绪性信息是一种特殊类型的高突显的刺激,那么选择性注意的理论能够解释高强度情绪性信息能够被优先注意的一般性发现。一个问题是:这些理论并没有阐明这种突显性如何及为什么归因于情绪材料,但也有研究者提出其他的解释,如某些刺激的生物学准备(例如威胁的动物暗示恐惧,粪便表示延误等)和他人捕获的意义(如武器和威胁相联系),或者从心理病理学理论中借用效价评价。

实验研究

早期利用双耳分听技术的研究发现,特别突显的信息,如自己的名字(Cherry, 1953)或禁忌词语(Nielsen & Sarason, 1981)会产生追随错误。这一结果可用来解释注意干扰,特别是注意转移和容量有限(Conway, Cowan & Bunting, 2001)。尽管该方法仍然被广泛用来调查对普通人群中非情绪性刺激的注意,但这些研究中很少涉及情绪性材料。

有一些研究专门报告普通人群的情绪 Stroop 数据。Pratto 和 John(1991)发现,令人讨厌的特质比受欢迎的特质的颜色命名的潜伏期更长。然而,更多的情绪 Stroop 的文献强调的假设与情绪性材料的注意关系不大。但是这并不必然意味着情绪 Stroop 干扰仅仅局限于被选择的群体。Siegrist(1995)研究发现,对禁忌词语颜色命名的时间比对中性词语颜色命名的时间更长。禁忌词语 Stroop 似乎相当稳健,这种注意效应被迁移到后来的记忆任务中(MacKay, Shafto, Taylor, Marian, Abrams & Dyer, 2004)。

视觉搜索方法是从标准的视觉搜索任务中进行一个简单的情绪性改编得到的。利用该方法对普通人群的情绪性注意的研究结论一致认为,负性(特别是与生气或恐惧相关的)信息能够被更快地检测到,并且比中性刺激更具有干扰性(Eastwood, Smilek & Merikle, 2001, Ohman, Flykt & Esteves, 2001; Tipples, Young, Quinlan, Broks & Ellis, 2002)。许多研究已经使用真实面孔的照片。一个经常被引用的早期例子是 Hansen 夫妇(1988)进行的研究,对高兴面孔群中愤怒面孔的搜索比对愤怒面孔群中高兴面孔的搜索更快更准确,后来因为快速检测效应是由于不一致面孔上小的黑色斑点的混淆所致,该研究因而受到批评(Purcell, Stewart & Skov, 1996)。使用图示面孔(由一个圆形、嘴巴、眼睛和眉毛组成)能够最好地控制知觉上差异(Batty, Cave & Pauli, 2005)。Frischen 等人(2008)对普通人群搜索情绪性面孔的研究进行了评论,他们也得出结论:前注意的视觉搜索过程对情绪性信息是敏感的,且情绪性信息会促进视觉搜索(Frischen, Eastwood & Smilek, 2008)。近期也有研究者采用视觉搜索范式获得了愉悦面孔的搜索优势(Craig, Becker & Lipp, 2014),早期研究获得的愤怒优势效应是由其物理特征所造成的(Dickins & Lipp, 2014)。

提示/线索范式用于普通人群的研究相对较少,一般来说,这类研究结果提示,当使用特定的刺激材料(如生物学相关或严重的威胁性刺激),且呈现时间较短(500 ms)时,在一般群体中确实发现了注意偏向。Stormark 及其同事进行的研究是率先在普通人群中使用提示范式的(Stormark, Morten & Hugdahl, 1996)。他们使用经典条件,告知线索位置的情绪突显性,结果发现只有当情绪词作为线索时,被试才对有效提示的目标有较快的反应时间。Koster 及其同事 (Koster, Crombez, Van Damme, Verschuere & DeHouwer, 2004)报告了使用厌恶条件的中性刺激,相对于中性刺激,更容易为促进对威胁刺激的锁定和削弱对威胁刺激的脱离提供直接的证据。Koster, Verschuere, Burssens, Custers 和 Crombez(2007)使用带有情绪图片的单一提示重复了这一结果,并发现了对注意锁定的促进和对注意脱离的削弱。

一些研究利用注意瞬脱范式考察普通人群的情绪性注意。例如 Keil 和 Ihssen (2004)考察在 T2 位置呈现愉悦、非愉悦和中性词语的影响。结果发现,正负情绪类别均可以提高对 T2 识别的准确性,特别是当两个目标之间的间隔短时更是如此。同样地,Anderson (2005)发现,当在 T2 处呈现情绪词时(即使控制了其他的相关因素),注意瞬脱效应还是削弱了。他还发现,注意效应的增强可以归因于情绪信息的唤醒度而不是效价。在 Most 及其同事进行的 RSVP 的情绪性研究中,当只有一个目标物被报告时,先呈现情绪性刺激与先呈现中性刺激相比,该效应会影响检测准确性(Most, Smith, Cooter, Levy & Zald, 2007)。这些研究者每隔 100 毫秒呈现一系列的照片并且要求参与者在一堆图像中区分辨别旋转过的图像的方位。当旋转图像出现在情绪性图片之后与出现在非情绪性图片之后相比,被试识别的准确性下降了(Most, Chun, Johnson & Kiehl, 2006)。这大概是情绪的自发注意显著性的结果,而不是对刺激主动注意的结果。利用有唤醒度的正性刺激(Most et al., 2007),同一群组获得了相似的结果(Most et al., 2007)。通过厌恶条件反射,使得刺激变得负性(Smith, Most, Newsome & Zald, 2006)。其他研究使用情绪性和中性词汇,获得了相似的较小的 albeit 效应(Arnell, Killman & Fijavz, 2007)。

9.3.2 个体情绪状态对注意的影响

不仅情绪性的刺激会影响个体注意加工的特点,而且个体的情绪状态也会影响注意加工的特点。在研究个体情绪状态对注意的影响时,其实验逻辑是通过一定的方法或技术手段,诱发个体产生一定的情绪状态,然后考察不同情绪状态的个体加工中性刺激时的注意特点。同时,该部分内容也涉及焦虑、抑郁或者临床相关状态的个体加工情绪性刺激所表现的效应。下面将首先介绍相关的理论和实验研究。

相关的情绪理论

图式理论 该理论是由 Beck(1976)和 Bower (1981,1987)提出的。Beck 提出负性功能失调图式(有关自我、世界和未来的一套信念和态度)的存在会产生信息加工偏向,他使用联结网络模型表示,情绪节点的激活扩散会增加对相似内容材料的通达。尽管该理论在今天的其他领域仍然保持着一定的影响力,但是它不足以解释失调相关的认知偏差模式。

双阶段理论 该理论是由 Williams 及其同事(Williams, Watts, MacLeod & Mathews, 1988, 1997)提出的,该理论将启动与精细化(Graf 和 Mandler, 1984)区分开来。启动是指刺激内部表征的自动化激活,能够暂时增强刺激的可通达性。Williams 等人认为个体的特质焦虑很大程度上是由于自动化(不自主的或者无意识的)阶段发生的过程。精细化是一个晚期的策略性过程,这个过程会产生并增强表征之间的相互联系,因此会影响提取过程。一般认为偏向精细化是抑郁中情绪一致性效应的基础。这两种机制的细节意味着任何影响加工过程的因素(如特质焦虑或者抑郁)并不需要应用于所有类型的认知操作(如记忆或者注意)。该理论不同于早期的 Beck(1976) 和 Bower(1981, 1987) 的模型,它预测个体差异应该以相同的方式在所有的认知类型上都表现出偏差。它认为模型的解释力在于为不同情绪失调个体的不同认知加工偏差提供解释。

动机分析模型 Mogg 和 Bradley(1998)提出了认知动机分析模型,主要用于解释状态和特质焦虑对威胁性刺激认知加工的影响,也涉及其他的情绪一致性效应,主要表现在抑郁情绪上。该模型包含两个认知结构:效价评估系统(valence evaluation system, VES),用于评价刺激的威胁程度,类似于上述的情感决策机制,另一种则是目标约定系统(goal engagement system, GES),类似于上述的资源分配机制。认知动机分析模型认为,该系统是对什么构成威胁的评价,而不是注意系统对威胁做出什么样的反应,使得高低特质焦虑出现了差异,这使其与以前的理论区分开来。抑郁的特点是对外部目标失去兴趣,允许模型去解释情绪一致性缺失的现象,该现象可能出现在其他抑郁个体身上。模型的一个核心部分是警觉逃避假说,该假说认为威胁价值和注意偏向之间存在着曲线关系,以至于所有的个体都表现出最初适应性地避免粗野的威胁,随后随着威胁强度的增加,表现出强烈的警觉。据说焦虑特质的个体差异可以使这个曲线发生偏移,以至于对高强度的威胁性材料的注意反应诱发出相对低的水平。到目前为止,这一假说已经得到了来自注意研究的有限证据的支持(相关研究较少,但是支持性的),并保持与来自线索化研究的证据一致(Weierich, Treat & Hollingworth, 2008)。

实验研究

在早期研究心理病理学时,双耳分听技术是比较流行的。例如,Burgess, Jones, Robertson, Radcliffe 和 Emerson(1981)与 Foa 和 McNally(1986)发现,与中性刺激相比,焦虑病人能更好地检测未被注意的与焦虑相关的刺激。该结果意味着,与焦虑相关的刺激在控制注意资源方面是非常有效的。Mathews 和 MacLeod(1986)通过比较情绪性刺激和中性刺激对独立任务(所有的反应都是中性的)成绩的影响,以避开双耳分听任务的反应偏向问题。他们要求广泛性焦虑障碍(general anxiety disorder, GAD)病人和正常人在追随声音的同时,当看到屏幕上出现"按键"这一词语时,尽快地做出按键反应。结果发现,当任务与呈现在非注意通道上的威胁词语一致时,GAD病人的反应比正常人更慢。

最近的元分析研究为来自临床控制和非临床低易感人群的情绪 Stroop 效应提供了进一步的证据(Bar-Haim, Lamy, Pergamin, Bakermans-Kranenburg & van IJzendoorn, 2007)。Bar-Haim 及其同事仅在 Block 设计中发现了情绪 Stroop 干扰的证据,在这种设计中,具有特定效价的试次属于同一组别。这种限制已经在其他未选择的被试样本中报告过(McKenna 和 Sharma, 2004),或许是由于发生在 block 内的效价刺激累积性显露的结果,导致了对威胁性刺激知觉水平的增强。MacLeod (2005)对非情绪性 Stroop 的研究文献做了很好的评论。在数据缺乏的情况下,没有文章对普通人群中的情绪 Stroop 效应做专门的评论。相比之下,一些研究使用对与病理相关的词汇的颜色命名的速度,来揭示大量研究中得到的情绪失调中的情绪一致性干扰效应的增加,这些研究包括临床焦虑(Mathews & MacLeod, 1985; Owens, Asmundson, Hadjistavropoulos & Owens, 2004)和高特质性焦虑(Mogg, Mathews, Bird & MacGregor-Morris, 1990)。Williams, Mathews 和 MacLeod (1996)对早期的文献给出了较好的评论,两篇元分析的文献给出了近期的相关信息(Bar-Haim et al., 2007; Phaf & Kan, 2007)。

Byrne 和 Eysenck (1995)对心理病理学的人群进行的研究。他们要求具有高低特质焦虑的正常个体在中性面孔阵列中检测一个愉悦或者愤怒的目标面孔。结果发现两组在检测愉悦目标面孔时的成绩一样好,但高特质焦虑的个体在检测愤怒目标面孔时更快。该结果表明,高焦虑个体能够更快地检测出威胁信息,暗示最初的注意捕获过程类似于单一提示研究中获得的注意的锁定机制(engage mechanism)。

探讨个体差异的研究几乎都报告在特定的恐惧症状(Ohman et al., 2001)和社会焦虑症状(Gilboa-Schechtman, Foa & Amir, 1999)中发现了被试间的差异。一个例外是 Juth, Lundqvist, Karlsson, 和 Ohman (2005)进行的一项研究,他们并未发现社会焦虑的一致性效应,被试对愤怒面孔的检测速度与对高兴面孔的检测速度相当,在社会性挑战中更是如此。Eastwood 等人(2005)也考察了社会恐惧、恐慌和强迫症(obsessive-compulsive disorder, OCD)。他们将在不同搜索集合大小的中性阵列中检测正性和负性面孔进行比较,结果发现,在社会焦虑和恐慌个体中,搜索负性目标面孔的效率低于搜索正性目标面孔的效率,但在 OCD 和控制组中则不会。有可能心理病理学的临床水平更能够可靠地揭示视觉搜索中注意偏差的证据,一些亚临床的研究结果并未发表。另一方面研究者可能对亚临床群体的研究较少。值得注意的是,与以前提及的注意的抑郁相关效应的缺失一致,Karparova, Kersting 和 Suslow

(2005)并未在抑郁组和控制组之间发现搜索情绪性信息的差异。

提示范式最常用于探讨心理病理人群的注意特点。有研究表明,焦虑性病人(如,Mogg, Bradley 和 Williams, 1995)和高特质焦虑的正常人(e. g., MacLeod 和 Mathews, 1988)均出现了支持威胁的空间注意偏向,但该效应在亚临床群体中的可靠性稍弱(Mogg 等人, 1990)。似乎焦虑最主要的形式是与对负性刺激的注意偏向相联系的。许多随后的工作已经使用双重提示去精确地改善这种偏差的性质和特点。Fox, Russo, Bowles 和 Dutton(2001)与 Yiend 和 Mathews(2001)率先使用外周提示为注意脱离提供了支持证据(也参见早期研究,Derryberry 和 Reed, 1994)。先短暂呈现单一提示(面孔或者图片),之后在相同或不同位置上呈现目标。当目标与提示位置相同时,没有发现与焦虑相关的差异,目标出现后,在相同或是不同的位置出现提示,当目标与提示出现在相同位置时,结果没有出现与焦虑相关的差别,只有当目标出现在与威胁提示位置不同时,与焦虑相关的差别才出现。这意味着在注意锁定方面没有什么差别,但为了找到其他位置的目标,焦虑个体从威胁刺激上转移注意的速度会更慢。Fox, Russo 和 Dutton(2002)用愤怒、愉悦和中立面部表情作为外周提示,发现在高特质焦虑中,对两类情绪面孔的注意脱离都变慢了。Amir, Elias, Klumpp 和 Przeworski(2003)报道,利用社会威胁词汇,在社会恐惧中发现了相似的效应,类似于 Waters, Nitz, Craske 和 Johnson. (2007)对 Yiend 和 Mathews(2001)研究的重复。

注意瞬脱变式也被用在心理病理学的一些研究中。在第一个由 Rokke 及其同事(Rokke, Arnell, Koch & Andrews, 2002)在控制实验中研究了轻度、中度和重度的烦躁不安病理现象。当报告单个目标时,无组间差异,但当两个目标之间的时间间隔小于 500 毫秒时,就会发生注意瞬脱。存在于重度烦躁不安组的这种瞬脱明显是更大和更长的。尽管揭示了与情绪相关的注意力削弱现象,但重要的是这些数据不能够解释情绪一致性效应,因为并未考察情绪性信息。然而 Koster, De Raedt, Tibboel, De Jong 和 Verschuere(2009)在高低焦虑组中的确使用选定的情绪性词语。在 300 毫秒的时间窗内,在高度烦躁不安的人群中发现,第二个目标的识别会受到呈现在第一个目标位置上的负性词语的影响而削弱。这意味着注意瞬脱效应的增强。当刺激加工时间较短时,这与利用其他方法考察抑郁和注意的研究工作形成了鲜明的对比。

Fox, Russo 和 Georgiou (2005)操纵了刺激 2 的效价,结果发现低特质和状态焦虑的个体表现出对恐惧和愉悦表情的强烈的瞬脱效应。而对于恐惧表情来说,高特质焦虑个体的瞬脱效应显著降低。这与对恐惧表情的焦虑相关注意突显性的评论文章中所涉及的一般模式是一致的。而且这个特定的技术可以被解释为威胁抑制的减弱。Barnard, Ramponi, Battye 和 Mackintosh (2005)报告了类似的结果,当威胁性词语呈现在 T1 时,状态焦虑个体表现出比非焦虑个体更大的瞬脱效应。与这些数据相比,De Jong 和 Martens (2007)发现,对于选择的高低社会焦虑个体来说,有关愉悦和愤怒面孔的注意瞬脱并没有加剧。这是另一个在社交焦虑中的注意效应不符合广泛的焦虑研究的文献。最后, Trippe 及其同事(Trippe, Hewig, Heydel, Hecht & Miltner, 2007)的研究使用了中性的刺激 1 和内容变化的刺激 2 考察了蜘蛛恐惧的注意瞬脱效应。结果发现,所有被试都表现出对情绪性 T2 的减弱的注意瞬脱效应。然而,蜘蛛恐惧症参与者的注意瞬脱表现出特别的衰减,对情绪性 T2 的检测比对其他 T2 的检测更频繁。

9.4 注意训练对情绪的调节

在上一节中,我们介绍了情绪影响注意的相关理论、实验研究以及来自特殊群体的证据。如前所述,二者之间存在着复杂的交互作用。在情绪影响注意的同时,注意同样也会影响个体的情绪,在本节中,我们将主要介绍注意对情绪的影响,特别关注注意训练对情绪的调节作用。

9.4.1 研究概况

自 20 世纪末以来,就有研究者开始关注注意训练对情绪调节的作用。Gross (1998)率先提出了情绪调节的过程模型(process model of emotion regulation)。该模型将注意分配作为情绪调节的一种策略,将注意分配策略划分为分心、专心和沉思三种。沉思往往与负面的后果相关,并会导致抑郁症状和较长时间的负性情绪状态(Gross & John, 2003)。目前情绪调节研究对分心和沉思这两个注意分配策略的关注较多。对病理性烦躁不安(dysphoria)的患者和抑郁症患者的研究发现,诱导患者使用分心的策略可以有效地缓解其烦躁、抑郁的症状,而沉思策略则会保持甚至加剧患者的症状(Nolen-Hoeksema, 1991, 2000)。对正常人群的研究也发现,采用分心的策略可以有效地减轻被试抑郁的情绪(Kross & Ayduk, 2008);而沉思则会导致个体产生更多的负面情绪,且持续时间更长(Bushman, Bonacci, Pedersen, Vasquez & Miller, 2005)。另外,有研究发现沉思与负性情绪的关系在生理过程中是有据可依的。当给被试呈现负性图片或者词语时,沉思导致杏仁核的激活水平提高且兴奋时间延长(Ray, Currat, Berthier & Excoffier, 2005),面对压力事件时沉思会导致可的松(一种肾上腺皮质激素)的水平上升(Roger & Jamieson, 1988)。更重要的是,大量研究表明,注意转移可以有效地降低与情绪相关的脑激活水平。与注意集中的策略相比,在注意转移条件下情绪唤起核心区域杏仁核的激活水平会显著降低(Pessoa, Padmala & Morland, 2005)。与低分心任务负荷相比,高分心任务负荷下早期情绪性注意减弱(Doallo, Holguín & Cadaveira, 2006)。电生理学的研究表明,当要求被试完成的任务关注情绪维度(完成情绪评价任务)时,情绪刺激诱发的 P3 波幅显著大于中性刺激诱发的 P3 波幅(Huang & Luo, 2006),相反当要求被试关注与情绪无关的方面时,情绪刺激比中性刺激诱发的 P3 波幅小(Yuan, Zhang, Zhou, Yang, Meng, Zhang & Li, 2012)。这些研究均支持这一观点:注意的方向可以显著影响与情绪相关的脑电活动水平,从而改变情绪刺激的效应。

近年来,越来越多的研究者开始关注注意分配在情绪调节过程中的作用及其机制(Isaacowitz, Toner & Neupert, 2009; Lutz, Slagter, Dunne & Davidson, 2008)。已有研究有力地支持了注意分配在情绪调节过程中发挥重要的作用。许多研究表明,注意分配的过程可以通过反复的练习加以改善(Lutz et al., 2008)。更重要的是,注意训练不仅可以改变个体的注意模式,而且可以改变情绪加工方式,从而改善个体的情绪反应(MacLeod & Mathews, 2012)。近年来美国精神病学杂志和临床心理学年鉴均有文章总结注意训练的研究成果,且对注意训练的方法给予了高度评价(MacLeod & Mathews, 2012)。

9.4.2 相关研究

现有的注意训练范式主要是通过行为任务来训练个体的注意模式,大致有 4 种范式:点探测任务、视觉搜索任务、目标指向和注意训练技术。其中前 3 种范式均以训练被试的视觉注意模式为目标,且均通过计算机完成,可称为基于机器的注意训练,也有研究者将这类训练范式统称为注意矫正程序或者注意偏向矫正治疗。而后一种范式则侧重于听觉通道注意模式的训练。目前大多数注意训练的研究采用的是点探测任务,另外 3 种范式的研究相对较少;下面我们将介绍点探测注意训练的范式及其改善情绪的证据。

点探测任务首先向被试呈现 500～1 000 毫秒的两个视觉刺激(一般为单词或人脸),通常是一个中性刺激和一个情绪性刺激,也可以是两个效价不同的情绪刺激;两个刺激可以左右呈现,也可以上下呈现;在刺激消失后,电脑屏幕上会出现一个探测点,要求被试对探测点的位置或方向做出快速反应(Heeren, Reesee, McNally & Philippot, 2012)。通常此类注意训练每次持续 10～20 分钟,大多数情况下为 200 次左右(Schmidt, Richey, Buckner & Timpano, 2009)。

在利用点探测任务探讨注意训练对情绪调节的影响时,其中的因变量情绪指标多来源于被试的自我报告,如自我报告的焦虑和抑郁水平、知觉压力量表和状态特质焦虑问卷等。针对临床症状的病人开展的研究还采用了一些测量其临床症状的量表，如社会交互焦虑量表、社交恐惧筛选问卷和社交恐惧与焦虑问卷等，并且多数研究由专业人士施测。此外，对于临床病人还采用了一些辅助的量表来测查注意训练的效果，如 Beck 抑郁问卷、Beck 焦虑问卷、生活质量问卷、SCL-90-R 症状检查表和人际问题问卷等。

情绪反应不仅能够通过语言来表达，它还可以通过外显行为和生理反应来表现（Bradley & Lang, 2000）。因此，部分研究者还将生理指标和行为表现作为衡量情绪反应的指标，生理指标有皮质醇释放量、皮肤电反应和事件相关电位等；行为指标则是通过让被试完成一项任务（如即兴演讲，不可解的变位词难题），整合多种指标衡量被试的绩效。

目前多数研究将这三类指标中的一类或两类作为因变量来考察注意训练的效果；而同时使用这三类指标的研究很少，只有 Heeren 等人（2011）在研究点探测任务对社交恐惧症个体的影响时，同时采用了三类指标，结果发现连续 4 天朝向正性刺激的注意训练会使被试自我报告的社交焦虑和演讲的焦虑水平明显下降，皮肤电反应减弱，演讲的表现提高，而且这种影响在两周后依然存在。

大量的研究证实，点探测任务可以调节情绪，既可以改善正常人群的情绪状态，也可以缓解患有情绪障碍的临床病人的症状，对于改善其他临床患者（如急性和慢性疼痛患者，Sharpe et al., 2011）的情绪反应也有帮助。对于正常人群来说，例如在 MacLeod 等人（2002）的研究中，要求无情绪障碍的被试在有限的时间内完成一些不可解的变位词难题，由此诱发被试的压力水平和负性情绪，之后接受点探测任务的注意训练，结果发现被训练将注意集中在负性刺激上的被试表现出对负性信息的敏感以及更高的焦虑水平。点探测任务也被用于研究是否能够缓解患有情绪障碍的病人的抑郁或焦虑水平，结果发现点探测任务可以训练个体远离负性刺激，缓解广泛性焦虑症、社交焦虑障碍和社交恐惧症的症状；然而，也有研究发现，点探测任务无法有效缓解创伤后应激障碍的患者的症状和注意模式（Schoorl, Putman & Van Der Does, 2013）。

已有研究发现，点探测任务通过将被试的注意从非目标刺激解除，再朝向目标刺激，以此改变被试的注意模式，进而实现调节情绪的目的（Heeren, Peschard & Philippot, 2012）。也有研究者运用视线追踪技术发现：原来注视负性图片的时间无显著差异的两组被试在注意训练之后出现了显著差异，朝向正性刺激的注意训练组注视负性图片的时间明显减少，而朝向中性刺激的注意训练组注视负性图片的时间反而增加（MacLeod et al., 2002）。注意分配情况也可利用反应时任务测量，例如 Heeren 等人（2012）对比了注意训练前后被试在点探测任务上的反应时，结果发现正性朝向训练组在注意训练后,对负性刺激的注意偏向明显减弱,焦虑和抑郁症状也得到缓解。注意训练的效果不限于在训练中使用过的刺激物,而且能够泛化到新异刺激上(MacLeod et al.,2002)。

也有研究者采用电生理学指标探查视觉注意训练对情绪的影响。O'Toole 和 Dennis(2012)以正常个体为被试,运用事件相关电位(event-related potentials,ERPs)发现,经过多次远离负性刺激注意训练的被试,其 P1 的波幅明显减小,该结果表明,经过远离负性刺激注意训练的个体降低了对刺激早期自动化的注意捕获(attentional capture),即注意训练影响了注意的早期捕获阶段。然而,Eldar 和 Bar-Haim(2010)发现,焦虑个体在注意训练之后,其 P2 波幅减小。这可能是因为健康个体只需要改变早期的自动化的注意过程,而焦虑个体则需要通过自上而下的控制改善后期更复杂的注意过程(O'Toole & Dennis,2012)。

点探测任务改变注意模式的效果存在着年龄差异。Isaacowitz 和 Choi(2011)采用点探测任务对 18～25 岁的年轻人和 61～90 岁的老年人进行训练,同时记录被试的注视点,结果发现点探测任务对不同年龄人群注意模式的影响存在差异:对老年人来说,朝向正性刺激的注意训练使其对图片负性效价区域的注视显著减少,而与研究者的预期不同的是,年轻人在朝向负性刺激的注意训练之后却表现出更多的对负性效价区域注视的减少,研究者认为这可能是由于年轻个体在朝向负性刺激的视觉注意训练的过程中习惯化了负性刺激并失去兴趣,而老年人本身就对正性刺激存在着注意偏好,朝向正性刺激的注意训练能够进一步增强其对正性刺激的偏好。

9.4.3　展望未来

情绪与注意的研究是情绪心理学的一个重要研究主题。在本章中,我们对情绪与注意在近几十年涌现出来的大量研究成果进行了综述。下面将从情绪对注意的影响和注意训练对情绪调节的作用两个方面展望未来情绪与注意的研究主题和趋势。

在情绪对注意的影响方面,虽然研究者围绕情绪的注意偏向开展了大量的研究,但是到目前为止,情绪注意偏向的产生是由于易化机制的作用还是抑制机制的作用抑或是两者共同作用的结果,仍不明确(戴琴和冯正直,2009)。下一步研究的重点应当在实验研究的基础上整合几种理论,概括出可以被研究者一致接受的理论(白学军,贾丽萍和王敬欣,2013)。虽然已有研究范式在探讨情绪与注意关系时发挥了重要的作用,但仍然需要未来研究对情绪注意偏向的脑机制及时间进程做出回答。目前大多数情绪注意偏向研究都是用视觉情绪材料,如利用情绪面孔(Eastwood et al.,2003;Van Honk et al.,2001)、情绪词以及情绪图片等诱发相应的情绪体验进而考察情绪的注意偏向,而除视觉通道以外,听觉通道和嗅觉通道都是我们获取情绪信息的重要通道,因此,后续的研究应当扩展情绪注意偏向的研究材料范围,使研究结果更具普遍性。此外,研究情绪障碍患者的情绪注意偏向,找到情绪障碍症状背后的原因,并为症状的缓解和治疗提供依据,这是心理学工作者和临床工作者共同面对的课题。

在注意训练对情绪的调节方面,情绪调节的长期效果应当成为未来研究需要关注的一个重要方面。目前已有追踪研究探究了注意训练调节情绪的时间效应,这些研究普遍发现注意训练调节情绪的效果可以维持一段时间,但是也有研究者没有发现注意训练的持续效果(Carlbring et al., 2012)。注意训练能否导致情绪调节过程在更长的时间范围内发生持久、稳定的改变尚需进一步的检验。大量的研究从干预的角度证明了注意训练的治疗效果,但是关于注意训练的预防效果尚未得到研究者的关注,未来研究理应关注注意训练的预防效果。此外,目前以正常人为被试的研究都只包含单次的注意训练,证实了单次注意训练可以即时性地改善其情绪状态,但是缺乏对正常群体的持续注意训练的研究。总之,注意训练是否对情绪障碍有预防效果以及效果如何都是未来研究者可以继续深入探究的课题。

参考文献

白学军,贾丽萍和王敬欣(2013).抑制范式下的情绪注意偏向.心理科学进展,21(5),785—791.
戴琴,冯正直.(2008).A型为对情绪面孔注意偏向的影响.中国心理卫生杂志,22(7),518—521.
戴琴,冯正直.(2009).抑郁个体对情绪面孔的返回抑制能力不足.心理学报,41(12),1175—1188.
贾磊,李肖,孙晓和张庆林.(2012).情绪图片的效价与唤醒度在注意瞬脱对抗效应中的作用:来自 ERP 的证据.心理发展与教育,28(4),376—383.
李斌彬,周东丰,管振全,乔宏和张五芳.(2006).高频重复经颅磁刺激对健康被试者情绪次注意的影响.中国临床康复,10(18),1—3.
林国志,邓光辉和靳霄.(2010).低特质焦虑大学生在有无诱发恐惧情绪面孔的注意偏向.第三军医大学学报,32(1),67—70.
林楠.(2012).焦虑个体注意偏向研究回顾.辽宁师范大学学报(社会科学版),35(4),480—484.
刘阳娥,冯正直,戴琴,王凤和廖承菊.(2009).重复呈现情绪面孔对抑郁症状大学生注意偏向的影响.第三军医大学学报,31(9),867—870.
柳春香,黄希庭.(2008).特质焦虑大学生注意偏向的实验研究.心理科学,31(6),1304—1307
罗亚莉,张大均.(2011).高特质愤怒个体对负性情绪面孔注意偏向的实验研究.心理科学,34(2),322—327.
彭晓哲,周晓林.(2005).情绪信息与注意偏向.心理科学进展,13(4),488—496.
文涛,汪亚珉和丁锦红.(2011).威胁性刺激注意偏向的研究范式.人类工效学,9(4),76—79.
邢采,杨苗苗.(2013).通过注意训练调整情绪:方法及证据.心理科学进展,21(10),1780—1793.
徐礼云,王晨晨,贺斐和李佳芹.(2013).高低趋近动机水平积极情绪对注意偏向的影响——基于点探测范式.南京晓庄学院学报,3(2),83—87.
杨洁敏,袁加锦和李红.(2009).情绪预期影响人类对恐惧面孔的敏感性——来自电生理的证据.中国科学 C 辑:生命科学,39(10),995—1004.
杨娟,李海江和张庆林.(2012).自尊对情绪面孔注意偏向的影响.心理科学,35(4),793—798.
杨小东,罗跃嘉.(2004).注意受情绪信息影响的实验范式.心理科学进展,12(6),833—841.
杨智辉,王建平.(2011).广泛性焦虑个体的注意偏向.心理学报,43(2),164—174.
叶榕,余凤琼,蒋玉宝和汪凯.(2011).注意瞬脱范式中的知觉负载对情绪面孔加工的影响.心理学报,43(5),483—493
钟明天,蚁金瑶,凌宇,王海星,朱熊兆和姚树桥.(2012).抑郁认知易感者对负性面孔的注意特征.中国心理卫生杂志,26(2),151—156.
朱熊兆,钟明天,蚁金瑶,姚树桥和匡永锋.(2008).临床抑郁症患者的注意偏倚特征.中国临床心理学杂志,16(3),234—236.
Amir, N., Elias, J., Klumpp, H. & Przeworski, A. (2003). Attentional bias to threat in social phobia: facilitated processing of threat or difficulty disengaging attention from threat? *Behaviour research and therapy*, 41(11),1325 -

1335.

Anderson, A. K. (2005). Affective influences on the attentional dynamics supporting awareness. *Journal of experimental psychology: General*, 134(2), 258-281.

Arnell, K. M., Killman, K. V. & Fijavz, D. (2007). Blinded by emotion: Target misses follow attention capture by arousing distractors in RSVP. *Emotion*, 7(3), 465-477.

Bar-Haim, Y., Lamy, D., Pergamin, L., Bakermans-Kranenburg, M. J. & van IJzendoorn, M. H. (2007). Threat-related attentional bias in anxious and nonanxious individuals: a meta-analytic study. *Psychological bulletin*, 133(1), 1-24.

Barnard, P. J., Ramponi, C., Battye, G. & Mackintosh, B. (2005). Anxiety and the deployment of visual attention over time. *Visual cognition*, 12(1), 181-211.

Batty, M. J., Cave, K. R. & Pauli, P. (2005). Abstract stimuli associated with threat through conditioning cannot be detected preattentively. *Emotion*, 5(4), 418-430.

Beck, A. T. (1976). *Cognitive therapy and the emotional disorders*. New York: International Universities Press.

Bower, G. H. (1981). Mood and memory. *American psychologist*, 36(2), 129-148.

Bower, G. H. (1987). Commentary on mood and memory. *Behaviour research and therapy*, 25(6), 443-455.

Bradley, B. P., Mogg, K. & Millar, N. H. (2000). Covert and overt orienting of attention to emotional faces in anxiety. *Cognition & emotion*, 14(6), 789-808.

Bradley, M. M. (2009). Natural selective attention: Orienting and emotion. *Psychophysiology*, 46(1), 1-11.

Bradley, M. M. & Lang, P. J. (2000). Measuring emotion: Behavior, feeling, and physiology. In R. D. Lane & L. Nadel (Eds.), *Cognitive neuroscience of emotion* (pp. 242-276). Oxford, UK: Oxford University Press.

Buehlmann, A. & Deco, G. (2008). The neuronal basis of attention: Rate versus synchronization modulation. *Journal of neuroscience*, 28(30), 7679-7686.

Burgess, S., Jones, L. M., Robertson, S. A., Radcliffe, W. N. & Emerson, E. (1981). The degree of control exerted by phobic and non-phobic verbal stimuli over the recognition behaviour of phobic and non-phobic subjects. *Behaviour research and therapy*, 19(3), 223-243.

Bushman, B. J., Bonacci, A. M., Pedersen, W. C., Vasquez, E. A. & Miller, N. (2005). Chewing on it can chew you up: Effects of rumination on triggered displaced aggression. *Journal of personality and social psychology*, 88(6), 969-983.

Byrne, A. & Eysenck, M. W. (1995). Trait anxiety, anxious mood and threat detection. *Cognition and emotion*, 9(6), 549-562.

Calvo, M. G., Nummenmaa, L. & Hyönä, J. (2008). Emotional scenes in peripheral vision: Selective orienting and gist processing, but not content identification. *Emotion*, 8(1), 68-80.

Calvo, M. G. & Avero, P. (2005). Time course of attentional bias to emotional scenes in anxiety: Gaze direction and duration. *Cognition and emotion*, 19(3), 433-451.

Carlbring, P., Löfqvist, H., Sehlin, H., Amir, N., Rousseau, A., Hofmann, S. & Andersson, G. (2012). Internet-delivered attention bias modification training in individuals with social anxiety disorder-a double blind randomized controlled trial. *BMC psychiatry*, 12(1), 66, 1-9.

Cherry, E. C. (1953). Some experiments on the recognition of speech, with one and with two ears. *The Journal of the Acoustical Society of America*, 25(5), 975-979.

Conway, A. R. A., Cowan, N. & Bunting, M. F. (2001). The cocktail party phenomenon revisited: The importance of working memory capacity. *Psychonomic bulletin & review*, 8(2), 331-335.

Craig, B. M., Becker, S. I. & Lipp, O. V. (2014). Different faces in the crowd: A happiness superiority effect for schematic faces in heterogeneous backgrounds. *Emotion*, 14(4), 794-803.

de Jong, P. J. & Martens, S. (2007). Detection of emotional expressions in rapidly changing facial displays in high-and low-socially anxious women. *Behaviour research and therapy*, 45(6), 1285-1294.

de Ruiter, C. & Brosschot, J. F. (1994). The emotional Stroop interference effect in anxiety: attentional bias or cognitive avoidance? *Behaviour research and therapy*, 32(3), 315-319.

Derryberry, D. & Reed, M. A. (1994). Temperament and attention: Orienting toward and away from positive and negative signals. *Journal of personality and social psychology*, 66(6), 1128-1139.

Desimone, R. & Duncan, J. (1995). Neural mechanisms of selective visual-attention. *Annual review of neuroscience*, 18(1), 193-222.

Dickins, D. S. E. & Lipp, O. V. (2014). Visual search for schematic emotional faces: Angry faces are more than crosses. *Cognition and emotion*, 28(1), 98-114.

Doallo, S., Holguín, S. R. & Cadaveira, F. (2006). Attentional load affects automatic emotional processing: Evidence from event-related potentials. *Neuroreport*, 17(17), 1797-1801.

Easterbrook, J. A. (1959). The effect of emotion on cue utilization and the organization of behavior. *Psychological review*, 66(3), 183-201.

Eastwood, J. D., Smilek, D., Oakman, J. M., Farvolden, P., van Ameringen, M., Mancini, C., et al. (2005). Individuals with social phobia are biased to become aware of negative faces. *Visual cognition*, 12(1), 159-179.

Eastwood, J. D., Smilek, D. & Merikle, P. M. (2001). Differential attentional guidance by unattended faces expressing positive and negative emotion. *Attention, perception & psychophysics, 63*(6),1004–1013.

Eastwood, J. D., Smilek, D. & Merikle, P. M. (2003). Negative facial expression captures attention and disrupts performance. *Attention, perception & psychophysics, 65*(3),352–358.

Eldar, S. & Bar-Haim, Y. (2010). Neural plasticity in response to attention training in anxiety. *Psychological medicine, 40*(4),667–677.

Eriksen, B. A. & Eriksen, C. W. (1974). Effects of noise letters upon the identification of a target letter in a nonsearch task. *Perception & psychophysics, 16*(1),143–149.

Essence, M. W. (1992). *Anxiety: The cognitive perspective*. Hove, UK: Erlbaum.

Fenske, M. J. & Eastwood, J. D. (2003). Modulation of focused attention by faces expressing emotion: evidence from flanker tasks. *Emotion, 3*(4),327–343. Foa, E. B. & McNally, R. J. (1986). Sensitivity to feared stimuli in obsessive-compulsives: A dichotic listening analysis. *Cognitive therapy and research, 10*(4),477–486.

Fox, E., Russo, R. & Dutton, K. (2002). Attentional bias for threat: Evidence for delayed disengagement from emotional faces. *Cognition and emotion, 16*(3),355–379.

Fox, E., Russo, R. & Georgiou, G. A. (2005). Anxiety modulates the degree of attentive resources required to process emotional faces. *Cognitive, affective & behavioral neuroscience, 5*(4),396–404.

Fox, E., Russo, R., Bowles, R. & Dutton, K. (2001). Do threatening stimuli draw or hold visual attention in subclinical anxiety? *Journal of experimental psychology: General, 130*(4),681–700.

Frischen, A., Eastwood, J. D. & Smilek, D. (2008). Visual search for faces with emotional expressions. *Psychological bulletin, 134*(5),662–676.

Gilboa-Schechtman, E., Foa, E. B. & Amir, N. (1999). Attentional biases for facial expressions in social phobia: The face-in-the-crowd paradigm. *Cognition and emotion, 13*(3),305–318.

Gotlib, I. H. & McCann, C. D. (1984). "Construct accessibility and depression: An examination of cognitive and affective factors". *Journal of personality and social psychology* 47(2),427–439.

Graf, P. & Mandler, G. (1984). Activation makes words more accessible, but not necessarily more retrievable. *Journal of verbal learning and verbal behaviour, 23*(5),553–568.

Gross, J. J. (1998). The emerging field of emotion regulation: An integrative review. *Review of general psychology, 2*(3),271–299.

Gross, J. J. & John, O. P. (2003). Individual differences in two emotion regulation processes: Implications for affect, relationships, and well-being. *Journal of personality and social psychology, 85*(2),348–362.

Halkiopoulos, C. (1981). *Towards a psychodynamic cognitive psychology*. Unpublished manuscript, University College London, London, UK.

Hallion, L. S. & Ruscio, A. M. (2011). A meta-analysis of the effect of cognitive bias modification on anxiety and depression. *Psychological bulletin, 137*(6),940–958.

Hansen, C. H. & Hansen, R. D. (1988). Finding the face in the crowd: an anger superiority effect. *Journal of personality and social psychology, 54*(6),917–924.

Hao, F., Zhang, H. & Fu, X. L. (2005). Modulation of attention by faces expressing emotion: evidence from visual marking. In J. Tao, T. Tan, and R. W. Picard (Eds.): *Affective computing and intelligent interaction, LNCS* 3784, pp. 127–134.

Heeren, A., Lievens, L. & Philippot, P. (2011). How does attention training work in social phobia: Disengagement from threat or re-engagement to non-threat? *Journal of anxiety disorders, 25*(8),1108–1115.

Heeren, A., Peschard, V. & Philippot, P. (2012). The causal role of attentional bias for threat cues in social anxiety: A test on a cyber-ostracism task. *Cognitive therapy and research, 36*(5),512–521.

Heeren, A., Reese, H. E., McNally, R. J. & Philippot, P. (2012). Attention training toward and away from threat in social phobia: Effects on subjective, behavioral, and physiological measures of anxiety. *Behavior research and therapy, 50*(1),30–39.

Heinrichs, N. & Hofmann, S. G. (2001). Information processing in social phobia: A critical review. *Clinical psychology review, 21*(5),751–770.

Huang, Y. X. & Luo, Y. J. (2006). Temporal course of emotional negativity bias: An ERP study. *Neuroscience letters, 398*(1),91–96.

Isaacowitz, D. M. & Choi, Y. (2011). The malleability of age-related positive gaze preferences: Training to change gaze and mood. *Emotion, 11*(1),90–100.

Isaacowitz, D. M., Toner, K. & Neupert, S. D. (2009). Use of gaze for real-time mood regulation: Effects of age and attentional functioning. *Psychology and aging, 24*(4),989–994.

Juth, P., Lundqvist, D., Karlsson, A. & Ohman, A. (2005). Looking for foes and friends: Perceptual and emotional factors when finding a face in the crowd. *Emotion, 5*(4),379–395.

Karparova, S. P., Kersting, A. & Suslow, T. (2005). Disengagement of attention from facial emotion in unipolar depression. *Psychiatry and clinical neurosciences, 59*(6),723–729.

Keil, A. & Ihssen, N. (2004). Identification facilitation for emotionally arousing verbs during the attentional blink. *Emotion, 4*(1),23–35.

Koster, E. H. W., Crombez, G., Van Damme, S., Verschuere, B. & DeHouwer, J. (2004). Does imminent threat capture and hold attention? *Emotion*, 4(3), 312-317.

Koster, E. H. W., De Raedt, R., Tibboel, H., De Jong, P. J. & Verschuere, B. (2009). Enhanced attentional blink for negative information in dysphoria. *Depression and anxiety*, 26(1), E16-E22.

Koster, E. H. W., Verschuere, B., Burssens, B., Custers, R. & Crombez, G. (2007). Attention for emotional faces under restricted awareness revisited: Do emotional faces automatically attract attention? *Emotion*, 7(2), 285-295.

Kross, E. & Ayduk, O. (2008). Facilitating adaptive emotional analysis: Distinguishing distanced-analysis of depressive experiences from immersed-analysis and distraction. *Personality and social psychology*, 34(7), 924-938.

Lutz, A., Slagter, H. A., Dunne, J. D. & Davidson, R. J. (2008). Attention regulation and monitoring in meditation. *Trends in cognitive sciences*, 12(4), 163-169.

MacKay, D. G., Shafto, M., Taylor, J. K., Marian, D. E., Abrams, L. & Dyer, J. R. (2004). Relations between emotion, memory, and attention: Evidence from taboo Stroop, lexical decision, and immediate memory tasks. *Memory & cognition*, 32(3), 474-488.

MacLeod, C. (2005). The Stroop task in clinical research. In A. Wenzel & D. C. Rubin (Eds.), *Cognitive methods and their application to clinical research* (pp. 41-62). Washington, DC: American Psychological Association.

MacLeod, C. (2012). Cognitive bias modification procedures in the management of mental disorders. *Current opinion in psychiatry*, 25(2), 114-120.

MacLeod, C. & Mathews, A. (1988). Anxiety and the allocation of attention to threat. *Quarterly journal of experimental psychology*, 40(4), 653-670.

MacLeod, C. & Mathews, A. (1991). Biased cognitive operations in anxiety: Accessibility of information or assignment of processing priorities? *Behaviour research and therapy*, 29(6), 599-610.

MacLeod, C. & Mathews, A. (2012). Cognitive Bias Modification Approaches to Anxiety. *Annual review of clinical psychology*, 8, 189-217.

Macloed C, Mathews A, Tata P. (1986). Attentional bias in emotional disorders. *Journal of abnormal psychology*, 95(1), 15-20

Mathews, A. & MacLeod, C. (1985). Selective processing of threat cues in anxiety states. *Behaviors research and therapy*, 23(5), 563-569.

Mathews, A. & MacLeod, C. (1986). Discrimination of threat cues without awareness in anxiety states. *Journal of abnormal psychology*, 95(2), 131-138.

Mathews, A. & MacLeod, C. (1994). Cognitive approaches to emotion and emotional disorders. *Annual review of psychology*, 45(1), 25-50.

Mathews, A. & Milroy, R. (1994). Processing of emotional meaning in anxiety. *Cognition and emotion*, 8(6), 535-553.

Matthews, G. R. & Antes, J. R. (1992). Visual attention and depression: Cognitive biases in the eye fixations of the dysphoric and the nondepressed. *Cognitive therapy and research*, 16(3), 359-371.

McKenna, F. P. & Sharma, D. (2004). Reversing the emotional Stroop effect reveals that it is not what it seems: The role of fast and slow components. *Journal of Experimental Psychology: Learning, memory and cognition*, 30(2), 382-392.

Mogg, K. & Bradley, B. P. (1998). A cognitivemotivational analysis of anxiety. *Behaviour research and therapy*, 36(9), 809-848.

Mogg, K., Bradley, B. P. & Williams, R. (1995). Attentional bias in anxiety and depression: The role of awareness. *British journal of clinical psychology*, 34(1), 17-36.

Mogg, K., Kentish, J. & Bradley, B. P. (1993). Effects of anxiety and awareness on colour-identification latencies for emotional words. *Behaviour research and therapy*, 31(6), 559-567.

Mogg, K., Mathews, A. M., Bird, C. & MacGregor-Morris, R. (1990). Effects of stress and anxiety on the processing of threat stimuli. *Journal of personality and social psychology*, 59(6), 1230-1237.

Mogg, K., Millar, N. & Bradley, B. P. (2000). Biases in eye movements to threatening facial expressions in generalized anxiety disorder and depressive disorder. *Journal of abnormal psychology*, 109(4), 695-704.

Most, S. B., Chun, M. M., Johnson, M. R. & Kiehl, K. A. (2006). Attentional modulation of the amygdala varies with personality. *NeuroImage*, 31(2), 934-944.

Most, S. B., Smith, S. D., Cooter, A. B., Levy, B. N. & Zald, D. H. (2007). The naked truth: Positive, arousing distractors impair rapid target perception. *Cognition and emotion*, 21(5), 964-981.

Neyedli, H. F., Weosh, T. N. (2012). The processes of facilitation and inhibition in a cue-target paradigm: insight from movement trajectory deviations. *Acta pcychologica*, 139(1), 159-165.

Nielsen, S. L. & Sarason, I. G. (1981). Emotion, personality, and selective attention. *Journal of personality and social psychology*, 41(5), 945-960.

Nolen-Hoeksema, S. (1991). Responses to depression and their effects on the duration of depressive episodes. *Journal of Abnormal psychology*, 100(4), 567-582.

Nolen-Hoeksema, S. (2000). The role of rumination in depressive disorders and mixed anxiety/depressive symptoms. *Journal of abnormal psychology*, 109(3), 504-511.

O'Toole, L. & Dennis, T. A. (2012). Attention training and the threat bias: An ERP study. *Brain and cognition*, 78(1),

63-73.

Öhman, A., Flykt, A. & Esteves, F. (2001). Emotion drives attention: detecting the snake in the grass. *Journal of Experimental Psychology: General*, 130(3), 466-478.

Owens, K. M. B., Asmundson, G. J. G., Hadjistavropoulos, T. & Owens, T. J. (2004). Attentional bias toward illness threat in individuals with elevated health anxiety. *Cognitive therapy and research*, 28(1), 57-66.

Pessoa, L., Padmala, S. & Morland, T. (2005). Fate of unattended fearful faces in the amygdala is determined by both attentional resources and cognitive modulation. *Neuroimage*, 28(1), 249-255.

Phaf, R. H. & Kan, K. -J. (2007). The automaticity of emotional Stroop: A meta-analysis. *Journal of behavior therapy and experimental psychiatry*, 38(2), 184-199.

Posner, M. I. & Cohen, Y. (1984). Components of visual orienting. In H. Bouma & D. Bonwhuis (Eds.), *Attention and performance X: Control of language processes* (pp. 551-556). Hilldale: NJ: Erlbaum.

Posner, M. I., Snyder, C. R. & Davidson, B. J. (1980). Attention and the detection of signals. *Journal of experimental psychology: General*, 109(2), 160-174.

Pratto, F. & John, O. P. (1991). Automatic vigilance: The attention-grabbing power of negative social information. *Journal of personality and Social psychology*, 61, 380-391.

Purcell, D. G., Stewart, A. L. & Skov, R. B. (1996). It takes a confounded face to pop out of a crowd. *Perception*, 25(9), 1091-1108.

Ray, N., Currat, M., Berthier, P. & Excoffier, L. (2005). Recovering the geographic origin of early modern humans by realistic and spatially explicit simulations. *Genome research*, 15(8), 1161-1167.

Rinck, M. & Becker, E. S. (2005). A comparison of attentional biases and memory biases in women with social phobia and major depression. *Journal of abnormal psychology*, 114(1), 62-74.

Roger, D. & Jamieson, J. (1988). Individual difference in delayed heart rate recovery following stress: The role of extraversion, neuroticism, and emotional control. *Personality and individual differences*, 9(4), 721-726.

Rokke, P. D., Arnell, K. M., Koch, M. D. & Andrews, J. T. (2002). Dual-task attention deficits in dysphoric mood. *Journal of abnormal psychology*, 111(2), 370-379.

Rueda, M. R., Rothbart, M. K., Saccomanno L. & Posner, M. L. (2007). *Modifying brain networks underlying self-regulation*. New York: Oxford University Press.

Santangelo, V., Ho, C. & Spence, C. (2008). Capturing spatial attention with multisensory cues. *Psychonomic bulletin & review*, 15(2), 398-403.

Scheier, M. F. & Carver, C. S. (1977). Self-focused attention and the experience of emotion: attraction, repulsion, elation, and depression. *Journal of personality and social psychology*, 35(9), 625-636.

Schmidt, N. B., Richey, J. A., Buckner, J. D. & Timpano, K. R. (2009). Attention training for generalized social anxiety disorder. *Journal of abnormal psychology*, 118(1), 5-14.

Schoorl, M., Putman, P. & van der Does, W. (2013). Attentional bias modification in posttraumatic stress disorder: A randomized controlled trial. *Psychotherapy & psychosomatics*, 82(2), 99-105.

Sharpe, L., Perry, K. N., Rogers, P., Dear, B. F., Nicholas, M. K. & Refshauge, K. (2010). A comparison of the effect of attention training and relaxation on responses to pain. *Pain*, 150(3), 469-476.

Siegrist, M. (1995). Effects of taboo words on colornaming performance on a Stroop test. *Perceptual and motor skills*, 81(3f), 1119-1122.

Simon, J. R. & Small, A. M. (1969). Processing auditory information Interference from an irrelevant cue. *Journal of applied psychology*, 53(5), 433-435.

Smith, S. D., Most, S. B., Newsome, L. A. & Zald, D. H. (2006). An emotion-induced attentional blink elicited by aversively conditioned stimuli. *Emotion*, 6(3), 523-527.

Stormark K M, Nordly H, Hugdahl K. (1995). Attentional shifts to emotionally charged cues: behavioral and ERP data. *Cognition and emotion*, 9(5), 507-523.

Stormark, K., Morten. & Hugdahl, K (1996). Peripheral cuing of covert spatial attention before and after emotional conditioning of the cue. *International journal of neuroscience*, 86(3-4), 225-240.

Stroop, J. R. (1935). Studies of interference in serial verbal reactions. *Journal of experimental psychology*, 18(6), 643-662.

Tipples, J., Young, A. W., Quinlan, P., Broks, P. & Ellis, A. W. (2002). Searching for threat. *Quarterly journal of experimental psychology*, 55(3), 1007-1026.

Treisman, A. M. & Gelade, G. (1980). A featureintegration theory of attention. *Cognitive Psychology*, 12(1), 97-136.

Trippe, R. H., Hewig, J., Heydel, C., Hecht, H. & Miltner, W. H. (2007). Attentional blink to emotional and threatening pictures in spider phobics: Electrophysiology and behavior. *Brain research*, 1148, 149-160.

Van Honk, J., Tuiten, A. & de Haan, E. (2001). Attentional bias for angry faces: Relationships to trait anger and anxiety. *Cognition and emotion*, 15(3), 279-297.

Vuilleumier, P. (2005). How brains beware: neural mechanisms of emotional attention. *Trends in cognitive science*, 9(12), 585-594.

Waters, A. M., Nitz, A. B., Craske, M. G. & Johnson, C. (2007). The effects of anxiety upon attention allocation to affective stimuli. *Behaviour research and therapy*, 45(4), 763-774.

Watkins, E. (2004). Appraisals and strategies associated with rumination and worry. *Personality and individual differences*, 37(4),679-694.

Weierich, M. R., Treat, T. A. & Hollingworth, A. (2008). Theories and measurement of visual attentional processing in anxiety. *Cognition and emotion*, 22(6),985-1018.

Williams, J. M. G., Mathews, A. & MacLeod, C. (1996). The emotional Stroop task and psychopathology. *Psychological bulletin*, 120(1),3-24.

Williams, J. M. G., Watts, F. N., MacLeod, C. & Mathews, A. (1997). *Cognitive psychology and emotional disorders* (2nd ed). Chichester, UK: Wiley.

Xue, S., Cui, J., Wang, K., Zhang, S., Qiu, J. & Luo, Y. (2013). Positive emotion modulates cognitive control: An event-related potentials study. *Scandinavian Journal of Psychology*, 54(2), 82-88. Yiend, J. & Mathews, A. (2001). Anxiety and attention to threatening pictures. *Quarterly journal of experimental psychology*, 54(3),665-681.

Yiend, J. (2010). The effects of emotion on attention: A review of attentional processing of emotional information. *Cognition and emotion*, 24(1),3-47.

Yiend, J., Barnicot, K. & Koster, E. H. (2013). Attention and emotion. In M. Robinson, E. Watkins & E. Harmon-Jones (Eds.), *Handbook of cognition and emotion* (Chapter 6, pp97-116): Guilford Press, New York, NY, USA.

Yuan, J. J., Zhang, J. F., Zhou, X. L., Yang, J. M., Meng, X. X., Zhang, Q. L. & Li, H. (2012). Neural mechanisms underlying the higher levels of subjective well-being in extraverts: Pleasant bias and unpleasant resistance. *Cognitive, Affective & behavioral neuroscience*, 12(1),175-192.

10　情绪与学习

10.1　情绪对学习的影响 / 300
　　10.1.1　情绪对外显学习的影响 / 300
　　10.1.2　情绪对内隐学习的影响 / 303
　　10.1.3　情绪影响学习的脑机制 / 305
10.2　情感化学习 / 306
　　10.2.1　什么是情感化学习 / 306
　　10.2.2　情感化学习的分类 / 308
　　10.2.3　情感化学习的认知神经科学研究 / 314
　　10.2.4　情感化学习效应对认知的影响 / 315
10.3　学业情绪 / 317
　　10.3.1　什么是学业情绪 / 317
　　10.3.2　学业情绪的测量 / 318
　　10.3.3　学业情绪的影响因素 / 319
　　10.3.4　学业情绪对学生学习的影响 / 322

　　著名的耶克斯—多德森定律指出，动机的最佳水平会随着学习任务难度的不同而变化，在学习比较简单的任务时，动机水平较高时成绩最佳；在学习难度中等的任务时，动机水平适中时成绩最佳；而在学习比较复杂的任务时，动机水平较低时成绩最佳。实际上，与动机相似，情绪也会影响人们的学习过程。例如，焦虑是一种紧张不安和忧虑的情绪，中等程度的焦虑会带来最佳的学习效果，而焦虑程度过高或过低都会降低学习的效果。在本章中，我们首先介绍情绪如何影响人们的外显学习和内隐学习，以及情绪影响学习的神经机制；然后介绍情绪刺激如何通过情感化学习过程影响人们对中性刺激的情绪反应，以及情感化学习效应对认知的影响及应用；最后介绍情绪在学生学习与成就中的作用，包括学习情绪的测量与影响因素，学习情绪对学生学习的影响等。

10.1 情绪对学习的影响

近年来,在心理学研究中,研究者主要探讨了正性情绪(如高兴)和负性情绪(如悲伤)对学习的影响。例如,有研究发现,与正性情绪相比,人们在负性情绪下迁移任务的成绩更差,并且需要更长的时间才能达到精通(Brand, Reimer & Opwis, 2007)。不过,由于不同的学习内容涉及的认知策略和加工过程不同,正性和负性情绪对不同学习类型的影响大相径庭(Kensinger, 2007; Rowe, Hirsh & Anderson, 2007)。在本节中我们将分别探讨情绪对外显学习和内隐学习的影响,并介绍一下情绪影响学习的脑机制方面的研究。

10.1.1 情绪对外显学习的影响

外显学习是有意识、有目的、需要付出努力的学习,学生在课堂教学中的大部分学习都是外显学习。已有的相关研究主要是在实验室情境下进行的,研究者一般通过让被试在学习之前聆听音乐、观看图片或者视频、得到奖励或惩罚来诱发其不同的情绪状态,有时学习材料本身也会是富有情绪色彩的刺激。在以班级为基础的课堂教学研究中,研究者一般通过设计不同的学习环境来诱发不同的情绪,来探讨正负性情绪与教学方式和学业成绩的关系。例如,Um, Plass, Hayward 和 Homer(2012)采用自我参考的心境诱发程序分别诱发正性和中性情绪,并通过不同颜色和形状的结合来设置正性和中性的学习材料。他们将108名被试随机分配到4种不同的条件下(正性和中性情绪的外在诱发组,正性和中性材料的情感化设计组),让他们分别通过计算机来学习免疫作用的问题。结果发现,外在诱发的正性情绪会增加学习者的心理努力水平,会提高迁移成绩但不会提高理解成绩,并且这种正性情绪效应受动机和心理努力的调节;而借助情感化设计引起的正性情绪则会同时提高迁移和理解的成绩,降低知觉任务的学习难度,并且不受其他因素的调节。这说明积极的情感化设计比外在的情绪诱发对学习的作用更直接。

为了进一步验证情感化设计所引起的正性情绪在其他多媒体学习材料中的作用,Plass 等通过让被试观看不同的视频来分别诱发中性和正性情绪,并采用不同颜色和形状的结合来设置正性和中性的学习材料(Plass, Heidig, Hayward, Homer & Um, 2013)。在研究一中,他们将121名教育学研究生分配到这四种不同的学习条件下,学习免疫作用的问题。结果发现,精心设计的学习材料可以引起正性的情绪,促进对学习材料的理解,但是不会影响学习的迁移效应,这说明学习的理解和迁移可能依赖于不同的知识基础。在研究二中,他们进一步考察了颜色、形状因素对情绪和学习效应的影响。结果发现,圆形似脸的形状单独或者与暖色结合在一起出现都可以引起正性情绪,但是单独的暖色调则不会引起被试的积极情绪;并且,单独的颜色或形状以及二者的结合都会促进理解,但是只有单独的似脸的形状出现在中性色彩时才会提高迁移。

以上两项研究探讨的都是正性情绪对学习的促进作用。由于日常教育经验和临床实践告诉我们,强烈的负性情绪如焦虑、考试恐惧或者抑郁会对学习产生有害的效应,因此,在课堂教学的研究中都会尽量避免设置负性情绪条件。然而,在实际生活中,学生会在各种各样的情绪和心境下持续地学习知识和获得技能,因此,Brand, Reimer和Opwis(2007)进一步考察了负性情绪在学习中的作用。他们通过要求被试回忆高兴或者悲伤的生活事件并在15分钟的时间里写出来,来诱发正性和负性情绪。在实验一中,他们要求54名被试学习解决三个或者四个盘子的河内塔问题并达到精通,在不同被试组分别诱发了正性或者负性情绪后,要求他们再去解决一个只需近距离迁移的五个盘子的河内塔问题,并去解决两个需要远距离迁移的问题。结果发现,负性情绪组被试的迁移效应低于正性情绪组。在实验二中,他们要求80名被试接受有关护士的学习培训,他们发现,当在学习材料之前就诱发被试的正性和负性情绪时,负性情绪组比正性情绪组被试不仅需要更多的重复才能达到精通水平,而且他们在迁移任务中的成绩也较差,重复了实验一的结果,说明正性情绪有助于人们学习解决河内塔等的创造性问题。

然而,遗憾的是,由于以上所述的课堂教学研究并不是针对具体的情绪理论来进行的,这些研究结果还停留在现象的描述上,尚不能清晰地说明正性情绪是通过何种途径来促进学习的(Leutner, 2014)。为了深入探讨情绪影响外显学习的认知机制,多数研究采用了相对简单的适合在实验室情境下进行的任务。目前,已有大量研究表明,情绪刺激会导致比中性刺激更好的记忆成绩,这一现象被称为情绪提高记忆(emotion enhanced memory, EEM)。并且,已有研究表明,诱发情绪的愉悦度和激活度都可以促进记忆效果的提高。例如,人们对高唤醒度的负性刺激的记忆要显著好于中性刺激,并且,即使在唤醒度很低时,人们对正性或者负性刺激的记忆也好于中性刺激(Kang, Wang, Surina和Lü, 2014)。此外,人们对学习材料的记忆还受他们在记忆材料时的心境(即记忆的情境依赖性),或者记忆材料与心境的一致性(即记忆的心境一致性)的影响(Blaney, 1986)。由于在第七章中会详细介绍情绪如何影响记忆,所以下面我们将重点介绍情绪如何影响学习过程中的认知灵活性。

为了探讨情绪对学习过程中认知灵活性的影响,研究者考察了情绪在创造性问题解决中的作用。例如,在"蜡烛"问题中,给予被试一支蜡烛、一盒大头钉和一包火柴,要求将蜡烛固定在墙上,从而让它燃烧时不至于把蜡烛油滴到桌子上或者地板上。为了解决这个问题,人们需要从盒子里取出大头钉,把盒子作为放置蜡烛的平台固定在墙上,但是平时并不常用这种方式来使用大头钉盒子。有关大学生和青少年的研究都发现,正性情绪组的被试完成的情况显著好于控制组被试,说明正性情绪有助于人们打破思维的定势,提高认知加工的灵活性(Ashby, Isen & Turken, 1999)。再如,在远距离联想任务中,给予被试三个词语或字(如毯、眉、发),要求被试想出一个与这三个词汇都相关的词语或字(如毛)。以大学生和执业医师为被试的研究都表明,正性情绪可以提高人们远距离联想的准确性,有助于提高创造性问题解决的成绩(Ashby等,1999)。还有研究发现,当给被试学习一系列的词表,每一词表中包含的词汇(如枕头、床、休息、醒着、梦)会与一个单词(如睡眠)相关时,被试在正性情绪和控制条件下会比在负性情绪下回忆出更多地与词表有关的单词(Storbeck & Clore, 2005)。这些结果与"情绪即信息"理论相一致,说明在负性情绪下人们会自下而上地专注于对具体内容的加工,而在正性情绪下人们会自上而下地更倾向于对内容关系的加工(Clore, Gaspe & Garvin, 2001; Gaspe & Clore, 2002; Shang, Fu, Dienes & Fu, 2013)。

此外,由于类别学习与认知的灵活性有关,因此,对类别学习的研究也非常适合探讨情绪对认知的影响。Nadler, Rabi和Minda(2010)发现,正性情绪会提高基于规则的外显类别学习成绩,而不会提高基于信息整合的内隐类别学习成绩。他们采用音乐和视频材料来诱发被试正性、中性和负性的情绪状态,然后让不同情绪状态的被试来分别学习基于规则的和需要信息整合的类别材料。对于基于规则的类别材料,要求被试在学习中根据格栅的频率分布找到一个规则,并根据这一规则来判断刺激的类别,每次判断都会给予正确或错误的反馈;而对于需要信息整合的类别材料,则要求被试对格栅的朝向和频率分布都要进行评定,并且实际上无法用言语来说明类别判断的最佳标准,每次判断后也会给予正确或错误的反馈。结果发现,在基于规则的类别学习中,正性情绪组的学习成绩显著好于中性和负性情绪组;但是,在需要信息整合的类别学习中,不同情绪组被试的学习成绩差异不显著(见图10.1)。由于在学习第一个组段时所诱发的情绪状态最强,并且最需要认知的灵活性,所以他们还分析了在第一个组段中每个被试的反应策略。结果发现,在基于规则的类别学习中,正性情绪组比中性和负性情绪组会更多地使用单一维度规则的策略;而在需要信息整合的类别学习中,正性情绪组也会比中性和负性情绪组更多地使用信息整合的策略。这一结果说明,在基于规则和需要信息整合的类别学习中正性情绪组的被试会比中性和负性情绪组的被试更多地采用最佳的学习策略,表现出更大的认知灵活性。由于基于规则的类别学习通常被认为是外显的有意识学习,与前额叶和内侧颞叶等构成的外显学习系统有关,而需要信息整合的类别学习通常被认为是内隐的无意识学

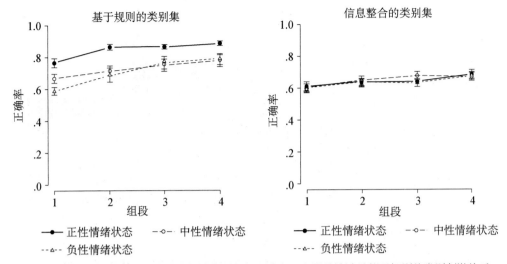

图 10.1 三种心境条件下人们在不同组段的反应正确率。左图是被试对基于规则的类别刺激的反应正确率,右图是被试对非规则的信息整合的类别刺激的反应正确率,误差线是标准误(引自 Nadler, Rabi 和 Minda, 2010)。

习,与视觉皮层和基底神经节等区域构成的内隐学习系统有关,因此,上述研究结果也表明情绪状态对内隐学习和外显学习可能具有不同的作用。

10.1.2 情绪对内隐学习的影响

内隐学习(implicit learning)即无意识学习,指有机体在与环境接触的过程中不知不觉获得了一些经验并因之改变其事后某些行为的学习(郭秀艳,2004),包括序列学习、人工语法学习等研究范式。在序列学习中,通常一个刺激会在四个不同的位置出现,被试需要根据刺激出现的位置进行反应,被试不知道的是刺激出现的位置顺序是有规律的。研究结果通常发现,当改变刺激出现的位置序列时,被试不仅反应时变慢而且错误也会增加,说明被试学到了有关刺激出现顺序的序列知识;但是,外显测验的结果却表明,被试报告刺激的出现没有规律,被试不能有意识地报告刺激出现位置的序列,或者即使可以生成这一序列但是却不能随意控制这一序列的生成,说明被试学到的序列知识是无意识的(张卫,2000;Fu, Bin, Dienes & Fu, 2013)。为了揭示情绪状态与内隐学习的关系,Naismith, Hickie, Ward, Scott 和 Little(2006)首次比较了抑郁症患者与正常被试的内隐序列学习成绩。结果发现,抑郁症患者的内隐序列学习成绩明显低于正常被试的学习成绩,并且这一成绩与自我报告的情绪障碍和焦虑特质的得分显著相关,说明负性情绪可能降低内隐序列学习的成绩。然而,最近一项研究则未能重复这一结果,该研究采用情绪图片来诱发被试的正性和负性情

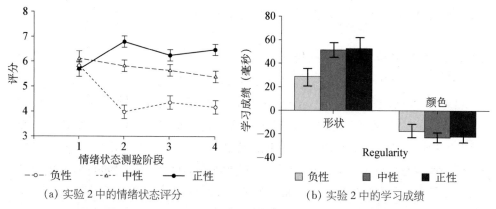

图 10.2 不同情绪组被试的心境评定分数和序列学习效应。(a)不同情绪组被试的心境评定分数，(b)不同情绪组被试的对二阶序列(shape)和一阶序列(color)的序列学习效应
改编自 Shang, Fu, Dienes & Fu (2013).

绪状态,结果发现,情绪状态对内隐序列学习成绩的影响不显著,并且,负性情绪不是降低而是提高内隐学习中人工语法学习的成绩(Pretz, Totz & Kaufman, 2010)。

在人工语法学习中,通常在学习阶段呈现一系列的字符串,要求被试去记忆这些字符串,被试不知道的是字符串其实是按照一定的语法规则生成的。研究结果一般发现,在测验阶段要求被试判断所呈现的字符串是否遵循了学习阶段的语法规则时,被试的分类成绩要显著高于随机水平,说明被试无意识地学到了生成字符串的语法规则(Wan, Dienes & Fu, 2008)。由于在人工语法学习中,人们通常学到的主要是包含两个字母的组块,即关于一个刺激后面跟随哪个刺激的最为简单的序列关系;而在内隐序列学习中人们需要学的是一个二阶序列,即关于两个刺激后面跟随哪个刺激的更为复杂的序列关系。因此,我们推论,情绪状态对内隐序列学习的影响可能取决于学习材料中序列关系的复杂性(Shang, Fu, Dienes & Fu, 2013)。为了验证这一假设,Shang 等(2013)采用音乐等来诱发被试正性、中性和负性的情绪状态,并且设置了包含一阶序列(根据前面一个刺激来预测后面出现的刺激)和二阶序列(根据前面两个刺激才可以预测后面出现的刺激)的学习材料。结果发现,负性情绪会降低被试对复杂的二阶序列的内隐学习成绩,但不会影响被试对简单的一阶序列的内隐学习成绩,说明情绪状态对内隐序列学习的影响受到学习材料复杂性的调节。这一结果与以往有关遗忘症患者的研究相一致,支持"情绪即信息"理论假设,说明负性情绪会降低人们对复杂序列关系的加工。但是,这一研究也发现,正性情绪和中性情绪组内隐序列学习的成绩差异不显著,与"情绪即信息"理论中正性情绪会提高人们对自上而下的内容间关系的加工"的假设不一致。这可能是由于对于正常被试来说,人们通常会处于略微正性的情绪状态,尽管正性情绪组比中性情绪组的愉悦度略高,但是二者的差异还不足以引起内隐学习成绩的显著变化。

10.1.3　情绪影响学习的脑机制

最初在1950年代研究者认为,认知过程受大脑皮层调节,而情绪加工则受边缘系统调节。但是很快研究者发现,边缘系统的一个主要结构海马损伤会导致非常严重的长时记忆受损等学习障碍,说明这种观点是错误的,之后,研究者主要探讨了恐惧的条件反射学习的脑机制。在巴甫洛夫经典的条件反射的研究中,条件刺激(conditional stimulus, CS)经过多次与无条件刺激(unconditional stimulus, US)配对出现,会获得无条件刺激的情绪特征。例如,当让一只老鼠听到一个声音(CS)后接着受到一次电击(US),在声音和电击配对出现几次后,老鼠只听到声音时也会出现自卫反应。有关动物尤其是啮齿类动物的研究表明,杏仁核在恐惧学习中具有重要作用。之后在1990年代,有关人类被试的研究也进一步证实,杏仁核是恐惧学习发生的重要条件。例如,杏仁核受损的病人对面孔或者声音刺激中情绪的分辨力受损,并且恐惧学习的成绩降低;而脑功能成像的研究也表明,不仅生气或者恐惧的面孔比高兴的面孔引起更强的杏仁核激活,恐惧学习也会引起杏仁核活动的提高(LeDoux, 2000)。杏仁核接收每个感觉通道感觉区的信号,并且有通向负责知觉、注意和记忆功能的脑区的投射,可以确定感觉刺激是否存在危险。当杏仁核由丘脑或者皮层感知到的事件激活时,它可以调节它所投射到的脑区的活动,控制来自大脑的信息类别;此外,杏仁核还可以通过与不同"唤醒"网络的联接来间接地影响大脑皮层的感觉加工。因此,传统观点认为,皮层下通路会迅速将刺激特征的粗糙信息传到杏仁核,再进入主要感觉皮层,参与情绪加工的时间较早;而皮层通路则会将精细加工的皮层信息传达到杏仁核,但会有一个时间上的延迟,参与情绪加工的时间较晚。有研究发现,对于人类而言,杏仁核受损会干扰内隐情绪记忆但不会影响外显情绪记忆,而内侧颞叶的受损会破坏外显情绪记忆但不影响内隐情绪记忆(LeDoux, 2000)。

近年来,随着脑成像技术的发展,研究者对情绪影响学习中认知加工的神经机制有了更深入的了解。例如,采用fMRI等具有较高空间分辨率的脑成像技术的研究表明,对于具有强烈情绪色彩的视觉、听觉和嗅觉刺激,会增强由通道特异的感受区、皮层下区域(特别是杏仁核)和前额叶组成的分布式网络的神经活动;而采用ERP等具有较高时间分辨率的脑成像技术的研究表明,情绪刺激会影响不同阶段的波形,包括时间窗为120—300毫秒之间的成分以及大于300毫秒的成分(Steignberg, Brökelmann, Rehbein, Dobel & Junghöer, 2012)。实际上,大脑皮层对刺激的分析很快,如在不到50毫秒的时间内大脑皮层就可以对感觉区输入的视觉刺激进行一个初步的粗糙分析。更重要的是,前额叶在对刺激的快速加工中起十分重要的作用。

例如,来自人类被试颅内脑电记录的研究表明,前额叶在视觉刺激出现后的30—60毫秒和听觉刺激出现后的45—60毫秒就有反应(Steignberg et al., 2012)。Pessoa和Adolphs(2010)指出,尽管经过上丘和丘脑枕到达杏仁核的皮层下通路通常被认为是对视觉情绪刺激的快速的无意识的加工通路,但是一些解剖学和心理学的实验结果表明这一观点是有问题的:首先,没有证据表明在灵长目动物中存在一个皮层下功能路径;其次,大脑皮层在处理情绪信息中的作用比通常所认为的大得多;第三,对情绪视觉刺激的加工并不比一般视觉刺激的加工快;第四,杏仁核对情绪视觉刺激加工的作用源于其与大脑皮层和皮层下结构的广泛连接;最后,丘脑枕在情绪刺激加工中的作用是通过其与大脑皮层的联接形成的。因此,他们提出了一个修正的理论,认为杏仁核在评估视觉情绪刺激的生理意义时,主要是通过与大脑皮层网络的协同来完成的;并且,是多条视觉通路而非仅仅上丘—丘脑枕—杏仁核来对情绪视觉信息进行快速、粗糙地加工,这些通路可能还包括杏仁核、框额皮层、前脑岛、前扣带回等多个脑区。

以上理论和结果主要是说明情绪刺激是如何影响人脑的神经活动的,但是不能说明被试本身的情绪状态或者诱发的情绪状态是怎样影响人们的学习过程的。尽管研究者对情绪刺激加工的神经机制进行了较为深入的研究,但是,有关情绪状态影响认知加工的相关理论和实证研究还比较欠缺。Ashby等(1999)首次提出,脑内多巴胺水平的增加可能调节正性情绪对认知加工的效应,情绪状态对学习的影响可能与奖赏对学习的影响具有相同的神经机制。他们认为:1)正性情绪与脑内多巴胺水平的提高有关,但是多巴胺的变化不一定与情绪的快乐体验有关;2)在正性情绪条件下,至少认知加工的某些变化是由多巴胺水平的提高引起的。他们进一步罗列了支持多巴胺水平调节正性情绪影响认知加工的证据:首先,在呈现奖励刺激后多巴胺会得到释放,对人类被试而言,奖励是与正性情绪紧密相关的;其次,模拟多巴胺作用的药物或者增加多巴胺活动的药物会提高情感体验;第三,多巴胺对抗药会抚平情绪体验;第四,多巴胺的释放和正性情绪都与运动活动的增加有关。该理论认为,正性情绪有助于创造性问题的解决,就是由于前扣带回中多巴胺释放的增加提高了认知的灵活性,从而促进了认知观点的选择。然而,值得指出的是,尽管研究者认为多巴胺与情绪加工有关,但是这无法排除思维和计划等认知加工在其中的作用。

10.2 情感化学习

10.2.1 什么是情感化学习

日常生活中,我们周围的一切事物都充满情感色彩。一些情绪反应是与生俱来的。例如,无需学习,婴儿就会对巨大的声响表现出恐惧,或者表现出呼吸困难(Gerrig & Zimbardo, 2002/2003, p. 352)。人类经过漫长的进化,能够迅速分辨某些事物(例如蛇)是"令人愉快的"还是"令人不愉快的"(Öhman & Mineka, 2001)。前人研究发现,与花朵等中性图片相比,三岁的婴儿能够在九宫格之中较快地找出蛇或蜘蛛的图片(LoBue, Rakison & DeLoache, 2010),尽管婴儿从未接触过蛇和蜘蛛,说明婴儿能够分辨威胁性刺激和中性刺激。

虽然很多情绪反应是天生的,但有时人类可以通过自身与环境的交互,将环境中的互相关联的事件迅速结合起来,使一个先前不能诱发情绪反应的刺激获得诱发情绪的能力。当一个中性刺激(条件刺激,CS)与一个会引发情感反应(例如,导致个体情感状态改变)的刺激(无条件刺激,US)多次配对出现,之后这个中性刺激就具备了引起情感反应的能力,即这个中性刺激获得了情感效价,这个过程就是情感化学习(affective learning; Blessing et al., 2012; Bliss-Moreau, Barrett & Wright, 2008; Lim, Padmala & Pessoa, 2008; Lipp & Purkis, 2005)。情感化学习在心理学研究中有很长的历史,属于经典条件反射的一种(Gazzaniga, Ivry & Mangun, 2009/2011, p. 320;刘爱萍,李琦和罗劲,2012)。然而,不同研究者对这一学习过程的命名并不统一:有研究用评价性条件反射(evaluative conditioning)(Gast, Gawronski & De Houwer, 2012;刘爱萍等,2012;赵显,李晔,刘力,曾红玲和郑健,2012)或评价性学习(evaluative learning)(De Houwer, Baeyens & Field, 2005; Lipp & Purkis, 2006),也有用厌恶性学习(aversive learning)或恐惧条件反射(fear conditioning)(Morris, Friston & Dolan, 1997; Pessoa, 2010; Sehlmeyer 等,2009;吴润果和罗跃嘉,2008)以及社会条件反射(social conditioning)(Davis, Johnstone, Mazzulla, Oler & Whalen, 2009)。这些研究都是将条件刺激和情绪性刺激重复配对呈现,导致条件刺激具有情绪效价,只是对同一过程使用了不同的术语(De Houwer 等,2005)。

情感化学习研究使用的刺激类型很多,如视觉刺激(Aguado et al., 2012; Olson & Fazio, 2001, 2006;赵显等,2012)、听觉刺激(Bliss-Moreau, Owren & Barrett, 2010)、味觉刺激(Zellner, Rozin, Aron & Kulish, 1983; Baeyens, Eelen, Van Den Bergh & Crombez, 1990)、触觉刺激(Hammerl & Grabitz, 2000)、跨通道刺激(Steinberg, Bröckelmann, Rehbein, Dobel & Junghöfer, 2013; Todrank, Byrnes, Wrzesniewski & Rozin, 1995)等。大部分研究使用的条件刺激都是中性刺激,也有少数研究使用的条件刺激也是情绪性的,如表情(Morris, Friston & Dolan, 1997; Morris, Öhman & Dolan, 1998)。

情感化学习在日常生活中有广泛的应用,由情感化学习产生的情绪和个人偏好很难通过有意识的推理来消除(Gerrig & Zimbardo, 2002/2003, p. 169)。例如,做成大便形状的冰淇凌放在马桶形状的容器里,你会吃吗?如果你知道一个装果汁的杯子被错误地标记成了农药,你还愿意喝这个杯子中的果汁吗?也许你会说"不"。因为这些食物的形状,或者标签,诱发了恶心的情绪反应。食物虽然没问题,但和这些表面特征搭配在一起,也就具有了诱发恶心反应的能力。广告商也经常运用情感化学习来宣传产品。例如,请性感的明星来做广告,他们希望明星作为非条件刺激,能够诱发人们的积极情绪反应,使产品作为条件刺激也受到消费者喜欢(Gerrig & Zimbardo, 2002/2003, p. 171)。

10.2.2　情感化学习的分类

按照条件刺激与无条件刺激的呈现顺序,可将情感化学习常用的研究范式分为两种:第一种是前行条件反射过程(forward conditioning procedure, De Houwer, Thomas & Baeyens, 2001),即条件刺激先于无条件刺激呈现,前行条件反射的效果较好,大部分情感化学习的研究都采用这个范式(De Houwer et al., 2001)。第二种是后行条件反射过程(backward conditioning procedure, De Houwer et al., 2001),即无条件刺激先于条件刺激呈现,多用于广告和消费者研究领域。前行条件反射和后行条件反射使用的大多是能引发强烈情感或生理反应的无条件刺激,如电击(Lim et al., 2008; Padmala & Pessoa, 2008)、情绪图片(Gast & De Houwer, 2012;赵显等,2012)。

根据情感化学习的速度,可以将情感化学习分为两类:一类情感化学习经常是通过联合加工(associative process)的方式来进行,生物需要通过大量的经验才能归纳,学习到新的知识,因此学习过程非常慢(Bliss-Moreau et al., 2008; Gawronski & Bodenhaus, 2006; Sloman, 1996; Smith & DeCoster, 2000)。这种情况下,有三个参数可以加强情感化学习的效果:**少量**的条件刺激在**很多个试次**中与**较强烈的威胁或奖赏**匹配呈现(Bliss-Moreau et al., 2008)。这类情感化学习过程是通过强烈的情绪刺激,真实的情绪经历产生的,比较有代表性的是恐惧条件反射和评价性条件反射。另一类情感化学习则通过一个快速的、基于规则(rule-based)的命题加工(propositional process)方式,使用符号表征(例如词语的说明)来学到新知识,学习的速度和效率更高(Bliss-Moreau et al., 2008; Gawronski & Bodenhaus, 2006; Sloman, 1996; Smith & DeCoster, 2000)。这类情感化学习过程缺少真实的情绪经历,只是通过外显的知识(如指导语)来形成情绪反应,以指导性恐惧和最小情感化学习为代表。

恐惧条件反射

恐惧条件反射是一个中性刺激通过与一个令人厌恶的结果匹配,从而让这个中性刺激变得让人厌恶(Gazzaniga, Ivry & Mangun, 2009/2011, p. 320)。Gazzaniga, Ivry 和 Mangun (2009/2011, p. 319)在他们的书中以一个生动的例子介绍了这一现象：

> 请想象这样一个场景。一天,一个年轻人坐火车去上班,与一个素未谋面的乘客攀谈起来。交谈才不到几分钟,不幸的事情发生了——火车撞上了一辆汽车。火车上的乘客都被吓坏了。一些人受了伤,汽车司机当场就死亡了。这个吓坏了的年轻人虽然只有点轻微擦伤,他还是立即下了火车,决定回家镇定一下。几个月后,这个年轻人应邀参加一个鸡尾酒会。在那里,他见到了一个非常面熟的客人,但他没有能够马上认出来他是谁。这位客人开始和他讲话。不知什么原因,这个年轻人突然间觉得很紧张、浑身不自在,于是找理由走开了。后来,年轻人向酒会的主人问起那位客人,才意识到那个人就是火车发生事故时同他攀谈过的乘客。
>
> 尽管那个年轻人开始不能有意识地认出酒会上的那位客人就是火车上攀谈过的乘客,但在酒会上这个人再次同他交谈时,他的情绪反应显示他对这个人是有某种记忆的。他表现出了生理上的唤醒。这让他感觉浑身不自在和紧张。他的身体反应表明这个乘客/酒会客人的视觉形象已经与那不幸的一天以及事故的不幸后果联系在一起。

上面这个例子中,那位乘客是 CS(中性),车祸是 US(令人厌恶的),由于和车祸的关联,使那位乘客变得令人厌恶,预示着威胁,酒会上年轻人看到那个乘客后感到不自在和紧张就是条件反射。恐惧条件反射是探测威胁性刺激的重要能力,是开启自我保护机制的关键,因此对物种的生存非常重要(Sehlmeyer et al. , 2009)。在恐惧条件反射研究中,检测条件反射效应主要通过测量自主神经系统的唤醒或潜在惊吓反应,如心率改变和皮电反应来实现,不需要主观报告来测量,因此实验对象可以是果蝇等动物,也可以是人类(Gazzaniga, Ivry & Mangun, 2009/2011, p. 320),对象选择非常灵活。由于恐惧条件反射的实验对象非常广泛,目前有关情感化学习的神经机制和分子生物学机制的研究主要使用这一方法。

由于恐惧条件反射效应是通过行为或是生理反应间接表达出来的,有研究者认为该学习过程是内隐的。Gazzaniga, Ivry, 和 Mangun 在他们的书中介绍了一项研究,杏仁核损伤的病人虽然能外显地或有意识地报告出恐惧条件反射的各个特征,但不能形成条件反射。由于治疗癫痫症手术,S. P. 病人的双侧杏仁核受损。在学习阶段,研究者给 S. P. 看一张蓝色方块图片(CS),当蓝色图片呈现 10 秒结束时给 S. P.

的手腕施加中等电击刺激(US)。测量皮电反应,发现 S. P. 对电击产生了正常的恐惧反射。但是当只有蓝色方块(CS)出现,而不出现电击时,S. P. 的皮电没有变化,说明她没有形成条件反射。S. P. 实验后报告说她在学习阶段就意识到蓝色方块预示着电击,她对自己没有皮电反应而感到惊奇。但是海马损伤而杏仁核完整的病人对蓝色方块(CS)能产生正常的皮电反应,说明他们学到了恐惧条件反应。但是他们不能回忆起蓝色方块预示着电击,或者连蓝色方块都不记得(Gazzaniga, Ivry & Mangun, 2009/2011, p. 322)。这说明恐惧条件反射的习得和表达是内隐的,不依赖外显记忆。

恐惧条件反射也会导致一种精神疾病——创伤后应激障碍(posttraumatic stress disorder, PTSD)。创伤后应激障碍是指个体由于经历对生命具有威胁的事件或严重的创伤,导致系列精神症状长期持续的精神障碍(安献丽和郑希耕,2008)。地震等大灾难的经历者、救援者通常是 PTSD 的易感人群(陈文锋,禤宇明,刘烨,傅小兰和付秋芳,2009)。PTSD 的典型动物模型是恐惧条件反射。例如,先对动物进行电击刺激(非条件刺激)与声音刺激(条件刺激)的匹配训练,训练后将动物重新置于训练过的环境或者条件线索下,动物会表现出对该整体训练环境和具体条件线索的恐惧(安献丽,王文忠和郑希耕,2009)。因此,对恐惧条件反射的研究有助于治疗和预防 PTSD。

评价性条件反射

在生活中,人们都乐于和喜欢的人交往,而不愿与自己不喜欢的人接触。偏好和态度是心理学研究的热点,评价性条件反射是影响偏好和态度的重要途径(De Houwer, 2007; Walther, Nagengast & Trasselli, 2005)。如前所述,评价性条件反射和恐惧条件反射都是情感化学习的别名。但评价性条件反射与恐惧条件反射不同,恐惧条件反射的无条件刺激是厌恶性的,而评价性条件反射的无条件刺激既有积极的也有消极的(De Houwer et al., 2001; De Houwer, 2007;刘爱萍等,2012)。另外,其他的情感化学习关注外显的行为、生理反应的改变,而评价性条件反射只关注评价的变化(刘爱萍等,2012)。

典型的评价性条件反射研究范式是 Levey 和 Martin 提出的图片-图片范式(引自 De Houwer et al., 2001)。Levey 和 Martin 在实验材料准备阶段,请被试观看 50 张图片,并把它们分成令人喜欢的、不喜欢的,或中性的。然后请被试选出两张最喜欢的图片和两张最不喜欢的图片作为 US,再选出 4 张被试认为中性的图片作为 CS,把每个 CS 和 US 匹配,形成四对 CS - US。另外选出 2 张中性图片组成中性-中性配对作为基线条件。在学习阶段,所有配对的图片将呈现 20 次。在评价阶段,被试给学习过的 10 张图片评分,从 -100(非常不喜欢)到 100(非常喜欢)。结果发现,被试对令人喜欢的US配对过的CS的评价比较积极,而对不令人喜欢的US配对过的CS评价比较消极(De Houwer et al.,2001)。评价性条件反射不仅局限于视觉领域,在味觉、跨感觉通道、触觉领域都发现了评价性条件反射效应(De Houwer et al.,2001;刘爱萍等,2012)。

评价性条件反射可以被应用在消费者研究中。例如,可口可乐公司曾应用评价性条件反射,推出一系列"喝一瓶可乐和一个微笑"("have-a-Coke-and-a-smile")的广告。在这些广告中,可乐品牌名称(CS)和很多微笑着,开心的人的图片重复匹配呈现,可口可乐公司希望这些广告可以提升消费者对品牌的喜爱度(De Houwer,2007)。

评价性条件反射与恐惧条件反射有几点不同。第一,CS并没有获得预测意义,只是获得了US的情绪效价(Walther et al.,2005)。第二,评价性条件反射的非条件刺激既有正性的,也有负性的。第三,恐惧条件反射测量的是行为或者生理反应的变化,而评价性条件反射则是测量评价的变化(刘爱萍等,2012)。

既然评价性条件反射的结果是CS获得了US的情感性评价,那么人们是否是因为意识到CS是和US匹配的,才改变了对CS的评价呢?条件联结觉察(Contingency Awareness)指被试觉察到了中性刺激和情绪刺激的匹配规律(Field & Moore,2005;刘爱萍等,2012)。Hammerl和Fulcher(2005)认为,虽然评价性条件反射与其他经典条件反射范式类似,但评价性条件反射不需要被试意识到CS和US的关系,而经典条件反射的主要观点是在被试意识到US和CS的关系后,学习才会发生。目前已有大量研究探讨评价性条件反射是否需要条件联结觉察,但目前仍存在争议(De Houwer et al.,2001;De Houwer et al.,2005;Jones,Olson & Fazio,2010;刘爱萍等,2012)。赵显等(2012)的研究探讨了US呈现时长、US效价强度、条件联结觉察对评价性条件反射的影响,采用四图再认测验测量CS-US关联意识。发现评价性条件反射只发生在无条件刺激长呈现水平(1 000 ms)和强效价水平的条件下,而且需要条件联结觉察。

指导性恐惧

除了恐惧条件反射之外,还可以通过语言使人们学习刺激的厌恶属性,而且不需要直接的厌恶体验,这就是指导性恐惧(instructed fear;Olsson & Phelps,2004)。例如,一位年轻女士走在路上遇到邻居家的狗,她害怕这条狗,所以决定绕道马路对面。她遇到这条狗时会紧张和害怕可能有两种原因。一个原因是恐惧条件反射,例如这条狗曾经咬过她。这条狗(CS)与被狗咬(US)匹配,导致疼痛和恐惧,从而形成了对这条狗的恐惧反应。另一个可能是指导性恐惧,这位女士并没有被这条狗咬过,是听邻居说这条狗可能会咬人。她的恐惧反应不是基于真实经历,而是基于对这条狗的潜在威胁的外显知识。这种学习能力依赖于海马记忆系统(Gazzaniga, Ivry & Mangun, 2009/2011, p. 324)。

　　Olsson 和 Phelps(2004)使用两张愤怒面孔作为 CS,在学习阶段开始前,给被试呈现其中一张愤怒面孔(CS+)并告诉他们在学习阶段这张面孔会和电击匹配 1—3 次。然后给被试看另一张愤怒面孔(CS-),并告诉他们这张面孔不会和电击匹配。事实上,整个实验根本不会出现电击。结果发现,被试对 CS+ 的皮电反应显著大于对 CS- 的皮电反应。在之后的消退(extinction)阶段,被试被告知这个阶段不会有电击。但他们对 CS+ 的皮电反应还是显著高于 CS-。Rae, De Houwer, De Schryver, Brass 和 Kalisch(2014)的研究得到了类似的结果,并进一步发现,在指导性恐惧的基础上,如果施加真实的厌恶性刺激,会增强恐惧。实验开始前,给被试看三张雪花图案(CS+1, CS+2, CS-),告诉被试 CS+1, CS+2 都会和电击匹配,CS- 不会匹配电击。在学习阶段,CS+1 匹配了电击,而 CS+2 匹配的是一个闪电图片。为了让被试相信所有的 CS+ 都会匹配电击,主试告诉被试,本阶段是帮助他们熟悉实验任务,为了避免疲劳,在"正式"实验开始前,不会施加过多的电击。在测试阶段,告知被试"正式"实验开始,而且在"正式"实验中,所有电击都将呈现。实际上,实验只呈现 CS+1, CS+2, CS-。最后,请被试报告个人恐惧程度(看到这张图片感到有多恐惧)和皮电反应。结果发现,CS+1 比 CS+2 诱发了更大的个人恐惧,但二者诱发的皮电反应没有差异。

最小情感化学习

　　与指导性恐惧类似,Bliss-Moreau 等(2008)认为,为了更好地适应环境,人们根据有限的经验就可以决定是否喜欢一件物品,或一个人。不需要真实情感体验,情感化学习在"最小"(minimal)的学习条件下应该也可以进行,即最小情感化学习。Bliss-Moreau 等(2008)使用最小情感化学习范式,在学习阶段,请被试观看一些中性面孔与句子的配对,要求被试想像屏幕上的人做出句子描述的行为,并记住每个面孔-句子的匹配。行为有积极(如,"在公交车上给孕妇让了座")、消极(如,"偷了盲人的钱")、中性(如,"接了一个电话")三种。在随后的评价阶段,要求被试凭直觉快速判断面孔是积极的、消极的、还是中性的。结果显示与积极句子配对的面孔被判断为积极的百分率显著高于随机水平(0.33),与消极句子配对的面孔被判断为消极的百分率也显著高于随机水平。说明被试在"最小"条件下学到了情感信息。Verosky 和 Todorov(2010)考察了最小情感化学习能否泛化到相似的面孔。他们用 morphing 技术将新异面孔和学习过的面孔进行了合成,并操控了新异面孔占的比例:65% 和 80%。预实验中,被试认为这些合成面孔都是新异面孔。学习阶段之后,被试需要评价学过的面孔和合成的面孔的可信任性。结果发现,含有"积极"面孔的合成面孔比含有"消极"面孔的合成面孔的评价更积极。说明最小情感化学习可以泛化到外貌相似的面孔。Verosky 和 Todorov(2013)进一步的研究发现,当人们不仅依据外貌而且可以依据相关的行为信息来评价面孔时,对新合成面孔的评分依然显示出了情感化学习的泛化:类似消极面孔的合成面孔的评分低于类似积极面孔的合成面孔。而且,在存在认知负荷(记忆任务)的情况下,甚至是在指导语要求不要使用外貌相似性的条件下,情感化学习的泛化效应仍然存在。这说明基于面孔相似性的情感化学习的泛化是自动的。

那么,哪些因素会影响最小情感化的学习呢?Bliss-Moreau 等(2008)探讨了情感化学习效应与大五人格中外倾性和神经质的关系,结果发现,外倾性得分高的被试会更多地将与正性句子匹配的中性面孔判断为正性,即出现更大的积极情感化学习;而神经质得分高的被试却并不会更多地将与负性句子匹配的面孔判断为负性,即不会出现更大的消极情感化学习。Todorov 和 Olson(2008)探讨了情感化学习效应与年龄的关系。结果发现,大学生被试和老年被试的情感化学习效应差异不显著,这说明年龄不会影响情感化学习。尚俊辰(2012)则系统考察了中国被试和美国被试对高加索面孔和亚洲面孔的情感化学习效应。结果发现,中国被试和美国被试都能学到与本族面孔相关的积极和消极的社会性信息,却只能学到与异族面孔相关的消极的社会性信息,这说明情感化学习中存在异族效应。

目前,有关最小情感化学习的研究不多,而且有两个问题仍然存在争议:

第一,既然最小情感化学习是依据外显知识来形成的,那么是否与记忆有关?被试可能并不认为面孔是积极的或消极的,而只是根据面孔来回忆面孔所匹配过的句子,然后再根据句子的情绪效价来评价面孔?如果是这样,那么如何判断是最小情感化学习效应还是外显记忆呢?有些研究认为,情感化学习效应不依赖外显记忆。例如,海马损伤的病人的外显记忆受损,但表现出与正常人类似的最小情感化学习效应(Todorov 和 Olson,2008)。Bliss-Moreau 等(2008)也提到,由于判断阶段被试需要尽可能快速地做出自己的直觉反应,或者对面孔做快速判断,被试不大可能外显地回忆出面孔曾经匹配过的句子。Bridge, Chiao 和 Paller(2010)发现被试对句子的源记忆处于随机水平,认为最小情感化学习可能不依赖于对句子的记忆。Blessing 等(2012)对比了阿尔兹海默症患者和健康被试的情感化学习效应,为最小情感化学习不依赖于外显记忆提供了更直接的证据。他们发现,经过学习面孔-情绪句子配对之后,阿尔兹海默症患者和健康被试对面孔的评价都发生了与情绪句子效价对应的改变,说明阿尔兹海默症患者和健康被试都产生了情感化学习效应。过了190分钟后,呈现学习过的面孔和新异面孔,并请被试再认哪些面孔是学过的,并回忆出对应的句子。阿尔兹海默症患者对面孔的再认成绩处于随机水平,而且不记得任何句子。但健康被试可以再认出部分面孔,并回忆出一部分句子。这说明阿尔兹海默症患者的情感化学习效应不依赖于外显记忆,但健康被试则会受到外显记忆的影响。因此,为了排除外显记忆对最小情感化学习的影响,未来的研究应在判断阶段之前加入分心任务,或者在实验结束后加入记忆检测任务。

第二,最小情感化学习效应的衡量标准是什么?前人研究中,测量情感化学习效应的标准有两种:一个是面孔被分别判断为积极、中性、消极的百分率(Bliss-Moreau et al.,2008);二是对面孔的评分(Davis et al.,2009;Todorov & Olson,2008;Verosky & Todorov,2010,2013)。迄今为止,研究者们只选择二者之一作为因变量,还未曾探讨过两种指标在不同情况下的适用性。

尚俊辰(2012)探讨了最小情感化学习的衡量标准问题。用百分率作为因变量时,需要把各条件下面孔被分别判断为积极、中性、消极的百分率与随机水平0.33比较(Bliss-Moreau et al.,2008)。例如,如果与消极句子匹配过的面孔被判断为消极的百分率高于0.33,则说明人们学到了消极情感信息,否则就认为没有学到。将面孔判断为某个情绪效价的百分率与0.33对比的方法确实比较严格,但这种方法忽略了所有低于随机水平的数据。如果情感化学习的面孔外貌(facial appearance)也是一个自变量,这种方法就存在缺陷。假如实验材料分为高信任度面孔和低信任度面孔两类(Todorov & Olson,2008),由于面孔的初始评价不同,经过情感化学习后,两类面孔的评价也会有差异。可能低信任度面孔即使与积极句子匹配后的评价也就是中性面孔的水平。如果用0.33为衡量指标,我们可能会忽略掉低信任度面孔的积极情感化学习效应。这样就不能分析人们对面孔的评价有多少来自外貌,多少来自情感化学习。

相比之下,评分法具有一定的灵活性,因为它不考虑百分率是否高于随机水平。例如,Todorov和Olson(2008)发现,外貌会与情感化学习效应一起影响人们对面孔的评价。对高信任度和低信任度的面孔进行情感化学习后,人们仍然认为高信任度的面孔比低信任度的面孔更加可爱,更加值得信任。此外,与积极句子匹配过的低信任度面孔的评分显著高于和消极句子匹配过的低信任度面孔。高信任度的面孔与低信任度面孔的趋势一致。

10.2.3 情感化学习的认知神经科学研究

情感化学习的神经机制研究以恐惧条件反射范式为主。Sehlmeyer等(2009)的元分析研究发现,参与恐惧条件反射的脑区是杏仁核(amygdala)、脑岛(insula)以及前扣带回(anterior cingulated cortex)。吴润果和罗跃嘉(2008)对恐惧条件反射的神经回路进行了总结:杏仁核中的外侧核、基底核、附属基底核和中央核是最为相关的脑区。以声音为条件刺激的恐惧条件反射为例,作为条件刺激的声音信息由听觉丘脑和听觉皮质传送到外侧核;这时作为非条件刺激的电击带来的痛苦感受也由脊髓—丘脑通路到达了外侧核。外侧核负责整合来自大脑多个区域的信息,使恐惧反射中的联结得以形成。接着,外侧核将信息投射到中央核。最后信息经过脑干到达身体各部的效应器,引发条件反射(Gazzaniga, Ivry & Mangun, 2009/2011, p.321;吴润果和罗跃嘉,2008)。

恐惧条件反射和指导性恐惧都可以引起人的恐惧条件反应。Mechias, Etkin 和 Kalisch(2010)用元分析比较了指导性恐惧和恐惧条件反射激活的脑区,发现在指导性恐惧任务中,背内侧前额叶皮层的前部(rostral dmPFC)被激活;在恐惧条件反射任务中,背内侧前额叶皮层/背侧前扣带回的后部(posterior dmPFC/dACC)被激活,说明其与指导性恐惧所激活的脑区有一定重叠。

有些研究探讨了最小情感化学习的神经机制。Davis 等(2009)的 fMRI 研究发现,在学习阶段,与中性句子匹配学习的人脸相比,腹内侧杏仁核(medial ventral amygdala)和背侧杏仁核/无名质(dorsal amygdala/substantia innominata)对与消极和积极句子匹配学习的人脸的反应显著增强,但是腹部外侧杏仁核(lateral ventral amygdala)对消极句子匹配人脸的反应最强,其次是积极句子匹配的人脸,对中性句子匹配的人脸的反应则最弱。Baron 等(2011)发现,与不匹配句子的面孔相比,背内侧前额叶皮层(dmPFC)对与积极句子和消极句子匹配的面孔反应更强烈。而且背内侧前额叶皮层的活动程度与学习的绩效相关。另外,Todorov 和 Olson(2008)考察了海马(hippocampus)损伤病人和海马及左侧杏仁核(left amygdala)还有颞极(temporal pole)都受损的病人,海马损伤病人的情感化学习效应与正常被试相同,但是海马和左侧杏仁核以及颞极都受损的病人没有表现出学习行为。以上研究说明海马、杏仁核、颞极是参与最小情感化学习的重要脑区。

10.2.4 情感化学习效应对认知的影响

大量研究发现,情绪影响知觉、注意、记忆等认知过程(Clore & Huntsinger, 2007; Storbeck & Clore, 2005;刘烨,付秋芳和傅小兰,2009)。例如,情绪信息(面孔表情、情绪词、情绪图片)在视觉搜索任务、空间线索任务和注意瞬脱任务中都能捕获注意(Vuilleumier & Huang, 2009)。情绪信息在无意识下也具有加工优势(徐茜和蒋毅,2012)。Fang 和 He(2005)使用连续闪烁抑制任务发现,情绪刺激可以在无意识情况下得到加工。恐惧面孔比快乐和中性面孔都更快地进入意识(Yang, Zald & Blake, 2007)。由于条件刺激(CS)经过情感化学习后,获得了无条件刺激的情绪效价,那么条件刺激在认知过程中是否具有类似情绪刺激的性质呢?近年来,大量研究表明,情感化学习效应能够影响对条件刺激的认知。

情感化学习效应对嗅觉、听觉认知的影响

Li,Howard,Parrish 和 Gottfried(2008)将物理性质完全相同的两种气味(同分异构体)中的一种与电击配对呈现后,被试就可以分辨这两种气味。fMRI 结果发现,经过情感化学习,这两种气味在初级嗅觉皮层诱发的神经活动也有显著性差异。

最近的一项研究首次把情感化学习引入了听觉研究(Bliss-Moreau et al.,2010)。学习阶段,被试先听到一些由男性朗读的积极、消极或中性词。然后,完成一个序列评价启动任务,听到一个由学习阶段朗诵者朗读的中性词,再评价目标词。结果发现了启动的反转效应,例如,当学习阶段读"兴奋"(正性词)的朗诵者在启动任务中读"座位"作为启动刺激时,被试判断"小猫"为正性的反应时显著长于判断"税负"为消极的反应时。而且,学习阶段朗读不同情绪词的声音全部被评价为中性,说明启动的反转效应不是基于被试的策略和外显的反应。这个研究表明,朗诵者的声学特征经过学习获得了情感效价,虽然这些声音被评价为中性,但目标词的加工还是受到了启动词声音的影响。

情感化学习效应对视觉认知的影响

Padmala 和 Pessoa(2008)把一个低对比度的 Gabor 线条图和电击配对,发现在随后任务中,被试会既快又准地探测到和电击配对呈现过的线条图,视觉皮层中的 V1 区对这些刺激的反应也明显增强。Lim 和 Pessoa(2008)发现,情感化学习还可以影响表情识别。在他们的实验中,有强度是 100% 的恐惧和中性两种表情,每种表情有浅红色和浅蓝色两种颜色。在学习阶段,只有某一个颜色的恐惧面孔会和电击配对呈现。之后,请被试完成一个表情识别任务,快速判断面孔是恐惧的还是中性的。在表情识别任务中,恐惧图片的表情强度会从 0 到 100% 递增。结果发现,被试更多地把与电击匹配过的那种颜色的面孔判断为恐惧(限于恐惧表情强度在 40%~60% 范围内的面孔),这说明情感化学习增强了人们对条件刺激的敏感性。

Anderson,Siegel,Bliss-Moreau 和 Barrett(2011)探讨了情感化学习对双眼竞争中面孔视觉加工的影响。使用最小情感化学习范式时,学习阶段共有 30 个中性面孔-句子进行配对,每个面孔-句子配对重复出现 4 次。在之后的双眼竞争任务中,被试的左眼和右眼分别会看到面孔,或者房子。记录被试分别看到"面孔","房子"或二者混合的时间。结果表明,与消极句子匹配呈现过的面孔,在双眼竞争任务中占知觉主导的时间(只看到面孔的时间)显著长于其他类型的面孔,这说明情感化学习以自上而下的方式影响视觉加工。换言之,我们对于他人的了解不仅会影响到我们对他们的感觉和看法,而且影响我们是否能在第一时间看到他们。

以上研究的条件刺激都是与反应任务有关的。Damaraju,Huang,Barrett 和

Pessoa(2009)发现,即使条件刺激与反应任务无关,也可以影响视觉加工。实验材料是嵌在黑色或白色圆圈中的恐惧或中性面孔。只有嵌在黑色圆圈中的恐惧面孔(CS+)在学习阶段与电击配对呈现,其他刺激均不和电击匹配。然后请被试数出屏幕上快速呈现的一系列字母中"X"的个数。在每次试验开始后的 300 到 1 000 ms 之间,插入两张相同的面孔。结果发现,视觉皮层的 V1 和 V4 区对 CS+ 的反应最大。另外,Lim 等(2008)在学习阶段时使用恐惧和中性面孔,恐惧面孔与电击配对呈现。之后请被试完成一个字母探测任务,任务难度分为高低两种,背景图片是恐惧或中性面孔,请被试在完成字母探测任务时忽略这个面孔。结果发现,与电击配对过的面孔,虽然与任务无关,但仍在杏仁核和梭状回诱发了较强的活动。不过这个效应只在任务难度低的条件下存在。这说明,只有在大脑认知资源足够加工情感刺激的时候,情感化学习才能影响视觉加工。

10.3 学业情绪

近年来,人们越发认识到情绪在学生学习过程中的重要作用,学业情绪(achievement emotion)的研究应运而生。1998 年,美国教育研究协会(American Education Research Association)召开了主题为"情绪在学生学习与成就中的作用"的学术年会,来自世界各地的学者就学业情绪研究进行了深入探讨。但是,早前研究对消极学业情绪的关注较多,而与成就感相关的其他情绪研究则很少(Pekrun, Goetz, Titz & Perry, 2002)。2002 年,美国的《教育心理学家》(*Educational Psychologist*)杂志刊发了一期由 8 篇文章组成的学业情绪的研究专栏。自此,学业情绪研究日益引起学界的关注,并成为教育心理学和情绪心理学的研究热点。2011 年,美国的《当代教育心理学》(*Contemporary Educational Psychology*)杂志开设了"学生的情绪与学习参与"专栏,标志着学业情绪的研究已经进入全新阶段。

10.3.1 什么是学业情绪

Pekrun 等人(2002)最早提出学业情绪的概念。他们将学业情绪定义为与学业学习、课堂教学和学业成就直接相关的各种情绪,特别是与成功或失败相关的那些情绪。俞国良和董妍(2005)认为,学业情绪是指在教学或学习过程中,与学生学业相关的各种情绪体验,包括高兴、厌倦、失望、焦虑、气愤等。学业情绪不仅包括学生在获悉学业成功或失败后体验到的各种情绪,还包括学生在课堂学习中、在日常做作业过程中以及在考试期间的情绪体验等。还有学者提出,学业情绪是学生在学习情境中产生的与学业相关的各种情绪体验(桑青松和卢家楣,2012)。概而言之,学业情绪指的是影响学生学习过程和学业成就的各类情绪。

研究者对学业情绪的结构和种类进行了分析。Pekrun 等人(2002)根据唤醒度和愉悦度这两个维度把学业情绪划分为四种类型:积极高唤醒度情绪(positive high arousal emotions),包括高兴、希望和自豪;积极低唤醒度情绪(positive low arousal emotions),即放松;消极高唤醒度情绪(negative high arousal emotions),包括气愤、焦虑和内疚;消极低唤醒度情绪(negative low arousal emotions),包括无助和无聊。董妍和俞国良(2007)的研究也证实了上述学业情绪的四分法。Govaerts 和 Gregoire(2008)研究发现,学生的学业情绪可分为六种:愉快、希望、骄傲、焦虑、羞愧以及受挫。

学业情绪具有三个特征(Efklides,2005):①多样性。在学习的过程中,学生会体验到各种不同的情绪经验,既包括对认知加工过程监控和调节的情感,也包括直接促进或者延迟学生学习行为的情绪。②情境性。学业情绪会受到学习任务及其要求的影响,不同的学生在不同的学习情境下会产生不同的学业情绪。③动态性。在学习过程中,学业情绪会随着学习任务和学习情境的变化而改变。

10.3.2 学业情绪的测量

目前主要采用问卷法来测量学业情绪。Pekrun 等人(2011)编制了学业情绪问卷(The Achievement Emotions Questionnaire,AEQ)。该问卷既可以测量一般学业情绪(特质学业情绪),又可以测量某个具体课程的学业情绪,还可以测定某个特定时间的学业情绪(状态学业情绪)。问卷共有 232 个项目,分为课堂相关情绪量表(测查 8 种情绪,80 个项目)、学习相关情绪量表(测查 8 种情绪,75 个项目)和考试相关情绪量表(测查 8 种情绪,77 个项目)三部分,共计有 24 个分量表。AEQ 的三个部分可以分开使用,也可以同时使用。量表采用 5 点计分,从"非常反对"到"非常同意",分别记 1—5 分。赵淑媛和蔡太生(2012)对 AEQ 进行了中文版修订。结果表明,AEQ 中文版具有较高的信度和良好的结构效度。Lichtenfeld 等人(2012)还研制出了质量较高的学业情绪问卷(小学版)(The Achievement Emotions Questionnaire-Elementary School,AEQ-ES)。

青少年学业情绪问卷由国内学者董妍和俞国良(2007)研制。该问卷共 72 个项目,包括四个分问卷:积极高唤醒分问卷(测查自豪、高兴和希望 3 种情绪,共 16 个项目),积极低唤醒分问卷(测查满足、平静和放松 3 种情绪,共 14 个项目),消极高唤醒分问卷(测查焦虑、羞愧和生气 3 种情绪,共 17 个项目)和消极低唤醒分问卷(测查厌倦、无助、沮丧和心烦 4 种情绪,共 25 个项目)。问卷采用 5 点计分,从"完全不符合"到"完全符合",依次记 1—5 分。研究显示,四个分问卷的 Cronbach α 系数介于 0.78~0.92 之间,分半信度介于 0.71~0.82 之间;问卷具有较好的效标关联效度。

大学生一般学业情绪问卷(马慧霞,2008)由羞愧、焦虑、气愤、兴趣、愉快、希望、失望、厌烦、自豪和放松等10个分测验组成。研究表明,各个分测验的Cronbach α系数在0.64~0.89之间,重测信度在0.56~0.87之间;10种情绪又分属于消极高唤醒(羞愧、焦虑和气愤)、积极高唤醒(兴趣、愉快和希望)、消极低唤醒(失望和厌烦)、积极低唤醒(自豪和放松)四个维度;各分测验之间以及与积极情感量表、消极情感量表、中国大学生适应量表总分呈中度相关。

在今后的研究中,可综合利用观察法、问卷法、实验法和神经心理学方法,从多个角度对学业情绪进行研究(徐先彩和龚少英,2009)。系统观察和录像技术可以用来分析教师和学生在课堂中不断变化发展的情绪,ERP和fMRI等方法能对情绪过程中所包含的认知和情感成分进行实时测量。

10.3.3 学业情绪的影响因素

个体因素

性别 学业情绪的性别差异显著。研究发现,初中男生的积极学业情绪多于女生,女生的消极学业情绪多于男生(董妍和俞国良,2007;陈京军,吴鹏和刘华山,2014);学习不良青少年女生比男生有更多的沮丧学业情绪(Hankin & Abramson,1999)。学业情绪的性别差异与学科有关:在数学学习中,男生有较多的积极情绪,女生有较多的消极情绪(熊俊梅,龚少英和Frenzel,2011);而在语文和英语学习中,男生有较多的消极情绪,女生有较多的积极情绪(徐速,2011)。大学生学业情绪的性别差异正好相反:男生体验到的消极学业情绪比女生多(赵淑媛,蔡太生和陈志坚,2012)。

年级 学业情绪的年级变化主要表现为:积极情绪随年级的升高而下降,消极情绪随年级的升高而上升(陈京军,吴鹏和刘华山,2014)。例如,有研究表明,六年级学生在语文、数学和英语三个学科中的积极学业情绪显著高于八年级学生,八年级学生在数学和英语学科中的消极学业情绪显著高于六年级学生(徐速,2011);初中生的积极学业情绪多于高中生,消极学业情绪少于高中生(董妍和俞国良,2007)。还有研究显示,初中二年级是语文学困生学业情绪变化的转折点(薛辉和程思傲,2013)

生源地 研究发现,农村大学生在积极学业情绪上的得分显著高于城市大学生,在消极学业情绪上的得分显著低于城市大学生(赵淑媛,蔡太生和陈志坚,2012)。

认知能力 学生的认知能力与学业情绪有着密切关联。乔建中、谢晓昱和蔡飞(1994)的研究显示,青少年学生的愉快、兴趣、兴奋、满足、喜爱及期待等积极课堂学业情绪与认知行为之间有着显著的正相关,不满、厌烦、怀疑、沮丧、蔑视、忧虑及无动于衷等消极课堂学业情绪都与认知行为之间有着显著的负相关。Goetz, Preckel, Pekrun和Hall(2007)的研究表明,逻辑推理水平不同的学生体验到的学业情绪也不同:高水平学生体验到最多的是高兴,中等水平学生则报告了最多的厌倦,而低水平学生报告了更多的焦虑和愤怒。这可能是因为,对于中等水平的学生来说,其逻辑推理能力和学业成绩既没有低到让他们产生焦虑和愤怒的程度,但也没有达到让他们感到高兴的水平,因此他们体验到了相对较多的厌倦情绪。与之相近,学生的学习成绩对学业情绪也有一定的影响:初中学困生在语文学习中体验到的希望情绪比学优生少,而厌倦情绪比学优生多(薛辉和程思傲,2013)。

成就目标 成就目标对学业情绪有着重要影响。Pekrun, Elliot 和 Maier(2006)最初的研究发现,掌握目标可以正向预测高兴、希望、骄傲情绪,负向预测厌倦和生气,成绩-接近目标只与骄傲正相关,而成绩-回避目标与焦虑、失望、羞愧正相关。他们后来的研究进一步揭示,成就目标对具体的学业情绪具有预测作用,同时学业情绪也能够预测成绩达成,学业情绪是成就目标与成绩达成之间的调节因素。具体而言,掌握目标可反向预测无聊、愤怒、无助,并通过这三种学业情绪影响学业成绩;成绩-接近目标可正向预测希望、自豪,并通过这两种学业情绪影响学业成绩;成就-回避目标可正向预测愤怒、焦虑、无助,负向预测希望、自豪,并通过这五种学业情绪影响学业成绩(Pekrun, Elliot & Maier, 2009)。Daniels 等人(Daniels, Haynes, Stupnisky, Perry, Newall & Pekrun, 2008)的一项纵向研究显示,那些追求高掌握目标和同时追求高掌握高成绩目标的学生体验到了更多的高兴情绪,报告了较少的厌倦情绪;而追求成绩目标的学生比高掌握目标的学生体验到更多的焦虑情绪,但与追求高掌握高成绩目标的学生并无显著差异。最近的研究发现,如果学生把成绩看做判断任务和个人能力的基础,那么其掌握目标就能预测自豪和希望等学业情绪(Putwain, Sander & Larkin, 2013)。

自我认知 归因方式、学业控制感和学业自我概念等自我认知因素会直接制约学生的学业情绪。①归因方式。Weiner(1985)的成败归因研究表明,对学业成功的内部归因能够正向预测积极的学业情绪。其他研究也发现,不良的归因方式与学生的考试焦虑和失望情绪呈显著正相关(Abela & Seligman, 2000)。②学业控制感。Perry, Hladkyj, Pekrun 和 Pelletier(2001)对 524 名大学生的研究发现,高学业控制的学生报告了更少的厌倦和焦虑情绪,而且更加自信。Pekrun 等人(2002)提出了学业情绪的控制-价值评估理论。他们认为,学生对学习任务的控制和价值的评估是学业情绪的主要来源,控制评估是学生对自己能否完成学习任务,掌握学习材料的评估,其相关因素包括自我效能感、归因方式、成就预期。价值评估则是学生对学习任务重要性和有用性的评估,由过程评估和结果评估两部分组成。只有当学生对学习任务很有兴趣、认为自己有能力达到学习目标并且认为所学的东西是很有价值的时候才会产生高兴这种积极高唤醒的情绪。Pekrun(2006)进一步指出,影响学业情绪的学业控制感主要体现在两方面:环境方面和行为方面。环境控制感主要指环境-结果期望(situation-outcome expectancies),是不需任何自身的努力而环境自动会产生积极的结果,或者是没有采取相应的措施则产生消极的结果,它意味着对结果外部控制的评价。行为控制感包括行为-控制期望(action-control expectancies)和行为-结果控制期望(action-outcome expectancies),前者是指某一行为会被接受和执行的期望(只是简单地对能否产生这一行为的评价),后者是指对一个人的行为所产生结果的期望,如产生积极的结果或者阻止、消除某些消极结果。Ruthig 等人(2008)研究发现,无聊、焦虑可以负向预测学业成绩,且焦虑、无聊和学业控制感存在交互作用;在高学业控制感的学生中,无聊和焦虑水平较高的学生其考试成绩的等级较低,而当学业控制水平较低时则不存在交互作用;较低的学业控制和愉悦情绪能预测学习成绩。由此可见,学业控制感对学业成绩的作用受到学业情绪的调节。③自我概念。研究表明(Goetz, Frenzel, Hall & Pekrun, 2008),学业自我概念在五到十年级学生的学业成绩与学业乐趣之间具有完全中介效应,且具有跨学科和跨性别的一致性。国内研究也发现(陈京军,吴鹏和刘华山,2014),学业能力自我概念在学业成绩与学业情绪之间起完全中介作用,且该中介作用具有跨性别和年级的一致性。女生在数学学习中的消极情绪可能与低数学自我概念有关(熊俊梅,龚少英和 Frenzel, 2011)。

环境因素

学校 学生的学业情绪受到教师和教学等学校因素的极大影响。①教师的教学。有研究发现,学生的课堂情感感受、学生对教师的情感感受,取决于教师的授课水平,与课程性质无关;学生的课堂情绪感受和学生对教师的情绪感受的性质变化,取决于授课水平中的"生动活泼性"(乔建中,谢晓昱和蔡飞,1994)。Pekrun 等人(2002)提出,学生的控制-价值评估体系会受到以下环境因素的影响:课堂教学质量、重要他人对学业的期望、班级整体学习水平、教师反馈、互动学习以及家长同伴的支持。Assor 等人(2005)的研究表明,教师对学生失败的惩罚、不允许学生有独立的观点等消极教学行为会引发学生的愤怒和焦虑情绪。Frenzel, Pekrun 和 Goetz(2007)的研究显示,学生对班级环境的知觉会影响他们的数学学业情绪。在个人水平上,学生对课堂教学质量和班上同学对课程的整体评价的知觉与高兴正相关,与焦虑、愤怒及厌倦负相关;对教师惩罚及教师对失败的消极评价的知觉可以正向预测学生的焦虑和愤怒,而对班级的竞争与合作气氛的知觉则与高兴、焦虑、愤怒、厌倦正相关。在班级水平上,成绩水平高和男生比例高的班级的学生会体验到更多的消极情绪。②教学内容。徐速(2011)的研究发现,六年级与八年级学生表现出对数学等理科科目的更多喜爱和较少厌倦;六年级学生对语文的焦虑程度最高,八年级学生对语文的焦虑程度最低。③教育干预。"班级辅导+教师与家长辅导"的系统心理干预方法可以增加初二学生的正向学业情绪,减少负向学业情绪,并且干预后间隔一个月后仍有延续效应(马惠霞,郭宏燕和沈德立,2009)。通过归因训练改进了高一学生的归因方式,使他们建立了积极、正向的归因模式,使他们的学业情绪得以改善,体验到了更多积极的学业情绪(马慧霞和张寒,2013)。归因训练干预和活动教学法能够有效降低大学生的消极学业情绪、增强大学生的积极学业情绪(马惠霞,林琳和苏世将,2010)。

家庭 家庭因素对学业情绪具有一定的影响。研究表明,父母对学生的期望与其学业情绪有密切关系:父母的期望与愉快和自豪的情绪的产生呈显著正相关,与焦虑、生气和愤怒等情绪的产生呈显著负相关(Frenzel, Thrash, Pekrun & Goetz, 2007)。家庭支持对学业情绪的影响表现出比较强的一致性,家庭支持与积极性情绪存在显著正相关(徐速,2011)。

同伴 同伴因素与学业情绪也有某些关联。①同伴交往。愉快和平静等积极学业情绪与积极的同伴交往有关,而疲倦等消极学业情绪与社会惰化有关、与积极的同伴交往情况呈显著负相关(Linnenbrink-Garcia, Rogat & Koskey, 2011)。②学生群体的性质。学习不良青少年与一般青少年的比较分析显示,学习不良青少年的积极学业情绪显著低于一般青少年、消极学业情绪显著高于一般青少年;学习不良青少年与一般青少年在学业情绪上的差异主要表现在初一、初二和高二、高三年级,学习不良青少年会比一般青少年体验到更多的羞愧情绪(董妍和俞国良,2006)。还有研究发现,学习不良青少年的积极低唤醒学业情绪受学业因素影响最大,普通青少年则受课堂因素和人际因素的影响最大(董妍,俞国良和周霞,2013)。

实际上,个体的认知能力、归因方式、成就目标和学业自我概念等个体因素之间,学校、家庭和同伴等环境因素之间,以及个体因素与环境因素之间存在着相互联系与相互影响,需要更多的研究来深入探究这些因素对学生学业情绪的复杂影响。

10.3.4　学业情绪对学生学习的影响

学业情绪可以显著影响学生的学习动机、学习策略和自我效能等。在学习动机方面,情绪更可能预测掌握目标,而与成就目标无关,特别是消极情绪能够消极预测掌握接近目标(Linnenbrink & Pintrich, 2002)。在学习策略方面,积极情绪更有利于灵活的学习策略的使用,消极情绪则更容易使人采用僵化的学习策略(Pekrun, Goetz, Titz & Perry, 2002);高兴、自豪的情绪与认知、元认知策略呈显著正相关,生气、焦虑、无助、厌倦等情绪与认知、元认知策略呈显著负相关(熊俊梅,龚少英和Frenzel, 2011)。在自我效能方面,学业情绪与学业自我效能感存在显著相关:积极高唤醒情绪、积极低唤醒情绪与学业自我效能感存在显著正相关,消极低唤醒情绪与学业自我效能感存在显著负相关。进一步回归分析的结果表明,自豪、兴趣和放松对学业自我效能感均有显著正向预测作用,其中自豪的预测力最强。也就是说,体验越多积极学业情绪的大学生,自我效能感越高(李洁和宋尚桂,2011)。当然,学业情绪对自我效能的影响可能比较复杂。Turner 等(2002)发现,羞愧能使一部分学生变得对学习更加丧失信心,降低对自己的期望和自我效能;而能使另外一部分学生增加动机,并获得更高的学业成绩。

　　虽然有研究者认为学业情绪尤其是消极情绪与成绩的关系不明确(Lane, Whyte, Terry 和 Nevill, 2005),但是更多的研究发现了学业情绪对学业成就的重要影响。陆桂芝和庞丽华(2008)的研究表明,自豪、高兴、希望、满足、平静、放松与学业成就呈显著正相关,焦虑、羞愧、厌倦、无助、沮丧、心烦与学业成就呈显著负相关;13种学业情绪对学业成就的联合预测达到极其显著的水平,其中"无助"能极其显著地预测学业成就。陈京军和李三福(2010)发现,学业情绪是成就归因与学业成绩之间的中介因素。学业情绪在努力归因和学业成绩之间具有部分中介作用,在情境归因和学业成绩之间具有完全中介作用;学业消极情绪在能力、运气归因与学业成绩之间具有完全中介作用。Pekrun, Goetz, Frenzel 和 Perry(2011)指出,学业情绪对学业成绩有一定的预测作用。赵淑媛、蔡太生和陈志坚(2012)的研究显示,积极学业情绪和学业成绩呈正相关,消极学业情绪和学业成绩呈负相关。常若松、马锦飞和张娜(2013)以学业拖延为反应变量,以积极学业情绪、消极学业情绪为预测变量进行回归分析。结果发现,积极学业情绪和消极学业情绪均能显著预测学业拖延。学业情绪对学业成就的影响既可以是直接的,也可以是间接的。Pekrun 等(2002)提出,情绪对学习和成就的影响可能是通过一系列中介机制实现的,这些中介机制包括学习动机、学习策略、认知资源以及自我调节学习等。Pekrun 等人(2009)的研究发现,学生的学业情绪和他们的控制感和价值评价、动机、学习策略的使用、自我调节学习和学习成绩都相关。董妍和俞国良(2010)考察了学业情绪对学业成就的影响。结果表明,学业情绪可以对学业成就产生直接影响,也可以通过成就目标、学业效能、学习策略等中介变量对学业成就产生间接影响。其中,积极低唤醒学业情绪能够直接积极预测学业成就,消极高唤醒与消极低唤醒学业情绪能够直接消极预测学业成就,而积极高唤醒学业情绪可以通过掌握接近目标、掌握回避目标、成绩接近目标、学业效能和学习策略来间接对学业成就进行积极预测。

参考文献

安献丽,王文忠,郑希耕.(2009).阻碍条件性恐惧记忆消退的原因分析.心理科学进展,17(1),126—131.
安献丽,郑希耕.(2008).创伤后应激障碍的动物模型及其神经生物学机制.心理科学进展,16(3),371—377.
陈文锋,禤宇明,刘烨,傅小兰,付秋芳.(2009).创伤后应激障碍的认知功能缺陷与执行控制——5·12震后创伤恢复的认知基础.心理科学进展,17(3),610—615.
Gazzaniga, M. S., Ivry, R. B., Mangun, G. R. (2011). Cognitive Neuroscience: The Biology of the Mind (3rd Edition).

W. W. Norton & Company, Inc. (Original work published 2009)
葛詹尼加,M.S.,伊夫里,R.B.,曼根,G.R.(2011).认知神经科学:关于心智的生物学(周晓林,高定国等译).北京:中国轻工业出版社.
常若松,马锦飞,张娜.(2013).小学生学业情绪与学业拖延的关系研究.教育科学,29(4),82—85.
陈京军,李三福.(2012).初中生成就归因、学业情绪预测学业成绩的路径.中国临床心理学杂志,20(3),391—394.
陈京军,吴鹏,刘华山.(2014).初中生数学成绩、数学学业能力自我概念与数学学业情绪的关系.心理科学,37(2),368—372.
董妍,俞国良.(2007).青少年学业情绪问卷的编制及应用.心理学报,39(5),852—860.
董妍,俞国良.(2010).青少年学业情绪对学业成就的影响.心理科学,33(4),934—937.
董妍,俞国良,周霞.(2013).学习不良青少年与普通青少年学业情绪影响因素的比较.中国特殊教育,(4),42—47.
Gerrig, R.J., Zimbardo, P.G., (2003). Psychology and Life (16th Edition). Allyn & Bacon, A Pearson Education Company. (Original work published 2002)
格里格,R.J.,津巴多,P.G.(2003).心理学与生活(王垒,王甦等 译).北京:人民邮电出版社.
郭秀艳.(2004).内隐学习和外显学习的关系评述.心理科学进展,12(2),185—192.
李洁,宋尚桂.(2011).大学生学业情绪与学业自我效能感的关系.济南大学学报(自然科学版),(4),418—421.
刘烨,付秋芳,傅小兰.(2009).认知与情绪的交互作用.科学通报,54,2783—2796.
刘爱萍,李琦,罗劲.(2012).条件联结觉察在评价性条件反射中的作用.心理科学进展,20(11),1779—1786.
陆桂芝,庞丽华.(2008).初中1~3年级学生的学业情绪与学业成就的相关研究.教育探索,(12),124—125.
马慧霞.(2008).大学生一般学业情绪问卷的编制.中国临床心理学杂志,(6),594—596.
马惠霞,郭宏燕,沈德立.(2009).系统心理干预增进初二学生良好学业情绪的实验研究.心理科学,32(4),778—782.
马惠霞,林琳,苏世将.(2010).不同教学方法激发与调节大学生学业情绪的教育实验.心理发展与教育,(4),384—389.
马慧霞,张寒.(2013).归因训练提高学生学业情绪的实验研究.教育研究与实验,33(30),37—39.
乔建中,谢晓昱,蔡飞.(1994).课程性质和授课水平对学生的认知行为和情绪感受的影响.南京师大学报(社会科学版),(3),41—45.
桑青松,卢家楣.(2012).课堂学业情绪内涵建构与价值取向.中国教育学刊,(11),58—61.
尚俊辰.(2012).本族和异族面孔的情感化学习效应及其机制研究(博士学位论文).中国科学院心理研究所,北京.
吴润果,罗跃嘉.(2008).情绪记忆的神经基础.心理科学进展,16(3),458—463.
熊俊梅,龚少英,Frenzel.(2011).高中生数学学业情绪、学习策略与数学成绩的关系.教育研究与实验,(6),89—92.
徐茜,蒋毅.(2012).无意识的情绪面孔加工及其潜在神经机制.科学通报,57(35),3358—3366.
徐速.(2011).儿童学业情绪的领域特殊性研究.心理科学,34(4),856—862.
徐先彩,龚少英.(2009).学业情绪及其影响因素.心理科学进展,17(1),92—97.
薛辉,程思傲.(2013).初中语文学困生的学业情绪研究.教育科学研究,(3),52—58.
俞国良,董妍.(2005).学业情绪研究及其对学生发展的意义.教育研究,(5),39—43.
俞国良,董妍.(2006).学业不良青少年与一般青少年学业情绪特点的比较研究.心理科学,29(4),811—814.
张卫.(2000).序列位置内隐学习产生机制的实验研究.心理学报,32(4),327—380.
赵淑媛,蔡太生.(2012).大学生学业情绪量表(AEQ)中文版的修订.中国临床心理学杂志,20(4),448—450.
赵淑媛,蔡太生,陈志坚.(2012).大学生学业情绪及与学业成绩的关系.中国临床心理学杂志,20(3),398—400.
赵显,李晔,刘力,曾红玲,郑健.(2012).评价性条件反射效应:无条件刺激的呈现时长、效价强度与关联意识的作用.心理学报,44(5),614—624.
Abela, J.R.Z. & Seligman, M.E.P. (2000). The hopelessness theory of depression: A test of the diathesis-stress component in the interpersonal and achievement domains. *Cognitive therapy and research*, 24, 361-378.
Aguado, L., Valdés-Conroy, B., Rodríguez, S., Román, F., J., Diéguez-Risco, T. & Fernández-Cahill, M. (2012). Modulation of early perceptual processing by emotional expression and acquired valence of faces: An ERP Study. *Journal of psychophysiology*, 26(1), 29-41.
Anderson, E., Siegel, E.H., Bliss-Moreau, E. & Barrett, L.F. (2011). The Visual Impact of Gossip. *Science*, 332(6036), 1446-1448.
Ashby, F.G., Isen, A.M. & Turken, A.U. (1999). A neuropsychological theory of positive affect and its influence on cognition. *Psychological review*, 106, 529-550.
Assor, A., Kaplan, H., Kanat-Maymon, Y. & Roth, G. (2005). Directly controlling teacher behaviors as predictors of poor motivation and engagement in girls and boys: The role of anger and anxiety. *Learning and instruction*, 15(5), 397-413.
Baeyens, F., Eelen, P., Van den Bergh, O. & Crombez, G. (1990). Flavor-flavor and color-flavor conditioning in humans. *Learning and motivation*, 21, 434-455.
Baron, S.G., Gobbini, M.I., Engell, A.D. & Todorov, A. (2011). Amygdala and dorsomedial prefrontal cortex responses to appearance-based and behavior-based person impressions. *Social, cognitive & affective neuroscience*, 6, 572-581.
Blaney, P.H. (1986). Affect and memory: a review. *Psychological bulletin*, 99, 229-246.
Blessing, A., Keil, A., Gruss, L.F., Zöllig, J., Dammann, G. & Martin, M. (2012). Affective learning and psychophysiological reactivity in dementia patients. *International journal of Alzheimer's Disease*, doi: 10.1155/2012/672927.

Bliss-Moreau, E., Barrett, L. F. & Wright, C. I. (2008). Individual differences in learning the affective value of others under minimal conditions. *Emotion*, 8(4), 479–493.

Bliss-Moreau, E., Owren, M. J. & Barrett, L. F. (2010). I like the sound of your voice: Affective learning about vocal signals. *Journal of experimental social psychology*, 46(3), 557–563.

Brand, S., Reimer, T. & Opwis, K. (2007). How do we learn in a negative mood? Effects of a negative mood on transfer and learning. *Learning and instruction*, 17(1), 1–16.

Bridge, D. J., Chiao, J. Y. & Paller, K. A. (2010). Emotional context at learning systematically biaes memory for facial information. *Memory & cognition*, 38(2), 125–133.

Clore, G. L., Gasper, K. & Garvin, E. (2001). Affect as information. In: Forgas, editor. *Handbook of affect and social cognition* (pp. 121–144). Mahwah, NJ: Lawrence Erlbaum Associates Publishers.

Clore, G. L. & Huntsinger, J. R. (2007). How emotions inform judgment and regulate thought. *Trends in cognitive sciences*, 11, 393–399.

Damaraju, E., Huang, Y. M., Barrett, L. F. & Pessoa, L. (2009). Affective learning enhances activity and functional connectivity in early visual cortex. *Neuropsychologia*, 47(12), 2480–2487.

Daniels, L. M., Haynes, T. L., Stupnisky, R. H., Perry, R. P., Newall, N. E. & Pekrun, R. (2008). Individual differences in achievement goals: a longitudinal study of cognitive, emotional, and achievement outcomes. *Contemporary educational psychology*, 33, 584–608.

Davis, F. C., Johnstone, T., Mazzulla, E. C., Oler, J. A. & Whalen, P. J. (2009). Regional response differences across the human amygdaloid complex during social conditioning. *Cerebral cortex*, 20(3), 612–621.

De Houwer, J., Baeyens, F. & Field, A. P. (2005). Associative learning of likes and dislikes: Some current controversies and possible ways forward. *Cognition & emotion*, 19(2), 161–174.

De Houwer, J., Thomas, S. & Baeyens, F. (2001). Association learning of likes and dislikes: A review of 25 years of research on human evaluative conditioning. *Psychological Bulletin*, 127(6), 853–869.

De Houwer, J. (2007). A conceptual and theoretical analysis of evaluative conditioning. *Spanish journal of psychology*, 10(2), 230–241.

Efklides, A. (2005). Emotional experiences during learning: multiple, situated and dynamic. *Learning and instruction*, 15(5), 377–380.

Fang, F. & He, S. (2005). Cortical responses to invisible objects in the human dorsal and ventral pathways. *Nature neuroscience*, 8, 1380–1385.

Field, A. P. & Moore, A. C. (2005). Dissociating the effects of attention and contingency awareness on evaluative conditioning effects in the visual paradigm. *Cognition & emotion*, 19(2), 217–243.

Frenzel, A. C., Pekrun, R. & Goetz, T. (2007). Perceived learning environment and students' emotional experiences: A multilevel analysis of mathematics classrooms. *Learning and instruction*, 17(5), 478–493.

Frenzel, A. C., Thrash, T. M., Pekrun, R. & Goetz, T. (2007). Achievement emotions in Germany and China: a cross-cultural validation of the academic emotions questionnaire-mathematics. *Journal of cross-cultural psychology*, 38(3): 302–309.

Fu, Q., Bin, G., Dienes, Z., Fu, X & Gao, X. (2013). Learning without consciously knowing: Evidence from event-related potentials in sequence learning. *Consciousness and cognition*, 22, 22–34.

Gasper, K. & Clore, G. L. (2002). Attending to the big picture: Mood and global versus local processing of visual information. *Psychological science*, 13, 34–40.

Gast, A. & De Houwer, J. (2012). Evaluative conditioning without directly experienced pairings of the conditioned and the unconditioned stimuli. *The quarterly journal of experimental psychology*, 65(9), 1657–1674.

Gast, A., Gawronski, B. & De Houwer, J. (2012). Evaluative conditioning: Recent developments and future directions. *Learning and motivation*, 43, 79–88.

Gawronski, B. & Bodenhausen, G. V. (2006). Associative and propositional processes in evaluation: An integrative review of implicit and explicit attitude change. *Psychological bulletin*, 132(5), 692–731.

Goetz, T., Preckel, F., Pekrun, R. & Hall, N. C. (2007). Emotional experiences during test taking: Does cognitive ability make a difference. *Learning and individual differences*, 17(1), 3–16.

Goetz, T., Frenzel, A. C., Hall, N. C. & Pekrun, R. (2008). Antecedents of academic emotions: Testing the internal/external frame of reference model for academic enjoyment. *Contemporary educational psychology*, 33, 9–33.

Govaerts, S. & Gregoire, J. (2008). Development and Construct Validation of an Academic Emotions Scale. *International journal of testing*, 8(1), 34–54.

Hammerl, M. & Fulcher, E. P. (2005). Reactance in affective-evaluative learning: Outside of conscious control? *Cognition & emotion*, 19(2), 197–216.

Hammerl, M. & Grabitz, H. J. (2000). Affective-evaluative learning in humans: A form of associative learning or only an artifact? *Learning and motivation*, 31, 345–363.

Hankin, B. L. & Abramson, L. Y. (1999). Development of gender differences in depression: Description and possible explanations. *Annals of medicine*, 31, 372–379.

Jones, C. R., Olson, M. A. & Fazio, R. H. (2010). Evaluative conditioning: The "How" question. *Advances in experimental social psychology*, 43, 205–255.

Kang, C., Wang, Z., Surina, A. & Lü, W. (2014). Immediate emotion-enhanced memory dependent on arousal and valence: The role of automatic and controlled processing. *Acta psychologica*, *150*, 153-160.

Kensinger, E. A. (2007). Negative emotion enhances memory accuracy: Behavioral and neuroimaging evidence. *Current Directions in psychological science*, *16*, 213-218.

Lane, A. M., Whyte, G. P., Terry, P. C. & Nevill, A. M. (2005). Mood, self-set goals and examination performance: the moderating effect of depressed mood. *Personality and individual differences*, *39*, 143-153.

LeDoux, J. E. (2000). Emotion circuits in the brain. *Annual review of neuroscience*, *23*, 155-184.

Leutner, D. (2014). Motivation and emotion as mediators in multimedia learning. *Learning and instruction*, *29*, 174-175.

Li, W., Howard, J. D., Parrish, T. B. & Gottfried, J. A. (2008). Aversive learning enhances perceptual and cortical discrimination of indiscriminable odor cues. *Science*, *319*(5871), 1842-1845.

Lichtenfeld, S., Pekrun, R., Stupnisky, R. H., Reiss, K. & Murayama, K. (2012). Measuring students' emotions in the early years: The Achievement Emotions Questionnaire-Elementary School (AEQ-ES). *Learning and individual differences*, 22(2), 190-201.

Lim, S. L., Padmala, S. & Pessoa, L. (2008). Affective learning modulates spatial competition during low-load attentional conditions. *Neuropsychologia*, *46*(5), 1267-1278.

Lim, S. L. & Pessoa, L. (2008). Affective learning increases sensitivity to graded emotional faces. *Emotion*, *8*(1), 96-103.

Linnenbrink, E. A. & Pintrich, P. R. (2002). Achievement goal theory and affect: An asymmetrical bidirectional model. *Educational psychologist*, *37*(2): 69-78.

Linnenbrink-Garcia, L., Rogat, T. K. & Koskey, K. L. K. (2011). Affect and engagement during small group instruction. *Contemporary educational psychology*, *36*(1), 13-24.

Lipp, O. V. & Purkis, H. M. (2005). No support for dual process accounts of human affective learning in simple Pavlovian conditioning. *Cognition & emotion*, *19*(2), 269-282.

Lipp, O. V. & Purkis, H. M. (2006). The effects of assessment type on verbal ratings of conditional stimulus valence and contingency judgments: Implications for the extinction of evaluative Learning. *Journal of experimental psychology: Animal behaviour processes*, *32*, 431-440.

LoBue, V., Rakison, D. H. & DeLoache, J. S. (2010). Threat perception across the life span: Evidence for multiple converging pathways. *Current directions in psychological science*, *19*(6), 375-379.

Mechias, M., Etkin, A. & Kalisch, R. (2010). A meta-analysis of instructed fear studies: Implications for conscious appraisal of threat. *NeuroImage*, *49*, 1760-1768.

Morris, J. S., Friston, K. J. & Dolan, R. J. (1997). Neural responses to salient visual stimuli. *Proceedings of the Royal Society B: Biological sciences*, *264*, 769-775.

Morris, J. S., Öhman, A. & Dolan, R. J. (1998). Conscious and unconscious emotional learning in the human amygdala. *Nature*, *393*, 467-470.

Nadler, R. T., Rabi, R. & Minda, J. P. (2010). Better mood and better performance: Learning rule-based categories is enhanced by positive mood. *Psychological science*, *21*, 1770-1776.

Naismith, S. L., Hickie, I. B., Ward, P. B., Scott, E. & Little, C. (2006). Impaired implicit sequence learning in depression: a probe for frontostriatal dysfunction? *Psychological medicine*, *36*, 313-323.

Öhman, A. & Mineka, S. (2001). Fears, phobias, and preparedness: Toward an evolved module of fear and fear learning. *Psychological review*, *108*(3), 483-522.

Olson, M. A. & Fazio, R. H. (2001). Implicit attitude formation through classical conditioning. *Psychological science*, *12*(5), 413-417.

Olson, M. A. & Fazio, R. H. (2006). Reducing automatically activated racial prejudice through implicit evaluative conditioning. *Personality and social psychology bulletin*, *32*(4), 421-433.

Olsson, A. & Phelps, E. A. (2004). Learned fear of "unseen" faces after Pavlovian, observational, and instructed fear. *Psychological science*, *15*(12), 822-828.

Padmala, S. & Pessoa, L. (2008). Affective learning enhances visual detection and responses in primary visual cortex. *The journal of neuroscience*, *28*(24), 6202-6210.

Pekrun, R. (2006). The Control-Value Theory of Achievement Emotions: Assumptions, Corollaries and Implications for Educational Research and Practice. *Educational psychology review*, *18*(4): 315-341.

Pekrun, R., Elliot, A. J. & Maier, M. A. (2006). Achievement goals and discrete emotions: A theoretical model and prospective test. *Journal of educational psychology*, *98*(3), 583-597.

Pekrun, R., Elliot, A. J. & Maier, M. A. (2009). Achievement goals and achievement emotions: Testing a model of their joint relations with academic performance. *Journal of educational psychology*, *101*(1), 115-135.

Pekrun, R., Goetz, T., Frenzel, A. C., Barchfeld, P. & Perry, R. P. (2011). Measuring emotions in students' engagement and learning: The achievement emotion questionnaire (AEQ). *Contemporary educational psychology*, *36*(1), 36-48.

Pekrun, R., Goetz, T., Titz, W. & Perry, R. (2002). Academic emotions in students' self-regulated learning and achievement: A program of qualitative and quantitative research. *Educational psychologist*, *37*(2), 91-105.

Perry, R. P., Hladkyj, S., Pekrun, R. H. & Pelletier, S. T. (2001). Academic control and action control in the achievement of college students: a longitudinal field study. *Journal of Educational Psychology*, 93(4), 776-789.
Pessoa, L. (2010). Emotion and cognition and the amygdala: From "what is it?" to "what's to be done?" *Neuropsychologia*, 48, 3416-3429.
Pessoa, L. & Adolphs, R. (2010). Emotion processing and the amygdala: From a "low road" to "many roads" of evaluating biological significance. *Nature reviews neuroscience*, 11, 773-783.
Plass, J. L., Heidig, S., Hayward, E. O., Homer, B. D. & Um, E. (2013). Emotional design in multimedia learning: effects of shape and color on affect and learning. *Learning and instruction*, 29, 128-140.
Pretz, J. E., Totz, K. S. & Kaufman, S. B. (2010). The effects of mood, cognitive style, and cognitive ability on implicit learning. *Learning and individual differences*, 20, 215-219.
Putwain, D. W., Sander, P. & Larkin, D. (2013). Using the 2 × 2 framework of achievement goals to predict achievement emotions and academic performance. *Learning and individual differences*, 25, 80-84.
Raes, A. K., De Houwer, J., De Schryver, M., Brass, M. & Kalisch, R. (2014). Do CS-US pairings actually matter? A within-subject comparison of instructed fear conditioning with and without actual CS-US pairings. *PLoS ONE*, 9(1): e84888.
Rowe, G., Hirsh, J. B. & Anderson, A. K. (2007). Positive affect increases the breadth of attentional selection. *Proceedings of the national academy of sciences, USA*, 104, 383-388.
Ruthig, J. C., Perry, R. P., Hladkyj, S., Hall, N. C., Pekrun, R. & Chipperfield, J. G. (2008). Perceived control and emotions: interactive effects on performance in achievement settings. *Social psychology of education*, 11(2), 161-180.
Sehlmeyer, C., Schöning, S., Zwitserlood, P., Pfleiderer, B., Kircher, T., Arolt, V. & Konrad, C. (2009). Human fear conditioning and extinction in neuroimaging: a systematic review. *PLoS ONE*, 4(6), 1-16.
Shang, J., Fu, Q., Dienes, Z. & Fu, X. (2013). Negative affects reduce performance in implicit sequence learning. *PLoS ONE 8(1)*: e54693. doi:10.1371/journal.pone.0054693.
Sloman, S. A. (1996). The empirical case for two systems of reasoning. *Psychological bulletin*, 119(1), 3-22.
Smith, E. R. & DeCoster, J. (2000). Dual-process models in social and cognitive psychology: Conceptual integration and links to underlying memory systems. *Personality and social psychology review*, 4(2), 108-131.
Steinberg, C., Brökelmann, A.-K., Rehbein, M, Dobel, C. & Junghöer, M. (2013). Rapid and highly resolving associative affective learning: Convergent electro — and magnetoencephalographic evidence from vision and audition. *Biological psychology*, 92, 526-540.
Storbeck, J. & Clore, G. L. (2005). With sadness comes accuracy; with happiness, false memory. *Psychological science*, 16, 785-791.
Todorov, A. & Olson, I. R. (2008). Robust learning of affective trait associations with faces when the hippocampus is damaged, but not when the amygdala and temporal pole are damaged. *Social cognitive and affective neuroscience*, 3(3), 195-203.
Todrank, J., Byrnes, D., Wrzesniewski, A. & Rozin, P. (1995). Odors can change preferences for people in photographs: A cross-modal evaluative conditioning study with olfactory USs and visual CSs. *Learning and motivation*, 26(2), 116-140.
Turner, J. E., Husman, J. & Schallert, D. L. (2002). The importance of students' goals in their emotional experience of academic failure: Investigating the precursors and consequences of shame. *Educational psychologist*, 37(2), 79-89.
Um, E., Plass, J. L., Hayward, E. O. & Homer, B. D. (2011). Emotional design in multimedia learning. *Journal of educational psychology*, 104(2), 485e498.
Verosky, S. C. & Todorov, A. (2010). Generalization of affective learning about faces to perceptually similar faces. *Psychological science*, 21(6), 779-785.
Verosky, S. C. & Todorov, A. (2013). When physical similarity matters: Mechanisms underlying affective learning generalization to the evaluation of novel faces. *Journal of experimental social psychology*, 49, 661-669.
Vuilleumier, P. & Huang, Y. M. (2009). Emotional attention: Uncovering the mechanisms of affective biases in perception. *Current directions in psychological science*, 18(3), 148-152.
Walther, E., Nagengast, B. & Trasselli, C. (2005). Evaluative conditioning in social psychology: Facts and speculations. *Cognition & emotion*, 19(2), 175-196.
Wan, L., Dienes, Z. & Fu, X. (2008). Intentional control based on familiarity in artificial grammar learning. *Consciousness and cognition*, 17, 1209-1218.
Weiner, B. (1985). An attributional theory of achievement motivation and emotion. *Psychological review*, 92(4), 548-573.
Yang, E., Zald, D. H. & Blake, R. (2007). Fearful expressions gain preferential access to awareness during continuous flash suppression. *Emotion*, 7, 882-886.
Zellner, D. A., Rozin, P., Aron, M. & Kulish, C. (1983). Conditioned enhancement of human's liking for flavor by pairing with sweetness. *Learning and motivation*, 14, 338-350.

11 情绪与决策

11.1 情绪与决策关系的演变 / 329
    11.1.1 情绪在早期规范性决策理论中的处境 / 329
    11.1.2 情绪在早期描述性决策理论中的处境 / 330
    11.1.3 情绪在当前决策研究中的重要地位 / 331
11.2 预期情绪与决策 / 332
    11.2.1 后悔与失望情绪理论 / 332
    11.2.2 主观预期愉悦理论 / 334
11.3 预支情绪与决策 / 335
    11.3.1 风险即情绪模型 / 335
    11.3.2 情绪性权衡困难下的决策行为 / 337
11.4 偶然情绪与决策 / 338
    11.4.1 探讨偶然情绪与决策关系的研究方法 / 338
    11.4.2 探讨偶然情绪与决策关系的理论模型 / 343
    11.4.3 偶然情绪对决策的影响条件 / 347

    情绪在决策领域中的引入曾经历过一个从刻意回避到日益重视的过程,时至今日,探讨情绪与决策关系的研究已取得了诸多成果,相关研究表明,情绪会对个体的决策结果、决策过程和决策质量产生重要影响。本章在介绍情绪与决策关系演变的基础上,重点阐述了决策领域中所涉及的不同情绪与决策的关系,这些情绪包括:与当前决策相关的指向未来的预期情绪(anticipated emotion);由当前决策情景所激发的即时性预支情绪(anticipatory emotion);由非当前决策任务的其他偶然因素所诱发的偶然情绪(accidental emotion)。该领域的研究揭示出,个体在决策时应充分意识到情绪会影响我们的决策行为,相应地,在思考自己或预期他人的决策时,也应充分意识到情绪的重要性以降低决策偏差。

11.1 情绪与决策关系的演变

决策(decision making),通俗来讲就是做出选择或决定,即对已有选项进行评估和选择的过程。它是一种高级认知过程,也是一种社会性活动。决策行为与人类的生活密切相关,大到国家方针政策的制定,小到人们对日常衣食住行的选择。对决策问题的探讨也一直是诸多学科(如经济学、心理学等)所关注的焦点问题。虽然目前探讨情绪对决策的影响已成为决策领域中一个热点问题,但在早期经典的规范性决策理论(normative decision theory)和描述性决策理论(descriptive decision theory)中,研究者往往会回避情绪在决策中的作用,即使不得不引入情绪因素,早期的决策研究也往往认为情绪是认知评价的副产品,而强调认知评价在人类决策行为中的主导作用。

11.1.1 情绪在早期规范性决策理论中的处境

早期的决策理论完全排斥情绪的影响作用,认为情绪难以琢磨、不期而至,因而一直回避探讨情绪对决策行为的影响。这些标准化决策理论大多由经济学家和统计学家提出,他们热衷于建立基于理性决策的数学模型。传统经济学中奉行的是"理性人"假设,在这些经济学家眼中,人是理性的决策者,全知全能且不感情用事,总是在排除情绪因素对决策的影响,而追求个人利益的最大化。

期望效用理论

20世纪中叶,Von Neumann和Morgenstern(1947)提出期望效用理论(expected utility theory),该理论并不是要描述人们的实际行为,而是要阐述在满足一定理性决策的条件下,人们应该如何进行决策。该理论认为,人类总是期望使自己能够得到的效用最大化。因此,在做决策时人们会运用自己的理性,根据自己掌握的所有信息做出最优化选择——这就是"理性人"假设。基于这个假设,期望效用理论认为,期望效用值最大的方案就是最佳决策方案。所谓期望效用值,就是决策可以给人带来的价值。这里的"效用"不是一种主观的心理状态,而是一种可以测量的客观指标。例如,假设你面临两个行为方案:A.确保你有100%的机会获得400元,B.让你有50%的机会获得1 000元,50%的可能一无所获。你会如何选择? 如果按照期望效应理论,个体首先会根据每个选项的客观价值和客观概率计算出各选项的效用值:A.的期望效用值是$400 \times 100\% = 400$;B.的期望效用值则是$1 000 \times 50\% + 0 \times 50\% = 500$,然后选择出预期效用最大的那个选项。所以,如果按照期望效用理论的假设,被试会毫无疑问地选择B。总体而言,该理论并未重视探讨主观因素的作用,因此也并未触及情绪因素在个体决策中的作用。

主观期望效用理论

在 Von Neumann 和 Morgenstern 提出期望效用理论后,许多研究者对此进行了扩展。Savage(1954)在《统计学基础》一书中提出主观期望效用理论(subjective expected utility theory),该理论与期望效用理论的最大区别在于,该理论将人们对某事件发生的主观概率也纳入了进来,用主观概率代替了期望效用理论中的客观概率。但无论是期望效用理论还是主观期望效用理论,在追求客观性的过程中均将情绪因素排除在外。在此理论中,由决策情境和风险选择所引发的情绪被看作是偶发的,因而并没有被整合进决策过程,从而使得这些理论在增强客观性的同时,也丧失了对诸多现实现象的解释能力。随着研究的深入,研究者逐步提出一些其他的替代理论来解释人类在实际生活中的决策行为,并开始思考情绪在决策中的作用。

11.1.2 情绪在早期描述性决策理论中的处境

当经济学家提出的规范性决策理论难以解释人们在实际生活中的一些决策现象时,心理学家开始从心理学的角度提出一些描述性决策理论,旨在描述人们在实际生活中的决策行为。Simon 是描述性决策理论的主要创始人,其"有限理性"的概念框架对决策领域的研究具有划时代的贡献,并因此获得了 1978 年度诺贝尔经济学奖。随后,早期以 Kahneman 和 Tversky 为代表的一些心理学家开始运用实验法,从心理学的角度对个体的决策过程进行描述与解释,并展现了人类在决策中所表现出来的诸多非理性现象,使决策研究浸染上了浓厚的心理学色彩,Kahneman 也因此获得了 2002 年度诺贝尔经济学奖。

有限理性理论

当效用最大化原则不足以解释某些决策行为时,20 世纪 50 年代之后,诺贝尔经济学奖获得者 Simon 提出了"满意标准"(satisficing principle)和"有限理性"(bounded rationality)概念,大大拓展了决策理论的研究领域,产生了新的理论——有限理性决策理论。该模型认为人的理性是处于完全理性和完全非理性之间的一种有限理性(Simon, 1967, 1983)。原因在于:首先,客观环境是复杂多变的,充满着不确定性;其次,人的认知能力无论在信息加工能力或是信息处理容量上均存在着明显的局限性。因此,Simon 认为,不管有机体在学习和决策情境中的行为多么具有适应性,这种适应力都无法达到经济学理论中理想的"最大化"状态。显然,机体的适应性往往只能够达到"满意"标准,而不是"最优"标准。Simon 的有限理性决策理论虽然没有直接提及情绪的作用,但却为将情绪引入到决策研究中奠定了重要的理论基础。

前景理论

自 Simon 的理论出现以后,已出现了很多替代期望效用理论的观点。Kahneman 和 Tversky(1979)在期望效用理论的基础上提出了"前景理论"(prospect theory)。根据这一理论,人们的偏好取决于对收益和损失的不同态度,收益和损失是相对于参照点来定义的,人们会根据不同的参照点将结果定义为损失和获益。在获益部分呈凹函数,在损失部分呈凸函数;并且损失的效用函数比获益的效用函数更为陡峭,所以相对而言,损失比获益会更加

图11.1 前景理论中的效用函数
来源:Kahneman & Tversky (1979).

突出一些(如图 11.1 所示)。例如,损失 300 元的感觉比获得 300 元的感觉更加强烈。Kahneman 和 Tversky 把这种现象命名为损失规避(loss aversion),即损失和获益的心理效用并不相同,客观上的损失比等量获益所产生的心理效用更大。也就是说,对于相同的一样东西,人们失去它所经历的痛苦要大于得到它所带来的快乐。规避损失的概念可以帮助我们解释一些经典的决策现象,如禀赋效应(endowment effect),即人们为了得到一个商品所愿支付的最高价格,通常小于他们一旦拥有而要放弃它时所要求的最低价格。与以往经典的期望效用理论相比,前景理论是一个很大的进步,然而前景理论虽开始涉及个体的主观情绪因素,但它并没有将情绪作为影响决策的一个重要参数加以考虑,因此情绪在决策研究中仍处于被忽略的地位。

11.1.3　情绪在当前决策研究中的重要地位

在早期决策理论中,诸多崇尚理性的决策理论通常将情绪作为一种干扰人类认知过程的附加现象而被排除在外,虽然预期情绪理论试图在期望效用理论的框架内将情绪因素引入到决策研究中,但该类模型仍认为预期情绪是认知评价的副产物。而自 Zajonc(1980)开始,这一趋势却逐渐发生转变,研究者开始日益关注情绪在决策行为中扮演的重要、积极并极具适应性的角色。他的著名论断"偏好无需推断"明确提出了情绪反应在快速评价和趋避行为中的主导作用,甚至指出情绪对决策的影响已超越了认知因素的作用。此后,情绪启发式理论(affect heuristic)、风险即情绪模型(risk as feelings)以及情绪即信息模型(feeling as information)则进一步将这一观点加以延伸及推广。例如,情绪即信息模型认为,情绪可以作为一种信息线索直接影响个体的决策与判断(Schwarz, 2012; Schwarz & Clore, 1983, 2007)。时至今日,探讨情绪与决策的关系已成为决策领域中的一个热点及研究趋势。目前,在决策领域

中所关注的情绪类型主要包括两类：一类是预期情绪，它不是即时的情绪反应，而是一种由决策者预期的、伴随某种决策结果在未来将要发生的情绪反应，如预期后悔或预期失望。另一类是个体在决策时的即时情绪体验，主要包括两种：①预支情绪，即由当前决策情景所激发的、与当前决策任务相关的情绪体验；②偶然情绪，指由非当前决策任务的其他偶然因素所诱发的一种情绪体验。本章将针对上述不同的情绪类型，分别讨论与之相关的一些理论模型和具体研究。

11.2 预期情绪与决策

20世纪80年代后，研究者将情绪作为效用提出了一些预期情绪理论。例如，Loomes和Sugden(1982,1986)认为预期情绪可以作为参照点改变效用函数，由此提出后悔理论以及失望理论。后悔和失望是我们在日常生活中经常体验到的情绪，它们对个体的决策行为均具有重要影响(饶俪琳,梁竹苑和李纾,2008；Tzieropoulos et al.,2011)。早期的后悔和失望情绪理论先后提出，人们在决策时会把预期后悔和失望引入到决策过程中，以力争将后悔或失望情绪降至最低。

11.2.1 后悔与失望情绪理论

后悔与失望情绪理论的基本观点

Loomes和Sugden(1982)以及Bell(1982)首先提出后悔理论，用以说明预期情绪在决策中的作用。该理论假设：如果决策者意识到自己选择的结果可能不如另外一种选择结果时，就会产生后悔情绪，它是一种基于认知的负性情绪；反之，就会产生愉悦情绪。决策者在决策中会力争将后悔降至最低，因此这些预期情绪将改变效用函数。例如，如果个体预先想到购买新产品可能会产生后悔情绪，那么他/她就会更愿意购买自己原先熟知的产品，而不会冒着让自己后悔的风险去购买该新产品。Loomes和Sugden(1986)在提出预期后悔理论后又提出了失望理论，该理论认为失望是当某种选择可能会产生几个不同的结果，而自己最终获得的结果较差时所体验到的一种负性情绪。与后悔理论一样，决策者在决策中也会尽力避免失望情绪的产生，因此预期到的失望情绪也可通过改变效用函数而影响个体的决策。

后悔和失望是两种与决策关系密切且相似的负性情绪。后悔和失望理论均通过认知比较将预期情绪引入到了决策过程中，它们的共同点在于二者都源于已获得结果和预期结果间的对比；区别之处在于后悔是源自实际结果和另一个自己未选的实际存在(或想象存在)的更好结果之间的落差，即后悔情绪源自错误的决策，而失望是由决策的实际结果与预期不符而导致的，简言之，失望情绪来自预期落空。即后悔强调不同选择间的比较,而失望强调同一选择所引起的不同结果间的对比(参见索涛等,2009)。

后悔和失望情绪的重要差异

研究者认为,后悔和失望情绪在其产生条件、主观体验和对未来行为的影响上均具有重要差异(Martinez, Zeelenberg & Rijsman, 2008; Zeelenberg et al., 2000)。首先,在后悔和失望情绪的产生上,研究者认为区别于失望,责任感是产生后悔情绪的重要条件。当个体认为自身应对不利事件负责时,通常会感到后悔;当个体认为不利事件是由不可控的其他人或环境造成的时候,往往会感到失望(Marcatto & Ferrante, 2008)。与此类似的是,研究者认为归因是引发后悔情绪的重要条件,而失望却可独立于此过程而只依赖于决策后果。也就是说,要产生后悔情绪,需要个体在认识到在不良后果的基础上,还要将此不良后果归因为是由自身的行为所导致的。因此有研究者认为失望是一种比后悔更为普遍的情绪(Zeelenberg et al., 1998)。另一方面,后悔和失望在其主观体验和对个体未来行为的影响上也存在着区别。个体在后悔时常会体验到一种内疚感和自责感,此时个体会更加积极地应对当前不良决策后果所引发的负面影响,也会更关注于未完成的目标而促进目标坚持,并希望可以调整自身的错误而获得第二次机会,未来决策时也会更注重认真地搜索信息以避免再次后悔。当个体体验到失望时则会感到无能为力,更希望从当前事件中转移出去并引发目标放弃,因此会更倾向于不作为和逃避现实,更加注重回避未来的风险(Zeelenberg et al., 2000)。

对经典决策现象的预期后悔解释

目前,研究者主要探讨了预期后悔情绪的作用,但对于预期失望情绪的探讨较少。目前预期后悔已被广泛用于解释一些经典的决策现象,如不作为惯性(inaction inertia)(李晓明和李晓琳,2012)。如果人们先前曾错失了一个有吸引力的机会,当差一些的类似机会再出现时,个体仍会倾向于继续放弃这一机会而选择不作为,这一现象被称为不作为惯性。例如,你很喜欢商场的一款鞋子,这款鞋子在先前的特价促销活动中曾打过5折,由于种种原因你没有买,现在5折特惠活动已经取消,但该款鞋子仍可打7折,那么你会如何选择?通常个体会预期到如果现在购买了该款鞋子,但一想到之前曾丧失了更优惠的机会,自己将会感到后悔。因此,为了回避预期后悔,此时个体将会更倾向于继续放弃购买,当然这只是有关不作为惯性的一种可能解释。预期后悔也常被用来解释另一种经典的决策现象,即忽略偏误(omission bias),它指当行动和不行动都会产生类似的不利结果时,个体通常会认为不行动是相对更好的选择,由此会更偏好无需行动的选项。相关研究发现,出现这种结果的原因在于:与不行动相比,采取行动意味着个体需要对自身的行为承担更多的责任,由此也会因决策失败带来更高的预期后悔,所以为了回避后悔个体通常会倾向于不采取行动(Gilovich & Medvec, 1995)。正如,Ritov 和 Baron(1990)发现,当母亲意识到如果给孩子接种疫苗后将可能导致其死亡时,她将预期到激烈的后悔情绪,并由此会降低其给孩子接种疫苗的意愿,即使孩子死于疾病的概率要远高于死于接种疫苗的概率。

11.2.2 主观预期愉悦理论

继预期后悔和失望理论之后,Mellers,Schwartz 和 Ritov(1999)提出了一个基于情绪选择的模型,即主观预期愉悦理论(subjective expected pleasure theory)。该理论是在情感判定理论和主观期望效用理论的基础上所提出的,根据这一理论,决策者会通过权衡每一赌博选项的预期愉悦和预期痛苦,评估每个赌博选项的平均预期愉悦度,并最终选择具有最大预期愉悦度的那个选项。即个体在决策过程中会致力于预期愉悦情绪最大化。主观预期愉悦理论将情绪视作一种效用,这与主观期望效用理论在本质上是类似的。但二者又有区别,主要区别在于预期情绪不同于效用。首先,效用一般被认为会随着收益的增加而增加,而预期情绪则还依赖于比较、惊奇等因素。意想不到的细小收获所带来的愉悦感甚至高于意料之中的巨额收益所带来的愉悦感。其次,效用是相对稳定的,而预期情绪则会伴随信念和比较过程而发生变化。主观预期愉悦理论用预期情绪代替预期效用,进而将预期情绪引入到了决策过程,可以很好地解释个体在实际生活中的某些决策行为。但这一理论本身也存在困难,关键在于人们对情绪的主观预期是否准确。尽管 Mellers 等通过实验证明了预期情绪与真实情绪间存在很高的相关,但诸多研究对个体情绪预测能力的精确性提出了质疑(Wilson & Gilbert, 2005)。例如,Gilbert 等(1998)发现大学讲师会预测他们获得终身教职后会非常快乐,但实际获得终身教职者却远没那么快乐。

总体而言,无论是预期后悔理论、预期失望理论还是主观预期愉悦理论都是在期望效用理论的基础上发展而来的,它们均为期望效用理论的变式,即都采用了基于结果和认知评价的理性视角。它们均强调在认知、情绪与决策三者之间,情绪的作用是通过认知评估这一中介来实现的(庄锦英,2003)。在探讨预期情绪与决策关系的理论和研究中,情绪仍需以认知评估为中介来影响个体的决策行为,且仅涉及了与决策结果紧密相关或作为决策结果的那部分情绪,因此仍属于因果主义取向(consequentialist perspective)的理论模型。当经济学等传统决策领域中的研究者主要关注预期情绪对决策的影响时,认知科学和社会心理学领域的专家却日益强调决策过程中的预支情绪对决策的直接影响。

11.3 预支情绪与决策

预支情绪是决策者在决策过程中所体验到的即刻情绪,它通常是由选择本身所激发的一种情绪反应,如焦虑、恐惧等。预支情绪对决策行为有直接和间接的影响,它会影响决策者对结果的预测、对信息的加工深度和决策策略,进而影响到决策行为。近年来,随着对情绪与认知关系研究的深入,研究者对预支情绪影响决策过程的认识也逐渐全面与深刻。

11.3.1 风险即情绪模型

Loewenstein 等(2001)提出风险即情绪模型,该模型指出除了预期情绪外,决策过程中的即时预支情绪(如愤怒、恐惧和焦虑等)也可以直接影响个体的认知评估和决策行为,此时情绪已成为了与认知过程并驾齐驱,甚至超过认知作用的一种重要因素。

风险即情绪模型与预期情绪理论的主要区别

该模型与秉持认知过程占主导的预期情绪理论已有了本质的区别,这种区别和争议主要存在于两个方面(如图11.2所示):(1)即使不经过认知评估的中介,情绪也会产生(概率、结果和某些其他因素可以直接激发情绪);(2)情绪反应在认知评估对行为的影响中至少起了部分中介作用。

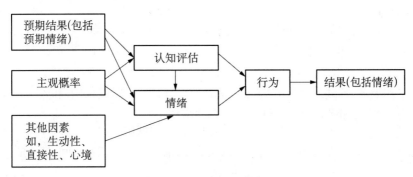

图 11.2　风险即情绪模型
来源:Loewenstein 等(2001).

风险即情绪模型的基本观点

来自情绪即信息模型和情绪启发式理论的大量研究表明:个体对风险情境的情绪反应经常会偏离其对风险的认知评估,当这种偏离发生时,情绪对决策行为具有直接的影响(Schwarz & Clore,1983,2007;Slovic et al.,2002)。但上述模型均未针对情绪反应偏离认知评估的原因给出很好的解释,因此风险即情绪模型旨在探讨个体对风险信息的情绪反应在何时及为何会偏离其对风险的认知评估,并探讨情绪和认知是如何交互影响个体的决策行为的(Loewenstein et al.,2001)。该模型认为个体对风险信息的情绪反应之所以有时会偏离认知评估,是因为个体的情绪反应和认知评估分别受制于不同的影响因素。具体而言,主要源自两方面原因:(1)关于风险的概率和结果信息虽对情绪反应和认知评估均会产生影响,但影响模式却并不相同。例如,情绪反应通常对概率信息并不敏感,但概率信息是认知评估的核心成分;(2)某些情景因素虽对认知评估影响较小,但却会对个体的情绪反应产生重要影响。这些情景因素包括:①对决策结果所形成心像的生动性。通常被试在心像能力上的个体差异以及实验任务对决策结果表述的生动性等情景因素也可改变个体的情绪反应。例如,与"所有可能原因"导致的死亡相比,人们更愿意为因"恐怖袭击"导致的死亡支付更多的航空旅行保险费,虽然前者除其他很多原因外也已隐含地包括了恐怖袭击,但这种表述却并不利于自发地激活个体的恐惧性心像;②决策的时间进程。即决策行为与决策结果出现的时间间隔,通常二者在时间上越接近,则情绪反应越强烈。例如,当个体被告知其将在1分钟、3分钟或12分钟后遭受电击时,他们的心率、皮肤电阻和主观焦虑水平与间隔时间均会成反比;③对特定情绪反应的生物或进化准备。人类和其他动物似乎与生俱来害怕某些事物,例如,即使一只从没见过猫的老鼠在嗅到猫的毛发气味时也会表现出恐惧反应。除了这种先天性恐惧之外,相比于某些刺激(如花、蘑菇和几何图形),人类和灵长类动物也更容易对一些恐惧相关性刺激(如蜘蛛、蛇、水和封闭空间)形成条件性恐惧反应。而且这些条件性恐惧反应一旦形成通常就会难以消除,即使有些时候在个体的认知层面上这些刺激是无害的。相比于自然的恐惧性刺激,个体对一些在认知层面可以产生威胁感的人造危险性刺激(如枪、汽车和吸烟)却缺乏进化上的准备,因此它们通常只会激发人们较低的恐惧反应,由此导致了个体对外界刺激在认知评价和情绪反应上的分离。

Schlosser,Dunning和Fetchenhauer(2013)在风险即情绪模型的基础上,分别采用不同的风险决策任务探讨了预支情绪和预期情绪对个体风险决策行为的预测作用。结果一致发现,预支情绪对个体的决策行为具有更为显著的预测力,而预期情绪的预测作用则较小。例如,在实验1中,被试需要在"肯定获得5美元"或者"50%的概率获得10美元,50%的概率一无所获"两个选项中进行选择。被试需要报告他们对每个选项的即时预支情绪体验和预期情绪水平,用以考察不同情绪反应对个体决策行为的预测力。另外,该实验还同时评估了不同选项的主观概率。结果发现,预支情绪可以显著地预测个体的决策行为,而预期情绪的预测力则较小。重要的是,即时情绪与决策之间具有直接联系,而并非由预期情绪或主观概率所中介。

11.3.2 情绪性权衡困难下的决策行为

权衡是决策行为的重要特点之一,正如在决策时,决策者若要提高一个特性的值,往往需要以牺牲另一特性为代价,此时决策者需对不同特性进行比较,并将不同特性的值相互转化,即进行权衡。除了一些认知因素(如任务的复杂性、决策任务中涉及的信息数量、时间限制)会引发权衡困难之外,情绪性因素在一定程度上也会导致权衡困难,并进而影响个体的决策行为。情绪性权衡困难(emotional tradeoff difficulties)领域的研究着重探讨了决策过程中的预支情绪对个体决策行为的影响。

情绪性权衡困难的概念及相关研究

情绪性权衡困难是指个体对与价值目标(valued goal)相关的特性(如生命、健康、环保、时间等)进行权衡时,会产生一定程度的负性情绪,从而使决策者在情绪上难以对不同的特性进行权衡(李晓明和傅小兰,2004)。在情绪性权衡困难条件下,负性情绪最小化成了决策的基本目标之一(Luce, 2005)。例如, Luce, Bettman 和 Payne(1997)发现,伴随着情绪性权衡困难的增加,个体会更多地进行基于特性的加工(attribute-based process)[①],但与此同时其信息获取量和加工时间也会增加。该研究说明在情绪性权衡困难下,提高决策准确性和降低负性情绪的目标并存。决策过程中的负性预支情绪对决策行为的影响不仅反映在个体的决策过程上,也体现在其对一些特别选项的偏好上。这些选项通常能够通过帮助个体避免特性间的权衡以达到降低其负性情绪的目标。例如,Luce(1998)探讨了情绪性权衡困难对决策的影响,实验选用了三种回避选项:缺省选项、能够主导另一选项的优势选项和延迟选项。这三个选项的共同特点是,如果被试选择它们,个体就可不必进行特性间的相互权衡,从而会降低其体验到的负性情绪。研究者发现,个体在决策过程中所体验到的负性情绪与其对回避选项的选择成正比,中介分析则进一步表明,权衡困难程度对决策的影响可以被这种负性情绪所中介。

情绪性权衡困难下的决策目标

上述研究均说明在情绪性权衡困难条件下,提高准确性和降低负性情绪的目标共存,支持了应对行为模型(coping behavior framework)所提出的负性情绪条件下两种应对行为共同作用的观点(Susan & Lazarus, 1988)。该模型认为,激活的情绪会

[①] 基于特性的加工指个体随后获取的信息与前一次的信息属于同一特性但分属于不同的选项;基于选项的加工(alternative-based process)指个体随后获取的信息与前一次的信息属于同一选项但分属于不同的特性。当基于特性的加工占主导时,通常意味着个体会更少地进行特性间的权衡。

导致一系列的应对行为,这些应对行为可以分为两类:(1)以问题为焦点的应对(problem-focused coping),旨在解决导致负性情绪的问题情景,以提高决策的准确性;(2)以情绪为焦点的应对(emotion-focused coping),旨在降低负性情绪,而非改变外部环境。后者可进一步细分为两类:①逃避,即把自己与有压力的情景隔离;②改变问题情景的意义,即将个人的失败重新评价为其他人的责任。对于多数的负性情绪情景,基于问题和基于情绪的应对方式会同时产生。Bettman, Luce 和 Payne (1998)指出,个体的决策行为依赖于各标准间的权衡。Bettman, Luce 和 Payne (1998)基于诸多实验证据对努力-准确性模型(Payne, Bettman & Eric, 1993)进行了扩展,在认知努力最小化和准确性最大化这两个标准的基础之上又提出了另一个重要标准:负性情绪最小化。即在情绪性权衡困难条件下,人的决策行为会依据这三个标准进行。

11.4 偶然情绪与决策

在最近几十年中,与当前决策任务无关的偶然情绪一直是情绪与决策关系研究领域的重点。偶然情绪是指由非当前决策任务的其他因素所激发的一种情绪体验。日常生活中个体的情绪体验通常会伴随着周围环境的好坏而波动。例如,天气状况(晴朗或下雨)也可以影响个体的情绪体验,因此大多数决策通常都是个体在某种偶然情绪或心境下做出的。

11.4.1 探讨偶然情绪与决策关系的研究方法

在具体研究中,研究者通常会在决策任务前通过一定的情绪诱发方式在实验室中激发个体的偶然情绪,或进行一些更接近现实的现场研究,进而探讨偶然情绪或心境对决策的影响。下面将从情绪操纵、检测方法和决策任务的选择上简要地介绍下该领域的基本研究方法。

情绪的操纵和检测方法

情绪的操纵方法 如果只关注情绪的某个或几个维度,则当前研究多基于国际图片库中的标准化情绪图片以诱发不同效价的情绪。该情绪图片库中的图片已在愉悦度、激活度和优势度三个维度上进行了标准化评定,研究者可根据实验目的选择相应的情绪图片用于操纵情绪的不同维度。Tobin 和 Tidwell(2013)分别选取了2(愉悦度:高、低)×2(激活度:高、低)的 4 种图片来操纵个体的愉悦度和激活度。例如,低愉悦度、高激活度的图片包括威胁性的动物和场景,而高愉悦度、高激活度的图片则为探险性和令人振奋的场景。如果需要同时操纵情绪的多个维度,研究者还会利用其他感觉通道的信息来操纵情绪。例如,Di Muro 和 Murray(2012)在第一个实验中采用不同的气味来操纵激活度,即低激活度下为薰衣草的气味,而高激活度下为西柚的气味;运用气味的浓度来操纵愉悦度,即高愉悦度下为浓度低的气味、而低愉悦度下为浓度高的气味。在第二个实验中,研究者则通过变化音乐的拍子来操纵激活度,即高激活度下采用快拍子,而低激活度下采用慢拍子;愉悦度则采用音乐的基调来进行操纵,即高愉悦度下为大调,而低愉悦度下为小调。

如果在研究中要激发具体的情绪,研究者则通常会采用观看短片(Lerner, Li & Weber, 2013)、回忆和描述情绪性事件(Kugler, Connolly & Ordonez, 2012)、阅读可诱发目标情绪的故事并感受当事人的情绪体验(Griskevicius, Shiota & Nowlis, 2010)来诱发具体情绪。例如,Lerner, Li 和 Weber(2013)通过让被试观看关于一位老师去世的短片来激发其悲伤情绪,而通过让被试观看涉及不洁洗手间的短片来激发其厌恶情绪。Kugler, Connolly 和 Ordonez(2012)则让被试详细地描述并写下一个曾经令其感到愤怒或恐惧的事件,并告知被试其描述的详细程度应足以使其他人在看到其所写的内容后,也可激发出同样的愤怒或恐惧情绪。Griskevicius, Shiota 和 Nowlis(2010)则让被试阅读一个 500 字的短故事,并告知被试因为这个研究主要对个体的记忆感兴趣,所以希望他们采用一种特殊的记忆技巧:仔细地阅读故事,并尽力体验主要角色的情绪感受。在每个故事中的都有一个可引发目标情绪的典型线索,但却并不会出现目标情绪词。例如,如果要激发自豪情绪,则故事的概要为:为了一个重要的考试,故事中的主人公已经奋战了几个月的时间,经过自己的辛勤努力,在这次考试中终于取得了非常优异的成绩。故事的结尾是当获知这个好消息的时候,这个人正走在回家的路上。也有少量研究在可诱发不同情绪的真实情景或模拟情景下探讨情绪的作用(Schwarz & Clore, 1983; Yip & Côté, 2013)。例如,Schwarz 和 Clore(1983)在不同的天气里探讨心境对决策与判断的影响。Yip 和 Côté(2013)采用一个接近现实的模拟情景激发个体的焦虑情绪。研究者让被试先用 60 秒的时间准备一个时长 3 分钟的关于"为什么我是一个好的求职者"的演讲。研究者还告诉被试,他们的演讲会被摄像机拍摄下来,并会被提供给另一个研究学业和社会成就评估的同行。

情绪的检测方法 在情绪研究领域中,当通过一定的情绪操纵方法诱发出了个体的情绪后,研究者通常还需对情绪的诱发效果进行操纵检测,在情绪的操纵检测上,有些研究会采用正性负性情绪量表来测量个体的情绪效价,也有研究会抽取出该量表中的一些特定项目用于测量某种具体情绪。例如,Kugler, Connolly 和 Ordonez(2012)选取了该量表中分别用于涉及愤怒和恐惧情绪的各 3 个项目,以检测这两种情绪的激发效果。除此之外,研究者还选取了其他 14 个填充项目,但不用于计算。

也有研究者会采用几个自编项目来测量目标项目,例如,研究者采用不安的、焦虑的和紧张的这 3 个项目来测量个体的焦虑情绪(Yip & Côté, 2013)。也有研究采用基于维度的情绪测量方法来测查情绪的不同维度,如采用 PAD 三维情绪量表可用于测量情绪的愉悦度、激活度和优势度(李晓明,傅小兰和邓国锋,2008;谢佳和李晓明,2012)。除了目前主要运用的主观测量方法外,也有研究尝试采用一些更为客观的方法。例如,Laborde 和 Raab(2013)通过测量可以反映个体生理激活水平的生理数据,发现激活度会对被试在决策中的选项生成过程产生重要影响。

决策任务类型

风险决策任务 有些研究会采用可测查个体风险偏好的问卷。例如,Yip 和 Côté(2013)让被试在两个赌博项目中进行选择:选项 A 为"100% 的概率赢得 1 美元"、选项 B 为"10% 的概率赢得 10 美元、90% 的概率一无所获"。被试的最终选择会被当作衡量个体风险偏好的指标,偏好选项 B 的个体通常会被视为具有更高的风险偏好。Kugler,Connolly 和 Ordonez(2012)则让被试依次进行从 1~10 共 10 项决策任务(详情见表 11.1),每个决策任务都包含两个博弈选项。其中彩票 A 被认为是变异小、风险小的选项,彩票 B 被认为是变异大、风险大的选项,这两个选项间的相对期望值在第 5 个选项的时候会发生反转。对于具有很强风险寻求行为的个体可能会一直选择彩票 B,而对于中等风险寻求的个体则会在第 5 个选项的时候从彩票 A 转向彩票 B。因此,这种测量方式会根据被试的选择会在第几个决策任务从彩票 A 转向彩票 B 来作为被试的风险厌恶分数,分数越高,则被试的风险厌恶倾向越高。

表 11.1 风险态度量表

决策	彩票 A		期望值（方差）	彩票 B		期望值（方差）	期望值差异 (EV(B) − EV(A))
	赢得 $20 的概率	赢得 $16 的概率		赢得 $38.50 的概率	赢得 $1 的概率		
1	1/10	9/10	$16.40 (1.44)	1/10	9/10	$4.75 (126.56)	$11.65
2	2/10	8/10	$16.80 (2.56)	2/10	8/10	$8.50 (225.0)	$8.30
3	3/10	7/10	$17.20 (3.36)	3/10	7/10	$12.25 (295.31)	$4.95
4	4/10	6/10	$17.60 (3.84)	4/10	6/10	$16.00 (337.5)	$1.60
5	5/10	5/10	$18.00 (4.0)	5/10	5/10	$19.75 (351.56)	$1.75

续表

决策	彩票 A		期望值（方差）	彩票 B		期望值（方差）	期望值差异 (EV(B)-EV(A))
	赢得 $20 的概率	赢得 $16 的概率		赢得 $38.50 的概率	赢得 $1 的概率		
6	6/10	4/10	$18.40 (3.84)	6/10	4/10	$23.50 (337.5)	$5.10
7	7/10	3/10	$18.80 (3.36)	7/10	3/10	$27.25 (295.31)	$8.45
8	8/10	2/10	$19.20 (2.56)	8/10	2/10	$31.00 (225.0)	$11.80
9	9/10	1/10	$19.60 (1.44)	9/10	1/10	$34.75 (126.56)	$15.15
10	10/10	0/10	$20 (0)	10/10	0/10	$38.50 (0)	$18.50

来源：Kugler, Connolly & Ordonez (2012).

社会决策任务 如果研究者想考察社会互动中的决策行为，则会采用一些经典的决策任务，考察情绪对社会决策的影响。Bonini 等（2011）曾利用最后通牒游戏（ultimatum game, UG）考察了厌恶情绪在最后通牒游戏中的作用。结果发现，在厌恶性气味下个体更容易接受不公正提议。研究者认为这可能源自：个体会把对不公正提议的厌恶情绪归结为是由房间中的厌恶性气味所引发的，因此在厌恶性的房间里个体对不公正提议的接受率会更高。在最后通牒游戏中，研究者会将博弈双方分别作为提议者和回应者，二者会在匿名条件下对一笔资金进行分配，提议者提出一种资金分配方案，回应者有两种选择，如果接受这种方案，则资金按其方案分配；如果不接受，则双方的收益均为零。从理性的角度上来说，回应者应该接受任何提议以提高自己的收益。但研究发现，当被分配的金额少于总金额的 20% 时，有 50% 的回应者会拒绝该提议。由于 UG 能为社会互动研究提供丰富的行为数据，所以该程序及其变式通常会被用于考察个体在社会互动中的决策行为。

衡量决策质量的任务 有时研究者还关心情绪对决策质量的影响。例如，有的研究会让被试参与一个具体的危机决策任务，通过测量决策时间、产生新方案的数量、个体对决策过程的自信程度和对决策结果的满意程度来综合评价决策质量（杨继平和郑建君，2009）。另外，研究者也会采用一些经典的实验范式来测查决策质量，研究者曾使用掷骰子任务（the game of dice task）（Bagneux, Bollon & Dantzer, 2012）和爱荷华赌博任务（the Iowa gambling task）（Bollon & Bagneux, 2013）来考察具体情绪对决策质量的影响。例如，爱荷华赌博任务包括 4 副纸牌。纸牌的背面看起来一样,但正面是奖赏或者奖赏与惩罚的不同结合。纸牌中奖赏的具体设置是:纸牌 A 每次会有 100 美元的奖赏,但是连续 10 次中便会有 5 次 150～350 美元的惩罚,总惩罚金额为 1 250 美元;纸牌 B 每次的奖赏是 100 美元,但是连续 10 次中有 1 次 1 250 美元的惩罚,纸牌 C 每次给 50 美元的奖赏,但连续 10 次中有 5 次为 25～75 美元的惩罚,总惩罚金额为 250 美元;纸牌 D 每次是 50 美元的奖赏,但连续 10 次中有 1 次 250 美元的惩罚。因此,从长远说,纸牌 A、B 是不利纸牌,而纸牌 C、D 则是有利纸牌。IGT 在分析数据时,主要是用被试选择有利牌的次数减去所选择的不利牌的次数,此指标被称为净分数(net score),即净分数 = (C + D) − (A + B)。IGT 可用来考察个体如何作出有利的选择并根据反馈来调整决策策略,在此过程中还可以评估出他们的决策短视。

衡量个体偏好的判断和决策任务　有时研究者还希望测查个体在不同情绪下对某种商品或选项的偏好,此时,研究者会采用一些项目评定任务来衡量个体的偏好。例如,Griskevicius,Shiota 和 Nowlis(2010)曾让被试基于一些可以反映个体喜好程度的问题对不同的商品在 9 点量表上进行评分,如你认为这个产品有多令你心仪?你认为这个产品有多吸引你?也有研究者会采用选择范式来衡量个体的偏好,Di Muro 和 Murray(2012)曾利用选择范式发现,积极情绪下的个体会倾向于选择与其激活度水平相匹配的产品,而消极情绪下的个体则倾向于选择与其激活度相反的产品。在实验中研究者让被试在两种罐装饮料中(雀巢冰茶和 Amp 能量饮料)选择其一作为参与实验的补偿,其中雀巢冰茶被视为激活度低的选项,Amp 能量饮料被视为激活度高的选项。

测查决策过程的方法　虽然大多数研究主要探讨了偶然情绪对决策或判断结果的影响,但也有少量研究通过一些决策过程追踪技术来测查情绪对决策过程的影响,如 Mouselab 技术(李晓明和谢佳,2012)。该程序需要被试在计算机上进行决策任务操作,选项名称和特性名称始终出现在最左一列和最上一行,即以行定义选项,以列定义特性。某可选项在某个特性上的值即被视为一个信息单元,例如,电脑 1 在售后服务这个特性上的值为"好","好"就是一个信息单元。这些单元里的信息起初是隐藏的,被试如果将鼠标移动到单元上,则单元自动打开,若移开鼠标,则信息单元自动关闭。该程序能够记录每个单元被打开的次数、信息的获得顺序、时间、被选择的项目等。未来研究也可以考虑采用眼动技术来检测个体的决策过程(汪祚军和李纾,2012)。采用此类过程追踪技术将有利于研究者探讨个体的内部决策过程,也将更有助于分析情绪对决策的影响机制,比基于结果的测量方法将提供更丰富的信息。

11.4.2 探讨偶然情绪与决策关系的理论模型

该领域曾出现了一些不同的假设或模型来解释偶然情绪与决策的关系,如 Isen 和 Patrick(1983)从情绪的动机功能角度入手提出了情绪维持假说(mood maintenance hypothesis)。该模型旨在解释积极情绪对决策的影响,该假设认为处于积极情绪下的个体会倾向于继续维持其积极情绪,因此在这种情况下个体将更倾向于回避可能干扰其积极情绪的选择。所以相比于控制组,当处于博弈情景中时,积极情绪下的个体为了继续维持他们的积极情绪将避免去冒险。Wegener 和 Petty(1994)的享乐权变假设(hedonic contingency hypothesis)也提出了类似的观点。该假设认为对于处于负性情绪下的个体,无论何种活动都可能会改善其情绪,但当个体处于积极情绪下时,为了继续维持其积极情绪体验,个体对活动的选择将会变得更加审慎。即与消极情绪或中性情绪相比,积极情绪下的个体会更为关注相关信息或活动的情绪后果(Wegener, Petty & Smith, 1995)。因此,享乐权变模型通常被认为更适用于解释积极情绪(通常以悲伤或中性情绪作为参照)在情绪调节动机作用下对情绪性事件或信息的加工处理,但却并不适用于解释偶然情绪对于非情绪威胁性信息加工的影响(Ziegler, Schlett & Aydinli, 2013)。

在探讨偶然情绪与决策关系的研究中,目前已得到较好发展并具有广泛解释力的模型是 Schwarz 和 Clore 于 1983 年开始逐渐提出的情感即信息模型(feelings as information)。早期该模型主要用于解释快乐和悲伤心境对判断的影响。如 Schwarz 和 Clore(1983)通过两个实验考察了心境对生活满意度和幸福感判断是否存在影响,结果发现,相比于坏心境,个体在好心境下会报告更高的幸福感和满意度。随着新研究的出现,该模型也逐渐发展并完善了其理论观点(Schwarz, 2012)。虽然研究者指出该模型既适用于与决策任务相关的即时预支情绪,也适用于与当前决策任务本身无关的偶然情绪或心境,但目前围绕该模型开展的相关研究主要集中于探讨偶然情绪与决策的关系。

情绪即信息模型

情绪即信息模型认为个体通常会对自己的情绪体验比较敏感,但对其情绪的来源却相对不敏感。他们通常会自动地将其情绪体验评定为与当前任务相关,并将此种体验视作一种重要的信息来做出随后的决策与判断(Schwarz, 2012; Schwarz & Clore, 1983, 2007)。一方面,该模型认为与其他信息类似,情绪可作为一种标示环境状态的信息而直接影响个体的决策与判断。在决策时,积极情绪体验通常意味着当前环境良好,进而会作用于个体对当前可选项的判断,使其认为当前的选项是好的、可接受的。例如,与消极情绪相比,个体处于积极情绪时会对事物作出更积极的评价,最近研究者也探讨了偶然情绪对安于现状偏误的影响。结果发现,与消极情绪相比,积极情绪下的被试会更倾向安于当前现状(Yen & Chuang, 2008)。另一方面,情绪还可影响个体的决策策略。该模型认为情绪可用来标示:当前情境对个体的目标而言是有利的还是不利的。积极情绪意味着当前环境良好,因此在此情境下个体会更倾向采用直觉的、启发式的加工策略,即自上而下的信息加工方法,会更依赖于已有知识结构而忽略当前的细节信息。消极情绪则意味着环境出现了问题,因此消极情绪下的个体更易于采用全面的、分析的、系统的加工策略,即自下而上的加工方法,会较少依赖于已有知识结构而对当前的细节信息给予更多的重视。例如,Adaval (2001)的研究发现,相对于消极情绪组,积极情绪下的被试会更多地受到原型的影响,将品牌作为选择标准,但消极情绪组会更倾向于以产品的具体属性(如外观)为选择标准。也有研究发现,在高兴情绪下个体会采取基于情绪的决策;而在悲伤情绪下个体会倾向于进行深思熟虑式的系统性加工(De Vries, Holland & Witteman, 2008a, 2008b)。李晓明和谢佳(2012)则发现,偶然情绪可通过影响个体的决策过程而对延迟选择行为产生影响。具体而言,相比于积极情绪,消极情绪下的个体更倾向于运用系统性加工策略,并会体验到更高的决策难度,进而引发了个体更强的延迟选择倾向。

情绪即信息模型的基本假设

1. 人们会把他们的情绪视为一种信息来源。不同类型的情绪会提供不同类型的信息。

2. 特定情绪的影响力依赖于它对当前任务的主观信息价值。

a. 个体通常会认为他们的情绪与处于注意焦点中的内容相关;这种倾向容易使个体认为偶然情绪也是相关的。

b. 当情绪被归因为一种偶然来源时,它的信息价值将降低;相反,当个体意识到有相反的外因作用,但仍能体验到这种情绪时,情绪的信息价值将增强。

c. 情绪的变化比稳定的状态更具信息价值。

3. 当情绪被当作一种信息时,个体对它们的运用遵循与其他情绪相同的原则。

a. 情绪的影响力会随着其与当前任务的主观相关性而提高,而随着其他诊断性(diagnostic)信息的可获得性而降低,即其影响力是个体加工动机和加工能力的函数。

b. 人们从某一特定情绪所能得出的结论依赖于(i)个体所要回答的认知性问题(ii)个体所采用的基于经验的常民理论(lay theory)。

4. 正如其他信息一样,情绪可以

a. 成为判断的基础。

b. 影响决策的加工策略；负性情绪则意味着环境中出现了问题，使得个体倾向于进行深入分析性的、自下而上的加工方式；而正性情绪意味着一个良好的环境，在此情境下个体可能会更倾向于进行整体性的、自上而下的启发式加工。

来源：Schwarz（2012）.

最近，随着研究的开展，情绪即信息模型也对其解释范围进行了拓展，认为人类的思维过程伴随着不同类型的主观体验，不仅包括心境（moods）和情绪（emotions），还包括元认知体验（metacognitive feelings）和躯体感觉（bodily sensations），另外，该模型不仅限于决策与判断领域，且已被广泛应用于解释不同类型的情感体验对思维过程的影响。Schwarz(2012)认为元认知体验，如回忆或加工信息的难易体验也可对个体的判断过程产生显著影响。换言之，人们通常会基于他们对信息加工的难易感来做判断。这种主观体验可源自与决策无关的很多方面。例如，任务要求(举出几个或很多例子)、加工流畅性(图形-背景的对比度高低以及字体阅读的难易度)和身体运动(眉毛的舒展)。这些因素所引发的努力感(effortful feelings)可影响个体对事物真实性、发生频率、风险水平或美感的判断，即更容易加工的信息通常会被判定为更为准确、更可能发生、风险更低及更为美丽。

情绪即信息模型主要是基于情绪的效价观所提出的理论，因此对情绪的划分是比较粗糙的，且对情绪这一复杂现象的探讨也并没有渗透到其本质中去。虽然Schwarz(2012)曾提出"不同类型的情绪会提供不同的信息"，但该模型并未对此进行细致的解释。在当前决策研究中只关注情绪的效价已远不能满足解释情绪与决策间的复杂关系。大量研究发现，各种不同的具体情绪对决策具有其特定的影响，对这些现象的解释需要借助于对情绪更为本质的特征的探讨，但这仅靠强调情绪的信息价值是难以实现的。而评价趋向模型认为每种情绪都有其特定的认知评价趋向和评价主题，旨在更加细致地探讨具体情绪对决策的影响(Han, Lerner & Keltner, 2007)。

评价趋向模型

评价趋向模型(appraisal-tendency framework, ATF)旨在探讨不同的具体情绪对决策和判断过程的影响。该模型认为每种具体情绪都会引发其特定的认知和动机过程，而这些过程将可被用于解释不同情绪对决策和判断的影响(如图11.3所示)。Han, Lerner和Keltner(2007)总结了该模型的5个基本原则：

① 该模型旨在探讨由与当前决策无关的其他因素所激发的偶然情绪对决策的影响。该模型之所以强调偶然情绪的作用，首先是因为研究者可以通过决策之外的其他因素来客观操纵偶然情绪，所以易于探讨因果关系；其次，按标准理性的观点，这

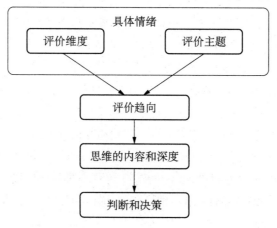

图11.3 评价趋向模型的基本构架
来源：Han, Lerner & Keltner (2007).

种与决策无关的情绪本应对决策无重要影响，但事实却往往相反。因此相关研究将有助人们理解产生此种影响的原因，并帮助人们降低这种影响。

② 除了愉悦度之外，该模型认为情绪还可在其他诸多认知评价维度上(确定性、注意活动、控制感、预期努力和责任感)加以区分。该模型则尤其强调了控制性和确定性这两个维度的重要性。例如，愤怒和恐惧情绪虽然具有相同的效价，但二者分别与对所发生事件的确定性/不确定性和对负性事件的个人控制/情境控制相关。快乐尽管从愉悦度上属于积极情绪，但也与确定性和个人控制相关，所以恐惧和愤怒虽然都属于消极情绪，但也可能会对决策具有不同的影响。然而，具有不同效价的愤怒和快乐情绪却会因二者在确定性和控制性维度上类似，从而对决策和判断可能会具有类似的效应。因此，应采用一种情绪特异性的研究取向。另外，该模型还强调情绪的核心评价主题，这一因素会影响个体随后进行特定活动的可能性。例如，焦虑通常是个体面对不确定的潜在威胁时所体验到的情绪，所以该情绪通常会引发个体旨在降低不确定性的行动倾向。厌恶情绪的核心评价主题是靠近一个令人恶心的事物，而这通常会提高个体排斥当前客体、避免引入任何其他新目标的行动倾向。

③ 不同的具体情绪会对个体随后的决策和判断过程产生动机功能，可以直接引发个体随后的行为倾向，该模型称之为评价趋向，并认为评价趋向会影响个体随后的思维内容和思维深度。例如，焦虑的核心评价主题是不确定的潜在威胁，而悲伤的核心评价主题是损失。因此，如果让被试在高风险/高回报的选项和低风险/低回报的选项中做选择时，焦虑情绪下的个体会更倾向于选择可以降低风险的选项，而悲伤的个体则更倾向于选择高回报的选项。该模型还认为评价趋向可以影响个体的加工深

度。研究者认为,高确定性的情绪(如愤怒和快乐)会比低确定性的情绪(如恐惧和希望)更容易引发简捷的启发式加工(Tiedens 和 Linton, 2001)。

④ 不同的具体情绪对决策和判断的影响具有领域特异性,即情绪的影响力会受制于:情绪的核心评价维度和评价主题与当前任务所需的主要认知成分是否匹配。例如,研究者通常认为主观控制感和主观确定感可影响人们对风险的判断。因此,由不确定性和失控感所标定的恐惧情绪应会影响个体的风险判断,但却并不会影响其公正性判断。因为这一过程与控制性和确定性维度相关较小。

⑤ 情绪对决策和判断的影响力会因某些因素而降低。例如 Han, Lerner 和 Keltner(2007)提出的两个假设:目标达成假设和认知意识假设。目标达成假设认为,如果引发具体情绪的事件已得到了解决的话,那么即使个体仍能体验到这种情绪,但其影响力却会降低。例如,如果之前个体被某人的挑衅行为激怒了的话,那么这种愤怒情绪会提高个体对其他无关事件的惩罚意图。但如果现在挑衅者已受到惩罚,那么愤怒情绪就不会再影响随后的判断和决策了。认知意识假设则指出,如果让个体更清楚地了解自己的决策和判断过程的话,偶然情绪的影响将会降低。正如如果提前告知被试应意识到自己当前的情绪是由事先的实验材料所引发的,或者让被试在做完决策后还需要解释自己的选择理由时,偶然情绪的作用会降低。

该模型向人们展示了具体情绪是如何影响个体的决策和判断的,并且提出了一系列可检验的假设,其诸多观点也得到了相关实证研究的支持。Bagneux, Bollon 和 Dantze(2012)利用掷骰子任务考察了在确定性上具有差异的三种具体情绪(快乐、愤怒和恐惧)对风险决策的影响。结果发现,相比于不确定的恐惧情绪,处于愤怒和快乐情绪(确定性情绪)下的个体会做出更为安全的选择。Bollon 和 Bagneux(2013)利用爱荷华赌博任务发现,相比于不确定性的悲伤情绪,个体在确定性的悲伤和厌恶状态下会更多地选择有利纸牌。研究者认为这可能是因为确定性的情绪更容易引发直觉加工,进而使个体更倾向于利用情绪信号来进行决策。而以往涉及爱荷华赌博任务的研究发现,利用情绪信号对于做出有利的选择是非常重要的。该模型随后引发了一系列的评论性文章(Cavanaugh et al., 2007; Yates, 2007),评论者认为该模型对于探讨和解释具体情绪对决策和判断的影响具有重要贡献。未来该模型应考虑将相关研究推广到高风险领域(医疗决策)中探讨偶然情绪和预支情绪对决策的交互影响,并注重探讨不同的积极情绪对决策的影响以进一步拓展该模型。

11.4.3 偶然情绪对决策的影响条件

基于情绪即信息模型,该领域的研究开始更为关注偶然情绪对决策及判断的影响条件。例如,Schwarz 和 Clore(2012)曾基于以往研究总结出:情绪的主观信息价值和主观相关性是决定情绪对决策影响力的两个重要条件。Greifeneder, Bless 和 Pham(2011)在综述以往研究的基础上,总结出 5 个重要的调节变量,即:情绪的突显性(salience of the feeling)、对目标的代表性(representativeness to the target)、与判断的相关性(relevance to the judgment)、判断的可塑性(malleability of the judgment)和加工深度(processing intensity)。总体而言,当前情绪体验越突显、看起来越源自判断目标、与当前判断越相关、当前任务越具可塑性以及个体越采用直觉启发式的而非系统性的加工策略,则情绪越可能被视作一种重要的信息而影响个体随后的决策与判断过程。

在实证研究领域中,研究者也拓展了一些其他的调节变量。例如,当个体的专业知识更为丰富时,情绪的信息价值也会降低。Englich 和 Soder(2009)发现个体的专业知识水平会调节偶然情绪对锚定效应的影响,只有当专业知识低时,偶然情绪才会对锚定效应产生影响。Avnet, Pham 和 Stephen(2012)操纵了个体对其情绪体验的信任程度,即个体相信他们的情绪通常可为其决策和判断指明正确方向的程度。结果发现,当被试更为信任他们的情绪时,偶然情绪对个体的判断和风险决策将具有更大的影响。Yip 和 Côté(2013)则发现,情绪智力也可调节偶然情绪对决策的影响力,个体的情绪理解能力可以通过帮助其识别出个体当前的情绪体验与决策是无关的,进而降低个体当前的焦虑情绪对风险承担行为的影响。

研究者不仅考察了上述主观调节因素,也探讨了一些客观调节因素。例如,Chang 和 Pham(2013)发现,与结果发生在远期的决策相比,情绪性体验对于其结果发生在近期的决策影响更大。另外,研究者也发现,Kugler, Connolly 和 Ordonez(2012)比较了恐惧和愤怒情绪下的个体在两种不同风险偏好任务中的风险倾向。结果发现,在由随机因素所导致的"彩票风险"中,恐惧者比愤怒者会更倾向于风险回避;而在由其他个体的不确定行为所导致的"人因风险"下,结果却相反,即愤怒者会更加倾向于风险回避。该结果表明,消极情绪对风险承担行为的影响取决于由该情绪所激发的特定目标和所承担风险性质的交互作用。未来的研究应更为关注具体情绪对决策的影响以及情绪对决策的影响条件,在研究方法上则应更加注重在接近现实的情境中探讨强烈情绪(相比于实验中所激发的温和情绪)对决策的影响。未来研究也应强调不同情绪这种跨情景的变异性,通过细化决策情景考察情景变量在情绪与决策关系中的调节作用。例如,在不同的人际交互决策和社会决策情景中考察特定情绪的作用。

参考文献

李晓明,傅小兰.(2004).情绪性权衡困难下的决策行为.心理科学进展,12,801—808.

李晓明,傅小兰,邓国锋.(2008).中文简化版 PAD 情绪量表在京大学生中的初步试用.中国心理卫生杂志,22,327—329.
李晓明,谢佳.(2012).偶然情绪对延迟选择的影响机制.心理学报,44(12),1641—1650.
李晓明,李晓琳.(2012).不作为惯性产生的原因、条件与应用.心理科学进展,20,584—591.
饶俪琳,梁竹苑,李纾.(2008).行为决策中的后悔.心理科学,31,1185—1188.
索涛,冯廷勇,王会丽,李红.(2009).后悔的认知机制和神经基础.心理科学进展,17,334—340.
汪祚军,李纾.(2012).对整合模型和占优启发式模型的检验:基于信息加工过程的眼动研究证据.心理学报,44, 179—198.
杨继平,郑建君.(2009).情绪对危机决策质量的影响.心理学报,41,481—491.
庄锦英.(2003).情绪与决策的关系.心理科学进展,11,423—431.

Adaval, R. (2001). Sometimes it just feels right: the differential weighting of affect-consistent and affect-inconsistent product information. *Journal of consumer research*, 28, 1-17.

Avnet, T., Pham, M. T. & Stephen, A. (2012). Consumers' trust in feelings as information. *Journal of consumer research*, 39, 720-735.

Bagneux, V., Bollon, T. & Dantzer, C. (2012). Do (un) certainty appraisal tendencies reverse the influence of emotions on risk taking in sequential tasks? *Cognition and emotion*, 26, 568-576.

Bell, D. E. (1982). Regret in decision making under uncertainty. *Operations research*, 30, 961-981.

Bettman, J. R., Luce, M. F. & Payne, J. W. (1998). Constructive consumer choice processes. *Journal of consumer research*, 25, 187-217.

Bollon, T. & Bagneux, V. (2013). Can the uncertainty appraisal associated with emotion cancel the effect of the hunch period in the Iowa Gambling Task? *Cognition and emotion*, 27, 376-384.

Bonini, N., Hadjichristidis, C., Mazzocco, K., Dematté, M. L., Zampini, M., Sbarbati, A. & Magon, S. (2011). Pecunia olet: The role of incidental disgust in the ultimatum game. *Emotion*, 11, 965-969.

Cavanaugh, L. A., Bettman, J. R., Luce, M. F. & Payne, J. W. (2007). Appraising the appraisal-tendency framework. *Journal of consumer psychology*, 17, 169-173.

Chang, H. H. & Pham, M. T. (2013). Affect as a decision-making system of the present. *Journal of consumer research*, 40, 42-63.

De Vries, M., Holland, R. W. & Witteman, C. L. M. (2008a). Fitting decisions: Mood and intuitive versus deliberative decision strategies. *Cognition and emotion*, 22, 931-943.

De Vries, M., Holland, R. W. & Witteman, C. L. M. (2008b). In the winning mood: Affect in the Iowa gambling task. *Judgment and decision making*, 3, 42-50.

Di Muro, F. & Murray, K. B. (2012). An arousal regulation explanation of mood effects on consumer choice. *Journal of consumer research*, 39, 574-584.

Englich, B. & Soder, K. (2009). Moody experts—How mood and expertise influence judgmental anchoring. *Judgment and decision making*, 4, 41-50.

Gilbert, D. T., Pinel, E. C., Wilson, T. C., Blumberg, S. J. & Wheatley. T. P. (1998). Immune neglect: A source of durability bias in affective forecasting. *Journal of personality and social psychology*, 75, 617-638.

Gilovich, T. & Medvec, V. H. (1995). The experience of regret: What when and why. *Psychological review*, 102, 379-395.

Greifeneder, R., Bless, H. & Pham, M. T. (2011). When do people rely on affective and cognitive feelings in judgment? A review. *Personality and social psychology review*, 15, 107-141.

Griskevicius, V., Shiota, M. N. & Nowlis, S. M. (2010). The many shades of rose-colored glasses: An evolutionary approach to the influence of different positive emotions. *Journal of consumer research*, 37, 238-250.

Han, S., Lerner, J. S. & Keltner, D. (2007). Feelings and consumer decision making: The appraisal-tendency framework. *Journal of consumer psychology*, 17, 158-168.

Isen, A. M. & Patrick, R. (1983). The effect of positive feelings on risk taking: When the chips are down. *Organizational behavior and human decision processes*, 31, 194-202.

Kahneman, D. & Tversky, A. (1979). Prospect theory: An analysis of decisions under risk. *Econometrica*, 47, 263-291.

Kugler, T., Connolly, T. & Ordonez, L. D. (2012). Emotion, decision, and risk: Betting on gambles versus betting on people. *Journal of behavioral decision making*, 25, 123-134.

Laborde, S. & Raab, M. (2013). The tale of hearts and reason: The influence of mood on decision making. *Journal of sport and exercise psychology*, 35, 339-357.

Lerner, J. S., Li, Y. & Weber, E. U. (2013). The financial costs of sadness. *Psychological science*, 24, 72-79.

Loewenstein, G., Weber, E., Hsee, C. & Welch, N. (2001). Risk as feelings. *Psychological bulletin*, 127, 267-286.

Loomes, G. & Sugden, R. (1982). Regret theory: An alternative of rational choice under uncertainty. *Economic journal*, 92, 805-824.

Loomes, G. & Sugden, R. (1986). Disappointment and dynamic consistency in choice under uncertainty. *Review of economic studies*, 53, 271-282.

Luce, M. F. (1998). Choosing to avoid: Coping with negatively emotion laden consumer decisions. *Journal of consumer research*, 24, 409-433.

Luce, M. F. (2005). Decision making as coping. *Health psychology*, 24, S23–S28.
Luce, M. F., Bettman, J. R. & Payne J. W. (1997). Choice processing in emotionally difficult decisions. *Journal of experimental psychology: learning, memory and cognition*, 23, 384–405.
Marcatto, F. & Ferrante, D. (2008). The regret and disappointment scale: An instrument for assessing regret and disappointment in decision making. *Judgment and decision making*, 3, 87–99.
Martinez, L. F., Zeelenberg, M. & Rijsman, J. B. (2008). Why valence is not enough in the study of emotions: Behavioral differences between regret and disappointment. *Psicologia*, 22, 109–121.
Mellers, B., Schwartz, A. & Ritov, I. (1999). Emotion-based choice. *Journal of experimental psychology: General*, 128, 332–345.
Payne, J. W., Bettman, J. R. & Eric, J. (1993). *The adaptive decision maker*, Cambridge: Cambridge University.
Ritov, I. & Baron, J. (1990). Reluctance to vaccinate: Omission bias and ambiguity. *Journal of behavioral decision making*, 3, 263–277.
Savage, L. J. (1954). *The foundations of statistics*. New York: Wiley.
Schlosser, T., Dunning, D. & Fetchenhauer, D. (2013). What a feeling: the role of immediate and anticipated emotions in risky decisions. *Journal of behavioral decision making*, 26, 13–30.
Schwarz, N. (2012). Feelings-as-information theory. In P. Van Lange, A. Kruglanski & E. T. Higgins (eds.), *Handbook of theories of social psychology* (pp. 289–308). Sage
Schwarz, N. & Clore, G. L. (1983). Mood, misattribution, and judgments of Well-Being: Informative and directive functions of affective states. *Journal of personality and social psychology*, 45, 513–23.
Schwarz, N. & Clore, G. L. (2007). Feelings and phenomenal experiences. In A. Kruglanski & E. T. Higgins (eds.), *Social psychology. Handbook of basic principles* (pp. 385–407). New York: Guilford.
Simon, H. A. (1967). Motivational and emotional controls of cognition. *Psychological review*, 74, 29–39.
Simon, H. A. (1983). *Reason in human affairs*. Stanford, CA: Stanford University Press.
Slovic, P., Finucane, M. L., Peters, E. & MacGregor, D. G. (2002). The affect heuristic. In T. Gilovich, D. Griffin & D. Kahneman (Eds.), *Heuristics and biases: The psychology of intuitive judgment* (pp. 397–420). New York: Cambridge University Press.
Susan, F. & Lazarus, R. S. (1988). Coping as a mediator of emotion. *Journal of personality and social psychology*, 54 (3), 466–475.
Tiedens, L. Z. & Linton, S. (2001). Judgment under emotional certainty and uncertainty: The effects of specific emotions on information processing. *Journal of personality & social psychology*, 81, 973–988.
Tobin, S. J. & Tidwell, J. (2013). The role of task difficulty and affect activation level in the use of affect as information. *Journal of experimental social psychology*, 49, 250–253.
Tzieropoulos, H., de Peralta, R. G., Bossaerts, P. & Gonzalez Andino, S. L. (2011). The impact of disappointment in decision making: Inter-individual differences and electrical neuroimaging. *Frontiers in human neuroscience*, 4, 1–19.
Von Neumann, J. & Morgrnstern, O. (1947). *Theory of games and economic behavior*. Princeton: Princeton University Press.
Wegener, D. T. & Petty, R. E. (1994). Mood management across affective states: The hedonic contingency hypothesis. *Journal of personality and social psychology*, 66, 1034–1048.
Wegener, D. T., Petty, R. E. & Smith, S. M. (1995). Positive mood can increase or decrease message scrutiny: The hedonic contingency view of mood and message processing. *Journal of personality and social psychology*, 69, 5–15.
Wilson, T. D. & Gilbert, D. T. (2005). Affective forecasting: Knowing what to want. *Current directions in psychological science*, 14, 131–135.
Yates, F. J. (2007). Emotion appraisal tendencies and carryover: How, why, and ... therefore?. *Journal of consumer psychology*, 17(3), 179–183.
Yen, H. J. R. & Chuang S. C. (2008). The effect of incidental affect on preference for the status quo. *Journal of the Academy of marketing science*, 36, 522–537.
Yip, J. A. & Côté, S. (2013). The emotionally intelligent decision-maker: Emotion understanding ability reduces the effect of incidental anxiety on risk-taking. *Psychological science*, 24, 48–55.
Zajonc, R. B. (1980). Feeling and thinking: Preferences need no inference. *American psychologist*, 35, 151–175.
Zeelenberg, M., van Dijk, W. W., Manstead, A. S. R. & van der Pligt, J. (2000). On bad decisions and disconfirmed expectancies: The psychology of regret and disappointment. *Cognition and emotion*, 14, 521–541.
Zeelenberg, M., van Dijk, W. W., Manstead, A. S. R. & van der Pligt, J. (1998). The experience of regret and disappointment. *Cognition and emotion*, 12, 221–230.
Ziegler, R., Schlett, C. & Aydinli, A. (2013). Mood and threat to attitudinal freedom: delineating the role of mood congruency and hedonic contingency in counter attitudinal message processing. *Personality and social psychology bulletin*, 39, 1083–1096.

12　情绪与道德

> 12.1　情绪对道德判断的影响 / 351
> 　　12.1.1　情绪在道德判断中的作用 / 352
> 　　12.1.2　情绪参与道德判断的认知神经机制 / 357
> 　　12.1.3　道德判断的认知-情绪加工 / 357
> 12.2　情绪对道德行为的影响 / 359
> 　　12.2.1　情绪作为道德动机 / 359
> 　　12.2.2　自我意识情绪对道德行为的影响 / 363
> 　　12.2.3　他人指向情绪对道德行为的影响 / 371
> 　　12.2.4　集体道德情绪 / 375

　　道德是基于理性的还是情感的？这一问题千百年来一直困扰着人们。康德等哲学家坚持认为,理性是人类道德的基石;而休谟等思想家认为,情感是人类道德的基础。心理学对道德的研究最初主要关注的是理性和认知发展的作用。由皮亚杰创立、科尔伯格发展的道德认知发展理论,强调道德认知在道德行为和道德发展中的重要性,曾经在道德心理学的研究领域中占据优势地位近半个世纪。20世纪80年代以来,人们逐渐认识到情绪的道德功能,发现情绪对道德判断和道德行为均会产生重要影响。

12.1　情绪对道德判断的影响

　　道德判断是个体根据道德准则对自己或他人的行为进行道德评价的过程。受康德思想的影响,科尔伯格等认为道德判断的首要影响因素是理性的认知。在他们看来,情绪是有偏向的、任意武断的和被动的,而道德判断是公平的、依据充分的和自主的。因此,情绪对道德判断的影响是消极的,在道德判断中应该避免情绪因素。当前的众多研究不仅证实了情绪在道德判断中的价值,而且探明了情绪影响道德判断的认知神经机制。

12.1.1 情绪在道德判断中的作用

进入21世纪,越来越多的学者发现情绪在道德判断中具有重要作用,陆续提出了许多富有创见性的观点。其中比较有代表性的三个理论是:情绪性道德判断模型、道德判断的社会直觉模型和情绪的道德放大器理论。

情绪性道德判断模型

Pizarro(2000)指出,把情绪和道德判断看作对抗的传统观点是站不住脚的,这主要有三点原因:我们能够控制自己的情绪,情绪能够使我们反思自己的道德信念和道德原则,以及情绪可以通过使我们把注意和认知资源集中于当前要解决的问题等方式来促进道德推理。他还进一步提出情绪性道德判断模型(图12.1),着重分析了移情对道德判断的影响。当然,该模型仅限于理论构思,尚未有相应的实证研究支持。

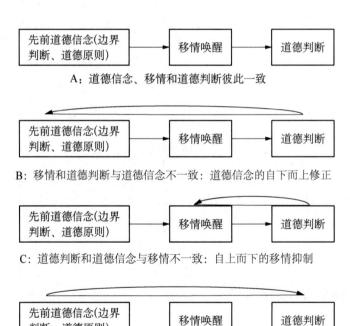

图 12.1 Pizarro 的情绪性道德判断模型

来源:Pizarro (2000)。

道德判断的社会直觉模型

基于"道德失声"(moral dumbfounding)现象,Hadit(2001)提出了道德判断的社会直觉模型。所谓"道德失声"现象,是指当人们听说一些类似乱伦的故事时,能够迅速地判断某一行为在道德层面的对错,并没有经过深入的长时间的道德推理,因此无法立即给出能够解释这一判断的适宜理由。人们会在迅速地做出判断后再去寻找能支持自己结论的理由。Hadit 对之前的道德判断的理性推理模型提出了四点质疑:①双加工问题。人的认知加工过程包括内隐和外显两个过程,而传统的理性推理模型忽略了内隐的直觉加工过程。②道德判断的动机激活问题。在更多情况下,道德推理加工更像一个律师为客户进行辩护的过程,而不是形成一个判断或科学家寻求真理的过程。③判断与推理的顺序问题。推理加工是为迅速形成的直觉判断寻找理由作辩护的,在直觉判断之后才引导出对客观推理的说明。④行为问题。与道德推理相比,道德情感与道德行为相互依存的水平更高。

Haidt(2001)认为,道德判断分为直觉和推理两个系统。前者更加的快速、自动化、无需主观意志努力,后者是缓慢的、涉及到意识层面、需要主观意志努力(见表12.1)。道德判断是一个由情绪驱动的过程,情绪诱发的直觉短时间内就能够自动完成道德判断,而道德推理只是在这之后才试图为人们所做出的判断寻找合适的理由。道德直觉就是意识中突然呈现一种道德判断,这个过程无需认知参与,也不受认知影响。

表12.1 道德判断两种系统的一般特征

直觉系统	推理系统
快速和无须努力	慢且需要努力
过程是无目的的,且自动运行过程	是有目的的并可控
过程是不可通达的,只有结果进入意识过程	是意识通达的并且可见的
不需要注意资源	需要注意资源,且是有限的
并列分布加工	系列加工
类型匹配;尽管是隐喻的,整体的	符号操作;尽管事实是保留的,分析的
所有的哺乳动物共同的	超过2岁的人是一致的,并且包括一些接受过语言训练的类人猿
背景依赖的	背景自由的
平台依赖的	平台自由的(加工能够转换到任何伴随机能或机器的规则)

来源:Haidt (2001).

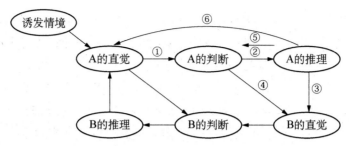

图 12.2 道德判断的社会直觉模型。图中 A 代表判断者,B 代表他人
来源:Haidt (2001).

社会直觉模型的道德判断过程包括:①直觉判断过程。该过程无需主观意志努力,是无意识的。②事后推理过程:道德推理需要主观努力,当作出判断之后个体开始寻找支持所作判断的理由。③对他人的推理说服过程。即 A 对他人口述自己的判断,虽然有时会产生争论,但这种口述会影响到他人直觉的情绪效价。④对他人的社会说服过程。人们倾向于依赖社会群体标准,因此人们的道德判断会受到周围社会群体的影响。⑤推理判断过程。当人们对所做出的判断不够肯定并且加工能力较强时,他们偶尔会使用逻辑推理来审视自己最初的观点。⑥自我反馈过程。人们同时会产生与最初的直觉相反的新直觉。传统的道德判断理性推理模型强调⑤和⑥这两个过程,而道德判断的社会直觉模型更强调前 4 个过程,同时承认后两个过程的存在。社会直觉模型假设人们很少用推理来质疑自己,但却能够对自己的道德观点进行反思,因此⑤和⑥这两个过程不常发生。

许多行为研究支持了道德判断的社会直觉模型。这方面研究主要关注道德判断之前的情绪状态等因素对道德判断的影响。包括:①阈下情绪启动词唤起的情绪。Wheatley 和 Haidt(2005)的研究发现了阈下情绪启动词唤起的情绪会影响被试的道德判断。在研究中,他们先用催眠方法使高受暗示性被试在无意识状态下对某个中性词产生厌恶情绪,然后让被试对一系列显示不道德行为的图片进行评定。结果表明,与含有其他中性词的同类图片相比,被试对那些含有阈下情绪启动词图片的评价更为不道德。②观看视频短片引发的情绪。Valdesolo 和 DeSteno(2006)让被试在观看正性情绪的喜剧短片后对道德两难问题进行判断。研究发现,感受到快乐心境的被试在人行天桥困境(footbridge dilemma)中的道德判断反应时更长、更具功利性,即认为可以为了多数人的利益而牺牲少数人的性命。国内相关研究也显示,电影片段诱发的快乐与悲伤状态下大学生的道德判断能力存在不同(王云强,郭本禹和吴慧红,2007)。③多种方式诱发的情绪。研究者使用臭气、肮脏环境、以往经历和电影片段等 4 种方式来诱发被试的厌恶情绪,结果发现被试对两难问题的道德判断更为苛刻严厉(Schnall, Haidt, Clore & Jordan, 2008)。

情绪的道德放大器理论

Horberg 等根据情绪的核心评价观点,提出了道德判断的放大器理论(emotions as moral amplifier),该理论认为不同的情绪增强了不同的道德判断(Horberg, Oveis & Keltner, 2011)。由于情绪的产生会以一定的认知评价为基础,认知评价能够激发并维持特定的情绪,因此与这些情绪相关的认知评价会制约该情绪对随后的社会判断的影响,而这主要是通过优先考虑与先前的认知评价有关的特定关注来实现的(Han, Lerner & Keltner, 2007)。不同的情绪强调了不同的社会道德关注(表 12.2 详述了情绪与社会道德关注的关系),因而会引发不同的道德判断。这主要表现在以下四个方面:

表 12.2 情绪与社会道德关注的关系

情绪	社会道德关注
厌恶	身体和心理的纯洁
愤怒	公正、权利、自主
蔑视	社区角色、责任
同情	伤害/关爱、弱势、需求
自豪	阶层、地位、优势
内疚	自己的违规
羞耻	自己的性格缺陷
感激	互惠
敬畏、钦佩	他人的美德

来源:Horberg, Oveis 和 Keltner (2011).

首先,情绪对道德判断的影响具有领域特异性。由于道德判断反映了具体的社会道德关注,而情绪能够增强与之相连的社会道德关注的突出性和重要性,因此,情绪只会影响某一领域的道德判断,而不会影响所有领域的道德判断。例如,尽管人们发现厌恶一般会引起对不道德行为的更为严厉的态度,但是新近的研究发现,厌恶尤其强化了关于纯洁性的道德判断。同那些与纯洁性无关的行为相比,易于厌恶的个体对同性恋的偏见更强,在同性恋婚姻和流产问题上的态度更为保守(Tapias, Glaser, Keltner, Vasquez & Wickens, 2007; Inbar, Pizarro & Bloom, 2009)。无论是特质性厌恶水平高的被试,还是被诱发体验到厌恶的被试,都对吸食毒品、酗酒和性滥交等不纯洁的行为表现出更为批评的态度(Horberg, Oveis, Keltner & Cohen, 2009)。研究还发现,与增强纯洁性或者社会阶层稳定性的行为相比,诱发的感激只会提高人们对他人的互惠行为的道德赞扬(Bartlett & DeSteno, 2006)。

其次,情绪对道德判断的影响具有情绪特异性。也就是说,不同情绪是由不同的道德情境引发的,而不同的情绪对道德判断的影响是不同的。研究表明,在面对恋童癖和性侵犯等身体侵犯时,个体在解释道德愤怒时的理由更充分,而厌恶则不需要太多的解释理由(Pascale & Roger, 2011)。Oveis 等也发现了同情和自豪的特异性效应:同情和自豪对知觉他人的影响是相反的。同情增进了自我与他人的相似性,尤其是与无家可归者等弱势他人的相似性;而自豪减少了与弱势群体的相似性,增强了与职业运动员等强势他人的相似性(Oveis, Horberg & Keltner, 2010)。这在一定程度上可以解释同情为什么会激发助人行为,而自豪有可能会抑制亲社会行为。

再次,情绪对道德判断的影响还表现为具身效应(embodiment effects)。情绪是一种具身现象,它的躯体反应成分会对记忆、态度、信息加工和决策产生一定的影响(Niedenthal, 2007)。大量的研究已经证实了情绪的具身效应。例如,Ito 等的研究显示,与那些观看陌生白人照片或者没有被诱发出微笑的被试相比,在观看陌生黑人照片时被诱发出微笑的被试对黑人的内隐偏见会降低(Ito, Chiao, Devine, Lorig & Cacioppo, 2006)。根据评价倾向观点,某一情绪的身体反应会强化特定的道德判断。研究证明的确如此:与那些在观看令人厌恶的视频后没有洗手的被试相比,观看视频后洗手的被试(厌恶情绪减弱)更不可能对他人的道德违规进行批评(Zhong & Liljenquist, 2006);通过令人厌恶的电影或气味诱发的厌恶会导致对他人道德违规的更为严厉的批评,尤其是那些对自己的身体变化高度敏感的被试(Schnall, Benton & Harvey, 2008)。这些均表明,厌恶等情绪对道德判断的强化依赖于其身体反应。

最后,情绪也会影响道德判断的道德化(moralization)。所谓道德化,是指道德判断进入广义的价值系统的过程(Rozin, 1997)。美国的一个典型例子是对吸烟和食肉的日益反对(Rozin, 1999)。20 世纪下半叶以来,美国社会先前对吸烟的允许态度已经逐渐被对吸烟的明确反对和负性情绪反应所代替。先前的许多研究认为,在美国这样一个伤害、关爱和公正占主导的文化中,根据痛苦或不公平待遇来表述的问题容易被道德化(Vasquez, Keltner, Ebenbach & Banaszynski, 2001)。Horberg 等提出,当有相关的情绪卷入时,各种社会道德问题更易于道德化(Horberg, Oveis & Keltner, 2011)。例如,美国的保守主义者突出纯洁、阶层和群体内忠诚的重要性,而自由主义者强调伤害、关爱和公正。厌恶等情绪可能有助于解释这些不同的政治观点:对保守主义者而言,对同性恋婚姻或流产等问题的厌恶可能会产生道德紧迫性,进而引发建立抗议联盟和组织等决策和政治策略;当自由主义者认为禁止同性恋婚姻是对民权的侵犯或者过度痛苦的原因时,他们会产生更为强烈的愤怒或同情,其所引发的政策制定肯定会完全不同(Inbar, Pizarro & Bloom, 2009)。

今后对不同情绪与特定道德判断关系的研究应该加强对感激等积极情绪的研

究,注重探究道德判断中的评价倾向和特异性效应的神经生理机制,深入分析"身体"和文化等因素对不同情绪与特定道德判断之间关系的影响(丁道群和张湘一,2013)。

12.1.2 情绪参与道德判断的认知神经机制

认知神经心理学的研究表明,与情绪相关的脑区在道德判断中会被不同程度地激活。许多研究发现,腹内侧前额叶(VMPFC)在道德判断中会显著被激活,而这一脑区是协调和监控情绪的重要中枢。对正常被试的研究显示,无论是在观看能唤起道德感的照片、图片或者阅读道德陈述(Moll, De Oliveira-Souza, Bramati & Grafman, 2002; Harenski & Hamann, 2006),还是让被试对行为进行道德判断或者判断是否应该做出诸如捐赠、助人等道德行为时(Heekeren, Wartenburger, Schmidt, Schwintowski & Villringer, 2003; Moll, Krueger, Zahn, Pardini, De Oliveira-Souza 和 Grafman, 2006), VMPFC 会被显著激活。脑损伤病人的研究也得出了较为一致的结论。VMPFC 受损者的智力水平正常,基本认知功能健全,但是情绪功能减弱,容易出现情绪钝化、共情能力丧失、情绪不稳定、情绪调节失常等症状(Ciaramelli, Muccioli, Ladavas & Di Pellegrino 2007; Mendez, Anderson & Shapira, 2005)。Anderson 等(1999)的研究发现,童年期 VMPFC 受损者的道德水平明显低于正常同龄人,表现出前习俗阶段的特征,即以个人为中心的和逃避惩罚的道德价值取向。Koenigs 等人(2007)的研究显示,与正常被试相比,VMPFC 受损者在道德两难选择中更倾向于做出功利判断,即以获得最大利益为判断的出发点,只关注行为的结果而较少考虑其他因素。对于正常被试来说,道德两难中的功利选项所对应的伤害行为容易激起个体强烈的负性情绪体验,因而会自动地拒绝和排斥这一选择。对于 VMPFC 受损者而言,该部位的损伤会严重影响其情绪反应和情绪调控能力,使其在面对功利选项时不能产生相应的情绪体验,这样在正常的认知推理之下,他们更容易做出收益高的功利判断。

此外,有研究还证实了在道德判断过程中其他与情绪有关的脑区的激活。例如,Berthoz 等人(2006)的研究发现,当被试对自己的行为进行道德判断时,其杏仁核表现出相当剧烈的活动。由于杏仁核是情绪反应和情绪评估的神经回路的核心,因此它的激活表明个体此时产生了一定的情绪体验和情绪反应。Moll 等人(2007)的研究显示,在进行与亲社会情绪相关的道德判断时,VMPFC 和颞上回的激活更明显;而在进行与负性情绪相关的道德判断时,杏仁核、海马旁回和梭状回的激活更强烈。

12.1.3 道德判断的认知-情绪加工

Greene(2001,2004,2007,2008)在大量实证研究的基础上提出了道德的双过程加工理论。该理论认为,道德判断涉及两个不同的加工系统,一个是外显的认知推理过程,与抽象道德原则的习得和遵循有关;另一个则是内隐的情绪动机过程,与社会适应相联系。通常情况下,这两个系统会协同作用以促成道德判断。当社会适应的目标与遵守道德原则的目标不一致时(例如,道德的两难情境),这两个系统就可能产生冲突和竞争。此时,强烈的情绪常常在与认知的相互竞争中胜出;而且由于情绪因素对道德判断的影响是无意识的,因此人们很难意识到这种影响。Greene 等人(2001)采用 fMRI 对两难情境下的道德判断进行研究表明,非个人卷入下的道德判断主要激活的是与认知相关的脑区——背侧前额叶和顶叶,而个人卷入下的道德判断主要激活的是与情绪有关的脑区——内侧前额叶和扣带后回。在随后的研究中,研究者将个人卷入的道德两难问题分为较难的和较易的两种,发现被试在进行较难的道德两难问题判断时扣带前回(ACC)会显著激活。ACC 的激活说明在较难的道德判断中存在认知过程与情绪过程的冲突和权衡(Greene、Nystrom、Engell、Darley & Cohen,2004)。Greene 等人(2008)还发现,当让被试在进行道德判断的同时完成额外的认知任务时,功利主义判断所需的反应时会显著增加,而情绪导向的道德判断所需的反应时未受影响。这些研究均表明,在道德判断中认知和情绪难以分离。

Greene 和 Haidt(2002)曾将参与道德判断的重要脑区及其主要功能进行了综合分析:①VMPFC:负责加工感觉刺激中的社会性情绪成分,并将情绪信息整合到道德判断中;②扣带后回和楔前叶:负责加工与自我有关的情绪刺激,可能与道德判断中情绪性心象的产生有关;③杏仁核:负责社会性情绪的加工,对道德情境诱发的消极情绪尤为敏感,并与奖惩信息的快速编码有关;④扣带上回和顶叶下部:负责感知和表征道德情境中的社会性信息;⑤背外侧前额叶:负责道德判断中的抽象推理和逻辑判断,是典型的认知中枢。由此可见,道德判断是认知与情绪共同参与的过程。

Haidt(2007,2008)基于社会生物学、认知神经科学、社会心理学、动物学和进化论等领域的理论和研究成果,提出了道德判断的认知-情绪整合观。该整合观认为,具有情绪负荷的直觉过程启动了道德判断,贯穿于整个道德判断的始终,并影响随后产生的认知加工过程;同时,道德的认知加工能校正并在某些情况下驾驭道德直觉。认知必然会带有情绪特征,而情绪本身也具有信息功能。道德判断中直觉与推理的对立并不意味着情绪与认知的对立。当直觉、推理和情绪主导的判断过程对应的是信息加工的不同形式时,这些加工过程的整合才会产生道德判断。道德是文化进化的产物,人类的道德在代系的发展中发生着显著变化,只有将认知和情绪以及其他多种社会因素相结合才能更好地理解人类的道德。

国内学者(田学红,杨群,张德玄和张烨,2011)基于认知-情绪整合观点,提出了道德直觉的加工机制模型。他们认为道德直觉是一种同时包含道德知识和情绪情感的自动化加工系统,而且道德直觉可能受到先天因素、文化信念和情绪因素的影响。

尽管已有研究表明情绪在道德判断中具有一定作用,但是有研究者认为这些还不能充分解释情绪如何影响道德判断(Huebner, Dwyer & Hauser, 2009)。虽然情绪与道德判断伴随发生,但是这并不意味着情绪反应是道德判断的组成部分,情绪只是让我们关注情境中明显的道德特征和集中注意力,情绪是道德判断的必要和充分条件的假设并不能得到充分证明。当前对道德判断的认知神经机制的研究也存在诸多局限:缺乏生态效度,研究结果很难推广到真实的道德场景中;研究范式众多、缺乏一致性,难以得到一致的结论;常采用的脑成像和脑损伤等方法缺乏时间精度,很难提供有关道德判断时间进程的精确证据。今后的研究应该:①设计更具生态效度、且能将时间精度较高的脑电和空间精度较高的功能性磁共振方法相结合的道德研究范式;②探讨与其他决策过程相比,道德决策在认知-情感机制上有何独特之处;③分析不同效价和强度的道德情绪表现在行为和脑机制方面的差异,并考虑能否通过对特定情绪的调节和诱发,人为地控制和干预道德判断(谢熹瑶和罗跃嘉,2009)。

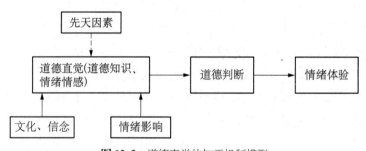

图12.3 道德直觉的加工机制模型

来源:田学红,杨群,张德玄和张烨(2011).

12.2 情绪对道德行为的影响

道德行为是在一定的道德认知和道德情感的激发下,个体表现出来的对他人或社会具有道德意义的行为。情绪不仅对道德判断具有重要影响,而且在激发和维持个体的道德行为中发挥着不可替代的关键作用。

12.2.1 情绪作为道德动机

当对个体的道德行为进行解释时,人们会常常提及道德动机这一概念。道德动机的相关研究表明,情绪是一种重要的道德动机力量。

道德动机的主要理论

道德动机真正进入心理学研究者的视野并日益引起关注,也才不过30余年时间。在传统心理学理论体系中,道德心理结构是由道德认知、道德情感和道德行为三个成分构成的。直到1983年,以科尔伯格的学生Rest(Rest, 1986; Rest, Narvaez, Bebeau & Thoma, 1999)为代表的美国明尼苏达大学道德发展研究中心的研究者提出了道德行为的四成分模型(Four Component Model),模型认为道德行为的产生至少是由以下四个心理成分构成:道德敏感性(moral sensitivity)、道德判断(moral judgement)、道德动机(moral motivation)和道德品格(moral character)。在Rest等看来,每一个成分中都包含着认知与情绪的复杂交互作用,而且还把这四个成分理解为一种逻辑顺序并作为描述道德行为发生的分析框架是必要的,但它们在现实中并不一定以固定的时间顺序呈现,因为它们之间存在复杂的前馈和反馈环路以及相互作用。自此,道德动机在道德心理学的诸多研究领域中开始凸显出来。

什么是道德动机呢？在Rest(1986)看来,道德动机是指在多种价值观并存的情况下,把道德价值置于其他价值之上,并采取道德行动,为某种道德结果履行自己的道德责任。Nunner-Winkler(1999)认为,道德动机是多种多样的。人们可能因为各种原因而做出他们认为是正确的事。他们可能受个人兴趣或关注他人幸福的激发,也可能受遵从的习惯性需求或内化的超我的驱动,或者可能为了保持个人的完善或遵守道德规范而实施道德行为。他把道德动机进一步界定为:个体遵守他们认为有效的道德规则的意愿,即使这个规则与非道德的愿望相冲突(Nunner-Winkler, 2007)。这里,道德动机可被理解为:激发并维持个体的道德行为,并使行为朝向既定目标的一种内在动力。

道德动机理论主要有道德认知观点、道德情感观点、道德同一性观点和综合观点四大类。

道德认知观点 该理论以科尔伯格为代表,强调道德行为的力量来自道德认知或道德判断。科尔伯格认为儿童道德成熟的标志,首先是道德判断的成熟,然后才是与道德判断相一致的道德行为的成熟。成熟的道德认知是成熟的道德行为的前提条件,因此,道德判断对道德行为有较高的预测力。他把道德行动划分为三步:第一步是进行正当或公正的道义判断;第二步是进行实施这种道义判断的自我责任判断;第三步是执行道德行动。在科尔伯格看来,道德认知或道德判断成分必须是确定道德行为定义的直接因素(Kohlberg, 1984)。基于道德认知理论的道德动机研究主要探讨了两类道德推理与道德行为的关系:一类是公正的道德推理(Thoma, 1994),一类是亲社会推理(Carlo, 2005)。虽然许多研究发现,上述两类推理与各种道德行为具有一定的关联,但是它们并不能完全解释人们的道德行为,尤其是常见的道德言行不

一、知行脱节的现象。

道德情感观点 针对道德认知观点存在的不足,科尔伯格之后的许多研究者逐渐把情绪情感因素引入到道德动机之中。先是 Gilligan(1977)对科尔伯格的理论假设和研究方法进行了质疑,认为公正不是唯一的道德取向,应该存在公正取向和关爱(care)取向两种道德价值观,并对女性关爱道德的发展、关爱的性别差异和公正与关爱的关系等进行了深入研究。接着 Enright 等人(1989)对道德心理学的另一主题——宽恕(forgiveness)进行了研究,系统探讨了宽恕的含义、认知发展模式和过程模式等问题。随后,移情(empathy)和内疚(guilt)等成为道德心理学研究的主题。Hoffman(2000)认为,情绪是道德动机的主要力量。在"冷的"说教情境中习得的抽象的道德原则缺乏动机力量。移情对道德原则的作用是将它们转化为亲社会的"热"认知——赋予移情情感的认知表征,从而给予它们以动机力量。大量研究表明,移情等与个体的亲社会行为存在显著的正相关(Eisenberg, Fabes 和 Spinrad, 2006)。

道德同一性观点 道德同一性整合了个人的道德系统和自我系统,是一个人的道德感与同一性感的结合(Blasi, 1995)。换句话说,道德同一性指的是道德价值对一个人同一性的核心和重要程度(Hardy, 2006)。例如,一个人的同一性更为看重善良等道德品质而不是创造性等非道德特点,那么这个人就具有较高的道德同一性。道德同一性之所以能够成为道德动机,是因为人们具有一种先天的倾向:受到激发而采取与个人的自我系统相一致的行为。因此,当道德价值对一个人的同一性非常重要的情况下,这就会激发他产生与自己的道德感相一致的行为。研究发现,当描述自我、人格和目标时,青少年道德榜样比普通青少年更有可能使用道德术语(Reimer 和 Wade-Stein, 2004);无论青少年还是成人,道德同一性均是其道德行为的良好预测指标,他们会表现出更高水平的他人报告的道德行为、自我报告的志愿者行为、亲社会态度和行为(Arnold, 1993; Aquino & Reed, 2002; Reed & Aquino, 2003)。

综合观点 该观点认为,道德动机是一个复杂的系统,道德行为的产生是多个因素共同作用的结果。Hardy(2006)的研究发现,道德推理、道德情绪和道德同一性对于道德动机都是重要的,在道德行为中的作用彼此不同,并各自与不同的道德行为相关联。因此,应该最好采用一个整体性的人格视角来看待道德动机。Leffel(2008)提出的道德动机的"社会直觉模型"(social intuitionist model)也是一个综合理论。这一模型源于 Haidt(2001)的道德判断模型。道德动机的"社会直觉模型"包括道德动机的 6 个方面和相关的发展过程:调整道德直觉、放大道德情绪、扩展道德美德、整合道德价值观、加强道德推理和增强道德意志。该模型特别强调动机的三个内隐成分的关键作用,即道德直觉、道德情绪和道德美德,并把道德情绪看作核心。

情绪作为道德动机:道德情绪

近些年来,越来越多的研究证实了情绪在道德行为中的重要作用,道德情绪(moral emotion)研究应运而生。Eisenberg(2000)把内疚、羞耻和移情等在道德行为中具有重要作用的情绪称作道德情绪。Haidt(2003a)较早对道德情绪的含义、类型、具体道德情绪的诱发因素和亲社会行为倾向等进行了系统阐述。他认为,道德情绪就是那些与整个社会或者至少个体的利益或幸福有关的情绪。道德情绪具有两个重要成分:无私的诱发因素和亲社会行为倾向。个体违背道德规范时产生的情绪(如羞耻、内疚)或遵守道德规范时所产生的情绪(如自豪)都可被称为道德情绪。周详等人(2007)指出,道德情绪是个体根据一定的道德标准评价自己或他人的行为和思想时所产生的一种情绪体验。概而言之,道德情绪指的是在对自己或他人进行道德评价时产生的、影响道德行为产生或改变的一种复合情绪。

道德情绪能够提供道德行为的动机力量,既能够激发良好的道德行为,又可以阻止不良的道德行为。有研究者认为,道德情绪对道德行为的调节作用具体表现为4个方面:①不道德行为会导致个体产生耻辱、羞耻、愤怒或厌恶等道德情绪;②道德情绪会导致个体产生行为改变;③道德情绪强烈地影响着道德判断;④从道德行为的起源来看,个体早期的道德行为一定包含有某种情感动机(Huebner, Dwyer & Hauser, 2008)。

研究者还进一步区分了道德情绪的类型。Rozin等(1999)曾经把道德情绪分为两组:一组是羞耻(shame)、尴尬(embarrassment)和内疚(guilt)(合称SEG)等自我意识情绪(self-conscious emotions),另一组为蔑视(contempt)、愤怒(anger)和厌恶(disgust)(合称CAD)等批评他人的情绪。Eisenberg(2000)认为,道德情绪主要有两类:一是自我意识的道德情绪,包括内疚和羞耻;二是移情(empathy)。Haidt(2003a)则把道德情绪分为四类:谴责别人的情绪(包括蔑视、愤怒和厌恶、愤慨和憎恨等)、自我意识的情绪(包括羞耻、尴尬和内疚等)、他人痛苦指向的情绪(主要指同情)和赞赏他人的情绪(包括感激和钦佩)。Tangney等(2007)把道德情绪分为自我意识情绪(包括羞耻、内疚、尴尬和道德自豪等)、他人指向的道德情绪(other-focused moral emotion)(包括愤怒、蔑视、厌恶、钦佩和感激等)和移情三大类。Gray和Wegner(2011)提出了分析道德情绪的另一种方法。他们按照两个维度来对道德世界进行划分:效价(助人和伤害)和道德类型(施动者和受动者),与之相对应会有四类道德人物:英雄、恶人、受害者和受益者。这四类人物会引发不同的道德情绪:英雄引发激励和钦佩,恶人引发愤怒和厌恶,受害者引发同情和悲伤,受益者引发轻松和快乐。

需要注意的是,道德情绪在性质上有正性(例如,自豪和移情)和负性(例如,羞耻和厌恶)之分。因此,综合上述研究,可以按照情绪指向(自我意识情绪和他人指向情绪)和情绪性质(正性和负性)把道德情绪分为四类:正性自我意识情绪(包括自豪等)、负性自我意识情绪(包括内疚、羞耻和尴尬等)、正性他人指向情绪(包括移情、钦佩和感激等)和负性他人指向情绪(包括愤怒、蔑视和厌恶)。

12.2.2　自我意识情绪对道德行为的影响

自我意识情绪的思想最早可见于达尔文的名著《人类和动物的情绪表达》。虽然在此书中没有明确提出自我意识情绪的概念,但是他指出,害羞、内疚和羞耻等是伴随着自我意识出现的情绪,这些情绪不仅是简单的情绪反应,而且是对他人如何看待我们自身这个问题的一种反应。直到20世纪90年代,自我意识情绪研究才正式开启。Lewis(1997,2003)认为,自我意识情绪是一种以自我参照行为的出现为前提,并通过自我觉察、自我评价和自我反思而产生的情绪,它在我们的情绪生活中占有中心地位。Tracy和Robins(2004)认为,自我意识情绪是将自我卷入到情绪中的一种特殊情绪类型,它包含内疚、羞耻、尴尬、妒忌(envy)、自豪(pride)等,自我意识情绪在调节和激发人类思维、情感和行为中发挥着重要作用。

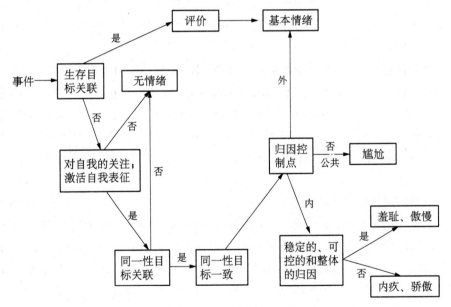

图12.4　Tracy和Robins的自我意识情绪的加工模型
来源:Tracy & Robins (2004).

自我意识情绪比基本情绪更为复杂,其出现也要迟于基本情绪。自我意识情绪有着两个主要特点:①从产生来看,自我意识情绪既需要自我表征(self-presentation)、自我觉察(self-awareness)和自我评价(self-evaluation)过程的卷入,还需要情绪的自我归因。只有当个体具备稳定的自我表征能力,对这些表征进行自我觉察、自我反思和自我评价,并且将情绪事件归因到自我因素时,自我意识情绪才会产生。据此,Tracy和Robins(2004)提出了自我意识情绪的加工模型。②从表达来看,自我意识情绪没有独特的、普遍被认可的面部表情。研究发现,自我意识情绪的表达不仅包含面部表情,而且还要有身体的动作、头部的运动和胳膊的姿势等。

自我意识情绪的研究方法主要有4类:①自我报告测量。具体包括情境情绪测量、情节情绪测量、陈述评定和形容词评定量表。②非言语行为编码技术。研究者试图发现自我意识情绪的明显的、非言语的表达系统,但难度较大。③言语报告和行为测量相结合的编码技术。编码来源主要为被试的面部表情、动作行为和言语报告。④脑神经成像技术。使用正电子断层扫描技术(PET)或磁共振功能成像技术(fMRI),让被试看图片、短片或阅读语句来诱发情绪,并对其神经机制进行研究(冯晓杭和张向葵,2007)。

自我意识情绪具有明确的道德性质,对个体的道德行为具有重要的动机功能。自我意识情绪可被看作是个体根据道德自我同一性标准,比较不同情境下的行为或行为倾向时产生的道德情绪(Turner & Stets, 2006)。如果个体的行为及其倾向违背了道德自我同一性标准,个体就会产生内疚和羞耻等负性自我意识情绪,进而有可能激发道歉或其他补偿行为。如果个体的行为及其倾向与道德自我同一性标准一致时,个体就会产生自豪等正性自我意识情绪,并有可能继续实施这一道德的行为。尽管这些行为不一定总是发生,但是自我意识情绪可以让个体进入某种动机以及认知状态,增加了个体从事相关行为的倾向,协调着个体的人际关系行为和亲社会行为。许多研究表明,自我意识情绪的确能够激发亲社会行为(Haidt, 2003; Tangney & Dearing, 2002)。

自豪对道德行为的影响

自豪是常常被人忽视的正性道德情绪。Mascolo和Fischer(1995)认为,自豪是一种源自这样一种评价的情绪,即个人应该为某一社会价值结果或成为一个对社会有价值的人而负责。据此看来,自豪能够增强人们的自我价值,甚至更为重要的是,能够激发今后与社会价值标准相一致的行为。众多研究表明,自豪对于社会群体内的地位提升和认可度增强具有重要影响。

自豪在人类生活中的重要功能可能是:为了增强或维持个体在社会层级中的地位而提升思维、深化感受和促进行为(Tracy, Shariff & Cheng, 2010)。自豪至少通过以下三条路径来影响个体的社会地位和社会价值。第一,因成就而体验到的自豪能够激发个体对未来成就的追求。自豪感是快乐的,因而具有强化作用。在社会化过程中,儿童逐渐体验到自豪,而这些自豪源自个体对符合社会价值判断的成就的积极评价——首先是来自父母,其后来自老师和同伴。最终,即使没有来自这些人的评价,个体也能体验到对这些成功的自豪。自豪的这一动机性质会激发儿童对未来成就的追求,因此,在不需要外部评价的情况下,个体会尽力形成与社会规范相一致的同一性。反过来,在这一追求中取得成功的个体,会再次得到社会赞同、社会认可和社会地位提升的奖励,这进一步增强了其社会适应性。第二,自豪具有信息功能。根据"情绪即信息"的假设(Schwaz & Clore, 1983),情绪情感会告知个体环境中的变化,使得他们能够更为明智和灵活地对事件做出反应。考虑到自豪是与自尊最为相关的情绪特征,自豪有可能通过对自尊的影响来实现这一信息功能。当个体经常、多次感到自豪时,他们就可能对自我的个人特征产生积极的评价和感受,会导致较高的自尊水平,从而让他们意识到自己的社会价值。第三,自豪通过非言语表情来增强社会地位。特征明显的、具有跨文化一致性的自豪的表情,可以让其他社会团体成员认识到自豪者值得拥有现在的社会地位(Tracy & Robins, 2008)。在 Williams 和 DeSteno(2009)的一项研究中,先让一些被试在进行群体任务前体验到自豪。结果,群体内的其他人和局外观察者认为这些自豪者在完成任务的过程中,行为更具"支配性"。这表明,自豪引发了能够增强社会地位知觉的人际行为。这其中的关键最可能是自豪的非言语表情。内隐联想测验的一系列研究发现,自豪的表情会被迅速、自动地知觉为高社会地位的信号,而且这种关联具有跨文化性(Shariff & Tracy, 2009; Tracy, Shariff, Zhao & Henrich, 2013)。当然,自豪也存在"黑暗的一面"。在与成就和亲社会行为密切关联的同时,它与冲突和攻击也有一定关联(McGregor, Nail, Marigold & Kang, 2005)。有研究发现,自豪甚至抑制了个体对他人的同情(Oveis, Horberg & Keltner, 2010)。

基于上述研究,有学者提出,自豪存在两种类型:一种是自大的自豪(hubris pride)或 α 自豪,另一种是真正的自豪(authentic pride)或 β 自豪(Tracy 和 Robins, 2007)。从它们的产生来看,自大的自豪来自于内部的、整体的、稳定的和不可控的自我归因(例如,我成功是因为我伟大),个体肯定的是整体自我;而真正的自豪来自于内部的、具体的、不稳定和可控的归因(例如,我成功是因为我进行了大量的练习),个体肯定的是自我某方面的具体行为。研究发现,对很多事情经常进行内部的、不稳定的和可控的归因的被试,易于体验到真正的自豪;而经常进行内部的、稳定的和不可控的归因的被试,易于体验到自大的自豪。对他人自豪的知觉研究也得到了相似结果:当有资料表明目标个体的成功源自稳定的和整体的因素(例如,智力)时,观察者易于认为目标个体的表情显示的是自大的自豪;而当有资料表明目标个体的成功源自不稳定的和具体的因素时,同样的表情易于被观察者判定为真正的自豪(Tracy 和

Prehn，2012)。自大的自豪与真正的自豪对个体人格具有不同的影响：自大的自豪反映的是人格的消极方面，而真正的自豪反映的是人格的积极方面。真正的自豪与大五人格特质中的外倾性(extraversion)、宜人性(agreeableness)、尽责性(conscientiousness)、情绪稳定性(neuroticism)和经验开放性(openness to experience)具有显著正相关，而自大的自豪与宜人性和尽责性这两个亲社会特质具有显著的负相关(Tracy 和 Prehn，2012)。真正的自豪与外显自尊和内隐自尊呈正相关显著；而自大的自豪与外显自尊和内隐自尊呈负相关显著，与自恋和羞耻易感性呈正相关显著(Tracy，Cheng，Robins & Trzesniewski，2009)。

自大的自豪与真正的自豪能够引发不同的社会行为，具有迥异的道德价值。总体而言，自大的自豪与反社会行为密切相关，而真正的自豪与亲社会行为密切相关。研究表明，自大的自豪能够引发自恋性的攻击、敌意、人际问题和其他自我破坏性的行为(Morf & Rhodewalt，2001)；真正的自豪可以激发成就领域的积极行为、亲社会行为和真正深刻的自尊感(Williams & DeSteno，2008)。在特质水平上，两类自豪与成就、心理健康、社会行为和人际关系等的关系截然不同(Carver，Sinclair & Johnson，2010)。自大的自豪特质水平高的个体更有可能表现出行为冲动，更有可能体验到长期的焦虑，更有可能实施攻击、敌意和其他各类反社会的不当行为(例如，吸毒和轻度犯罪)；真正的自豪特质水平高的个体，倾向于表现出低水平的抑郁、特质焦虑、社交恐怖、攻击、敌意和拒绝敏感度，以及高水平的自我控制、目标参与、关系满意度、婚姻适应性和社会支持。人际环(interpersonal circumplex)研究还显示，尽管主动性(agency)水平高的个体易于体验到两种自豪，但是只有共享性(communion)水平高的个体才易于体验到真正的自豪，自大的自豪与共享性呈显著负相关(Cheng，Tracy & Henrich，2010)。Ashton-James 和 Tracy(2011)新近对歧视的研究进一步确认了两类自豪之间的道德差异：真正的自豪特质水平高的美国白人倾向于报告较低水平的对美国黑人的种族歧视，自大的自豪特质水平高的美国白人则报告了更高水平的歧视；感受到自大的自豪的异性恋被试对同性恋妓女的评判要比对异性恋妓女的评判更具惩罚性，感受到真正的自豪的异性恋被试则表现出了较少的对内群体和外群体成员的偏见；两类自豪对歧视性判断和信念的影响受到对评价目标的移情关注的调节，自大的自豪减弱了对他人的移情从而导致了歧视的增强，而真正的自豪增强了对他人的移情从而减弱了歧视。

尴尬对道德行为的影响

尴尬是在公共社会窘境中产生的一种屈辱、羞耻和懊恼的厌恶状态(Miller，1995)。当个体违背了社会习俗规则，或者是因为某些事件或行为超出了自己的控制时，会体验到尴尬情绪。研究表明，最能够引发尴尬的情境是"公共规范的缺失"

(normative public deficiency),即个体表现出一种笨拙的、心不在焉的或者倒霉的行为。例如,在大庭广众之下绊倒,忘记某些人的姓名等。其他诱发尴尬的情境还有棘手的社会交往和过度引人注目等。有学者认为,尴尬的关键是他人的消极评价,或者他人的消极评价所引发的自尊的短暂降低。还有学者从戏剧表演的角度进行分析,认为当人们的行为违反了隐性的社会规则或脚本时,尴尬就会产生。Sabini 等(2000)则认为,可能同时存在自尊的丧失和戏剧表演的情况。在所有情境下,这些事件表明有些事情是存在问题的:个体的同一性或行为的某些方面需要精心监控、隐藏或者改变。研究发现,尴尬时人们易于表现出和解的行为,以赢得他人的赞成和(重新)认可(Miller, 1996)。

与内疚和羞耻相比,尴尬与道德之间的联系要相对弱些。例如,成人对引发个人内疚、羞耻和尴尬事件的评定显示,他们在感到尴尬时比感到内疚和羞耻时更不可能考虑道德问题(Tangney, Miller, Flicker & Barlow, 1996)。内疚和羞耻源于较为严重的失败或对道德规范或道德准则的侵犯,而尴尬则是对社会常规的轻微侵犯或失礼。人们体验尴尬的程度是有差异的。研究显示,尴尬能力与神经过敏、高水平的消极情感、自我意识和对他人的消极评价的恐惧相关联。对他人消极评价的恐惧不是因为贫乏社交技能,而是因为对社会规范的敏感。尴尬具有自我调节功能。易于尴尬的被试倾向于高度意识到并看重社会规范和标准。而有研究表明,与适应良好的男孩相比,有攻击性的过失男孩会表现出更少的尴尬(Tangney & Tracy, 2012)。

内疚对道德行为的影响

对内疚的心理学研究由来已久。精神分析学派心理学家弗洛伊德认为,内疚是在幼年时受到父母惩罚或遭到抛弃后所引发的焦虑状态,儿童把指向父母的敌意转向内部并体验为内疚感。存在主义心理学家罗洛·梅将内疚等同于焦虑,认为它是人的基本存在,并提出了"存在性内疚"(existential guilt)的概念,指出存在性内疚是潜力丧失、与同伴分离及与自然分离的结果。当代对内疚进行深入系统研究的是美国心理学家 Hoffman(2000)。他提出了基于移情的内疚理论,将内疚界定为一种轻视、厌恶自己的痛苦体验,通常伴有迫切、紧张和后悔。在他看来,内疚是对他人痛苦的移情反应与对引起痛苦原因的觉知二者之间的结合。

以往心理学对内疚的探讨,主要关注的是违规内疚(transgression guilt),即在实际发生的伤害性行为或违规行为情境中产生的内疚。但是在日常生活中,尽管人们实际上并没有做伤害他人的事情,或所作所为并没有违反公认的社会道德规范,但如果他们以为自己做了错事或与他人所受到的伤害有间接关系,也会感到内疚。霍夫曼将这种内疚称为虚拟内疚(virtual guilt)。他认为,虚拟内疚可以分为四大类:①关系性内疚(relationship guilt)。由于在感情与行为上相互依赖,具有亲密关系的个体在同伴表现出不明原因的悲伤时,不仅会产生移情性悲伤,也会为同伴的不快而责备自己。②责任性内疚(responsibility guilt)。那些对他人肩负某种责任的个体,常常会因下属所受的意外伤害而责备自己。③发展性内疚(developmental guilt)。那些在同龄人群体中获得某种突出成就的个体,在欣喜的同时,也往往会因使其他人"相形见绌"而感到内疚。④幸存性内疚(survivor guilt)。经历了战争、瘟疫和地震等大灾难的幸存者的体验十分复杂,既有对幸存的喜悦,又有对死者的哀伤。其中某些人可能认为相比于其他人自己不值得活下来,或是认为自己在挽救其他人方面做得不够,因此而产生内疚感(Hoffman, 2000)。

内疚的发展大体经历四个阶段:①婴儿时期和幼儿早期:虽然儿童会因自己的有意行为使别人哭泣而产生类似内疚的移情反应,但是,由于他们尚不具有对他人内部状态的觉知能力,还不能区分受害者和自己,不能肯定自己做了伤害他人的行为,因而也不会产生真正意义上的内疚感。②4—5岁:随着儿童移情能力的发展,他们能够理解他人的行为与要求,并且能够根据某些不允许伤害他人的道德标准来认识自己和受害者之间的关系,因而会因为自己对他人造成伤害(包括没有达到互惠)而感到内疚。不过,由于此时的儿童尚未将外在的道德标准内化为自己的行为准则,他们的内疚还处于低级发展阶段。③6—8岁:随着社会化的发展,儿童开始产生具有真实交往价值的内疚感,即因为没有能完成义务或责任而表现出内疚,并会导致相应的补偿行为。④10—12岁左右:随着自我意识水平的发展和道德水平的提高,儿童已具有一定的维护和坚持道德标准的内在力量,一旦察觉自己的行为与道德标准不相符合,或有违自己的"理想自我"时,就会因负性情感逐渐增强而产生内疚。甚至即使在没有外在行为或对他人造成伤害的情况下,也会因为自己的念头或想法有违道德准则而感到内疚,并可能持续相当长的一段时间(Hoffman, 2000/2003)。

内疚具有重要的道德动机功能,能够促使个体认可自己的道德责任,并采取补偿行为(Caprara, Barbaranelli, Pastorelli, Cermak & Rosza, 2001)。霍夫曼从道德内化的角度考察了内疚对道德行为的影响(Hoffman, 2000)。国内学者则从道德内化、道德自我、道德动机和道德行为等多个角度探讨了内疚和虚拟内疚的道德价值(乔建中, 2006)。许多实证研究表明,内疚易感性与反社会行为和危险行为存在显著负相关,而且在人生发展的各个阶段普遍存在。Tangney(1994)发现,内疚易感性与对这样一些项目的认可有关:"我不会偷窃我需要的东西,即使我确定自己能够逍遥法外"。Tangney和Dearing(2002)的另一个研究表明,处于少年期的易于体验到内疚的五年级学生,更不可能被拘留、判刑和监禁。他们更有可能进行安全的性行为,更不可能吸毒。当控制了家庭经济收入和母亲受教育程度的因素后,这一结论仍然成立。研究还显示,内疚易感性与青少年犯罪存在显著负相关(Stuewig & McCloskey,

2005),内疚易感性高的大学生更不可能吸毒和酗酒(Dearing, Stuewig & Tangney, 2005)。即使对于那些已经患有危险行为的成人,内疚易感性似乎能够发挥其保护作用。一项对监狱囚犯的纵向研究发现,入狱后不久评定的犯人的内疚易感性能够显著反向预测其获释后第一年的再次犯罪和药物成瘾等行为(Tangney, Mashek & Stuewig, 2007)。

内疚的道德动机研究还表明,虚拟内疚与违规内疚在对补偿性的亲社会行为的动机作用方式上有所不同:违规内疚的产生,是由于违背了公认的社会道德标准的结果,因而其导致的补偿行为有可能是适应社会要求的、非持续的;而虚拟内疚的产生,由于是自认为违背了个人道德标准的结果,因而其导致的补偿行为大多是自发的、持续的,它会促使个体不断地做出补偿行为以减缓其内疚感,如个体为了避免关系性内疚经常关注同伴的情绪状态,为降低对幸存者的内疚而不断关照遇难者的家人(Baumeister, Stillwell 和 Heatherton, 1995)。

当然,内疚也有可能导致不良适应行为或不道德行为。当人们对超出自我控制的事件产生过度的或扭曲的责任感时,内疚就容易引发不良适应行为。有研究已经证实了关爱内疚的负面效应(Gallagher, Phillips, Oliver 和 Carroll, 2008)。Nelissen 和 Zeelenberg(2009)的研究发现,当没有机会实施补偿行为时,内疚易于引发自我否认和自我惩罚。因此,只有当人们为自己的过错承担适当的责任,承认自己的失败和违规,并且利用情绪的动机力量来形成和实施与违规程度相符的补偿行为时,内疚才具有最佳道德动机功能。

羞耻对道德行为的影响

羞耻是哲学、伦理学、社会学和心理学等多学科共同关注的热点主题。羞耻是一种基于对整体自我的消极评价的,并伴随有渺小感、无价值感、无力感的痛苦的自我意识情绪(Lewis, 1971; Tangney & Tracy, 2012)。西方对羞耻的理论解释主要有三类:①精神分析理论。弗洛伊德认为,羞耻与自我防御有关,是个体自我和本我冲突的结果;埃里克森认为,羞耻是由于儿童的自主要求未得到满足而对自己的能力产生怀疑的结果;客体关系学派和自体心理学学派更多地把羞耻与自恋性障碍相关联。②认知理论。该理论强调个体对已发生事件的认知和评价对羞耻的影响。Tracy 和 Robins(2004)认为,当个体对诱发事件进行内部的、稳定的、不可控的、整体的自我归因时会产生羞耻,而当个体对此进行不稳定的、特定方面的自我归因则会引发内疚,但诱因事件一定与无法实现自我认同的目标有关。③生物进化理论。在该理论看来,羞耻是心理进化的产物(Thompson, Winer & Goodvin, 2005)。Gilbert(2007)的生物-心理-社会理论把羞耻视为一种提示人际关系是否稳定的信号,并认为羞耻的进化根源是一种以自我为中心的社会威胁体系。当前对羞耻的研究有三类取向:

①特质取向,把羞耻看作较为稳定的人格特征;②状态取向,强调羞耻是由某些情境引发的、具体的情感状态,而非稳定的人格特质;③类型取向,认为在某些特殊情境或领域下个体会表现出某种程度的羞耻易感性,并可据此对羞耻进行分类(高学德,2013)。

研究表明,羞耻容易引发许多适应不良行为或反社会行为。Nathanson(1994)提出了羞耻的"罗盘应对理论",认为羞耻下个体的应对方式可以分为四种类型:"逃避"、"退缩"、"攻击他人"和"攻击自我"(图12.5)。"逃避"通常产生于个体因那些由自己个性品质中(自认为)难以改变的不足所引发的羞耻情境中,或是掩盖那些可能给自己带来羞耻感的某些品质缺陷,或是避开那些可能指出或发现其品质缺陷从而给自己带来羞耻感的人。"退缩"是指个体在体验到羞耻之时,以行为的暂时性停滞甚至逃离当时的情境,来避开他人的注视,免受进一步羞耻的应对方式。"攻击自我"是指个体通过自责、自虐或者自嘲、自贬等方式,将他人的注意力从其先前的蒙羞行为转移到目前的行为上以减轻自己的痛苦体验并免受进一步羞耻的应对方式。"攻击他人"是个体在羞耻体验太过强烈时所采用的应对方式,个体会对使自己蒙羞的人进行抱怨、斥责甚至施以暴力。后续的很多研究表明,在面对失败或违规时,羞耻常会激发个体的拒绝、隐藏或逃避行为(Ketelaar和Au,2003;Sheikh和Janoff-Bulman,2010);经诱发感受到羞耻的被试会表现出更少的移情和观点采择(Marschall,1996;Yang和Chiou,2010);羞耻易感性与愤怒、敌意和指责他人、直接的身体或语言攻击、间接攻击(损害对他人重要的事情、背后议论他人)、替代性攻击、自我攻击呈显著正相关(Bear,Uribe-Zarain,Manning和Shiomi,2009;Farmer和

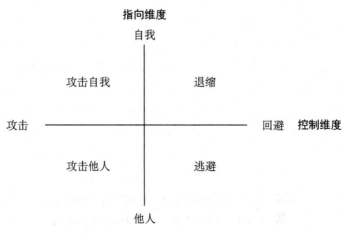

图12.5 羞耻的罗盘应对模型

来源:Nathanson(1994).

Andrews, 2009; Tangney, Wagner, Barlow, Marschall & Gramzow, 1996)。

但是,也有研究并未发现羞耻对犯罪等反社会行为的预测效应(Robbins, Robert, Strayer & Koopman, 2007; Stuewig & McCloskey, 2005; Tibbetts, 2003)。甚至有研究者提出,羞耻具有积极的社会适应价值。Ben-Ze'ev(2000)认为,羞耻对道德行为而言可能是最强有力的推动情绪,因为羞耻与自尊紧密相连,并且会阻止人们的不道德行为以免他们丧失自尊。Fessler(2007)区分了两种羞耻形式:①原始的羞耻,它是现代社会中羞耻情绪的原型,其激活是由于个体处于从属地位;②遵规守纪者的羞耻,其激活是因为个体没有遵守某些社会文化行为准则。第二种羞耻能够促进个体遵从重要的社会文化准则,从而能使个体保持在他人眼中的声望和良好形象。de Hooge等(2008)发现,在特定的条件下,羞耻会激发一定的亲社会行为。

由于羞耻与文化密切相连,因此羞耻的产生和影响有着巨大的文化差异。在中国这样一个集体主义文化中,人们不仅会因消极的自我评价,更会因他人在场等外界压力而感到羞耻。可以说,中国的传统文化是一种"知耻文化"。当人们违反社会规则及自己内心的道德准则时,就应当产生羞耻感,"知耻"是维护个人完善和社会稳定、进步的重要约束机制。已有国内学者对中国人的羞耻进行了初步研究(李阿特,汪凤炎,2013;汪凤炎,郑红,2010),今后很有必要对此进行更为深入的探讨,包括中国人羞耻的结构、特点、影响因素和作用机制,充分发挥羞耻这一道德情绪的积极功能。

12.2.3 他人指向情绪对道德行为的影响

他人指向情绪是当前道德情绪研究的新热点。自我意识情绪源自根据道德标准对自我进行的审视和评价,而他人指向情绪产生于对他人行为的道德评价。相关研究发现,移情、钦佩(admiration,或 elevation)和感激(gratitude)等正性他人指向情绪,以及愤怒、蔑视和厌恶等负性他人指向情绪在个体道德行为的产生中发挥着重要作用。

移情对道德行为的影响

移情是至今探讨最多的道德情绪。对移情的研究最早可追溯到英国著名哲学家亚当·斯密。他指出,移情是由理解他人的观点并作出相应的情绪反应能力组成的。铁钦纳进而认为,人不仅能看到他人的情感,而且还能用心灵感受到他人的情感,他把这种情形称之为移情。纵观学界对移情的定义大体可分为三类:①认知性界定。这类界定方式侧重于移情的认知特征,强调个人知觉、角色扮演、对他人情感的认知以及社会认知等因素在移情产生中的作用,认为移情是对他人的感受、思想、意图和自我评价等的觉知。例如,皮亚杰和科尔伯格强调角色承担能力的重要性,把移情定义为承担他人角色的过程;Borke 从社会学习理论的角度,把移情定义为观察者区别他人所体验的不同的情绪状态的能力(Pecukonis,1990)。②情绪性界定。这类界定方式强调移情的情绪反应特征,认为移情是对他人情绪状态或情绪条件的认同性反应,其核心是与他人的情境相一致的情绪状态。例如,Epstein 和 Feshbach 把移情定义为对知觉到他人情绪体验的一种设身处地的情绪反应,或移情是由从他人的立场出发对他人内在的状态的认知而产生的对他人的情绪体验;Jacobson 认为,移情是一种通过临时对他人情绪的认同而获得的情绪知识(Pecukonis,1990)。③综合性界定。随着研究的不断深入,心理学家开始同时从情绪和认知两个方面来界定移情。这是因为在移情的产生过程中,认知成分和情绪成分是相互作用、密不可分的。一方面,对他人设身处地的情感反应往往建立在能推断他人情绪状态的认知能力的基础上;另一方面,设身处地的情绪唤醒为观察者提供了推断他人情绪意义的内部线索。例如,Eisenberg 和 Fabes(1998)提出,移情是一种与他人的感受相同或相近的移情性反应,这种情绪性反应来自对他人的情绪状态或情境的认知;Hoffman(2000)认为,移情是对知觉到他人情绪体验的一种设身处地的情绪反应,或者是由于从他人的立场出发对他人内在的状态的认知而产生的一种对他人的情绪体验。概而言之,移情作为一种替代性的情绪反应能力,是既能分享他人情感、对他人的处境感同身受,又能客观理解、分析他人情感的能力。

移情的发展可分为四种阶段:①普遍性移情(global empathy,0-1 岁)。例如,婴儿在看到其他婴儿流泪时自己也会哭。当然,这时的移情还处于一种非常原始的阶段,因为婴儿不能把他们自身与他人区分开来,以致他们常常无法弄清楚谁在体验这种情绪,而且常常把发生在别人身上的事情当作发生在他们自己身上一样来做出反应。②"自我中心"的移情(egocentric empathy,1-2 岁)。儿童能充分意识到自我与他人的不同,能够在意识到他人而并非自己正在体验某种情绪时产生移情唤醒。但是儿童仍不能充分地把自己与他人的内部状态区分开来,会把别人的混淆为自己的,在安慰他人时犹如安慰自己一般,其采取的帮助方式可能是不适当的。③对他人感受的移情(empathy for another's feelings,2、3 岁开始)。随着角色采择能力的发展,儿童逐渐能够区分自己和他人的情绪状态。相应地,他能够对他人的感受进行推断,做出更多的反应。达到 3 岁时,即使在实验情境中,儿童也能对简单情境中他人的快乐或悲伤进行辨认和产生移情反应。④对他人总体生活状况的移情(empathy for another's life condition,童年晚期以后)。儿童对人类的理解随着认同感的增长而增加,认识到自己和他人各有自己的历史和个性,能够注意到他人的生活经验和背景,不仅能够理解他人的眼前痛苦,而且能从更广阔的生活经历来看待他人所感受到的愉悦和痛苦,能认识到他人的生存环境或条件是他人长期痛苦的根源。此时,儿童移情的发展达到了超越直接情境的阶段。

移情是一种重要的亲社会动机,能够引发个体的助人等亲社会行为。岑国桢等(2004)发现,6—12岁儿童的移情反应与其一般助人行为倾向反应呈显著正相关。McMahon等(2006)的研究表明,移情水平高的青少年报告出了更多的亲社会行为,而且这一效应在女性群体上尤其显著。Marsh和Ambady(2007)研究发现,被试对恐惧面部表情的辨别准确度和随后的助人行为呈正相关,这表明对他人痛苦的觉知同亲社会行为紧密关联。Barr等(2007)的研究显示,青少年的移情与其亲社会行为之间存在显著正相关。Vaish等(2009)对幼儿的研究表明,幼儿在缺少明显的情绪线索的情况下,仍能通过情绪观点采择对受害者产生移情,并能促进随后的亲社会行为。移情不仅会影响外显的亲社会行为,而且会影响内隐亲社会倾向。个体的内隐助人倾向与移情能力显著相关,高移情个体具有内隐助人倾向,而低移情个体的内隐助人倾向不明显(程德华和杨治良,2009)。此外,移情还会在影响因素与亲社会行为之间发挥中介作用。Krevans和Gibbs(1996)的研究显示,家长的亲社会教育的水平与孩子的移情能力及亲社会行为水平均呈显著正相关,而且家长对孩子的亲社会教育可能会通过孩子移情能力的提高而增加孩子的亲社会行为。李晓明等(2012)还发现,移情反应在道德强度对企业道德决策的影响中具有中介作用。也就是说,个体的道德强度越高,其移情反应也越高,最终也会做出更加合乎道德的决策。当然,也有研究者对移情与亲社会行为之间的关系提出了质疑。Einolf(2008)的大样本数据分析显示,14种亲社会行为中与移情性关注存在真正显著相关的只有3种,而且都是非正式的助人行为,且受助者必须在施助者面前。因此,需要更多的研究来深入考察移情与亲社会行为之间的复杂关系。

移情与攻击等反社会行为存在显著负相关。Miller和Eisenberg(1988)认为,总体而言,移情与攻击性及外显的反社会行为之间呈显著负相关。许多研究发现,低的认知移情与攻击行为存在高度正相关(Jolliffe & Farrington, 2004);儿童的移情能力与直接的身体攻击和言语攻击具有显著负相关(Björkqvist, Lagerspetz & Kaukiainen, 1992; Strayer & Roberts, 2004);破坏性行为障碍男孩的移情得分偏低,表现出情感移情缺陷(Dewied, Goudena & Matthys, 2005);移情与欺负行为之间存在显著负相关(Espelage, Mebane & Adams, 2004; Warden & Mackinnon, 2003);低水平移情能力是青少年欺负、攻击行为的危险因素(Gini & Albiero, 2007);冷漠-非情绪性特质高的儿童表现出最低的情绪移情和最高的直接欺负行为(Munoz, Qualter & Padgett, 2011);移情能够有效地抑制攻击行为(Findlay, Girardi & Coplan, 2006; Marcus, 2008;应贤惠和戴春林,2008)。同样,亦有研究得出相反结论,并不支持移情与攻击、欺负等行为之间的显著负相关关系(Jolliffe &

Farrington，2006；Batanova 和 Loukas，2011）。

钦佩对道德行为的影响

钦佩是在观察到他人的、道德的、值得赞扬的和非凡的行为时产生的积极情绪。它也可被理解为对优秀他人或榜样的一种高度的喜欢和尊敬（Becker & Luthar，2007）。Haidt(2003b)通过让被试回忆"人性'高尚'或'善良'的一种具体表现"而对钦佩进行现象学考察。结果表明，随着注意力转向外部，那些报告内心感到温暖、愉快和刺痛的被试，会感到其对他人是坦诚公开的，并会受到激发去帮助他人和超越自我。由此可见，钦佩似乎是一种典型的积极情绪，尤其是易于引发对外部世界的"拓展-建构"取向（Frederickson，2000）[①]。钦佩的典型成分是欣赏（appreciation）和鼓舞（inspiration）。其影响因素主要有两类：一类是外部因素，包括榜样的优秀品质、年龄、教育程度和收入，以及时代背景和文化因素等；另一类是内部因素，比如个体的价值观和自我图式等（陈世民，吴宝沛，方杰，孙配贞，高良，熊红星和郑雪，2011）。

钦佩可分为美德钦佩（admiration for virtue）和能力钦佩（admiration for skill）（Immordino-Yang, McColl, Damasioa & Damasio, 2009）。Haidt（2000）用"elevation"来表述美德钦佩，他认为美德钦佩是当人们看到他人意想不到的美德行为时所产生的一种温暖的、向上提升的情绪。研究发现，美德钦佩会导致后叶催产素分泌的增加，并进而增进女性的哺乳行为（Silvers & Haidt, 2008）；美德钦佩组被试比能力钦佩组被试报告了更多的喉咙哽咽（Algoe & Haidt, 2009）。研究表明，美德钦佩则会激发亲社会动机和行为。Vianelloa 等（2010）采用实验法和问卷法调查了公司员工、医院护士和学前教育教师，结果发现领导者的自我牺牲和人际公平等美德行为影响着下属的钦佩，进而影响下属的组织承诺和组织身份行为，比如利他、礼貌和服从。

感激对道德行为的影响

感激也是一种他人指向的积极道德情绪。对他人的仁慈善举的反应容易引发人们的感激。也就是说，当人们是他人好处的受惠者，尤其是那些好处是预料之外的或者施惠者为此付出代价时，它就会产生。感激不同于负债感（indebtedness），前者是一种愉快的情绪状态，后者是与义务相连的一种消极情绪状态。McCullough 等（2001）提出，感激的道德性质体现在两个方面：①感激产生于施惠者的道德行为（例如，亲社会行为、助人行为等）；②感激引发受惠者随后的道德动机。研究显示，感激者常常受到激发而做出亲社会行为，这些行为不仅是针对其施惠者，而且还针对与感

[①] Frederickson 提出了积极情绪的拓展-建构（broaden-and-build）理论，认为高兴、兴趣、满足、自豪和爱等积极情绪，具有拓展人们瞬间的知-行的能力，并能构建和增强体力、智力、社会协调性等个人资源。

激事件无关的其他人。而且,感激的表达可被看作是道德强化物,并能够激发施惠者未来的助人行为(Bennett, Ross & Sunderland, 1996)。总之,感激的道德功能可概括为三点:道德计量功能、道德动机功能和道德强化功能(McCullough, Emmons & Tsang, 2002)。此外,感激具有重要的心理成长功能。一系列研究显示,感激能够增强心理韧性、心理健康和日常生活的质量(Emmons & McCullough, 2003)。无论是特质性感激还是情境性感激均与非临床被试(Frederickson, Tugade, Waugh & Larkin, 2003)和创伤性应激障碍退伍军人(Kashdan, Uswatte & Julian, 2006)的心理幸福感和适应性行为密切相连。

愤怒对道德行为的影响

愤怒看似与道德行为无关。研究表明,愤怒虽然是行为的动机力量之一,但是其动机方向具有不确定性:既与趋近动机有关,又与回避动机相连;愤怒与趋近动机的关系具有优先性与一般性,而愤怒与回避动机的关系则是有条件的、受情境制约(杜蕾,2012)。尤其是众多研究发现,愤怒与个体的攻击行为关联密切(详见第13章)。值得注意的是,作为愤怒的类别之一,义愤(righteous anger)具有一定的道德功能。根据认知评价理论,当人们将某一事件评价为个人相关、与他们的目标不一致时,或者当这一事件似乎是由一个负责人的他人(有意)引起时,个体就会常常感到愤怒。一般愤怒的重点是对真实的或潜在的自我伤害的知觉以及对冒犯的他人的意图和/或责任的归因。而义愤源于这样一类事件:一个人不必亲自体验到伤害,却目睹见证了针对第三方的道德过失行为。Rozin等(1999)的研究发现,对自律道德的违反特别容易引发义愤,进而能够激发第三方旁观者采取行动来补偿其所看到的不公平。

蔑视对道德行为的影响

蔑视与道德行为也有一定的关联。研究发现(Rozin, Lowery, Imada & Haidt, 1999),蔑视与对群体道德的违反有关(例如,对社会阶层的违背);厌恶与对神学道德的触犯有关(例如,排便和卫生等问题能使我们意识到自己的动物性的行为,以及种族歧视和虐待等侵犯人类尊严的行为)。

12.2.4 集体道德情绪

20世纪70年代,集体道德情绪(collective emotions in moral events)开始进入人们的研究视野。集体道德情绪指的是在道德领域中产生的集体情绪,是大多数成员因集体中他人的行为是否违背道德而产生的情绪;它既指发生在集体中的道德情绪,也指因为道德事件而诱发的集体情绪(刘晓洁和李丹,2011)。集体道德情绪的判断涉及两个方面:一是某种情绪是否为道德情绪,二是此情绪是否为集体情绪。前面已经对道德情绪的含义等问题进行了分析,不再赘述。判断某种情绪是否为集体情绪的标准,主要包括情绪与群体认同水平之间的关系、情绪是否在群体内共享、情绪是否有助于激发和调节群体间与群体内的态度和行为等(Smith, Seger & Mackie, 2007)。

集体道德研究的研究主要集中于集体内疚(collective guilt)和集体羞耻(collective shame)两种情绪。①集体内疚。集体内疚指向于受害的群体和个人。当个体对群体有较高认同,群体成员意识到自己应该对所属群体的伤害行为或随后造成的不良影响负有一定责任时,就会产生集体内疚。研究发现,集体内疚与后续的补偿呈正相关(Brown, González, Zagefka, Manzi & Čehajić, 2008)。如果被试体验到集体内疚,就会更倾向于对受害的外群体做出补偿行为。集体内疚可以通过移情对补偿行为起作用。被试对受害群体的移情水平越高,就越有可能做出补偿行为(Brown & Čehajić, 2008)。集体责任认知也会影响集体内疚与补偿行为的关系。如果被试回忆起自己所属群体受害的历史经历,他们会觉得内群体对外群体所做的伤害行为在一定程度上是有理由的,个体也不需要对伤害行为负责。这样的责任认知会降低被试的集体内疚,补偿行为也就很少发生(Wohl & Branscombe, 2008)。②集体羞耻。集体羞耻指向的是内群体本身。当内群体的软弱无能、违背道德规范或准则等不受控制的方面被公开曝光时,就会产生集体羞耻(Branscombe, Slugoski & Kappen, 2004)。集体羞耻对补偿行为的影响还不明确。有研究显示,由于隐含着对内群体形象的威胁,集体羞耻会导致群体成员对外群体的各种回避、敌视,不会对外群体产生补偿倾向或行为(Lickel, Schmader & Barquissau, 2004)。还有研究发现,集体羞耻存在着短期的亲社会倾向,其原因在于内群体成员为了迅速提升被损坏的群体声誉、减少群体成员的负性情绪而选择在公共场合及时做出补偿倾向或行为。集体羞耻可以通过自哀和移情来影响补偿行为(Brown & Čehajić, 2008)。

集体道德情绪研究虽然取得一定成果,但是仍处于起步阶段,存在着影响因素不明确、研究方法单一以及仅限于国家和民族水平等不足。未来的集体道德情绪研究应该加大集体道德情绪纵向研究的力度,进行集体道德情绪的神经生理学实验研究,加强小群体的集体道德情绪研究、集体道德情绪的跨文化研究、集体自豪等积极集体道德情绪的研究等(刘晓洁和李丹,2011)。

参考文献

岑国桢,王丽,李胜男.(2004).6—12岁儿童道德移情、助人行为倾向及其关系的研究.心理科学,27(4),781—785.
陈世民,吴宝沛,方杰,孙配贞,高良,熊红星,郑雪.(2011).钦佩感:一种见贤思齐的积极情绪.心理科学进展,19(11),1667—1674.
程利华,杨治良.(2009).移情能力与内隐助人倾向的相关研究.心理科学,32(6)),1314—1317.
丁道群,张湘一.(2013).情绪作为道德判断的"催化剂":道德判断中的评价倾向与特异性效应.心理学探新,33(6),489—493.

杜蕾.(2012).愤怒的动机方向.心理科学进展,20(11),1843—1849.
冯晓杭,张向葵.(2007).自我意识情绪:人类高级情绪.心理科学进展,15(6),878—884.
高学德.(2013).羞耻研究:概念、结构及其评定.心理科学进展,21(8),1450—1456.
(美)霍夫曼.(2003).移情与道德发展:关爱与公正的内涵.杨韶刚,万明译.哈尔滨,黑龙江人民出版社.
李阿特,汪凤炎.(2013).大学生羞耻心的结构及问卷编制.心理与行为研究,11(2),170—175.
李晓明,傅小兰,王新超.(2012).移情在道德强度对企业道德决策影响中的作用.心理科学,35(6),1429—1434.
刘晓洁,李丹.(2011).集体道德情绪研究述评.心理科学,34(2),393—397.
乔建中等.(2006).道德教育的情绪基础.南京:南京师范大学出版社.
田学红,杨群,张德玄,张烨.(2011).道德直觉加工机制的理论构想.心理科学进展,19(10),1426—1433.
汪凤炎,郑红.(2010).荣耻心的心理学研究.北京:人民出版社.
王云强,郭本禹,吴慧红.(2007).情绪状态对大学生道德判断能力的影响.心理科学,30(6),1324—1327.
谢熹瑶,罗跃嘉.(2009).道德判断中的情绪因素.心理科学进展,17(6),1250—1256.
应贤慧,戴春林.(2008).中学生移情与攻击行为:攻击情绪与认知的中介作用.心理发展与教育,24(2),73—78.
周详,杨治良,郝雁丽.(2007).理性学习的局限:道德情绪理论对道德养成的启示.道德与文明,148(3),57—60.
Algoe, S. B. & Haidt, J. (2009). Witnessing excellence in action: The 'other-praising' emotions of elevation, gratitude, and admiration. *The journal of positive psychology*, 4(2), 105‐127.
Anderson, S., Bechara, A., Damasio, H., Tranel, D. & Damasio, A. R. (1999). Impairment of social and moral behavior related to early damage in human prefrontal cortex. *Nature neuroscience*, 2, 1032‐1037.
Aquino, K. F. & Reed, A. II. (2002). The self-importance of moral identity. *Journal of personality and social psychology*, 83, 1423‐1440.
Arnold, M. L. (1993). *The place of morality in the adolescent self*. Unpublished doctoral dissertation, Harvard University, Cambridge, MA.
Ashton-James, C. E. & Tracy, J. L. (2012). Pride and prejudice: Feelings about the self influence judgments of others. *Personality and social psychology bulletin*, 38, 466‐476.
Barr, J. J. & Higgins-D'Alessondro, A. (2007). Adolescent empathy and prosocial behavior in the multidimensional context of school culture. *The journal of genetic psychology*, 168(3):231‐250.
Bartlett, M. Y. & DeSteno, D. (2006). Gratitude and prosocial behavior: Helping when it costs you. *Psychological science*, 17, 319‐325.
Batanova, M. D. & Loukas, A. (2011). Social anxiety and aggression in early adolescents: Examining the moderating roles of empathic concern and perspective taking. *Journal of youth and adolescence*, 40(11):1534‐1543.
Baumeister, R. F., Stillwell, A. M. & Heatherton, T. F. (1995). Interpersonal aspects of guilt. In K. Fischer & J. Tangney(Eds.). *Self-conscious motions: Shame, guilt, embarrassment, and pride*. NewYork: Guilford Press, 255‐273.
Bear, G. G., Uribe-Zarain, X., Manning, M. A. & Shiomi, K. (2009). Shame, guilt, blaming, and anger: Differences between children in Japan and the US. *Motivation and emotion*, 33, 229‐238.
Becker, B. E. & Luthar, S. S. (2007). Peer-perceived admiration and social preference: Contextual correlates of positive peer regard among suburban and urban adolescents. *Journal of research on adolescence*, 17(1), 117‐144.
Bennett, L., Ross, M. W. & Sunderland, R. (1996). The relationship between recognition, rewards, and burnout in AIDS caregiving. *AIDS Care*, 8:145‐153.
Berthoz, S., Grèzes, J., Armony, J. L., Passingham, R. E. & Dolane, R. J. (2006). Affective response to one's own moral violations. *NeuroImage*, 31, 945‐950.
Björkqvist, K., Lagerspetz, K. M. J. & Kaukiainen, A. (1992). Do girls manipulate and boys fight? Developmental trends in regard to direct and indirect aggression. *Aggressive behavior*, 18:117‐127.
Blasi, A. (1995). Moral understanding and the moral personality: The process of moral integration. In W. M. Kurtines & J. L. Gewirtz (Eds.), *Moral development: An introduction*. Needham Heights, MA: Allyn & Bacon, 229‐253.
Branscombe, N. R., Slugoski, B. & Kappen, D. M. (2004). The measurement of collective guilt: What it is and what it is not. In N. R. Branscombe & B. Doosje (Eds.), *Collective guilt: International perspectives* (pp. 16‐34). New York: Cambridge University Press.
Brown, R. & Čehajić, S. (2008). Dealing with the past and facing the future: Mediators of the effects of collective guilt and shame in Bosnia and Herzegovina. *European journal of social psychology*, 38, 669‐684.
Brown, R., González, Zagefka, H., Manzi, J. & Čehajić, S. (2008). Nuestra Culpa: Collective Guilt and Shame as Predictors of Reparation for Historical Wrongdoing. *Journal of personality and social psychology*, 94, 75‐90.
Caprara, G., Barbaranelli, C., Pastorelli, C., Cermak, I. & Rosza, S. (2001). Facing guilt: Role of negative affectivity, need for reparation, and fear of punishment in leading to prosocial behaviour and aggression. *European journal of personality*, 15, 219‐237.
Carlo, G. (2005). Care-based and altruistically-based morality. In M. Killen & J. G. Smetana (Eds.), *Handbook of moral development*. Mahwah, NJ: Lawrence Erlbaum Associates, 551‐579.
Carver, C. S., Sinclair, S. & Johnson, S. L. (2010). Authentic and hubristic pride: Differential relations to aspects of goal regulation, affect, and self-control. *Journal of research in personality*, 44, 698‐703.
Cheng, J. T., Tracy, J. L. & Henrich, J. (2010). Pride, personality, and the evolutionary foundations of human social

status. *Evolution and human behavior*, *31*, 334 – 347.

Ciaramelli, E., Muccioli, M., Ladavas, E. & di Pellegrino, G. (2007). Selective deficit in personal moral judgment following damage to ventromedial prefrontal cortex. *Social cognitive and affective neuroscience*, *2*, 84 – 92.

Dearing, R. L., Stuewig, J. & Tangney, J. P. (2005). On the importance of distinguishing shame from guilt: relations to problematic alcohol and drug use. *Addictive behavior*, *30*: 1392 – 404.

de Hooge, I. E., Breugelmans, S. M., Zeelenberg, M. (2008). Not so ugly after all: When shame acts as a commitment device. *Journal of personality and social psychology*, *95*(4), 933 – 943.

Dewied, M., Goudena, P. P., Matthys, W. (2005). Empathy in boys with disruptive behavior disorders. *Journal of child psychology and psychiatry*, *46*: 867 – 880.

Einolf, C. J. (2008). Empathic concern and prosocial behaviors: A test of experimental results using survey data. *Social science research*, *2008*, *37*(4): 1267 – 1279.

Eisenberg, N. (2000). Emotion, regulation and moral development. *Annual Review of Psychology*, *51*, 665 – 697.

Eisenberg, N., Fabes, R. A. & Spinrad, T. L. (2006). Prosocial development. In W. Damon & N. Eisenberg (Eds.), *Handbook of child psychology*: Vol. 3. *Social, emotional, and personality development* (6th). New York: Wiley, 646 – 718.

Eisenberg, N., Wentzel, N. M. & Harris, J. D. (1998). The role of emotionality and regulation in empathy-related responding. *School psychology review*, *27*(4): 506 – 521.

Emmons, R. A. & McCullough, M. E. (2003). Counting blessings versus burdens: an experimental investigation of gratitude and subjective well-being in daily life. *Journal of personality and social psychology*, *84*: 377 – 389.

Enright, R. D., Santos, M. J. & Al-Mabuk, R. (1989). The adolescent as forgiver. *Journal of adolescence*, *12*, 95 – 110.

Espelage, D. L., Mebane, S. E. & Adams, R. S. (2004). Empathy, caring and bullying: toward an understanding of complex associations. In: Espelage, D. L., Swearer, S. M. (Eds.), *Bullying in American schools: A social-ecological perspective on prevention and intervention* (pp. 37 – 62). New Jersey: Lawrence Erlbaum.

Farmer, E. & Andrews, B. (2009). Shameless yet angry: Shame and its relationship to anger in male young offenders and undergraduate controls. *Journal of forensic psychiatry & psychology*, *20*, 48 – 65.

Fessler, D. M. T. From appeasement to conformity: Evolutionary and cultural perspectives on shame, competition and cooperation. (2007). In J. L. Tracy, R. W. Robins & J. P. Tangney (Eds.), *The Self-Conscious Emotions* (pp. 174 – 193). New York: The Guilford Press.

Findlay, L. C., Girardi, A. & Coplan, R. J. (2006). Links between empathy, social behavior, and social understanding in early childhood. *Early childhood research quarterly*, *21*: 347 – 359.

Frederickson, B. L. (2000). Cultivating positive emotions to optimize well-being and health. *Prevention & treatment*, *3*, article0001a.

Frederickson, B. L., Tugade, M. M., Waugh, C. E., Larkin, G. R. (2003). What good are positive emotions in crises? A prospective study of resilience and emotions following the terrorist attacks on the United States on September 11, 2001. *Journal of personality and social psychology*, *84*: 365 – 376.

Gallagher, S., Phillips, A. C., Oliver, C. & Carroll, D. (2008). Predictors of psychological morbidity in parents of children with intellectual disabilities. *Journal of pediatric psychology*, *33*, 1129 – 1136.

Gilbert, P. The evolution of shame as a marker for relationship security: A bio-psycho-social approach. In J. L. Tracy, R. W. Robins & J. P. Tangney (Eds.), *The self-conscious emotions* (pp. 283 – 309). New York: The Guilford Press.

Gilligan, C. (1977). In a different voice: women's conception of the self and of morality. Harvard Education Review, *47*, 481 – 517.

Gini, G. & Albiero, P. (2007). Does empathy predict adolescents' bullying and defending behavior? *Aggressive behavior*, *5*: 467 – 476.

Gray, K. & Wegner, D. M. (2011). Dimensions of Moral Emotions. *Emotion review*, *3*(3), 258 – 260.

Greene, J. (2007). Why are VMPFC patients more utilitarian? A dual-process theory of moral judgment explains. *TRENDS in cognitive sciences*, *11*, 322 – 323.

Greene, J. & Haidt, J. (2002). How (and where) does moral judgment work? *TRENDS in cognitive sciences*, *6*, 517 – 523.

Greene, J. D., Morelli, S. A., Lowenberg, K., Nystrom, L. E. & Cohen, J. D. (2008). Cognitive load selectively interferes with utilitarian moral judgment. *Cognition*, *107*, 1144 – 1154.

Greene, J. D., Nystrom, L. E., Engell, A. D., Darley, J. M. & Cohen1, J. D. (2004). The neural bases of cognitive conflict and control in moral judgment. *Neuron*, *44*, 389 – 400.

Greene, J. D., Sommerville, R. B., Nystrom, L. E., Darley, J. M. & Cohen, J. D. (2001). An fMRI investigation of emotional engagement in moral judgment. *Science*, *293*, 2105 – 2108.

Haidt, J. (2001). The emotional dog and its rational tail: A social intuitionist approach to moral judgment. *Psychological review*, *108*: 814 – 834.

Haidt, J. (2003a). Elevation and the positive psychology of morality. In C. L. M Keyes & J. Haidt (Eds.) *Flourishing: Positive psychology and the life well-lived*. Washington DC: American Psychological Association, 275 – 289.

Haidt, J. (2003b). The moral emotions. In R. J. Davidson, K. R. Scherer & H. H. Goldsmith (Eds.), *Handbook of affective sciences*. Oxford: Oxford University Press, 852 – 870.

Haidt, J. (2007). The new synthesis in moral psychology. *Science*, *316*, 998–1001.
Haidt, J. (2008). Morality. *Perspectives on psychological science*, *3*(1), 65–72.
Han, S., Lerner, J. S. & Keltner, D. (2007). Feelings and consumer decision making: The appraisal-tendency framework. *Journal of consumer psychology*, *17*, 158–168.
Hardy, S. A. (2006). Identity, reasoning, and emotion: An empirical comparison of three sources of moral motivation. *Motivation and Emotion*, *30*, 207–215.
Harenski, C. L. & Hamann, S. (2006). Neural correlates of regulating negative emotions related to moral violations. *NeuroImage*, *30*, 313–324.
Heekeren, H. R., Wartenburger, I., Schmidt, H., Schwintowski, H. P. & Villringer, A. (2003). An fMRI study of simple ethical decision-making. *Neuroreport*, *14*, 1215–1219.
Hoffman, M. L. (1982). Development of prosocial motivation: Empathy and guilt. In N. Eisenberg (Ed.), *Development of prosocial behavior*. New York: Academic Press, 281–313.
Hoffman, M. L. (2000). *Empathy and moral development: Implication for caring and justice*. Cambridge University Press.
Horberg, E. J., Oveis, C. & Keltner, D. (2011). Emotions as moral amplifiers: an appraisal tendency approach to the influences of distinct emotions upon moral judgment. *Emotion Review*, *3*(3), 237–244.
Horberg, E. J., Oveis, C., Keltner, D. & Cohen, A. B. (2009). Disgust and the moralization of purity. Journal of personality and social psychology, *97*, 963–976.
Huebner, B., Dwyer, S. & Hauser, M. (2009). The role of emotion in moral psychology. T*rends in cognitive sciences*, *13*(1), 1–6.
Immordino-Yang, M. H., McColl, A., Damasioa, H. & Damasio, A. (2009). Neural correlates of admiration and compassion. *Neuroscience*, *106*(19), 8021–8026.
Inbar, Y., Pizarro, D. A. & Bloom, P. (2009). Conservatives are more easily disgusted than liberals. *Cognition & emotion*, *23*, 714–725.
Ito, T. A., Chiao, K. W., Devine, P. G., Lorig, T. S. & Cacioppo, J. T. (2006). The influence of facial feedback on race bias. *Psychological science*, *17*, 256–261.
Jollife, D. & Farrington, D. P. (2004). Empathy and offending: a systematic review and meta-analysis. *Aggression and violent behavior*, *9*; 441–476.
Jollife, D. & Farrington, D. P. (2006). Examining the relationship between low empathy and bullying. *Aggressive behavior*, *32*; 540–550.
Kashdan, T. B., Uswatte, G. & Julian, T. (2006). Gratitude and hedonic and eudaimonic well-being in VietnamWar veterans. *Behavioral research and therapy*, *44*; 177–199.
Ketelaar, T. & Au, W. T. (2003). The effects of feelings of guilt on the behavior of uncooperative individuals in repeated social bargaining games: An affect-as-information interpretation of the role of emotion in social interaction. *Cognition & emotion*, *17*, 429–453.
Koenigs, M., Young, L., Adolphs, R., Tranel, D., Cushman, F., Hauser, M., et al. (2007). Damage to the prefrontal cortex increases utilitarian moral judgments. *Nature*, *446*, 908–911.
Kohlberg, L. (1984). *Essays in development. Volume 2: The psychology of moral development: the nature and validity of moral stages*. San Francisco, Harper & Row Publishers.
Krevans, J. & Gibbs J. C. (1996). Parent's use of inductive discipline: Relations to Children's empathy and prosocial behavior. *Child development*, *67*, 3263–3277.
Leffel, G. M. (2008). Who cares? Generativity and the moral emotions, Part 2: A "Social intuitionist model" of moral motivation. *Journal of psychology and theology*, *36*(3), 182–201.
Lewis, H. B. (1971). *Shame and guilt in neurosis*. New York: International Universities Press.
Lewis, M. (1997). The self in self-conscious emotions. *Annuals of the New York academy of sciences*, *818*, 118–142.
Lewis, M. (2003). The role of the self in shame. *Social Research: Academic research library*, *70*(4), 1181–1204.
Lickel, B., Schmader, T. & Barquissau, M. (2004). The evocation of moral emotions in intergroup contexts: The distinction between collective guilt and collective shame. In N. R. Branscombe & B. Doosje (Eds.), *Collective guilt: International perspectives* (pp. 35–55). New York: Cambridge University Press.
Marcus, R. F. (2008). *Encyclopedia of violence, peace and conflict*. London: Academic Press.
Marsh, A. A. & Ambady N. The influence of the fear facial expression on prosocial responding. (2007). *Cognition and emotion*, *21*(2); 225–247.
Marschall, D. E. (1996). *Effects of induced shame on subsequent empathy and altruistic behavior*. Unpublished Masters' thesis, George Mason University, Fairfax VA.
Mascolo, M. F. & Fischer, K. W. (1995). Developmental transformation in appraisals for pride, shame, and guilt. In J. P. Tangney & K. W. Fischer (Eds.), *Self-conscious emotions: Shame, guilt, embarrassment, and pride*. New York: Guilford Press, 64–113.
McCullough M. E., Emmons R. A. & Tsang J-A. (2002). The grateful disposition: A conceptual and empirical topography. *Journal of Personality and Social Psychology*, *82*(1); 112–127.
McCullough, M. E., Kilpatrick, S., Emmons, R. A. & Larson, D. (2001). Is gratitude a moral effect? *Psychological*

Bulletin, 127:249-266.
McGregor, I., Nail, P. R., Marigold, D. C. & Kang, S. (2005). Defensive pride and consensus: Strength in imaginary numbers. *Journal of personality and social psychology*, 89,978-996.
McMahon, S. D., Wemsman, J. & Parnes, A. L. (2006). Understanding prosocial behavior: The impact of empathy and gender among African American adolescents. *Journal of adolescent health*, 39(1):135-137.
Mendez, M., Anderson, E. & Shapira, J. (2005). An investigation of moral judgment in frontotemporal dementia. *Cognitive and behavioral neurology*, 18,193-197.
Miller, R. S. (1995). On the nature of embarrassability: Shyness, social-evaluation, and social skill. *Journal of personality*, 63:315-339.
Miller, P. A. & Eisenbeig N. (1988). The relation of empathy to aggressive and externalizing/antisocial behavior. *Psychological bulletin*, 103:325-344.
Miller, R. S. (1996). *Embarrassment: Poise and peril in everyday life*. New York: Guilford.
Moll, J., de Oliveira-Souza, R., Bramati, I. E. & Grafman, J. (2002). Functional networks in emotional moral and nonmoral social judgments. *NeuroImage*, 16,696-703.
Moll, J., de Oliveira-Souza, R., Garrido, G. J., Bramati, I. E., Caparelli-Daquer, E. M. A., Paiva, M. L. M. F., Zahn, R., et al. (2007). The self as a moral agent: Linking the neural bases of social agency and moral sensitivity. *Social neuroscience*, 2(3-4),336-352.
Moll, J., Krueger, F., Zahn, R., Pardini, M., de Oliveira-Souza, R. & Grafman, J. (2006). Human fronto-mesolimbic networks guide decisions about charitable donation. *PNAS*, 103,15623-15628.
Morf, C. C. & Rhodewalt, F. (2001). Unraveling the paradoxes of narcissism: A dynamic self-regulatory processing model. *Psychological inquiry*, 12,177-196.
Munoz, L. C., Qualter, P., Padgett, G. (2011). Empathy and bullying: Exploring the influence of callous-unemotional Traits. *Child psychiatry and human development*, 42(2):183-196.
Nathanson, D. I. (1994). *Shams and pride*. W. W. Norton & Company Press.
Nelissen, R. M. A. & Zeelenberg, M. (2009). Moral emotions as determinants of third-party punishment: Anger, guilt, and the functions of altruistic sanctions. *Judgment and decision making*, 4,543-553.
Niedenthal, P. M. (2007). Embodying emotion. *Science*, 316,1002-1005.
Nunner-Winkler, G. (1999). Development of moral understanding and moral motivation. In F. E. Weinert & W. Schneider (Eds.), *Individual development from 3 to 12: Findings from the Munich longitudinal study*. New York: Cambridge University Press, 253-290.
Nunner-Winkler, G. (2007). Development of moral motivation from childhood to early adulthood. *Journal of moral education*, 36(4),399-414.
Oveis, C., Horberg, E. J. & Keltner, D. (2010). Compassion, pride, and social intuitions of self-other similarity. *Journal of personality and social psychology*, 98,618-630.
Pascale, S. R. & Roger, G. S. (2011). Social justifications for moral emotions: When reasons for disgust are less elaborated than for anger. *Emotion*, 11,637-646.
Pecukonis, E. V. (1990). A cognitive/affective empathy training program as a function of ego development in aggressive adolescent females. *Adolescence*, 25(97):59-76.
Pizarro, D. (2000). Nothing more than feelings? The role of emotions in moral judgment. *Journal for theory of social behavior*, 30(4),355-375.
Reed, A. II. & Aquino, K. F. (2003). Moral identity and the expanding circle of moral regard towards out-groups. *Journal of personality and social psychology*, 84,1270-1286.
Reimer, K. & Wade-Stein, D. (2004). Moral identity in adolescence: Self and other in semantic space. *Identity*, 4,229-249.
Rest, J. R. (1986). *Moral development: Advance in research and theory*. New York: A division of Greenwood Press, 2-18.
Rest, J. R., Narvaez, D., Bebeau, M. J. & Thoma, S. J. (1999). *Postconventional moral thinking: a neo-Kohlbergian approach*. New Jersey: Lawrence Erlbaum Associates Press, 101-102.
Robinson, R., Roberts, W. L., Strayer, J. & Koopman, R. (2007). Empathy and emotional responsiveness in delinquent and non-delinquent adolescents. *Social development*, 16,555-579.
Rozin, P. (1997). Moralization. In A. Brandt & P. Rozin (Eds.), *Morality and health*. New York, NY: Routledge, 379-401.
Rozin, P. (1999). The process of moralization. *Psychological science*, 10,218-221.
Rozin, P., Lowery, L., Imada, S. & Haidt, J. (1999). The CAD triad hypothesis: a mapping between three moral emotions (contempt, anger, disgust) and three moral codes (community, autonomy, divinity). *Journal of personality and social psychology*, 76:574-586.
Sabini, J., Siepmann, M., Stein, J. & Meyerowitz, M. (2000). Who is embarrassed by what? *Cognition and emotion*, 14(2):213-240.
Schnall, S., Benton, J. & Harvey, S. (2008). With a clean conscience: Cleanliness reduces the severity of moral judgments. *Psychological science*, 19,1219-1222.

Schnall, S., Haidt, J., Clore, G. L. & Jordan, H. A. (2008). Disgust as embodied moral judgment. *Personality andSocial Psychology bulletin*, *34*(8), 1096–1109.

Schwarz, N. & Clore, G. L. (1983). Mood, misattribution, and judgments of well-being: Informative and directive functions of affective states. *Journal of personality and social psychology*, *45*, 513–523.

Smith, E. R., Seger, C. R. & Mackie, D. M. (2007). Can emotions be truly group level? Evidence regarding four conceptual criteria. *Journal of personality and social psychology*, *93*, 431–446.

Shariff, A. F. & Tracy, J. L. (2009). Knowing who's boss: Implicit perceptions of status from the nonverbal expression of pride. *Emotion*, *9*, 631–639.

Sheikh, S. & Janoff-Bulman, R. (2010). The "shoulds" and "should nots" of moral emotions: A self regulatory perspective on shame and guilt. *Personality and social psychology bulletin*, *36*, 213–224.

Silvers, J. A. & Haidt, J. (2008). Moral elevation can induce nursing. *Emotion*, *8*(2), 291–295.

Strayer, J. & Roberts, W. (2004). Empathy and observed anger and aggression in five-year-olds. *Social development*, *13*: 1–13.

Stuewig, J. & McCloskey, L. A. (2005). The relation of child maltreatment to shame and guilt among adolescents: Psychological routes to depression and delinquency. *Child maltreatment*, *10*, 324–336.

Tangney, J. P. (1994). The mixed legacy of the super-ego: Adaptive and maladaptive aspects of shame and guilt. In J. M. Masling & R. F. Bornstein (Eds.), *Empirical perspectives on object relations theory*. Washington, DC: American Psychological Association, 1–28.

Tangney, J. P. & Dearing, R. L. (2002). *Shame and guilt*. New York: Guilford, 130–138.

Tangney, J. P., Mashek, D. & Stuewig, J. (2007). Working at the social-clinical-community criminology interface: the GMU inmate study. *Journal of social and clinical psychology*, *26*(1), 1–21.

Tangney, J. P., Miller, R. S., Flicker, L., Barlow, D. H. (1996). Are shame, guilt and embarrassment distinct emotions? *Journal of personality and social psychology*, *70*: 1256–1269.

Tangney, J. P., Stuewig, J. & Mashek, D. J. (2007). Moral Emotions and Moral Behavior. *Annual review of psychology*, *58*: 345–72.

Tangney, J. P. & Tracy, J. L. (2012). Self-conscious emotion. In M. Leary & J. P. Tangney (Eds.), *Handbook of self and identity* (2nd). Guilford: New York, 446–478.

Tangney, J. P., Wagner, P. E., Barlow, D. H., Marschall, D. E. & Gramzow, R. (1996). The relation of shame and guilt to constructive vs. destructive responses to anger across the lifespan. *Journal of personality and social psychology*, *70*, 797–809.

Tapias, M., Glaser, J., Keltner, D., Vasquez, K. & Wickens, T. (2007). Emotions and prejudice: specific emotions toward outgroups. *Group processes & intergroup relations*, *10*, 27–39.

Thoma, S. (1994). Moral judgments and moral action. In J. Rest & D. Narvaez (Eds.), *Moral development in the professions: Psychology and applied ethics*. Hillsdale, New Jersey: Lawrence Erlbaum, 199–211.

Thompson, R. A., Winer, A. C & Goodvin, R. (2005). The individual child: Temperament, emotion, self, and personality. In M. H. Bornstein & M. E. Lamb (Eds.). *Developmental science: An advanced textbook* (5th ed)(pp. 391–428). Mahwah, N.J: Erlbaum.

Tibbetts, S. G. (2003). Self-conscious emotions and criminal offending. *Psychological reports*, *93*, 101–126.

Tracy, J. L., Cheng, J. T., Robins, R. W. & Trzesniewski, K. H. (2009). Authentic and hubristic pride: The affective core of self-esteem and narcissism. *Self and identity*, *8*, 196–213.

Tracy, J. L. & Prehn, C. (2012). Arrogant or self-confident? The use of contextual knowledge to differentiate hubristic and authentic pride from a single nonverbal expression. *Cognition & emotion*, *26*, 14–24.

Tracy, J. L. & Robins, R. W. (2004). Putting the self into self-conscious emotions: a theoretical model. *Psychological inquiry*, *15*(2), 103–125.

Tracy, J. L. & Robins, R. W. (2007). The psychological structure of pride: A tale of two facets. *Journal of personality and social psychology*, *92*(3): 506–525.

Tracy, J. L. & Robins, R. W. (2008). The nonverbal expression of pride: Evidence for cross-cultural recognition. *Journal of personality and social psychology*, *94*, 516–530.

Tracy, J. L., Robins, R. W. & Lagattuta, K. H. (2005). Can children recognize pride? *Emotion*, *5*(3): 251–257.

Tracy, J. L., Shariff, A. F. & Cheng, J. T. (2010). A naturalist's view of pride. *Emotion review*, *2*, 163–177.

Tracy J L, Shariff A F, Zhao W & Henrich J. (2013). Cross-cultural evidence that the pride expression is a universal automatic status signal. *Journal of experimental psychology: General*, *142*, 163–180

Turner, J. H. & Stets, J. E. (2006). Moral emotions. In J. E. Stets & J. H. Turner (Eds.), *Handbook of the sociology of emotions*. New York: Springer, 545–566.

Warden, D. & Mackinnon, S. (2003). Prosocial children, bullies and victims: an investigation of their sociometric status, empathy and social problem-solving strategies. *British journal of developmental psychology*, *21*: 367–385.

Wheatley, T. & Haidt, J. (2005). Hypnotic disgust makes moral judgments more severe. *Psychological science*, *16*, 780–784.

Wohl, M. J. A. & Branscombe, N. R. (2008). Remembering historical victimization: collective guilt for current ingroup transgressions. *Journal of personality and social psychology*, *94*, 988–1006.

Williams, L. A. & DeSteno, D. (2008). Pride and perseverance: The motivational role of pride. *Journal of personality and social psychology*, *94*, 1007-1017.

Williams, L. A. & DeSteno, D. (2009). Pride: Adaptive social emotion or seventh sin? *Psychological science*, *20*, 284-288.

Vaish, A., Carpenter, M. & Tomasello, M. (2009). Sympathy through affective perspective taking and its relation to prosocial behavior in toddlers. *Developmental psychology*, *45*(2): 534-543.

Valdesolo, P. & DeSteno, D. (2006). Manipulations of emotional context shape moral judgment. *Psychology science*, *17*(6), 476-477.

Vasquez, K., Keltner, D., Ebenbach, D. H. & Banaszynski, T. L. (2001). Cultural variation and similarity in moral rhetorics: Voices from the Philippines and the United States. *Journal of cross-cultural psychology*, *32*, 93-120.

Vianelloa, M., Galliani, E. M. & Haidt, J. (2010). Elevation at work: The effects of leaders' moral excellence. *The journal of positive psychology*, *5*(5), 390-411.

Yang, M., Yang, C. & Chiou, W. (2010). When guilt leads to other orientation and shame leads to egocentric self-focus: Effects of differential priming of negative affects on perspective taking. *Social behavior and personality*, *38*, 605-614.

Zhong, C. B. & Liljenquist, K. (2006). Washing away your sins: Threatened morality and physical cleansing. *Science*, *313*, 1451-1452.

13　情绪与行为

```
13.1   情绪与行为的关系 / 384
       13.1.1   情绪与行为,孰先孰后? / 384
       13.1.2   身体活动对情绪的影响 / 386
       13.1.3   生活事件、情感和行为 / 387
13.2   情绪调节与适应 / 389
       13.2.1   有意情绪调节和自动情绪调节 / 389
       13.2.2   情绪调节的自适应与适应不良 / 389
       13.2.3   情绪调节技能 / 391
13.3   攻击行为的情绪基础 / 392
       13.3.1   攻击分类与攻击模型 / 393
       13.3.2   从愤怒到攻击 / 396
       13.3.3   过度愤怒与控制 / 397
13.4   其他趋避行为的情绪基础 / 402
       13.4.1   焦虑、恐惧情绪与行为选择 / 403
       13.4.2   羞怯与网络成瘾 / 403
13.5   情绪感染与群体行为 / 404
       13.5.1   情绪感染 / 404
       13.5.2   积极情绪感染与社会风尚 / 405
       13.5.3   消极情绪感染与群体性事件 / 405
       13.5.4   网络舆情与情绪感染 / 407
```

如果我们体验和表达情绪的能力是通过进化得来的,那么情绪一定是曾经适应祖先的生活的。对于某些特定情绪来说,确实具有适应性意义,如恐惧警示我们远离危险;愤怒让我们去攻击入侵者;厌恶让我们回避那些可能会导致疾病的事物。然而,幸福、悲伤、尴尬和其他情绪的适应性价值尚不清楚。长久以来,人们尝试理解情绪与行为之间的关系,甚至专门以情绪行为为主题进行研究。例如,20世纪70和80年代,人们主要通过三种途径研究情绪行为:第一种途径以对"情绪性"的直接观察和测量为依据;第二种途径基于强调情绪在条件反射和学习中的一般作用的中枢理论;第三种途径可称作行为主义的,"条件性情绪反应"研究是这类研究的代表(Strongman,

1978)。研究结果比较一致地表明,情绪和行为之间是互相影响的。例如,人们微笑是因为快乐,同时人们也会因为微笑而变得更加快乐(Wisemen, 2012, pp. 11)。

我们遵循前人研究的脉络,厘清情绪与行为的关系,以期为人们管理自身的情绪,引导和控制公众情绪提供依据。本章包括五部分:首先探讨情绪与行为的关系,其中阐述了情绪与行为的发生顺序、身体活动和生活事件对情绪和行为的影响等;第二部分探讨了情绪调节与行为改变问题,并归纳了情绪调节的技能;第三部分阐述了攻击行为的情绪基础;第四部分重点论述其他趋避行为的情绪基础,如伴随焦虑、恐惧的选择行为、羞怯与网络成瘾行为等;最后,探讨了群体情绪与群体行为之间的关系,其中,重点关注了情绪感染、群体性事件及其与社会风尚之间的关系。

13.1 情绪与行为的关系

13.1.1 情绪与行为,孰先孰后?

如本书第二章所述,一般观点认为,我们先体验到一种情绪,这些情绪引起我们的心率和其他方面的变化,但 James-Lange 理论却认为,当人处在令人恐惧的处境时,行为的发生先于情绪(如图 13.1 所示)。James(1884)主张,自主神经系统唤醒、骨骼肌运动等首先发生,然后,才体验到情绪。换言之,我们之所以体验到情绪是因为我们对身体变化的知觉,如恐惧是因为逃跑才恐惧,生气是因为攻击才生气。

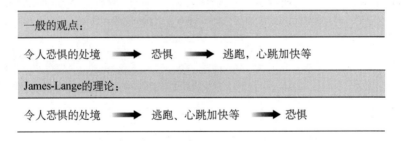

图 13.1 詹姆士-兰格理论与一般观点比较

来源:苏彦捷等译(2011).生物心理学.北京:人民邮电出版社.第368页.

按照 James-Lange 的理论,可推导出下述两个预言:自主神经系统或骨骼肌反应能力低下的人,其情绪体验较少;诱发或提高某人的反应将增强其情绪体验(Karat, 2009)。

生理唤醒对于情绪产生是必要的吗?

考察生理唤醒对于情绪产生的作用,研究者们更多选择了对疾病患者的研究。Cobos 等人(2004)通过对脊髓横断损伤的病人研究发现,这些病人通常出现损伤面以下的身体部位瘫痪。胳膊和腿部无法运动的人肯定不能做到身体攻击和逃跑。而这些人中的大部分通常报告说他们可以感受到和受伤前一样的情绪体验。这一发现告诉人们,情绪不需要来自肌肉运动方面的反馈。由于瘫痪并不影响自主神经系统的活动,因此还不能排除情绪体验依赖于自主神经系统反应的可能性。

Heims等人则对患有纯自主神经衰竭(pure autonomic failure)的患者做了研究。这类患者的自主神经系统传出的信息完全不能或几乎不能传达到身体相应的部位。患有纯自主神经系统衰竭的病人,由于缺乏必要的反射活动,因此他(她)们起立时必须慢慢站起以避免昏厥。而且,当他们面对应激情境时,其心跳、血压、汗液等也不会产生相应的变化。根据James-Lange的理论,这些人应该没有情绪体验。事实却相反,这些患者能够报告和其他人一样的情绪体验,并且在识别小说中的人物可能会出现的情绪体验时没有任何困难。只是这种情绪体验的强度远低于患病之前(Critchley, Mathias & Dolan, 2001)。这种情绪体验程度的减弱与James-Lange的理论预期具有一致性。

生理的唤醒足以产生情绪吗?

按照James-Lange的理论,情绪体验是由身体变化引起的。那么,是否心率加快、呼吸急促、全身出汗就一定会引起情绪变化?事实上,情况并非如此。如果上述生理变化是因为刚刚跑完了一公里,那么此时的心率、血压、呼吸等生理变化是由运动造成的,而不是情绪使然。相反,如果上述生理变化是自发产生的,这时一般可以理解为是由交感神经系统唤醒所产生的恐惧反应。在特殊情况下,经常性地急促呼吸会使人们担心自己患了哮喘而惊恐,这种惊恐发作是由交感神经系统异常的唤醒所引起的(Klein, 1993)。

要想回答情绪体验是否由身体变化所引起这一问题,有研究者对发笑(身体变化)和高兴(情绪体验)之间的关系做了研究。他们提出的问题是:如果我们发现自己在笑,我们会变得更高兴吗?Strack等人(1988)检验了人们对微笑的感知对情绪的影响。实验任务是让被试在嘴里放一支笔,或者用牙咬住(被试表现出的是笑容),或者用嘴唇夹住(被试的笑容被阻止住)。然后给被试一个连环画,请被试根据连环画的有趣程度进行评分。"+"、"√"、"-"分别表示"非常有意思"、"有点意思"、"一点都没意思"。结果表明,用牙齿咬着笔比用嘴唇固定笔的人对连环画的评定结果更偏向有趣(Strack, Martin & Stepper, 1988)。这项结果说明,对微笑的感知会增加快乐体验。

类似的实验研究是:皱眉行为是否使人更不开心?Larsen等人(1992)巧妙检验了皱眉对情绪体验的作用。研究者告诉被试要完成一个认知测验任务和一项运动任务。在认知任务中,要求被试去评定一组照片,根据图片中面孔的高兴和不高兴程度进行评分。在运动任务中,研究者将高尔夫球的底座粘到每个人的眉毛上并且告诉他们要保持底座的稳定。所有被试只有通过皱眉才能实现这一运动任务。结果表明,同时完成运动任务和认知评定任务的被试,比在评定照片时没有完成运动任务(没有皱眉行为)的被试评定的结果更倾向于不开心。

值得注意的是,尽管微笑和皱眉能轻微地影响到幸福感,但这些身体变化并不是体验幸福感所必需的。例如,有一种罕见的疾病叫默比厄斯氏综合征,这类病症的患者不能通过脸部的肌肉产生笑容。然而,他们仍然可以体验到幸福与愉快,虽然他们无法以微笑回应他人的微笑(Miller, 2007b)。

上述一系列的实验结果表明,人类对于身体的感知对情绪体验有一定的作用。但起关键作用的还是自主神经系统的活动而不是肌肉的运动。

13.1.2　身体活动对情绪的影响

如果行为创造了情绪,那么那些全身瘫痪的人应该感受不到情绪(James, 1884)。但由于最初难以界定全身瘫痪患者的情绪世界,因此与之相关的实验,操作起来非常棘手。多年以后,实验人员终于想出了办法来完成这一实验,并为后来人们找到治疗疼痛、恐惧、焦虑和抑郁的新方法奠定了基础。

20世纪60年代中期,在美国亚利桑那州退伍军人管理医院工作的心理学家George Aumann在工作过程中意识到,他的诸多患下身麻痹症的患者,也许能验证James关于"丧失活动能力会妨碍情绪的产生"这一预言。Aumann认为,如果James的假说是正确的,那么脊柱受伤部位越高(意味着身体更大一部分不能活动)的人,其情绪感受能力应该丧失得越多。Aumann找到了一些脊柱不同部位受伤的病人,对他们就情绪问题进行了采访。在实验中,Aumann让病人比较他们在受伤前后感到恐惧的频率。结果表明,脊柱底端受伤的病人感觉情况没有什么变化,而脊柱上端受伤的病人则报告说他们生病后感到自己不再恐惧了。其中一位病人这样叙述:"有时,面对不公平现象,我会表现得很生气,我会叫喊、骂人、大吼大闹,因为我知道有时候如果不那么做的话别人会占我的便宜。但是,我就是无法像从前那样感到怒火中烧的感觉。那是一种精神上的生气。"这一结果告诉人们:脊柱受伤的位置越高,人们越没法活动,同时也越少体验到情绪。这项研究证明了身体活动对于人情绪感受的重要影响,脊柱受伤位置越高,人们的情绪感受能力下降越快(Wiseman, 2012, p. 90 - 94)。

Aumann的研究证明了脊柱受伤位置与情绪感受能力之间的关系。我们另一个感兴趣的问题是:如果面部瘫痪,是否也会影响到情绪感受能力呢?即那些面部不能做动作的人,其情绪感受力是否也会下降? Davies及其同事选取了一些自愿使自己面部变瘫的人(典型人群之一是自愿接受肉毒杆菌注射进行美容的人)参与了实验。他们招募了两组女性志愿者,其中一组注射了肉毒杆菌,另一组在额头注射一种"填充物"。注射这两种物质都旨在帮助人们拥有更年轻的面容,但是只有肉毒杆菌会使面部肌肉瘫痪。研究者给被试注射上述物质后,给这些女士观看几个视频片段,分别用于诱发厌恶、欢乐和愉悦情绪,要求被试观看完每个视频片段后给自己的情绪状况打分。结果表明,相比于那些注射填充物的女士,注射肉毒杆菌的女士们情绪反应更小。由此支持了 James 的理论:身体活动能力(此处指面部表情)丧失会导致情绪感受能力消失(Wiseman, 2012, p. 93)。Alam 等人的研究则基于面部反馈假说,认为那些导致更积极的面部表情的肌肉操作可能会导致接受这种影响的个体产生更积极的情感状态。假设注射 A 型肉毒毒素治疗面上部动态皱纹,可能会通过减少皱眉和创建其他消极面部表情的能力而引起积极的情感状态。肉毒毒素的药理改变上部面肌肉达的使用可能减少负面情绪的出现,最明显的是愤怒,此外还有恐惧和悲伤。研究结果表明,注射 A 型肉毒毒素治疗面部上面动态皱纹可以减少消极的面部表情多于比减少积极的面部表情(Alam, Barrett, Hodapp, Arndt et al., 2008)。

13.1.3 生活事件、情感和行为

生活事件(life event)是指个体在家庭、学习、工作等生存环境中发生的,要求个体做出改变或适应的情况或变化。根据事件性质和当事人自身的体验,分为正性生活事件和负性生活事件。前者是指能让当事人产生愉悦的情感体验,促进情绪向积极方面发展,进而提高生活的积极性;后者则会使个体产生不安、焦虑、恐惧、消沉等情感体验。陈红敏等人(2014)系统回顾了生活事件对情感和行为的影响,研究结论认为,以往关于生活事件对个体情感反应和行为选择的影响研究,都是试图从不同生活事件和行为决策关系之间的角度对个体的影响机制进行解释,但不同理论之间的争议表现为:行为/经济理论认为人是"绝对理性"的,而平均/累加模型[①]、峰—终定律[②]和心理账户[③]理论认为人是"有限理性"的。经过仔细分析与比较,上述理论在解释的视角、研究方法的选择、生活事件的界定等方面均有不同。

生活事件如何对个体的情感反应和行为选择施加影响,涉及到个体在面对不同

---

① 平均/累加模型是从社会心理学中整体印象形成的理论(平均模型、累加模型和加权平均模型)发展而来的。
② 峰—终定律是 Daniel Kahneman 研究发现的,即人们对一段经历的记忆由两个因素决定:高峰(无论是正向的还是负向的)时与结束时的感觉。
③ 心理账户理论认为,人们都有两个账户,一个是经济学账户,一个是心理账户。心理账户是人们在心理上无意识地把资源划归不同的账户进行管理,不同的心理账户有不同的记账方式和心理运算法则。由于消费者心理账户的存在,个体在做决策时往往会违背一些简单的经济运算法则,从而做出许多非理性的消费行为。经济学账户里,每一元钱是可以替代的,只要绝对数量相同;而在心理账户里,每一元钱需要视不同来源和去往何处,采取不同的态度。

的生活事件情境时,如何进行感受并做出决策和选择。以往研究中主要涉及到了生活事件的性质、个体的情感强度差异和数量等对个体的情感反应和行为选择的影响。事实上,个体自身对生活事件本身的认识、生活事件的可控程度、个体的预期等都可能影响到他对生活事件的体验程度并进而影响到行为抉择。

研究者关注比较多的是负性生活事件与认知情绪调节以及情绪问题的关系。Garnefski,Kraaij 和 Spinhoven(2001)发展出"认知情绪调节问卷",用于测量人们在经历了负性生活事件后的 9 种认知情绪调节策略。他们的研究发现,认知应对策略在负性生活事件体验和抑郁、焦虑症状报告之间起着重要作用。

关于生活事件与行为之间的关系,人们还关注了生活事件与犯罪行为、A 型行为、自杀行为等之间的关系。例如,关于生活事件与自杀行为之间的关系,有研究探讨了基本心理需求在负性生活事件和自杀行为之间的缓和作用(Rowe, Walker & Hirsch, 2013)。该研究假设那些经历了负性生活事件的人可能增加自杀行为风险。然而,基本心理需求等类似的这种个人特征,有可能缓解这种风险。研究结论认为,治疗性支持的能力、个体的自主性和关联性,对正在经历生活压力的个体来说可能是预防自杀的一个重要策略。

Eysenck 的犯罪性理论为情绪和犯罪行为之间的关系提供了一种解释。Eysenck 首先考察了人格的外向性,从神经机制看,外向维度的神经生理基础是网状激活系统和中枢神经系统,在这一维度上高分意味着寻求刺激,低分意味着回避刺激;另一个维度是神经过敏性,神经过敏性的神经生理基础是自主神经系统,高分意味着神经质的、情绪不稳定的,低分意味着情绪稳定、平静;第三个维度是精神质,其神经生理基础是过量的雄性激素,高分意味着意志坚强的,低分意味着心肠柔软的(如表 13.1 所示)。Eysenck 的犯罪性理论预测犯罪人群会呈现出较低的大脑皮质兴奋(外向)、较高的自主神经唤醒水平(神经过敏)、更为意志刚强(精神质),在 EPQ 人格测验的具体结果中表现出三种高分,即外向性、神经过敏性、精神质上得分偏高(Eysenck, 1976, 1996)。这一理论既有支持者,也有反对者。反对者主要认为 Eysenck 的研究存在取样偏差,即研究中的被试是在押的罪犯人群(Bartol & Bartol, 2005)。

表 13.1 艾森克理论概要表

人格特质	神经生理影响	高分	低分
外向	网状激活系统、中枢神经系统	刺激寻求	刺激回避
内向	自主神经系统	神经质,不稳定	稳定,平静

续表

人格特质	神经生理影响	高分	低分
精神质	过度的雄性激素	意志坚强的	心肠柔软的

来源:Bartol, C. R & Bartol, A. M. (2005). *Criminal Behavior: A Psychosocial Approach*. Upper Saddle River, New Jersey 07458. pp. 100.

13.2 情绪调节与适应

13.2.1 有意情绪调节和自动情绪调节

情绪调节是指人们对保持、抑制和提高情绪体验和情绪表达的尝试。情绪调节既可以是有意的和受控制的,如在人际冲突中掩饰愤怒;情绪调节也可以是自动的(automatic emotion regulation, AER),如立刻将注意离开令人不安的图像(Gross & Thompson, 2007)。

自动情绪调节概念是 Mauss 等(2007)提出的,他们认为自动情绪调节是无需意识决定、注意加工及有意控制,对情绪各方面进行的目标驱动变换,即自动情绪调节基于对目标的自动追求从而改变情绪轨迹。

自动情绪调节对人们具有积极意义。自动情绪调节可促进老年人记忆和注意的正性偏向;自动情绪调节也可以帮助行动指向的个体在目标追求过程中有效地改善情绪。行动指向指个体是采取行动解决引发压力的问题,从而改变自己正在经历的负性情绪。有研究发现,具有行动指向的个体会更快地从压力情境的负性情绪中恢复(Koole & Coenen, 2007; Koole & Jostmann, 2004)。在极端的社会排斥情景中,自动情绪调节能够使个体激活自身的正性情绪,改善当前的负性情绪(DeWall et al., 2011)。还有研究发现,自动情绪调节能够有效降低个体的愤怒情绪(Mauss, Evers, Wihelm & Gross, 2006)。

有意情绪调节和自动情绪调节两者之间的关系,有脑成像研究表明,它们是相互独立并行的关系。在脑功能活动上存在差异(Phillips, Ladouceur & Drevets, 2008)。从脑区分布看,腹侧前额叶负责有意的情绪调节和对结果的反馈,内侧前额叶负责自动的情绪调节。而脑缺损研究发现,在自动调节情绪中,主要涉及的脑区,包括前扣带回双侧的膝下沟回、双侧前额叶、前扣带回的左喙、双侧背腹侧前额叶,前扣带回背侧中线、海马以及海马旁回(Phillips et al., 2008)。

13.2.2 情绪调节的自适应与适应不良

情绪调节的自适应是指允许一个人在自己的环境中成功的功能(Bridges et al.,

2004)。有意进行情绪调节自适应的人,当他(她)面临一种艰难的情感体验时,能够相当克制这种艰难的情感体验而继续从事有目的行为(Gratz & Roemer, 2004; Gratz & Tull, 2010),同时允许情感体验按照常规发展(Whelton, 2004)。这是通过使用各种不同的情绪调节策略而灵活实现的(Bonanno, Papa, Lalande, Westphal & Coifman, 2004)。情绪调节并非天生的自适应或适应不良,情绪调节的自适应需要一些基本技能,如情感觉察、情感接受、使用各种情绪调节策略等基本技能(Berking & Znoj, 2008; Gratz & Roemer, 2004; Gratz & Tull, 2010; Greenberg, Elliott & Pos, 2007)。

情绪调节适应不良,是指个体面对不良的情绪进行调节时,或面临着一个艰难的情感体验时,无法控制情感体验充分参与在目标导向的行为中,或不允许情感体验自生自灭(Roberton, Daffern & Bucks, 2012)。事实上,情绪觉醒和表达并不总是有用的或适当的,这种包含潜在的压倒性的情绪体验能力是一个重要的心理技能(Greenberg et al., 2007)。情绪调节适应不良包括情绪调节不足和情绪调节过度两种情况。

情绪调节不足是指不能克服困难的情感体验而继续从事有目的的行为或不能抑制冲动行为(Gratz & Tull, 2010)。这类个体无法使用情绪调节策略控制自己的行为。与之相反的是情绪过度调节,为了使困难的情感体验能被吸收,使其他的体验和行为都可以进行,一个人必须允许伴随情感体验来运行他们的课程的生理和心理过程(Rachman, 1980; Whelton, 2004)。情绪过度调节发生在个体使用情绪调节策略,努力阻止情感体验的展开(Greenberg & Bolger, 2001)。阻止情感体验展开的方式有两种:一种是通过避免某种情感体验(Hayes, Wilson, Gifford, Follette & Strosahl, 1996),另一种是抑制某种情感表达(Gross & Levenson, 1993)。虽然人们通常发展一致性的、稳定的情绪调节方式(Bridges et al., 2004),而且大多数人在应对不同情境和情绪时使用一系列情绪调节策略,但一个会调节多种情绪的人可能调节愤怒体验的能力不足。

根据过度情绪调节的定义,过度情绪调节对攻击行为也具有促进作用。Roberton 等(2012)综述了情绪调节与攻击行为的关系,认为情绪的过度调节可能会通过增加负性情绪、减少对攻击的抑制、折中决策过程、增加生理唤醒、减弱社会网络、阻碍对困难情境的处置等,从而最终增加攻击性(Roberton, Daffern & Bucks, 2012)。例如,有研究表明,压抑自己的情绪与自我报告中体现的更大焦虑反应相关(Hofmann, Heering, Sawyer & Asnaai, 2009)。

过度调节降低攻击抑制。通过认知回避对情绪的过度调节增加了攻击行为发生的可能性,主要是通过针对攻击的个人抑制降低。情绪的过度调节折中了决策过程,可能通过消耗可用的认知资源,这些认知资源原本可用于重要的认知评估和决策过程,因此增加攻击的可能性;过度情绪调节削弱了社会网络,也可能通过攻击者降低人际关系体验的质量而增加攻击性;情绪的过度调节增加了生理唤醒,可能通过在困难情境中的生理唤醒而增加了攻击的可能性;过度调节阻碍了对困难情境的处置,也可能因为个人在解决困境时使问题变得更困难而增加攻击性(Roberton, Daffern & Bucks, 2012)。

13.2.3　情绪调节技能

如果忽略自适应地调节情绪的基本技能,那么探索适应不良的情绪调节对攻击行为的影响就没有什么实际价值。回顾情绪调节的基本技能以及对调节不足、调节过度、攻击行为的影响,有可能发现潜在但实用的治疗途径。有效的情绪调节要求觉察、理解和阐明情绪反应,有效的情绪调节基本技能包括情感觉察、情感接纳和运用多种情绪调节策略(Berking & Znoj, 2008; Gratz & Roemer, 2004; Gratz & Tull, 2010; Greenberg et al., 2007)。

情感觉察。情感觉察是指个体觉察到自身当前的情感状态。人们识别和描述内部情感经历的能力非常重要,因为它提供了在这种情感下的自适应功能的信息(Gohm & Clore, 2002; Greenberg et al., 2007)。情感觉察失常的例子之一,是述情障碍。关于述情障碍的研究表明,一个人情绪觉察不足的特质表现为情绪体验的符号表征和详细阐述情感体验上的困难(Tull, Medaglia & Roemer, 2005),述情障碍提供的证据表明,低情感觉察可能与攻击行为有关(Terri et al., 2012)。Fossati等人使用多伦多述情障碍量表,进行的几个类似研究发现,在述情障碍和非临床样本的冲动性攻击之间存在正相关(Fossati et al., 2009; Teten, Miller, Bailey, Dunn & Kent, 2008),也与个体的反社会人格障碍有关(Ates et al., 2008; Ates et al., 2009)。

情感接纳。情感接纳是指不按个人道德标准评定所遇到的全部情绪,没有负面反应的情绪(Chambers, Gullone & Allen, 2009),换句话说,是指人们将积极情绪体验和消极情绪体验都看成是人的情感的必要组成部分,接纳而不是排斥消极情绪体验。情感接纳作为一种有效的情绪调节,是因为它允许伴随情感顺其自然的生理和心理过程(Whelton, 2004)。一个情感接纳困难的人,可能会避免或压抑自己的情感体验和/或表达(Chambers et al., 2009),这也可能增加更严重攻击行为的可能性。

多种情绪调节策略的运用。多种情绪调节策略,包括内在体验和外部行为调控。使用各种策略,允许个人对环境提出要求和追求长期目标实现时伴随的是适度的和优势性的情绪体验。大多数关于情绪调节的研究主要集中在认知、情感、生理和社会成本以及特定的情绪调节效益策略(Butler & Gross, 2004; Butler et al., 2003; Gross, 1998, 2002; Gross & John, 2003; John & Gross, 2004)。在这些研究中,认知重评和表达抑制两种情绪调节策略受到了特别关注。限制使用情绪调节策略如何影响攻击行为已得到广泛研究(Cohn et al., 2010),因此通过情绪调节策略进而促进或抑制攻击行为就值得关注。

降低负性情绪体验的策略。面对不断变化的生活环境,人们调节负性情绪的能力显得格外重要。Gross等研究者根据一种调节策略产生调节作用的时间点的不同,将情绪调节策略分为先行聚焦策略和反应聚焦策略。其中,先行聚焦策略以认知重评为代表,要求个体在情绪尚未充分流露时,通过采用一种分离式的、与情绪无关的方式来解释情绪刺激,从而修正情绪反应;反应聚焦策略则是指情绪反应后期,通过调整情绪表达行为来调节情绪反应,反应聚焦策略的典型例子是表达抑制策略。袁加锦等(2014)探讨了中国人采用表达抑制和认知重评两种策略调节负性情绪的时间动态特征。结果表明,表达抑制策略和认知重评策略,都能有效降低负性情绪体验。该研究中,被试的任务是在三种条件下观看图片:自由观看、表达抑制、认知重评,并且主试采集了被试观看图片时的事件相关电位活动(ERP)数据。结果表明,对中国被试而言,使用表达抑制策略降低负性情绪的速度显著快于认知重评,但表达抑制调节需要消耗更多的认知资源。该项研究还表明:LPP[①]波幅是代表情绪唤起水平的有效指标,而中央-额区的P3则是体现抑制情绪表达行为的有效指标(袁加锦,龙泉杉,丁南翔等,2014)。

13.3 攻击行为的情绪基础

诱发攻击行为的情绪基础,首先是愤怒。愤怒是人类原始情绪之一。它是由于外界干扰使愿望实现受到压抑,目的受到阻碍,从而逐渐积累紧张性而产生的情绪体验。Krech(1980)把快乐、悲哀、愤怒和恐惧看作四种基本情绪。人们为什么会愤怒?认知心理学家认为,愤怒是一系列即兴心理对事物评价的结果,而事物又必须具备以下条件时才受到评价:很不希望发生的、故意的、与当事人的价值观相违背的、可用生气反应进行测量的。恐惧也是诱发攻击行为的重要情绪之一,个体在面对威胁情境时的应激反应分为三个阶段,其中第二个阶段阻抗阶段就包含两种可能的反应:攻击或逃跑(Selye, 1978)。

---

① LPP是事件相关电位(ERP)技术中的考察指标之一,称之为"晚正电位"或"晚期正向波"。

13.3.1 攻击分类与攻击模型

攻击既不像愤怒体验那样是人们的一种内在情绪,也并非像心理彩排谋杀过程一样,是发生在某些人大脑中的一种思维,而是一种人们能看到的外显行为。在社会心理学中,攻击的概念通常被定义为:故意伤害对他本身并没有伤害的他人的任何行为(Baron & Richardson, 1994)。例如,人们能看到的用枪射击、用刀刺杀或刺伤、拳打脚踢、扇耳光、公开辱骂他人等,都是典型的攻击行为。攻击是一种社会行为——它至少包括两个主体:攻击者和被攻击者。

攻击是一种故意伤害而不像酒后驾车撞倒了骑自行车的小孩一样是偶然行为;但也不是所有故意伤害他人的行为都是攻击行为。例如,牙医可能故意给病人注射麻醉剂,而这种注射虽然对机体来说是一种伤害,但这种行为的目标与其说是伤害不如说是帮助病人。

攻击行为伴随的情感可能是激情,也可能是平静,还有可能是超脱的。例如,士兵在战场上杀敌不会感到恐惧,有时人们为了经济利益,也会变得冷血。许多研究证明试图对攻击行为做出单一解释是不现实的。攻击行为依赖于个体,同样也依赖于情境。为此,我们需要分类论述攻击及其情绪基础。

攻击分类

掠夺型攻击与情感型攻击。攻击行为的不同类型包含了不同的情绪。最早基于诱发刺激对攻击行为做出分类的是 Moyer(1968),他描述了动物的如下七种攻击行为:(1)掠夺型攻击(捕食中的进攻)——由饥饿、合适的捕猎目标所唤起;(2)在雄性之间的攻击——由相同物种中的陌生雄性动物的出现所唤起;(3)恐惧诱发的攻击;(4)应激性的或痛苦诱发的攻击;(5)地盘排他性的攻击;(6)母性攻击——雌性动物为了保护新生幼崽免受威胁而表现出的攻击行为;(7)工具型攻击。其中的掠夺型与 Wasman 和 Flynn 描述的安静撕咬掠夺型攻击极为相似。Later 和 Reis(1971, 1974)重新建构了 Moyer 提出的分类,确认了掠夺型攻击,并把其他六类整合成一种:情感型攻击。这种攻击的双峰分类归于当代的研究方法。尽管 Moyer 的分类由于不完整而受到了批评,但它代表了在朝向理解各种攻击/防御行为之间的关系,决定他们的调节机制方面的一种显著进步(McEllistrem, 2004)。

攻击的形式既可以是主动的也可以是被动的。主动攻击的攻击者是以一种伤害的态度做出行为反应(如击打、刺伤),被动攻击的攻击者是以一种不能以帮助性的方式做出行为反应。例如,攻击者可能"忘记"给某人送达一份重要信息。直接而主动的攻击形式是相当危险的,能导致伤害甚至死亡。于是,大多数人使用间接和被动的攻击形式来替代。反应性攻击,又称敌意性攻击、情感性攻击、愤怒性攻击、冲动性攻击或报复性攻击等。主动性攻击,又叫做工具性攻击(Aronson, 1992; Kingsbury et al.，1997)。反应性攻击是"热的"，是由伤害某人的愿望所驱动的冲动、愤怒行为。主动性攻击是"冷的"，指的是预谋型的精算行为被一些其他目标所驱动，如以获得金钱、歪曲某人的形象、亵渎正义为目标的行为。Berkowitz(1994)主张所有动物学会了对各种遭遇(个体所期待的奖励被否定)做出最有效的反应,要么是攻击,要么是逃跑。他区分了反应性攻击和工具性攻击。反应性攻击是对挫折反应,类似于挫折—攻击模型。像情感型攻击,反应性攻击是对挑衅或受到的威胁的一种典型反应。工具性攻击,正如前面所讨论的,是目标定向的。

在对儿童攻击行为的研究中,Cornell等根据上述分类,组合出了两大类别:控制的—主动出击的—工具性的—掠夺型的类型;冲动的—反应性的—敌意的—情感型攻击(Cornell et al.，1996)。

Barrat等(1991)将攻击分成了三种广义的类型:预谋型攻击、病理型攻击、冲动型攻击。预谋型攻击是个体受其所在的社会环境和文化的影响而习得的一种行为,或习得的攻击;病理型攻击包括一些医学障碍,如心理变态,广义地说,与医疗相关的攻击包括由外伤性脑损伤导致的神经系统异常、精神病和惊恐发作;冲动型攻击通常被定义为(典型地被定义为)攻击的一种自然的脾气爆发性表现,既没有计划性也非医疗障碍型。对于控制力比较差的个体来说,懊悔通常会随之发生,但并不一定能在未来同样境遇的中减少这种冲动性攻击行为。诸如神经精神攻击或发作性控制困难术语,已经被用于描述类似于冲动性攻击的过程(Barrat, Kent, Bryant & Felthous, 1991)。

Levy等(2010)运用Moyer关于动物模型分类学中的三个重要成分,尝试将其运用到关于人类行为的分析中。这些类型包括掠夺型攻击——无情的、有意图的,应激型攻击——基于愤怒的,和防御型攻击——基于恐惧的(Moyer, 1968)。由于可能涉及到不同的脑网络,研究者们假设执行功能测验和人格测验能将暴力犯罪与非暴力犯罪区分开来,并以犯罪史为基础辨别出犯罪类型。研究表明掠夺型攻击组与非伤害的非暴力组仅仅在认知整合的视听连续操作测验上的表现相似,但不能区分出损伤性的应激型攻击组,这表明暴力组主要会在面对获利机会时抑制功能缺失。

攻击模型

通用攻击模型(General Aggression Model, GMA),由Anderson及其同事通过整合早期的模型发展而来(如Anderson & Bushman, 2002a)。它是一个当代关于攻击的整合模型,主要集合了人和情境交互作用的三个主要因素:输入、路线和结果。输入是指人与情境相关的增加攻击可能性的因素,其中人的因素,如人格特质、性、信念、态度、价值观和长期目标等,影响到当事人为攻击做准备;情境因素,如攻击线索、挑衅和武器呈现等,影响到攻击行为的诱发、促进或抑制。这些人和情境输入影响一个人的内在状态,通过一系列的途径:认知、情感和生理(唤醒)这些内部相关的途径影响攻击行为。最后一个要素是结果,包括决定最后行动的一系列的评价和决策过程。这些过程决定了结果。

Huesmann 和 Kirwil(2007)把攻击看作是社会问题解决的一个结果,其中,情境因素得到评估,社会脚本被恢复,而这些脚本也一直被评估,直到选择一种行为为止。他们整合出一个关于攻击社会-认知信息加工模型(Social-Cognitive Information-Processing Model)。按照这个模型的观点,信息加工始于对社会情境的评估,止于决定遵循哪个特定脚本作为行为指南。人们也评估那样做的行为结果。如果结果是积极的,那么脚本在将来有可能会再次被使用。在社会问题的解决中,四种个体差异在统一模型中起着核心作用:脚本、对世界的认知图式、规范性信念、以及情绪倾向。对世界的认知图式是关于这个世界像什么的一种信念用于评估环境线索并对他人的意向做出归因,这些归因反过来又为后续的行为指南探索脚本。那些把世界理解为一个平均位置的人,对于他人的意向可能更多地做出敌意归因,并恢复攻击脚本。规范性的信念是关于那些行为的类型是规范的信念,用于判断攻击行为的合适与否以及过滤掉不合适的脚本和行为。例如,一个持有"打女人是错误"信念的男人可能拒绝接受关于包含打女人行为在内的脚本。情绪倾向是个体在多个方面表现出与情绪倾向相关的差异(如情绪反应、唤醒水平),这些倾向性影响到人们如何评价脚本。例如,非攻击性个体可能抵制攻击脚本,因为他们认为使用攻击方式后可能会感觉很坏(Huesmann & Kirwil, 2007)。

暴力攻击的双峰模型。将人类的攻击与暴力行为分为情感型和攻击型两类,有着多方面的研究证据。有来自动物的攻击模型的,有来自临床观察的,也有来自法庭方面的证据。对于情感型和掠夺型暴力罪犯的分类,分别考察其有效的缓解策略,有助于制定不同的矫正方案。Meloy(2000)对掠夺型攻击和情感型攻击做出了重要区分。情感型攻击,会出现同情迹象如心率增高可作为证据,但掠夺型攻击通常没有这种迹象。当这种痕迹缺位时,反应模式难以被觉察,这可能被用于预料掠夺型攻击的开始。在掠夺型暴力中,情感成分最少。Meloy(1988,1992,1997)编制了一个研究的术语群,支持情感性和掠夺性的暴力之间的区别,他认为这些术语最好地反应了实际行为模型。他把情感性暴力描述为在我们的社会中可见的"普通的"暴力。它具有强烈的自主觉醒和意识情绪主观体验,通常是在愤怒或恐惧之前发生。它是一种典型的对挑衅的反应,是一种即刻反应。法医学领域越来越重视暴力的双峰模型分类。尽管有研究支持这种分类图式,但这些暴力模式并非同时被激活,除非是在一个潜在的攻击者在任何一个主题上是共存的情况下(Cornell et al., 1996)。Berkowitz(1993)指出,犯罪人通常在不同时间呈现出既有反应性攻击也有工具性攻击,但他假设也许在犯罪人中有更多种类的攻击行为还有待于区分。

暴力攻击的双峰模型在解剖学上得到了支持。随着时间的推移,人们知道了情感攻击和掠夺攻击暴力的产生涉及到了各个脑区。情感型攻击涵盖了内侧下丘脑(medial hypothalamus)的广泛区域,始于视前区,通过下丘脑尾核向后延伸到中脑的导管背侧灰质。猫的嘶嘶、低声咆哮和毛发直立的结果都来自自主唤醒。这种攻击表现包括了中脑的被盖中央域、脑桥、蓝斑以及三叉神经复合体的运动与感觉核。掠夺型攻击则通过电、化学和切除等实验已经探查出掠夺型攻击来自前脑和脑干,研究者尤其认定横向和穹窿周围的下丘脑,并追踪到其一直向后延伸至腹侧被盖区和中脑中心灰质(Bandler et al., 1984,1985; Berntson, 1973)。这些已知的调节掠夺型攻击行为的区域包括中脑导管灰质,蓝斑,无名质(紧靠前穿质尾侧和苍白球及豆状核袢腹侧的神经组织)、终纹核、杏仁核中央核(Bandler et al., 1984,1985; Berntson, 1973; Bratus et al., 1986; Flynn et al., 1970; Mirsky & Siegel, 1994)。

13.3.2　从愤怒到攻击

愤怒唤起与攻击行为。在所有文化中,攻击行为在儿童生活中出现得很早。愤怒表情大多在4~7个月的婴儿身上就出现了(Stenberg, Campos & Emde, 1983),而攻击这种人际行为在随后的短时间内也会表现出来。例如,作为唤起攻击的行为(如抓住玩具)反应——坚决主张和攻击报复在婴儿时期经常出现(Caplan, Vespo, Pedersen & Hay, 1991),和获得目标的工具性身体攻击在1~3岁的婴儿身上经常出现(Tremblay等,1996)。

来自多项纵向研究的数据积累表明,人们在1~3岁比一生中其他时间,表现出更多的身体攻击性(如Broidy et al., 2003; Cote, Vaillancourt, Leblanc, Nagin & Tremblay, 2006; Miner & Clarke-Steward, 2008; Tremblay et al., 2004)。在日托环境下,大约25%的蹒跚学步的孩子的互动包含某些身体攻击,如一个孩子将另一个孩子推出道边和抢走她的玩具(Tremblay, 2000,2014)。没有哪个群体,即便年轻的流氓团伙或严重犯罪的人,诉诸身体攻击的时间也没有达到25%。庆幸的是,大多数蹒跚学步的孩子的攻击还没有严重到足够暴力的程度。在他们那个年龄,还不足以达到伤害的程度,由于弱小,他(她)们更多服从于外部控制。蹒跚学步的孩子有25%的时间用于身体攻击,但随着年龄的增长,他们学会了抑制攻击。在学前晚期和小学早期,身体攻击逐渐减弱,而口头攻击和间接攻击开始增长(Loeber & Hay, 1997; Tremblay, 2000; Tremblay & Nagin, 2005)。

愤怒和攻击行为在人的幼年期出现对理解攻击行为有重要意义。确切地说,这些发现让人们对年幼孩子的攻击行为的任何"纯学习理论"解释产生了怀疑。愤怒作为挫折的反应与推搡、击打、猛推障碍物来获得目标的方式,对于几乎所有蹒跚学步的孩子的生活似乎还太早,不能仅仅用学习过程来解释。更有可能的解释是这类行为是婴幼儿内在癖好的一部分。早期学习过程的关键作用在于社会化的孩子不再攻击和为了达到目标而采用社会接纳的行为(Tremblay, 2000; Tremblay & Nagin, 2005)。

心理学研究中比较一致地认为,外显行为并不一定总能很好地反映人们的内心情感。有些人内心已经很愤怒,但未必会做出外显的伤害他人的行为,或者不会立即做出伤害他人的行为。社会对于大部分攻击行为都不予鼓励,即便是对过去文化中所推崇的"大义灭亲"行为,到了现代社会,也被大多数国家的刑法规定为故意杀人或故意伤害致死,理由是,除了司法机关依法执行死刑,任何个人都没有非法剥夺他人生命的权力。可以想象,如果人们不能在大多数情况下控制自己的攻击性情感,并任由这种攻击性情感演变成攻击行为,那么社会将进入无序状态。

13.3.3 过度愤怒与控制

根据 Freud 的说法,人们生气时不能压抑了自己的想法,如果他们能够以一种安全的方式,比如砸枕头、大喊大叫、跺脚等来释放自己的情感,将会是很好的疏导方式。James 则认为这些可能是危险的方法,因为人们之所以会生气是因为他们表现得很生气,而 Freud 的上述治疗方法往往会使人变得更加生气(Wiseman, 2012, pp. 90-93)。两位心理学大家,究竟谁的观点是正确的?

迅速止怒:平静优于大喊大叫

在 20 世纪 70 年代,Straus 发现,对于试图维持关系的情侣,心理学家们给出的建议都遵循了 Freud 的理论:这些建议大都来自于"进攻疗法",认为情侣之间应该告诉对方自己的想法,不能有所保留。当时的指导手册鼓励情侣们"释放压抑已久的埋怨情绪""双方都彼此开诚布公",并鼓励情侣们咬奶瓶并将其想象成自己的伴侣。为了搞清楚这种方法对情侣到底是能够帮助他们维持一段感情还是会中断一段感情,Straus 推定,如果情绪疏导法(上述的进攻疗法)是有效的,那么那些在语言上相互攻击的情侣就不太可能在身体上彼此进行攻击。为了避免情侣之间不愿意如实汇报自己的攻击行为,施特劳斯对学生展开调查,让他们观察他们的父母的言语攻击、身体攻击的情况。300 多学生完成了相关问卷,这些问卷的内容包括:父母在面对问题时,会有效讨论问题吗?他们彼此会恶语相向甚至嚎叫着冲出房间吗?会彼此扔东西或者进行身体攻击吗?这些调查结果发现:情侣间越是恶语相向,他们就越可能发展成拳脚相加(Straus, 1979)。这提示人们:大喊大叫并不能疏导情绪,相反,会使人们变得更加愤怒,情绪会回应你的所言所行!

另一项实地研究是 Ebbesen 在一家企业完成的。实验背景是 Ebbesen 及其同事发现当地的一家工程企业将要进行大规模裁员,企业向员工们承诺签署的三年工作合同,仅一年后就要终止。当然,员工们愤怒是意料之中的。在这种背景下,研究者用两种不同的方式采访了员工:一种方式是鼓励员工谈谈他们对工厂的做法所感到的愤怒;另一种方式是使用缓和的提问方式请员工描绘一下公司的科技图书馆。采访过后,要求被采访者填写自己对公司的敌意和愤怒程度。结果发现,刚才咆哮叫嚷过的员工比起刚刚描述过公司图书馆的员工,对公司的敌对情绪要大得多(Ebbesen,1981)。

那么,表现得平静是否可以让人迅速止怒?我们看 Bushman 的研究。在 Bushman 的众多实验中有一项研究是这样设计的:让大学生花 20 分钟时间玩一个或轻松或激烈的游戏。在轻松的游戏中,学生们的任务是在安静的海底世界畅游,寻找被掩埋的宝藏;在激烈的游戏中,学生们要尽量派遣更多的血腥僵尸。之后,被试们还要做另一个游戏,即对抗一个看不见的对手,如果赢了就能大声责骂对方。实际上,并没有什么看不见的对手,并且被试一般都会赢得这场游戏。结果显示,那些之前在海底安静畅游的人攻击性较小,对他们想象中的敌人咒骂声音更小,并且时间也较短(Bushman, 2011)。

由此看来,那些试图通过表现得咄咄逼人而释放心中怒气的方法是错的,因为那很可能使情况变得更糟。相反,要想平静下来,请表现得彬彬有礼,举止平和;深呼吸、渐进式肌肉放松法等都比较有效。

减少愤怒的方法

按照情绪管理的 ABC 理论(Ellis, 2005),诱发性事件 A(activating event)只是引发情绪和行为后果 C(consequence)的间接原因,而引起 C 的直接原因则是个体对激发事件 A 的认知和评价而产生的信念 B(belief),即人的消极情绪和行为障碍结果(C),不是由于某一激发事件(A)直接引发的,而是由于经受这一事件的个体对它的认知和评价所产生的信念(B)所直接引起。一切事情发生的根源缘于我们的信念、评价与解释。正是由于我们常有的一些不合理的信念才会使我们产生情绪困扰,久而久之,还有可能引起情绪障碍(如图 13.2 所示)。

我们以罪犯的愤怒管理为例,讨论通过愤怒管理降低攻击的可能。愤怒与攻击是罪犯中的常见现象,罪犯的愤怒管理是指一套认知行为技术,其目标是提高罪犯有效处理愤怒情绪的能力。Novaco(1976)指出,许多暴力犯具有攻击性是因为他们不能有效处理愤怒。他强调说,降低愤怒的目标不是阻止罪犯体验愤怒,而是使罪犯学会处理他们的愤怒反应。这包括传授自我监控、自我控制和冲突解决的技能。Ainsworth(2000)则认为:愤怒减少或降低程序通常是通过小组进行,包括三个阶段:

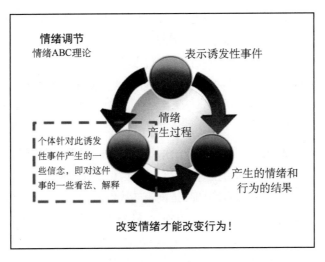

图 13.2 情绪调节图

来源:百度图片,http://image.baidu.com/i?ct=503316480&z=0&tn=baiduimagedetail&ipn=d&word=%E6%83%85%E7%BB%AA%E7%AE%A1%E7%90%86abc%20de%20%E7%90%86%E8%AE%BA&step_word=&pn=3&spn=0&di=650099566850&pi=&rn=1&is=&istype=&ie=utf-8&oe=utf-8&in=14771&cl=2&lm=-1&st=&cs=4282059035%2C1290098072&os=1403109042%2C310906195&adpicid=0&ln=1967&fr=&fmq=1426812864633_R&ic=&s=&se=&sme=0&tab=&width=&height=&face=&ist=&jit=&cg=&objurl=http%3A%2F%2Fwww.ccmw.net%2Fupload%2F_up_img%2F1423710864154224.jpg&fromurl=ippr_z2C%24qAzdH3FAzdH3Fooo_z%26e3Bvv4o_z%26e3BgjpAzdH3Fw6ptvsjAzdH3Flnaa9

认知准备阶段、技能获得阶段和应用实践阶段。

在认知准备阶段,鼓励罪犯分析他们自己的愤怒类型、识别唤起他们愤怒反应的情境类型。据此,尝试分析罪犯在愤怒爆发期间的思维过程,认识(识别)可能导致攻击反应的非理性思考。在技能获得阶段,训练罪犯如下技能:帮助自己或他人避免唤起愤怒的情境或更有效地处理这种情境。典型的技能包括传授避免多余唤醒水平的放松技术,帮助个体讲出关键性的问题,掌握有效的非攻击性的行为方式和其他社会技能、交往技能,例如冲突解决技能。最后,在治疗的应用实践阶段,给罪犯一些机会,使他们在控制的和非威胁性的情境中,来应用新技能。其中包括角色扮演,即基于预先唤起他们愤怒情绪的情境中,让他们做出行动,要求其使用刚学到的新技能来更有效地处理这些情境。在这一阶段的治疗中,参与训练者的表现,会得到来自治疗师/咨询师和小组其他成员的反馈(Ainsworth,2000)。

对罪犯的愤怒管理,相关的直接研究还很少(Blackburn,1993)。Feindler 等(1984)的研究发现,年轻罪犯组中的愤怒管理在问题解决、自我控制以及攻击行为的减降能力方面得到了提高。Ainsworth(2000)的研究结论认为,愤怒管理是一种降低罪犯群体攻击行为的有效方法。但他们又补充说,愤怒管理只有将特定的有效资源和对象分配给他们,并在他们能够很好地落实这些管理策略的情况下才可能有效。愤怒管理程序的主要问题在于对暴力犯长期有效的程序还没有建立起来(Blackburn, 1993)。另外,还很少有数据来表明愤怒管理与其他形式的治疗相比效果有多好。

减少愤怒的技巧

关于如何应对愤怒,人们总结出了一些日常的解决技巧,例如减少生气的原因,澄清优先考虑的重点,让思考过夜等。我们逐一讨论。

减少生气的原因。一些研究发现,如果我们故意激怒参加心理实验的人员(让他们等待,让他们填写没完没了的问答,让他们面对故意要与参加试验者作对的组织者),他们后来在做情绪测试时,会表现出更多的敌对和不合作态度。康拉德·洛伦兹的实验发现,监狱中拥挤生活造成的各种失望,很容易导致不成比例的愤怒:好朋友的任何微小动作都会招致人们的反感(他们清嗓子或擤鼻涕的方式),就像自己被粗暴的醉汉打了一个耳光似的。

澄清自己优先考虑的重点。按照 ABC 理论:换一种思维方式或换个角度,可以减少愤怒如表 13.2 所示。

表 13.2　思维方式转换举例

与自己信念不符,产生愤怒	虽然与自己信念不符,但可转换思维方式做出反应
别人应当像我对他们那样对待我,否则就无法忍受,我爆发愤怒后他们就得接受。	别人不以我对待他们的方式对待我,虽不喜欢但我可以忍受,同时告诉他们我的看法。
我必须愤怒,直到获得我所要的东西,否则人们会讥讽我。	为让他人接受我的观点,我可以用愤怒表达威慑,但这并非最佳方法。
我必须表达愤怒,否则人们会觉得我是个弱者。	我喜欢被尊重,但愤怒不是唯一获得尊重的办法。

让思考过夜。时间让您(1)重新衡量当时的情景,例如对方是否故意,并且是否有损坏自己利益的想法?(2)听听别人的建议:从局外亲近的人那里得到看法;(3)具体罗列自己不满的原因,并准备好要对对方诉说的内容。当然,也有例外情况,有时过久的等待,可以造成两个不良后果:(1)愤怒已经平息,而对方对此一无所知,会重犯同样的错误;(2)时过境迁,再纠缠过去应当解决的问题,会被看成"小心眼"。

给对方留有时间表达他的观点。有能力表达自己的愤怒,但也要理解他人的情绪(给他留下足够的时间表达),而且很快根据情况调整自己的做法。如果不能及时将小化无,就可能将本可以避免的愤怒发泄出来。

就事论事,不要侮辱人格。易怒会使人们很快表现出夸大其词的做法,甚至侮辱对方人格,从而导致不可逆转地损坏彼此间的关系。如何学会在人际交往中就事论事而避免侮辱人格,如表 13.3。

表 13.3　针对问题的表述与夸大其词表述对照

针对问题	夸大其词
请不要打断我	你从来不让别人说话
你将一切都搞乱了	反正是别人来收拾烂摊子
你没跟我说就做这个了	你在背后做小动作
你说这个令我很不高兴	你不过是个可怜的笨蛋

尽量减少谴责。谴责会让对方持自卫态度并进行反攻,从而产生不满情绪,尤其是在夫妻关系中。经验告诉我们,越将声量水平提高,越能表达自己的愤怒,但是越可能永久地伤害对方,而且和解变得更难。

善于转移目标。在所有造成不良后果的情绪中,愤怒会以看起来温和的方式,继续折磨我们,它们使人情绪低落,甚至产生仇恨。好的方法是:(1)善于将愤怒状态转移,例如发泄出来;(2)善于将某些关系转移。对经常惹你生气的人,可以拉远与其的关系。

愤怒的原型意义在于激发人以最大的魄力和力量去打击和防止来犯者,也用于主动出击。换句话说,愤怒有两个作用:让我们做好战斗准备,同时愤怒以吓唬对方的方式使战斗变得不再必要。其中,愤怒的恐吓功能是基本的:它可以避免斗争,而斗争无论如何都会耗费精力并且有危险。然而,在当代文明社会中,除了出于自我防御外,愤怒所导致的攻击行为多数要受到道德规范的指责或法律的制裁。因此,愤怒的功能已经演变成一种表达自身反抗意向和态度的标志,并不必然与攻击行为相联系(佛朗索瓦和克里斯托夫,2004)。

愤怒反应过度控制悖论

依据现有理论和临床分析,除了少数例外,因愤怒导致的暴力行为,往往与当事人自己高度的愤怒体验和低水平的愤怒控制有关。与此相对照,关于极端暴力的临床观察以及一些其他描述已经证实,愤怒抑制或压抑对一些形式的暴力来说也是重要前提。Davey 和同事们分析了愤怒、过度控制和一些严重暴力犯罪之间的关系(Davey, Day & Howells, 2005)。Megargee(1966)是最早关注过度控制概念的人之一,他分析指出:关于暴力犯罪,既可能是失去控制也可能是过度控制的结果。Megargee 试图解释暴力犯罪、愤怒和情绪抑制之间的关系,将暴力犯罪人分成两种人格类型:不加克制地攻击型和长期地过度控制型。他将前者的特征定义为冲动和弱抑制,将后者的特征定义为过度抑制和愤怒唤醒的建立,这种愤怒唤醒最后导致极端暴力行为发生。这一理论模型得到了Blackburn(1971)和Lang等(1987)研究的支持,他们的研究都发现犯严重暴力犯罪的成年人,与那些温和的袭击者相比,较少有前期犯罪史,在敌意测量上得分也较低。

Blackburn关于愤怒体验与愤怒表达的区分在临床上有重要意义。他拓展了Megargee的模型,建议将过度控制个体的类型分为两种:"从众型"和"抑制型"(Blackburn, 1986, 1993)。从众型否认体验愤怒,把它们描述成打消焦虑、随和的和顺从的;而抑制型的个体则描述成强烈的愤怒体验,但表达愤怒有巨大困难,他们避免互动和报告抑郁情绪,有较差的自我意象。

在攻击的认知理论中强调的是关于沉思和委屈诉说的作用。对愤怒的沉思反应涉及到注意的集中和愤怒源的阐述(Keltner, Ellsworth & Edwards, 1993),阐述的思想内容或沉思过程增强了这种情绪状态(Tice & Baumeister, 1993)。

思维抑制的实验研究(Wenzlaff & Wegner, 2000)已经表明,试图通过操纵思想来修改负面情绪,如果认知负荷过重,可能会导致心境的一个矛盾性增加,即"试着不要生气",矛盾性的结果是,"增加了愤怒"。关于愤怒过度控制导致愤怒过度爆发的悖论,Davey等使用Gross提出的情绪调节理论将愤怒体验与愤怒表达联合起来解释这一现象,分析表明,就暴力犯的暴力行为的功能性前因而言,确实是异构的:愤怒的高度抑制、愤怒控制不足都是暴力攻击的前提。即使在抑制组内部,抑制愤怒体验和抑制愤怒表达也可能存在不同的机制(Davey, Day & Howells, 2005)。

可见,不论是爆发还是抑制,都是**处理愤怒的不当方式**。愤怒爆发,即以毫不控制的方式爆发或者因为微不足道的原因愤怒。即便事后对自己的愤怒很后悔,但是由于愤怒发作导致与他人的关系变得恶劣,甚至出现仇恨的可能,或者让自己变得十分荒唐。这种愤怒也许有时让您暂时获得您所希望的结果,但是从长远看,您得到的是与他人的恶劣关系。愤怒抑制,会向人隐藏自己的愤怒或有时用跟自己过不去的方式发泄愤怒。积聚的愤怒对心血管不利,同时过分抑制还会被别人当作可以任意欺负而不必在意的人。而且,愤怒克制到一定程度,会在最不适当的时候爆发出来。关于抑制愤怒的问题,我们在"情绪调节与攻击行为"部分会涉及到过度控制为当事人带来的不利影响。

13.4 其他趋避行为的情绪基础

趋避行为包含趋向行为和逃避行为。恐惧(fear)是一种预期将要受到伤害或极不愉快的情绪反应,产生逃避行为,即避免进入恐惧的情境或从危险性环境中逃走。当人们觉得恐惧时,交感神经兴奋,全身动员准备逃避伤害性刺激。焦虑(anxiety)是人们对环境中一些即将来临的、可能会造成危险和灾祸的事件或者要做出的重大决定时,主观上引起的紧张和一种不愉快的情绪期待。与焦虑不同的是,恐惧发生在面临危险时,而焦虑发生在危险或不利情况来临之前。焦虑程度严重时,则变为惊恐(panic)。

13.4.1 焦虑、恐惧情绪与行为选择

Pettit 等人(2005)的一项研究中,研究者让女性被试观看一段女人表达抑郁和焦虑混合情绪的录像后,被试只出现了抑郁情绪而未表现出混合情绪;Van Der Schalk 等人(2011)的研究中,研究者也发现愤怒情绪激发了被试的恐惧情绪,而恐惧情绪则激发了被试的厌恶情绪。对此,研究者对这种现象的解释是:这类似于人们的支配与顺从行为,即当一方表现出顺从行为时,另一方则有可能表现出自己的支配地位;此外,愤怒情绪也可能被知觉为一种危险信号,从而促使被试产生恐惧情绪。

当人们处于焦虑、恐惧等负性情绪状态时,会表现出哪些行为倾向呢? 我们以面众恐惧为例进行分析。面众恐惧是指个人面对两人以上的听众或观众进行陈述性交流、伴有思考的发言、回答问题、试教、演讲、面试、办事时,个体由于缺乏相应的实践经验、应对能力、相关知识和技能而表现出的以担心、紧张、焦虑、害怕为基本特征的情绪反应状态。面众恐惧者通常表现出回避、逃避与他人交流的行为。王洪礼等(2013)对中国西南地区大学生面众恐惧问题的调查研究表明,面众恐惧程度在性别上存在差异,女生的面众恐惧程度显著高于男生;年级之间也存在显著差异。作者认为,引导大学生改变自己的认知偏差和不恰当的自我评价,是克服面众恐惧的重要途径。

13.4.2 羞怯与网络成瘾

羞怯(shyness)是在面对新的社会环境和/或意识到社会评价的情境中个体的紧张和不适的一种性格特征。研究发现,羞怯是阻碍大学生人际交往的首要因素(伍育琦,1999)。羞怯可以引起人际关系淡漠、缺乏社会交流、自我意识和自我保护能力低下等社会问题(Henderson & Zimbardo, 1998)。而互联网的出现使人们即使不用面对面也可以进行交流。Henderson & Zimbardo(1998)认为,随着信息交流技术的发展和交流方式的多元化,羞怯水平普遍提高,这将有可能导致在真实情景中面对面的交流和接触全面减少,会造成社会交流减少,而且人们之间的疏离感增强。

罗青、周宗奎等人(2013)综述了羞怯与互联网使用的关系,认为互联网的使用对

羞怯个体有双重影响,积极方面的影响在于它可以降低羞怯水平;消极方面的影响是它会使原本羞怯的个体网络成瘾。很多研究发现羞怯与网络成瘾关系密切。Yang和Tung(2007)比较了中国台湾的高中生群体中网络成瘾与非网络成瘾者,结果发现,具有羞怯这种人格特质的学生更容易出现网络成瘾现象。

网络成瘾与羞怯之间的关系是相互的。羞怯的个体比不羞怯的个体更容易为了逃避现实或交往而选择互联网这个虚拟世界,并沉迷其中;而网络成瘾的个体也更容易羞怯。简言之,羞怯阻碍人际交往,但互联网的出现可以弥补羞怯个体在面对面交往时的紧张或不适。鉴于此,对于羞怯个体在使用互联网时的有效指导,帮助其合理安排使用互联网的时长显得尤为重要。

13.5 情绪感染与群体行为

13.5.1 情绪感染

人们可以通过捕捉他人的情绪来感知周边人的情感变化,这一交互过程被称为情绪感染。早在1795年,经济学家Adam Smith就观察到人们可以通过想象身处他人情景和模仿他人行为从而实现情绪感染(Hatfield, Cacioppo & Rapson, 1993)。

情绪感染具有循环效应,即个体情绪可以影响到他人的行为、思想和情绪,这一影响过程可以在多人间交互产生,并不断增强。情绪输出者可以通过面部表情、语言、动作等多种形式表达情绪,并被接受者所感知(Ekman, 1993; Falkenberg, Bartels & Wild, 2008)。接受者也会对输出者的情绪做出回应(Baumeister, Stillwell & Heatherton, 1995; Lishner, Cooter & Zald, 2008; Tamietto和Gelder, 2008)。从而在双方之间产生交互作用。此时的情绪感染不仅通过直接的交互作用实现,而且可以通过间接的方式完成对周边人的交互影响,即那些注意到情绪输出者的第三方。

最近,有研究者对酒精与情绪感染之间的关系做了研究。研究人员推测,男性比女性经历着更多的与酒精相关的问题,他们从酒精消费中所获得奖励的数量或类型存在差异。研究者将被试分为三个实验组:男性组、女性组,男女混合组,分别饮用酒精性饮料和非酒精性饮料,同时用视频摄像机记录他们的面部表情。研究结果发现,杜乡微笑(Duchenne smile)[①]——微笑反映真正的积极情感——与清醒的男性群体相比,微笑更有可能在清醒的女性群体中传播,但这种性别差异会由饮酒而消除。喝酒可能因此给男性比给女性提供更明显的社会奖励,这可能有助于解释饮酒行为的

---

① 同时用到嘴部与眼部周围肌肉的微笑。这种微笑才是发自内心的真诚微笑。

性别差异(Fairbairn et al., 2014)。

13.5.2 积极情绪感染与社会风尚

情绪感染是一个社会调节器,它影响着个体的主观感受,却并非完全对个体进行塑造。左世江等(2014)综述了简单情绪感染及其研究困境,认为情绪感染是个体之间实现情绪聚合的过程,其中通过自动同步模仿他人表情、言语、姿势、行为并实现情绪聚合的无意识倾向,被称为简单情绪感染。情绪感染发生与否,取决于观察者和表达者的关系(Hess & Blairy, 2001; Hess & Fischer, 2013)。一般认为,关系亲密的个体间发生简单情绪感染的可能性更大(Arizmendi, 2011),观察者与表达者之间的相似性越高,模仿行为越容易发生(Van Der Schalk et al., 2011)。

Belkin(2009)关于网络情境下的情绪感染研究发现,权力对于简单情绪感染具有调节作用,权力地位越高的人展现出的积极情绪越容易感染他人,并且会获得更多积极情绪的反馈;同时,高权力地位者展现出的消极情绪也越容易感染他人,但是获得的消极情绪反馈会减少。郑睦凡、赵俊华(2013)的研究表明,权力影响道德判断行为,情境卷入效应明显。

简单情绪感染的发生可以分为三个阶段:模仿、反馈、感染。在模仿阶段,人们会在互动过程中持续地、同步地、自动地模仿他人的表情、声音、姿势、动作和行为。在反馈阶段,人们则对表情、声音、姿势和动作的模仿产生神经冲动,神经冲动以神经反馈的方式激活和影响个体的主观感受(Hatfield et al., 1993)。在感染阶段,人们通过模仿和反馈的作用,完成与他人的时时同步。经过这三个阶段,简单情绪感染完成,并产生相应的情绪感染效应(左世江等,2014)。

上述研究结果提示,良好社会风气的形成,应首先从高权力者的道德判断、道德权衡以及积极情绪的培养开始。社会风尚的形成,遵循着高权力者树立时尚,低权力者受情绪感染而模仿的规律,普通百姓则模仿身边看得见的权力者的认识、情感和行为。因此,要营造良好的社会风尚,需要抓住高权力者人群的正向情绪与行为的培养,并确保流行和模仿渠道的畅通,必要时应加大宣传力度,引领社会时尚,经过模仿、反馈、感染,最终在百姓中形成良好风尚。

13.5.3 消极情绪感染与群体性事件

所谓群体性事件是指由某些社会矛盾引发,特定群体或不特定多数人临时聚合形成的偶合群体,以人民内部矛盾的形式,通过没有合法依据的规模性聚集、对社会造成负面影响的群体活动,发生多数人语言行为或肢体行为上的冲突等群体行为的方式,或表达诉求和主张,或直接争取和维护自身利益,或发泄不满、制造影响,因而对社会秩序和社会稳定造成重大负面影响的各种事件。

2000年以来,中国频繁发生因人民内部矛盾引发的上访、集会、请愿、游行、示威、罢工等群体性事件,这些群体性事件的特点之一是数量多、人数多、规模大,从1993年到2003年间,中国群体性事件数量已由1万起增加到6万起,参与人数也由约73万人增加到约307万人。中国社会科学院2013年2月16日发布2013年社会蓝皮书中指出,中国近年来每年发生的群体性事件可达十余万起。蓝皮书建议,官方可借助互联网缓和社会对抗,实现弹性维稳和动态维稳。[①] 群体性事件的另一特点是表现方式激烈,内部矛盾逐渐对抗化。群体性事件大多采取较为平和的表现方式,从本质上看是人民在根本利益一致基础上的矛盾,但暴力性、破坏性群体性事件逐渐增长,出现激化现象,对抗程度加剧。群体性事件爆发的直接原因中与群体心理直接相关的有三点:社会不满情绪存在、群众缺乏表达渠道、群体性心理因素诱导。

关于群体性事件的心理演化机制,王二平(2013)的研究发现,不公正感和相对剥夺感是社会不满的社会心理基础;集群认同形成壁垒分明的对峙;集群情绪为这种对抗行动提供动力;集群效能感帮助人们树立起人多势众的必胜信念;谣言则为对立情绪火上浇油。这就是群体性事件的动员机制。

从人类行为发生的内在机理看,群体性事件是参与民众在社会变迁过程中出现心理失衡,在群体心理作用下转化为群体行为的结果。现阶段中国底层民众中弥漫着的相对剥夺感、社会不公感、信任缺失感、弱势认同感、社会焦虑感等相互叠加,是群体性事件发生的社会心理动因;而特定或不特定群体中的情绪感染、去个性化、群体极化、冒险转移、心理暗示等交互作用,则是群体性事件发生的群体心理机制(周感华,2011)。

贾留战等人(2013)以大学生为被试,采用学校餐厅食品价格提高的实验情景对参与群体性事件的心理机制进行了探讨,发展出了群体性事件的认知与情绪整合模型。研究发现,群体性事件源于不公正。不公正既可能直接引发群体性事件,也可能通过集体效能(认知路径)和愤怒情绪(情绪路径)对群体性事件产生间接影响。群体认同将认知因素和情绪因素进行整合,不公正还可以通过群体认同分别作用于集体效能和愤怒情绪,对群体性事件产生促进作用。群体性事件的认知与情绪整合模型得到了数据支持,对群体性事件具有较好的解释力。该模型中,情绪路径关注不公正产生的愤怒情绪对群体性事件的影响;认知路径关注集体效能等认知因素对群体性事件的影响。认知路径和情绪路径均可以独立地引发群体性事件,还可以通过群体

[①] 陆学艺,李培林,陈光金主编(2012).社会蓝皮书:2013年中国社会形势分析与预测.社会科学文献出版社.

认同的作用进行整合和联结。

当人们逐渐辨清群体性事件的根源是社会不公正,政府决策层就必然要寻找恰当的应对策略。群体性事件既然是遭受不公正对待的弱势群体应对不公正遭遇的方式(Van Zomeren, Spears & Fischer, 2004),那么群体性事件的参与者就可能有两种应对方式:情绪应对和问题应对。由于群体性事件中往往会掺杂着情绪应对,群体间的情绪感染使事件形势变得更为复杂。群体性事件中,群体情绪从不满到极度愤怒,群体性行为也从观望、围观直至暴力对抗警方,从对经济利益诉求不满发展为对基层干部、党委和政府的不满,政府工作人员的不作为或不当作为激发了不满情绪的升级,一意孤行使用警力最终快速引燃了这种群体的暴怒情绪,引发暴力对抗警察事件的发生。不难看出,从根本上解决群体性事件的方法,在于将群众的不满化解在萌芽之中,政府工作人员及时、准确、有力地解决群众利益中的合理诉求是根本途径。群体愤怒情绪(group-based anger)是集体行动的准备状态,是个体对所属群体相关情境或事件的功能性反应(Smith, 1993)。陈浩等人(2012)通过分析工具理性、社会认同与群体愤怒的关系,认为未来的集体行动社会心理学应重视行动情境类型、个体心理特征和除愤怒之外的群体情绪在集体行动参与中的作用,考察理想信念等潜在前因变量的可能地位,加强与群际关系、歧视动机等其他景点研究领域的联系(陈浩,薛婷,乐国安,2012)。

13.5.4 网络舆情与情绪感染

舆情是"舆论情况"的简称,是指在一定的社会空间内,围绕中介性社会事件的发生、发展和变化,作为主体的民众对作为客体的社会管理者及其政治取向产生和持有的社会政治态度。它是较多群众关于社会中各种现象、问题所表达的信念、态度、意见和情绪等等表现的总和(百度百科,2014)。网络舆情是以网络为载体,以事件为核心,是广大网民情感、态度、意见、观点的表达、传播与互动,以及后续影响力的集合。带有广大网民的主观性,未经媒体验证和包装,直接通过多种形式发布于互联网上。网络舆情六大要素:网络、事件、网民、情感、传播互动、影响力。网络谣言、非理性声音极易引发公众对立情绪,成为激化社会矛盾、酿成重大社会事件的导火索。因此,社会各界呼吁网上应出现更多正能量信息,构建和谐的网络言论环境。

情绪感染对群体行为的影响分为正性(积极)情绪感染和负性(消极)情绪感染两类。正性情绪感染有助于形成团结一致的群体效应,如劳动竞赛通过激发个体的正性情绪,在群体之间形成正性情绪感染,促进生产效率的提高,并且能进一步增进团队合作精神。而负性情绪感染则容易诱发一些暴力行为。近年来研究者开始关注群体性事件中情绪的作用,特别是群际情绪领域的研究。群际情绪是指当个体认同某一社会群体,群体成为个体心理的一部分时,个体对内群体和外群体的情绪体验。群际情绪对于揭示群体性事件和群际冲突有重要的价值。群体性事件是复杂的群体行为,在群体性事件中伴随着认知评价和情绪体验,这也是影响群体性事件发生的主要心理因素,目前关于认知因素对群体性事件影响的研究比较丰富和深入,对情绪因素的影响研究则相对较弱(刘峰,佐斌,2010)。

情绪与行为之间,离不开认知因素的影响。无论是个体还是群体,其情绪调节、认知改变对行为方式的调整有重要意义。因此对个体和群体的行为预测与改变,从情绪评价与调节角度入手,不失为良策之一。

参考文献

陈浩,薛婷,乐国安(2012).工具理性、社会认同与群体愤怒——集体行为的社会心理学研究.心理科学进展,20(1),127—136.
陈红敏,赵雷,伍新春(2014).生活事件对情感和行为的影响:理论比较与启示.心理科学进展,22(3),492—501.
佛朗索瓦·勒洛尔,克里斯托夫·安德烈著,杨533明译(2004).情绪的力量.北京:民主与建设出版社.
季建林主编(2001).医学心理学.上海:复旦大学出版社.
贾留战,马红宇,郭永玉(2013).群体性事件的认知与情绪整合模型.中国农村研究网,2013-05-27发布.
刘峰,佐斌.群际情绪理论及其研究.心理科学进展,2010,18(6),940—947.
理查德·怀斯曼(Wiseman, R.)著,Rip It Up: The Radically New Approach.李磊译(2012).正能量.湖南文艺出版社.第90页—93页.
罗青,周宗奎,魏华,田媛,孔繁昌(2013).羞怯与互联网使用的关系.心理科学进展,21(9),1651—1659.
孟昭兰(2005).情绪心理学.北京:北京大学出版社.第160页.
沈渔邨主编(1999).精神病学(第三版),人民卫生出版社.
宋宝安,于天琪(2010).我国群体性事件的根源与影响.吉林大学社会科学学报.(5),5—11.
王二平(2013).群体性事件的心理演化机制.人民论坛.(21),64—65.
王洪礼,等(2012).大学生面众恐惧的心理测量学再探.心理科学,35(5):1218—1224.
王洪礼,邹维兴,潘运(2013).大学生面众恐惧现状调查与矫治对策——基于西南地区的实证分析.教育研究,(10),134—141,155.
王潇,李文忠,杜建刚(2010).情绪感染理论述评.心理科学进展.18(8),1236—1245.
余才忠,熊峰,陈慧芳(2011).舆情民意与司法公正——网络环境下司法舆情的特点及应对.法制与社会.(12),120.
袁加朗,龙泉杉,丁南翔(2014).负性情绪调节的效率:中国文化背景下认知重评与表达抑制的对比.中国科学:生命科学,44(6),602—613.
张晶,周仁来,李永娜(2014).自动情绪调节的神经机制及其可塑性.心理科学进展,22(1),9—13.
章恩友,宋胜尊(2011).犯罪心理学.保定:河北大学出版社,第249—273页.
周感华(2011).群体性事件心理动因和心理机制探析.北京行政学院学报.(06),6—10.
朱智贤主编.心理学大辞典,北京师范大学出版社 1989 年版,第 196 页.
左世江,王芳,石霞飞,张啸(2014).简单情绪感染及其研究困境.心理科学进展,22(5),791—801.
Ainsworth, P. B. (2000). *Psychology and Crime: myths and reality* (*Longman criminology series*). Longman, chapter 6.
Alam, M., Barrett, K. C., Hodapp, R. M., Arndt, K. A. (2008). *Journal of america acad dermatol*. 58(6),1061-72. doi: 10.1016/j.jaad.2007.10.649.
Anderson, C. A. & Bushman, B. J. (2002a). The effects of media violence on society. *Science*, 295, 2377-2378.
Anderson, C. A. & Bushman, B. J. (2002). Human aggression. *Annual review of psychology*, 53, 27-51.
Arizmendi, T. G. (2011). Linking mechanisms: Emotional contagion, empathy, and imagery. *Psychoanalytic psychology*, 28(3), 405-419.
Aronson, E. (1992). *The social animal* (6th ed). New York: Freeman.
Ates, M. A., Semiz, U. B., Algul, A., Ebrinc, S., Basoglu, C., Iyisoy, S., et al. (2008). Alexithymia and aggression in patients with antisocial personality disorder. *European psychiatry*, 23, 91.
Ates, M. A., Algul, A., Gulsun, M., Gecici, O., Ozdemir, B., Basoglu, C., et al. (2009). The relationship between alexithymia, aggression and psychopathy in young adult males with antisocial personality disorder. *Noropsikiyatri Arsivi-Archives of neuropsychiatry*, 46(4), 135-139.
Bandura, A. (1969). *Principles of behavior modification*. New York: Holt, Rinehart & Winston.
Baron, R. A. & Richardson, D. R. (1994). *Human aggression* (2nd ed.). New York: Plenum.
Barrat, E. S., Kent, T. A., Bryant S. G. & Felthous, A. R. (1991). A controlled trial of phenytoin in impulsive

aggression. *Journal of clinical psychopharmacology*, 11,338-389.

Bartol, C. R. & Bartol, A. M. (2005). *Criminal behavior: A psychosocial approach* (7th Version). Perason Education, Inc. , Upper Sadler River, New. 111-117.

Baumeister, R. F. , Stillwell, A. M. & Heatherton, T. F. (1995). Personal narratives about guilt: Role in action control and interpersonal relationships. *Basic and applied Social psychology*, 17(1-2),173-198.

Belkin, L. Y. (2009). Emotional contagion in the electronic communication context: Conceptualizing the dynamics and implications of electronic encounters. *Journal of organizational culture*, 13(2),111-130.

Berking, M. & Znoj, H. (2008). Development and validation of self-report measure for the assessment of emotion regulation skills (SEK-27). *Zeitschrift Fur Psychiatrie Psychologie Und Psychotherapie*, 56(2),141-153.

Berkowitz, L. (1994). Is something missing? Some observations prompted by the cognitive-neoassociationist view of anger and aggression. In L. R. Huesmann (Ed.), *Aggressive behavior: Current perspectives* (pp. 35-37).

Berkowitz, L. (1993). Aggression: Its causes, consequences, and control. *McGraw-Hill series in social psychology*. New York, NY, England: Mcgraw-Hill Book Company.

Blackburn, R. (1993). *The psychology of criminal conduct: Theory, research and practice*. Wiley series in clinical psychology. Oxford, England: John Wiley & Sons.

Blackburn, R. (1971). Personality types among abnormal homicides. *British journal of criminology*, 37,166-178.

Blackburn, R. (1986). Patterns of personality deviation among violent offenders: Replication and extension of an empirical taxonomy. *British journal of criminology*, 26,254-269.

Blackburn, R. (1993). *The Psychology of Criminal Conduct: Theory, Research and Practice*. New York: Wiley & Sons.

Bridges, L. J. , Denham, S. A. & Ganiban, J. M. (2004). Definitional issues in emotion regulation research. *Child development*, 75(2),340-345.

Broidy, L. M. , Nagin, D. S. , Tremblay, R. E. , Brame, B. , Dodge, K. A. , Ferusson, D. , Horwood, J. L. , Loeber, R. , Laird, R. , Lynam, D. R. , Moffit, T. E. , Pettit, G. S. & Vitaro, F. (2003). Developmental trajectories of childhood disruptive behaviors and adolescent delinquency: A six site, cross-national study. *Developmental psychology*, 39(2),222-245.

Bushman, B. J. & Huesmann, L. R. (2009). Aggression. In S. T. Fiske, D. T. Gilbert & G. Lindzey (5th Eds.). *Handbook of social psychology*, Volume 2 (pp. 833-863). Wiley & Sons, Ins.

Bushman, B. J. & Gibson, B. (2011). Violent Video Games Cause an Increase in Aggression Long after the Game Has Been Turned off. *Social psychological and personality science*, 2, 29 - 32. http://dx.doi.org/10.1177/1948550610379506

Butler, E. A. & Gross, J. J. (2004). Hiding feelings in social contexts: Out of sight is not always out of mind. In P. Philippot & R. S. Feldman (Eds.), *The regulation of emotion* (pp. 101-126). Mahwah, New Jersey: Lawrence Erlbaum Associates.

Calkins, S. D. (2010). Commentary: Conceptual and methodological challenges to the study of emotion regulation and psychopathology. *Journal of psychopathology and behavioral assessment*, 32(1),92-95.

Campbell-Sills L, Barlow, D. H. , Brown, T. A. , et al. (2006a). Acceptability and suppression of negative emotion in anxiety and mood disorders. *Emotion*, 6,587-595.

Campbell-Sills, L. , Barlow, D. H, Brown, T. A. , et al. (2006b). Effects of suppression and acceptance on emotional responses of individuals with anxiety and mood disorders. *Behavior research therapy*, 44,1251-1263.

Caplan, M. , Vespo, J. E. , Pedersen, J. , Hay, D. F. (1991). Conflict and its resolution in small groups of one-and two-year-olds. *Child development*, 62(6),1513-1524.

Chambers, R. , Gullone, E. & Allen, N. B. (2009). Mindful emotion regulation: An integrative review. *Clinical psychology review*, 29(6),560-572.

Cobos, P. , Sanchez, M. , Perez, N. & Vila, J. (2004). Effects of spinal cord injuries on the subjective component of emotions. *Cognition and emotion*, 18(2),281.

Cohn, A. M. , Jakupcak, M. , Seibert, L. A. , Hildebrandt, T. B. & Zeichner, A. (2010). The role of emotion dysregulation in the association between men's restrictive emotionality and use of physical aggression. *Psychology and men masculinity*, 11(1),53-64.

Cornell, D. G. , Benedek, E. P. & Benedek, D. M. (1996). Impulsive aggression in personality disorder correlates with tritiated paroxeting binding the platelet. *Archives of gender psychiatry*, 53,531-536.

Côté, S. , Vaillancourt, T. , LeBlanc, J. C. , Nagin, D. S. & Tremblay, R. E. (2006). The development of physical aggression from toddler hood to pre-adolescence: A nation wide longitudinal study of Canadian children. *Journal of abnormal child psychology*, 34(1),68-82.

Critchley, H. D. , Mathias, C. J. & Dolan, R. J. (2001). Neural activity in the human brain relating to uncertainty and arousal during anticipation. *Neuron*, 29(2):537-545.

Davey, L. , Day, A. & Howells, K. (2005). Anger, over-control and serious violent offending. *Aggression and violent behavior*, 10,624-635.

DeWall, C. N. , Twenge, J. M. , Koole, S. L. , Baumeister, R. F. , Marquez, A. & Reid, M. W. (2011). Automatic emotion regulation after social exclusion: Tuning to positivity. *Emotion*, 11,623-636.

Ebbesen, E. B. (1981). Cognitive processes in inferences about a person's personality. In E. T. Higgins, C. P. Herman &

M. P. Zanna (Eds.), *Social Cognition*, *The Ontario symposium*, 1, 247-276.
Ekman, P. (1993). An argument for basic emotion. *Cognition and emotion*, 6, 169-200.
Ellis, A. (2005). *Rational emotive behavior therapy: A guide for clinicians* (2nd edition), with Catharine MacLaren. Impact Publishers.
Eysenck, H. (1977). *Crime and Personality* (2nd ed.) London: Routledge & Kegan Paul.
Eysenck, H. (1996). Personality and Crime: Where do we stand? *Psychology, crime & law*, 2, 143-152.
Falkenberg, I., Bartels, M. & Wild, B. (2008). Keep smiling! *European archives of psychiatry and clinical neuroscience*. 258(4), 245-253.
Fairbairn, C. E., Sayette, M. A., Aalen, O. O., and Frigessi. A. (2014). Alcohol and Emotional Contagion: An Examination of the Spreading of Smiles in Male and Female Drinking Groups. *Clinical psychological science*, (on line, 2014-10-08).
Fite, J. E., Goodnight, J. A., Bates, J. E., Dodge, K. A. & Pettit, G. S. (2008). Adolescent aggression and social cognition in the context of personality: Impulsivity as a moderator of predictions from social information processing. *Aggressive behavior*, 34(5), 511-520.
Fossati, A., Acquarini, E., Feeney, J. A., Borroni, S., Grazioli, F., Giarolli, L. E., et al. (2009). Alexithymia and attachment insecurities in impulsive aggression. *Attachment & human development*, 11(2), 165-182.
Freud, A. (1958). Adolescence. *The psychoanalytic Study of Child*, 13, 255-278.
Garnefski, N., Kraaij, V. & Spinhoven, P. (2001). Negative life events, cognitive emotion regulation and emotonal problems. *Personality and individual differences*, 30(8), 1311-1327.
Gohm, C. L. & Clore, G. L. (2002). Affect as information — An individual-differences approach. *Wisdom in feeling* (pp. 89-113). New York: Guilford Press.
Goldin, P. R., McRae, K., Ramel, W., et al. (2008). The neural bases of emotion regulation: Reappraisal and suppression of negative emotion. *Biological psychiatry*, 63, 557-586.
Gratz, K. L. & Roemer, L. (2004). Multidimensional assessment of emotion regulation and dysregulation: Development, factor structure, and initial validation of the difficulties in emotion regulation scale. *Journal of psychopathology and behavioral assessment*, 26(1), 41-54.
Gratz, K. L. & Tull, M. T. (2010). Emotion regulation as a mechanism of change in acceptance- and mindfulness-based treatments. In R. A. Baer (Ed.), *Assessing mindfulness and acceptance: Illuminating the processes of change*. Oakland, CA: New Harbinger Publication.
Greenberg, L. S., Elliott, R. & Pos, A. (2007). Emotion-focused therapy: An overview. *European psychotherapy*, 7(1), 19-39.
Gross, J. J., Thompson, R. A. (2007). Emotion regulation: conceptual foundations. In: Cross, J. J, (ed.). *Handbook of emotion regulation*. New York: Guilford Press. pp. 3-24.
Gross, J. (2002). Emotion regulation: Affective, cognitive, and social consequences. *Psychophysiology*, 39, 281-291.
Gross, J. J. (2002). Emotion regulation: Affective, cognitive, and social consequences. *Psychophysiology*, 39, 281-291.
Gross, J. J. & Thompson, R. A. (2007). Emotion regulation: conceptual foundations. In J. J. Gross (Ed.), *Handbook of emotion regulation*. New York: Guildford Press.
Hatfield, I., Cacioppo, J. T. & Rapson, R. L. (1993). Emotional contagion. *Current directions in psychological science*, 2(3), 96-99.
Heims, H. C., Critchley, H. D., Dolan, R., Mathias, C. J. & Cipolotti, L. (2004). Social and motivational functioning is not critically dependent on feedback of autonomic responses: Neuropsychological evidence from patients with pure autonomic failure. *Neuropsychologia*, 42(14), 1979-1988.
Henderson, L & Zimbardo, P. (1998). Encyclopedia of Mental Health. San Diego: Academic Press.
Hess, U. & Fischer, A. (2013). Emotional mimicry as social regulation. *Personality and social personality review*, 17(2), 142-157.
Hofmann, S. G., Heering, S., Sawyer, A. T. & Asnaani, A. (2009). How to handle anxiety: The effects of reappraisal, acceptance, and suppression strategies on anxious arousal. *Behavior research and therapy*, 47(5), 389-394.
Huesmann, L. R. & Kirwil, L. (2007). Why observing violence increases the risk of violent behavior in the observer. In D. Flannery (Ed.), *The cambridge handbook of violent behavior and aggression*. Cambridge, UK: Cambridge University Press.
Huesmann, L. R. (1998). An information processing model for the development of aggression. *Aggressive behavior*, 14, 13-24.
Huesmann, L. R. & Eron, L., Lefkowitz, M. M. & Walder, L. O. (1984). The stability of aggression over time and generation. *Development psychology*, 20, 1120-1134.
James, W. (1884). What is an emotion? *Mind*, 9(34), 188-205.
John, O. P. & Gross, J. J. (2004). Healthy and unhealthy emotion regulation: Personality processes, individual differences, and life span development. *Journal of personality*, 72(6), 1301-1333.
Karat, J. (2009). *Biological psychology*.
Keltner, D., Ellsworth, P. & Edwards, K. (1993). Beyond simple pessimism: Effects of sadness and anger on social perception. *Journal of personality and social psychology*, 73, 687-702.

Kingsbury, S. J. , Lambert, M. T. & Hendricckse, W. (1997). A two-factor model of aggression. *Psychiatry*, *60*, 24 – 232.

Klein, D. F. (1993). False suffocation alarms, spontaneous panics, and related conditions: An integrative hypothesis. *Archives of general psychiatry*, *50*, 306 – 317.

Koole, S. L. & Coenen, L. H. M. (2007). Implicit self and affect regulation: Effects of action orientation and subliminal self priming in an affective priming task. *Self and identity*, *6*, 118 – 136.

Lang, R. , Holden, R. , Langevin, R. , Pugh, G. & Wu, R. (1987). Personality and criminality in violent offenders. *Journal of interpersonal violence*, *2*, 179 – 195.

Larsen, R. J. , Kasimatis, M. & Frey, K. (1992). Facilitating the furrowed brow: An unobtrusive test of the facial feedback hypothesis applied to unpleasant affect. *Cognition and emotion*, *6*, 321 – 338.

Levy, I. , Snell, J. , Nelson, A. J. , Rustichini, A. & Glimcher, P. W. (2010). Neural representation of subjective value under risk and ambiguity. *Journal of neurophysiology*, *103*(2), 1036 – 1047.

Lishner, D. A. , Cooter, A. B. & Zald, D. H. (2008). Cognition and Emotion, Rapid emotional contagion and expressive congruence under strong test conditions. *Journal of nonverbal behavior*, *32*(4), 225 – 239.

Loeber, R. & Hay, D. (1997). Key issues in the development of aggression and violence from childhood to early adulthood. *Annual review of psychology*, *48*, 371 – 410.

Lorenz (1966). *On aggression*. New York: Harcourt, Brace & World.

Mauss, I. B. , Bunge, S. A. & Gross, J. J. (2007). Automatic emotion regulation. *Social and personality psychology compass*, *1*, 146 – 167.

Mauss, I. B. , Evers, C. , Wihelm, F. H. & Gross, J. J. (2006). Automatic emotion regulation. *Social and personality psychology compass*, *1*, 146 – 167.

McEllistrem, J. E. (2004). Affective and predatory violence: A bimodal classification system of human aggression. *Aggression and violent behavior*. *10*, 1 – 30.

Megargee, E. (1966). Undercontrolled and over-controlled personality types in extreme antisocial aggression. *Psychological monographs*, *80*, 1 – 611.

Miller, G. F. (2007). Reconciling evolutionary psychology and ecological psychology: How to perceive fitness affordances. *Acta psychologica sinica*, *39*(3), 546 – 555.

Miner, J. L. & Clarke-Steward, K. A. (2008). Trajectories of externalizing behavior from age 2 to age 9: Relations with gender, temperament, ethnicity, parenting, and rater. *Development psychology*, *44*(3), 771 – 786.

Moon, J. R. & Eisler, R. M. Anger control: An experimental comparison of three behavioral treatments. *Behavior therapy*, *14*(4), 493 – 505.

Moyer, K. E. (1968). Kinds of aggression and their physiological basis. *Communications in Behavior Biology*, *2*, 65 – 87.

Nagin, D. S. , Tremblay, R. E. (2005). Developmental trajectory groups: fact or a useful statistical fiction? *Criminology*, *43*(4), 873 – 904.

Novaco, R. W. (1976). The functions and regulation of the arousal of anger. *The american journal of psychiatry*, *133*(10), 1124 – 1128.

Pettit, J. W. , Paukert, A. L. & Joiner, T. E. (2005). Refining moderators of mood contagion: Men's differential responses to depressed and depressed-anxious presentations. *Behavior therapy*, *36*, 255 – 263.

Phillips, M. L. , Ladouceur, C. D. & Drevets, W. C. (2008). A neural model of voluntary and automatic emotion regulation: implications for understanding the pathophysiology and neurodevelopment of bipolar disorder. *Molecular psychiatry*, *13*, 833 – 857.

Roberton, T. , Daffern, M. & Bucks, R. (2012). Emotion regulation and aggression. *Aggression and violent behavior*, *17*, 72 – 82.

Rottenberg, J. & Gross, J. J. (2007). Emotion and emotion regulation: A map for psychotherapy researchers. *Clinical psychology-science and practice*, *14*(4), 323 – 328.

Rowe, C. A, Walker, K. L. & Hirsch, J. K. (2013). The relationship between negative life events and suicidal behavior: moderating role of basic psychology needs. *Suicide*, *34*(4), 233 – 41.

Selye, H. (1978). *The stress of life*. New York: McGraw-Hill.

Smith, E. R. (1993). Social identity and social emotions: Towards new conceptualization of prejudice. In D. M. Mackie & D. L. Hamilton (Eds.). *Affect, Cognition, and Stereotyping* (pp. 297 – 315). San Diego, CA: Academic Press.

Stenberg, C. R. , Campos, J. J. , Emde, R. N. (1983). The facial expression of anger in seven-month-old infants. *Child development*, *54*(1), 178 – 184.

Strack, F. , Martin, L. & Stepper, S. (1988). Inhibiting and facilitating conditions of the human smile: A nonobtresive test of the facial feedback hypothesis. *Journal of personality and social psychology*, *54*, 768 – 777.

Straus, M. A. (1979). Measuring intrafamily conflict and violence: The Conflict Tactics (CTS) Scales. *Journal of marriage and the fandy*, *4*(1), 75 – 88.

Strongman, K. T. (1978). *The psychology of Emotion*. 张燕云译(1987), 情绪心理学, 沈阳: 辽宁人民出版社. 第 216—217 页.

Tamietto, M. , de Gelder, B. (2008). Affective blindsight in the intact brain: Neural inter hemispheric summation for unseen fearful expressions. *Neuropsychologia*, *46*(3), 820 – 828.

Teten, A. L., Miller, L. A., Bailey, S. D., Dunn, N. J. & Kent, T. A. (2008). Empathic deficits and alexithymia in trauma-related impulsive aggression. *Behavioral sciences & the law*, 26(6), 823–832.

Tice, D. M. & Baumeister, J. W. (1993). Controlling anger: Self-induced emotion change. In D. Wegner & M. Pennebaker (Eds.), *Handbook of mental control* (pp. 393–409). Upper Saddle River, NJ, US: Prentice-Hall.

Tremblay, R. E., Boulerice, B., Harden P. W., McDuff, P., Perusse, D., Pihl, R. O., et al. (1996). Do children in Canada become more aggressive as they approach adolescence? In Human Resources Development Canada & Statistics Canada (Eds.), *Growing up in canada: National longitudinal survey of children and youth* (Catalogue 89–550, pp. 127–137). Ottawa: Statistics Canada.

Tremblay, R. E. (2000) The development of aggressive behavior during childhood: What have we learned in the past century? *International journal of behavioral development*, 24(2), 129–141.

Tremblay, R. E. (2014). *Early development of physical aggression and early risk factors for chronic physical aggression in Humans*. Current Top Behavior Neuroscience. 2014 Feb 19. [Epub ahead of print] http://www.ncbi.nlm.nih.gov/pubmed? term=Tremblay_R%20[Author].

Tull, M. T., Medaglia, E. & Roemer, L. (2005). An investigation of the construct validity of the 20-item Toronto Alexithymia Scale through the use of a verbalization task. *Journal of psychosomatic research*, 59(2), 77–84.

van der Schalk, J., Fischer, A. H., Doosje, B. J., Wigboldus, D., Hawk, S. T. & Hess, U. (2011). Convergent and divergent responses to emotional displays of ingroup and outgroup. *Emotion*, 11(2), 286–298.

van Zomeren, M., Spears, R. & Fischer, A. H., et al. (2004). Put your money where your mouth is! Explaining collective action tendencies through group-based anger and group efficacy. *Journal of personality and social psychology*, 87(5): 649–664.

Wenzlaff, R. & Wegner, D. (2000). Thought suppression. *Annual review of psychology*, 51, 59–91.

Wierzbicka A. Emotion, language, and cultural scripts. In: S. Kitayama, H. R. Markus (eds). *Emotion and culture*. Washington D. C.: American Psychological Association, 1994. pp. 133–196.

Yang, S. C. & Tung, C. J. (2007). Comparison of internet addicts and non-addicts in Taiwanese high school. *Computers in human behavior*, 23(1), 76–96.

14 情绪与疾病

14.1 情绪的致病机制 / 414
    14.1.1 情绪与应激 / 414
    14.1.2 情绪应激与免疫 / 417
14.2 情绪与身心疾病 / 421
    14.2.1 情绪与冠心病 / 421
    14.2.2 情绪与癌症 / 424
    14.2.3 情绪与原发性高血压 / 427
    14.2.4 情绪与消化性溃疡 / 429
14.3 情绪障碍 / 431
    14.3.1 焦虑障碍 / 431
    14.3.2 抑郁障碍 / 433

    现实总会给人带来压力,而压力一旦过度,就会导致身心系统的一系列连锁反应。首先是压力事件经过心理的加工而引起强烈的情绪反应,然后会启动行为、神经、内分泌以及免疫等系统的反应,这些心身反应会长期累积最终会促发不同类型的机能性疾病。这些疾病既可以导致生理机能的严重损伤,如冠心病、原发性高血压、消化性溃疡,也可以导致心理机能的严重损伤,如焦虑症、抑郁症、创伤及应激障碍。无论是哪种损伤,不良情绪都是致病的重要中介因素,是看不见的隐形杀手。虽然疾病的产生常常是多变量交互作用的结果,但在本章我们将揭示不良情绪与疾病之间的关系。

    值得一提的是,当前学者们在谈到情绪与健康问题时,相关的参考文献总是很容易让人们得出这样的结论:情绪虽然在大多数方面是自适应的,但却不利于个体的健康发展。更具体地说,几乎所有常见的研究都是负性情绪损害健康,似乎根本没有任何益处可言。不仅如此,探讨负性情绪与健康关系的研究也远远多于探讨正性情绪与健康关系的研究。显然,一味地侧重研究情绪对疾病的产生、发展和死亡的影响而忽略其积极的一面,这与情绪的自适应性本质是矛盾的。实际上,像愤怒、恐惧和绝望这些情绪在某些时候也是能促进个体健康发展的。此外,在应激过程当中,积极情绪也有它独有的作用,而不可以完全忽视。局限于本章的主题与篇幅,这里只探讨情绪与疾病的关系。

14.1 情绪的致病机制

科学家们在探讨情绪致病的机理时都会有很多的疑问,比如,进化来的情绪为什么会致病? 情绪的基本功能是生理性的还是社会性的? 对这些问题的回答科学家们持有不同的观点。生理学家们设想,情绪是生物体对环境中的威胁所做出的快速反应,过度的反应将导致生物体机能异常;社会学家们则认为情绪是个体与社会群体之间相互依赖、相互作用的媒介,异常的社会压力会导致异常的个体机能;认知心理学家则认为情绪是认知系统与生理系统之间的调节系统,不合理的认知评价会导致不良的情绪反应,从而导致过度的生理反应。虽然学者们的角度不同,但是他们都认同一个基本原则,那就是情绪是自适应性。情绪反应是个体调节自身以适应环境的结果,只有长期或是过度的不良情绪反应才最终导致个体出现破坏性适应,即产生疾病。

14.1.1 情绪与应激

从坎农(Walter Bradford Cannon)关于应激的研究开始,至今已有一个多世纪了。这一研究主题最初只局限于生物医学领域,而几十年后,这一主题已经成为心理学的重要研究领域。这种转变在一定程度上反映了科学家们深入理解情绪与疾病的关系的过程。从坎农的开创性工作到塞利的重要贡献,再到 Mason 和 Lazarus 的研究,应激理论逐渐完善,应激与疾病之间的关系也逐渐清晰,同时情绪在应激的心理与生理反应中的中介作用也被逐渐勾勒出来。情绪应激机制首次将心理与生理两大系统实质性地关联起来。此后的研究还进一步揭示了社会生活事件与疾病之间的因果关系,完成了生物—心理—社会三个层面的应激研究,并建立起完整的应激理论模型。情绪在这一模型中起着十分关键的中介作用,正如生物学家、社会学家及认知心理学家所界定的那样,情绪是生物、心理与社会三个层面交互影响的一个核心中介系统。因此,很多研究者会用情绪应激这一概念代替应激这一概念(Billings et al., 1939)。

应激的适应性理论

坎农(Cannon)最早将长期存在的生理调节的观点概念化,称之为"稳态"。这种观点认为,所有的生理指标都有其理想的水平(正常的体温,血糖浓度,心率等),而生理调节的目的就是要达到一个动态平衡(或者"稳态平衡"),这一平衡将优化尽可能多的生理指标。作为应激研究的奠基者,坎农立足于应激概念,将"应激"定义为任何打破稳态平衡的事物,而将"应激反应"定义为神经和内分泌适应,以重新建立起稳态平衡(Cannon, 1939)。

因此,坎农通过研究动物的应激过程发现,应激导致的稳态调节作用主要表现为副交感功能的抑制与交感功能的激活,主要涉及交感功能的激活以及肾上腺素、去甲肾上腺素的分泌,也就是所谓的交感—肾上腺髓质系统的活动。在20世纪30年代,另一位开拓者,汉斯·塞里(Hans Selye)则确定了另一个内分泌分支学科——糖皮质激素的分泌(Selye, 1936, 1937, 1946, 1950)。塞里将应激引发的肾上腺分泌的一系列类固醇激素称为糖皮质激素(如皮质醇,也被称为氢化可的松),并提出垂体—肾上腺皮质轴的应激调节功能,交感—肾上腺髓质系统与垂体—肾上腺皮质系统一起就构成了应激的主要生理反应系统。其他一些内分泌系统也与应激反应联系起来。应激还导致一些激素的分泌物增加,包括 R-内啡肽,催乳激素,加压素和胰高血糖素。相应地,应激也导致一些激素分泌物的减少,例如生殖系统的激素(例如,雌激素和雄激素),生长激素(例如,生长介素),能量储存激素(例如,胰岛素),并伴随自主神经系统的副交感神经分支的抑制(Munck, Sapolsky & Romero, 2000)。

坎农建立的应激理论为我们理解有机体的应激反应机制提供了基本的框架。在应激时,为了给肌肉运动运送能量,储存的能量(例如脂肪细胞)会被调动出来,释放到全身。这一能量的调动过程将由心血管系统来完成,于是血压和心率开始升高,为了更好地向肌肉运动区域运送能量,机体还会同时抑制血液流到不必要的区域,例如肠道、呼吸、消化、组织修复和繁殖等区域系统。与能量运送相适应,免疫防御也得到增强,痛觉变得迟钝,认知的某些方面得到加强(Munck, Guyre & Holbrook, 1984; Sapolsky et al., 2000)。

在应激理论提出后的几十年里,人们逐渐提出了神经内分泌反应的更为完整的理论。包括一些缓慢起作用的激素,这些激素的缓慢调节使得机体从起初的应激反应状态恢复到正常状态。例如,原先应激反应中的能量调动导致机体储存的能量被消耗,激素调节就能通过刺激食欲和增加脂肪组织来补偿应激反应中消耗的能量(Eisenberger et al., 2002)。再比如,原先应激反应中的免疫刺激效应最终会通过激素抑制免疫来抵消。这种延迟的抑制,被认为能够防止免疫系统过分活跃以致对身体的正常成分做出错误的反应,误把身体的正常成分当成是入侵的病原体。

应激的病理理论

在坎农的研究基础上,塞里开拓性地研究了应激反应的破坏性的一面,即长期地暴露于应激状态下对机体机能的损害。在长期应激状态下,塞里发现应激反应并不是完全有益的、具有适应性的。相反,塞里发现了病理现象,特别是消化性溃疡、肾上腺扩大和免疫器官(例如胸腺)萎缩这三类疾病的病理过程(Selye, 1936)。这第一次提供了应激与疾病关系的证据。后来,塞里进一步揭示了不同应激的共同致病机制,提出 GAS 综合症学说(general adaptation syndrome, GAS),将应激分为良性应激与不良应激两大类,不良应激会导致疾病。这种不良的应激反应过程是一种"慢性"的病理过程,它最终引起了机体中内分泌"枯竭"状态(Selye, 1946)。塞利的枯竭说还没有得到足够的证明,相反,持续存在的应激仍然会继续调动应激反应,而随着时间的推移,应激反应本身将会成为一种危险(Munck et al., 1984)。

自此,应激理论进一步解释了应激事件导致疾病的基本病理过程。机能性的躯体疾病是由于糖皮质激素分泌受阻(如阿狄森氏病),或儿茶酚胺分泌受阻(如直立性低血压综合征)导致的应激反应失败造成的,也可以是持续的应激反应本身造成。长期的应激会将能量从储存的地方运送到躯体各部位,如果持续进行,会导致肌肉萎缩、疲劳,并增加成人发病型糖尿病的患病危险。此外,代谢应激反应的反向调节功能的长期激活会导致肥胖(Akiskal et al., 1983)。其次,心血管活动的急性增强有很高的适应性,但这种持续的增强提高患心血管和脑血管疾病的风险。持续地抑制消化系统会增加患吸收障碍疾病的风险。在这种情况下,对发展中机体成长会起到抑制作用;在极端的情况下,会出现由于应激导致的生长迟缓综合征(即应激性侏儒)。虽然对生殖生理的暂时抑制可能不会导致病理生理的后果,但长期的抑制将会降低生育能力,在男性和女性身上都有可能发生。再者,虽然在暂时性应激中,免疫系统的延迟抑制可能有助于避免免疫系统对自身免疫的影响,但长期的抑制会导致免疫系统的放松并增加感染的风险。最后,同一种激素,既能在应激过程中增强认知,也能对神经系统产生各种各样的有害影响,包括树突萎缩对突触可塑性的损害和神经形成的抑制(Sapolsky et al., 2000)。

应激的心理社会调节理论

在坎农与塞利研究基础上,应激理论的研究很快又取得了新的进展。以拉扎勒斯等为代表的研究表明,应激的致病原因并不直接与外界的应激事件直接对应,应激事件是否会启动应激的病理过程是由个体的认知因素调节的(Lazarus, 1966)。在失去认知调节的情况下,应激事件并不能够启动相应的病理过程(Lazarus, 1966; Jacobs et al., 1984)。这表明个体的心理系统是应激事件与疾病之间的重要中介变量。陆续的研究揭示,儿茶酚胺的释放主要出现在积极努力的情况下,而皮质醇释放则主要出现于无助和"放弃"应对的情境中(Frankenhaeuser, 1983; Henry, 1992; Lundberg & Frankenhaeuser, 1980)。这表明,在应激事件与疾病的因果关系中,情绪是最直接的中介调节因素,情绪的性质与强度决定着心理与生理两者之间的交互模式,而个体的认知评价系统最终调节着应激事件与疾病之间的因果关系。因此,拉扎勒斯与梅森等人的研究在本质上是将坎农的生物应激模型推向生物—心理—社会应激模型。

至此,塞里的不良应激致病说已经不能简单地解释为应激反应失败而导致的疾病,却应该理解为应激反应的过度激活从而导致疾病。这引出了一个数十年来都未曾引起应激生理学研究者重视的议题:大部分生理应激,如果严重到足以激活应激反应的程度,那么这种应激的持续存在将会损害机体功能(Kempermann et al.,2003)。然而,这种生理应激的过度激活与持续存在没有导致个体的快速死亡而是引发了广泛和多样的慢性病变,其进程是如何被控制的?心理学给出了答案,那就是这种长期的应激过程最终都是由心理机制控制而不是生理机制控制的。如果心理的应激启动消失了,那么经由情绪调节的生理的应激反应也就会停止,疾病自然就不会出现(Henry et al.,1992)。

塞利格曼等人的进一步研究揭示,不可预知性、不可控性以及糟糕至极等这样的一些认知因素会与随后的疾病发生关系紧密(Davis & Levine,1982; Seligman & Meyer,1970)。这些研究进一步支持了塞利的应激理论,同时,这些研究也对典型的应激概念做出了具体的界定,那就是不可预知与不可控制是引起典型应激反应的基本条件,这或许对当前混乱的应激概念的进一步区分和澄清有所帮助(Koolhaas et al.,2011)。

14.1.2 情绪应激与免疫

从概念上看,不良情绪导致的应激生理反应也应该包括免疫系统的反应,但考虑到免疫系统与疾病之间的密切关系,此处将情绪导致的免疫反应单独列出来进行探讨(Glasser et al.,1993)。实际上,随着应激的不断深入,在心理学研究领域中出现了一个新的分支学科叫心理神经免疫学(Psychoneuro-Immunology),当前这一学科重点关注心理神经免疫调节的两个主要方向,一是条件反射对免疫的调节作用,另一个是情绪应激对免疫功能的影响(Eliot et al.,1987)。

情绪应激的众多研究表明,不良情绪特别是紧张刺激引起的不良情绪,如焦虑、抑郁、惊恐、害怕、孤独、自卑、烦恼等,可以改变机体的机能而增加个体对疾病的易感性。比如,以自然杀伤性细胞(natural killer cell,NK cell)为指标,研究者发现,报告有明显负性情绪的参与者其 NK 细胞水平明显低于对照组(Stone et al.,1996)。Kiecolt 等在 1984 年发现,孤独情绪体验者其血浆皮质醇水平高,淋巴细胞对磷酸化酶激酶(phosphorylase kinase)反应迟钝,NK 细胞下降。这些研究充分说明,不良情绪会导致免疫能力的下降。国内学者的相关研究也同样证明,情绪应激对免疫功能产生了抑制作用(林文娟,2006)。为了更好地梳理相关研究,我们参照Lewis等的工作从以下三方面进行阐述(Lewis et al.,2000)。

情绪状态与免疫系统

情绪状态(Emotional State)与身体健康的关系问题是医学心理学研究的热点和前沿问题。尽管心理学家早已提出,经常处于消极情绪状态的人更容易患病,但是对其具体的致病机制的分析基本局限在现象描述和简单相关统计的水平上,缺乏实证研究。近来,相关的实证性的研究也取得了令人鼓舞的进展,逐渐为我们揭示出情绪状态影响身体健康的具体生理病理机制。目前相关研究主要集中在不良情绪影响免疫功能与疾病易感性两方面(Karg et al.,2011)。

研究发现,情绪状态及其所伴随的生理反应直接影响免疫系统的功能。积极的情绪状态会增强免疫系统的功能,而消极的情绪状态则减弱免疫系统的功能,例如,Stone等(1996)的实验发现,情绪状态与作为抵御一般感冒的第一道防线的抗体——唾液中A型免疫球蛋白(S-IgA)的分泌有直接关系,积极的情绪状态可以增强S-IgA的分泌并提高免疫反应水平,而消极的情绪状态则会减弱S-IgA的分泌并降低免疫反应水平(升降幅度在10—40 IU/ml)。而且他们还发现,增加令人愉快事件的发生频率,可以使被试的免疫反应在随后的几天里保持较高水平;甚至在随后的几天里控制令人愉快事件的发生频率,仍然可以使被试的免疫反应保持在较高的水平上。并且进一步发现,令人不快的事件之所以会降低S-IgA水平,主要是因为它增强了消极情绪状态;而令人愉悦的事件之所以会提高S-IgA水平,主要是因为它减弱了消极情绪状态而非增强了积极情绪状态。而与之相对,当增加令人不快事件的发生频率,则会导致相反的效果(Dunn et al.,1996)。同样,Evans和Edgerton等在2002年的研究也证实,降低令人愉悦事件的发生频率与患呼吸疾病的概率之间存在着滞后相关。

Cohen等(1991,1993)通过大量的研究证明,消极情绪状态会提高人们对疾病的易感性。在一个实验范例中,他们将420名被试系统地安置于有5种呼吸病毒的情境中,并单独或成对地隔离7天。结果表明,病毒感染率及临床感冒率与消极情绪(包括消极情绪状态和消极情绪特质)指标的上升呈显著相关(分别为0.33和0.27),即使对其进行回归模型分析,这种关系也不会发生变化。其中,对25名被试进行"上呼吸道感染症状"的总体评估,由实验前的0.63上升到实验后的19.09。这些结果说明,那些处于消极情绪状态的被试比那些处于积极情绪状态的被试更容易感染病毒,患上更严重的疾病。

这里容易造成误解的是:人们可能会认为,既然消极的情绪状态与较低的免疫系统活动和较高的疾病易感性有关,那么在日常生活中就可以尽可能通过减弱或压抑他们的消极情绪状态而获益。事实上,Labott 等(1990)的研究表明,尽管压抑一个人的消极情绪状态可能有些即刻的免疫获益,但消极情绪状态的压抑或抑制会导致比这种短期获益更严重的、相反的生理和健康后果;而且,主动的压抑消极情绪会导致心血管系统的交感激活水平的提高,并增加患冠心病的可能性(Futterman et al.,1994)。

情绪调节与免疫系统

情绪调节(Emotion Regulation)对情绪内在过程和外部行为所采取的监控、调节,以适应外界情境和人际关系需要的动力过程。医学心理学研究表明,人们的情绪调节方式与其免疫系统功能之间存在着明显的相关:积极的情绪调节能够引起免疫功能的增强,而消极的情绪调节能够导致免疫功能的下降(Levenstein et al.,2000)。

采用积极的情绪调节应对日常情绪问题,或积极寻求情绪支持,有助于人体免疫系统功能的增强。例如,Glaser 等(1993)在血清阳性抗体对 EB 病毒(Epstein-Barr virus,EBV,一种存在于淋巴系统中的病毒)反应的研究中发现,那些以积极调节方式应对应激事件的被试,或者是能够得到较多情绪支持的被试,其 T 细胞对病毒抗原的繁殖反应会明显增强。Cohen 等(1997)也发现,在鼻炎病毒和淋巴腺病毒环境中,传染性疾病的发生率和严重性与人们应对环境的态度和方式及其情绪反应密切相关。积极调节所带来的积极情绪变化,能削弱应激事件对免疫功能的不利影响。同时,一项对 407 名男性 AIDS 患者的跟踪研究表明,希望、快乐和愉快等积极情感可以减弱 AIDS 的致命性,患者的积极情感得分越高,AIDS 致死的可能性就越低,即使考虑白细胞数量增多和使用药物等因素,积极情感的作用仍很显著。由此可见,积极情感可能增强了免疫系统的功能(Lutgendorf et al.,1997)(见图 14.1)。

与上述研究相对应,有研究证实,那些经常采用消极调节应对日常情绪问题的人,其免疫功能指标(NK 活动和 T 淋巴细胞的繁殖反应)明显减弱,且体内潜伏 EB 病毒(EBV)的含量(滴定率)明显增高,因而导致免疫系统功能的普遍下降(Esterling et al.,1990)。而且研究进一步表明,在消极调节条件下,女性比男性更有可能表现出消极的免疫变化——血清中催乳素水平下降、肾上腺素、去甲肾上腺素、促肾上腺皮质素水平上升,而催乳素水平过低、肾上腺素等激素水平过高都会引起机体免疫功能的降低(Esterling et al.,1990)。

焦虑和逃避等消极的情绪调节方式会引起免疫功能的减弱。例如,Futterman 等(1992)就骨髓移植对患者配偶的心理和免疫功能(CD4 和 CD8 细胞的总比率,B 细胞和 NK 细胞的比率,NK 细胞因子)之影响的研究证实,焦虑和逃避应对方式与免疫活动呈显著负相关,那些在移植手术前等待期的焦虑状况和逃避反应得分较高

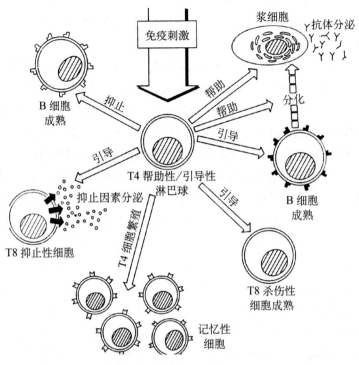

图 14.1 免疫系统的作用过程

来源:Lutgendorf 等(1997).

的患者配偶,其免疫指标都发生了反常的变化。Kemeny 等(1995)发现,HIV 阳性患者的性同伴死亡,会引起与 HIV 上升有关的免疫变化,其中介因素就是在情绪上对性同伴死亡的消极逃避(Cohen 等,1944)。

情绪宣泄与免疫

研究表明,主动通过交谈、书写或运动等方式,来宣泄由创伤或压力事件导致的消极情绪体验,即情绪宣泄(emotional disclosure),能够减弱或缓解创伤或压力事件对免疫系统功能的消极影响,使个体的免疫系统功能得到恢复和提高,从而增进身体健康(Esterling et al.,1994)。而抑制心中的消极体验,则会导致免疫系统功能的降低,从而引发更为严重的身心健康问题(Kendall et al.,2001)。

情绪宣泄对免疫系统功能的积极影响表现在以下两个方面。一是情绪宣泄能够增强抗体和自然杀伤(NK)细胞的活动水平。有研究发现,通过书写或讲述来宣泄痛苦情绪的被试,不仅 EBV 抗体和自然杀伤细胞(NK)的活动水平显著优于控制组被试,而且自尊感和适应性明显改善。而且在书写性情绪宣泄中,被试越是着眼于人际关系的改善、个人今后的成长以及生活意义的寻求等积极事件,其自然杀伤细胞

(NK)的活动就越强。另外,Christensen 等的研究发现,情绪宣泄对 NK 活动的影响程度与被试创伤或痛苦体验的程度成正比,即创伤或痛苦体验程度越高的被试,其情绪宣泄对 NK 活动的增强作用越明显(Carson et al.,1992)。

二是情绪宣泄能够影响 T 淋巴细胞数量和繁殖反应。Lutgendorf 等(1997)的研究结果显示,对压力性事件的情绪宣泄,能够影响 HIV-阳性患者的免疫功能。这些患者在知晓自己患病的最初几周,焦虑和逃避反应明显增强,T 细胞繁殖反应减弱,血液中 CD4(辅助性)T 细胞比率下降;在随后的几周,经过情绪宣泄的指导和实践,被试免疫功能有显著改善。以 40 名乙肝抗体阴性的医学院学生为被试,考察了情绪宣泄对免疫反应的影响。研究发现,在注射乙肝疫苗后,所有被试都对疫苗产生了免疫反应,但是情绪宣泄组被试的 CD4(辅助性)T 细胞数量和淋巴细胞总数量明显多于控制组被试,且其 CD8(抑制性)T 细胞数量明显少于控制组被试(Kamarck et al.,1991)。

情绪压抑不利于免疫系统功能的提高。与情绪宣泄所带来的免疫系统功能的积极变化相反,一味地压抑创伤或压力事件所引发的消极情绪体验,会导致免疫系统功能的降低,因而会产生不可预料的严重后果。如 Eisenberger 等对 61 名 HIV(致艾滋病病毒)阳性女患者的研究发现,患者越是压抑情绪(使用的压抑性词汇越多),其 CD4(辅助性)T 细胞的活动水平就越弱。这表明,机体免疫功能受到消极情绪体验与压抑情绪这两者的双重影响:消极情绪体验本身引发了免疫系统的消极变化,而压抑情绪的应对方式又导致了免疫系统功能的进一步降低。

14.2 情绪与身心疾病

正如上面所叙述的那样,不良的情绪确实会影响身心健康,甚至导致疾病。常见的这些不良情绪每天都在我们的日常生活中发生,而几乎所有的慢性疾病的发病及死亡都与负性情绪有相关,包括癌症、艾滋病、哮喘及心血管等疾病。

14.2.1 情绪与冠心病

冠心病是当代威胁人类生命的主要疾病之一。本病多发生在 40 岁以后,男性多于女性,脑力劳动者较多。

冠心病的成因与情绪

冠心病的病因和发病机理至今尚未完全阐明。近 20 年来,很多营养学家一直认为人们食物中胆固醇的含量高是冠心病发病率高的主要原因。有人提出,高胆固醇食物并不是冠心病发展、形成的主要因素。哈佛大学营养学院曾对 579 名由爱尔兰移居波士顿的健康男子作了详细的调查,结果发现移居到美国的爱尔兰人比他们在本土生活的兄弟患冠心病的要多。芬兰的农民习惯吃高饱和脂肪食物,但患冠心病的人很少。非洲的马塞部落人吃更高的饱和脂肪食物,而患冠心病者更少见(Moynihan et al.,1990)。

  大量研究证明,由于各种心理社会因素的刺激引起的情绪改变与冠心病的发生有着密切关系。从本世纪50年代开始,Friedman(1996)等人对心血管病进行了心身反应的研究,发现美国的白种妇女冠心病的发病率相对少见,其原因不是因为摄入饮食的不同,也不是因为性激素的保护。而可能是其社会经济地位及环境等方面获得相对的保护能力所致。这些学者在对10余名企业人员进行观察中发现,约有75%的人,心脏病发作的主要原因是过度操劳及精力消耗;他们在紧张工作时,血脂明显升高,且工作紧张与血中胆固醇浓度直接相关,而与个人在食物、体重或运动量等方面无直接关系。近年来研究发现,大多数病人均表现或存在一种特殊的情感上的特征,称之为"A型行为类型"(Type A behavior pattern)或称为冠心病易患行为模式。具有这种特性的个体有下列表现:有竞争性;很易引起不耐烦;有时间紧迫感;言语和举止粗鲁;对工作和职务过度地提出保证;有旺盛的精力和过度的敌意。反之,心境平静、随遇而安、不争强好胜、做事不慌不忙、不经常看手表的人,都归属B型。有研究证明,A型性格是一种社会学或社会经济学所造成的特异活动及情感的复合体,是冠心病的易患模式。这类人由于皮层及下丘脑兴奋性较高,导致交感——肾上腺系统亢进,诱发冠脉痉挛、血液黏度升高、血脂代谢紊乱,加速胆固醇类物质的沉积。另有研究证明(Friedman et al.,2009),A型性格者冠心病的发病率、冠脉病变程度均为B型的2倍以上。Frank等在造影研究中证实,严重冠脉狭窄者的90%都是A型性格(Lysle et al.,1992)。

  近几十年来,研究者们在冠心病的病因方面做了大量的研究,诸多的研究结果揭示紧张的心理状态在冠心病发病的危险因素中占有相当重要的地位。1981年9月在芬兰召开了"冠心病患者中神经性及心理因素"的专题讨论会,赫尔辛基大学的Hartel揭示了心理、社会及情绪因素通过心血管系统对冠心病的各种影响。波士顿大学医学中心的Jehkins教授探讨了冠心病的心理社会影响因素、致病机制和干预策略,并讨论了它们之间的联系。

  近来,通过应用冠状动脉造影技术并结合死后尸解分析,研究者们发现:冠心病患者是否发生心肌梗死,并非完全决定于冠状动脉狭窄的程度(Petrie et al.,1990)。有的稳定性心绞痛患者,冠状动脉狭窄相当严重,但并未发生心肌梗死。而另一些患者,冠状动脉的狭窄并不严重,甚至有的病例经冠状动脉造影或事后尸解,证明并无冠状动脉狭窄,却发生了心肌梗死,并且此类患者极易发生猝死。冠状动脉并无狭窄仍然出现心肌梗死的原因现已被查明是冠状动脉痉挛。冠状动脉痉挛多发生在冠状动脉狭窄的"正常"冠状动脉上,而心理紧张、精神压力等因素是发生冠状动脉痉挛的主要原因。

心理因素致病的中介机制

大量事实证明,心理社会因素在冠心病的发生、发展中起着重要作用。那么,这些心理社会因素是经过什么样的中介机制导从而致疾病的呢？近代心身医学的研究揭示,中枢神经、内分泌和免疫三个系统在心理社会因素促发冠心病的过程中都扮演着关键的中介作用(Sapolsky et al. ,2000)。

中枢神经系统的作用

各种情绪与不同器官的生理变化有着密切关系,任何心理社会刺激都可作为一种信息传入到大脑,如果这种信息被人感知,就可能产生情绪与生理变化。科学研究证明,情绪活动不但会受大脑皮层的调节,而且还与边缘系统和下丘脑有关。情绪的直接调节中枢在边缘系统,而下丘脑与边缘系统又有着广泛的神经联系。下丘脑和网状结构边缘系统在大脑皮层的控制下通过对非特异反应性系统(ergotropic system)和促营养性系统(trophotropic system)的相对平衡的调节来影响自主神经系统及躯体内脏的功能。非特异反应性系统的功能是使个体处于积极的准备状态,提高交感神经活动,增强骨骼肌张力,并增强激素的分泌,提高分解代谢。营养系统则反之,其功能是促进个体的退缩行为和保持能量,提高副交感神经的活动,降低骨骼肌张力,促进合成代谢和激素的循环。通常这两个系统在大脑皮层和皮层下中枢的调节下处于一种动态的平衡,从而产生一系列病理生理变化,出现疾病和症状,如持续的精神紧张和具有 A 型行为,不可使交感神经过度兴奋,冠状动脉不断处在收缩状态,血脂增高,出现心绞痛、心肌梗死(Zalcman et al. , 1988)。

神经内分泌的作用

各种动物实验和临床研究表明,内分泌系统与情绪活动有着密切的关系,并且在紧张刺激下内分泌系统有一种使机体适应环境的生理防御机制。内分泌激素在维护机体内部环境稳定及机体对环境的适应中起着重要作用。激素分泌过多或过少,都会使整个身体的代谢和行为发生变化。在神经体液调节中,下丘脑起着至关重要的作用。现在一般认为,下丘脑是调节内脏活动的较高级自主神经中枢,又是调节内分泌活动的较高级中枢。最新的研究还表明,下丘脑神经元内的多巴胺活动会影响垂体的活动。已有研究发现去甲肾上腺素、5-羟色胺等生物胺可抑制 ACTH 的分泌,多巴胺会刺激下丘脑促使促黄体激素释放激素(LRH)及促卵泡激素(FSH)和促黄体生成徽素(LH)的释放,这些激素的释放和抑制,都影响着机体的生理功能和行为。在紧张情绪状态下,机体需要动员身体内部的能量来对付恶劣的情境,使机体产生一系列自主神经—内分泌反应。如交感神经活动加强,肾上腺激素的茶酚胺分泌大量增加,导致血管收缩、血压上升、呼吸加重,新陈代谢增高,这是机体的自我保护反应(O'Cleirigh et al., 2009)。但持久或过度的情绪反应,可使机体内部的能量耗竭,且可产生持久而严重的自主神经功能改变,甚至可产生相应的内脏器质性病变,如心绞痛,心肌梗死等(见表 14.1)。

表 14.1 肾上腺素和去甲肾上腺素对心血管的生理作用

项目	肾上腺素	去甲肾上腺素
作用的受体	α 受体(主要分布于皮肤、肾、脾、胃肠) β_1 受体(主要分布于心脏) β_2 受体(主要分布于骨骼肌、肝、冠状动脉)	α 受体(主要分布于皮肤、肾、脾、胃肠) β_1 受体(主要分布于心脏) β_2 受体(主要分布于骨骼肌、肝、冠状动脉)
心率	加快	减慢
心传导系	加快	减慢
心收缩力	加强	减弱
心输出量	增加	减少
血管	作用于 α 受体:相应的血管收缩 作用于 β_2 受体,相应的血管舒张	α 受体作用强, 全身血管广泛收缩
血压	升高	升高(明显)
中枢神经系统	兴奋性提高 能引起激动和焦虑	兴奋性提高,能引起激动 但不焦虑
临床应用	强心药	升压药

来源:O'Cleirigh (2009).

免疫机制

心理社会因素引起的紧张情绪或行为能导致疾病,并且它们还会与免疫系统的功能被抑制有关。近代免疫学的研究已肯定,紧张刺激或情绪,可通过下丘脑及由它控制分泌的激素来影响免疫功能:产生胸腺退化,影响淋巴细胞的成熟,抑制抗体反应,降低巨噬细胞活动能力,干扰白细胞的活动,降低抗体活动能力等。从而降低机体对病毒、细菌或过敏物的抵抗而致病。

14.2.2 情绪与癌症

人类与癌症的斗争的已经持续很久,但至今仍然不能摆脱癌症对生命的严重威胁。癌症是人类三大主要死亡原因之一,是各国人民所面临的重大问题。由于癌症的病因不清楚,加之发病率较高,死亡快,给人类带来了巨大的精神恐惧。为了征服癌症,几百年来成千上万的医学家、生物学家在这个领域里进行过无数的探索和实践,然而癌症的发病率、病死率仍在不断地上升。想真正找到癌症有效的治疗方法和预防措施,首先要找到癌症的致病原因和病理机制(McClure et al., 2001)。

随着科技水平的提高,医学模式逐渐从传统的生物医学模式转变为"生物-心理-社会"医学模式,人们越来越多地认识到心理因素对肿瘤的发生、发展及转移有着重要的影响。

癌症的成因与情绪

不良情绪是人的"脑中枢"对客观事物认知的一种反应,是"脑中枢"依据接收到的信息,通过分析、判断后的产物。不良情绪是人对客观刺激进行反应之后所产生的过度体验,也就是有损于身心健康的不愉快情绪,如焦虑、抑郁、愤怒、恐惧、沮丧、悲伤、痛苦、紧张等。

癌症是机体已经发育成熟或正在发育过程中的正常组织细胞,在致癌因素和促癌因素的长期相互作用下,呈现过度增生或异常分化的细胞繁殖病状。它丧失了正常组织细胞所具有的生长方式,不受约束和控制,无规律地迅速生长,破坏正常组织器官的结构并影响其正常功能。

心理因素致病的病理机制

世界是复杂的,人生活在纷繁复杂、千变万化的社会环境中,随时都会遭受到不平和挫折,甚至受到污蔑或陷害,因而产生苦恼、愤怒、憎恨等不良情绪。久而久之,不仅影响工作学习和生活,而且还会导致躯体发生疾病。

人的身体是一个极复杂的生命体,在身体里的对每种细胞数量的控制是通过繁殖与死亡之间的平衡来完成的,细胞繁殖是受到高度调控的。每一个细胞体的分裂、分化过程都受控于大脑,否则不可能发挥出协调、神奇的生命能力(Labott et al., 1990)。

当人受到外界的不良的精神刺激(如诬陷、欺辱、强制或对自己利益的不公正侵害和剥夺),即产生一种强烈的"委屈"和"生气"情绪(临床表现为:胸闷、气憋或喉咙堵塞,脸色变得苍白、四肢冰冷,头晕、头痛,机体的局部出现不自主的颤抖等)。由于各种原因,受欺者无法与之对抗和争辩,而且有些事又很难对他人启齿,甚至无法对他人说清楚,所以只能自己生闷气。这时人体会出现反常的受阻,引起全身性内痉挛。首先会导致呼吸中枢抑制,使肺动脉及肺血管收缩,肺泡通气不足及氧分降低,氧的运输对脑细胞的分压弥散受阻,同时又由于脑血管痉挛收缩,血流量减少,微循环阻抑,更加重了脑细胞的缺氧(脑的重量为体重的2%～3%,其血流量和脑的耗氧量约占全身供血量和耗氧量的1/5)。根据精神刺激的强度逐渐加大,时间的延长,脑细胞的缺氧程度会随之加重(Selye et al., 1946)。一旦超过脑细胞所能承受的缺氧值时,就会使部分"脑细胞"发生缺氧性休克而导致功能减退,对体细胞分化、繁殖、新陈代谢调节失控,引起遗传密码及遗传生物钟的改变,以及时间基因的突变,使正常的细胞不断变异而产生了癌细胞。癌细胞过度分裂繁殖并无限制地生长,便会形成癌瘤。

当人的"委屈"情绪无望解决,思绪的自控能力愈来愈弱,"调控体细胞生长的脑细胞"休克的程度就愈高,细胞的分化程度就愈低,这是一个十分重要的病理机制。

癌细胞的变异与时间有关系。人体的正常生长过程发生在夜间睡眠期,夜间睡眠时"调控运动的脑细胞"开始休息,进入抑制状态,而担负体细胞生长、繁殖的"调控体细胞生长的脑细胞"就开始敏感和兴奋并进入功能状态,开始体细胞的分裂、分化的调控运作,这时"调控体细胞生长的脑细胞"需氧量较大,对缺氧的耐受性很低。如在这时人躺在床上辗转思考,"委屈、生气"的情绪叠加而不能自控,这样可导致脑血管痉挛、微循环阻抑,对脑细胞供血、供氧减少,从而造成部分脑细胞发生缺氧性休克,使调控功能减退,对"脑中枢"发出的反馈指令无法正常传递,从而造成细胞的生长、繁殖、新陈代谢失去正常的调节控制,导致正常细胞分裂、分化发生变异而成为癌细胞(Davis 等,1982)。随着"调控体细胞生长的脑细胞"缺氧持续时间的延长,组织代谢产物积聚,休克程度的加重,癌细胞分化程度会愈来愈低(Munck et al., 1984)。

当部分脑细胞一旦由于缺氧而休克时,脑细胞对人体组织细胞分化的调控能力就会减退,导致遗传信息传递错误,使细胞不按正常的死亡程序进行,细胞变异会无止境地繁殖,产生分化不良的癌细胞。癌细胞会先在人体哪个部位出现呢?经过20多年的观察研究发现,癌细胞最先出现的部位是体内或体表受到变异性刺激最强的部位。变异性刺激是慢性炎症、组织增生、溃疡病、体内功能性变异、运动挤压伤、吸食或接触化学药物导致的机体局部损害或因物理性因素产生的机体局部变异等,由于这些慢性病症的刺激给"脑中枢"带去了"易变异"的信息,当"调控体细胞生长的脑细胞"缺氧性休克时,传递调控指令错误,各类生物、化学、物理、机械性刺激造成的机体变异的薄弱区域,就是癌细胞最先发生部位,如骨肉瘤发生以前,常先患有骨髓增生、骨髓变性、慢性放射性骨炎、中性多形核白细胞减少、淋巴细胞增多等慢性病症,但它们不是致癌的根本原因。细胞变异最主要的原因是部分脑细胞因"委屈"、"生气"这种"致癌情绪",促使其发生缺氧休克,导致细胞的生长、繁殖、新陈代谢调节失控。

癌症是严重危害人类生命健康的常见病、多发病,近年来肿瘤的发病率在不断上升。对癌症的研究,不少学者一直着眼于癌细胞本身,寻找癌本身可能存在的某种致癌基因、致癌因子。目前对癌症的研究走上了一条"就癌研究癌"、"就癌杀癌"的道路,忽视了人在长期生活中有关社会、环境、职业、家庭等因素。人生长、生活在一个充满善与恶的人际环境里,难免会遭受到外来的诬陷、欺辱、强制或不公正的剥夺和伤害,在这种情况下,人很难控制自己情绪的变化。临床研究发现,癌症好发于受到挫折后长期处于精神压抑、焦虑、沮丧、苦闷、恐惧、悲哀等紧张情绪的人。据统计,约81.2%的癌症患者在患病前曾遭受过负性生活事件的打击,如配偶死亡、夫妻不和、生活规律重大改变、工作学习压力大、子女管教困难、夫妻两地分居等。癌患者中约1/4的人病前胆小怕事、逆来顺受,但内心耿耿于怀;1/4的人病前惴惴不安、妄自菲薄;1/4的人病前生活在不和睦的家庭中;1/4的人病前在事业和工作中遭受过压抑和打击。性格孤僻古怪、沉闷忧郁、心胸狭窄、多愁善感、疑神疑鬼、厌世悲观、嫉火旺盛、暴躁易怒、不吐不露、爱生闷气的人,容易为癌所侵袭。相反,性格开朗、心胸开阔、坦荡豁达、息事宁人、乐观幽默、感情外露的人,就很少得癌症。人脑是疾病康复的"药库";是人体抵抗力的源泉;是寿命、生物钟的控制中心,对于因情绪导致的疾病,不能将治愈的全部希望寄托在药物上,药物只能起一定的调理作用,如果对不良情绪不加以及时调节疏导与释放,再贵重再对症的药也是起不到很好作用的。因此,在治疗前首先要进行有效的精神调整,使患者杜绝不良情绪的产生,同时辅之以药物会起到较好的治疗效果。好的精神是疾病的良医,生命的权利掌握在每个人自己手中,命运的主人是自己。精神情绪的变化对癌症发生、发展及治疗和预后都起到很大的作用。人们不再把疾病简单理解为肉体上的疾患,患病个体心理状态是影响疾病的重要因素之一。总之,癌症不是绝症,是一种"脑细胞调节功能障碍"性疾病,是"致癌情绪"导致部分脑细胞发生缺氧性休克的结果。各种化学、物理、生物等因素并不具有直接的致癌作用,而是癌细胞最初发生的诱因(Malizia et al., 1999)。

14.2.3　情绪与原发性高血压

原发性高血压是由遗传和环境因素综合造成的。2005年美国高血压学会(ASH)提出,高血压是一个由许多病因引起的,处于不断发展状态的心血管综合征,可导致心脏和血管功能与结构的改变。目前认为原发性高血压是一种由某些先天性遗传基因与许多致病性增压因素和生理性减压因素相互作用而引起的多因素疾病。这些因素主要包括遗传因素、高钠低钾膳食、超重和肥胖、饮酒,还有其他危险因素,如精神紧张。长期精神过度紧张也是高血压发病的危险因素,长期从事高度精神紧张工作的人群高血压患病率也会增加。因此,原发性高血压治疗的主要目的是最大限度地降低心血管的死亡和病残。

原发性高血压的成因与情绪

高血压是中老年人的一种常见病,一般有两种类型:一类是原发性高血压,是由遗传、肥胖、缺钙、膳食中钠盐过多、吸烟、情绪紧张或其他环境刺激等因素引起的,病程发展较慢。多数患者属此类别,约占高血压患者人数的2/3。另一类是继发性的高血压,是由其他疾病如内分泌病(肾上腺嗜铬细胞瘤)、肾脏疾病(慢性肾炎)、心脏功能异常等引起(Nakata et al., 2000)。

原发性高血压,也叫特发性高血压或自发性高血压、亦称高血压病,在临床上以体循环动脉血压升高为主要表现的一种独立疾病,主要是由于周围小动脉血管口径变小或血液黏滞度增加,造成外周阻力过高所致;而血容量与心输出量的增高、血管的僵硬程度与充盈程度均会影响血压的变化(Allen et al., 2006);同时植物性神经系统对血压的调节作用也是一个重要因素(Tomatis et al., 2001)。

高血压目前是一个原因尚未阐明的疾病,但经过多学科的研究,较为成熟的认识是:原发性高血压病的病因是先天遗传易感性与后天环境影响相互结合、相互作用发生的疾病。后天环境和社会心理素质是个特别重要的影响因素,特别是情绪,与原发性高血压密切相关。反复过度紧张、精神刺激、过度忧郁、烦躁、睡眠不足,均可引起高血压。

心理因素致病的病理机制

在引起高血压病的诸多后天因素中"心理因素"最难消除。情绪的持续性对神经内分泌的反应进行调节,这些反应增加心血管的反应(CVR),如血压增高、心脏病、动脉损伤和动脉硬化(Manuck, 1994)。

这些心理因素诱发生理的改变,反过来导致原发性高血压的发生,更进一步地损害动脉血管壁,增加急性心血管疾病的易感性,例如:心肌梗死(MI)或破损。遭受到如地震等生活的负性事件,会导致急性疾病的发作(Leor, Poole & Kloner, 1996),并会激活和加重心血管系统的负担(Kamarck & Jennings, 1991)。

心理因素导致血压升高,躯体的主要病理变化就是发生在血管的病变,全身的小动脉在初期发生痉挛,而在后期发生硬化。当愤怒情绪被压抑,会造成心理冲突,实验表明经常处于压抑或敌意的人血液中的去甲肾上腺素水平比正常人高出30%以上,敌意和愤怒被压抑的人对应激物的神经内分泌或血流动力学反应的水平会比敌意低的人高,这种交感神经介入的反应可能会增加血管内壁损伤和连续的动脉粥样硬化物质的累积(McClure et al., 2001)。长期反复的精神刺激因素,或强烈的负性情绪,通过中枢神经系统而引起大脑皮层、丘脑下部及交感肾上腺系统的激活,逐渐导致血管系统的神经调节功能紊乱,引起心率、心输出量、外周血管阻力、肾上腺皮质、肾上腺髓质等功能变化。开始是在负性情绪的影响下出现阵发性的血压暂时升高,经过数月、数年的血压反复波动,最终形成血压持续性升高的高血压病。

原发性高血压与情绪调节

原发性高血压患者中有86%的患者存在明显的情绪障碍,主要是抑郁、焦虑,较多的患者是抑郁和焦虑共存。原发性高血压病程缓慢,患者有明显的慢性应激不良的倾向,随着病程的延长和患者年龄的增长,以及医疗费用的增加所带来的经济困难,患者常常感到生活无望,生活质量明显降低,患者的心理障碍和精神卫生问题会日益严重。患者人格上的不健康,精神卫生状况的不良,血压的持续性增高,三个因素相互影响导致了血压的上升。因此,应加强和重视对原发性高血压患者的心理治疗,使患者保持积极向上的乐观的生活态度;保持知足常乐和热爱生活的良好心态;保持遇事无争,不苛求自己更不苛求别人的人际态度;保持良好的饮食习惯和经常运动的生活习惯。社会、家庭也要营造一个良好的生活和娱乐氛围。对原发性高血压患者而言要经常求得心理医生的帮助,以尽量减少和预防疾病带来的抑郁、焦虑、恐怖、人际敏感等心理障碍和精神卫生问题(Rauch et al.,1997)。通过有效的心理和药物的干预,使原发性高血压患者能够提高生活质量,减少精神问题发生,确保降压效果,预防原发性高血压带来的一系列并发症的发生。情绪是导致原发性高血压发病的因素之一,情绪的稳定是确保原发性高血压降压效果的重要环节。在原发性高血压的治疗过程中要充分发挥心理治疗的优势,以保证原发性高血压的治疗效果。患者如果能认识到自己的情绪状态以及心理因素对血压的影响,下决心进行自我情绪调整,这对治疗高血压病具有非常重要的意义。

14.2.4　情绪与消化性溃疡

消化性溃疡病是一种危害人们健康的全球性的、常见的心身疾病。据报道,本病的发病率约占全体人口的1/10—1/8。也有报道预测,每5名男人与每10名女人中,可能就有1人在他们的一生中患过此病。在不同国家、不同地区,发病率相差悬殊。我国人群的患病率,据文献报道为16%—33%。且有南方高于北方,城市高于农村等特点(张小晋,2007)。

由于溃疡的发生是因胃酸及胃蛋白酶的刺激、消化作用所致,故而定名为消化性溃疡,以胃、十二指肠溃疡最多见。消化性溃疡病的发生与个性特征、情绪状态、生活事件和行为方式等心理社会因素有着密切的关系。我们应该从生理—心理—社会适应的角度全面认识、预防和治疗消化性溃疡。

消化性溃疡的成因与情绪

消化性溃疡的发病机制较为复杂,迄今尚未完全明确。从病理分析,一般认为其是由于胃和十二指肠黏膜的保护因素与损害因素平衡失调引起。而实际上,消化性溃疡作为一种典型的心身疾病,心理社会因素的致病作用不可忽视。有关消化性溃疡病人的心理特质的研究很早就有,依赖性冲突(dependent conflicts)被认为是与该疾病密切相关的主要心理特质(Robert, Carson & Butcher, 1992)。之后不少心理学调查研究发现不良行为(吸烟、饮酒)、不良认知以及情绪化是其重要的致病因素,反而人格因素却并没有表现出多大的相关(陈达光,1993;李心天,1998;汪亚珉和汪根荣,2004)。根据典型的应激理论,不良认知及行为最终都会通过情绪因素影响神经内分泌反应。最近有报道表明应激性生活事件并不是溃疡病人发病的主要原因(Koehler, Kuhnt & Richter, 1998)。不少研究还揭示,消化性溃疡病与病人的受教育水平以及生活事件之间有着明显的正相关(Furuse, Kumano, Yoshiuchi et al., 1999; Levenstein, 1996, 2000)。

心理因素致病的病理机制

上面提到过情绪因素在溃疡病的发生中起着非常重要的作用。人在生气、愤怒、痛苦等情绪状态下,胃液分泌增多,胃酸增高,胃蠕动增强,从而引起胃及十二指肠的血管痉挛。如果胃酸持续增高则容易引起胃黏膜及十二指肠糜烂,导致溃疡。美国的一家医院曾对400名胃肠患者进行了调查,结果表明由于情绪不好而患病的占74%;俄罗斯一家医院也对此进行了研究,结果有54%的消化性溃疡患者的病是因精神创伤引起的(李志刚,2011)。

在这里,我们主要谈谈情绪以及心理社会因素与溃疡病的关系。消化性溃疡病被称为心身疾病,是因为在溃疡病患者中,有相当一部分患者存在心理社会问题。近年来研究发现,在溃疡病的发生、发展、复发、痊愈中心理社会因素和情绪都起着重要作用,情绪障碍者屡见不鲜。有半数的溃疡病人有明显的焦虑抑郁情绪。

有研究发现,不良饮食习惯、个性内向、负性情绪、负性生活事件(就业压力、紧张、人际关系不协调、家庭矛盾)等都与溃疡病的发生、发展密切相关。情绪应激与不良应对方式明显地影响着疾病的发生、发展和转归(Meerlo et al., 2011)。具有孤独、自负、焦虑、多疑等人格特征者中,溃疡病的发病概率是健康人的三倍。较多的生活事件压力可导致消化性溃疡呈现高发倾向,情绪可影响胃液分泌,如:愤怒使胃液分泌增加,火灾、空袭、丧偶、离婚、事业失败等因素引起的负性心理变化,往往可引起应激性溃疡,或促进消化性溃疡急性发作,甚至穿孔。所以医生在诊断时需要了解患者的心理状态,以便制定更为完善和个体化的治疗策略。

消化性溃疡与情绪调节

心理社会因素和情绪与溃疡病的发生关系密切,在多种因素参与下,形成了消化性溃疡,正确认识并给予适当的心理治疗以及对不良行为的矫正,都将有助于溃疡病的康复。对于大多数症状较轻或心理应激源不明显的患者,给予一般的心理支持即可。而对于心理疾病或症状顽固的溃疡病人,需要加强心理治疗,以提高其心理承受力和适应力,使生活质量得到改善。

情绪调节是每个人管理和改变自己或他人情绪的过程。在这个过程中,通过一定的策略和机制,使情绪在生理活动、主观体验、表情行为等方面发生一定的变化。

成功的情绪调节,主要是要管理情绪体验和行为,使之处在适度的水平,其中包括:"削弱或去除正在进行的情绪,激活需要的情绪,掩盖或伪装一种情绪"等。可见,情绪调节既包括抑制、削弱和掩盖等过程,也包括维持和增强等过程。

首先,需要确立良好的医患关系,为矫正异常行为奠定基础。如认同患者对疾病的关注和患者痛苦的精神体验,激发其对治疗的自信,强化其健康行为等(Selye et al., 2000)。

其次,在开展正规的抗溃疡病药物治疗的基础上,精神药物治疗可作为辅助手段,如使用抗抑郁、抗焦虑等药物。

另外,行为治疗也是一种安全有效的方法。要强调的是,在针对溃疡病的药物治疗中,同时给予患者心理和抗焦虑治疗会提高治疗溃疡病的疗效。在临床服务中积极开展心理治疗,病人也要积极配合抗溃疡药物和心理治疗,这样的效果是最好的,也是比较完善的。而且患者还需注意生活规律,放松心情,避免过度紧张和劳累。

14.3 情绪障碍

人在愤怒和敌意时,会心跳加快,血压升高,如果受到抑制,会使肾上腺素和去甲肾上腺素(儿茶酚)增加,长期就会导致高血压、冠心病等心身疾病。而当人在恐惧时,会形成狭窄的"知觉管道",产生思维缓慢,活动刻板,肌肉紧张,行动僵化等情况,直至无法正常地预见和应付现实问题。相应地,当人在焦虑及抑郁时,会形成"知觉加工的负性偏向",善于捕捉负性事件,放大事情的负面效应,关注自我的负面形象,直至行为异常,没有勇气再生活下去。长期的负性情绪在损害躯体机能的同时也同样损害心理机能。

根据最新的在2013年5月的第五版《精神疾病诊断与统计手册》(DSM-5),情绪障碍被分为很多种。这里将介绍最常见的两类情绪障碍:焦虑障碍与抑郁障碍。各类型情绪障碍的具体诊断标准在DSM-5中已经有详细界定,此处不再赘述,重点介绍当前有关焦虑、抑郁致病机理及影响因素。

14.3.1 焦虑障碍

焦虑是一种极常见的情绪,在现代心理学及生物学对它进行研究之前人们就一直在进行着各种各样的探讨。比如,西方宗教把焦虑解释为"神的分离",表明你离上帝越来越远了;在中国的传统观点中则被视作不祥之兆;可是在存在主义哲学中,焦虑却被看成是真实的存在感的表现,是一种积极的东西,表明你生活在一种真实的生活情境中。心理学对焦虑的研究开始于精神分析学说建立前后。弗洛伊德(1987)从临床治疗学的角度把焦虑解释为心理的冲突,从而让焦虑成为心理动力学关注的焦点。按照弗洛伊德的观点,引导本我与超我及现实的冲突是解决焦虑的基本途径。与此同时,精神病学领域也一直在努力寻找焦虑的神经病理机制,焦虑被当作一种潜在的神经病理表现。如果我们接受情绪是自适应性的本质特征,那么焦虑从正常的机能上看就是一种通过学习而获得的回避反应,从异常的机能上看则是机能适应不良的一种障碍。

《精神疾病的诊断与统计手册》对"焦虑"这一术语的解释是"对未来预期的危险或不幸事件的担心,并伴随着一种烦躁不安的情绪及紧张的躯体症状"。具体来说,焦虑症(Anxiety Disorders)是一种以焦虑情绪为主的常见神经症,它是一种具有持久性焦虑、恐惧、紧张情绪和植物神经活动障碍的脑机能失调,常伴有运动性不安和躯体不适感。焦虑作为一种情绪状态,主要表现为对某件事情的担心、紧张。比如快考试了,如果你觉得自己没复习好,就会担心紧张,这就是焦虑。通常情况下通过积极应对就能减轻或是消除这种情绪。比如,抓紧时间进行复习之后就不再那么紧张了。像这样的焦虑情绪状态是一种保护性反应,也称为生理性焦虑。当焦虑的严重程度和客观事件或处境明显不符,或者持续时间过长时,就变成了病理性焦虑,称为焦虑症状,符合相关诊断标准时就会被诊断为焦虑症,也称为焦虑障碍。

焦虑可能发生于长期经历高度应激的时候,如要做出重要的决定、要处理的事情到了最后期限、工作生活规律将发生重大改变等,此时人们需要为此做出调整,当这种调整超出正常的适应能力,或应激的强度超出可承受限度时,就可导致焦虑的症状。大部分焦虑障碍的人较为敏感、情绪化,容易忧虑、悲观,焦虑障碍多见于多愁善感、古板、保守、孤僻等情绪不稳定或性格内向的人群中(Kemeny et al., 1995)。

焦虑障碍的发病机理目前尚不明确。焦虑作为一种常见的情绪,是认知、生理系统的重要中介机制,焦虑的病因因此也可以从认知与生理病理两方面进行解释。通常认为不合理的认知是应激生活事件的诱因,比如艾利斯提出的非理性情绪说,而神经递质与内分泌机能异常是主要的神经病理原因。当然,某些躯体疾病也是导致焦虑的原因之一。比如,甲状腺亢进、肾上腺肿瘤等。

从神经生理上探讨焦虑的病因时,科学家们会利用脑神经研究的一些手段,分别从脑皮层区域关联、神经递质水平及内分泌三个方向对焦虑进行了大量的研究,并获得了一些临床相关数据。在脑皮层区域关联上,研究发现额叶、颞叶、岛叶、丘脑、基底神经节、海马杏仁核等区域均与焦虑有关(Malizia, 1999; Fredrikson, Fischer & Wik, 1997; Rauch, Savage, Alpert et al., 1997)。在神经递质水平上,研究者多集中在5-羟色胺(5-HT)、γ-氨基丁酸(GABA)、去甲肾上腺素(NE)等神经递质的研究上。而在内分泌功能的研究上,不少研究提出其与下丘脑—垂体—甲状腺轴

(HPT 轴)、下丘脑—垂体—肾上腺素轴(HPA 轴)以及下丘脑-垂体-生长激素轴(HPS/HPGH 轴)均有密切关联(孔秋玲,蒋琳兰,邹江冰,2011)。

相关研究还进一步揭示,焦虑的发病与遗传因素也有密切关系(Kendall, Brady & Verduin et al., 2001; McClure, Brennan & Hammen et al., 2001)。在对焦虑障碍的起因的研究中,不同学派的研究者也有不同的意见,这些意见并不一定是相互冲突的,而很可能是互补的。

14.3.2 抑郁障碍

抑郁障碍又称抑郁症,在人群中的发病率在20%以上(Kessler et al., 2003)。据2005年6月在北京召开的亚洲精神科学高峰会上公布的消息称,目前中国有超过2 600万人患有不同程度的抑郁症。据世界卫生组织估计,全球现有抑郁症患者约1.21亿人。

抑郁症的具体病因目前并不清楚,相关理论解释多种多样,社会环境进化说(Allen & Badcock, 2006; Billings et al., 1983)、认知说(Possel, 2011)、也有人格说(Akiskal et al., 1983),生物因素说(Kempermann & Kronenberg, 2003; Karg et al., 2011; Lupien et al., 2009)。当前更多的学者倾向于认为环境应激事件、生物因素及认知因素这三者的交互共同导致了抑郁的发病。应激机制作为这些因素之间的基本交互机制能够解释这些因素的致病效应(Kendler et al., 2009)。

在传统的心理学研究中,抑郁的病因模型也是多种多样。心理动力学的观点认为,童年期遭受的虐待、母爱缺乏等因素在抑郁的形成中起了重要作用。早期的这些经历被压抑到无意识中,成年期真实的或象征性的损失会使压抑的敌意情绪重新出现,并指向自身,表现出自责或其他抑郁的特性。行为学派认为,当一个人经历分离、死亡或其他重要的生活变故(家庭关系破裂、慢性疾病、失业)之后,如果得不到足够的积极强化,就会导致抑郁。另外,一些药物滥用也可引发抑郁症状。认知学派认为,抑郁障碍患者的思维方式影响了他们对生活中发生的事件和自己的行为形成正向评价和积极反应,这可能是他们持续抑郁下去的原因。贝克于1967年提出了图式(Schema)的认知结构。图式一般形成于童年时代,可用来解释环境的信息。例如,一个经常受到指责和否定的儿童会认为自己一无是处,久而久之,这会成为认知结构的一部分,当再度被激活时,就极易导致抑郁感觉。另外,习得性无助感也可能导致抑郁。人际关系理论认为,人际关系的破裂引起的恶性循环会使抑郁无法消除。

与焦虑症一样,当前抑郁症的病理神经学上的研究主要涉及脑皮层区域、神经递质、内分泌三方面的研究。在脑皮层关联研究上,研究者主要关注额叶、丘脑、下丘脑、海马、杏仁核等皮层区域;在神经递质研究上,研究者们提出了如 5-羟色胺(5-

HT)、去甲肾上腺素(NE)、多巴胺(DA)以及乙酰胆碱(ACH)等多种假说;而在内分泌研究上,主要提出 HPA 轴与 HPT 轴活动说;此外,在遗传因素上,研究者也发现了相关证据(黄洁云,2013;奚耕思,张武会,2011)。从临床的治疗效果来看,5-HT 说得到较多的证据支持。

参考文献

陈达光,程贤芬,王莉玲(1993).小儿厌食 200 例临床分析.中国心理卫生杂志,1,6—8
国际心脏病学会和协会及世界卫生组织临床命名标准化联合专题组的报告.(1981).缺血性心脏病的命名及诊断标准.中华心血管病杂志,20,245—255.
黄洁云.(2013).抑郁症的发病机制与治疗进展.中国疗养医学,22,233—235.
王茂起,冉陆,王竹天,李志刚,姚景惠,付萍,李迎惠.(2004).2001 年中国食源性致病菌及其耐药性主动监测研究.卫生研究,33(1),49—54.
孔秋玲,蒋琳兰,邹江冰.(2011).焦虑症的生化病理机制研究进展.广东医学,32,2869—2871.
林文娟.(2006).心理神经免疫学研究.心理科学进展,14,511—516.
汪亚珉,汪根荣.(2003).消化性溃疡病病人的不良认知方式与人格特点分析.中国临床心理学杂志,11,300—301.
奚耕思,张武会.(2011).抑郁症发生机制研究进展.陕西师范大学学报(自然科学版),39,64—71.
徐斌.(1990).心身医学,第 1 版.北京:中国医药科技出版社,249—252.
杨菊贤.(1990).情绪与冠状动脉痉挛.心血管病学进展,1,24—28.
张小晋.(2007).消化性溃疡病与心理社会因素.心理与健康,5,10—11.
Abadie P., Boulenger J. P. & Benali K. (1999). Relationships between trait and state anxiety and the central benzodiazepine receptor: a PET study. *Europe journal of neuroscience*, 11,1470-1478.
Akiskal H. S., Walker P. & Puzantian V. R. (1983). Bipolar outcome in the course of depressive illness, phenomenologic, familial, and pharmacologic predictors. *Journal of efective disorders*, 5,115-128.
Allen N. B. & Badcock, P. B. T. (2006). Darwinian evolutionary models of depression: A review of evolutionary accounts of mood and mood disorders. *Progress in neuro-psychopharmacology & biological psychiatry*, 30,815-826.
Billings A. G. & Moos R. H. (1983). Comparisons of children of depressed and nondepressed parents: a social-environmental perspective. *Journal of abnormal child psychology*, 11,463-485.
Cannon, W. (1939). *The wisdom of the body*. New York: Norton.
Carson R. C. & Butcher J. N. (1992). Abnormal psychology and modern life (Ninth edition). New York: Harper & Collins.
Cohen, S., Doyle W. J. & Skoner D. P. (1997). Social ties and susceptibility to the common cold. *Journal of american medical association*, 277,1940-1944.
Cohen, S., Tyrrell, D. A. & Smith, A. P. (1991). Psychological stress and susceptibility to the common cold. *New england journal of medicine*, 325,606-612.
Cohen S., Tyrrell D. A. & Smith A. P. (1993). Negative life events, perceived stress, negative affect, and susceptibility to the common cold. *Journal of personality and social psychology*, 64,131-140.
Davis H. & Levine S. (1982). Predictability, control, and the pituitary-adrenal response in rats. *Journal of comparative and physiological psychology*, 96,393-404.
Dickerson, S. S. & Kemeny, M. E. (2004). Acute stressors and cortisol responses: a theoretical integration and synthesis of laboratory research. *Psychological bulletin*, 130(3),355.
Dunn A. J. (1996). Psychoneuroimmunology, stress and infection. In: Friedman H., Klein T. W. & Friedman A. L. ed. *Psychoneuroimmunology, stress, and infection* (pp.46-72). Boca Raton, New York, London, Tokyo: CRC Press.
Eisenberger N. I., Kemeny M. E. & Wyatt G. E. (2002). Psychological inhibition and CD4 T-cell levels in HIV-seropositive women. *Journal of psychosomatic research*, 54,213-224.
Eliot R. S. (1987). Cronary-artery disease-Biobehavioral factors. *Circulation*, 76,110-111
Esterling, B. A., Antoni, M. H. & Fletcher, M. A. (1994). Emotional disclosure through writing or speaking modulates latent Epstein-Barr virus antibody titers. *Journal of consulting and clinical psychology*, 62,130-140.
Esterling B. A., Antoni M. H. & Kumar M. (1990). Emotional repression, stress disclosure response, and Epstein-Barr viral capsid antigen titers. *Psychosomatic medicine*, 52,397-410.
Frankenhaeuser M. (1983). The sympathetic-adrenal and pituitary-adrenal response to challenge: Comparison between the sexes. In Dembroski T. M., Schmidt T. H. & Blumchen C. (Eds.), *Biobehavioral bases of coronary heart disease* (pp.91-105). New York: Karger.
Fredrikson M., Fischer H. & Wik G. (1997). Cerebral blood flow during anxiety provocation. *J clin psychiatry*, 58,16-21.
Friedman M. & Rosenman R. H. *Type A behavior and your heart*. New York: Knop.

Furuse M., Kumano H. & Yoshiuchi K. (1999). Psychosocial factors associated with peptic ulcer in aged persons. *Psychological reports*, 85, 761-769.

Futterman A. D., Kemeny M. E. & Shapiro D. (1994). Immunological and physiological changes associated with induced positive and negative mood. *Psychosomatic medicine*, 56, 499-511.

Glasser R., Pearson G. R. & Bonneau R. H. (1993). Stress and the memory T-cell response to the Epstein-Barr virus in healthy meical students. *Health psychology*, 12, 435-442.

Selye H. (1946). The General Adaptation Syndrome and the Diseases of Adaptation, *Journal of clinical endocrinology*, 6, 117-196

Henry J. P. (1992). Biological basis of the stress response. *Integrative physiological and behavioral science*, 1, 66-83.

Jacobs S., Mason J., Kosten T., Brown S. & Ostfeld A. (1984). Urinary-free cortisol excretion in relation to age in acutely stressed persons with depressive symptoms. *Psychosom. Med.* 46, 213-220.

Jackson, M. (2013). *The age of stress: science and the search for stability*. Oxford University Press.

Kamarck T. & Jennings J. R. (1991). Biobehavioral factors in sudden cardiac death. *Psychological bulletin*, 109, 42-75.

Kamarck, T. W. & Jennings, J. R. (1991). Biobehavioral factors in sudden cardiac death. *Psychological bulletin*, 109 (1), 42.

Karg K., Burmeister M. & Shedden K. (2001). The Serotonin Transporter Promoter Variant (5-HTTLPR), Stress, and Depression Meta-analysis Revisited. *Archives Of general psychiatry*, 68, 444-454.

Khan, S., Murray, R. P. & Barnes, G. E. (2002). A structural equation model of the effect of poverty and unemployment on alcohol abuse. *Addictive behaviors*, 27(3), 405-423.

Kempermann G. & Kronenberg G. (2003). Depressed new neurons-Adult hippocampal neurogenesis and a cellular plasticity hypothesis of major depression. *Biological psychiatry*, 54, 499-503.

Kendall P. C., Brady E. U. & Verduin T. L. (2001). Comorbidity in childhood anxiety disorders and treatment outcome. *Journal of the American academy of child and adolescent psychiatry*, 40, 787-794.

Kendler K. S., Gardner C. O. & Fiske A. (2009). Major Depression and Coronary Artery Disease in the Swedish Twin Registry Phenotypic, Genetic, and Environmental Sources of Comorbidity. *Archives of general psychiatry*, 66, 857-863.

Kessler R. C., Berglund P. & Demler O. (2003). The epidemiology of major depressive disorder — Results from the National Comorbidity Survey Replication (NCS-R). *Jama-Journal of the American medical association*, 289, 3095-3105.

Kiecolt-Glasser, J. K., Malarkey, W. B. & Chee M. (1993). Negative behavior during marital conflict is associated with immunological down-regulation. *Psychosomatic medicine*, 55, 395-409.

Köhler T., Kuhnt T. & Richter R. (1998). The role of life event stress in the pathogenesis of duodenal ulcer. *Stress medicine*, 14, 121-124.

Köhler T., Kuhnt K. & Richter R. (1998). The role of life event stress in the pathogenesis of duodenal ulcer. *Stress medcine*, 14, 121-124.

Koolhaas J. M., Bartolomucci A. & Buwalda B. (1983). The sympathetic-adrenal and pituitary-adrenal response to challenge: Comparison between the sexes. In Dembroski T. M., Schmidt T. H. & Blumchen C. (Eds.), *Biobehavioral bases of coronary heart disease* (pp. 91-105). New York: Karger.

Labott S. M., Ahleman S. & Wolever M. E. (1990). The physiological and psychological effects of the expression and inhibition of emotion. *Behavioral medicine*, 16, 182-189.

Lazarus, R. S. Psychological stress and the coping process. New York: McGraw-Hill.

Leor J., Poole W. K. & Kloner R. A. (1996). Sudden cardiac death triggered by an earthquake. *New England journal of medicine*, 334, 413-419.

Levenstein S. (2000). Symposium synopsis: Psychosocial factors and bacterial disease. *Psychosomatic medicine*, 62, 125-125.

Levenstein S., Prantera C. & Varvo V. (1996). Long-term symptom patterns in duodenal ulcer: Psychosocial factors. *Journal of psychosomatic research*, 1, 465-472.

Lundberg U. & Frankenhaeuser M. (1980). Pituitary-adrenal and sympathetic-adrenal correlates of distress and effort. *Journal of psychosomatic research*, 24, 125-130.

Lupien S. J., McEwen B. S. & Gunnar M. R. (2009). Effects of stress throughout the lifespan on the brain, behaviour and cognition. *Nature Reviews Neuroscience*, 10, 434-445.

Lutgendorf S. K., Antoni M. H., Ironson G. & Klimas N. (1997). Cognitive processing style, mood, and immune function following HIV seropositivity notification. *Cognitive therapy and research*, 21, 157-184.

Lysle D. T., Luecken L. J. & Maslonek K. A. (1992). Suppression of the development of adjuvant by a conditional aversive stimulus. *Brain BehavImmun*, 6, 64-73.

Lysle D. T., Lyte M. & Fouler H. (1987). Shock-induced modulation of lymphocyte reactivity, suppression, habituat ion and recovery. *Life Sci*, 41, 1805-1814

Malizia A. L. (1999). What do brain imaging studies tell us about anxiety disorders. *Journal of Psychopharmacology*, 13, 372-378.

Manuck S. (1994). Cardiovascular reactivity in cardiovascular disease:"Once more unto the breach." *International journal of Behavioral Medicine*, 1, 4–31.

McClure E. B., Brennan P. A. & Hamme C. (2001). Parental anxiety disorders, child anxiety disorders, and the perceived parent-child relationship in an Australian high-risk sample. *Journal of abnormal child psychology*, 29, 1–10.

McEwen B. S., Biron C. A. & Brunson K. W. (1997). The role of adrenocort icoids as modulat es of immune function in health and disease: neural, endocrine and immune int eract s. *Brain research review*, 23, 79–133

Moynihan J. A., Ader R. & Grota L. J. (1990). The effects of stress on the development of immunological memory following low-dose antigen priming inmice. *Brain behav immun*, 4, 1–12

Munck A., Guyre P. M. & Holbrook N. J. (1984). Physiological functions of glucocorticoids in stress and their relation to pharmacological actions. *Endocrine reviews*, 5, 25–44.

Nakata A., Araki S. & Tanigawa T. (2000). Decrease of suppressor-inducer (CD4 + CD45RA) T lymphocyte and increase of serum immunoglobulin Gdue to perceived job stress in Japanese nuclear electric power plant worker. *J occup environ med*, 42, 143–150.

O'Cleirigh C., Skeer M. & Mayer K. H. (2009). Optimizing the Effects of Stress Management Interventions in HIV Health Psychol. *Health psychol.* 27, 297–301.

Okimura T. & Nigo Y. (1986). Stress and immune response I: suppression of T cell function in restrain-tstressed mice. *Jpn J Pharmacol*, 40, 505–511

Meerlo P., Murison R. & Olivier B. (2011). Stress revisited: A critical evaluation of the stress concept. *Neuroscience and Biobehavioral reviews*, 35, 1291–1301.

Petitto J. M., Leserman J. & Perkins D. O. (2000). High versus low basal cortisol secretion in asympt omatic medicat ion-free HIV-infected men: differential effects of severe life stress on parameters of immune status. *Behav med*, 25, 143–151

Petrie H. T., Pearse M. & Scollay R. (1990). Development of immature thymocytes: initiation of CD3, CD4, and CD8 acquisition parallels down-regulation of the interleukin 2 receptor chain. *Eur. J. Immunol.* 20, 2813–2815.

Pössel P. & Knopf K. (2011). Bridging the Gaps: An Attempt to Integrate Three Major Cognitive Depression Models. *Cognitive therapy and research*, 35, 342–358.

Rauch S. L., Savage C. R. & Alpert N. M. (1997). The functional neuroanatony of anxiety: a study of three disorders using positron emission tomography and symptom provocation. *Biol psychiatry*, 42, 446–452.

Rinner J., Schauenstein K. & Mangge H. (1992). Opposite eff ects of mild and severe stress on in vitro activation of rat peripheral blood lymphocytes. *Brain behav immun*, 6, 130–140

Sapolsky R. M., Romero L. M. & Munck A. U. (2000). How do glucocorticoids influence stress responses? Integrating permissive, suppressive, stimulatory, and preparative actions. *Endocrine reviews*, 21, 55–89.

Seligman M. E. & Meyer, B. (1970). Chronic fear and ulcers in rats as a function of the unpredictability of safety. *Journal of comparative and physiological psychology*, 73, 202–207.

Selye H. (1936). Syndrome produced by Diverse Nocuous Agents. *Nature*, 138, 32.

Selye H. (1937). Studies on adaptation. *Endocrinology*, 21, 169–188.

Selye H. (1946). The general adaptation syndrome and the diseases of adaptation. *Journal of aller*, 17, 231–247.

Selye H. (1950). Stress and the General Adaptation Syndrome. *British medical journal*, 1, 1383–1392.

Selye H. (1976). The stress of life. New York: McGraw-Hill.

Stilund M., Reuschlein A. K. & Christensen T. (2014). Soluble CD163 as a Marker of Macrophage Activity in Newly Diagnosed Patients with Multiple Sclerosis. *PLoS ONE*, 9, e98588.

Stone, A. A., Marco, C. A. & Cruise, C. E. (1996). Are stress-induced immunological changes mediated by mood?: A closer look at how both desirable and undesirable daily events influence SigA antibody. *International journal of behavioral medicine*. 3, 1–13.

Strange K. S., Kerr L. R. & Andrews H. N. (2000). Psychosocial stressors and mammary tumor growth: an animal model. *Neurotoxicol teratol*, 22, 89–102.

Tomatis L. (2001). Between the body and the mind: the involvement of psychological factors in the development of multifactorial diseases. *Eur J cancer*, 37, 148–152.

Zalcman S., Minkiewicz-Janda A. & Richter M. (1988). Critical periods associated with stressor effect s on antibody titers and on the plaque-forming cell response to sheep red blood cells. *Brain behav immun*, 2, 254–266.

(王影,邓晓西,汪亚珉)

索 引

A

爱　76

爱荷华赌博任务　341

B

白噪音　278

暴力攻击的双峰模型　395

悲伤　72

本我　56

苯二氮卓受体　38

边缘系统　31

表达抑制　215

表面情绪　188

表情　30

禀赋效应　331

病理型攻击　394

C

不作为惯性　333

超我　56

沉思　272

呈现时间　125

齿状回　37

冲动型攻击　394

冲突情绪理解　188

刺激——反应相容　274

错误信念理解实验　187

D

达尔文　101

单项测量　74

道德的双过程加工理论　357

道德动机　359

道德化　356

道德两难问题　354

道德敏感性　360

道德判断　351

道德判断的认知-情绪整合观　358

道德判断的社会直觉模型　352

道德品格　360

道德情绪　87，362

道德情绪理解　189

"道德失声"　353

道德同一性　361

道德行为的四成分模型　360

道德直觉的加工机制模型　358

低频信息　106

敌意　83

点探测范式　279

电生理学　277

动机　32

动机分析模型　286

独立性策略性情绪调节　194
端脑　37
多巴胺　38
多维情绪智力量表　254
多项测量　74
多元智力　242
多重情绪理解　188

E

Ekman　102, 104
Eysenck 的犯罪性理论　388

F

Flanker 冲突　273
非追随耳　279
分类取向　70
分心　272
愤怒　31, 72
愤怒管理　398
愤怒控制　401
愤怒情绪　406
愤怒优势效应　284
风险即情绪模型　331
负性情绪　270
负载理论　277
复合情绪　71, 75

G

概念行动理论　59
感觉运动系统　54
高频信息　106
个体因素　117
个体主义　213
工作绩效　260

公正　356
攻击　392
攻击行为的情绪基础　392
共情　192
关爱　356
广泛性焦虑障碍　286
规范性决策理论　329
过程模型　272

H

海马　31
海马回　37
海马结构　37
核心情感　58
后行条件反射过程　308
呼吸变异性是　147
呼吸频率　147
忽略偏误　333
唤醒度　277

J

James-Lange 理论　384
机器学习　113, 115
鸡尾酒会效应　270
基本表情　102
基本情绪　54, 71
基底神经节　38
基于空间的目标搜索　275
基于时间的目标搜索　275
基于信念的情绪理解　187
激情　88
激情爱　76
集群情绪　406
集体道德情绪　375

集体内疚　376
集体羞耻　376
集体主义　213
记忆的情境依赖性　301
间脑　36
交感神经　30
焦虑　56, 85, 403
焦虑个体　271
焦虑特质　270
进化心理学　101
经验取样　197
惊奇　72
精细化　286
警觉逃避假说　286
具身效应　356
决策　328

K

科尔伯格　351
空间频率　107
恐惧　31, 72
恐惧情绪　403
恐惧条件反射　308
扣带回　31
快乐　72
快速序列视觉呈现　276
宽恕　361
眶额皮层　39

L

掠夺型攻击　393

M

Mayer-Salovey-Caruso 情绪智力测验　256

"满意标准"　330
美德钦佩　374
面部表情　102, 107
面部表情识别　106
面部反馈假说　51
面部运动编码系统　54
描述经验取样　19
描述性决策理论　329
陌生情境实验室测验　76
目标计分法　255
目标约定系统　286

N

脑干网状结构　35
内侧前额叶　200
内啡肽系统　38
内分泌系统　33
内疚　361
内驱力　56
内省　38
内省法　19
能力钦佩　374

O

偶然情绪　328

P

PAD 情绪量表　93
PASA 效应　200
帕佩兹环路　31
陪伴爱　76
皮肤电　291
皮亚杰　351
皮质醇　291

索引　439

偏向竞争理论 282
评价趋向模型 345
评价性条件反射 310

Q

期望效用理论 329
启动 286
前额叶 208
"前景理论" 331
前扣带回 207
前行条件反射过程 308
前注意警觉 280
强化 38
强迫症 287
亲社会推理 360
青春期反转 207
情感 29
情感化学习 307
情感接纳 391
情感觉察 391
情感神经科学 38
情感型攻击 393
情商 245
情绪 1,28
情绪 Franker 任务 273
情绪 Simon 任务 273
情绪 Stroop 任务 273
情绪表达规则策略 191
情绪表达规则目标 191
情绪表达规则知识 191
情绪的道德放大器理论 352
情绪的两成分理论 42
情绪的生物性 205
情绪调节 193,271

情绪调节不足 390
情绪调节策略 391
情绪调节的自适应 389
情绪调节方式 199
情绪调节技能 391
情绪调节年老化 198
情绪调节适应不良 390
情绪发展的社会化 211
情绪分化理论 51
情绪分类 6
情绪感染 192,404
情绪共情 192
情绪观点采择能力 187
情绪过度调节 390
情绪和犯罪行为 388
"情绪即信息"理论 302
情绪即信息模型 331
情绪理解 184
情绪两因素理论 43
情绪胜任力 247
情绪识别年老化 195
情绪疏导法 397
情绪提高记忆 301
情绪体验年老化 196
情绪维度取向 8
情绪文化信念 211
情绪心理学 1
情绪行为 383
情绪性道德判断模型 352
情绪性注意 270
情绪易感型 273
情绪障碍 273
情绪智力 243
情绪智力的混合模型 247

情绪智力的能力模型　248
情绪状态　271
穹窿　31
丘脑　30
丘脑前核　31
区组设计　273
趋避行为　402
去甲肾上腺素　38
群际情绪　407
群内优势　212
群体性事件　405

神经递质　38
神经生理学　31
生理唤醒　102
生理性体验　190
实验心理病理学　270
事件相关电位　291
视觉搜索　275
双耳分听　279
双阶段理论　285
搜索范式　272
搜索集合　283
搜索斜率　283
损失规避　331

R

人机交互　101
认知共情　193
认知评价观　4
认知情绪调节　388
认知神经机制　107,110
认知智力　252
认知资源　202
柔情　71
乳头体　31

T

他人指向的道德情绪　362
特征整合理论　282
提示范式　272
通用攻击模型　394
同感评估技术　255
突显　282
突显项目　270
图式理论　285

S

Simon 冲突　274
Stroop 效应　273
色词　273
社会不满情绪　406
"社会参照"能力　186
社会动力模型　61
社会建构理论　60
社会情绪选择理论　203
社会性情绪体验　190
社会智力　246

W

5-羟色胺　38
外在表现　102
外周神经系统　33
网络舆情　407
微表情　55,103,116,130
违规内疚　367
维度　92
维度取向　70
文化因素　121

无效提示 278
无意识 56

X

下丘脑 31
效价 277
效价评估系统 286
心境 88,282
心理病理学 269
心理建构 58
心理健康 261
心率 145
心率变异性 145
行为研究 106,109
行为主义 38
杏仁核 32,200,277
羞耻 80
羞怯 403
虚拟内疚 367
选择性优化补偿理论 203
学习 38
学业控制感 320
学业情绪(achievement emotion) 317
学业情绪的控制-价值评估理论 320
学业情绪问卷(The Achievement Emotions Questionnaire, AEQ) 318
血压 145

Y

亚临床群体 287
研究范式 269
厌恶 72
厌恶情绪 403
耶克斯—多德森定律 299

依赖支持性情绪调节 194
依恋 76
移情 352
乙酰胆碱 38
以愿望为基础的情绪理解 187
义愤 375
抑郁 56,86
抑郁个体 271
抑制范式 272
抑制假说 55
应对愤怒 400
应付 46
应激 31,88
优劣整合模型 204
"有限理性" 330
有效提示 278
有意情绪调节 389
舆情 407
语调表情 104,111
预防效果 293
预谋型攻击 394
预期情绪 328
预支情绪 328
元分析 273

Z

真实-表面情绪区分能力 188
真正的自豪 365
正性情绪记忆偏向 199
正性情绪体验优势 196
正性情绪注意偏向 199
正性效应 199
植物性神经系统 29
治疗效果 293

掷骰子任务　341
中脑　38
中枢动机状态　36
中枢神经系统　30
主观期望效用理论　330
主观体验　30,52,70,102
注意　269
注意捕获　287
注意分配　271
注意广度　270
注意回避　272
注意矫正程序　290
注意偏向　269
注意偏向值　280
注意瞬脱　275
注意锁定　285
注意脱离　285
注意训练　269
专家评分法　255
状态焦虑　289

追随耳　279
追踪研究　293
姿态表情　103,109
自陈问卷　197
自大的自豪　365
自动情绪调节　215,389
自动识别　113
自动重评　215
自豪　79
β自豪　79,365
α自豪　79,365
自上而下　283
自我　56
自我意识情绪　362
自我意识情绪的加工模型　364
自下而上　283
自主神经系统　30,143
自尊　281
最后通牒游戏　341
最小情感化学习　312

作者简介
（排名不分先后）

傅小兰　中国科学院心理研究所所长，研究员，兼任脑与认知科学国家重点实验室副主任，中国心理学会秘书长、常务理事等。1984年和1987年毕业于北京大学心理学系，获理学学士和硕士学位；1990年毕业于中国科学院心理研究所，获理学博士学位。从事认知心理学研究，发表论文300余篇。当选中共十八大代表，获"全国三八红旗手"、"全国妇女创先争优先进个人"和"全国教科文卫体系统先进女职工工作者"等荣誉称号。

曲方炳　中国科学院心理研究所认知心理学方向在读博士生，师从傅小兰研究员。他的研究方向是情绪及情绪的表达特点，主要关注个体对自我情绪表达如面部表情的自我监控。当前的研究揭示在实验室条件下个体使用不同方式控制面部表情的能力，未来将开展在生态效度更高的条件下（如人际互动过程中）个体对面部表情进行自我监控的研究。同时他对理论心理学和心理学史也非常感兴趣。

李贺　中国科学院心理研究所在读博士生，学习于视觉与计算认知实验室，导师傅小兰研究员。研究兴趣是人在社会交互中的意图理解，试图从多模态的视角研究意图理解的认知和神经机制，以更好地解释和预测人们的社会行为。

郝芳　南京师范大学心理学院副教授。她的主要研究领域是视知觉和注意、情绪、决策、社会认知、人因学等。她致力于心理学实验研究，对基本的认知加工过程和实验社会心理学都有较深入的探讨，特别对情绪加工和知觉注意的机制具有浓厚的兴趣，擅长实验设计和测量技术，发表了多篇学术论文。

申寻兵　男，湖南邵东人，1978年生，江西中医药大学心理学科组负责人，2001年本科毕业于湖南师范大学心理系，2006年硕士毕业于浙江大学心理系，2012年博士毕业于中国科学院心理研究所。曾任教于海南大学，现就职于江西中医药大学。研究方向为认知心理学，主要对微表情、情绪以及情绪与认知的交互等感兴趣。近三年主持国家自然科学基金项目1项，教育部人文社科青年基金 1 项,江西省社科规划项目 1 项,江西省教改课题 1 项。总科研经费 60 余万。

李开云　女 中国科学院心理研究所在读博士生,导师傅小兰研究员。研究兴趣主要是暗示性运动信息加工的认知神经机制及审美的认知神经机制,力图揭示人脑如何表征并不真实存在的运动信息及如何利用该信息提高艺术作品的美感。

吴　奇　硕士研究生导师。2012 年于中国科学院心理研究所获理学博士学位。现于湖南师范大学教育科学学院心理学系,认知与人类行为湖南省重点实验室从事教学与科研工作。他主要开展跨学科性质的研究,特别是计算机科学与心理学相结合的领域,研究兴趣包括进化社会认知、进化精神病学以及社会信号处理。2013 年他获国家自然科学基金资助,研究群际态度的进化。主要讲授课程包括异常心理学、临床心理学与发展心理学等。

陈文锋　中国科学院心理研究所副研究员。他的研究关注情绪、面孔认知、视觉注意及其个体差异和文化差异。

唐　薇　现就读于中国科学院心理研究所,硕士研究生,基础心理学专业。她的研究兴趣为老年人表情加工、正性效应的产生机制。

仝　可　中国科学院心理研究所硕士研究生,认知心理学方向。他的研究兴趣包括统计概要表征,自我监控下的情绪表达,和复杂视觉环境中决策的认知机制。

范　伟　男,1983 年 12 月出生,湖南岳阳人,湖南师范大学教育科学学院心理系讲师、博士,中国科学院心理研究所博士后,"认知与人类行为"湖南省重点实验室秘书,国家二级心理咨询师。在《Plos one》、《Neuroscience letters》等 SCI 期刊和《心理学报》、《心理科学》等国内外重要专业期刊上发表论文二十余篇,参与国家自然科学基金面上项目,教育部人文社会科学项目,"十一五"规划教育部重点项目,湖南省自然科学基金项目,湖南省社会科学基金项目,湖南省教育科学规划课题等多个研究项目。

赵　科　男,1982 年 4 月出生,湖南湘潭人,中科院心理所助理研究员、博士。主要研究领域为时间知觉相关的认知神经机制。以第一作者发表 SCI 论文 6 篇。主持国家自然科学基金青年项目一项,中科院心理所青年基金一项,中科院心理健康重点实验室基金一项。

张兴利　女,博士,中国科学院心理研究所副研究员,硕士生导师,二级咨询师。主要从事儿童发展与教育心理学、超常儿童发展与教育、儿童智力与创造力研究。自 2001 年以来,参加过多项国家级课题的研究,积累了丰富的儿童认知发展和行为研究的经验,在国际国内刊物发表多篇与儿童发展有关的论文。

李丹枫 女,中国科学院心理研究所硕士一年级,师从施建农教授。本科毕业于北京林业大学心理学系,本科毕业论文《8—12岁儿童情感决策的发展与认知智力、情绪智力的关系》获得"2014届校级优秀本科论文",本科期间发表中文核心期刊论文1篇,北大核心期刊论文1篇。参与的大学生国家级创新课题"大学生演讲焦虑的认知行为团体干预"以"优秀"结题,并获得首都大学生"挑战杯"学术科技作品竞赛三等奖。现在主要的研究兴趣为超常儿童的情绪发展及情绪智力。

梁 静 女,中国科学院心理研究所在读博士生,导师傅小兰研究员。研究兴趣为欺骗的影响因素、行为表现及其认知神经机制,力图找到人们做出欺骗行为的原因,并通过分析欺骗时的行为表现有效识别谎言,从而避免恶性谎言带来的重大损失。

任衍具 男,认知心理学博士,毕业于中国科学院心理研究所,现为山东师范大学心理学院副教授,硕士研究生导师。研究兴趣主要包括知觉、注意与工作记忆、眼动技术和人机交互,采用心理物理学实验、视线追踪技术和电生理学方法研究场景知觉、物体识别、真实场景中的注意引导、情绪性信息的注意捕获和刺激—反应兼容性等。承担多项相关课题研究,已在心理学专业期刊及相关学术期刊上发表二十余篇学术论文,撰写或翻译多本著作。

付秋芳 中国科学院心理研究所副研究员,博士生导师。她主要对内隐学习和无意识知识感兴趣,研究内容包括内隐学习与意识的关系、无意识知识的表征机制,阈下启动对行为的影响等。

尚俊辰 燕山大学经济管理学院讲师。2002—2006年在浙江大学生命科学学院学习,获学士学位。2006—2012年在中国科学院心理研究所学习,获认知心理学博士学位。研究兴趣包括情绪学习、无意识认知、神经管理学(包括神经经济学和营销学)等。曾讲授"工业与组织心理学"、"神经科学导论"、"网络消费者行为"、"网络心理学"等本科生课程。目前已发表论文5篇,主持1项国家自然科学基金。

李晓明 博士,湖南师范大学副教授,硕士研究生导师。研究方向为行为决策领域,涉及道德决策、延迟选择和不作为惯性等领域。目前的研究兴趣主要集中于探讨不同类型的情绪与决策的关系。已以第一作者身份在《心理学报》、《心理科学进展》和《心理科学》等中文核心期刊上发表十几篇论文,完成1项国家自然基金项目,承担和参与多项国家及省部级项目。《心理学报》、

《心理科学进展》和《心理科学》等学术期刊的审稿人。

王云强　南京师范大学心理学院副教授、硕士生导师,教育部人文社会科学重点研究基地南京师范大学道德教育研究所兼职研究员。他主要承担本科生和研究生的发展心理学、社会心理学等课程的教学,研究兴趣主要为青少年社会性发展领域,具体包括情绪发展与道德的关系、青少年的道德发展与道德教育等。

宋胜尊　女,教授,中央司法警官学院犯罪学教研室主任,中国心理学会法律心理分会理事,心理咨询师培训师,司法部司法行政师资库监狱管理类师资。主要研究领域:犯罪心理与犯罪行为,罪犯自控力,罪犯危险性评估,人民警察胜任能力与心理健康,侦查与审讯中的心理较量与情感计算、犯罪思维与犯罪侦查。

邓晓西　首都师范大学教育学院研究生学生,基础心理学方向。曾就读于湖南工程学院物流管理专业。她在大学期间曾多次获得校奖和国家奖学金,在研究生期间也多次获得学校奖学金。在读研期间,她曾协助导师汪亚珉进行多项实验研究和书籍编写工作,丰富自己的同时也获得了不少成果。此外,她还参加过多种校外各种培训和实习,有丰富的心理咨询的相关经验。

汪亚珉　首都师范大学心理系副教授。他主要采用行为、生理及虚拟现实技术研究个体的行为反应与情绪反应规律,以图促进学生群体或临床疾患群体的身心健康,提高其学习与工作效率。他既有大量临床身心疾病研究的经历,又有深厚的心理学知识功底。目前,他正带领学生利用虚拟现实与生理记录技术研究学校学生群体及疾病患者群体的行为问题,试图从大数据挖掘的角度提高人的行为效率及健康水平。参编多套心理学系列丛书,开设过多门心理与人格健康方面的课程,得到校内外学生普遍欢迎。

王　影　首都师范大学虚拟现实实验室工程心理学硕士。主要研究领域:虚拟现实在心理学研究中的应用,即视空间认知领域、知觉—运动研究及其他心理学领域的应用。其次研究人机交互、设计心理学、文化的可用性与用户体验。曾在哥本哈根商学院、威尼斯大学进行学术交流。

当代中国心理科学文库

总主编:杨玉芳

1. 郭永玉:人格研究
2. 傅小兰:情绪心理学
3. 王瑞明、杨静、李利:第二语言学习
4. 乐国安、李安、杨群:法律心理学
5. 李纾:决策心理:齐当别之道
6. 王晓田、陆静怡:进化的智慧与决策的理性
7. 蒋存梅:音乐心理学
8. 葛列众:工程心理学
9. 罗非:心理学与健康
10. 张清芳:语言产生
11. 周宗奎:网络心理学
12. 韩布新:老年心理学:毕生发展视角
13. 樊富珉:咨询心理学:理论基础与实践
14. 白学军:阅读心理学
15. 吴庆麟:教育心理学
16. 苏彦捷:生物心理学:理解行为的生物学基础
17. 余嘉元:心理软计算
18. 张亚林、赵旭东:心理治疗
19. 郭本禹:理论心理学
20. 张文新:应用发展科学
21. 张积家:民族心理学
22. 许燕:中国社会心理问题的研究
23. 张力为:运动与锻炼心理学研究手册

24. 罗跃嘉：社会认知的脑机制研究进展
25. 左西年：人脑功能连接组学与心脑关联
26. 苗丹民：军事心理学
27. 董奇、陶沙：发展认知神经科学
28. 施建农：创造力心理学
29. 王重鸣：管理心理学

注：以上书单，只列出各书主要负责作者，最终书名可能会有变更，最终出版序号以作者来稿先后排列。具体请关注华东师范大学出版社网站：www.ecnupress.com.cn；或者关注新浪微博"华师教心"。